三年桐树体

油桐三年桐腺体

千年桐花序

千年桐雌雄同株花序

千年桐雄花序

千年桐幼果

三年桐果实

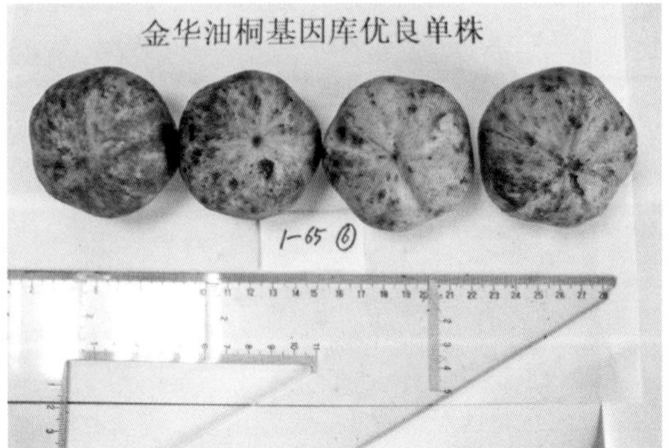

三年桐果实

千年桐果实

三年桐果序

油桐种子

油桐种质资源保存基地

浙江金华东方红林场油桐资源库

油桐家系

千年桐优树

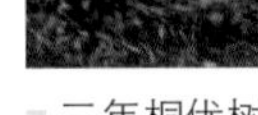

三年桐优树

窄冠油桐

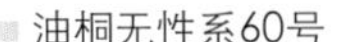

油桐无性系60号

葡萄桐

三年桐优树——云阳9号

柿饼桐

三年桐自交系——3613

三年桐自交系——桐6

三年桐自交系——桐20

三年桐自交系——桐47

油桐抗枯萎病优株——JH1301

石栗（泰国清迈）

石栗（泰国清迈）

石栗种子

石栗（泰国清迈）

油桐容器苗

油桐育苗（泰国）

三年桐树形

油桐嫁接

油桐直播造林

广西田林千年桐人工林

千年桐林分（泰国昆旺）

千年桐林分（泰国清迈）

千年桐林分（泰国清迈）

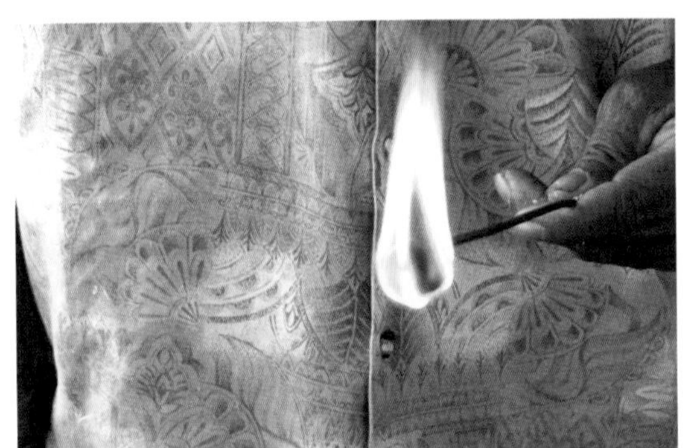

油桐种子燃烧

油桐生产环氧树脂

1987年全国油桐攻关会议

第七届全国油桐协作会

油桐良种推广与研究协作会

油桐现场测定

油桐种质考察

泰国油桐考察

中国油桐

Chinese Tung Oil Tree

（第二版）

方嘉兴　何　方　姚小华 ◎ 主编

中国林业出版社

图书在版编目（CIP）数据

中国油桐/方嘉兴，何方，姚小华主编. —2 版. —北京：中国林业出版社，2016. 11
ISBN 978 - 7 - 5038 - 8798 - 7

Ⅰ. ①中… Ⅱ. ①方… ②何… ③姚… Ⅲ. ①三年桐 - 介绍 - 中国 Ⅳ. ①S794. 3

中国版本图书馆 CIP 数据核字（2016）第 288710 号

中国林业出版社 · 生态保护出版中心
责任编辑：刘家玲

出版发行：中国林业出版社（100009 北京市西城区德内大街刘海胡同 7 号）
网　址：http://lycb. forestry. gov. cn　　电话：(010)83143519
印　刷：中国农业出版社印刷厂
版　次：2017 年 2 月第 2 版
印　次：2017 年 2 月第 1 次印刷
开　本：787mm × 1092mm　1/16
印　张：24. 25
彩　插：12P
字　数：640 千字
定　价：99. 00 元

《中国油桐》（第二版）
编辑委员会

主　编： 方嘉兴　何　方　姚小华

副主编： 王开良　任华东　王承南

编　委（以姓氏笔画为序）

王开良　王年昌　王问学　王承南　王　毅　方玉霖
方嘉兴　尹润富　叶淑媛　任华东　刘学温　刘翠峰
许　杰　阮荣贵　阮　逸　杨乾洪　李龙山　李　丛
李纪元　吴光金　吴建军　何　方　何关顺　陈奉学
陈　福　欧阳绍湘　罗建谱　周伟国　赵自富　洪友君
宣善平　姚小华　莫人发　夏建陵　夏逍鸿　曹菊逸
楼　君　楼新良　蔡金标　谭名照　黎章矩　滕建华

前 言

（第二版）

油桐是我国重要的木本工业油料树种。桐油为优质干性油，含不饱和脂肪酸94%以上，是天然植物中化学性质极为活泼的植物油，可供聚合千万种桐油族化学衍生物。桐油产品在化工、农业、医药、印刷、电信、航运、航天、国防及精密机械造船工业及工艺品制造上有广泛用途。随着人们对高档家具所用油漆材料的要求相应提高，对桐油的需求也在逐步回升，在部分地区对油桐的栽培生产也在恢复中，许多重要的行业对桐油等传统产品仍然很倚重。中国是油桐的原产地和分布、栽培中心，有丰富的种质资源和悠久的栽培利用历史，在发展我国农林科学、民族工艺和繁荣山区经济上做出过突出的历史贡献。随着我国经济建设的不断发展，根据国家振兴山区经济规划，要求进一步发挥油桐在山区农林生产中的传统优势，迅速提高油桐良种化水平，推行高效综合生产经营技术，开拓桐油应用领域，建立可持续发展的油桐生产经营体系。

《中国油桐》自1998年出版以后，深受当时广大油桐产区群众和科技工作者的欢迎。第一版出版时间早且数量偏少，在书店已买不到。原版主编方嘉兴先生、何方先生是我国著名的油桐研究专家，他们及一大批上一辈技术团队为油桐等木本油料产业技术体系的形成和20世纪六七十年代油桐产业腾飞做出了突出的贡献。由方嘉兴先生、何方先生协商，确定了再版《中国油桐》愿望，并在2010年多次提出再版建议，确定由方嘉兴、何方、姚小华、王开良、任华东、王承南等同志组成《中国油桐》(第二版)编辑委员会，由两位老先生领导启动修订工作，确定了编补内容和重点。为适应当前油桐生产生产的现实情况，在增加了最新研究成果、纠正部分原有不适合内容的基础上，对《中国油桐》进行修订再版，以满足当前科研和生产之需。修订的重点主要在以下四个方面：一是按照规范，统一表格格式和计量；二是增删和调整部分内容、注释；三是参照原文，对文字和内容进行了全面谨慎的梳理和修订；四是补充了近二十年来的研究成果。在编写过程中，除了主编单位，中国林业科学研究院林产化学工业研究所、湖北省林业科技推广中心、重庆市林业科学研究院、贵州省林业科学研究院、广西壮族自治区林业科学研究院、广西壮族自治区田林县林业局等单位和专家提供了修改建议和文字资料。本次增编由于油桐生产变化大，许多生产性数据经过多次核实补充，生产基地也经历变迁，为了尽可能反应客观现状，核实和修改过程历时较长。

本次编辑工作，得到了中国林业科学研究院亚热带林业研究所、中南林业科技大学及相关专家们的关心和支持，在此深表感谢！

因水平所限，本次修订工作难免会有不足之处，恳请读者包涵，并能一如既往地提出宝贵意见，使这一专著通过不断打磨，臻于完善。

《中国油桐》第二版编辑委员会

2016年11月8日

前言

（第一版）

油桐是我国重要的木本工业油料树种。桐油为优质干性油，含不饱和脂肪酸94%以上，是天然植物中化学性质极为活泼的植物油，可供聚合千万种桐油族化学衍生物。桐油产品在化工、农业、医药、印刷、电信、航运、航天、国防及精密机械工业上有广泛用途。

中国是油桐的原产地和分布、栽培中心，有丰富的种质资源和悠久的栽培利用历史，在发展我国农林科学、民族工艺和繁荣山区经济上做出过突出的贡献。随着我国经济建设的不断发展，根据国家振兴山区经济规划，要求进一步发挥油桐在山区农林生产中的传统优势，迅速提高油桐良种化水平，推行高效综合生产经营技术，开拓桐油应用领域，建立可持续发展的油桐生产经营体系。为适应油桐生产发展的需要，特编写《中国油桐》一书，以期有所裨益。

《中国油桐》是对我国油桐“六五”、“七五”国家攻关专题研究成果的系统总结。在全国油桐全分布区自然条件分析研究和种质资源普查的基础上，提出我国油桐地理分布、栽培区划、立地分类评价，并整理出我国油桐品种资源；通过油桐植物形态特征、解剖结构、生长习性的系统研究，较全面地叙述油桐生长发育特性；根据植物遗传学基本原理，从理论上论述油桐遗传特性、育种途径及良种繁育技术；运用系统管理理论，全面阐明油桐丰产林高效经营技术；在探清油桐主要病虫害发生发展规律的同时，提出了有效的综合防治技术；依据桐油独特的化学性质，系统介绍桐油深度加工及其发展趋势，指出开发新产品、新用途的广阔前景。《中国油桐》内容丰富，是一部体现全国油桐科技工作者集体智慧和40多年科技成果的专著，科学性、先进性、系统性和实用性强，可供油桐科研、教学及生产上应用、参考。

《中国油桐》由从事油桐科研、教学、生产的专家、学者组成的编委会成员分工编写，最后由主编进行全书统稿。本书在编写出版过程中，承蒙中国林业科学研究院亚热带林业研究所、中南林学院、中国林业出版社及编委成员所在的林业厅、局、院、所的大力支持，谨表衷心感谢。全书插图由中国林业科学研究院亚热带林业研究所史久西、浙江林学院韩红绘制。

由于编著者水平所限，书中难免有不完善和不严谨之处，恳望读者批评指正。

《中国油桐》编辑委员会
1997年6月15日

目 录

绪 论

油桐原产我国，利用和栽培历史逾千年。现在世界各地所栽培之油桐，包括美洲栽培的皱桐，皆源出我国，是祖国劳动人民对世界栽培作物宝库所作的重大贡献。

油桐在植物分类上属大戟科(Euphorbiaceae)油桐属(*Vernicia*)。在这一属中作为工业油料树种栽培的有2种：光桐(*Vernicia fordii*)及皱桐(*Vernicia montana*)。由于皱桐在我国油桐生产上所占的比例很小，所以习惯上的“油桐”一词常专指光桐或泛指光桐及皱桐两种。我国广为栽培的是光桐，栽培分布范围包括南方16个省(自治区、直辖市)。皱桐生性忌寒冷，分布较南，适宜丘陵平原栽培，主要在广西、广东、福建及浙江南部有较大面积种植。油桐干种仁含油率60%~70%。桐油中主要成分是桐酸，含量达80%，其结构式为：

$$CH_3(CH_2)_3CH{=}CHCH{=}CHCH{=}CH(CH_2)_7COOH$$

从结构式中看出具有3个共轭双键，所以容易氧化干燥，聚合成薄膜，具有绝缘、耐酸碱、防腐防锈等优良特性，在工业、农业、渔业、医药及军事等方面有广泛的用途。桐饼含有机质77%，是高效有机肥料。果皮含钾量达3%~5%，可提取桐碱和碳酸钾。

当前，我国农村在稳定和完善生产责任制的基础上，调整生产结构，发展商品生产。在山区发展油桐生产收效快，商品率高，经济效益高，适于个体农户经营。因地制宜地合理利用自然资源，保护环境，是农村摆脱贫困，劳动致富的必由之路。正如国务院批转的1978年《全国桐油会议纪要》中要求各级党政领导，“一定要把发展油桐等木本油料的生产，当作建设山区的一项重要工作，认真抓好”。

我国桐油从清光绪二年(1876)开始进入国际市场，成为传统的大宗出口物资，誉满国际市场，桐油成为国际商品。在20世纪30年代，桐油曾一度取代丝绸列出口之首。1949—1986年的37年间累计出口桐油91万t。按正常年景，我国产量占世界总产量的60%~80%，余为巴拉圭、阿根廷、巴西等国。

早在1912年，我国年产桐油5917t，自20世纪20年代至1949年的30年中，平均年产桐油78000t，其中最高年度1936年为136800t，至1949年时下降为96000t。50年代油桐生产经过10年努力，至1959年全国产桐油172500t，创历史最高纪录。1942年全国有油桐栽培面积42.27万hm^2，1949年有75.47万hm^2。1975年和1984年分别增至136.33

万 hm^2 和 188.53 万 hm^2。

为了促进油桐生产的发展，林业部于1960年在四川万县，1962年在四川成都召开过油桐生产专业会议。1964年1月在北京由国家计委、林业部等部委联合召开第一次大型全国油桐专业会议。1978年4月在北京召开了第二次大型全国油桐专业会议。1981年由林业部在北京召开小型油桐生产座谈会。1990年11月林业部造林经营司在北京召开了一次油桐、油橄榄生产座谈会。每次会议都制定了发展油桐生产的规划和相应的方针政策，有力地推动了我国油桐生产事业的发展。

20世纪80年代中期以后，由于桐油产销在国内渠道不畅，外贸价格下跌，加之不切实际地片面强调经济效益，违背自然规律，使油桐生产出现滑坡。回顾我国油桐生产实践，使人们意识到，对油桐生产的重要意义，要从生态、经济、社会效益综合来思考，要加强宏观指导，积极打开内外贸易渠道，促进油桐生产的发展。1990年桐油外销每吨价格由原来700美元上涨至1100美元，1993年上半年上涨至3150美元，国内收购价每吨达12000元。这一市场变化情况，给油桐生产带来新的活力。

有关油桐利用和栽培方法的详尽记述，当首推明代徐光启所著《农政全书》。而油桐科学研究之始，是在20世纪30年代桐油出口量大增之后。1959年以前，国内先后进行过油桐研究的有梁希、贾伟良、林刚、陈嵘、叶培忠、陈植、马大浦、徐明、邹旭圃、毕卓君、吴志曾等人，曾在广西柳州、四川重庆(现重庆市)、湖南衡阳等地建立过油桐研究的专业机构，开展过油桐栽培、品种、病虫害防治、桐油性质和利用等方面的研究，发表过各类论文、报告和专著百余篇，对推进我国油桐生产事业起过积极作用。

促进油桐丰产，是全部油桐科研的中心和目的。在20世纪50年代，着重调查总结群众丰产经验。60年代以后，各地开始搞丰产试验研究，但多着重于栽培方面。70年代开始，丰产试验转向以良种选育为中心环节，配合建立“三保山”，系统地提出了推广良种、保持水土、绿肥覆盖等技术措施。粗放经营的低产油桐林平均年产桐油 $100kg/hm^2$。单产低的原因是：油桐林大量荒芜，衰老桐树没有更新，品种混杂；在新造幼林中，又存在种植粗放、管理失时等问题，致使老林结果少，新林结果迟，产量上不去。油桐并非天然低产经济林木，在长期生产实践中，已出现很多高产典型。如贵州省正安县，全县1.2万 hm^2 油桐林，平均年产桐油 $225kg/hm^2$。该县的龙江 $60hm^2$ 油桐林，平均每公顷产桐油345kg。湖南省石门县福坪、湘西土家族苗族自治州林业科学研究所的油桐林，平均每公顷产桐油502.5kg。广东省阳山县黄岔林场 $1.3hm^2$ 油桐丰产林，平均每公顷产桐油555kg。其共同的主要措施是：适地种植，选用良种，科学管理。

目前，我国油桐林大面积产油量 $600kg/hm^2$ 算是高产水平，但比之国外的产油750~$1000kg/hm^2$，还有差距。国外的高产措施主要是3个方面：一是选择良种优树，嫁接繁殖；二是树体管理，进行整形修剪；三是施肥，配合使用微量元素。国外从我国引进油桐以后，即开始注意良种的选择，从中选择优良单株，采用无性系芽接繁殖，不断地进行树种改良。我国现有技术水平在小面积产量上已经达到或超过国外水平。20世纪50年代以来，由于发展油桐生产的实际需要，在生产实践中，提出了一系列的科学技术问题，要求做出科学的解答并应用于生产，从而推动了油桐科研的发展。目前，我国从事油桐科研工作的专业机构，有中国林业科学研究院亚热带林业研究所；各油桐生产省(自治区、直辖市)的林业科学研究所，地区、县林业科学研究所，高等林业院校，专业研究人员约300人，已经形成了一支专业技术人员与群众相结合的油桐科技队伍。油桐良种选育正式列入“六五”国家攻关研究项目。“七五”国家攻关研究项目除继续列入油桐良种选育外，并增列油桐丰产林的研究项目。国家标准“油桐丰产林”经审定以GB 7905—87编号正式颁布，自1988年3月1日起实施。

为了将全国的油桐科研力量组织起来，1963年，在成都召开了第一次全国油桐科研协作会议，参加会议代表有20多人，收到论文20余篇。会上成立了“全国油桐科学研究协作组”，商定了科研协作课题，订出协作章程。1964年，在南宁召开第二次协作会议，出席会议代表40多人，收到论文40余篇。在相隔14年后，1978年在浙江富阳召开第三次协作会议，出席会议代表48人，收到论文近20篇，其中有关良种选育的约占1/3。第四次协作会议，1981年9月在贵州省正安县召开，出席会议的有来自南方13省(自治区)49个林业科研、教学、生产单位的代表60人，特邀代表12人。会上共收到学术论文报告72篇。这些论文内容比较丰富，学术水平有很大提高。第五届全国油桐科研协作会议于1985年9月11～17日在湖南省石门县召开，参加会议的有30个单位40名代表，收到研究论文报告共66篇。本次会议本着实事求是、百家争鸣的精神，组织大、小会议进行充分的学术交流。内容包括：油桐生产中系统工程、发展计划、生产布局、立地类型划分、良种选育和良种化措施、丰产林标准化、现有林增产技术、病虫防治、生理生化、组织解剖结构、市场信息以及如何提高经济效益等广泛的内容，充分反映了我国油桐生产科研所取得的巨大成绩。会议经充分讨论，制订了1986—1989年的全国油桐科研协作计划。计划包括：油桐基因资源的收集与研究；油桐良种选育的研究；桐林增产技术措施的研究和油桐病虫害的研究。第六届全国油桐科研协作会于1989年8月在河南内乡县召开，有来自南方12个省(自治区)31个生产、科研、教学部门的60位代表参加了会议，收到论文40余篇。

“全国油桐科研协作组”历届组织的协作研究课题，包括栽培措施、桐农间作、抚育管理、品种评比、嫁接繁殖、杂交育种、优树选择、北移引种、桐林结构、立地类型及其评价、病虫防治、水土保持、生物学特性等项内容，各研究课题均取得成果。如四川、浙江的有性杂交育种，湖南的优树选择，陕西的北移引种，贵州的丰产栽培，广西的皱桐无性系选择，福建的皱桐丰产造林和江西的油桐嫩苗嫁接等。40多年来，有关油桐科研的各类论文、报告近700篇，这些科研成果应用于生产，有力地推进了油桐生产的发展。在全国油桐科研协作组的组织和主持下，于1985年11月由湖南科技出版社出版了《中国油桐主要栽培品种志》，该书载述全国油桐品种71个；1988年6月，由中国林业出版社出版《中国油桐科技论文选》，该书从南方13省(自治区、直辖市)征集20世纪50年代至1987年6月前有关油桐研究报告论文400篇中精选的151篇，计100万字；1993年1月由中国林业出版社出版《中国油桐品种图志》，该书共载述151个油桐品种。对每个品种植物学特征、生物学特性、地理分布、经济性状、栽培特性等，均作了简明扼要的描述与评价。每品种附有彩色照片3张(树形、花、果序)。

油桐良种是丰产的物质基础，离开良种要达到丰产是不可能的。要选择良种，首先要摸清品种(类型)资源。20世纪50年代是延续以前的油桐品种研究，主要工作是品种资源的清查阶段。从60年代开始，着重研究品种的分类问题和优良品种的鉴定评比。70年代以后转入优树选择。

广西开展油桐优树的选择较早，经过多年的努力，选出4个皱桐的高产无性系，比其他皱桐产量高出1倍以上。全国性的油桐选优工作20世纪70年代才开始。1977年8月，在广西崇左召开了第一次全国油桐优树选择技术会议。会议交流了优树选择的经验，认真讨论和研究了油桐优树的标准、选择方法和鉴定技术问题。会议对全国的油桐选优起了积极的推动作用，经过几年的选择，全国选出各类油桐优树2000余株。1978年，湖南根据中南林学院提出的油桐选优标准，组织了一次全省性的优树选择活动，据9个主产县的统计共选出优树460株，经全省集中评比结果选出85株定为全省初选优树。优树单株平均结果988个，其中新晃县选出1株18年生米桐，单株结果4250个，鲜果重165kg。

优树无性系测定各省都在进行，并评选出一批增产30%~50%的无性系。这一批无性系在生产中使用后，对油桐增产将会起重大的作用。广西林业科学研究所评选出皱桐桂皱27等4个无性系，并推广栽培8000hm^2，获得良好的经济效益，据此而获1987年国家发明三等奖。中国林业科学研究院亚热带林业研究所选育出浙皱7号等3个增产1倍以上的皱桐无性系及光桐3号、光桐6号、光桐7号3个增产40%以上的光桐家系。中南林学院选育出中南林19号、中南林23号、中南林36号、中南林37号4个光桐无性系，增产效益1倍以上，在推广应用中均获得良好的经济效益。

为加速我国油桐生产的良种化进程，在林业部及油桐产地的各省(自治区、直辖市)、地、县林业部门的大力支持下，"全国油桐科研协作组"组织了由13个省(自治区、直辖市)218个单位530位专业技术人员参加的"全国油桐良种化工程"研究项目，调查了包括全国油桐分布区的66个地区233个县(市)，面积约70万km^2。研究工作在统一技术方案的指导下，开展以地方品种清查为中心，以种质资源收集为基础，以良种选育与应用推广为目的的良种化工程系列研究。通过1977~1989年的13年研究结果，基本查清了全国184个地方品种、类型的分布、经济性状，从中评选出71个油桐主栽品种，选育出全国首批油桐优良品种48个；全国共收集油桐种质资源1849号，建立基因库19处，决选优树1846株；营建各类种子园共608.24hm^2，采穗圃(主要是皱桐)62.7hm^2，年产良种90万kg，接芽1000万只以上。全国良种推广面积累计12.27万hm^2(占全国当时106.67万hm^{2}投产桐林的11.5%)，良种平均产桐油238.5kg/hm^2，良种面积年产桐油共0.2934亿kg(占全国年桐油总产量1.06亿kg的27.6%)。良种推广平均年创产值2.05亿元(1989年价格)，6年累计生产桐油1.76亿kg，创总产值12.32亿元(1989年价格)。上述成果的取得，体现了科研面向经济建设，科研、推广、生产一体化，具有方向性意义。

病虫害每年给油桐生产带来10%~25%的损失，防治病虫害是丰产不可缺少的一环。油桐枯萎病在广东、广西都是具有毁灭性的病害，近年在湖南、江西、贵州、浙江、四川也相继发现感病有所扩大，要引起高度注意。中南林学院、中国林业科学研究院亚热带林业研究所、四川省林业科学研究所、广西壮族自治区林业科学研究所都曾进行过防治试验的研究。主要的防治措施是使用皱桐作砧木进行嫁接，使用嫁接苗木造林。油桐黑斑病、角斑病近年有所发展，各地区正在积极研究防治措施。油桐尺蠖在湖南、四川也是颇具毁灭性的虫害。四川、湖南、浙江都曾经过研究，除药物防治外还有人工挖蛹，中南林学院正在研究生物防治方法。油桐天牛危害也很严重，湖南保靖县林业劳模彭图远在生产实践中，根据天牛的生活习性，摸索出行之有效的防治方法。

油桐生物学特性的基础研究、油桐栽培、选种育种都离不开对生物学特性的了解。在国内早期有贾伟良、林刚、李来荣及前中农所等进行过研究。国外着重在开花习性，高温、低温对开花影响的研究。20 世纪 50 年代起我国着重在物候观察的初步研究。60 年代以后才开始有分项的研究论文报告。四川省林业科学研究所对花芽分化、开花习性做过研究；华中师范大学生物系研究过油桐胚胎发育和组织结构；浙江研究过油桐根系；中南林学院研究过生长发育规律和油桐果实油分转化积累；1978 年中南林学院开始湖南油桐栽培区划及立地类型划分的研究，接着陕西、四川、福建、湖北等省也做了这方面的研究，1981 年完成了中国油桐栽培区划的研究；广西林业科学研究所完成了广西油桐生态地理分布的研究；中国林业科学研究院亚热带林业研究所完成了主要栽培品种生长发育、脂肪酸含量、性别生理等研究；中南林学院、贵州农学院进行油桐密度的研究。所有这些研究为丰产栽培和良种选育提供了科学依据。70 年代后期开始，开展了油桐生产发展战略研究，这些研究成果为各级政府制订发展油桐生产规划起了积极的作用。

综上所述，近 50 多年来我国在油桐科研中取得了一批突出的研究成果，其中如良种选育、繁育，丰产栽培系列技术，病虫害防治等先后在生产中应用推广，有力地推进了油桐生产的发展。《中国油桐》就是在吸收了现有油桐科技成果和先进生产经验的基础上撰写成书的。因此，从这个意义上说，《中国油桐》是集中了我国数百名科技人员多年来的研究成果，是一本集体的著作。

桐油是我国大宗传统出口创汇物资，是世界性商品，因而世界各国争相引种中国油桐。美国 1902 年从我国引进少量油桐种子，1905 年复派员来我国考察油桐分布、栽培方法后，方在美国密西西比、佛罗里达、佐治亚、阿拉巴马、路易斯安那和田纳西等州种植。至 20 世纪 50 年代发展至 1000 万株，年产桐油量达 1000 万 kg，密西西比州占产量的一半。由于经营较集约，一般每公顷产桐油 900 ~ 1000kg。70 年代初期逐年减少，中期以后逐步停止种植，桐油的需用又依赖进口。世界上其他国家，如前苏联、英国、法国、日本、印度、越南等也相继引种我国油桐，由于自然条件等原因，成效甚微，未能形成批量生产。目前，世界上引种我国油桐成功并仍保持一定出口桐油量的国家有阿根廷，年出口量 1000 万~ 1400 万 kg，巴拉圭年出口量 900 万~ 1000 万 kg。其他如马拉维、巴西、马达加斯加也引种我国油桐，并形成批量生产，年产桐油 100 万 kg 左右，但 70 年代中期以后也没有批量桐油出口。阿根廷和巴拉圭两个国家由个体农户经营，由于经营集约度较高，一般平均产油量 450 ~ 600kg/hm^2。

我国油桐产区多是贫困山区，历史上桐油收入在当地人民群众的生产、生活中占有重要位置，有些地方人们的吃、穿、用全靠桐油收入。农谚有："家有千株桐，子孙永不穷"。油桐产区群众有经营油桐的习惯，并且有丰富的生产经验，积累了从林地选择、开梯作埂、选择良种、桐粮间作、抚育管理、除虫灭病，直至采收贮运的系统生产技术措施。这是重要的技术财富，是发展油桐生产的良好社会基础，也是重要的人力和人才资源。在山区发展油桐生产是天时、地利、人和，顺乎民心，是农民脱贫致富的合理举措。近几年来，桐油内销和外贸的需求量不断增长，国际市场价格也在上涨，形势看好。为了保障供给，必须认真思考发展油桐生产的战略措施。

1. 加强宏观指导，完善生产责任制

50多年来油桐生产的几次起伏表明，只要重视并加强领导，生产形势就好转，面积和产量就上升。要把油桐生产纳入总体造林绿化的组成部分，发挥林业生产的多树种、多林种、多效益的全方位作用。为了利于推行新技术，应增强信息交流、沟通产品流通渠道、形成规模效应。国内不少地方的桐农，在明确生产权属的基础上，自愿组织联合起来，成立联产专业组，或桐农协会等多种形式，这是油桐生产中的新事物，是发展方向。油桐生产应尽可能纳入当地的农业综合开发工程项目。农业综合开发在油桐产区是不能没有油桐的。

2. 建立油桐生产基地

建立基地是发展油桐生产的可靠保证，便于推广新技术，利于投资和经营，是由封闭式的原料生产，转向开放式的大批量商品生产，变资源优势为经济优势，推动油桐生产向专业化、商品化、现代化方向发展的合理举措。林业部造林经营司于1987年11月在湖南株洲市召开过全国经济林名特优商品生产基地规划座谈会。会上提出1988—2000年的基地规划，其中有油桐规划。现在看来油桐规划必须调整和加强，最少应在四川、重庆、贵州、湖南、湖北和广西6省(自治区、直辖市)规划出60个县，才有可能保证每年1.5亿kg桐油产量。油桐商品基地的建设要面向市场，面向出口创汇，发挥当地资源、技术优势。认真做好调查规划，提出优化设计方案，切不可盲目蛮干。要充分认识到，建设油桐商品基地，是组成林、工、商的系统生产。要根据系统工程的理论和方法组织管理好这个大系统，使油桐生产向更高层次发展。

3. 增加投资，拓宽投资渠道

发展油桐生产，需要一定投资。依据《中华人民共和国森林法》(以下简称《森林法》)规定，对集体和个人造林、育林给予经济扶持或长期贷款。过去一直是在木材销售中征收育林费，但在油桐产品销售中至今尚未征收育林费。今后在油桐的销售中要按《森林法》规定征收育林费，用于发展油桐生产。国家林业生产投资、林业基金中油桐造林育林也应占一定的比例。应恢复20世纪60年代中期的国家对油桐生产的投资，这样就有利于地方配套资金的投入。要提高油桐生产的投资效益，真正起到促进油桐生产发展的积极作用。投资应主要用在三个方面：一是集中投于油桐基地的建设；二是由国家投资建立以繁殖良种为基础的良种繁育基地；三是建立健全技术推广指导体系。

4. 完善市场机制，建立桐油保护价

国务院1984年将桐油由二类派购，改为三类商品放开经营，这一措施本来对活跃市场、促进流通、加速油桐生产发展是有利的。但因市场机制尚不健全，出现过行业失控，多家经营，市场混乱，流通不畅，要油买不到，有油卖不掉，价格不稳，严重地挫伤了桐农和经营者双方的积极性。长期以来，我国桐油价格既不反映使用价值，也不反映供求关系，比价不合理。1950年每吨油价为733元。经6次调价至1981年的2600元。1984年桐油实行议购议销，至1998年，价格约10000元，并且波动很大，桐农收入逐年下降。在市场经济的影响下，迫使转向经营别的生产门类。为此，要完善市场机制，理顺购销关系，疏通流通渠道。及时掌握国际市场信息，保证桐油品质，迅速恢复我国桐油品质优良

的国际信誉。

桐油购销价格要逐步理顺，调整合理的比价，提高桐农经济收益。国家除应规定合理的收购指导价外，同时要建立桐油收购的保护价。保护桐农的利益，不受市场价格波动的影响，提高桐农种桐的安全感和积极性。

5. 科技兴桐，提高效益

要改变油桐低效益的局面，大幅度提高经营效益，迎接其他生产门类的挑战，必须依靠科学技术的进步。要开展综合利用的研究和应用推广，其中特别是桐油深度加工利用的研究，开发新产品，拓宽新的应用领域。

第一章 油桐栽培历史

第一节　油桐古代栽培历史

油桐原产我国。现代中国油桐的中心栽培区，是在重庆市、川东南、鄂西南、湘西北和黔东北毗邻的山区，也就是油桐分布中心。油桐在我国的区域分布，是由原产中心向四周扩散的结果，是人类的实践选择。我国油桐之利用及栽培历史起于何时？实属难考，如果按用漆与用桐油有关考察，我国舜、禹时代在食具、祭具上涂漆汁，则有四五千年的历史，但在当时可单用生漆不一定配用桐油。据现已查寻到的资料，最早是在唐代陈藏器所著《本草拾遗》中记有："罂子桐生山中，树似梧桐。"该著作成书于739年，距今有2018年之久。北宋寇宗所著《本草衍义》中记有："荏桐早春先开淡红花，状如鼓子花，花开成实，子可作桐油。"该著作成书于1116年。从上文中看出，关于油桐花的形态及开花习性已有认识。13世纪意大利人马可·波罗所著《东方游记》中记有我国用桐油混石灰及碎麻以修补船隙。明代李时珍所著《本草纲目》中记有："罂子因其实状似罂也，虎子以其有毒也，荏者言其油似荏也。"荏即苏子油，亦属干性油类。该著作于1578年编成，1590年刊印。明王象晋所著《群芳谱》中记有："取子作桐油，人漆及油器物，舱船为时人所需。"该书成于明熹宗天启元年(1621年)，已记述了当时桐油的主要用处。关于油桐栽培及桐油之利用，在明代徐光启所著之《农政全书》则有较为详细的记述："江东江南之地，唯桐树黄粟之利易得。乃将旁边山场尽行锄转，种芝麻收毕，仍以火焚之，使地熟而沃。有种三年桐，其种桐之法，要二人并耦，可顺而不可逆，一人持桐油之瓶，持种一箩，一人持小锄一把，将地拔起，即以油少许滴土中，随之种置之，次年苗出，仍要耘耔一遍。此桐三年乃生，首一年犹未盛，第二年则盛矣。"又记有："种油桐者必种山茶(即油茶)，桐子乏，则茶子盛，循环相代，较种栗利近而久。"关于油桐之利用，该书亦有记述："油桐一名荏桐，一名罂子桐，一名虎子桐，实大而圆，取子做桐油人漆及油器物、舱船。"该著作于1628年编成，1639年刻印刊行，而徐光启则先于1633年逝世。从上文中可见徐光启对油桐生物学特性之了解虽不尽然，但的确有所知。成书稍后的清吴其浚著《植物名实图考·长编》中记有："罂子桐荏桐虎子桐一也，今俗称油桐。"该书成于清道光二十八年(1848)，记有关于榨油生产工艺过程的详细描述。

政府之大力提倡植桐，据历史查考，约始于明朝。明《食货志》载有："洪武时，命种桐、漆、棕于朝阳门外钟山之阳，总50万株。"经过数十年之努力，至明宣德三年(1428)，朝阳门外所植之桐、漆、棕即达200万株。1950年在南京孝陵卫还存有"桐园"字样的牌坊。明正德十一年(1516)，葡萄牙人航海到广州，以欧洲产品交换中国桐油，开始输往欧洲。

第二节 油桐近代栽培历史

栽培油桐之效益至清代妇幼皆知。当时江苏、安徽、浙江、江西均以桐油作为赋税。清同治五年(1866)开始少量输往美国，至1875年国外始发现桐油优良之化学性能，可用来代替亚麻油，清光绪二年(1876)作为商品输往欧洲，进入国际市场，百余年来久盛不衰。

由于桐油出口量大增，至1912年全国油桐林面积发展至近20万 hm^2。是年出口桐油2900万kg，主要输往美国，从20世纪20年代开始在当时各省地方政府中大力倡植桐林者，当首推广西。该省奖励私人开荒植桐，1927—1933年新造桐林1.2万 hm^2，并定桐花为广西的省花，4月1日定为桐花节。其他各省亦相继推广植桐事业，湖南、江西、浙江省旧政府曾颁布植桐之奖励办法。1930年，国民政府财政部贸易委员会拟订了全国发展油桐生产计划，以巨款资助川、湘、鄂、桂、黔等地产桐区发展油桐生产，并同时创建油桐研究所，进行良种选育和栽培丰产技术的研究。经几年的努力，20世纪30年代全国桐林面积发展至47万 hm^2，年均产桐油达1.03475亿kg，年均出口6513.0万kg，出口量占产量的62.9%。其中1936年桐油产量高达1.368亿kg。由于四川省①历史习惯以及天时地利之原因，有利油桐生产的发展，全省年产桐油达4500万kg，湖南年产桐油3000万kg，湖北、广西、浙江、贵州年产桐油皆逾1000万kg。

进入20世纪40年代之后，国内虽经"七七"事变，发生抗日战争，但植桐事业仍长盛不衰。国民政府农林部于1941、1943年先后建立四处经济林场(包括用材林)，其中第一林场设于贵州镇远，以培植油桐为主。广西在临桂县良丰建立广西油桐研究所。在粤北阳山、连山地建立了私人植桐林场。太平洋战争爆发后，桐油输出量逐渐减少，因而影响国内桐油生产。在这期间年平均产量7546.0万kg，出口2793.0万kg，出口占产量的37%。第二次世界大战结束以后，油桐生产复有回升，至1949年全国桐林面积发展达75.47万 hm^2。

随着世界工业生产之发展，桐油用量日增，促进了我国油桐生产的发展。长期以来，进口我国桐油的主要是美国、日本、西欧、澳新地区，以及中国香港等地(表1-1)。

表1-1统计1912—1949年我国年桐油出口量。1937年以前，主要出口美国，年平均出口桐油逾4200万kg，占我国出口量的64%。1938年以后至1949年主要出口至中国香港，年平均出口桐油逾2500万kg，占输出量的53%，美国进口桐油量仅占25%，退居第二位。

表 1-1　1912—1949 年中国出口油桐数量

年份	出口数量(100kg)	年份	出口数量(100kg)
1912	352481	1931	503051
1913	280408	1932	485507
1914	265422	1933	754081
1915	187693	1934	652835
1916	311571	1935	738865
1917	242739	1936	867783
1918	295653	1937	1029789
1919	371011	1938	695777
1920	327020	1939	335015
1921	253739	1940	233472
1922	450910	1941	205778
1923	506141	1942	24000
1924	541915	1943	21000
1925	540725	1944	3000
1926	542494	1945	2000
1927	545094	1946	352638
1928	661821	1947	805373
1929	646910	1948	760925
1930	705944	1949	168929

注：1. 据 1950 年浙江省农业展览会资料。2. 1941 年出口量为 1～10 月的统计数。3. 1949 年出口量为 1～5 月的统计数。

引自：熊大桐等，中国近代林业史. 中国林业出版社，1989。

第三节　20 世纪 50 年代以来我国油桐的发展

20 世纪 50 年代以来，我国政府重视油桐生产，中央人民政府林垦部于 1950 年 2 月 27 日在北京召开的第一次全国林业工作会议上确定林业方针任务时，油桐被选为重点发展的造林树种之一。第一个五年计划期间，油桐生产得到迅速恢复和发展，1957 年全国桐林面积 150 多万 hm^2，比 1949 年的桐林面积增加 1 倍。50 年代平均年产桐油 1. 1961 亿 kg，比 1949 年增产 58. 4%，平均年出口量为 4401. 0 万 kg，其中 1959 年桐油产量达 1. 75 亿 kg，创油桐生产历史最高纪录，是我国油桐生产的黄金时代。

60 年代的桐油产量大幅度下降，年平均产桐油量只有 8772. 5 万 kg，出口 1704. 5 万 kg(仅占年产量的 19. 4%)，其中 1960 年桐油产量 5300 万 kg，低于 20 年代的年平均产量。为了恢复和促进油桐生产的发展，60 年代期间林业部先后于 1960 年在四川万县，1962 年在四川成都，1964 年在北京，召开过 3 次油桐生产专业会议(1964 年北京油桐会议是与国家计划委员会共同召开的)。每次会议针对当时的历史条件和生产实际情况，制定了发展油桐

生产的规划和相应的政策措施，有力地推动了油桐生产事业的发展。

在1960年和1963年两次全国油桐会议之后，经各产区努力，1963年营造油桐17万hm^2（仅湖南该年就垦复桐林6万hm^2），桐油产量达9000万kg。1964年1月第三次油桐会议之后，1964—1965年油桐生产发展很快，各省（自治区）根据会议要求都建立了一批油桐基地县，仅广东省在韶关地区就建立650～700hm^2油桐林场4处。全国油桐林面积发展至173.33万hm^2。

从1966年开始的10年中，油桐生产急剧下降，至1976年全国桐林面积下降至100万hm^2。年产桐油8500万kg，低于50年代初的水平，造成内外供应紧张。根据桐油出口外贸和国内供求的需要，林业部于1978年4月在北京召开了第四次全国桐油（油桐）生产专业会议。会议就油桐生产的发展作了规划，建立油桐生产基地县101个。同时，调整了有关政策。会议结束后，国务院发了《全国桐油会议纪要》。在《全国桐油会议纪要》中明确地指出要将发展油桐生产当作山区建设的一项重要工作，要求各级政府认真做好。经过一系列努力的结果，在70年代期间桐油年平均产量为9718.5万kg，年平均出口量为2364.5万kg，出口量占年产量的24.3%。年产量和出口量比60年代都有回升，但尚未恢复至50年代的水平。

80年代油桐生产总的趋势是发展的，1980年全国新造桐林26.81万hm^2，其中基地造林15.13万hm^2。这一年全国桐油产量为1.33亿kg，比1979年增产21.2%，年产桐油50万kg以上的县达60个，充分显示出基地县在增加桐油总产的重要作用。为了进一步促进油桐生产的发展，研究有关油桐生产政策问题，如育林费的征收、营造桐林的补助等，1981年林业部在北京召开了一次小型的油桐生产座谈会。

1981—1984年连续4年，全国平均每年新造桐林面积26.67万hm^2，使全国桐林总面积达188.53万hm^2，年平均桐油产量达1.0亿kg，1985年新造桐林面积虽下降，但产桐油量仍达1.10亿kg，比1984年略有增产。80年代后期以来，由于国内桐油销售渠道不畅，外贸价格偏低，加之不切实际地强调经济效益，给油桐生产带来不利的影响。近年来，桐油在国内外市场均紧缺，供不应求，外贸桐油价格由1988年的700美元/吨，至1993年9月上涨到1700美元/吨，其中1992年最高达3150美元/吨，至2015年，为3700美元/吨，国内价格也上涨至2.0万~2.5万元/吨，并且销售情况很好。这一市场情况的变化，给油桐生产带来新的活力。随着人们对家居装修无污染的要求，桐油市场前景看好。

60多年来，油桐生产几起几落，经历了50年代的恢复、发展；60年代初期上升，以后下降；70年代中期以后再恢复、再发展；80年代中期下降，末期又恢复、又发展；90年代以后的不景气过程。期间政府为油桐生产召开过4次全国性的专业会议，2次小型座谈会，这在所有的林业生产门类中是绝无仅有的。目前油桐生产总的趋势仍然是向前发展的、有成绩的。50多年来，油桐产区累计生产桐油50亿kg，外贸出口15亿kg，为我国经济建设做出了重大的贡献。

第二章 油桐的种与品种

第一节　油桐属、种分类及栽培种的特性

具有某种桐油共性的大戟科(Euphorbiaceae)植物中，有光桐、皱桐、日本油桐、石栗、夏威夷油桐、菲律宾油桐的2属6种和1变种。主要分布于亚洲东南部、太平洋部分岛屿及南美洲。我国广泛栽培的有光桐及皱桐，石栗仅在南亚热带温暖湿润地区少量种植。光桐、皱桐种子含油量高，油质也好，故形成规模栽培。石栗油也有一定利用价值，但未进一步开发利用，在其分布区内常作观赏树种植。夏威夷油桐及菲律宾油桐种子的含油量低，油质也差，多处于野生、半野生状态，未有扩大栽培。

一、油桐属、种分类

植物分类学家对上述物种的分类，曾有不同划定。1776年划定为石栗属(*Aleurites* Forst)6种；1790年将皱桐(*A. montana*)从中划出，成立油桐属(*Vernicia* Lour.)；1866年又归并成一个属，即油桐属(*Vernicia* Lour.)的6种，长期为中外学者及其著作所采用；1966年H. K. Airy Shaw在对大戟科进一步研究的基础上，提出3属6种和1变种的分类方法，即石栗属(*Aleurites* Forst)、油桐属(*Vernicia* Lour.)、菲律宾油桐属(*Reutealis* Airy Shaw)新属。此后，国内外学者多认同这一分类方法。

(一)油桐属(*Vernicia*)3种

(1)光桐[*Vernicia fordii*(Hemsl.)Airy Shaw]　主要分布中国、中南半岛等。

(2)皱桐[*Vernicia montana* (Wils.) Lour.]　主要分布中国、中南半岛、南美洲等。

(3)日本油桐[*Vernicia cordata* (Thunb.)Airy Shaw]　主要分布日本。

(二)石栗属(*Aleurites*)2种及1变种

(1)石栗[*Aleurites moluccana*(L.) Wild.]　主要分布印度、中国、新西兰等。

(2)夏威夷油桐(*Aleurites remyi* Sherff)　主要分布夏威夷群岛。

(3)石栗变种(*Aleurites moluccana* var. *floccsa* Airy Shaw)　主要分布巴布亚新几内亚等。

(三)菲律宾油桐属(*Reutealis*)1种

菲律宾油桐[*Reutealis trisperma* (Blanco) Airy Shaw]　主要分布于菲律宾等。

油桐属的光桐、皱桐 2 种原产我国，栽培面积曾达 180 万 hm^2 以上。石栗属的石栗在福建、海南、广东、广西、云南的南亚热带地区也有自然分布和少量人工种植。我国光桐、皱桐及石栗的共同特征是：乔木，叶单生，基出脉；叶柄长，顶端具有 2 个腺体；单性花，果皮肉质，种皮坚硬；种仁富含脂肪。主要差异是：光桐为中亚热带、北亚热带适生落叶树种，皱桐主要为南亚热带适生落叶树种，石栗为热带至南亚热带适生常绿树种；光桐子房多 5 室，果皮光滑，皱桐子房多 3 室，果皮有网状皱纹，石栗子房多 2 室，叶背及果实披星状绒毛；光桐、皱桐染色体数 $2n=22$，石栗染色体数 $2n=44$。

二、油桐属的栽培种

（一）光桐[*Vernicia fordii*（Hemsl.）Airy Shaw]

又称油桐、三年桐，古称罂子桐、虎子桐、荏桐、冈桐。英文名称 Tung Oil Tree。

落叶中、小乔木，树高 3～10m，胸径 15～30cm；树皮灰褐色，随树龄的增大，树皮由光滑变粗糙并有纵裂；枝粗壮无毛，合轴分枝，常 2～4 轮，树冠伞形至半椭圆形或窄冠形；单叶互生，心脏形或阔卵形，常全缘，1～2 年生初叶偶有 1～3 浅裂，叶长宽10～15cm，顶端尖，基部近圆形或心脏形，叶表面光滑，深绿色有光泽，叶背淡绿色，嫩叶披浅褐色绒毛，长大后消失；掌状网脉，主脉 4～6 条；叶柄圆形，长 6～12cm；叶柄顶端与叶片基部连接处，具有 2 个馒头形的紫褐色无柄腺体（偶有 1、3、4 或不具有腺体的叶子），叶部浅裂的凹部也常有小型的腺体 1 个。单性花（偶有发育不完全的两性花出现）；雌雄同株为主，也有异株，雌雄异花，花序抽生于去年生枝条顶端的混合芽，呈总状花序、圆锥花序、聚伞花序（也有单生花），每序花数朵至数百朵；花白色，花瓣基部有淡红色纵条及斑点，偶有开淡绿色或淡黄色花的单株；花径 4～7cm（雌花较大），萼片 2～3 枚，紫红色或青绿色；基部合生；雄花瓣 5，雌花瓣 5～9 片，覆瓦状排列，雌花常着生于花序主轴及侧轴的顶端；雄蕊 8～12 枚，分上下 2 层轮生，花丝基部合生，花药顶生；子房上位，常 4～5 室；柱头 5×2 裂式，具绒毛；单生至丛生果序；果实的基本形状为近圆球形及扁圆形，不典型核果；果实上下端常具果尖、果颈，果皮光滑故名“光桐”；果皮肉质，厚度为0.5～1.0cm；具有圆形的明显果梗（1～10cm 多）；果实在生长期为青绿色，随成熟逐步转为淡黄色、淡红色至暗红褐色；果实表皮有与子房室数相对应的纵条隐纹；单鲜果质量通常为 50～200g 以上，果径 6～8cm，单果含子数 4～5，多时可有 10 粒以上，每千克种子250～300 粒；种子广卵形，长约 3.0cm，褐色、粗糙、坚硬，鲜子重 5～9g；种仁白色，外披一层薄膜，有毒；气干果的出子率为 55% 左右，出仁率 60% 左右，全干桐仁含油率 65% 左右；在浙江富阳 3 月中、下旬萌动，4 月中旬至 4 月下旬开花，花期 10～15 天，10～11 月果实成熟，初霜期落叶。

光桐一般种下至第三年生即可开花结实（也有 2～5 年生者），故又名“三年桐”。主要分布在长江中下游及其以南地区，以四川东南部、贵州东南部及北部、湖南西部及湖北西部 4 省毗邻处最为集中。光桐为我国油桐的主要栽培种。

（二）皱桐[*Vernicia montana*（Wils.）Lour.]

又称千年桐、木油树、皱皮桐。英文名称 Wood Oil Tree。

落叶乔木，树高 8～15m，胸径 20～40cm，最粗可达 85cm 以上，树形整体常比光桐大 1 倍以上；主干突出，通直，树皮幼时褐色，皮色较光桐深；多为合轴分枝，主枝轮生，轮数4~6为多，于枝幼时皮孔大而明显；分枝角较光桐小，树冠近金字塔形、半圆锥形、垂枝形；单叶互生，阔卵圆形，长15~25cm，常3~5深裂或全缘，幼叶两面披黄褐色绒毛，老叶无毛光滑，裂缺底部具腺体，掌状脉5~7，网脉明显；叶柄圆形，长10~15cm，顶端与叶片接合处有2个杯状形有柄绿色腺体；单性花，实生繁殖下一般表现为雌雄异株（但没有始终不开雌花、不结实的绝对雄株），也有典型雌雄同株的类型；花瓣常5片，花径3~5cm(雌花较大)，萼片2~3片；花初开时白色，随后花瓣基部出现红色纵条纹；花序着生于当年生枝条顶端，雄花为聚伞花序，每序花数从数朵至200~300朵，雄蕊8~10片，花丝上下轮生，下层5片，上层3~5片；雌花圆锥花序至总状花序，初、盛果期常有近似聚伞花序者，花10~40朵以上，子房上位，常3室(也有4~5室)，柱头3×2裂式；幼果披有黄褐色绒毛，随果实壮大逐步消失；果广卵形，不典型核果，果径4~6cm，外果皮多有3条(少数4~5条)突出纵棱，并有许多不规则横棱或皱纹，故名“皱桐”；每果含子数3粒(少数4~5粒)，种子较光桐略小，种皮色淡少纹且较扁平，300~350粒/kg，油质较光桐稍差。4月底至5月中旬开花，11月下旬果实成熟。

皱桐在实生繁殖下，一般5~7年生开始开花结实，盛果期30~40年，寿命长达50~60年甚至70~80年以上。原产我国西南地区，主要分布在福建、广东、广西、云南、贵州、台湾及浙江、江西、湖南的南部地区。光桐及皱桐2种的主要差异见表2-1。

表2-1　光桐与皱桐的区别

性状	光　桐	皱　桐
树形	比较矮小，树冠较开展	树体高大，树冠较直耸
叶片	全缘或浅裂，腺体馒头形无柄	3~5深裂或全缘，腺体杯状形有柄
花性	雌雄同株为主，花序发生于去年生枝条顶端，花期早	雌雄异株为主，花序发生于当年生枝条顶端，花期比光桐迟20~25天
果实	果皮光滑，油质好	果皮有纵棱及皱纹，油质稍次
习性	耐寒，主要分布于长江中下游地区，播种后2~4年生开花结果，寿命较短	喜温暖湿润，主要分布于南亚热带地区；播种后5~7年生开花结果，寿命较长

(三)日本油桐[*Vernicia cordata*(Thunb.)Airy Shaw]

又称罂子桐。英文名称Japanese Wood Oil Tree。

落叶乔木，树高约10m；主枝粗壮轮生，树皮浅褐色，皮孔长而明显；叶互生，全缘或3~5裂，叶长16~20cm，宽12~15cm；叶面黄绿色，有光泽，叶背淡绿色，被绒毛；基出脉3~5条，隆起于两面，叶柄淡红色，长倍于叶片，顶端近叶片处生有柄红色腺体；花期5月，雌雄同株异序，复总状花序，萼片杯状2裂；雌雄花瓣6~7枚，白色，基部淡黄色或带红色；雄花有8枚雄蕊，雌花子房黄色，3室；果圆球形至扁球形，有缝线6条，果径3~4cm，9月成熟，每果含种子3粒，种子略成球形，含油较低。原产日本中南部，在日本和我国台湾有栽培。经济价值不如皱桐，但耐寒性较皱桐强，在油桐育种上也是有价值的近缘种。

第二节　油桐品种分类

我国油桐的分布遍及四川、贵州、湖北、湖南、广西、陕西、河南、浙江、云南、福建、江西、广东、海南、安徽、江苏、台湾、重庆等 17 个省、自治区、直辖市及甘肃、山东南部的局部地区。全分布区面积约 210 万 km^2，跨越北亚热带、中亚热带、南亚热带及部分热带气候，从海拔 50m 以下的沿海平原到 2000m 以上的内陆高原，地质、地貌、气候条件差异悬殊，形成复杂的各类生态环境条件。在种的系统发育进化过程中，受长期自然选择与人工选择的双重作用，种内产生了与生存环境变化平衡的、与各类栽培要求相适应的定向变异。伴随这种变异的渐进积累，导致种群多样性的不断出现，形成不同品种、类型，并表现出形态特征、生长发育、生理特性、适应性、抗逆性等有显著的遗传差异。

油桐的形态特征、生长习性、适应性、抗逆性等的遗传差异，在一定程度上反映种群的系统演化关系，是划分油桐品种、类型的主要依据。因此，只有深入研究油桐种内的变异形式与幅度，深刻了解性状发育与环境条件的相互关系，全面探明油桐的谱系关系，才能科学地进行品种、类型的分类。

皱桐大体上为雌雄异株，人们栽培的又主要利用优良雌株，其种内变异的形式与幅度比光桐要简单得多。因此，皱桐的适应性及花、果性状差异，常常被各地用作皱桐品种、类型的简单划分依据。

一、油桐品种、类型分类的历史概述

中国油桐栽培历史悠久，但对我国丰富的油桐种质资源进行系统的品种、类型分类，用以科学地指导育种和生产则是近代的事。古书中的罂子桐、虎子桐、荏桐等乃泛指油桐，长期沿用至今之"三年桐"、"千年桐"称谓，也仅分别专指光桐和皱桐物种。各油桐产区在长期生产实践中，依据某一突出的性状特征或生物学特性，运用比喻法，也对油桐地方品种、类型进行过划分。如四川的柿饼桐、柴桐、立枝桐；贵州的高脚桐、矮脚桐；湖北的九子桐、五子桐；湖南的七姊妹、葡萄桐；广西的对年桐、大蟠桐；陕西的大米桐、小米桐；河南的叶里藏、大红袍；浙江的座桐、五爪桐；福建的一盏灯、串桐；江西的鸡嘴桐、四季皱桐；安徽的独果桐、丛果球以及部分产区的公桐、野桐、桃形桐、观音桐、白杨桐、窄冠桐、满天星、百岁桐、垂枝桐、厚壳桐、葫芦桐、大瓣桐、吊桐、鸡爪桐、盘桐、歪嘴桐、尖头桐、平顶桐、薄皮桐、厚皮桐、皱皮桐、龟壳桐、龙爪桐、铁壳桐、红花桐、白花桐、大叶桐、小叶桐等。群众性的早期人为分类与命名，所依据的是单一性状，是树形、分枝习性、花性、果实着生方式、果实性状、含子数、始果期或寿命等某一突出的性状特征，因而，在一定程度上出现了同种异或名异种同名的混乱状况。但是，早期的品种、类型划分在特定时期也为认识油桐种群变异，促进实生选种起过积极的历史作用，并为后来的更科学分类提供了丰富的认识基础。目前国内许多油桐品种名称，至今仍然沿用过去群众的称谓。

自 20 世纪 30 年代以来，国内学者在对油桐种群变异的深入研究基础上，先后对油桐品种、类型进行过多次的分类，概述如下。

(一)依油桐产地划分

毕卓君(1931)等曾以地理产地划分了四川种、湖南种、陕西种，其后人们又增加云贵种、两广种及福建种等。

(二)以花、果性状及树形划分

(1)马大浦(1942)将光桐划分为周岁桐、柿饼桐、凹颈桐、葫芦桐、棱形桐、寿桃桐、佛手桐、艳花桐及秀花桐共9个变种(variety)。

(2)徐明(1943)将四川光桐划分为大米桐、小米桐、柴桐3个品种。

(3)叶培忠等人(1944)将光桐分为对岁桐、柿饼桐、米桐、柴桐4个变种。

①对岁桐(*Aleurites fordii* Hemsl var. *tsouiana*);

②柿饼桐(*A. fordii* Hemsl var. *malformia*);

③米桐(*A. fordii* Hemsl var. *prolifica*);

④柴桐(*A. fordii* Hemsl var. *apiculata*)。

(4)贾伟良(1957)在《中国油桐生物学之研究》一书中，按果形、果皮、子数将光桐系分为3个大类(变种 varietas)下分若干型(类型 forma)。

①米桐(*Aleurites fordii* Hemsl var. *prolifica*):

米桐(*A. fordii* Hemsl var. *prolifica* f. *prolifica*);

尖桐(*A. fordii* Hemsl var. *prolifica* f. *rhyncophera*);

罂桐(*A. fordii* Hemsl var. *prolifica* f. *stipidata*);

圆桐(A. fordii Hemsl var. *prolifica* f. *votundata*)。

②柴桐(*A. fordii* Hemsl var. *apiculata*):

柴桐(*A. fordii* Hemsl var. *apiculata* f. *apiculata*);

寿桃桐(*A. fordii* Hemsl var. *apiculata* f. *rhynshacarpa*);

葫芦桐(*A. fordii* Hemsl var. *apiculata* f. *stipitatofructas*);

球果桐(*A. fordii* Hemsl var. *apiculata* f. *globosa*)。

③柿饼桐(*A. fordii* Hemsl var. *malformia*)。

(5)林刚等人在20世纪50年代将我国油桐划分为光桐系及皱桐系。光桐系再分为米桐、柴桐、柿饼桐、对岁桐4类10个品种；皱桐系下分圆皱桐、长皱桐、尖皱桐、菱皱桐4个品种。

(6)叶培忠(1964)将米桐再分为大米桐和小米桐。使光桐的划分逐步形成大米桐、小米桐、柿饼桐、柴桐、对岁桐的五大类。

(7)阙国宁、黄爱珠(1963)在《浙江常山油桐类型初步观察》一文中，依据油桐的花、果序性状；花、叶开放顺序关系；果形、叶形、分枝习性等，将常山光桐分为座桐、吊桐和野桐三大类的10个型。

(8)何方(1964)在《湖南油桐品种及优良类型选择的研究》一文中，将湖南光桐划分为大米桐、小米桐、柴桐、柿饼桐、对岁桐共5个品种，10个类型。

(9)凌麓山(1965)在《广西的油桐及其经营栽培》一文中，将广西光桐划分为对年桐、三年桐、五年桐3个类群的7个优良品种。

(10)林刚、黎章矩、夏逍鸿(1965)在《浙江油桐品种调查与良种选择初报》一文中，

按花、果序性状将浙江油桐划分为单花类、少花类、多花类的三大类10个品种。

（三）全国油桐三大品种群的划分

1965年“全国油桐科学研究协作组”在四川万县地区召开油桐品种分类现场讨论会，当时取得对油桐品种分类问题的基本一致看法。提出以花、果序特征作为一级标准，以果实特征结合树形作为二级标准的光桐品种分类依据。会议根据花序的大小和果实的着生方式，将光桐划分为3个大的品种群。

1. 少花单生果类

1个花序上的花，在15朵以下，少有单生花，花轴分枝2级以下，果实单生或少有丛生。其中代表品种有：四川、湖南的柴桐、柿饼桐；浙江的座桐、少花吊桐；云南的厚壳桐等。

2. 中花丛生果类

1个花序上的花，一般不超过40朵，花轴分枝2～3级，果实丛生或少有单生。其中代表品种有：四川大米桐、小米桐；湖南高脚米桐、罂桐、葡萄桐；浙江吊桐；湖北九子桐；广西小蟠桐、对岁桐、老桐；云南矮子桐；贵州大瓣桐等。

3. 多花单生果类

1个花序上的花，一般是40朵以上，花轴分枝3级以上，雌花比例极低，长柄单生果，极少丛生果。其中代表品种有：湖南、湖北公桐；浙江野桐等。

油桐品种、类型的划分，经过了由依据单一性状分类，逐步发展至依据主要性状和次要性状的综合性状分类；从不同角度的繁多划分方法，发展到全国性初步统一的分类方法。其结果，在生产和科学研究工作上，都起到了积极的推动作用。

（四）20世纪80年代全国油桐种质资源调查与整理

1981年1月“全国油桐科学研究协作组”在贵阳市召开会议，确定开展“全国油桐种质资源调查”的科研协作项目。经过5年时间，各省、自治区先后发表了调查研究报告，共发掘油桐品种、类型184个，并分别进行不同深度的归类划分。

（1）李福生等（1981）在《湖南油桐农家品种资源普查报告》一文中，按形态特征、经济性状和生育特点，将湖南油桐划分为16个品种（品种名称参见第五章，下同）。

（2）贵州农学院（1982）在《贵州油桐品种及良种选择初步研究》一文中，按生育特性、形态特征及花、果序性状，将贵州油桐划分为7个农家品种。

（3）刘翠峰等（1983）在《河南省油桐资源调查研究报告》一文中，将河南油桐划分为9个品种和6个变异类型。

（4）方嘉兴等（1984）在《浙江油桐主要品种、类型》一文中，按性别分化及相关性状的变异方向，将浙江光桐划分为7个品种、类型。

（5）赵自富（1985）在《云南油桐品种及分布》一文中，将云南光桐分为8个品种；将皱桐分为2个品种和1个野生类型。

（6）欧阳准等（1985）在《福建省油桐农家品种类型》一文中，将福建光桐分为8个品种、类型；将皱桐分为2个品种类型和1个变种。

（7）李龙山等（1985）在《陕西省油桐品种资源调查及优良品种选择》一文中，以果实特征为主要依据，结合花、树形、分枝习性和生育特点，将陕西油桐分为10个品种和1个类型。

(8)邱金兴等(1985)在《江西省油桐种质资源调查研究》一文中，按三大类法将江西光桐分为3类5个品种；将皱桐分为4个类型。

(9)周伟国、欧阳绍湘等(1986)在《湖北省油桐品种资源调查研究报告》一文中，以花、果序结构和雌雄花比例作为一级标准，以果实性状和树形等作为二级标准，将湖北油桐分为12个主要品种。

(10)宣善平(1986)在《安徽油桐的地方品种及其利用前景》一文中，以生物学特性为主，结合形态特征和经济性状，将安徽油桐分为9个地方品种。

(11)郭致中(1986)在《贵州省油桐品种调查研究》一文中，以花、果序特征为一级标准，以油桐的早实性、结实年限、树体结构和果实性状为次级标准，将贵州油桐分为7个品种。

(12)高长炽等(1986)在《江苏省油桐农家品种资源的调查研究》一文中，以花、果序特征作为一级标准，以花、果序特征结合树形作为二级标准，将江苏油桐分为11个品种。

此外，段幼萱等(1981)在《试论我国油桐品种类群划分》一文中，沿用五大类划分法，支持将全国油桐品种划分为小米桐、大米桐、对年桐、柿饼桐、柴桐五大类。

在20世纪80年代全国油桐种质资源调查基础上，分省(自治区)进行品种、类型整理的过程中，上述12篇代表性文章只有少数进行了归类整理，区分了品种和类型的差异，其余皆侧重于对具体品种的描述。而在进行了品种、类型归类整理的报告中，既有采用五大类归类的，亦有采用三大类归类的，还有二者兼而用之者。两种归类方法的发生、发展及其并存情况，说明在划分过程中既有种群广泛多样性的复杂原因，还有对油桐遗传特性以及品种、类型间的谱系关系的不同认识。

(五)油桐品种的数量分类

(1)何方、姚小华等(1986)在《中国油桐品种数量分类的研究》一文中，提出了油桐品种类、品种亚类、品种的三级分类系统。将我国油桐分为四大类：大米桐类、小米桐类、对岁桐类和柴桐类。其中大米桐类又分大米桐亚类、五爪桐亚类、柿饼桐亚类；小米桐类又分小米桐亚类、矮脚桐亚类、窄冠桐亚类。

(2)《中国油桐品种图志》一书(1993)，沿用2系8类群，依数量分类方法增加窄冠桐类群及座桐类群，将光桐分为大米桐类群、小米桐类群、对年桐类群、柴桐类群、窄冠桐类群、座桐类群及柿饼桐类群共7个。皱桐则沿用广西的3个类群。

此外，伴随我国油桐向世界引种推广，美国学者(H. Mowry，1932)曾对引种到美国的油桐，依果序丛生性，将油桐分为单生果及丛生果两大类；前苏联学者(A. E. Кожин，1957)对引种到前苏联的油桐，依雌雄性之强弱差异，将油桐分为雌性型、雄性型和过渡型三大类；日本学者依桐苗早期颜色，还把中国油桐分为红叶种、黄叶种两大类。国外3种划分方法，由于所观察之油桐资源的局限性以及依据性状的单一性，虽不足以成为划分中国油桐品种、类型的可靠方法，但对我国后来的三大品种群划分产生过一定的影响。

20世纪30年代以来，国内学者在探索油桐种以下分类方面，对油桐的形态特征、组织结构、生长发育规律、遗传特性、生理生化机能、生态习性、生长潜力以及细胞学、栽培学等方面进行了不同程度的研究，这对认识种群的系统关系和科学的品种、类型分类提供了丰富的研究资料。基于不同历史时期，分别提出相应的品种、类型划分方法，代表了

当时的科学技术发展水平，发挥了相应的历史作用，应给予充分的肯定和科学的评价。

以产地为依据进行的早期分类，虽然过于简单，但仍不失其应用价值。因为产地分类是建立在对油桐种源、产地差异这一认识基础上的。种源、产地差异是生长于一定生态条件下，随世代推移而发生与生存环境变化相平衡的变异、积累、遗传的结果，是反映种内多样性的重要变异层次。所以，种源、产地分类对我国早期油桐资源利用，仍然具有积极指导意义。但在油桐互相引种的情况下，就很难真实反映本来差异，这是其缺陷。

各种形态分类的相继出现，从依据某 1～2 个性状，进而依据花果性状、生育期、树体形态的综合性状分类；从依据局部地区油桐群体差异划分，逐步扩大到几个地区乃至全分布区油桐种群内部差异的划分；从划分为 3 个大类，进而细分为 4 个大类、5 个大类、7 个大类；各省、自治区、直辖市在大类之下多数包含 10 个左右品种、类型，个别省、自治区、直辖市多至 16 个(湖南)和 25 个(广西)。整个发展过程表明，随着油桐研究工作的深入，品种、类型的分类，已渐趋接近油桐种群内部的遗传差异实质，方法上也更为科学化、规范化，为合理利用我国油桐资源做出了重要贡献。

但是，国内学者在探索建立油桐品种、类型的种内分类系统中，由于从不同的角度出发，先后分别建立了油桐 4 级、3 级或 2 级的不同分类系统，各级所包含的内容也很不一致；对系统中各级的称谓，分别冠以变种、大类、亚类、类、品种群、类群、变型、类型、型、品种(类型)、品种、地方品种、农家品种等繁多的定性术语，造成许多同物异名及同名异物的混淆状况，使应用者感到莫衷一是，是其缺憾。急需依术语的真实含义准确运用。

上述说明，我国油桐的种级以下分类做了大量研究工作，各种分类系统在实践应用中也曾起过重要的作用。但是，依据植物分类科学的发展，有必要按植物分类规则，对油桐种级以下分类单位进行规范，有利于应用与交流。为此，简单地回顾植物分类学的发展和植物分类的规则，对统一油桐种以下各级分类可能是有意义的。

植物分类学的起源可追溯到人类接触和利用植物的远古时代，但科学地对植物进行不同范围的系统分类则是近 200 多年的事。人们根据认识植物水平的时代特征，逐步建立起各种植物分类系统，从简单的植物分类，逐步发展到综合的植物分类；从人为分类逐步发展到自然分类、系统发育分类；从依据实用、生境和习性的初级分类，逐步发展到依据植物形态学、植物生态学、植物地理学、植物遗传学、植物细胞学、生理生物化学、古生物学、应用数学等多学科为基础的现代植物分类。植物分类学的发生和发展，是与时代的科学发展水平和人类对植物认识水平相一致的。植物分类学所揭示的植物界自然规律，为人类认识植物复杂的系统关系，研究合理利用和改良植物，建立了最重要的基础科学知识。

根据学者所建立的分类系统性质，可将植物分类系统的发展概括成人为分类、自然分类及系统发育分类 3 个阶段。早期的人为分类，是依据某 1～2 个特征作为分类的标准。如我国明代李时珍《本草纲目》记载药用植物 1195 种，划分为草、谷、菜、果、木 5 部；草部又据生境条件差异再分为山草、芳草、湿草、青草、蔓草、水草等 11 类。清代吴其浚著《植物名实图考》记载植物 1714 种，划分为谷、蔬、山草、湿草、石草、水草、蔓草、芳草、毒草、群芳、果、木 12 类。人为分类方法，从应用角度、生存环境或生长习性的差异来划分，没有考虑植物形态特征及其亲缘关系。这是历史的时代局限。国外的早期人为分类也大体相似，希腊学者切奥弗拉斯特(Theophrastus)(公元前 370—285 年)所著《植物的历史》及《植物的研究》二书，记载植物480种，分为乔木、灌木、半灌木和草本，并分1年生、2年生及多年生。13世纪日耳曼人马格纳斯(A. Magnus)(1193—1280年)创用单子叶和双子叶两大类的分类方法。继之，布隆非尔(Otto Brurfels)首先以花之有无区分有花植物与无花植物两大类。植物"属"的创始人，瑞士人格斯纳(Conrad Gesner)(1516—1565年)提出分类的最重要依据应是植物的花、果特征，其次才是叶与茎，并由此定出植物"属"(Genera)概念。随后，却吉斯(Charlesde I'Eluse)(1525—1609年)提出"种"的见解。意大利凯沙尔宾奴(Andrea Caesalpino)(1519—1603年)著《植物》一书，记载植物1500种，提出研究植物分类首先应注意植物生殖器官的性质，这对其后植物分类的影响很大。瑞典植物学家林奈(Carl von Linné)(1707—1778年)于1737年发表自然系统(Systema Naturae)，根据植物花的构造，雄蕊的数目、离合和心皮或花的有无作基础，将植物分为24纲。林奈的系统以花为依据，故又称性分类系统。林奈系统可谓人为分类系统的典范，但也存在人为性大，有使亲缘关系疏远的植物因雄蕊数目相同而归于同一纲之中的缺憾。

达尔文(Ch. Darwin)的《物种起源》(1859)发表，提出了生物进化学说，科学地阐明一切生物类型都与过去的生命相关，有共同的起源，是由过去的生物经过长期缓慢进化而来的。指明进化是历史事实，自然选择是进化机制，有生命的自然界有其自己的发生、发展历史，存在从简单到复杂，从低级到高级，不断变化和有规可循的进化法则。达尔文的进化论，第一次对整个生物界的发展规律做出了科学总结，论证了一切生物都是自然发展的产物，物种总是不断变化发展，植物的各级类群之间存在系统发育过程或近或远的亲缘关系。达尔文的生物进化论，使植物分类学家认识到必须创立能反映植物界进化规律的分类系统，科学的分类系统应体现植物界各级类群之间的亲缘关系。至此，植物分类的研究逐步进入系统发育分类阶段。经过百余年的探索，各国学者先后建立数十个分类系统。

《中国植物志》是一部计划有80卷120多册的巨著，代表了我国现代植物分类的权威性著作，是鉴定中国种子植物和蕨类植物的大型工具书。该志在清理和发掘我国的种子植物中，已发现并充实了不少新分的类群，其中有新属59个，新种约1500个以上，引起国内外植物分类学界的高度重视。

植物分类的基本任务，是根据植物的亲缘关系，科学地建立起反映植物界客观进化规律的可检索系统，最大限度地把众多植物种分别聚类于系统的各级类群中，给予准确的定位。尽管近代学者提出的植物分类系统有数十个，但植物分类的基本观点已渐趋一致。人们在植物的多样性中，依据亲缘关系用等级方法来表示每种植物的系统地位和归属。以种(Species)为分类单位，将相似的个体归聚于同一个种；由相近的种归聚于同一属(Genus)；又由相近属归聚于同一个科(Familia)。依次再归聚于同一个目(Order)，纲(Class)，门(Phylum)，界(Kingdom)。在有些类群之下，还根据实际需要归聚亚属(Subgenus)，亚科(Subfamily)，亚目(Suborder)，亚纲(Subclassis)，亚门(Subdivisio)。亦有在科或亚科之下增设族(Tribus)，亚族(Subtribus)。科学的植物分类系统，充分体现了类群内个体之间的相似程度，显著地大于类群间个体的相似程度。在大戟科植物中，具有某种桐油共性的相近植物有石栗属、油桐属、菲律宾油桐属3个属级植物类群。油桐属植物则有光桐种、皱桐种、日本油桐3个种级植物类群。由于亲缘的远近，明显表现出种内个体间差异，显著小于属内个体差异，又小于科内个体间差异。

种作为植物分类的基本单位，对于变异性大的树种，通常也只限于确定亚种(Subspe-

cies）、变种（Varietas）、类型（Forma），不再进一步划分遗传上有区别的种以下更小单位。油桐的分布区广、栽培历史长、种内变异性大，存在大量特殊类型和栽培品种，给予种以下的科学分类则是发展的需要。但这必须是反映油桐种群变异自然状态和栽培利用特点的科学分类，要有合理的等级和规范的术语。为此，了解种及其以下单位通用术语的含义显然是重要的。

种　种的定义有生物学上种和经典分类学的形态学上种的概念差别。生物学或遗传学上的种，系指同一物种内个体之间可以相互交配与基因交换，并产生能育后代；不同种之间则存在生殖隔离。种间不能有性交配或交配后只能产生不育后代。这就是生物学种的概念。形态学上的种，系指进化系统上的环节，或说种是在长期自然选择下，从生物界中独立出来，起源于一个共同祖先的群体，是进化过程上的一定阶段，是分类学中的最基本分类单位。这是经典分类学的形态学种的概念。植物形态学种主要是根据植物外部形态，特别是花和果实形态来划分的，故有一定的局限性。诚然，根据外部形态的分类，对种的划分和种的演化的判定，是能够在一定程度上反映内在生理、生化、遗传上差异的。但是，由于种的起源与形成极其复杂，植物变异又几乎是无限的，故形态分类就难免片面性。因此，只有尽可能多地掌握种的变异形式、幅度，同时做实验分类研究，相互印证和补充，才能使形态分类的种与生物学种接近一致，达到深刻了解种的实质，把种的定义建立在反映生物进化关系和生殖隔离的统一的概念上。

亚种　亚种应为遗传上较为稳定的形态变异，存在分布上、形态上或季节上有隔离的种内类群。

变种　变种亦有遗传上较为稳定的形态变异，但其分布范围或地区比亚种小得多。

类型　指种内发生形态上、生理上（包括生态与物候）或地理上的变异，统称为类型。如形态型、生理型、地理型和物候型等。

品种群　由一群形态特征、经济性状、农业栽培特点相似的品种组成。在同一环境条件下，其生态习性、生物学特性、经济价值有若干共同的反映。

种以下类单位的等级，通常是亚种→变种→类型→品种群，品种为最小基本单位。

二、中国油桐品种、类型的分类

通过分析我国油桐品种、类型分类的历史概况，又简单回顾植物分类学发展过程之后，本着科学继承的原则，已有研究建立更合理、规范的油桐种以下分类系统的共同认识基础。这些基础主要是：①形态分类上最重要的依据应是植物花、果生殖器官性质，次为其他特征、特性；②形态分类对形态演化的判断，应能客观反映内在差异，即植物形态差异与生理、生化、遗传上差异存在一定程度上的必然联系；③形态分类只有与实验分类密切结合，相互引证、补充，才能揭示植物相互之间的真实关系，这是分类科学发展的必然趋势；④分类科学在发展过程中，受时代科技发展水平限制，需要不断探索，逐步提高，渐趋完善；⑤栽培植物的品种分类，必须遵循公认的通用规则，要按栽培植物国际命名法规的有关规定进行。例如法规中规定栽培植物命名分为 3 级，即属名、种名、品种名，对 1 个种以下有多数品种者，可将相似的品种合为品种群，并给予规范的恰当名称等等。以上各点，对指导油桐品种、类型的科学分类具有普遍意义。

植物分类学研究的对象，是客观存在于自然界植物进化系统的各级类群。油桐品种、类型分类的研究对象则是种以下选择的栽培品种及一些特殊类型。此外，品种分类的依据还要求包含一定的经济性状。研究油桐品种、类型分类的目的，在于力求从外部形态对内部遗传特性表达的统一中，根据形态差异来准确区分彼此异同，建立一个合理的系统，认识其间的彼此关系，从而既可以为品种起源和生物进化提供更多的证据，又能有效地指导良种选育、生产利用及种质交流。

(一)油桐品种、类型分类的标准与方法

种既然是客观存在的类群单位，它具有许多稳定的遗传特征，那么由种演化和选择的栽培品种和自然类型，也就存在着与种有关系的可循规律。现代技术已可以通过细胞学、遗传学、生理生化及血清鉴定等研究方法，来识别彼此异同及其亲缘远近的本质关系，确定其在系统发育上的客观位置。目前许多经济树种的品种分类，仍以形态描述与比较分析为主，逐步向实验分类发展，力求不断完善提高。油桐的品种、类型分类大体也是这个状况。

分类的关键问题是正确选择标准。以什么性状作为划分的首要标准和次要标准，决定了分类系统的走向以及系统反映植物自然状态的真实程度。以性器官形态为一级标准，以其他形态特征为二级标准，结合植物解剖学、细胞学、遗传学、生物化学、生态学的综合分类，是现代植物分类的基本走向。许多重要的经济林栽培树种的品种分类，大体上也遵循上述综合分类的基本规则，在种的基础上建立包含若干等级的种以下分类系统。

油桐种以下分类单位的确定及其分类系统的建立，必须正视油桐种群变异中既有客观存在的特殊类型，又有广泛种植、利用的栽培品种这两个客观事实。一方面油桐种内确实存在许多暂时经济利用价值不太大，或虽有一定利用价值但未被广泛栽培的变异类型。如基本上开雄花为主的野桐、柴桐、公桐以及具有花果序及枝叶变态典型性状的柿饼桐。作为生理型、形态型，无疑是客观存在的事实，并具备了突出的形态特征和生殖性状上的与众不同，在分类上自然不容忽视。但是，这些特殊类型并不充分具备油桐栽培品种应有的产油经济价值，倘若一并当作栽培品种来进行品种分类，那是勉强的。因此，应该把典型柴桐、柿饼桐看作是种内的变异类型，给予种以下分类单位的“类型”位置是妥当的。部分学者曾以变种对待，但从其遗传稳定性程度和零星分布状态看，现有证据尚不充分，有待深入研究。

油桐种群变异的另一方面，是存在众多广泛种植和利用的栽培品种，这些是品种分类的主要对象。品种是经过人工定向选育建立起来的具有经济价值的群体，是形态学上、生物学上、经济价值上较为稳定的生产资料。相似的栽培品种固然可依其来源聚类成品种群或追溯至类型，但类型则有待分化、选择出有经济价值的栽培品种。品种与类型是不完全一样的，前者主要是栽培学的经济概念，后者是分类学概念。过去国内学者把油桐的栽培品种与变异类型放在一起，进行同一等级水平上的品种分类，在系统中既包含人工选择的栽培品种，又包含自然变异的特殊类型，没有给予应有的区别，是其不足。倘若一定需要将这分化程度和方向不相同的两个部分放在一起进行分类，为求有所区别，应该以油桐品种、类型分类的提法，才能更好地恰当概括。

油桐品种分类一直是个比较困难的问题。其主要原因在于长期异花授粉造成的群体异质性和个体杂合性所致。油桐种以下分类常因自由授粉出现杂合基因型而模糊，尤其在相互频繁引种的情况下，经过几个世代自由授粉后，基因交换、重组导致原来的界限更加模糊了。

油桐品种、类型分类的依据，目前仍应以花、果生殖器官特征为一级标准，以其他形态特征结合生育期、经济性状、栽培特性为二级标准进行综合的形态分类，才能减少片面性，接近种群变异的实际。

(二)油桐品种、类型分类的等级及术语名称

基于油桐起源、演化和异花授粉特性，针对种内既有大量栽培品种又有特殊变异类型的事实，分类等级不宜太多，可检索性一定要强，必须容易识别区分。对于那些向经济价值低的方向分化、分散零星、未被规模种植、没有一定栽培数量的柴桐、野桐、公桐及具备特殊性状的柿饼桐，分别划归柴桐与柿饼桐，并给予“类型”的规范术语。小米桐、对年桐、窄冠桐、大米桐、五爪桐之中，各有一批形态特征相似、生长习性相近、对某种环境条件有共同反应、经济利用价值高、生产上已有规模经营的栽培品种，客观上已经形成具有一定共性的一群品种，故应给予“品种群”这一规范术语。

虽然相近的品种群亦可归聚成某一类型中，但为减少种以下等级，根据油桐的特殊性，既仿效许多树种在种以下设立类型，又仿效果树在种以下设立品种群，可能是恰当的。为此，可将光桐种以下划分为五爪桐、大米桐、小米桐、对年桐、窄冠桐 5 个品种群及柿饼桐、柴桐 2 个类型；皱桐种以下可划分为雌雄异株皱桐和雌雄同株皱桐 2 个类型。

座桐的多数性状与大米桐相似，所以归入大米桐品种群。五爪桐具有纯雌花丛生果这一难得的优良性状，在育种和生产上有重要价值，故另立一品种群。在皱桐种内还有一年多次开花结果的江西四季皱桐、枝条下垂的福建漳浦垂枝皱桐及果形呈葫芦形的福建武平皱桐，暂不另立类型，留待进一步研究。过去按果形划分皱桐，不能深刻反映经济性状和栽培特点。以花序种类来进行皱桐分类，又因花序表现常随树龄、营养状况、生存环境的变化而变化，在实践上也较难准确掌握。因而，采用以性别分化，结合花果习性作为皱桐分类依据，则能确切地表达不同进化阶段及其亲缘关系，并反映经济性状和栽培特点上的差异。

在种以下分类单位中，过去油桐在种的等级上用“系”这一术语。但近来农、林栽培植物中，多不再在种级上刻意设“系”或“系统”，仍用“种”这一分类学上的规范术语。尤其“系”这一术语现多被用于种以下分类单位。在果树中就有将共同起源的各无性系归聚于一个系者，如苹果之中的国光系品种、桃树之中的水蜜桃系品种、桑树之中的湖桑系品种等等，这些系内各包含一大批品种，分别起源于国光、水蜜桃及湖桑。这里，系是指种以下某一共同起源的一群近似的无性系品种。为了避免混淆，在油桐品种、类型分类中，种一级还是不另设“系”这一术语为妥。

油桐品种、类型分类系统如下：

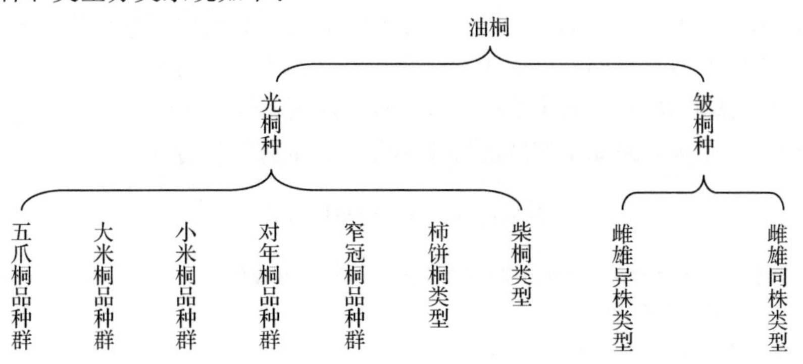

1. 光桐种(*Vernicia fordii*)

包括5个品种群及2个类型。

(1)5个品种群

①五爪桐品种群　常为纯雌花丛生花序，1个花序上有雌花5朵左右，花轴级数1~2级。丛生果序。代表品种有浙江五爪桐、福建五爪桐、湖北五爪桐、浙桐选5号及3W－1、3W－2、3L－13等。

②大米桐品种群　单雌花花序至少花花序，1个花序上有花1~20朵，花轴级数1~2级。单生或少果丛生果序。代表品种有四川大米桐、湖南球桐、贵州大瓣桐、浙江座桐、河南叶里藏、安徽独果桐、浙江满天星、南百1号、云南球桐、陕西大米桐、福建座桐等。

③小米桐品种群　中花多雌花花序，1个花序上有花20~40朵，花轴级数2~3级。多果丛生果序为主。代表品种有四川小米桐、湖南葡萄桐、湖北景阳桐、河南股爪青、黔桐1号、中南林37号、光桐6号、浙江丛生球桐、福建串桐、湖北九子桐、云南矮脚桐、广西隆林矮脚米桐、陕西小米桐、豫桐1号、安徽小扁球等。

④对年桐品种群　播种后翌年开花结实。少花单雌花序至中花多雌花序。单生或丛生果序。代表品种有广西恭城对年桐、湖南对岁桐、江西周岁桐、陕西周岁桐、安徽茄棵桐、河南矮脚黄、福建簇桐等。

⑤窄冠桐品种群　主枝分枝角度约30°，树冠形状酷似梨树或白杨树。少花至中花花序为多。单生或丛生果序。代表品种有贵州窄冠桐、四川窄冠桐、湖南白杨桐、湖北观音桐等。

(2)2个类型

①柿饼桐类型　具有并生枝、簇生叶、簇生花、并生果等不同程度变态性状特征。少花花序为主，单生果序或少果丛生。部分正常果呈大扁球形，含子数6~8粒。肾形果或并生变态果，含子数10~12粒或更多。该类型的代表有四川柿饼桐以及各地柿饼桐。

②柴桐类型　属雄性或强雄性类型。花序有花60~80朵，多时100~200朵以上，纯雄花或间有个别发育正常及畸形雌花，结长梗正常果或畸形果，单生果序为多。该类型的代表有四川柴桐、湖北公桐、浙江野桐、陕西柴桐等。

2. 皱桐种(*Vernicia montana*)

包括2个类型。

(1)雌雄异株类型　该类型内自由授粉的实生子代，分别出现约50%的雌株及雄株。该类型占皱桐种群的绝大多数。该类型的代表有云南、贵州、广西、广东、福建、江西、浙江的绝大多数实生皱桐。

(2)雌雄同株类型　该类型内自由授粉的实生子代，能较稳定地表现出雌雄花同株异序或同序习性。该类型占皱桐种群的少数，在自然状态下多呈分散分布。该类型的代表有福建武平12号、武平18号；福建莆田荔城1号、荔城2号；江西乐平5号、乐平6号等；江西四季皱桐等。在南方皱桐主产区的实生林分中，常有零星分布。

油桐品种、类型分类检索表

1. 果皮光滑；叶全缘，幼年间有浅裂；叶柄顶端及叶裂底部具无柄馒头形腺体 ………………………… 光桐种

  2. 播种后3~4年生始花、始果，中小乔木树形。

    3. 主枝分枝角度45°以上，树冠开展。

4. 从雌花花序，多轴短梗丛生果序，雌性倾向型 …………………………………………… 五爪桐品种群
4. 单雌花花序，短梗单生果序至少花多雌花序，短梗丛生果序，雌性倾向型 ……………… 大米桐品种群
4. 中花多雌花序，中梗丛生果序 ……………………………………………………………… 小米桐品种群
4. 多花单雌花序，长梗单生果序，或雄花序 …………………………………………………… 柴桐类型
4. 有不同程度的花、果、枝、叶变态 …………………………………………………………… 柿饼桐类型
3. 主枝分枝角度约 30°，近似白杨、梨树窄冠型 ……………………………………………… 窄冠桐品种群
2. 播种后翌年即可开花结果，分枝点低，树形矮小，小乔木至近大灌木 ……………………… 对年桐品种群
1. 果皮具明显的纵棱及网状皱纹，叶 3～5 深裂，间有全缘；叶柄顶端及叶裂底部具有柄杯状形腺体 ………… 皱桐种
2. 实生子代各出现约 50% 的雌株及雄株 ………………………………………………………… 雌雄异株类型
2. 实生子代表现雌雄同株习性 …………………………………………………………………… 雌雄同株类型

第三节　中国油桐的主要品种、类型

品种由选择的原种繁育而来，原种源于优良的类型。

原种　通常是指经表型选择和性状测定后，证实其性状是属于遗传性内在表现的有价值类型。那么，这个优良“类型”就称为原种。

品种　原种在遗传性上被证明是优良的，性状是稳定的，优越性是可靠的，称为品种。原种经过良种繁育过程，形成由一定数量组成的品种。

品种是人工定向选择和自然淘汰作用的产物；是经过选育建立起来的具有经济价值的群体；是形态学上、生物学上、经济价值上较为稳定的生产资料。这就是品种的基本概念。它规范了品种必须是有现实经济价值的栽培学概念，也指明不是任何变异类型都会是有价值的现实栽培品种。

由于已出版《中国油桐主要栽培品种志》及《中国油桐品种图志》，故本节本着突出重点的原则，对油桐生产中栽培面积大、经济价值高、容易区分识别的优良品种作重点介绍。在选择编写品种时，对国内众多的大米桐、小米桐、对年桐等同名优良品种，仅从中挑选 2 个作代表性描述；对大米桐、小米桐、对年桐品种群中多数重要品种，只选性状较为突出者进行介绍；五爪桐、窄冠桐品种群，从中选 2 个性状典型的品种介绍；柿饼桐、柴桐类型，虽具有特殊变异性状，但生产上没有规模栽培或极少栽培，仅选择 1～2 个性状典型者进行描述。每个品种、类型的描述和所附花序及果序图，选自《中国油桐品种图志》或《中国油桐主要栽培品种志》。品种、类型的这样取材，意在突出反映油桐种群变异的主要形式与层次，侧重了解油桐实生繁殖条件下性状较为突出典型的代表性品种、类型，便于人们认识和掌握油桐种群之中基本的品种和类型。对于近年来各地陆续选育的众多优良家系、无性系及杂交种等新品种，因各有专题详细报道，且多已收入 1988 年出版的《中国油桐科技论文选》中，故仅选择其中少数介绍。各品种、类型的编写，以所在省、自治区的报道资料为主要依据。

一、光桐(*Vernicia fordii*)

(一)浙江五爪桐

1. 植物学特征(图 2-1)

中、高干型，壮龄树高 5～7m，径粗 20～35cm，枝下高 0.6～0.8m，分枝角度 55°～60°，主枝轮数 3～4 轮，轮间距 100～120cm，树冠多呈半椭圆形，冠幅 5～6m，主干明

图 2-1　浙江五爪桐花序及果序

显，枝条稀疏粗壮，壮龄旺盛生长期单位枝条发梢数平均 1.58 枝，顶芽呈长圆锥形。先叶后花型，开花期亦较迟，雌性极强，花序着生于当年生短梢的顶端，由 1～8 个粗短的主花轴簇生于同一枝位点上，彼此相对独立，其上分别着生 1 朵雌花，成年典型的五爪桐常由 5～8 个主花轴组成 5～8 朵纯雌花丛生花序，发育成含有 5 个果左右的多轴短梗(1～3cm)丛生果序，状如五爪，得名"五爪桐"。雌雄花比例 1:0，座果率高，达 85% 以上。五爪桐典型的花果序性状大多出现于盛果期和植株树冠的中上部，随树龄增大或立地条件较差、营养跟不上时，丛生性减弱，部分乃至大部分表现与座桐相似的单雌花单生果序，仅能从往年残留果梗的形态来与座桐相区别。五爪桐花序的中心主花轴间有抽发 2 级花轴分枝，并着生一朵雌花，盛果期过后间有少数植株出现个别发育缓慢的雄花。丛生果序，中型果，圆球形或扁球形果。同果序上的果实常紧密排列，果顶稍有皱棱。鲜果平均果高 6.22cm，果径 5.69cm，果尖 0.51cm，果颈 0.90cm。平均鲜果重 75.03g，大者 120g 以上，平均每果含子数 4.81 粒。

2. 经济性状

纯林经营，单株年产油量一般为 0.8～1.2kg，高的可达 2.0～2.5kg；零星种植的单株年产油量常达 4～5kg，个别高者可达 10kg 以上；单位面积年产油量 400～450kg/hm^2。结果枝比例一般 70%～85%。鲜果皮厚度 0.55cm。气干果平均出子率 56.82%，出仁率 60.85%，子重 3.77g。干仁含油率 64.89%。桐油理化性质：折射率 1.5185，酸值 0.3658，碘值 163.4，皂化值 192.6。脂肪酸主要成分：软脂酸 2.27%，硬脂酸 2.18%，油酸 6.40%，亚油酸 8.40%，亚麻酸 0.18%，桐酸 79.64%。

3. 生物学特性

个体生长发育规律：播种后 3～4 年生始果，5～6 年生进入盛果期，盛果期一般持续 20～30 年，35 年生后逐渐衰老，正常寿命可达 40～45 年。年生长发育周期：据在浙江富阳观察，萌动期 3 月中、下旬，花期 4 月下旬，幼果形成期 5 月上旬，果实成熟期 10 月中、下旬，落叶期 11 月中、下旬。年生育期约 240 天。

4. 适应性及栽培特点

该品种属五爪桐品种群，营养生长与生殖生长协调，适应性、丰产性、稳产性都比较好，属丰产、稳产兼优的品种。在良好立地条件和管理水平下表现高产、稳产，在较差条件下也能获得较好的收成。寿命较长，但略有大小年结实现象。主要分布在浙江西北油桐产区，引种至四川、云南、贵州、河南、湖北、福建等省，表现均较佳，是驰誉国内的优良品种。

浙江五爪桐具有纯雌花特性，在混杂林分中，自由授粉的实生子代变异程度也很大，通常只有 10%～28% 的子代保持母本花果序性状。纯雌特性适于作杂交育种的母本，尤其通过自交选择或家系内选择后的优良个体作杂交母本，能获得更高的杂种优势。在生产上直接利用时可采取嫁接无性繁殖来保持母本性状，并配置授粉树。适于纯林、农桐及零星种植经营，纯林合理密度 4m×5m 或 5m×5m。

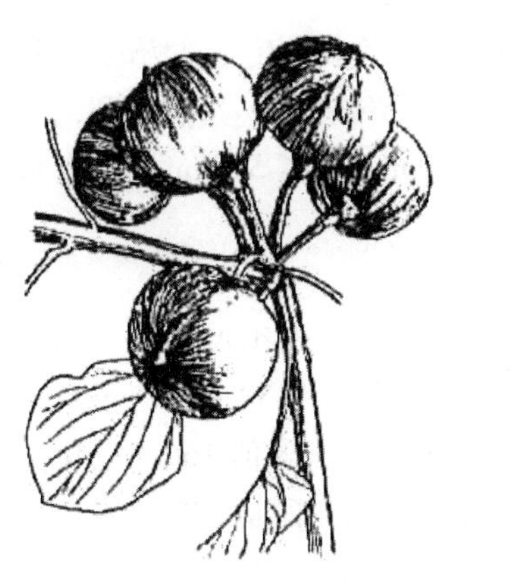

图 2-2 湖北五爪龙花序及果序

(二)湖北五爪龙(五爪桐)

1. 植物学特征(图 2-2)

壮龄树高 4～7m，径粗 15～25cm，枝下高 0.73m，分枝角度 60°；主枝轮数 2～3 轮，平均轮间距 74cm，树冠伞形，冠幅 4.5～4.7m。小枝粗壮，新老枝之比为 1.38。叶心脏形，基部明显内凹，深绿色。少花花序，先叶后花型；平均每序有花 6.7 朵，花轴 1 级，间有 2 级分枝；雌雄花比例为 1∶0～1∶0.2，每果序有果实 3～5 个，间有单生；果梗短粗，主、侧梗近于等长。结果枝比例 73%。中型果，球形；鲜果平均果径 5.12cm，果高 5.45cm，果尖 0.49cm，果颈 0.69cm，鲜果重 54.3g，平均每果含子数 4.32 粒。

2. 经济性状

该品种产量高，稳产，在一般经营条件下盛果期单株年产油 1.2kg 左右；纯林年产油 225～350kg/hm^2。鲜果皮厚度 0.51cm，气干果平均出子率 26.1%，子重 2.7g，出仁率 56.2%。干仁含油率 59.7%。桐油理化性质：折射率 1.5200，酸值 0.7384，碘值 168.9，皂化值 195.0。脂肪酸主要成分：软脂酸 2.23%，硬脂酸 1.74%，油酸 4.95%，亚油酸 7.37%，亚麻酸 0.23%，桐酸 81.31%。

3. 生物学特性

个体生长发育规律：播种后 3 年生始果，5 年生进入盛果期，结果寿命 20～25 年，长者可达 30～40 年。年生长发育周期：据湖北郧县观察，萌动期 4 月 2 日，初花期 4 月 16 日，盛花期 4 月 25 日，终花期 5 月 7 日，果实成熟期 10 月 10～20 日，落叶期 10 月 30 日至 11 月 15 日。年生育期 220 天左右。

4. 适应性及栽培特点

本品种属五爪桐品种群，适应性强，分布范围广，较耐瘠薄，具有丰产、稳产特性。在湖北各油桐产区均有栽培，是当地大力推广的优良品种，适宜桐农间种或纯林经营，在营造纯林时可与五子桐搭配种植。

(三)四川大米桐(蒜瓣桐、大果桐)

1. 植物学特征(图 2-3)

壮龄树高 5～10m，径粗 20～30cm，主枝 3～4 轮，枝下高 0.9～1.5m，分枝角度 50°～80°，2 轮以上各轮轮间距为 0.6～0.8m。树冠椭圆形至伞形，冠幅 6～7m；分枝较稀，枝条的节间较长，新老枝之比值为 1.2～1.40。单雌花花序至少花花序，

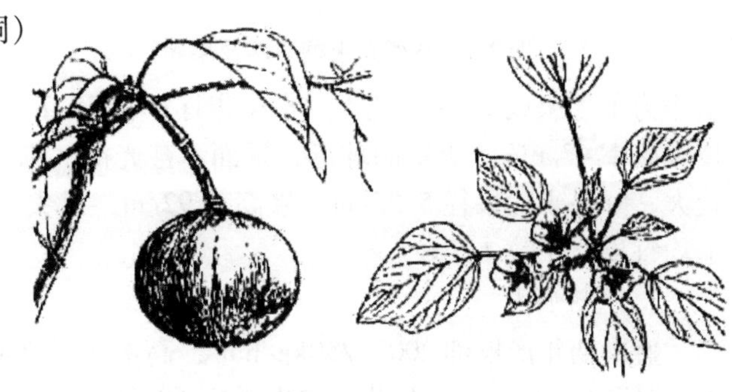

图 2-3 四川大米桐花序及果序

先叶后花型为主，花序主轴间有侧轴，雌雄花比例1:0～1:10。果序多单生、少丛生，丛生果序率2.2%～30%，丛生果序每序有果3～5个。小枝座果率55%～80%。中果型，圆球形或罂粟形，果顶部多有皱棱，鲜果平均重62.2g，果径5.5cm，果高5.7cm，果尖长0.3cm，果颈长0.47cm。平均每果含子数4.7粒。

2. 经济性状

盛果期单株年产油量2.3kg，高的可达10～15kg；盛果期单位面积年产油量200～350kg/hm^2。鲜果皮厚度0.7～1.0cm，气干果平均出子率53.4%，出仁率59.0%；子粒重3.1g。干仁含油率63.7%。桐油理化性质：折射率1.5208，酸值0.30，碘值166，皂化值192。脂肪酸主要成分：软脂酸2.24%，硬脂酸1.93%，油酸5.33%，亚油酸7.96%，亚麻酸0.22%，桐酸81.06%。

3. 生物学特性

个体生长发育规律：播种后3～5年生始果，7～8年生进入盛果期，收益期20～30年，最长寿命可达60年以上。年生长发育周期：据在四川万县的调查、观察，萌动期3月25～30日，始花期4月5～10日，盛花期4月10～20日，枝叶生长期4月20日至7月25日，果实成熟期11月5～15日，落叶期11月15～25日。年生育期约240天。

4. 适应性及栽培特点

分布四川及重庆各产桐区，是我国著名优良品种，现几乎全国各油桐产区均有栽培。该品种产量虽不及小米桐，但适应性广，抗性强，比较耐瘠薄，结果寿命也较长。该品种属大米桐品种群，在原产地多为长期桐农经营或零星栽培，引种至全国各地后，作纯林经营，效果也较好。

(四)陕西大米桐

1. 植物学特征(图2-4)

图2-4 陕西大米桐花序及果序

壮龄树高4～5m，径粗20cm，主枝轮数3～4轮，分枝高0.85m，3～4主枝，分枝角度50°～60°；2轮距首轮1.4m，亦为3～4枝。树冠呈圆头形，冠幅6～7m。枝条较稀，节间较长，新老枝之比为1.53。先叶后花型，单雌花至少花花序，花轴分枝2级，每花序有雌花1～3朵，雌雄花比例为1:5.5。果序为单生果或2～3果丛生，丛生果序率占38.7%，果梗平均长5.37cm，粗0.36cm。小枝座果率47.6%。果实圆球形，果面不甚光滑，果皮沿缝合线两旁有波纹状的花纹。果实较大，鲜果平均果径5.05cm，果高5.92cm，果尖0.76cm，果颈0.78cm，鲜果重78.4g，平均每果含子数4.5粒。

2. 经济性状

盛果期年产桐油200～250kg/hm^2，高的可达350kg/hm^2；零星单株年产油2.5kg。鲜果皮厚度0.55cm，气干果平均出子率50.1%，出仁率58.1%，子重2.73g。干仁含油率61.1%。桐油理化性质：折射率1.518，酸值0.4321，碘值168.2，皂化值192.3。脂肪酸

主要成分：软脂酸 2.28%，硬脂酸 1.85%，油酸 4.25%，亚油酸 7.58%，亚麻酸 0.27%，桐酸 82.72%。

3. 生物学特性

个体生长发育规律：播种后第 4 年生始果，7～22 年生为盛果期，结果寿命 25～35 年。年生长发育周期：据在陕西安康市吉河乡调查，萌动期 3 月上、中旬，花期 4 月下旬到 5 月上旬开花，果实成熟期 10 月中、下旬，落叶期 10 月下旬至 11 月上旬。年生育期 210～215 天。

4. 适应性及栽培特点

本品种属大米桐品种群，在陕西安康、汉中、商洛地区都有分布，耐瘠薄，稳产性好，宜以桐农间种经营为主。引种至关中地区，尚能生长结果。陕西大米桐与四川大米桐相比，树形略小，丛生性较弱，产量稍低。但耐寒性较强，油质好，果皮微有波状花纹，是其区别。

（五）龙胜大蟠桐（蟠桐、老桐、五年桐）

1. 植物学特征（图 2-5）

壮龄树高 8～11m，径粗 20～30cm，枝下高 0.9～1.3m，分枝角度 60°～65°，主枝 3.5 轮，4～5 轮分枝。树冠伞形、半圆形或广卵形，冠幅 4.5～4.7m，枝条较稀，新老枝比率为 1.3。先叶后花型，少花花序至中花花序，平均每花序有花 51.8 朵，雌雄花比例为 1∶16.2。果单生或丛生，丛生果比率为 26.9%，单、丛生合计平均每序有果 1.24 个。果梗长 5～14.5cm，结果枝比例为 44.3%。果圆球形至扁圆形，略具果尖、果颈。鲜果平均果径 5.4cm，果高 5.3cm，鲜果重 69.9g，平均每果含子数 4.7 粒。

图 2-5　龙胜大蟠桐花序及果序

2. 经济性状

盛果期单位面积产油量 200～225kg/hm^2，高者达 400kg/hm^2。鲜果皮厚度 0.6cm，气干果平均出子率 58.2%，出仁率 61.3%。干桐仁含油率 64%～68%。酸值 1.12，碘值 166，皂化值 193，折射率 1.5175。

3. 生物学特性

个体生长发育规律：播种后 4～5 年生始果，8～9 年生进入盛果期，结果年限 25～30 年。立地条件良好，栽培管理水平高，50 年生以上尚具结果能力。年生长发育周期：据在原产地调查、观察，萌动期 3 月下旬，始花期 4 月 10～15 日，盛花期 4 月 20～25 日，末花期 4 月 25～30 日。果实成熟期 10 月 15～25 日，落叶期 11 月 15～30 日。年生育期为 240 天左右。

4. 适应性及栽培特点

本品种属大米桐品种群，为广西桂林地区主栽品种，原产广西龙胜各族自治县平等、马堤、三门、江底等乡。分布区海拔一般为500～700m，红壤、黄红壤或红黄壤。该品种稳产性好，经济年限也长，当地以纯林种植为主，也有长期混农种植和零星栽培。要求气候温和，土壤肥沃深厚，管理良好。

图2-6　浙江满天星花序及果序

（六）浙江满天星

1. 植物学特征（图2-6）

中高干型，壮龄树高5～7m，径粗20～35cm，枝下高0.65～0.84m，分枝角度55°～60°，主枝轮数2～3轮，轮间距100～130cm，树冠多呈半椭圆形，冠幅5～6m。枝条密度适中，比座桐和五爪桐密而细短，壮龄旺盛生长期单位枝条抽梢数2～4枝。先叶后花型，少花花序，花轴分枝1～2级，花序花数10朵左右，常由1雌花着生于主花轴顶端，雌雄花比例1∶10以下。结果枝比例81.66%。单生果序（偶有2～3果丛生），果梗亦较短粗（4～6cm）。果实在树冠上均匀分布，犹如满天星星，故名满天星。中型果，圆球形或扁球形。鲜果平均果高6.56cm，果径6.17cm，果尖0.37cm，果颈0.34cm，单果鲜重92.13g，平均每果含子数4.83粒。

2. 经济性状

纯林经营，单株年产油量一般0.5～0.8kg，高者达1.5～1.8kg；零星种植的单株产油量常达3～4kg，个别高者可达10kg以上；盛果期单位面积年产油量300～400kg/hm^2。鲜果皮厚度0.68cm。气干果平均出子率55.48%，出仁率63.05%，子重4.19g，干仁含油率67.06%。桐油理化性质：折射率1.5187，酸值0.4314，碘值167.2，皂化值193.1。脂肪酸主要成分：软脂酸2.16%，硬脂酸2.32%，油酸5.26%，亚油酸8.0%，亚麻酸0.23%，桐酸80.46%。

3. 生物学特性

个体生长发育规律：播种后3年生始果，5～6年生进入盛果期，盛果期一般持续10～15年，经济年限约30年。立地条件好时，正常寿命可达40～50年。年生长发育周期：据浙江富阳观察，萌动期3月中、下旬，花期4月中、下旬（比座桐、五爪桐早，比丛生球桐迟），幼果形成期5月上旬，果实成熟期10月中、下旬，落叶期11月中、下旬。年生育期约240天。

4. 适应性及栽培特点

该品种属大米桐品种群，营养生长与生殖生长比较协调，适应性强，耐瘠薄，产量高而稳定，寿命长，属高产、稳产型品种。主要分布于浙南及浙西北。实生繁殖子代有60%～70%保持母本的花、果性状，适于纯林及桐农间种经营方式。纯林合理密度4m×5m或5m×5m。

（七）浙江座桐

1. 植物学特征（图2-7）

高干型，壮龄树高6～8m，径粗20～35cm，枝下高0.7～0.9m，分枝角度55°～60°，主枝轮数2～3轮，轮间距100～140cm。树冠多呈半椭圆形，冠幅5～6m。主侧干枝明显

枝条稀疏粗壮，顶芽长圆锥形。先叶后花型，开花期迟。通常雌花着生于当年生新短梢的顶端，主花轴粗短而不分枝，花径大，单雌花花序（偶有极少数花序出现1～2朵滞育雄花）花序花数1，雌雄花比例1:0，花径较其他品种大，结果枝比例85%以上。单生果序长势旺盛的植株在幼龄期、盛果期亦能出现少量2果丛生的果序，或由2～3个短梗果序聚集成多头丛生果序。果梗粗短（长度1～2cm），直立着生于枝顶（状如座），得名座桐。大型果圆球形，果顶多有皱棱，果尖部稍凹陷。鲜果平均果高6.82cm，果径6.53cm，果尖0.55cm，果颈0.34cm，单果鲜重104.10g（间有150g以上者），平均每果含子数4.92粒（个别6～7粒）。

图2-7　浙江座桐花序及果序

2. 经济性状

纯林经营，单株年产油量一般0.5～1kg，高的有1.5～2kg；零星种植的单株产油量常达3～4kg，高者可达10kg以上；单位面积年产油量300～400kg/hm^2。结果枝比例通常高达70%～90%，壮龄旺盛生长期单位枝条发梢数2～3枝。鲜果皮厚度0.74cm。气干果平均出子率54.62%，出仁率62.08%，子重4.56g。干仁含油率67.24%。桐油理化特性：折射率1.5186，酸值0.2610，碘值166.8，皂化值193.6。脂肪酸主要成分：软脂酸2.25%，硬脂酸2.11%，油酸6.0%，亚油酸8.38%，亚麻酸0.23%，桐酸80.0%。

3. 生物学特性

个体生长发育规律：播种后3～4年生始果，6～7年生进入盛果期。盛果期持续时间依立地条件和管理水平不同而异，一般25～30年，但亦间有40～50年生老树仍结果累累的单株。正常寿命可达40～50年。年生长发育周期：据在浙江富阳观察，萌动期3月中、下旬，花期4月下旬，幼果形成期5月上、中旬，果实成熟期10月中、下旬，落叶期11月中、下旬。年生育期约240天。

4. 适应性及栽培特点

该品种属大米桐品种群中的雌性倾向型。营养生长与生殖生长协调，适应性强，耐瘠薄，寿命长，在全省各地广泛种植，均能表现很强的稳产性，属稳产型品种。主要分布于杭州地区及金华地区。座桐一般仅开雌花，在混杂桐林中，自由授粉的实生子代，变异程度较雌雄同株品种大得多，能够保持母本花、果序性状的只有10%～25%。因此，座桐通常采取无性繁殖来保持母本性状，并配置授粉树用于生产，增产的效果较好。适于纯林、桐农间种及零星种植经营，纯林合理密度4m×5m或4m×5m。该品种的雌性化倾向是用于杂交育种的好材料，属浙江驰名优良品种，引种各省后表现良好。

（八）河南叶里藏

1. 植物学特征（图2-8）

壮龄树高6～7m，径粗35～40cm，枝下高0.8～1.4m，分枝角度40°～60°。枝条粗壮，主枝轮数2～4轮，树冠阔卵形或椭圆形，轮间距80～120cm，冠幅5～6m，叶片大而厚，深绿色。先叶后花型，单雌花花序，花轴短粗，花径大。果实单生，极少丛生，果梗短粗，长2.3cm，直立着生于叶簇之中，故名叶里藏。结果枝比例90%，果大而匀，扁圆球形，果顶平或尖，鲜果平均重60～80g，果高5.3cm，果径5.7cm，果尖0.45cm，果颈0.69cm，每果含子数4～5粒。

图2-8　河南叶里藏花序及果序

2. 经济性状

据在河南鲁山县调查，平均单株年产油量0.37kg。南召县崔庄乡程家村8号优树，20年生，连续2年平均结果2200个，折合油6.6kg。内乡县赤眉乡、东北乡8年生油桐林，产油量300kg/hm^2。在栽培条件较好和加强管理的情况下，年产桐油可达400kg/hm ^{2}。鲜果皮厚度0.55cm，成熟时向阳面为紫红色。气干果出子率56.9%，出仁率61.9%，干仁含油率65.9%。桐油理化性质：折射率1.5204，酸值0.3285，碘值168.5，皂化值193.7。脂肪酸主要成分：软脂酸2.08%，硬脂酸1.88%，油酸5.85%，亚油酸7.59%，亚麻酸0.21%，桐酸80.39%。

3. 生物学特性

个体生长发育规律：播种后4～5年生始果，6～20年生为盛果期，经济年限30～40年。年生长发育周期：据河南内乡县赤眉乡东北川村调查，萌动期4月2～7日，花期4月20～30日，幼果形成期5月2～6日，果实成熟10月25～30日，落叶期11月5～15日，年生育期215～225天。

4. 适应性双栽培特点

该品种属大米桐品种群中的雌性倾向型，树势旺盛，适应性强。全省各产区均有少量分布，据样地调查，叶里藏约占全林7.95%，在许昌地区占12.1%。已引种浙江、江苏、湖南、福建、陕西等省。叶里藏树体高大，经济寿命长，抗风，油桐尺蠖和刺蛾的危害较轻，对土壤要求不严，宜四旁零星栽植。果大、单生，稳产性好，是河南优良品种。

(九)安徽独果球(叶里藏、短把球桐)

图2-9　安徽独果球花序及果序

1. 植物学特征(图2-9)

7年生树高3.1～4.0m，径粗9.5～14.0cm，枝下高0.7～1.0m，分枝角度45°～60°。主枝轮数2～3轮数，轮间距70～120cm；树冠圆头形或扁圆头形，冠幅4.0～4.5m。枝条粗壮，平均长16.4cm，粗0.62cm，发枝力中等。叶片较大，质厚色浓。先叶后花型，单雌花花序，鲜有2～3朵花组成的花序。单生果序，鲜有丛生果序，果梗长2.5～5.0cm，结果枝比例53%。中型果，鲜果平均果高5.9cm，果径5.7cm，果尖0.5cm，果颈0.6cm，每果含子数4～5粒。

2. 经济性状

该品种适应性强，寿命长，产量高而稳定，立地条件稍差也可获得较好的收成。在江淮的丘陵地带，盛果期单株年产油量0.5～0.8kg，一般纯林年产油300kg/hm^2。鲜果皮厚0.5～0.7cm，气干果平均出子率60.9%，子重3.6g，出仁率59.6%，干仁含油率60.8%。桐油理化性质：折射率1.5186，酸值0.2647，碘值166.5，皂化值194.20。脂肪酸主要成分：软脂酸2.33%，硬脂酸2.06%，油酸8.57%，亚油酸8.64%，亚麻酸0.24%，桐酸77.11%。

3. 生物学特性

个体生长发育规律：播种后3～4年生始果，5年生进入盛果期，持续15～20年，经济年限30～40年。年生长发育周期：据1979年在北纬31°42′的安徽肥西林场观测，萌动期3月28日，盛花期4月28日，幼果形成期5月上旬，果实成熟期10月上旬，落叶期10月下旬。年生育期约210天。

4. 适应性及栽培特点

该品种属大米桐品种群中的雌性倾向型，适应性较强，占安徽全省油桐栽培总数的20%左右。独果球树势旺盛，寿命较长，适于纯林经营。鉴于本品种为单雌花花序，实生后代变异较大，宜采用嫁接繁殖保持品种特性，扩大栽培时应配置合适的优良授粉树。

(十)福建一盏灯(单桐、单花桐)

1. 植物学特征(图2-10)

图2-10　福建一盏灯花序及果序

高干型，壮龄树高4～7m，径粗16～20cm，枝下高1.0～1.5m，分枝角度55°～65°，主枝轮数2～3轮，轮间距80～150cm，树冠呈伞形或台灯形，冠幅4.5～5.0m。枝条粗壮稀疏，新老枝比率1.26。先叶后花型，多为单雌花花序，花序轴粗短无或少有分枝，生长强壮的植株也常出现部分复合花序，花型大，花径7～8cm。单生果序，大型果，果梗粗短(约2cm)，扁球形果。果实着生于枝顶，恰似一盏扁圆球形“宫灯”，得名“一盏灯”。鲜果平均果高5.0～6.5cm，果径7～8cm，果尖0.2～0.5cm，果颈0.5～1.2cm，果顶有皱桐，果尖凹陷，果颈突出。单鲜果重150～200g，少数250g，单果含子数5～8粒。

2. 经济性状

5年生单株产油量1～2.5kg，结果枝比例65%左右。优良林分年产油量350kg/hm^2。鲜果皮厚度可达0.9cm。气干果平均出子率44%，出仁率64.2%，干仁含油率54%。桐油理化性质：折射率1.5189，酸值0.3380，碘值166.3，皂化值193.8。脂肪酸主要成分：软脂酸2.14%，硬脂酸1.63%，油酸7.31%，亚油酸8.37%，亚麻酸0.18%，桐酸79.25%。

3. 生物学特性

个体生长发育规律：播种后3年生始果，5～6年生进入盛果期，经济年限30～40年。立地条件良好时，寿命在50年以上。年生长发育周期：据在福建浦城、莱舟观察，萌动期3月中旬，花期4月中旬(较其他品种为迟)，幼果形成期4月下旬，果实成熟期10月下旬，落叶期11月中、下旬。年生育期约250天。

4. 适应性及栽培特点

该品种属大米桐多子雌性倾向型，适应性强，耐瘠薄。营养与生殖生长比较协调，无大小年结实现象，属稳产型品种。主要分布于福建浦城、建瓯、建阳、南平、松溪、政和、福安、寿宁、永安、沙县、尤溪等油桐产区。近年引种至四川、云南、贵州、浙江、江苏、湖南、湖北。"一盏灯"为开单雌花的纯雌株，自由授粉子代的变异程度大，应采用无件繁殖，并配置授粉树用于生产。适于纯林、桐农间种及零星种植经营。其纯雌花特性是杂交育种的好材料。

大米桐品种群中的主要品种尚有贵州大米桐、贵州高脚桐、湖南大米桐、湖南球桐、湖南百枝桐、湖南满天星、湖北大米桐、湖北球桐、南丹百年桐、广东大米桐、福建座桐、云南球桐、云南高脚桐、河南大米桐、河南满天星、安徽丛果球、江西百岁桐、江苏大米桐、甘肃米桐等。

(十一)四川小米桐(细米桐、七姐妹)

1. 植物学特征(图2-11)

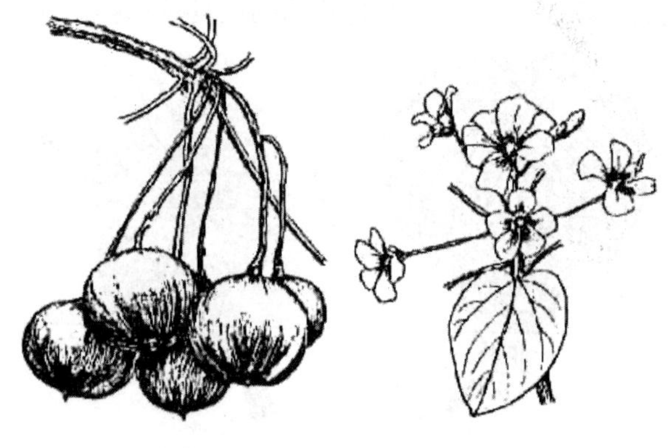

图2-11　四川小米桐花序及果序

壮龄树高4～7m，径粗17～20cm。主枝轮数2～4轮，轮间距1.0～1.2m，枝下高0.8～1.2m，分枝角度达60°～90°。树冠多呈伞形，冠幅4～5m。小枝多而短小，平展至下垂，新老枝比率1.18。花序为少花花序至中花花序，花叶同步或先叶后花，雌雄花比例为1:(7～20)。多为丛生果序，丛生果序占结果序总数的20%～65%，每序3～8果，多的10果以上，果梗长8～14cm 。果圆球形至扁圆球形，鲜果平均果高5.7cm，果径5.2cm，果尖0.5cm，果颈0.4cm，单果重50～60g，平均每果含子数4.65粒。

2. 经济性状

桐农间种经营条件下，单株年产油量1～2kg，高者5～7kg；纯林经营一般年产油量250～300kg/hm^2，高者可达400～500kg/hm^2。鲜果皮厚度0.5cm，气干果平均出子率58.5%，出仁率62.5%，干仁含油率65.0%。桐油理化性质：折射率1.5185，酸值0.29，碘值163.4，皂化值192.00。脂肪酸主要成分：软脂酸2.21%，硬脂酸1.86%，油酸6.27%，亚油酸6.89%，亚麻酸0.22%，桐酸80.77%。

3. 生物学特性

个体生长发育规律：播种后3～4年生始果，6～7年生进入盛果期，并持续15～20年。生长在优良条件下的零星单株，30～40年生仍能大量结果。在原产地常有70～80年生结果大树。年生长发育周期：萌动期3月1～8日，始花期4月1～5日，盛花期4月8～15日，果实成熟期10月15～30日，落叶期11月10～20日。年生育期约250天。

4. 适应性及栽培特点

原产四川各油桐产区，是小米桐品种群中代表性品种，全国各油桐产区均有引种栽培，是我国驰名的优良品种之一。该品种的桐油产量约占全国桐油总产量的1/4～1/3。本品种对立地条件要求较高，属丰产型品种，大小年结实明显。应选择立地条件好的地段，并辅以集约管理才能获得丰产。原产地多采取长期桐农间种经营。

（十二）湖南葡萄桐（泸溪葡萄桐、步步桐）

1. 植物学特征（图2-12）

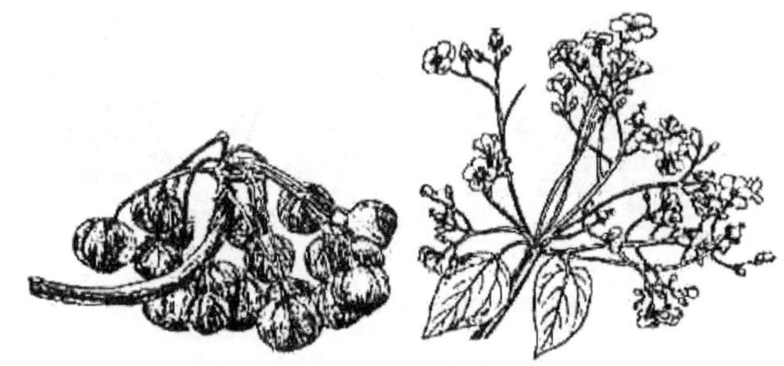

图2-12　湖南葡萄桐花序及果序

中等干型，主干明显，主枝层次明显。壮龄树高3～5m，径粗10～15cm，平均枝下高1.04m，分枝角度75°，主枝2～3轮，轮间距较其他品种长，1～2轮之间常为1.2～1.6m，树冠伞形，冠幅3.5～4.5m。枝条稀疏细长，节间也长，树冠结构松散。中花至多花花序。每序有花40～70朵，盛果初期在树冠上部有一定比例的复合花序，雌雄花比1∶10。果实丛生性极强，在盛果期每序结果6～15个，多者达50～60个，常有由4～5个丛生果序组成的多头复合果序，外观上很像一个丛生大果序。果梗长9～10cm，早期丛生果比例占58.57%。中小型果，球形。果颈粗长突出，果尖细长。鲜果平均果高5.8cm，果径5.3cm，果颈0.55cm，果尖0.44cm，果重52.3g，平均每果含子数4.8粒。

2. 经济性状

在一般条件下盛果期年产油量250kg/hm^2，高者可达450kg/hm^{2}以上。鲜果皮厚度0.15cm，气干果平均出子率54.5%，出仁率59.3%，子重约2g，干仁含油率53.5%。桐油理化性质：折射率1.5219，酸值0.3373，碘值172.7，皂化值194.9。脂肪酸主要成分：软脂酸2.16%，硬脂酸1.72%，油酸4.22%，亚油酸7.15%，亚麻酸0.19%，桐酸83.84%。

3. 生物学特性

个体生长发育规律：播种后3年生始果，4～5年进入盛果期，一般条件下经济年限持续8～10年，在优越条件下可持续15年。年生长发育周期：据湖南省林业科学研究所在石门县维新观察，萌动期3月15～30日，花期4月10～24日，果实成熟期10月15～20日，落叶期11月10～20日。年生育期约240天。

4. 适应性及栽培特点

本品种属小米桐品种群，是湖南泸溪县群众选育的一个早实丰产良种，主要分布于泸溪县一带。湘西土家族苗族自治州各县以及石门、慈利、桃源等县都有引种栽培，其他油桐产区县也有少量引种。有10多个省进行引种。据调查，引种福建等高温多湿地区，黑斑病、枯萎病的感病率高、枯果多；引种河南等低温地区的表现较好。本品种早期产量高，大小年结实现象显著，盛果期来得早而猛，衰退也快。不耐荒芜，在立地条件差、管理水平低的条件下，果实丛生性极强的特性难以充分显示。挂果后若水肥供应不足，易造成枯枝多，干果多，果仁不饱满，出子率、含油率下降等现象。适宜选择土层深厚、肥沃的立地条件栽种，集约管理。

(十三)云南矮子桐(矮脚米桐)

1. 植物学特征(图2-13)

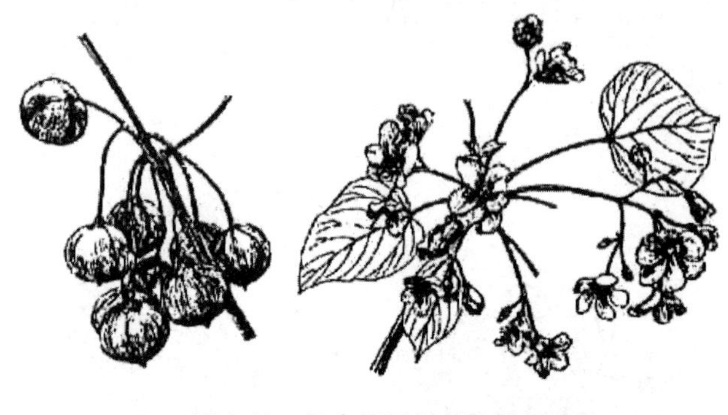

图2-13　云南矮子桐花序及果序

壮龄树高3~5m，径粗15~25cm，主干不明显，主枝1~2轮，枝下高常为0.5~0.6m，分枝角度60°~75°，轮间距0.8~1.0m。树冠开展，矮冠呈伞形，冠幅4.2~6.5m。发枝力强，枝条多而密。先叶后花型，中花花序，花瓣色浅略带淡黄色，平均每花序有花28.75朵，雌雄花比例1∶22.4。在粗放经营条件下，果多单生，丛生果只占总果序的7.2%。每序2~3果，多时7~9果，果梗长7.57cm，结果枝比例68.78%。果扁圆球形，鲜果平均果高5.52cm，果径5.52cm，果颈0.22cm，果尖0.24cm，单果重62.8g，平均每果含子数4.5粒。

2. 经济性状

盛果期年产油量200~250kg/hm^2，高的可达337.5kg/hm^2。零星栽植，一般单株产油1kg左右，高的可达2~2.5kg。鲜果皮厚度0.67cm，气干果平均出子率58.33%，出仁率63.8%，干仁含油率60.21%。桐油理化性质：折射率1.5198，酸值0.3157，碘值169.8，皂化值191.7。脂肪酸主要成分：软脂酸2.26%，硬脂酸1.87%，油酸4.65%，亚油酸6.79%，亚麻酸0.21%，桐酸83.03%。

3. 生物学特性

个体生长发育规律：播种后3年生始果，8年生以后进入盛果期，盛果期持续25年左右，30年以后逐渐衰老。立地良好，加强抚育管理，寿命可延长到40年以上。年生长发育周期：据在云南鲁甸江底物候观察结果，萌动期2月下旬，3月中旬至4月上旬为花期，果实成熟期10月上旬，落叶期11月中、下旬。年生育期约250天。

4. 适应性及栽培特点

本品种属小米桐品种群中的矮干型，在云南的分布和高脚米桐相似，但产区海拔高度多在东北部海拔700m以上。四川、浙江、广西、湖南等省(自治区)有少量引种栽培。该品种适应性强，耐旱且抗病虫害，在年均温16℃以上、年降水量1000mm左右的红壤和红黄壤山地、丘陵均生长良好。经营方式以桐农间种为主，亦可纯林经营和零星种植。

(十四)湖北九子桐

1. 植物学特征(图2-14)

壮龄树高4~5m，径粗20~30cm，分枝高0.9cm，分枝角度60°以上，主枝轮数2~3轮，轮间距平均95cm；树冠半圆形，冠幅4~5m，树体结构紧凑，小枝细长微下垂；新老枝比率为1.60。中花花序，花叶同时开放；平均每序花数20~30朵，花轴分枝2~3级

图 2-14　湖北九子桐花序及果序

（多为 2 级），在盛果期常出现 2～4 个主花轴簇生于同一枝顶上形成复花序，雌雄花比例 1∶2.3。果丛生性极强；每序有果 6.12 个，在盛果初期常出现由 2.4 个果序组成的复合果序，果梗长 6～12cm。果小，圆球形，鲜果平均果高 5.13cm，果径 4.7cm，果颈 0.55cm，果尖 0.31cm，果重 44.6g，平均每果含子数 4.46 粒。

2. 经济性状

盛果期平均单株年产油量 1.64kg；纯林年产油量一般 200～250kg/hm²，高者可达 450kg/hm²。鲜果皮厚度 0.38cm，气干果平均出子率 30.3%，子粒重 2.2g，出仁率 60.1%，干仁含油率 60.4%。桐油理化性质：折射率 1.5220，酸值 0.616，碘值 172.0，皂化值 194.5。脂肪酸主要成分：软脂酸 1.95%，硬脂酸 1.49%，油酸 2.66%，亚油酸 5.64%，亚麻酸 0.21%，桐酸 86.48%。

3. 生物学特性

个体生长发育规律：播种后 3 年生始果，4～5 年生进入盛果期，在一般条件下持续结果 20～25 年。四旁零星种植 30 年仍结果不衰。年生长发育周期：据在湖北郧县观察，萌动期 3 月 18 日，初花期 4 月 12 日，盛花期 4 月 18～25 日，终花期 5 月 9 日，果实成熟期 10 月 15～25 日，落叶期 10 月 26 日。年生育期约 220 天。

4. 适应性及栽培特点

本品种属小米桐品种群，主要分布鄂西南、鄂西北一带，具有早实、丰产特性，大小年结果明显，对立地条件要求较高。造林时应选择土层深厚、湿润肥沃的地段，才能充分表现出丰产性能。适宜桐农间种或纯林经营，集约管理。

（十五）湖北景阳桐

1. 植物学特征（图 2-15）

壮龄树高 4～5m，径粗 25～33cm，枝下高 0.5～0.7m，分枝角度 63°，树冠开张，主枝 3～5 轮，轮间距 0.7～0.8m，树冠半圆形或伞形，冠幅 4～5m，节间较小米桐短，枝条紧凑、密集。幼嫩枝细长柔软，挂果后下垂如柳，老枝扭曲似龙爪。盛果期结果枝比例 70%～90%，其中丛生果枝占 27%～66%。叶心脏形或广卵形，深绿色，背脉紫红色。先叶后花型，少花至中花花序，平均花序花数 35.6 朵，花轴分枝 2～3 级为多，雌雄花比例 1∶2.5，早期常出现复合花序。果实丛生量与小米桐相似，一般每序 5～12 果丛生，多者 24 果丛生，盛果期有大量复合果序。平均果梗长 14.3cm，丛生果主梗长 16.4cm，侧梗长 12.5cm。中型果，球形，果颈粗短，果顶平滑，果尖凸突，果尖周围有微棱。鲜果平均果高 5.6cm，果径

图 2-15　湖北景阳桐花序及果序

5.2cm，果颈0.45cm，果尖0.39cm，果重63.5g，平均每果含子数4.6粒。

2. 经济性状

盛果期年产油量一般200kg/hm^2，高者400kg/hm^2；零星种植单株年产油量2~3kg。鲜果皮厚度0.4cm，气干果平均出子率58.5%，子重5.7g，出仁率63.2%，干仁含油率59.1%。桐油理化性质：折射率1.5186，酸值1.7354，碘值169.3，皂化值192.8。脂肪酸主要成分：软脂酸2.13%，硬脂酸1.91%，油酸4.58%，亚油酸6.47%，亚麻酸0.26%，桐酸83.96%。

3. 生物学特性

个体生长发育规律：播种后3年生始果，5~6年生进入盛果期，在一般经营条件下经济年限持续30~40年。年生长发育周期：据湖北省郧阳地区林业科学研究所在郧西县景阳乡观察，萌动期3月29日至4月10日，花期4月25日至5月10日，幼果形成期5月15~30日，果实成熟期10月20~25日，落叶期11月1~15日。年生育期210~220天。

4. 适应性及栽培特点

本品种属小米桐品种群，适应性较强，由郧阳地区林业科学研究所选育，在湖北郧西县分布广、产量高、丰稳产性较好；要求在较佳的立地条件下作桐农间种或纯林经营。浙江、湖南、福建、贵州、广西有少量引种，表现较好。

(十六)河南股爪青

1. 植物学特征(图2-16)

图2-16　河南股爪青花序及果序

壮龄树高4~6m，径粗25~30cm，枝下高0.8~1.2m，分枝角度50°~60°，主枝2~4轮，轮间距60~100cm。树势强健，树冠阔软形，冠幅5.8~6.2m。先叶后花或花叶同步，中花花序为主，花轴级数2~3级。每序有花26~34朵，雌雄花比例1：10.2。果青绿色，丛生性强，丛生果序比例占77.5%，每序有果2~8个，多的20个，早期常出现多头丛复合果序。果梗长5~8cm，最长达17~21cm。果实圆球形，鲜果平均果高5.1cm，果径4.5cm，果尖0.45cm，果颈0.42cm，果重40~50g，平均每果含子数4~5粒。结果枝比例80%~85%。

2. 经济性状

该品种在一般经营条件下盛果期年产油量为250~300kg/hm^2。立地条件好，集约经营时，可产桐油450kg/hm^2。如河南内乡县西庙岗乡王琊油桐场丰产林，共117株(其中股爪青103株，占88%)，1984年(8年生)平均产桐油549kg/hm^2。增产潜力大。鲜果皮厚度0.4cm，气干果平均出子率62.5%，子重2.4g，出仁率66.95%，干仁含油率63.9%。桐油理化性质：折射率41.5220，酸值0.3573，碘值171.3，皂化值193.4。脂肪酸主要成分：软脂酸2.51%，硬脂酸1.72%，油酸4.39%，亚油酸6.91%，亚麻酸0.25%，桐酸83.08%。

3. 生物学特性

个体生长发育规律：播种后 3～4 年生始果，6～15 年生为盛果期，在良好栽培条件下，盛果期可持续到 20 年以上，30 年之后进入衰老期。年生长发育周期：据河南内乡县赤眉乡杨店村观察，萌动期 3 月 18 日至 4 月 6 日，花期 4 月 20～30 日，幼果形成期 5 月 2～6 日，果实成熟期 10 月 22～26 日，落叶期 11 月 5～10 日。年生育期约 220 天。

4. 适应性及栽培特点

该品种属小米桐品种群，适应范围广，全省各产区均有分布，约占桐林面积的 40%。其中南阳、洛阳两地区较为集中，约占 51%。抗寒性较强，在河南省可耐短时间 -20.9℃的低温。江苏、浙江、福建、四川、陕西等省已引种栽培。股爪青结果早、产量高、丛生性强，经济寿命长，增产潜力大，属丰产型品种。宜桐农间种或纯林种植。但对土壤、水分要求较高，不耐荒芜。如经营管理不善，丛生性降低，果实变小，出现大小年结实。

（十七）陕西小米桐

1. 植物学特征（图 2-17）

壮龄树高 4～5m，径粗 20～30cm。枝下高 0.8～1.0m，分枝角度 50°～60°，主枝 2～3 轮，轮距间 0.75m，首轮 3～4 分枝。树冠呈圆头形，冠幅为 4～5m。发枝力强，节间短。先叶后花型，花轴分枝 2～3 级，每花序有雌花 2～12 朵，盛果初期复合花序占 46.3%，雌雄花比例 1∶18.2。果序多为丛生，大小年结果较明显。果实较小，圆球形，果面光滑，缝合线深绿色不下凹，果梗平均长度 7.05cm。鲜果平均果高 5.01cm，果径 4.83cm，果尖 0.53cm，果颈 0.50cm，平均每果含子数 4.7 粒。

图 2-17　陕西小米桐花序及果序

2. 经济性状

陕西安康市吉河乡中村，10 年生桐树平均单株年产鲜果 8kg，旬阳县三官乡禹官村，10 年生桐树单株产鲜果达 40.2kg；盛果期桐林年产油量 200～300kg/hm^2；零星种植单株产油量 2.0～2.8kg。鲜果皮厚 0.5～0.6cm，气干果平均出子率 60.5%，出仁率 56.9%，子重 2.7g，干仁含油率 66.7%。桐油理化性质：折射率 1.5208，酸值 0.5003，碘值 170.4，皂化值 190.8。脂肪酸主要成分：软脂酸 2.36%，硬脂酸 1.82%，油酸 3.88%，亚油酸 7.01%，亚麻酸 0.24%，桐酸 83.76%。

3. 生物学特性

个体生长发育规律：播种后 3～4 年生始果，6～7 年生进入盛果期，结实寿命 25～30 年。年生长发育周期：据在陕西安康市吉河乡油桐场的调查观察，萌动期 3 月下旬，始花期 4 月 26 日，末花期 5 月 4 日，果实成熟期 10 月 15～25 日，落叶期 10 月下旬。年生育期约 210 天。

4. 适应性及栽培特点

本品种属小米桐品种群，在陕西的安康、汉中、商洛等地区广为分布，而以安康地区最多。产量高，是陕西主栽品种，宜采用取桐农间种经营。引种秦岭北麓的中关地区，尚能生长结实。与四川小米桐相比，一般树体略小，丛生性略低，但抗寒性强、油质好。

（十八）浙江丛生球桐（丛生吊桐）

1. 植物学特征（图 2-18）

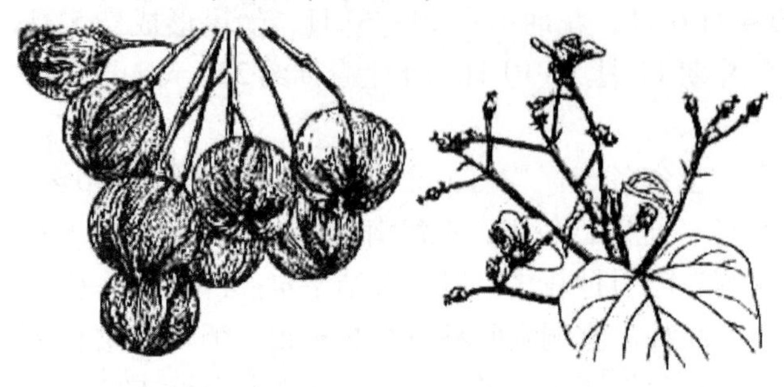

图 2-18　浙江丛生球桐花序及果序

中干型，壮龄树高 4～6m，径粗 15～30cm，枝下高 0.6～0.8m，分枝角度 55°～65°，主枝轮数 2～3 轮，轮间距 80～120cm，树冠伞形为主，冠幅 5～6m，枝条密度较大而粗短。先叶后花型至花叶同步型，少花至中花花序，花轴分枝 2 级（间有 3 级），花序花数常 20～30 朵，雌雄花比例 1:10。雌花着生于主侧花轴的顶端，发育成由 3～7 果环绕主轴互生的丛生果序。果梗中短（4～8cm），排列较紧凑。中小型果，圆球形或扁球形。鲜果平均果高 5.54cm，果径 5.05cm，果尖 0.40cm，果颈 0.40cm，果重 65.10g，平均每果含子数 4.56 粒。

2. 经济性状

纯林经营，单株年产油量一般 0.5～0.7kg，高的有 2.0～2.5kg，零星种植的单株产油量可达 3～4kg；盛果期单位面积年产油量 250～300kg/hm^2，高者达 450kg/hm^2。结果枝比例 60%～70%。鲜果皮厚度 0.51cm，气干果平均出子率 53.31%，出仁率 64.18%，子重 3.56g，干仁含油率 66.17%。桐油理化性质：折射率 1.5200，酸值 0.4993，碘值 171.2，皂化值 192.8。脂肪酸主要成分：软脂酸 1.61%，硬脂酸 1.59%，油酸 3.49%，亚油酸 5.93%，亚麻酸 0.23%，桐酸 85.72%。

3. 生物学特性

个体生长发育规律：播种后 3 年生始果，4～5 年生进入盛果期，盛果期持续时间 10～20 年，25 年后逐步衰老。一般寿命约 30 年，立地条件好的零星植株，40～50 年仍结果累累。年生长发育周期：据在浙江富阳观察，萌动期 3 月中、下旬，花期 4 月中、下旬（较座桐、五爪桐、满天星开花早，谢花迟），幼果形成期 5 月上旬，果实成熟期 10 月中、下旬，落叶期 11 月中、下旬（较座桐、五爪桐、满天星为早）。年生育期约 240 天。

4. 适应性及栽培特点

该品种属小米桐品种群，雌性较强，在优良的立地条件和管理水平下生长，能表现高产、稳产，但不耐瘠薄。营养跟不上时表现丛生性下降，大小年结实，并稍有结果枝交替现象，寿命也缩短。主要分布于浙江杭州地区和金华地区，属高产型品种。实生繁殖子代有 70%～80% 保持母本的花、果序性状。对立地条件要求高，对肥力反应敏感，适于桐农及纯林经营。该品种雌花比例大、丛生牲强，花、果序等性状的遗传力也比较高，在育种实践上从中选择优良个体作父本与五爪桐杂交，可获得较大杂交优势。

（十九）福建串桐（转桐）

1. 植物学特征（图 2-19）

状龄树高 6～7m，径粗 20～24cm，枝下高约 1m，分枝角度 60°左右，主枝轮数 2～3

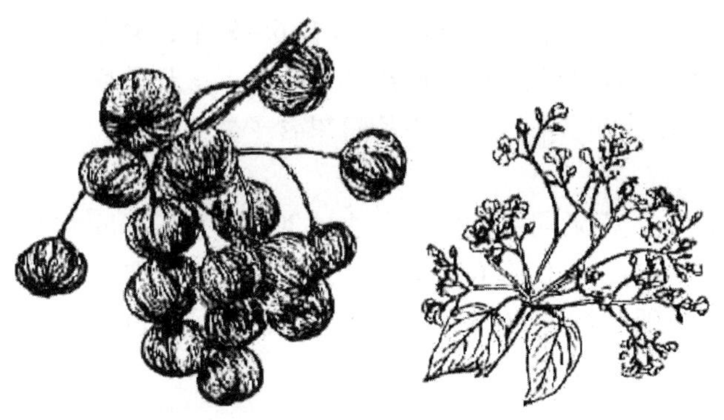
图 2-19 福建串桐花序及果序

轮，轮间距 60～120cm，树冠伸展呈伞形，冠幅 6.0～6.5m，枝叶茂密。先叶后花为主，少花花序至中花花序。花轴分枝 2～3 级，花序花数 30～40 朵，雌雄花比例 1∶15 左右。盛果期大年结实时常有复合花序，丛生性强，果序果数常 6～10 个，复合果序果数可多达 30 个以上，成一串串丛生果，故称"串桐"。又由于同一果序上果实果梗长短不一(长 4～10cm)，作螺旋式环绕主轴排列，又称"转桐"。丛生果序比例一般高达 90% 左右。中小型果，圆球形或扁球形。鲜果平均果高 5.8cm，果径 5.5cm，果尖 0.3cm，果颈 0.3～0.4cm，果重 60g 左右，单果含子数 4～5 粒。

2. 经济性状

盛果期年产油量 200～250kg/hm^2，高者达 450kg/hm^2，在优良条件下，个别单株产油量 2～3kg，结果枝比例一般占 70% 左右。鲜果皮厚 0.55cm。气干果平均出子率 48.5%，出仁率 64.50%，干仁含油率 56.5%。桐油理化性质：折射率 1.5220，酸值 0.3956，碘值 168.8，皂化值 194.20。脂肪酸主要成分：软脂酸 1.93%，硬脂酸 1.63%，油酸 4.31%，亚油酸 5.58%，亚麻酸 0.12%，桐酸 85.64%。

3. 生物学特性

个体生长发育规律：播种后 3～4 年生始果，6～7 年生进入盛果期，经济年限 20～30 年。零星栽培 60～70 年仍结果不衰。年生长发育周期：据在福建宁化县观察，萌动期 3 月上、中旬，花期 4 月上、中旬，幼果形成期 4 月下旬，果实成熟期 10 月中、下旬，落叶期 11 月下旬。年生育期约 240 天。

4. 适应性及栽培特点

该品种属小米桐品种群，枝条密度大，丛生性强，盛果期持续时间也长，属高产型品种，要求在优良的立地条件下集约经营，其产量可较其他品种为高。但不耐瘠薄，一旦营养跟不上时，产量下降的幅度则较其他品种为大。一般经营水平时，也表现大小年结实，丛生性减弱。串桐主要分布在福建宁化县，通常采用桐农间种经营方式。

(二十) 浙江桃形桐

1. 植物学特征(图 2-20)

中、高干型，壮龄树高 5～7m，径粗 20～35cm，枝下高 0.8～1.2m，分枝角度 55°～60°，主枝轮数 2～3 轮，轮间距 90～120cm。树冠半椭圆形至伞形，冠幅 5～6m。枝条稀疏粗壮。先叶后花型至花叶同步型。少花至中花花序，花序主轴长平均 7.1cm，花轴分枝 2～3 级，每序有花 25～35

图 2-20 浙江桃形桐花序及果序

朵，雌雄花比例1:15以下。丛生果序为主，每序有果3～5个，多者6～8个；果形寿桃形，有突出的果尖及果颈，是其特征；中、小型果，果梗长约7～8cm。鲜果平均果高6.5m，果径4.3m，果尖1.5m，果颈0.8m，果重64～75g，平均每果含子数4.6粒。

2. 经济性状

零星种植，单株产油量一般2.5～3.0kg；盛果期单位面积产油量200～250kg/hm^2。鲜果皮厚度0.55cm，气干果平均出子率51.73%，出仁率64.52%，子重3.6g，干仁含油量67.01%。桐油理化性质：软脂酸1.86%，硬脂酸1.56%，油酸3.68%，亚油酸6.24%，亚麻酸0.21%，桐酸84.77%。

3. 生物学特性

个体生长发育规律：播种后3～4年生始果，6～7年生进入盛果期。一般经济年限约30年，立地条件较好的零星种植，可延至40多年。年生长发育周期：据在浙江富阳观察，萌动期3月下旬，花期4月下旬，果实成熟期10月中旬，落叶期11月上、中旬。年生育期约240天。

4. 适应性及栽培特点

该品种属小米桐品种群，零星分布于浙江西北油桐林区，一般仅占桐林植株的约2%，在半同胞实生子代中，桃形果性状的重复率为76.43%，表明桃形果性状的遗传力比较高。浙江桃形桐的适应性较浙江丛生球桐为强，结果枝比例也更大。立地条件较差时，丛生量减少，单生果增多，果型增大。仍能保持较高的结果枝比例。适于山区零星隙地种植。

（二十一）湘桐中南林37号无性系

图2-21　湘桐中南林37号无性系果序

壮龄树高约4m，主枝轮数2～3轮，枝下高1m左右。树冠伞形，冠幅约4m，枝条稀疏细长，树体结构较松散。平均叶长17.6cm，宽15.5cm。中花花序，花轴分枝2～3级，花序主轴长12.2cm，平均每序有花42.4朵，雌雄花比例1:5。果实丛生性极强，盛果期一般每序有果5～15个，多者达40个以上。中、小型果，果形扁球形，鲜果平均纵径4.7cm，横径5.1cm，果重52.7g，含子数4.9粒(图2-21)。据在湖南衡阳观察，萌动期3月15～31日，盛花期4月15～20日，果实成熟期10月15～20日，落叶期11月10～20日。年生育期240天。嫁接后次年可以挂果，3年生进入盛果期，一般可持续10～15年，盛果期年产桐油200kg/hm^2，最高可达450kg/hm^2。气干果平均果重18.1g，出子率54.5%，子粒重1.8g，出仁率59.3%，干仁含油率54.5%，桐油酸值0.34，折射率1.5219。

据在湖南衡阳观察，萌动期3月15～31日，盛花期4月15～20日，果实成熟期10月15～20日，落叶期11月10～20日。年生育期240天。

嫁接后次年可以挂果，3年生进入盛果期，一般可持续10～15年，盛果期年产桐油200kg/hm^2，最高可达450kg/hm^2。气干果平均果重18.1g，出子率54.5%，子粒重1.8g，出仁率59.3%，干仁含油率54.5%，桐油酸值0.34，折射率1.5219。

该无性系是中南林学院于1979年从湘西泸溪葡萄桐林中选出优树，经无性系测定，历时10年育成。综合表现良好，丛生性极强，产量高。在优良立地条件下栽培，就充分

发挥丰产潜力，但抗枯萎病能力较弱，栽培时应加强管理，栽植密度也不宜太大。

(二十二)湘桐中南林 23 号无性系

图 2-22　湘桐中南林 23 号无性系果序

壮龄树高约 5m，主枝轮数 2～3 轮，枝下高 0.6～0.8m，树冠伞形、圆头形或半椭圆形，冠高 2～4m，冠幅 4～5m，枝条疏密适中，树体结构良好。平均叶长 15.2cm，宽 12.3cm。中花花序，平均每序有花 26.6 朵，雌雄花比例 1∶100。丛生果序，每序 5～10 果，多的达 20 个，中、小型果，球形，鲜果纵径 5.1cm，横径 5.0cm，果重 47.8g，平均每果含子数 4.5 粒(图 2-22)。

萌动期 3 月 10～25 日，盛花期 4 月 15～20 日，果实成熟期 10 月 15～20 日，落叶盛期 11 月 10～20 日，年生育期 245 天。

嫁接后次年可以结果，4 年生进入盛果期，15 年生结果旺盛，年产油 250kg/hm^2，高产林分达 350kg/hm^2。气干果出子率 54.8%，子粒重 2.0g，出仁率 58.9%，干仁含油率 57.7%，油酸值 0.22，折射率 1.5195。

该无性系是中南林学院于 1979 年湘西龙山县咱果乡小米桐产区选出优树，通过无性系测定，历时 10 年育成。宜在立地条件优越的地段种植，并辅以集约管理，才能获得高产、稳产。

小米桐品种群中的主要品种，尚有贵州小米桐、黔桐 1 号、黔桐 2 号、湖南小米桐、湖南七姐妹、湖北小米桐、龙胜小蟠桐、永福米桐、隆林矮脚桐、广东小米桐、陕西葡萄桐、云南丛生球桐、河南小荆子、安徽小扁球、江西小米桐、江苏小米桐、光桐 3 号、光桐 6 号、光桐 7 号等。

(二十三)广西恭城对年桐

1. 植物学特征(图 2-23)

图 2-23　广西恭城对年桐花序及果序

壮龄树高 2～3m，径粗 6～10cm，主枝 1～2 轮(多为 1 轮)，枝下高 0.4～0.6m，首轮 4～6 分枝，分枝角度 60°～70°，2 轮分枝高 1.2～1.5m，4 分枝，分枝角度 50°～55°，树冠伞形，冠幅 2.0～2.5m，枝条稀疏。少花花序至中花花序，主花轴长 9.46cm，平均每序有花 42.51 朵，雌雄花比例 1∶13.1。果球形或扁球形，平均鲜果直径和果高均为 5.5～6.5cm，果尖 0.5cm，果颈 0.35cm，果梗 6～10cm，鲜果重 88.72g，平均每果含子数 4.13 粒。

2. 经济性状

盛果期单位面积桐油产量 150～180kg/hm^2，高者亦可达 250kg/hm^2。鲜皮厚度 0.5cm，气干果平均出子率 48.44%，子粒重 3.17g，出仁率 56.69%，干仁含油 59%。桐油酸值 0.43，游离脂肪酸 0.21，皂化值 186，碘值 164，折射率 1.5189。

3. 生物学特性

个体生长发育规律：种后翌年开始开花结果，周年开花植株占植株总数的50%以上；第3~5年结果盛期，第6年结果已甚微，桐树开始颓败，第10年前后衰败。立地条件优良，抚育管理良好者亦可延至15年左右。年生长发育周期：据在原产地查观察，萌动期3月中旬；始花期3月下旬，盛花期3月27日至4月7日，果实迅速壮大5月下旬至6月中旬，果始变色9月上旬，果始落9月下旬，果盛落10月上旬，叶始落11上旬，叶盛落11月中、下旬，叶全落12月初。全年生育期255~260天。

4. 适应性及栽培特点

原产广西桂林地区恭城瑶族自治县，中亚热带南缘，分布区海拔高度250~500m，年平均温度18℃，年降水量1800mm，土壤为红壤，pH值4.6~5。

本品种为桐杉混交和桐茶(油茶)混交的较佳品种。植株矮小，种后翌年结果，虽然结果寿命不长，产量也不高，但与杉木、油茶混交造林，可起以短养长。长短结合的作用。该品种易患油桐枯萎病，引种至浙江、福建后，曾造成病原传播的严重恶果。今后引种时应严格执行检疫及消毒。

(二十四)贵州对年桐(周岁桐)

1. 植物学特征(图2-24)

图2-24　贵州对年桐花序及果序

壮龄树高2~3m，径粗约10~16cm。分枝低，枝下高仅0.4~0.5m，主干不明显，主枝轮数多为1轮，枝条稀疏，树冠伞形，分枝角度55°~65°，冠幅2.5~3.5m，发枝力强，常2~4分枝，侧枝平展。结果枝比例65%，其中丛生果枝占结果枝的70%。少花至中花花序，以中花花序为主。花轴分枝2~3级，雌雄花比例1∶5.8。中、小型果，圆球形至扁球形，鲜果平均果径5.7cm，果高6.4cm，果尖0.3cm，果颈0.5cm，果重54.3~68.5g，平均每果含子数4.56粒。

2. 经济性状

在桐杉混交林经营条件下，年产油量约150kg/hm^2。鲜果皮厚度0.52cm，气干果出子率46.4%，子粒重2.45g，出仁率56.6%，干仁含油率57.14%。桐油理化性质：折射率1.5220，碘值169.0，皂化值193.0。脂肪酸主要成分：软脂酸2.95%，硬脂酸1.57%，油酸3.44%，亚油酸8.77%，亚麻酸0.34%，桐酸82.55%。

3. 生物学特性

个体生长发育规律：播种后翌年即始果，4~5年生进入盛果期，在一般条件下可持续5~6年，具早衰特性。但在立地条件较佳、管理较好的情况下，盛果期可持续10~15年。年生长发育周期：据在贵州铜仁观察，萌动期3月10~12日，花期4月10~25日，幼果形成期4月25日至5月5日，果实成熟期10月15~20日，落叶期11月10日。年生育期约240天。

4. 适应性及栽培特点

本品种属对年桐品种群，分布于贵州省湄潭、铜仁、正安、锦屏和贵阳等地，适应性较强，生长发育快。具速生丰产特性，但也表现出早结实、早衰败、寿命短现象。所以，在栽培上大多用来与杉木或油茶营造混交林，以期获得早期收益，也可选择较好的地段作短期纯林经营。该品种较恭城对年桐的寿命稍长，在当地枯萎病感病率也低。

对年桐品种群中的主要品种，尚有湖南对岁桐、四川对年桐、三江对年桐、陕西周岁桐、安徽茄棵桐、浙江对岁桐、江西周岁桐、福建对岁桐等。

（二十五）重庆云阳窄冠桐（立枝桐、白杨桐、观音桐、梨桐）

1. 植物学特征（图 2-25）

壮龄树高 5～9m，最高达 11m，径粗 20cm 左右。主枝轮次不明显，枝下高 1m 左右，分枝角度 15°～21°，枝条近乎直立向上，故名“立枝桐”；又因冠幅狭窄，很少超过 2m，又名“窄冠桐”；还因为它树形酷似白杨树，又有“白杨桐”之称。枝条疏密适中，新老枝比率 1.20～1.85。先叶后花型，少花花序为主，并表现为较强的雌性倾向，雌、雄花比例 1:（3.8～7.80），结果枝比例 40%～60%。果序多为丛生，每序 4～6 果，多者可达 20 余果。小型果，圆球形至扁圆球形，鲜果平均果径 4.9cm，果高 5.0cm，果尖 0.22cm，果颈 0.35m，果重 42.8g，每果含子数 4～5 粒。

图 2-25　重庆云阳窄冠桐花序及果序

2. 经济性状

盛果期个别优良单株年产桐油 0.5～1.0kg；在优良的栽培条件下，每平方米树冠平均结果数多达 33.2 个；一般经营，年产桐油 200～250kg/hm^2，高密度集约经营可达 300～400kg/hm^2。通过优良单株选择，优良家系、无性系的增产潜力很大。鲜果皮厚度 0.5cm 左右。气干果平均出子率 61.6%，子粒重 2.7g，出仁率 60.5%，干仁含油率 60.4%。桐油理化性质：折射率 1.5189，酸值 0.32，碘值 162.4，皂化值 195。脂肪酸主要成分：软脂酸 2.14%，硬脂酸 2.05%，油酸 4.17%，亚油酸 6.55%，亚麻酸 0.23%，桐酸 82.76%。

3. 生物学特性

个体生长发育规律：播种后 3 年生始果，7～8 年生进入盛果期，收益期可达 30～40 年。年生长发育周期：萌动期 3 月 1～8 日，盛花期 4 月 11～20 日，果实成熟期 11 月 10～15 日，落叶期 11 月 15～20 日。年生育期约 250 天。

4. 适应性及栽培特点

该品种属窄冠桐品种群，主要分布在重庆市万州区、四川省达州市两地区，其中尤以云阳县的龙角镇数量最多，而且集中。该品种耐水湿，树冠狭窄，适宜密植栽培，是近年来引起人们注意的新品种。在四川各地及浙江、广西、云南、河南等省（自治区）均有引种，是育种的优良种质材料。

（二十六）贵州窄冠桐（白杨桐、漆树桐、观音桐、立枝桐）

1. 植物学特征（图 2-26）

壮龄树高 8～12m，径粗约 25cm，主枝轮次多不明显，枝下高 1m 左右，分枝角度 10°～20°，主枝基本上直立，树冠狭窄，冠幅 2～3m，冠形近似塔形。上部发枝力弱，树干节部发枝力强，树体结构紧凑。新梢直立，平均结果枝比例 42%。先叶后花型为主，中花花序，平均每花序有花 18.5 朵，花轴直立而短，1～2 级分枝，花序结构紧凑。雌雄花比例 1∶8.3。中、小果型。丛生果序，每序果数 2～5 个，排列紧凑；果梗长 8～10cm，圆球形果，鲜果平均果高 5.45cm，果径 4.65cm，果颈 0.2cm，果尖 0.35cm，果重 48.3cm，平均每果含子数 4.25 粒。

图 2-26 贵州窄冠桐花序及果序

2. 经济性状

零星种植，平均每平方米树冠结实量 30 个果以上，丰产单株产果 1200 个；盛果期年产油量 200～250kg/hm^2，高密度集约经营可达 300～400kg/hm^2。鲜果皮厚度 0.42cm，气干果平均出子率 55.7%，出仁率 59.02%，子粒重 1.98g，干仁含油率 59.72%。桐油理化性质：折射率 1.5185，酸值 0.4792，碘值 167.7，皂化值 194.9。脂肪酸主要成分：软脂酸 2.13%，硬脂酸 1.66%，油酸 3.61%，亚油酸 6.4%，亚麻酸 0.22%，桐酸 85.27%。

3. 生物学特性

个体生长发育规律：播种后 3 年生始果，6～8 年生进入盛果期，盛果期持续 25～30 年。年生长发育周期：据贵州正安县初步观察，树液流动期 3 月上旬。芽膨大期 3 月 25 日至 4 月 10 日，花期 4 月 12～25 日，幼果形成期 5 月 10～25 日，果实成熟期 11 月 10 日，落叶期 11 月 20 日。年生育期 250 天。

4. 适应性及栽培特点

本品种属窄冠桐品种群，分布于黔北的正安、道真等地，喜肥沃深厚土壤。抗逆性较强，很少病、虫危害。由于冠窄，适合密植栽培，多用于桐农混种，是目前发展迅速的优良品种。

窄冠桐品种群中的主要品种，尚有湖南白杨桐、湖北观音桐等。

（二十七）四川柿饼桐

1. 形态特征（图 2-27）

中干型。壮龄树高 4～7m，径粗 20～30cm，枝下高 0.8～1.2m。分枝角度 55°～65°，主枝轮数 2～3 轮，轮间距 1.1～1.3m。树冠伞形为主，枝条较稀疏且稍扭曲下垂，常出现由几个枝条并生的大扁平变态枝，其上簇生细叶，叶序紊乱，叶形呈萎缩状。

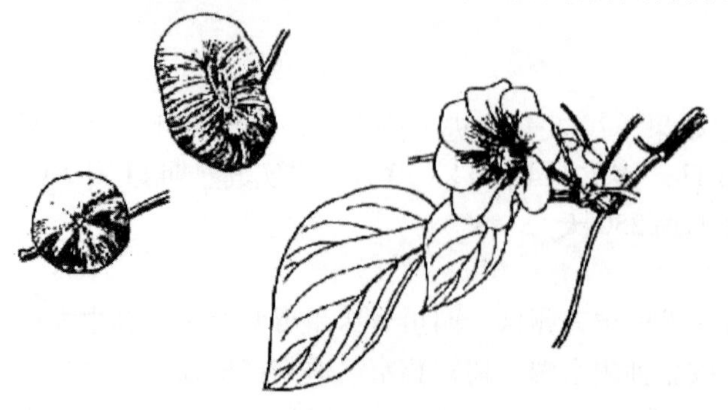

图 2-27 四川柿饼桐花序及果序

正常的花序为单花至少花花序；变态枝常出现变态花序，系由多花并生，杂乱无章。果序单生为主，间有2~3果丛生；果形有2种，一是扁圆球形正常果，另一是近肾脏形的并生果。变态枝、变态花及并生果三者间有密切相关，即变态枝往往出现变态花；有变态枝及变态花必定产生并生果；用并生果种子播种，子代中又将出现一定比例的产生变态枝、变态花及变态果的植株。正常果的鲜果平均果径6~8cm，果高5~6cm，果尖短，果颈短或无，平均鲜果重61.32g，含子数6~12粒，一般5~8粒；畸形果的果重80~100g，最大可达750g，含子数20多粒。柿饼桐的变态枝、变态花及变态果，多出现在部分植株的部分枝条上。

2. 经济性状

零星种植的正常单株年产油0.5kg。具有变态性状的植株，产油量则少。正常果的果实性状：鲜果皮厚度0.6~0.7cm。气干果平均出子率52.7%，出仁率48.8%，子粒重2.4g，干仁含油率59.1%~63.5%。桐油理化性质：折射率1.5146，酸值0.3178，碘值167.5，皂化值193.7。脂肪酸主要成分：软脂酸2.71%，硬脂酸1.75%，油酸4.41%，亚油酸7.01%，亚麻酸0.22%，桐酸81.93%。

3. 生物学特性

个体生长发育规律：播种后3~4年生始果，7~8年生进入盛果期，结实年限15~20年。变态植株的寿命稍短。年生长发育周期：萌动期3月5~10日，盛花期4月5~13日，果实成熟期11月5~15日，落叶期11月15~18日。年生育期约250天。

4. 适应性及栽培特点

柿饼桐是光桐种内变异的特殊类型，散生于各地自由授粉子代林中，具有交态的枝、花及果实性状，产量低、果皮厚，无规模经营栽培价值。但该类型的果实多子性状，则是育种可用的原始材料。

柿饼桐类型之中，性状相近者尚有贵州柿饼桐、湖南丛生柿饼桐、湖北粑粑桐、广西八瓣桐、陕西柿饼桐、云南泡巴桐、浙江柿饼桐、福建柿饼桐、江西柿饼桐等。

(二十八)四川柴桐

1. 形态特征(图2-28)

壮龄树高6~10m，径粗20~30cm，枝下高1.0~1.2m，主枝轮数3~5轮，轮间距110~130cm。树冠半椭圆形，冠幅6~10m，枝条粗壮、稠密，叶色浓绿，叶形稍大。先花后叶型，花序轴分枝级数3~4级，有花60~80朵，多者200朵以上。基本上为开雄花，表现强雄性倾向型；每株有极少数正常雌花或发育不良的两性花、畸形雌花。单生果序为多，果尖歪突，常有明显皱棱，果梗特长(15~20cm)，正常鲜果平均果高5~6cm，果径4.5cm，果尖0.5~1.0cm，果颈0.5cm，果重25~50g，平均含子数4.5粒。

图2-28　四川柴桐花序及果序

2. 经济性状

盛果期单株结果量由几个果至几十个果，产量极低。产区群众认为无栽培价值，在山区多作薪材，故名柴桐。鲜果皮厚度0.5~0.7cm，气干正常果平均出子率51.3%，出仁率54.5%，干仁含油率62.9%。桐油酸值0.4，折射率1.5208。

3. 生物学特性

播种后3~4年生始花，因结果极微，生长茂盛，寿命较长，达40~50年而不衰。萌动期3月10日前后，盛花期4月8~12日，果实成熟期10月15~25日，落叶期11月15~25日。年生育期约260天。

4. 适应性及栽培特点

四川柴桐植株高大，占地面积多，产果量极少，无栽培价值，惟其抗性较强，尚可用作嫁接砧木。

（二十九）浙江野桐

1. 植物学特征（图2-29）

图2-29　浙江野桐花序及果序

高干型，壮龄树高6~8m，径粗25~45cm，枝下高0.8~1.0m，主干明显，主枝轮数3~4轮，轮间距1.0~1.2m，树冠半椭圆形，冠幅5~8m。枝叶繁茂，生长旺盛，幼、壮龄期单位枝条抽梢数2~4条。先花后叶型，每花序有花50~70朵，多者100~250朵，花轴分枝3~4级；盛花期遍树繁花，雌雄花比例极其悬殊，雄花占绝对优势，罕见雌花且常为发育不完全的畸形雌花或两性花，其后发育成长梗畸形果，表现突出的雄性倾向型。由于花多而结实少，故名野桐，又称公桐。果单生，果梗长10~22cm。正常鲜果平均果高4.5cm，果径4.1cm，果尖0.3cm，果颈0.2cm，果重15~30g，平均含子数3.2粒。

2. 经济性状

单株结实几个果至数十个果，产量极微。鲜果皮厚度0.5~0.6cm，气干正常果平均出子率56.2%，出仁率52.5%，子粒重3.4g，干仁含油率61.6%。桐油理化性质：折射率1.5186，酸值0.3541，碘值166.5，皂化值193.4。脂肪酸主要成分：软脂酸2.37%，硬脂酸2.14%，油酸4.78%，亚油酸6.97%，亚麻酸0.24%，桐酸81.83%。

3. 生物学特性

个体生长发育规律：播种后3~4年生始花，由于结果少，生长势强，寿命长达50~60年。年生长发育周期：据浙江富阳观察，萌动期3月22~26日，盛花期4月18~30日，花期持续时间长，果实成熟期10月15~24日，落叶期11月18~27日。年生育期245~255天。

4. 适应性及栽培特点

浙江野桐属柴桐类型，在各地区混杂种子造林的林分中，占有10%~15%的植株比例。野桐产量低、占地面积大，在生产上无栽培价值，兼之有大量雄花，常因自由授粉的几率大，导致优良品种及其优良单株的后代雌花比例下降，遗传品质变劣，后患无穷。故实生繁殖林分中的野桐应及时予以清除。但野桐抗逆性较强，可供作嫁接砧木。

柴桐类型之中，性状相近者尚有贵州柴桐、云南歪嘴桐、陕西柴桐、湖南柴桐、湖北

公桐、河南野桐、福建野桐、江西柴桐等。

二、皱桐(*Vernicia motana*)

皱桐各产区已从雌雄异株类型中选育出一批高产优良无性系，并不断扩大栽培。许多优良农家品种(如漳浦垂枝型皱桐)亦出自雌雄异株类型，而雌雄同株类型中，虽然做了大量选育工作，至今尚未选育出可供生产上栽培应用的高优良品种；多次花皱桐类型中的典型，仅江西四季皱桐有一定数量且比较稳定。因此，皱桐仅选择桂皱27号、浙皱7号、福建垂枝皱桐、江西四季皱桐，作代表性介绍。

(一)桂皱27号无性系(图2-30)

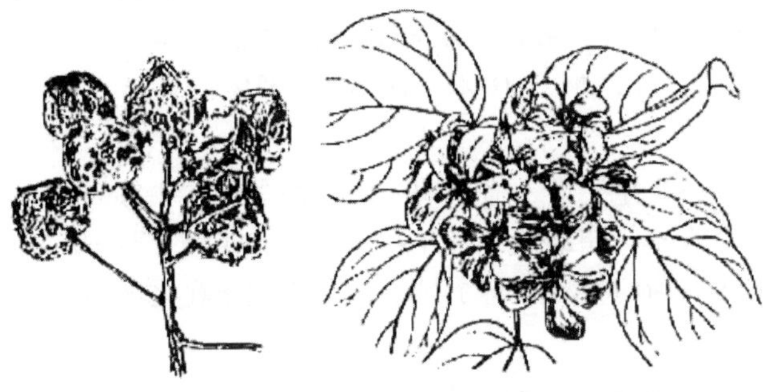

图2-30　桂皱27号无性系花序及果序

由广西壮族自治区林业科学研究所等单位于1975年育成，具有结实早、产量高、适应广、抗性强等优点。现已推广种植1.5万hm^2。成年树高7~8m，枝下高0.7~1m，主枝4~5轮。树冠广卵形或伞形，冠幅5~7m。平均叶长15.0cm，宽13.5cm。圆锥状聚伞花序，主轴长平均8.7cm，有雌花20~30朵。果丛生，通常每序4~8果。鲜果平均纵径4.8cm，横径5.1cm，果重54.0g，平均每果含子数3粒。在桂南萌动期3月5~10日，盛花期4月25~30日，果实成熟期10月20日至11月5日，落叶盛期11月20日至12月5日。年生育期约275天。种后翌年开花结果，5~6年生进入盛果期，并持续15~20年，盛果期年产桐油量300~450kg/hm^2，高的达750kg/hm^2，气干果平均果重20.7g，出子率42.7%，子粒重3.0g，出仁率56.9%，干仁含油率56.9%，桐油酸值0.77，折射率1.5159。桂皱27号从雌雄异株类型中的纯雌株选出，经营方式以纯林经营和长期桐农混种为主。

(二)浙皱7号无性系

浙皱7号等3个无性系由中国林业科学研究院亚热带林业研究所与浙江永嘉县林业局于1987年合作育成，先后在浙南温州地区推广无性系造林3597hm^2。

1. 植物学特征(图2-31)

7年生平均树高5.51m，径粗14.33cm，冠幅5~6m；壮龄树高9.8~11.9m，径粗30~40cm，枝下高1.4~1.6m；分枝角度55°~60°，主枝轮数4~5轮，轮间距1.1~1.3m；树冠近塔形，冠幅8~10m，枝条密度适中，单位枝条发梢数0.9~1.86枝。7年生结果枝比例高达92.7%。多为圆锥花序至总状花序。结实大年丛生量大，表现圆锥花

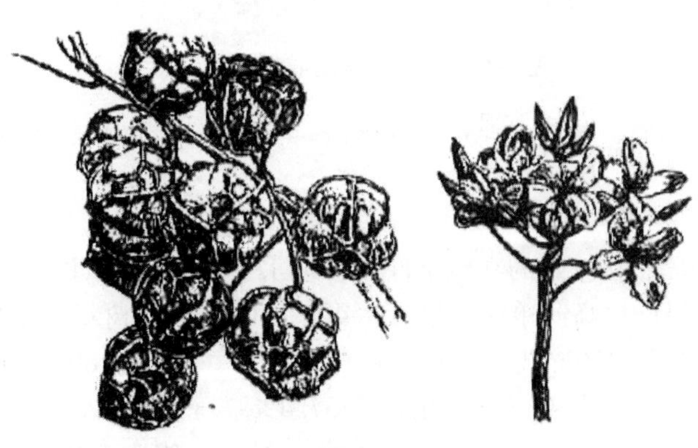

图2-31　浙皱7号无性系花序及果序

序，间有近似聚伞花序者；结实小年丛生量少，表现总状花序；每花序有花 20～30 朵，多者 40 朵左右，花序轴长度 7～9cm。中、小果型，丛生果序，每果序有果 5～8 个，多时 30～40 个，果形三角状近球形，3 纵棱，间有 4 棱。鲜果平均果高 4.5cm，果径 4.6cm，果尖 0.3cm，果颈不明显，果重 46.6g，平均每果含子数 3 粒，间有 4 粒。

2. 经济性状

桐农间种集约经营，密度 277 株/hm^2，7 年生平均产油量最高达 766.8kg/hm^2；一般经营盛果期年产油量约 450kg/hm^2。中、小果型，鲜果皮厚度 0.3cm 左右。气干果平均出子率 45.76%，出仁率 55.64%，子粒重 2.7g，干仁含油率 64.86%。桐油理化性质：折射率 1.5130，酸值 0.59，碘值 165.5，皂化值 190.2。脂肪酸主要成分：软脂酸 2.53%，硬脂酸 1.76%，油酸 8.22%，亚油酸 11.73%，亚麻酸 0.18%，桐酸 75.05%。

3. 生物学特性

嫁接苗植苗造林，翌年部分开花结果，5～6 年生进入盛果期。该无性系的实生母树 30～40 年生仍生长旺盛，结果累累。在浙南永嘉观察，萌动期 3 月 8～16 日，盛花期 5 月 10～15 日，果实成熟期 11 月 10～20 日，落叶期 11 月 30 日至 12 月 7 日。年生育期 260～270 天。

4. 适应性及栽培特点

浙皱 7 号是从永嘉雌雄异株类型中，选择优良纯雌性单株，经无性系测定后育成。适应性广，抗性强。在桐农间种集约经营条件下表现高产稳定，是适于皱桐北缘分布区浙南温州地区栽培的良种。一般宜选择立地条件较好的低山及四旁隙地，以相对集中的零星种植为主，并配以 3% 左右的授粉树。

(三) 漳浦垂枝型皱桐(福建软枝千年桐)

1. 植物学特征(图 2-32)

图 2-32　漳浦垂枝型皱桐花序及果序

壮龄树高 5～8m(个别达 10m 以上)，径粗 32～46cm，枝下高 1.5m 左右，分枝角度 60°～65°，主枝轮数 3～6 轮，1～2 轮间距 150～250cm，冠幅 9～10m，主枝多向外伸展弯曲、下垂，首轮枝、叶几乎着地，树冠酷似雪松的冠形。有些植株主干不明显，由 1～2 轮的 3～5 枝向四周外伸的枝干支持树冠，形成伞形的垂枝型冠形。发枝力强，枝叶茂盛。果实成熟期 10 月下旬至 11 月上旬，落叶期 11 月下旬至 12 月上、中旬。

2. 经济性状

在较好的立地条件和管理水平下，盛果期零星单株结实量 2500～4300 个果，折油 6～11kg；高产单株结果量达 400～500kg，优树年结果量可高达 700～800kg；盛果期年产油桐 300～450kg/hm^2。结果枝比例大，一般高达 80%～90%。鲜果皮厚度 0.40～0.55cm。气干果出子率 45.8%，出仁率 57.4%，子重 3g 左右。干仁含油率 58.3%～64.2%。桐油理化性质：折射率 1.5185，酸值 0.2116，碘值 168.1，皂化值 193.6。脂肪酸主要成分：软脂酸 2.61%，硬脂酸 1.61%，油酸 9.17%，亚油酸 11.51%，亚麻酸 0.21%，桐

酸 74.24%。

3. 生物学特性

个体生长发育规律：播种后 4～5 年生开花结果，7～8 年生进入盛果期，盛果期持续 30～50 年，也有 60～80 年生老树仍结果累累的单株。年生长发育周期：据在福建漳浦县观察，萌动期 3 月上旬，花期 4 月下旬～5 月中旬，幼果形成期 5 月中、下旬，果实成熟期 10 月下旬～11 月上旬，落叶期 11 月下旬～12 月上、中旬。

4. 适应性及栽培特点

漳浦垂枝型皱桐属雌雄异株类型，主要分布于福建漳州市漳浦县一带，引种于龙岩地区及浙江温州地区，是皱桐中丛生性极强的类型。开花结果早，产量高。实生繁殖子代表现为雌雄异株，雌雄株的数量比例大体相当，宜从中选择优良单株进行无性繁殖并推广于生产。对立地条件及肥力水平要求高，适于零星及桐农间种经营，对水肥条件好的地段，也可以设置纯林经营。

（四）江西四季皱桐（四季千年桐）

江西四季皱桐具有一年多次开花、结果的特殊性状，是皱桐花性分化过程中出现的一种生理型。在实生繁殖条件下，多次花性状表现稳定遗传。皱桐产区多有引种，作为种质资源来保存、利用。壮龄树高 8～12m，径粗 25～30cm，枝下高 1.0～1.5m，分枝角度 55°～60°，主枝轮数 5～7 轮，轮间距 1.5～1.8m，树冠半椭圆形至近塔形，冠幅 7～9m。雌雄同株，雌、雄花同序，间有异序。花轴长度 12～16cm，花轴分枝 2～3 级，雌雄花比例 1:10～16。雌、雄花同序者，每序有花 80～150 朵，其中雌花约 9～17 朵；雌花序有雌花 15～25 朵；雄花序有雄花 60～120 朵。在实生林分中，自春季第 1 次开花起至冬季早霜期落叶前，林地有多数植株陆续开花。就某一单株而言，只要不是出现春果大量挂果，至落叶之前亦能陆续开花、结果。如将花期大体加以划分，则明显表现为春花春果、夏花夏果、秋花秋果及初冬之冬花冬果。由于分芽分化过程存在株间差异，故在两期花果之间常有重叠，尤其夏秋之间及秋冬之间；有些单株树上确实存在 4 期花果，表明其具有 1 年之中开 4 次花结 4 次果的特性，但也不是每一单株必定出现 4 次花果，有些只出现 3 次花果，甚至于只有 2 次花果；引种浙江富阳的江西四季皱桐，自 5 月中旬至 11 月中旬，林中总是不断有植株在开花、结果，只是晚秋及初冬虽然挂果，但果实渐小而不充实，无油用价值。

综合江西宜春、福建福清及浙江富阳的花期表现：第 1 次春花期 4 月下旬至 5 月中旬；第 2 次夏花期 5 月下旬至 6 月下旬；第 3 次秋花期 7 月上旬至 8 月下旬；第 4 次冬花 9 月中、下旬至 11 月上、中旬。春果及夏果为中、小型果，秋、冬果渐小；丛生果序，每序有果 5～10 个，多者 20～30 个；三棱圆球形果，春果鲜重 45～60g，鲜果平均果高 5.48cm，果径 5.50cm，平均每果含子数 2.69 粒，果皮厚度 0.3～0.5cm；气干果平均出子率 42.3%，出仁率 55.2%，干仁含油率 59.6%～61.7%。

播种后 2～4 年生开花结果，是皱桐中开花结果最早的特异类型，6～7 年生进入盛果期。实生林分年产油量约 200kg/hm^2，优良单株产油量可达 3～5kg，经济年限 30～40 年，寿命可达 50 年以上。萌动期 3 月上、中旬，春果成熟期 10 月下旬至 11 月上旬，初霜期落叶。年生育期 240～250 天。

主要分布江西宜春、赣州等地区，以零星种植为主。由于株间产量差异大，故从中选择优良单株具有较大增产潜力。

第三章 油桐的生长发育

第一节 油桐的形态特征

一、种子

油桐种子属于双子叶植物中的有胚乳种子，由胚、胚乳和种皮三部分组成。油桐开花授粉后，受精卵发育成胚，中央细胞发育成胚乳，珠被发育成种皮。胚珠的整体发育形成种子。

(一)种子的形态

油桐种子的外表形状，光桐为近三角状卵圆形，皱桐为近扁卵圆形。光桐种子的子长2.2～3.0cm，子宽1.75～2.30cm，子厚1.35～1.70cm，气干子重2.45～5.70g；皱桐种子的子长1.8～2.6cm，子宽1.8～2.7cm，子厚1.3～1.7cm，气干子重2.35～3.50g。油桐种子背轴面拱圆，中线隆起，称种脊(图3-1)。向果尖的一端，连接胎座与胚珠的喙状突起，称珠柄。胚珠着生在珠柄上，此一着生点称为种脐。珠柄附近有帽状的薄壁组织，由胎座向着珠孔生长，位于珠孔上方，此为珠孔塞。珠孔塞下方有一小孔，通入胚珠内部，称珠孔。珠孔与种脐接近，这是倒生胚珠或半侧生胚珠的特点。

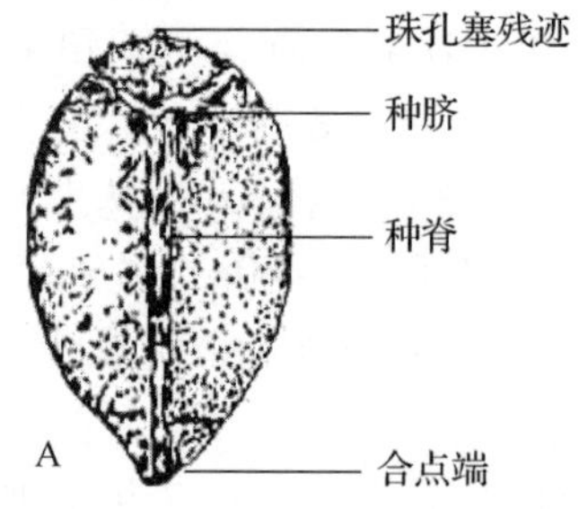

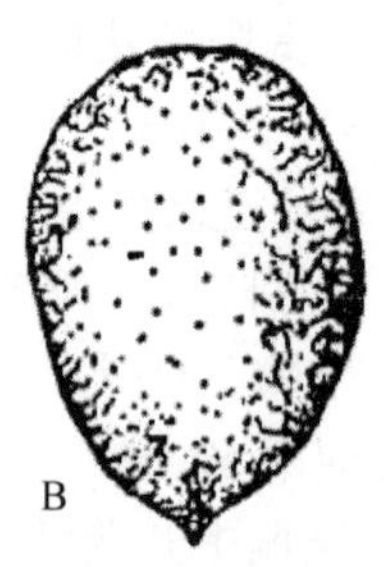

图3-1 油桐种子外形

A. 桐子的向轴面(腹面) B. 桐子背轴面，外种皮完好

C. 外种皮的表皮层和色素层脱落，石细胞层局部凸起成硬点或纵棱

(二)种子的解剖结构

油桐种子外层是深褐色的坚硬种皮，保护内层的胚和胚乳。胚由胚芽、胚轴、胚根及

附着在胚轴上的2片子叶组成(图3-2)，是处于休眠状态的油桐幼植物体。胚乳肥大，是养分的贮藏组织，为后来胚的发育供应营养，亦是桐油的主要贮藏场所。①

1. 种皮

种皮由胚珠的内、外珠被发育而成。外珠被可分表皮层、色素层和栅栏层3层。表皮层由一层细胞组成。色素层由多层薄壁细胞构成，这层中有一部分细胞含有较多的单宁。栅栏层由一层结合紧密的长形细胞排列而成，细胞壁增厚，细胞腔缩小，以后成为坚硬的石细胞，构成种皮中的机械组织，包在整个桐子的外围；只有珠孔和合点没有被它封闭。因此，它是胚和胚乳坚硬牢固的保护层(图3-3)。

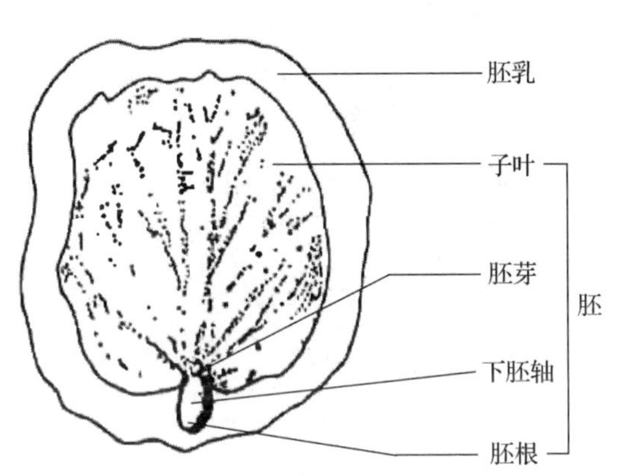

图3-2 除去种皮后的油桐种子纵剖面

表面胚乳和胚的各部分

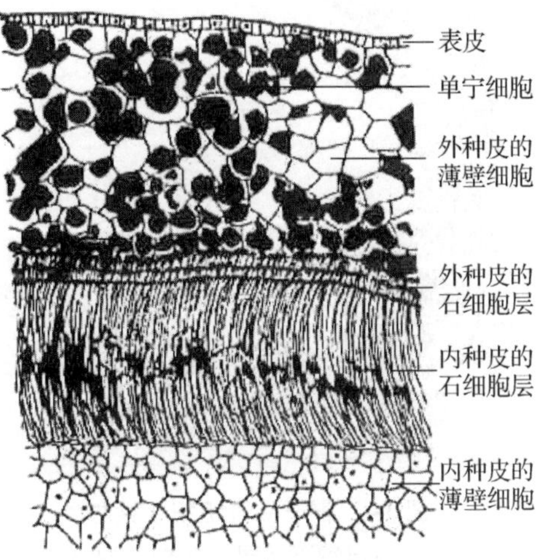

图3-3 授粉后64天的种皮横切面部分示意图

表示外珠被由表皮、色素层(薄壁细胞、单宁细胞)和栅栏层(石细胞)构成，内珠被由石细胞和薄壁细胞构成

栅栏层在发育过程中，常凸凹不平，在种皮上形成多数凸出的硬点或纵棱。桐子在贮藏中，种皮上的表皮层、色素层、珠柄和珠孔塞，常因挤压磨损，成为褐色粉末而剥落，包在桐子外面的只有坚硬而布满硬点和纵棱的栅栏层。此外，在栅栏层与胚乳之间，尚存在表膜组织，亦具表皮性质。它与栅栏层只有松散的联系，其表里均有白色薄壁组织，从外观看它像胚乳。但从来源和结构看，它是由珠心组织解体后的细胞壁残余及内珠被中薄壁细胞和维管组织互相结合而成的。

2. 胚乳

剥开油桐种子之种皮及表膜，即现乳白色的肥厚胚乳(图3-4)。在横切面上，胚乳细胞是多边形或圆形的薄壁细胞，内含油珠。在未成熟胚乳组织内，往往同时含有脂肪和碳水化合物；在成熟的过程中，碳水化合物转化成脂肪。种子成熟度愈高，含油量愈大。凡胚乳充实饱满，白色鲜明，种仁大小均匀者，则含油量较高；反之，胚乳颜色白里带黄，萎缩泡松，种仁大小不一者，则含油量必低。

3. 胚

胚由一个短的胚轴和2片子叶构成，胚轴的顶端和基端各具一个生长点。子叶着生在

---

① 形态解剖及图解选自《油桐形态学》(曹菊逸，1992)

胚轴上，子叶着生点以上的部分，称上胚轴，其下称下胚轴。子叶大而薄，有光泽，叶脉多条，略凸起。胚轴上、下两端的分生组织具有潜在的分生能力，使油桐胚发展成为桐苗。分布在胚轴和子叶之间的叶脉内部有原形成层将分化成维管束，成为胚内养料和水分的输导系统。胚外被覆着表皮原，胚内分布着基本分生组织(图 3-5)。胚轴顶端生长点，细胞分生能力强，桐子萌发后，由此分生大量细胞和组织，发育成为茎叶系；在下胚轴基端的生长点所分生的细胞和组织，发育成根系。

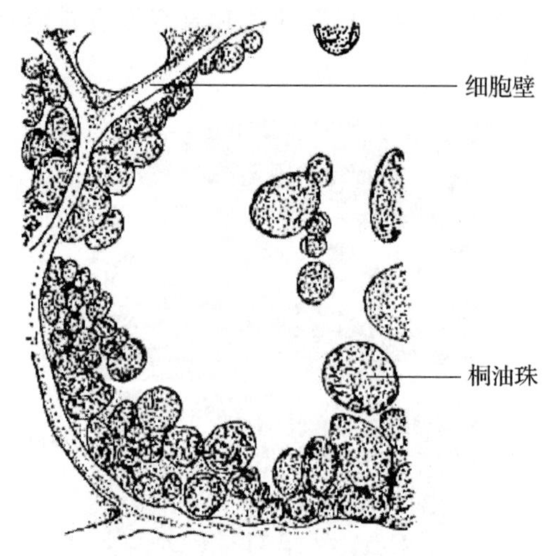

图 3-4 桐子胚乳组织经饿酸处理在电镜下所显示的桐油油珠

（据简令成的电镜照片改绘）

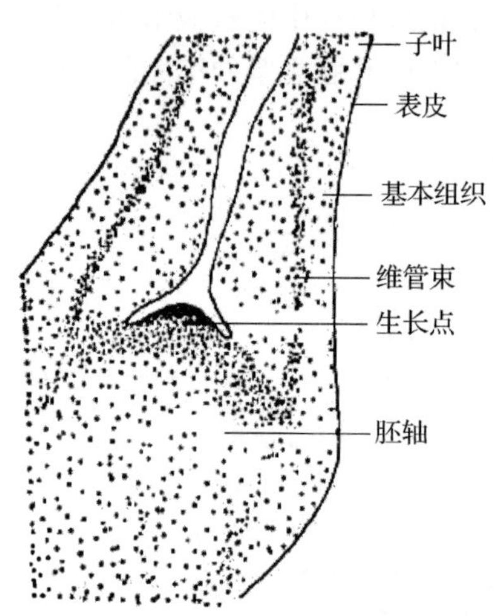

图 3-5 桐子胚的纵切面

表示胚的各部

紧靠胚乳的子叶表皮细胞，核大、质浓、液泡小，能较快地从胚乳中吸收营养，它是一种吸收表皮。子叶细胞中也含油脂体，即桐油油珠。与成熟叶比较，子叶的内部结构较为单纯，从子叶的横切面(图 3-6)可观察到：上表皮和下表皮细胞均富原生质，紧接表皮的叶肉有一层栅栏组织，但栅栏细胞颇短，没有气孔的明显分化；紧接表皮上的叶肉组织虽有一层栅栏组织，但未见含晶异细胞。在维管束周围有少数分散的薄壁细胞，内含单宁，染色很深。胞间隙较少，叶脉的木质部中导管分子明显突出，木质部下方为韧皮部，两者之间未发现形成层的存在。

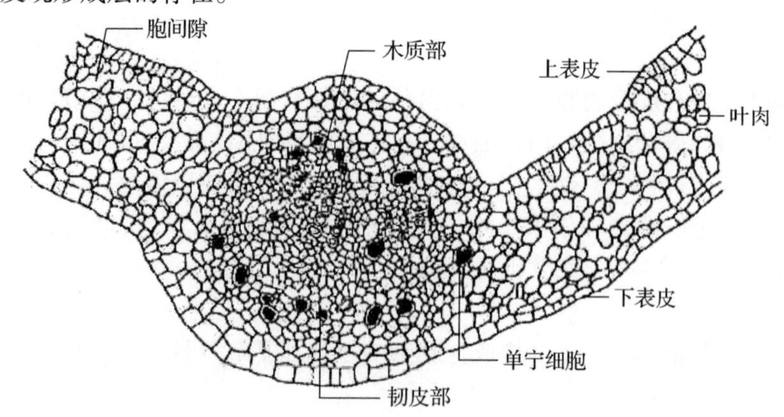

图 3-6 桐子胚的子叶横切面

表示子叶内部的各部分

二、苗

油桐苗是由种子中的异养胚发育成具有根系、茎叶系，能独立营生的自养幼株。

（一）苗的形态

油桐苗的形态，按其生长发育阶段可分为芽苗阶段和1年生苗阶段。芽苗有弓苗与直苗的形态差异，2年生苗又有实生苗与无性系苗的形态差异。

1. 弓苗

弓苗跨超异养阶段至自养阶段的初期。近代有用弓苗直接移栽造林，故亦划归苗期。弓苗的下胚轴基部粗壮，紫红色，下为主根及4条左右侧根；中上段较细并形成弯钩（图3-7）。子叶与胚乳间的联系由密切至逐渐脱离。

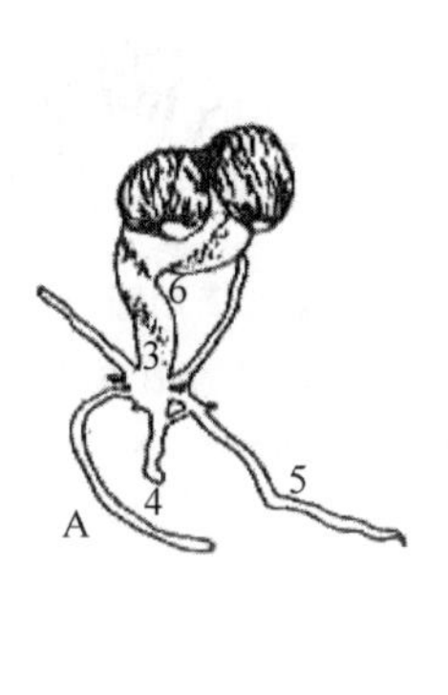

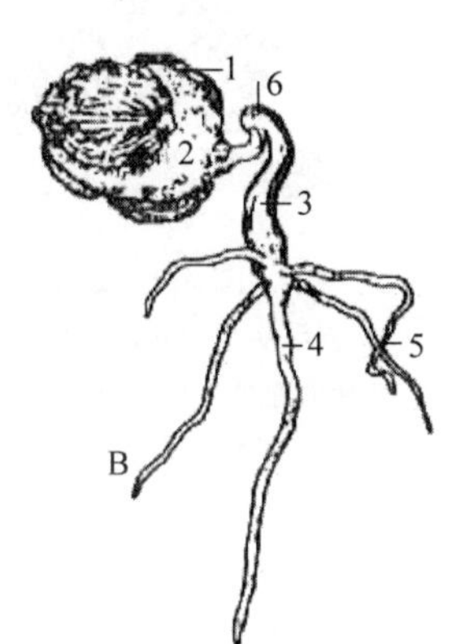

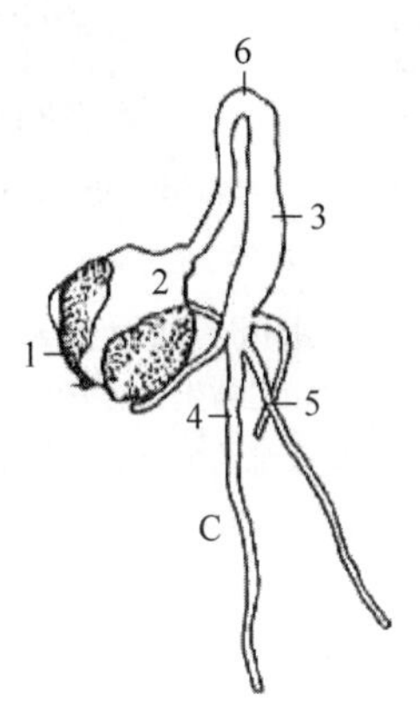

图3-7 油桐弓苗的弯钩形成过程

A ~ C. 表示弓苗下胚轴上段逐步弯曲形成弯钩

1. 种皮 2. 胚乳 3. 下胚轴 4. 主根 5. 侧根 6. 弯钩

2. 直苗

子叶节产生离层，导致子叶柄脱落，弯钩逐渐伸直，真叶展开形成直苗。直苗的子叶节至根颈的这一段由下胚轴发育而来，下粗上细，其长度远较上胚轴为长，部分着深紫红色，下部有多数皮孔。根颈下端的主侧根分支级数增多，构成完整根系（图3-8）。直苗以后的真叶形态差异大，多出现3 ~ 5缺裂的叶形，而皱桐则相反地常出现全缘叶形，叶色初为淡紫红色，后转为绿色。托叶三角形。直苗期第一对真叶的形态常与以后的产量有关，窄长者多与低产相关，宽短者多与高产相关。

3. 年生苗

直苗继续生长至当年秋天后的规格苗木，称1年生苗（当年生苗）。1年生苗童期性状特征多反映品种的固有特性，可作为早期选择的表型特征。光桐1年生苗的叶形先期常出现3 ~ 5缺裂，随继续生长，往后发生的叶片逐渐表现为正常全缘；皱桐1年生苗的叶形常出现全缘，随继续生长，往后发生的叶片逐步表现为正常比例的全缘叶与裂叶。光桐苗茎淡绿色，基部较深，皮孔小；皱桐苗茎淡褐色，基部较深，皮孔大。皱桐1年生苗多不分枝，光桐当年分枝或翌年春分枝。在正常条件下，凡分枝早、分枝点低，多属早实性品种，其后树型较矮小，寿命亦稍短。

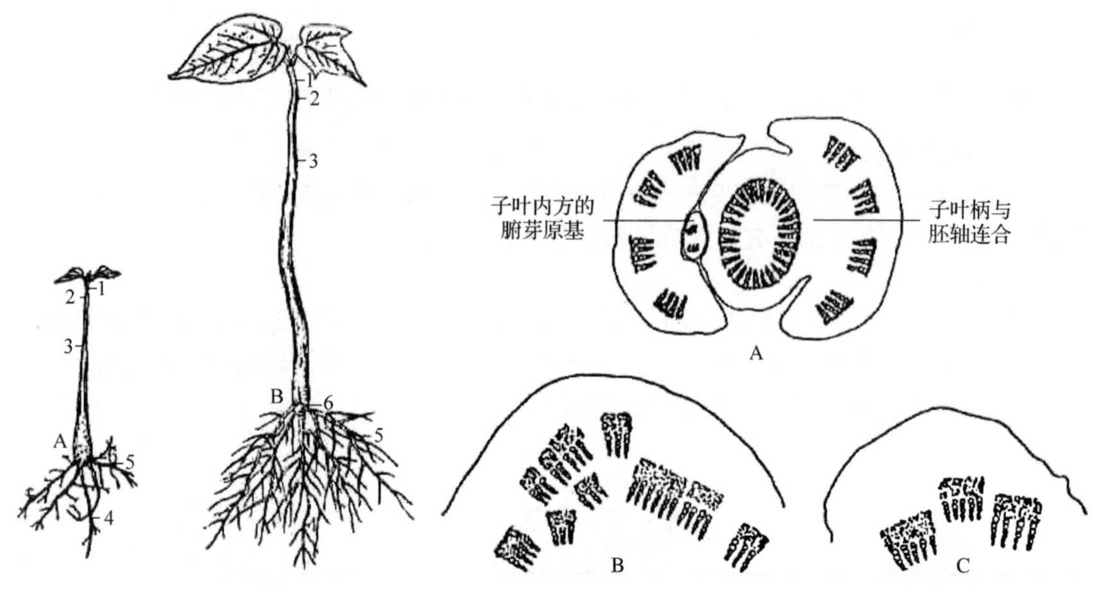

图 3-8　油桐直苗

A. 刚由弓苗生长而成的直苗

B. 在继续生长中的直苗

1. 上胚轴　2. 子叶节　3. 下胚轴

4. 主根　5. 侧根　6. 根颈

图 3-9　通过油桐直苗子叶节连续作横切面

A. 表示一个子叶柄的组织已与胚轴连接，但其中的维管束仍留在子叶柄的原处　B. 子叶柄内的维管束已向内、下方延伸　C. 表示子叶柄的维管束，向内、下方延伸，已与下胚轴的维管束接近

(二)解剖结构

桐苗的根和茎，其初生维管束系在结构和排列上不相同。根的初生木质分子是由外向内依次成熟的，称外始式。而茎的初生木质分子则是由内向外依次成熟的，称内始式。根的初生木质部和初生韧皮部呈交替排列，称辐射维管束；而茎则是内外排列，为外韧维管束。根和茎的这两种排列和成熟次序都不同的维管束系，必有一个互相转变、互相适应和互相过渡的过程，才能在根和茎、叶间进行水分、养料的交流。这一过渡区是存在于芽苗的子叶节到根毛区之间，称为桐苗根—茎过渡区。在子叶节上作横切面，2 个子叶柄中的一个已与胚轴连接。二者的皮层薄壁组织已合而为一，但二者的维管组织仍暂保持原状(图 3-9，A)，尚未联合。向下连续作横切面，可见子叶柄中的维管束逐渐向内、下方延伸，与下胚轴的维管束接近(图 3-9，B)。最终，子叶迹中的导管链已基本插入下胚轴各管链的空隙间(图 3-9，C)。沿弯钩向下至根颈上方，后生木质部的导管管径增大，管孔成多边形，相邻的导管因管径增大，彼此靠近，互相接触，于是导管链逐步过渡成为导管团(图 3-10，图 3-11)。在根颈上方，各导管团汇集，互相结合，在髓部以外和初生韧皮部以内，形成一圈筒状的导管组织(图 3-12)。由子叶节到根颈上方，维管束的性质始终是茎所特有的内始式外韧维管束。维管束附近的薄壁组织可以转变为导管分子，表明它实际是一种潜在的维管组织。

自油桐直苗的根颈到根毛区依次作横切面，可以反映出桐苗根—茎维管束过渡的全部过程。在根颈处，桐苗向下生一条主根，向侧方轮生 4 条侧根；根颈处的维管组织沿不同方向进入主根和侧根，引起维管组织的大变动。

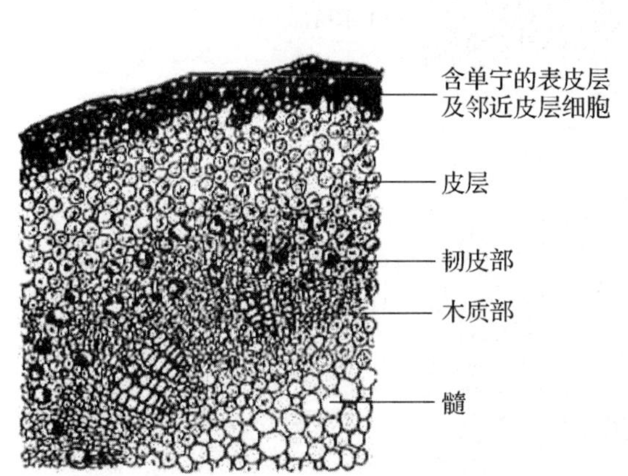

图 3-10　油桐弓苗弯钩附近的下胚轴横切面

表示下胚轴内部的组织结构，此处导管管孔已呈多边形，初步形成导管团

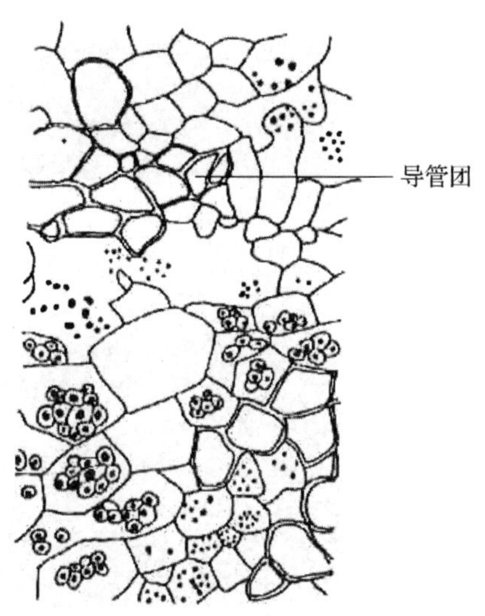

图 3-11　油桐弓苗弯钩下方的下胚轴中段横切面

表示导管链与新形成的导管分子，互相结合，形成导管团

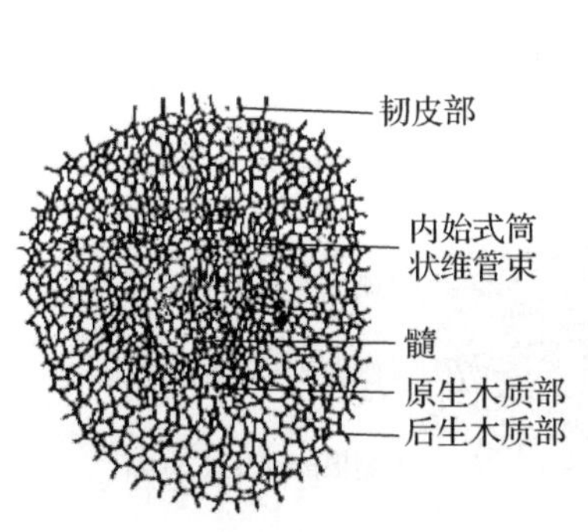

图 3-12　油桐弓苗下胚轴的下段即根颈上方的导管组织

表示已连结成为筒状的内始式木质部

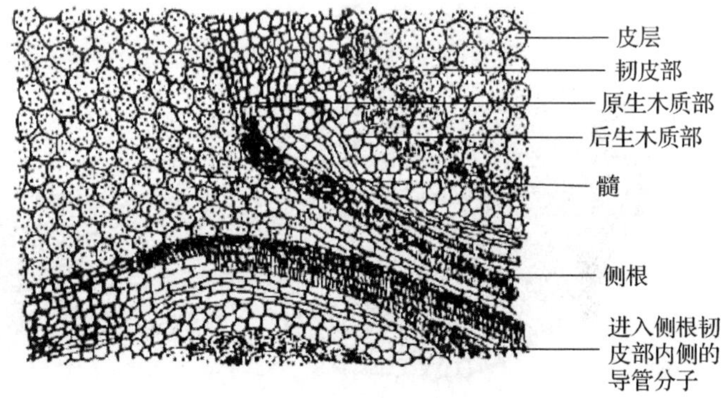

图 3-13　油桐芽苗根颈横切面 I

表示两个维管束原生木质部的导管分子，沿着一个侧根倾斜，并进入这一侧根韧皮部内侧，转变成外始式维管束

在根颈区作横切面，可见下胚轴在此处的髓部成辐射状四角形，完整一圈的初生维管组织被四角辐射状髓部分割成为 4 个片段。每一片段的维管束其韧皮部在外，木质部在内；且管孔最小的原生木质部的导管分子分布在最内方，即位于髓的外缘(图 3-13，图 3-14)，可见此处仍是内始式的外韧维管束。

自根颈区另作一横切面可观察到，在被髓隔开的每一片段维管组织，随着侧根的形成，根颈髓部组织向侧根挤入和移动，每一片段维管束的原生木质分子沿髓部挤入的方向向侧根倾斜，进入侧根(图 3-13，图 3-14)，并分布在紧靠侧根韧皮部一侧。再经过根颈下方的主根作横切面，可观察到导管管孔较大的后生木质分子，已分布在根的中心；而管孔很小的原生木质分子已紧紧接近韧皮部了。至此，主根的木质部已由内始式转成为外始式(图 3-15)。

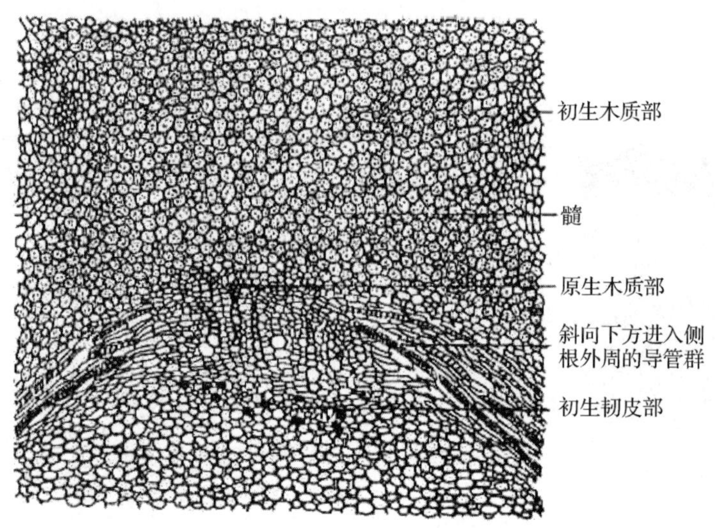

图 3-14　油桐芽苗根颈横切面 II

表示一个维管束原生木质部的导管分子，沿着两条侧根倾斜，并进入两条侧根韧皮部内侧，转变成外始式维管束

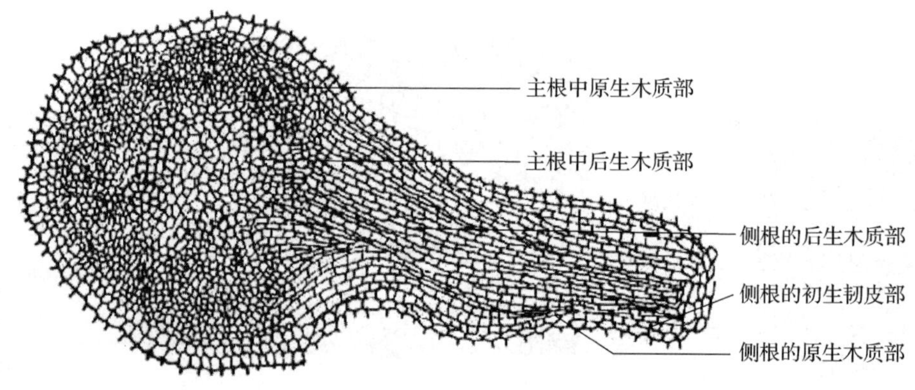

图 3-15　主根木质部

表示已由内始式转变成为外始式木质部

在侧根中段作横切面，此处根的髓部已不再存在，全部分化成后生木质部的木质分子。7 个锥形，原生木质分子分布在后生木质部外方(图 3-17，7)。整个根的初生木质部成 7 角形星芒状位于初生韧皮部的内方。在侧根根毛区稍上方作横切面，显微镜下观察，可见到在侧根的中心，髓部又重新出现。在髓部外缘和初生韧皮部内侧，星芒状的木质部已分散成为束状的 7 个木质部极，在相邻两束的后生木质部之间，又由附近髓部细胞转变形成导管分子，将相邻两束的后生木质部接连起来(图 3-16)。在侧根根毛区作横切面，可见初生木质部分散成为 7 束，每束分立，互不相连，初生韧皮部也分立成束，每个韧皮束位于两个初生木质束之间，与初生木质束成辐射状排列，形成辐射维管束(图 3-17，8)。此等辐射维管束位于髓部外方和皮层与柱鞘的内方。至此，由外韧维管束过渡为辐射维管束，木质部成熟的次序已由内始式过渡为外始式。桐苗的根和茎间初生维管束的过渡至此始告完成(图 3-17)。

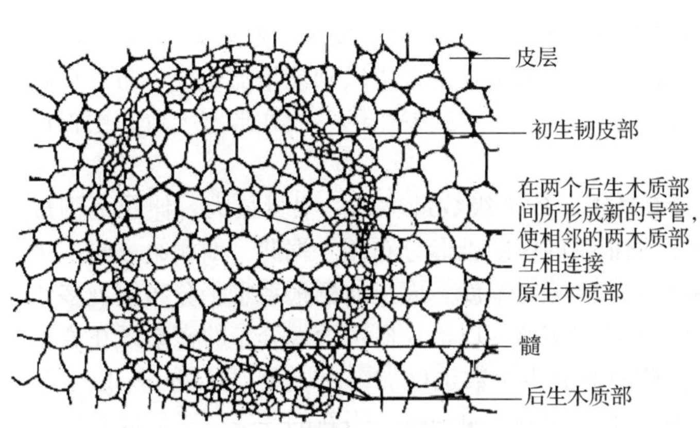

图 3-16　油桐根毛区横切面

表明油桐芽苗的初生韧皮部和初生木质部已交错排列，可见此处的维管束已由内始式外韧维管束过渡到外始式辐射维管束

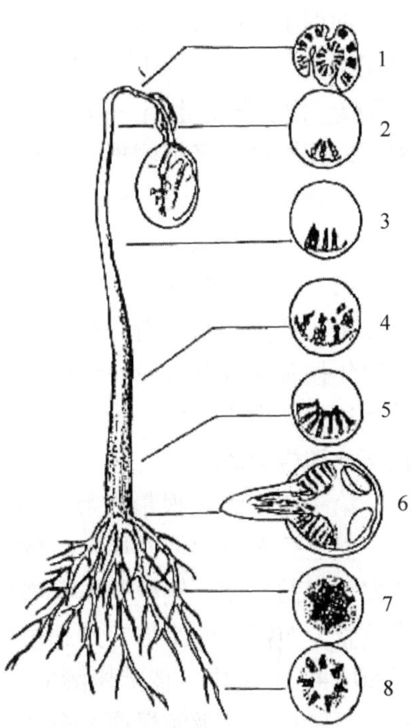

图 3-17　油桐芽苗根——茎初生维管束过渡的各区横切面图解

1. 子叶节　2. 弯钩　3. 弯钩下　4. 下胚轴中下段　5. 根颈上方　6. 根颈上发生侧根处　7. 侧根中段　8. 侧根的根毛区

三、根

油桐的实生根系属直根系，由主根、多级侧根及大量细根组成。根系在油桐生命活动中主要担负着吸收水分和无机盐、参与合成有机物质、贮存有机养分、产生生长激素，并源源不断地向地上部输送，为茎叶系的正常生长发育起根本作用。

(一) 根系的形态

根系的形成始自种子发芽之后，胚根生长伸出珠孔，入土发育成后来的主根。随后在胚根基部轮生4条左右的一级侧根，以近于水平方向向四周辐射伸长，随时间推移，依次分生二级、三级……多级侧根。在正常情况下，细根主要由新生级的侧根分生并密集分布周围。这样，由主根、侧根及细根构成了与地上部茎叶系大小相适应的庞大根系（图3-18）。

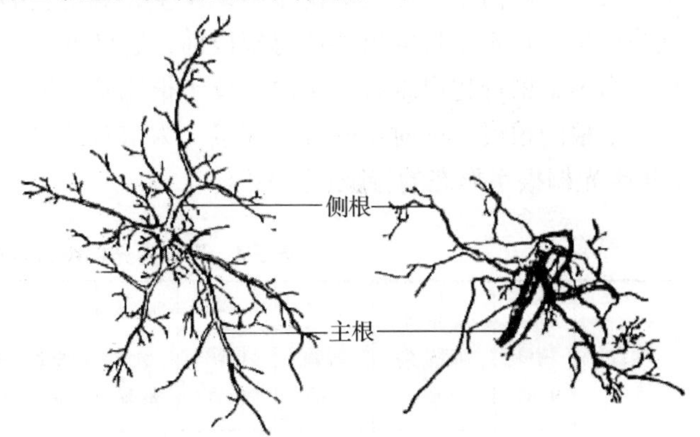

图 3-18　4 年生油桐根系形态

油桐主根的入土深度，光桐多在 1m 左右，处于土壤质地优良的高大植株可达 1.5m；皱桐主根入土深度约 1.5～2.0m，嫁接苗造林主根不明显，垂直分布深度约为实生苗造林的 2/3。由主根分生出一级侧根，一级侧根再分生出二级侧根，二级侧根又分生出三级侧根，以此类推至多级侧根。主根不仅在近根颈部处分生出第一轮一级侧根，而且能在中部至末端分生出第二轮、第三轮……一级侧根。主根分生一级侧根的轮数习性，大致与地上部主枝分生的轮数存在一定程度的相关性。成年油桐的主根多数能分生出约 3 轮一级侧根，第一轮一级侧根发生于根颈部，数量 4 条左右；第二轮一级侧根从主根入土深约 2/3 处分生，数量 3 条左右；第三轮一级侧根以主根末端分叉形式发生，数量 2～3 条。矮小的对年桐常常仅有两轮一级侧根，而高大品种或皱桐在主根中段则能增加轮数，与主枝轮数相适应。由于最后一轮一级侧根是以主根末端分叉形式发生的，故在形态上看，主根伸长至此即告中断。

第一轮一级侧根最粗壮、分生能力最强、分生级数最多、总根量最大、伸展范围最广，而以后各轮则依次递减，构成了油桐根系的倒圆锥形分布相。据此，油桐第一轮一级侧根伸展的幅度，侧根基本上亦即根系的水平分布幅度。成年油桐根系水平分布幅度多约为垂直分布深度的 4 倍，并超过树冠幅度的约 10%～15%。根系垂直分布的密集区在表土层 20～40cm 之中。伴随树龄的增长，侧根的分生级数也增加，由一级、二级……以至分生多级侧根。各级侧根通常在特定的时间和部位分生出细根，当新的一级侧根形成并成长到一定程度时，即承担起分生细根的任务，老一级侧根遂逐渐让位。故在正常情况下，成年桐树的细根主要来自新生级侧根。

细根为吸收根，细根的根尖部有根冠和生长点，上面密生根毛，为根系吸收水分及无机盐最有效部位。油桐细根及其根毛皆处于不断更新的状态，细根通常在一个生长季或更短时间内死亡更新，而根毛仅几天或十几天内即死亡更新。用新生的不断替换旧的，从而保持根系有效地吸收土壤中水、肥的机能。

油桐具有产生不定根的潜能，苗木移栽或冬垦、夏锄造成机械伤根后，可从未损伤组织和愈伤组织分化出不定根，芽之类的离体组织在组织培养下亦能诱导出不定根。不定根的起源和侧根一样都是内生源。常在靠近母根维管组织的附近发生。在下胚轴或幼茎上的不定根，一般由维管束间的薄壁组织发生；老茎上的不定根一般由靠近形成层的射线组织细胞产生。在不定根穿出茎或母根以前，它就分化出根冠、生长点，并开始发生皮层和中柱。当不定根分化出维管分子时，位于根原基近轴端的薄壁组织也分化成维管分子，与发生不定根的根或茎中对应的分子连接。为求对油桐根系的形态有个整体认识，兹列出 9 株 7 年生光桐根系形态的特征（表 3-1）。

表 3-1　7 年生光桐根系的形态特征

项目	平均树高（m）	主根分布深度（m）	平均冠幅（m）	平均根幅（m）	根幅/冠幅	平均地径（m）	一级侧根总数（m）	各级侧根总长（m）	侧根轮数	侧根上细骨干根总数	细根密集范围（m）
平均数值	4.21	1.22	4.29	4.87	1.13	10.9	9	68	2	338	2.04
变动范围	—	0.85～1.71	—	3.4～6.7	—	—	6～12	40～108		160～540	1.65～2.30

(二) 根的解剖

1. 根的初生生长及初生结构

植物的初生生长是植物最普遍和最重要的生长。油桐主要依初生生长来增加植物体的长度及形成植物体的各种器官，根、茎、叶、花、果、种子都是在初生生长过程中形成的。根尖细胞的分裂和分化，使根不断进行长度生长，这叫初生生长。在初生生长中，由顶端分生组织所衍生而成的各种组织，称初生组织。根尖的各种组织均为初生组织。

(1) 根尖的分区　根尖是根系中的最幼嫩部分，其生长势最旺盛，吸收机能也最强。根尖数量之多少，在一定程度上决定了地上部树体大小和产量高低。从根尖的纵切面看，可将其分为根冠、分生区、伸长区、根毛区及成熟区。根尖顶端分生组织与根的初生结构之间是逐步过渡的，5 个区之中除根冠与分生区有明显界限外，其余各区尽管组织结构及生理机能各异，但之间没有明显界限(图 3-19)。

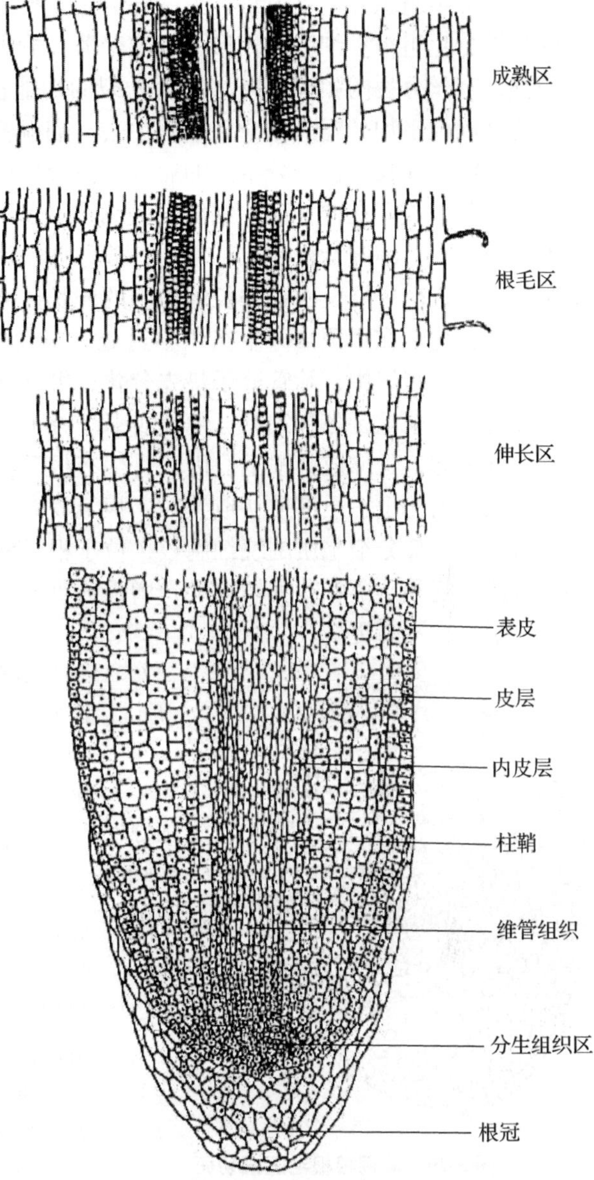

图 3-19　油桐初生根根尖纵切面

表示根尖分区和各区的组织结构

根冠　根冠位于根尖最前端，由许多薄壁细胞在生长点前方组成的帽状结构，对生长点起保护作用。根冠外层细胞排列疏松，外壁有黏液，原生质体内含有淀粉和胶黏性物质，可使土粒表面润滑，便于根尖向前推进。黏液膜包在根冠以至根毛区外围，它是一种多糖的溶液，能使土壤颗粒黏附在根尖和根毛上，促进离子交换，防止根尖表面干燥，保护根尖免受土粒的磨损。当根冠外层细胞被土粒磨损而不断脱落时，根尖顶端常出现一种独特的分生组织，称为根冠原。根冠原能产生新细胞，以补充根冠的损失，使之保持一定的形状和大小。

分生区　分生区位于根冠内方，其细胞具有很强的分生能力。分生区内的细胞可分为两部分：一部分是在根的分生区前端有少数细胞，核及核仁较小，新陈代谢率较低，称为静止中心或不活动中心。静止中心的细胞有丝分裂频率很低，细胞的大小变化极微。除去根冠时，静止中心开始生长，并进行细胞分裂，再分生出根冠。因此，这部分细胞是根冠形成的原分生组织和后备力量。另一部分是紧接静止中心的近基端的细胞，它是分裂最活跃的顶端分生组织。细胞等径形，细胞壁薄，细胞质浓，核质比大，核仁大，细胞分生能力很强，有丝分裂的频率较高。有丝分裂的功能在于它能保证染色体中的DNA在复制之后，能准确地平均分配到2个子细胞中去。油桐营养细胞核含22个染色体($2n=22$)。

伸长区 伸长区位于分生区的后部，由分生区的原始细胞衍生的子细胞经过逐渐伸长和初步分化而成。在伸长区，细胞分裂含水量增多，细胞质变得稀薄，细胞核偏处一隅，液泡逐渐扩大。细胞沿根的长轴方向，故称伸长区。根尖的长度生长，固然有赖于分生区细胞的分裂，但主要是由于伸长区细胞的伸长。伸长区的细胞在不断伸长的同时，也在逐步地进行分化。在距顶端分生组织不远处，根尖的表皮、皮层和中柱已明显地分化出来，在中柱的微管组织中，筛管分子最先分化，继之导管分子也分化出来。

根毛区 根毛区各种细胞已停止伸长，多种组织已分化成熟。但根毛区的表皮细胞，外壁向外突起，延伸成为根毛。因此，生有根毛的成熟区，特称为根毛区。刚生出的根毛较短，到根的初生木质部最初成熟时，根毛发育完全，长度也最长。根毛略呈管状，内有大的液泡，一部分细胞质围绕细胞核，位于根毛前端。根毛分布很密，且表面存在着黏液和果胶质，能和土壤颗粒密切接触，增强吸收力。根毛生长快、寿命短，伴随根尖的不断伸长，根毛也不断更新。

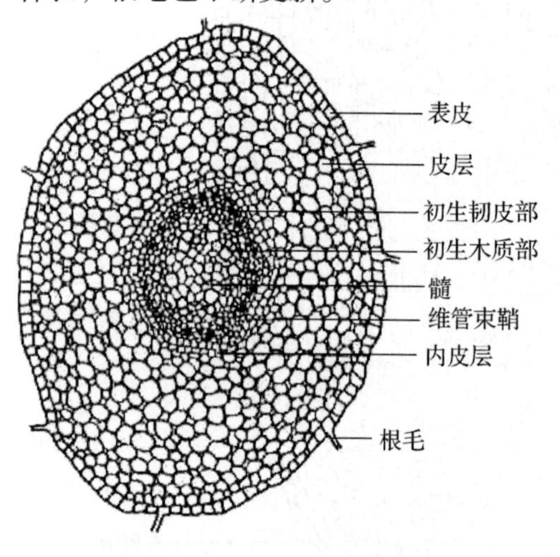

图3-20 油桐根根毛区横切面

表示根的初生结构

成熟区 失去根毛的成熟区，其主要功能由吸收水分及无机盐类转为起输导和支持作用。它的组织，特别是维管组织已进一步分化成熟。维管组织是原形成层所衍生，油桐根中的髓也是潜在的维管组织，故维管组织发达。

(2)根的初生结构 在靠近根尖分生组织不远，根尖已初步分化为表皮原、皮层原及中柱原。到根毛区，根组织已进一步分化，形成根的初生结构，表皮、皮层、维管柱以及髓部均明显出现(图3-20)。

表皮和皮层 根毛区最外层细胞是表皮，表皮是由一层略呈长方形的细胞组成，细胞的外壁稍厚，但不角质化，径向壁和内壁稍薄，没有胞间隙，也缺乏皮孔。根毛区表皮细胞的显著特点是它向外突起，形成根毛。

表皮以内为皮层。根的皮层远较茎的皮层为厚，这有利于矿质离子的积累和有机物的贮藏。皮层由基本分生组织发育而成；多次的平周分裂，增加径向扩展的细胞层数；细胞的垂周分裂则增大皮层的圆周。平周分裂存在着向心的顺序，而最里面的皮层细胞，可重复平周分裂，结果使皮层细胞排成较为规则的同心行列。外面的皮层细胞，因细胞间隙的出现，不能作有规则的排列。

皮层细胞平周分裂终止以后，其最内一层细胞分化成内皮(Endodermis)。内皮层标志着根的皮层的最内界线。内皮层的特点在于它的多数细胞的横向壁和径向壁有栓质化的带状增厚，这种栓质化的增厚带，称为凯氏带(Casparian strip)(图3-21)。内皮层的原生质

体紧紧黏附在凯氏带上。因此，根内物质的径向流动，只能通过内皮层细胞质膜的选择作用，才能进入导管，由此可见，皮层细胞由于凯氏带的存在，控制了皮层与中柱之间的物质运转。不仅如此，内皮层细胞也能在水分运动中起一种闸门的作用，使水产生了一种流体静压力，通常称之为根压。

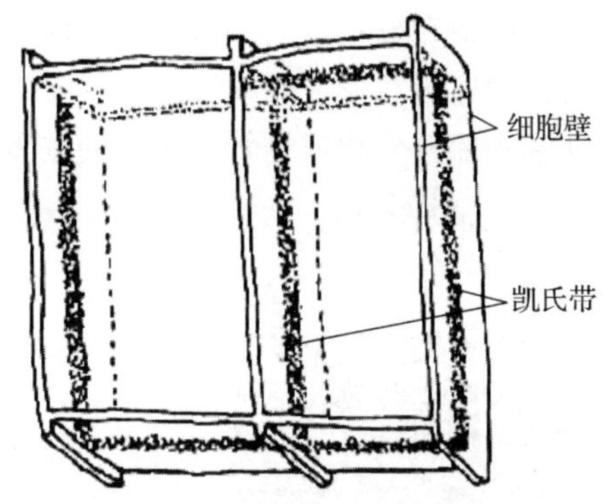

图 3-21 两个相邻的内皮层细胞图解

表示凯氏带只出现在内皮层细胞的横向壁和径向壁上

维管柱和髓 内皮层以内的组织为维管柱，它包括中柱鞘和初生维管组织。在油桐根的初生维管柱的中心，还存在着髓部。由于内皮层的明显存在，根的皮层和维管柱的分界远较茎为明显。

中柱鞘 其是由一圈薄壁细胞组成的，它外与内皮层相接，内与原生韧皮部和原生木质部相连，包围在初生韧皮部和初生木质部的外方。中柱鞘保持着分生组织的特性，油桐的侧根原基、维管形成层的一部分和木栓形成层，都是由中柱鞘细胞分生、发育而来的。

初生维管组织的排列是区分根和茎的显著特征。在油桐根的初生维管组织中，木质部束与韧皮部束最初都是分立的；它们与中柱鞘的内表面和髓部的外缘相邻接；它们是交错排列而不是内外排列的，称为辐射维管束，这点与茎不同。初生维管组织成熟的次序也是区别根和茎的显著特点之一，根的木质束中导管分子是向心成熟的。最先成熟的导管分子，管孔较小，形成原生木质部；后来成熟的导管分子管孔较大，形成后生木质部。原生木质部居于后生木质部的外方，根的初生木质部这种成熟的次序，叫做外始式。这跟茎的维管组织的成熟次序恰恰相反。跟初生木质部一样，初生韧皮部成熟的顺序也是向心的，以致原生韧皮部紧靠中柱鞘，后生韧皮部则向着根的中心。

根的初生木质部和初生韧皮部，最初是分立的和交错排列的。油桐根的初生木质部束或初生韧皮部束为 7 组，即 7 原型，也偶有 8 原型的。

油桐根毛区的维管柱的中心不但有髓而且髓较大，各初生木质部和初生韧皮部交替地排列在髓的周围。髓细胞呈多边形，胞质稀薄。胞壁增厚形成导管，将相邻两束的初生木质部连接起来；然后各初生木质部束都被细胞壁增厚的髓细胞连成一体；最终大部分髓细胞壁增厚并木质化而成为维管组织，髓明显变小。可见油桐根的髓组织，实际上是一种潜在的维管组织。同时，初生韧皮部的组织也向两侧延伸，在初生木质部外部彼此连接起来，成为完整的一环。维管柱的直径与原生木质部束的数目以及髓是否存在，有一定的相关性。维管柱的直径较大，就可能具有较大髓和较多的原生木质部束。油桐维管柱的中心确有较大的髓，并具有 7 或 8 原型的原生木质部束。

2. 侧根的发生

由于中柱鞘保持着分生机能，能分生一定数量的细胞形成侧根原基，侧根起源于母根组织深处的中柱鞘上，是内生源。但侧根原基一般也不发生在根毛区以上。油桐侧根是在对着韧皮部束的中柱鞘上发生的。当侧根原基开始发生，韧皮部束外方中柱鞘细胞的细胞质变裂，其所衍生的细胞，再进行平周分裂衍生细胞，便形成一个向外突起的侧根原基（图 3-22）。当侧根原基伸长到皮层时，开始产生顶端分生组织和根冠，并在顶端分生组织的后面形成维管柱和表皮。

侧根和母根维管组织之间的连接：侧根起源于中柱鞘，距母根的维管组织很近；其次，中柱鞘在形成侧根原基后，又在侧根与母根的维管系之间分生出薄壁细胞，这些薄壁细胞一部分分化成维管分子，使二者的维管组织连接起来(图3-23)。

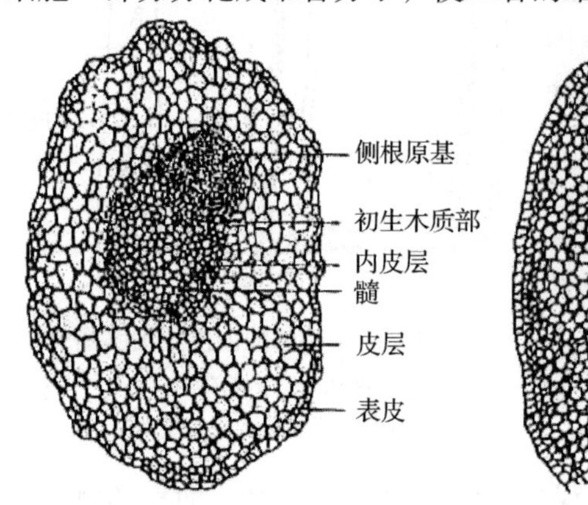

图3-22　在根毛区下方作横切面

表示侧根原基是在正对初生韧皮部前方的中柱鞘上发生

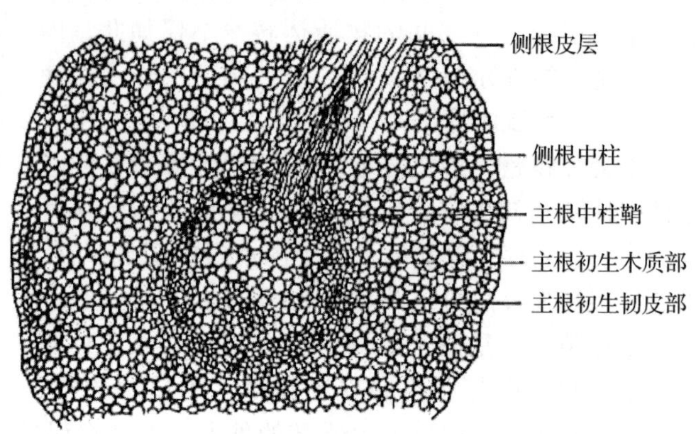

图3-23　沿侧根中柱垂直于主根作横切面

表示侧根原基已进一步生出中柱和皮层，发展成侧根，并示侧根与母根间的维管组织已紧密连结起来

侧根是在距根尖分生组织一定距离上产生的，不像叶和芽在靠近茎的顶端分生组织周围产生。根尖分生组织能对侧根的起源有某种抑制作用，如果除去根的顶端，就可去掉这种抑制作用，促进母根产生更多侧根，扩大根的吸收面积。油桐栽培中，冬季深挖切断一部分侧根，去除根尖分生组织的抑制作用，导致生出更多不定根，使吸收作用更旺。

3. 根的次生生长和次生结构

在根毛区上方的根的直径生长，叫次生生长。在次生生长中所产生的组织叫次生组织，这些次生组织是由根的维管形成层和木栓形成层产生的(图3-24)。

油桐也是双子叶植物木本树种，它的根有比较发达的和多种多样的次生组织。双子叶木本植物和裸子植物根的初生维管组织，只有短时期的输导作用。因此，在初生生长基本完成后，就出现次生生长，产生次生维管组织来代替初生维管组织执行输导功能。次生生长的结果，使根的直径逐年加粗。维管形成层是由位于初生韧皮部和初生木质部之间的原形成层发育而成的，所以维管形成层最初是片断状的组织带，这种组织带的数目与根的辐射束的数目一致；油桐根为7或8原型，组织带也就是7条或8条。随着邻近原生木质部的中柱鞘细胞开始分生活动，把片断状的原形成层组织带连接起来，形成连续的维管形成层，迂回曲折地介于初生韧皮部与初生木质部之间，显出7或8个凸出或凹入的轮廓。但由于初生韧皮部内方的维管形成层活动的时间最早，次生组织的分量较多，将初生韧皮部推向外方并左右连接。因此，初生韧皮部形成圆筒状的完整一圈，使维管形成层也由凸凹不齐成为圆筒形。维管形成层行平周分裂向内分生木质部母细胞，添在初生木质部的外方，分化成为次生木质部；向外分生韧皮部母细胞，添在初生韧皮部的内方，分化成为次生韧皮部。随着次生木质部和次生韧皮部的日益增厚，根的直径也逐年增粗。

因根的直径逐年增粗，维管形成层的圆周也相应增大，维管形成层细胞在进行平周分裂的同时，也适当地进行垂周分裂或斜向垂周分裂，所衍生的子细胞进行滑行生长，穿插在维管形成层的组织内部以实现维管形成层圆周的扩大。

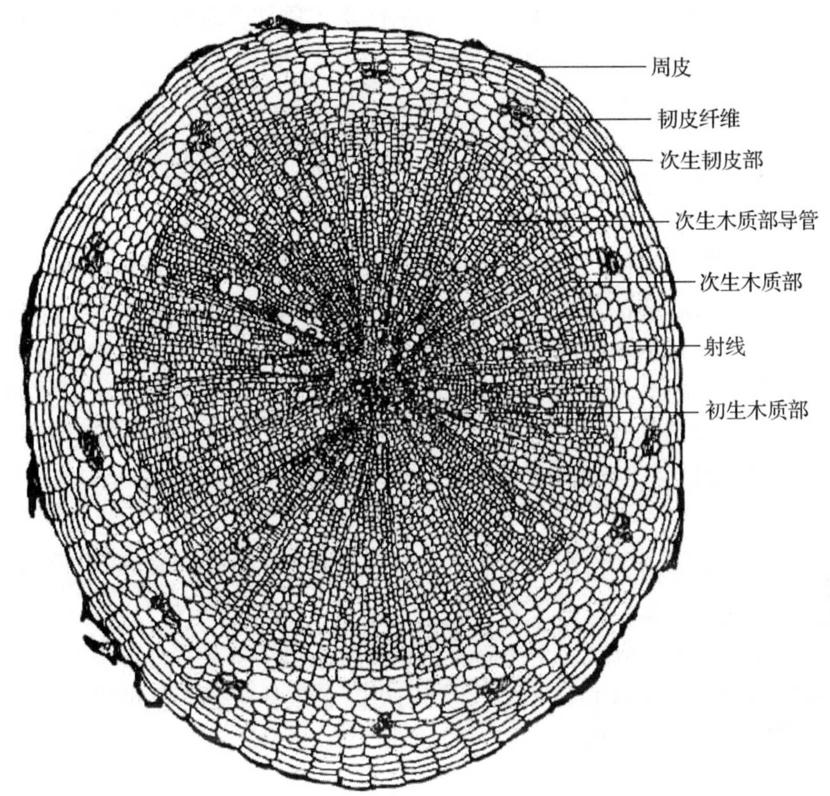

图 3-24　油桐直径稍粗的侧根横切面

表示根的次生结构

首先，枝条内维管形成层的活动是由萌动的芽所合成的生长物质的刺激引起的；这种刺激由枝条向下传递到茎，然后由茎传递到根，在根中诱导其形成层的活动。因此，离开茎叶系特别是芽的活动，根的形成层是很难独立活动的。其次，根的形成层在春天开始活动或在深秋停止活动的时间均较茎为迟，正说明芽合成的生长物质通过茎输送到根，是需要一定时间的。

由中柱鞘发育而来的形成层部分，常产生射线薄壁组织，在根的次生维管组织中构成射线。某些植物在对着初生木质部的中柱鞘所发生的射线常是宽的，但油桐根中的射线都是单列射线，不存在射线的宽窄问题，因而根的木质部的各种次生组织相当均匀。

根中次生维管组织出现以后，中柱鞘再次开始分生活动，形成木栓形成层，这层细胞进行平周分裂，向外产生木栓层，向内产生栓内层。但木栓层细胞的层次很多，远较栓内层为厚，木栓层细胞排列紧密，没有细胞间隙。细胞壁中有木栓质的存在，细胞内没有原生质体，但含有脂肪酸、木质素、纤维素、单宁等物质，并充满空气；质轻、富有弹性，有隔热和防寒的作用。当由木栓层、木栓形成层和栓内层三者形成周皮以后，在周皮以外的组织如内皮层、皮层薄壁细胞和表皮，将全部破坏和脱落。

油桐根的次生构造与茎的次生构造在组成上和分布上是有差别的：根的次生木质部含木纤维的量较茎为少，但根的次生韧皮部中的韧皮纤维很发达，成为束状，束数多、纤维长，故根的拉力比茎强；在根的横切面上，次生木质部的导管发达，管孔单个或成链状，分布较均匀，因此，根的输水面积比茎大；根的次生木质部含有较大数量的薄壁组织，贮藏养分的量多；根的次生木质部生长轮不明显。

四、茎

茎部指油桐地上部的主干、支干和枝梢，其上着生叶、芽、花、果。在种子萌发、生长的过程中，上胚轴及胚芽向上发展成地上部的茎和叶，继之主要由顶芽或部分活动性侧芽萌发，逐步形成主干及侧枝，完善树冠构架。油桐有明显的主干及分层轮生的支干，枝梢着生叶、芽、花、果。茎的主要生理功能是支撑叶的有规律分布，使叶部充分接受阳光，增强光合效果，有利于花、果、种子的传粉、繁殖和传播；构成植物体内物质输导的主要通道，将根部吸收的水分、无机盐及合成的氨基酸、激素，通过主干、枝向上输送到地上部各部位，又将叶部的光合产物输向根系及花、果等器官。叶在枝上的着生处称为节，上下节之间为节间。茎与叶构成茎叶系，皆由芽发育而成。

(一)芽

长在茎、枝顶端的芽称为顶芽，生长在叶腋处的芽称为侧芽或腋芽。成年油桐的顶芽多为混合芽，是活动芽，萌发后形成花、花序及新梢；腋芽为叶芽，通常保持休眠状态，是休眠芽，若令其萌发也形成新梢。油桐的顶芽及侧芽都是鳞芽，外面披有芽鳞，严密保护芽免受外界各种侵害。油桐主干及支干上还有处于长期休眠状态下的潜伏芽，经修枝截干处理，可促使潜伏芽萌发抽梢。

1. 混合芽

混合芽既有营养生长，又有生殖生长，既抽梢、长叶，又开花结实。混合芽顶端分生组织是芽原基。芽原基出现后，顶端分生组织随即分生出芽鳞原基，由此发育成芽鳞包被芽外，以防寒抗旱，保护芽体安全越冬。芽鳞常厚薄不匀，形成维管束的基部较厚，不形成维管束的顶部较薄。在芽鳞的内表皮上，常着生多数单细胞柔毛。芽鳞内部叶肉组织不发达，没有栅栏组织和海绵组织的分化，气孔少，维管束发育弱、分枝少。维管束周围薄壁组织中，分布着较多的单宁细胞。芽内的鳞片间常有托叶，是从叶原座基部两侧组织生成的小叶状物。托叶厚薄比较均匀，内侧常生单细胞毛，有保护生长锥的作用。托叶向轴面的表皮细胞较长，原生质较浓，内部的叶肉没有栅栏组织和海绵组织的分化。芽内还有叶原基，它是由叶原座发育而成的。芽鳞嫩时绿色，老时赤褐色。鳞片外露部分革质化，被覆盖的部分非革质化，越近内部的芽鳞片，非革质化的部分越大。非革质化芽鳞增大与其芽内叶原基、真叶、托叶的增多，以及花序和花器的生长相适应，以保证芽体的正常生长和膨大。

2. 侧芽

侧芽生叶腋中，又称腋芽，体积较小，芽鳞幼时绿色，老时变褐。做侧芽纵切面观察，可见芽外有穹形肥厚的芽鳞。芽鳞内有多数单细胞毛和叶原基。芽的中心是生长锥，高矮不一，发育程度不相同。油桐 4～5 月开花、抽梢、长叶，养分消耗较多，而此时叶面积小，光合产物少，因而枝梢基部的侧芽发育程度浅，芽鳞以内的生长锥不明显，成为休眠芽。其后，气温渐高，叶面积渐大，光合作用增强，光合产物增多，芽的生长锥明显出现。待气温更高，枝条生长更快，叶片合成并积累大量养分和生长激素，此时所形成的侧芽，芽体充实饱满，芽鳞内幼叶数较多，芽轴较长，芽鳞以内生长锥最高、最粗壮。秋

季枝叶生长渐缓，叶的组织老化，叶内的营养物质和生长激素转移至茎和根，故紧靠顶芽1~3节一般不形成侧芽。

3. 潜伏芽

潜伏芽多生于油桐粗大枝干上，其发育与顶端分生组织没有直接关系，是从枝干维管柱周围的薄壁组织中发生的。当潜伏芽开始萌发时，首先是芽体内生长物质和营养物质激增，薄壁组织转化为分生组织，然后出现芽原基，芽轴逐渐延长。因此萌发后的潜伏芽，芽轴较长，生在芽轴上端的叶原基和生长锥较短小。芽的外方没有芽鳞，潜伏芽是裸芽。

(二)枝条的形态

油桐秋后叶落，叶柄在枝上留下圆形的斑痕，称为叶痕。油桐的叶序是互生的，因而叶痕在茎上也是按互生的顺序排列。在黄褐色栓质化的叶痕上有多个点状的突起，这是叶的维管束的断痕，称为维管束痕。在枝顶混合芽较大，外面包着芽鳞，萌发后芽鳞脱落，留下多数新月形的断痕，称为芽鳞痕。由芽鳞痕间的距离长短，可查知一年内枝条生长的长度；由芽鳞痕在枝条上的轮数，可查知该枝条的年龄；由顶芽到第一轮芽鳞痕的距离，为枝条当年生长的长度；由枝顶的第一轮到第二轮芽鳞痕间的距离，是枝条前一年生长的长度。余可类推。各轮芽鳞痕间的距离长短不同，表示枝条随每年环境条件不同的生长强度。枝上生有多数眼形的小孔，称皮孔。桐果脱落后，果梗常宿存枝上，由宿存果梗和果梗在枝梢上的断痕数目多少，可测定前一年桐果数量的多少。由粗壮枝梢与瘦小枝梢的比值，可预测翌年桐果的产量。因此，桐树枝条形态、数量和质量，常常被作为油桐“看今年，查去年，测明年”的测产依据。

(三)茎的初生生长和初生结构

茎的顶端分生组织所产生的细胞，分化为原表皮、原形成层和基本分生组织。原表皮进一步分化为表皮；原形成层进一步分化为初生韧皮部、初生木质部和维管形成层；基本分生组织分化为皮层和髓，由此构成茎的初生结构。由茎顶端组织细胞的分区到初生构造的形成过程，就是初生生长过程。初生生长主要是茎轴和枝梢的延伸生长，延伸生长又主要是节间的伸长。随着细胞的分化导致永久组织出现和初生构造形成。

1. 表皮及皮层

表皮由原表皮发育而来，为一层细胞构成，细胞内有核和线粒体等，是生活细胞。细胞进行垂周分裂，能在一定程度内随茎的增粗而扩大。表皮细胞结合紧密而坚牢，外壁较厚，被角质层；内壁和侧壁较薄。皮层由基本分生组织发育而成，位于表皮和维管组织之间。茎的皮层组织通常不如根的发达，但比根复杂，包括了几种组织。接近表皮的几层细胞，胞壁在细胞角隅局部增厚，称为厚角组织。厚角组织是以生活细胞兼作支持之用。它既有一定的机械支持力，又不妨碍幼茎的生长和伸长。厚角组织及其内方的皮层薄壁细胞含有叶绿体，使幼茎呈绿色。后者部分细胞内含有簇状结晶体。少数细胞含有单宁。皮层内、胞间隙较多，构成通气系统。

2. 维管束系

维管束系在皮层以内，包括初生韧皮部、形成层、初生木质部，均由原形成层分化和衍生而成。

(1)初生韧皮部　在原形成层分化形成的维管柱中，最先成熟的是韧皮部的筛管，初

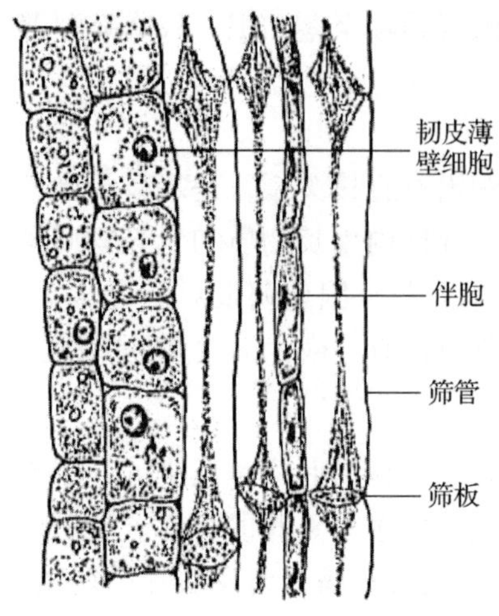

图 3-25　油桐嫩枝韧皮部的纵切面

表示韧皮部中的筛管、伴胞和韧皮薄壁细胞

时离茎尖很近，通常只有 1mm 左右，这种筛管较长，直径较小，而后来成熟的筛管则比较大。初生韧皮组织是由外方向中心依次成熟的。最初的韧皮部，是在茎的延伸生长阶段就已形成的，这叫原生韧皮部。原生韧皮部通常只有筛管，没有伴胞。筛管最长，直径较小，生活期很短；其后，因茎的延伸生长发生牵引作用而受到破坏，并常被周围的组织所挤压和吸收，随后由原形成层产生薄壁组织和韧皮纤维，占据受破坏和被吸收的筛管组织所遗留的空间。在茎延伸生长阶段以后形成的韧皮部，叫后生韧皮部。后生韧皮部包含有筛管、伴胞、韧皮薄壁细胞（图 3-25）和韧皮纤维。因此，它是复合组织。由于茎轴枝梢不断增粗，整个初生韧皮部易受挤压破坏，它的功能期较短，生理上的重要性为时甚短。

（2）初生木质部　初生木质部包括原生木质部和后生木质部，由管状分子和薄壁组织构成，它也是复合组织。原生木质部是在茎的延伸生长活跃时期成熟的，为先成熟；而后生木质部是茎的延伸生长停止后成熟的，为后成熟。原生木质部的管状分子一般为环纹导管和螺纹导管，这些导管在其薄而富于可塑性的初生壁上形成环纹或螺纹的木化次生壁，它在一定程度内能适应茎的延伸生长，但在茎的不断延伸生长和直径增大的作用下，原生木质部最终将遭到破坏。在茎的延伸生长停止后，所形成的木质部叫后生木质部。后生木质部所含的导管分子主要为梯纹导管和孔纹导管，直径较粗，壁的增厚也较多。当原生木质部的管状分子因茎的延伸生长被拉毁以后，薄壁组织即填充其空间，消除那些被拉毁的痕迹。

3. 维管形成层

维管形成层是原形成层留在初生维管束中的侧生分生组织。因其细胞进行纵向分裂，故原形成层为纵长、束状的分生组织。同时在原来的原形成层束之间，剩余分生组织又形成新的原形成层束，于是各形成层束侧向扩展，彼此连合成为一个圆筒形的维管组织，分布在皮层和髓之间。圆筒形的原形成层，虽然向外分化成初生韧皮部，向内分化成初生木质部，但其间仍留有一圈分生组织，这就是维管形成层。

4. 髓和髓射线

髓位于茎的中心，由肋状分生组织发育而成。细胞圆形，壁薄，胞间隙多。细胞内含细胞核、液泡、淀粉、单宁等。髓的外围，细胞较小，胞壁较厚，排列较紧密，原生质较浓，称为髓鞘或环髓带。髓鞘中含单宁的薄壁细胞较多，形成组织较紧密，位于原生木质部内方，成为颜色较深的一圈。髓射线是维管束间薄壁组织。在横切面上成放射状排列，外连皮层，内通髓部。既是气体、水分和养料的横向输导组织，也是有机养料的贮藏组织，髓射线的薄壁组织是由基本分生组织衍生分化而成的，故又称初生射线，以别于由维管形成层衍生而成的次生射线（即维管射线）。茎的初生结构是比较复杂的，这是由于一部分基本组织包围着维管组织，反过来，维管组织又包围着另一部分基本组织，以及两者互相交错、互相穿插所造成的。

5. 叶迹和叶隙

在茎和叶间，存在着维管组织的联系，以实现茎与叶间水分和营养的交流。联系茎和叶柄基部之间的维管束，称为叶迹，即叶中维管束，从叶柄基部起，通过茎的皮层，和茎中维管束相连。茎和叶同为茎顶端分生组织的衍生产物。叶迹与茎的维管组织直接相连，两者无本质区别，但叶迹比茎的维管束有较多的木质部，其中薄壁细胞的壁局部地向细胞内部生长，形成波浪状突起，状如传递细胞。形成层内方的叶迹仅含木质部；形成层外方的叶迹，则兼含木质部与韧皮部。当叶迹进入茎的皮层时，其横断面呈圆形，在横断面上，木质部较大，位于背轴面；韧皮部较小，位于向轴面。叶迹断面的外围，以多层小型的薄壁细胞与茎的皮层薄壁细胞相连接(图 3-26)。油桐的叶迹，常为 3 个(图 3-27)。所谓叶迹的数目，是指从维管柱分枝时的数目而言。油桐叶迹虽为 3 个，但当它经过皮层时，常发生多数分枝；因此，在叶痕上，常显示出超过 3 个以上的束痕。油桐的 3 个叶迹中，中央的一个较大，称中迹。两侧的叶迹较小，称侧迹。叶柄基部附近生有 2 枚托叶，托叶的维管束，是在皮层内由侧迹分枝而成。在节的区域，叶迹从维管柱上的薄壁组织区通过，经过皮层连接叶柄基部。维管柱上的这种薄壁组织区，叫做叶隙。叶隙在叶迹内方(参见图 3-28)。叶隙的长度与宽度，随植物种类而不同，但与叶的大小、类型以及生存期无关。油桐的叶片虽大，但叶隙较小。油桐叶隙较窄，但又较射线为宽。且叶隙外方有叶迹，容易识别。油桐每个节上有 3 个叶隙，每个叶迹进入一个叶隙，因此，油桐是 3 叶隙节。在这 3 个叶隙中，发生在叶子正中部位的隙，称为中央隙；其他 2 个隙，则是侧生隙。

6. 枝迹和枝隙

腋芽在叶腋中发育成枝，枝的维管束也是由茎的维管柱分出的。由茎入枝的维管束，其留在茎中的部分，叫做枝迹。在茎节上除了叶迹，还有枝迹与茎的维管束连接，可见节较节间的结构远为复杂。枝迹和叶迹一样，也是从茎的维管束上分出。枝迹和叶迹将茎和枝以及枝和叶的维管束系连接起来。枝迹刚从茎的维管柱上分离时，便结合成圆筒形的维管柱，入柱后，成为枝的维管柱。油桐的枝迹为 1 个或 2 个，尚待进一步研究。当枝迹由主轴维管柱向外伸出时，在维管柱上也留有为薄壁组织所填充的缺隙。这种缺隙，叫做枝隙(图 3-28)。枝隙在叶隙上方。

(四)茎的次生生长和次生结构

油桐茎是依靠顶端分生组织衍生细胞的增多和节间的伸长来实现其长度生长的。在茎、枝停止伸长以后，以依靠维管形成层和木栓形成层的活动来实现其粗度的生长，这种粗生长，称次生生长。由维管形成层和木栓形成层产生的次生组织如次生木质部、次生韧皮部、维管射线和周皮等，称次生构造。

1. 次生木质部

次生木质部由多种木纤维及导管、木薄壁组织和木射线等组成 2 个系统：一个是纵向系统，包括管状分子、木纤维以及木薄壁组织。此等细胞，其长径与茎轴平行地排列着。另一个系统是辐射排列的横向系统，主要是射线薄壁细胞，其长径与茎轴垂直地排列着。在茎的横切面上，木射线向四周辐射地排列着，这是维管形成层中的射线原始细胞产生的，是初生木质部所没有的组织。要了解油桐木材的结构，只有通过对油桐茎的横切面、径切面和弦切面的全面观察，才能得到一个比较全面的认识。油桐木材材色黄白，纹理通直，材质轻柔，结构略粗，木材经炉干后，相对密度为 0.43。

表皮
木质部
韧皮部
叶迹
皮层
韧皮部
木质部
髓
形成层
髓鞘
A

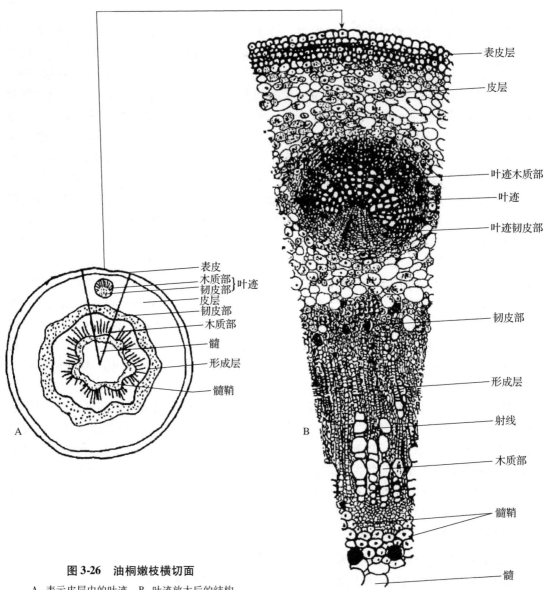

表皮层
皮层
叶迹木质部
叶迹
叶迹韧皮部
韧皮部
形成层
射线
木质部
髓鞘
髓
B

图 3-26　油桐嫩枝横切面

A. 表示皮层中的叶迹　B. 叶迹放大后的结构

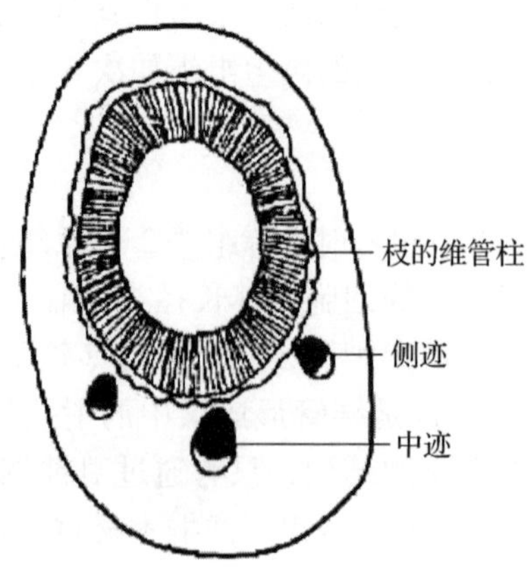

图 3-27　油桐枝条节部横切面

表示枝的维管柱外方的 3 个叶迹
1 个中迹，较大；2 个侧迹，较小

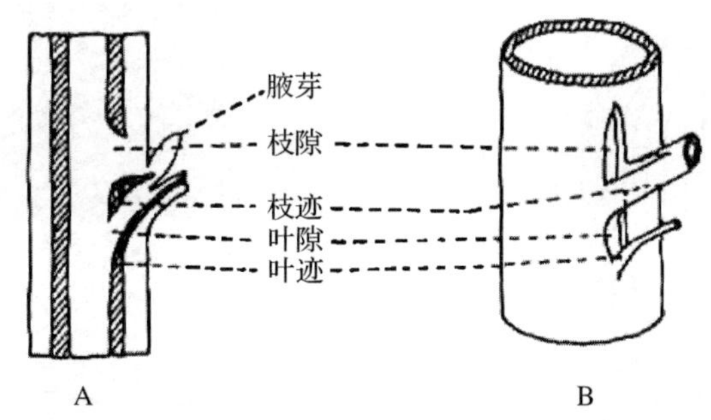

图 3-28　叶迹、叶隙、枝迹、枝隙图解

A. 通过枝条节部纵切面，视枝隙、枝迹和叶隙、叶迹的位置和结构

B. 从维管柱表面观枝迹和叶迹分别从枝隙和叶隙下方伸出

在油桐茎的横切面上，可以看到次生木质部现出若干同心环纹，即生长轮，又称年轮。年轮是油桐的维管形成层形成的。春、夏气候温和，雨量较多，维管形成层的细胞分生能力强，生长速度快，所衍生的细胞体型大，胞壁薄，导管多，管孔大，木纤维较少，木材结构较疏，是为早材或春材。秋季气温下降，气候干燥，维管形成层的分生能力弱，生长速度慢，所衍生的细胞体型小，胞壁厚，导管少，管孔小，木纤维多，木材结构紧密，是为晚材或秋材。因气候的逐渐变化，早材到晚材也是逐渐过渡的。冬季到次年的春季，是由严寒到春暖，气温变化急剧，因之由当年的晚材到次年的早材，其间界线比较明显。油桐木材从材色看，早、晚材间界线不明显。但油桐属环孔材或半散孔材，早材管孔较大，导管较多；晚材导管少，管孔小，分布稀。从构造上看，早材远较晚材为疏松，故年轮仍清晰可辨。在树干基部的年轮数目最多，愈往上则轮数愈少，轮数与树龄相关。接近髓部的几个年轮因幼树生活力强，生长素水平高，维管形成层分生能力强，故年轮也较宽。反之，树龄较大，接近树皮的几个年轮，宽度就较小。温暖潮湿的年份，所生材质较多，年轮也较宽。旱年、寒年、虫害、冻害、结实特别多的年份，年轮也较狭窄。年轮在油桐树木材横切面上，围绕髓心呈同心环形；但在径切面上则呈纵条状在弦切面上，作“V”字形，呈一叠波纹曲线状(图 3-29)。木射线很窄，用肉眼观察不明显。

油桐树干的边材与心材，材色差别不显著，但材性差别颇大。边材中的薄壁细胞是有生命的，心材中的薄壁细胞是无生命的；边材中的导管分子大多有输导水分的能力，心材的导管已失去此种输导机能；心材部分较其边材部分的含水量为低；心材的形成能使植株生长区所产生的抑制剂有毒物或代谢产物如单宁、草酸、树脂、树胶等，部分地进入树干的中央，在心材的死细胞中积累着，起到解毒的作用，而边材中一般不积累这些物质；油桐边材的导管中，一般不存在侵填体，而在心材的一些导管中，常出现少量侵填体(图 3-30)，使这些导管被充填起来。由于心材中常有侵填体、结晶体、单宁、树脂、树胶的积累，因而心材的体积质量较大、材质较硬、耐腐性也较强。

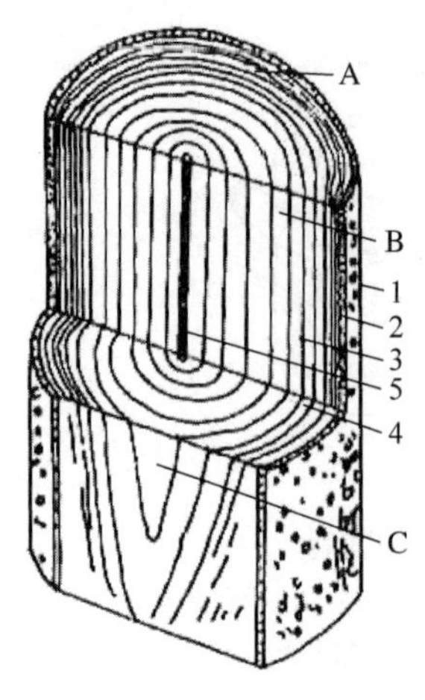

图 3-29 油桐木材三切面

A. 横切面 B. 径切面 C. 弦切面

1. 树皮 2. 边材 3. 隐心材 4. 生长轮 5. 髓

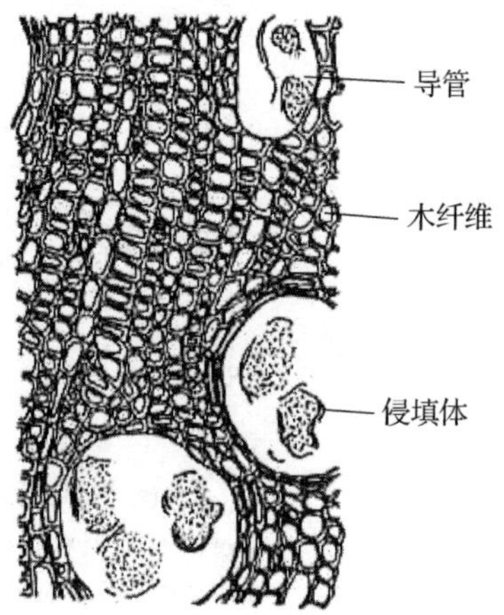

图 3-30 油桐次生木质部横切面

表示心材的大导管中出现侵填体

木质部内的射线，称木射线。它由维管形成层射线原始细胞衍生。在横切面上，木射线向周围辐射排列，数目较多，但很窄，通常只有一列细胞的宽度，少数有两列细胞的宽度。在木射线中细胞的长度大于其宽度(图 3-31A)。在径切面上，木射线是与茎的主轴垂直排列。多列射线细胞互相平行地作径向排列(图 3-31B)。在弦切面上，木射线呈纺锤形，线内有两种形状不同的细胞，一种呈长方形，另一种呈扁方形。因此，油桐射线是异型射线，而且大多是单列异型射线(图 3-31C)。

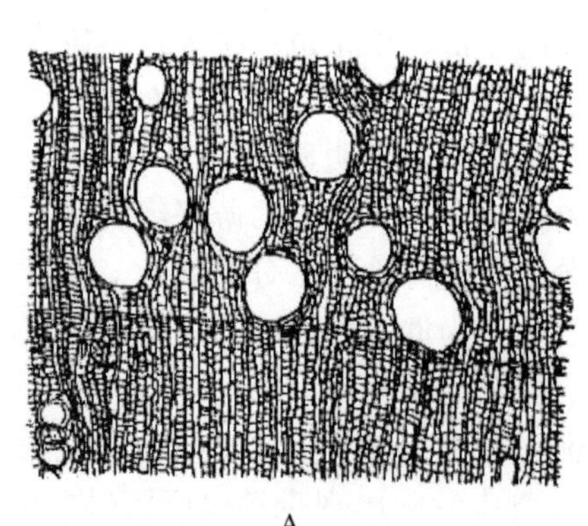
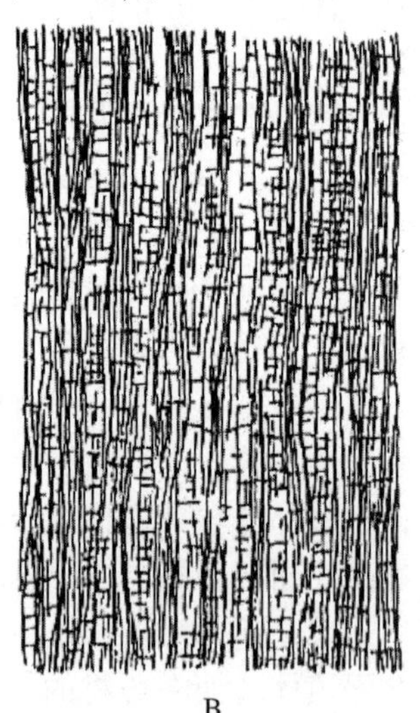
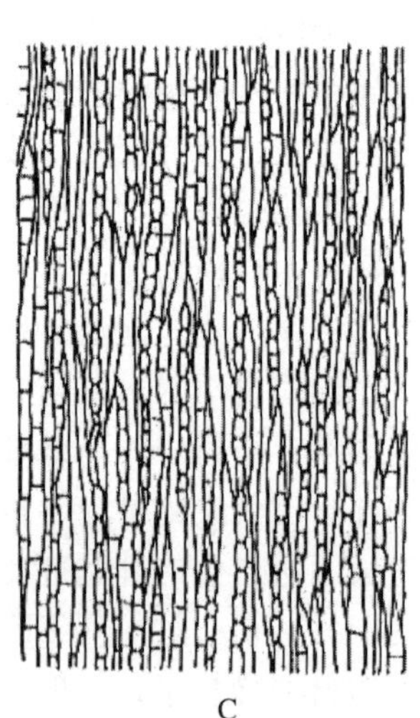

图 3-31 油桐木材的三种切面

A. 横切面：表示早材导管管径大，晚材的导管管径小，木纤维窄，射线细胞多为单列 B. 径切面：木纤维密集成束状，木射线窄，径向排列 C. 弦切面：木纤维中，穿插排列着多数纺锤形的单列异型射线

2. 次生韧皮部

次生韧皮部各种组成分子的排列也可分为轴向的和径向的两个系统。筛管、伴胞、韧皮薄壁细胞和韧皮纤维是属于轴向排列系统，韧皮射线则是属于径向排列系统。形成层的

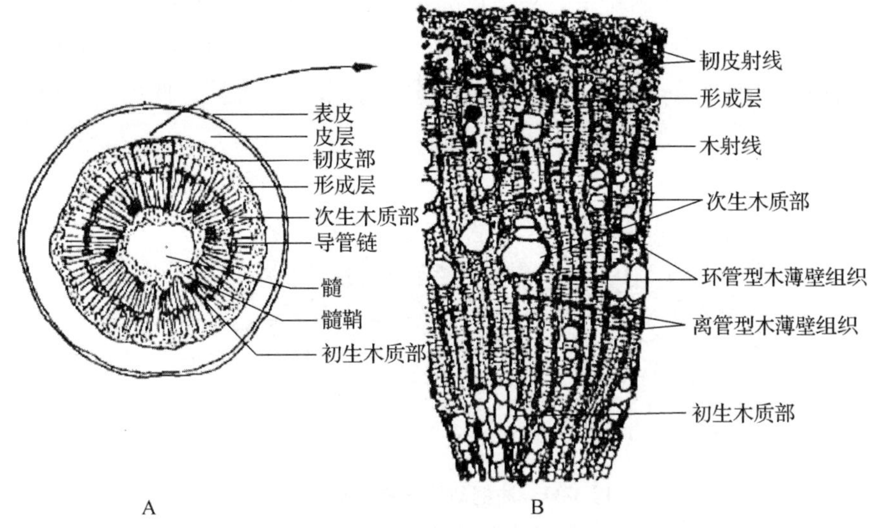

图 3-32　油桐枝条横切面

A. 表示枝的内部结构　B. 枝横切面一部分放大，表示次生木质部中的两种木薄壁组织，即环管型薄壁组织和离管型薄壁组织，并表示筛管、伴胞、韧皮薄壁细胞，常位于相邻两韧皮射线之间

射线原始细胞向木质部和韧皮部两侧产生射线薄壁细胞，因此木射线和韧皮射线是直接相连的，宽度也是大致相等。在茎的横切面上，韧皮射线常呈辐射排列，筛管、伴胞、韧皮薄壁细胞以及在次生生长中形成的纤维，均排列在两个韧皮射线之间(图 3-32)。韧皮射线的这种辐射排列，在整个韧皮部都是明显的。维管形成层分生的木质部细胞远较韧皮部细胞为多。次生韧皮部中除韧皮纤维外，其余如筛管、伴胞、韧皮薄壁细胞和韧皮射线，易被挤压和破坏，且外方的韧皮部分子常参加周皮的形成，所以，韧皮部远较木质部为薄。韧皮部中的筛管将碳水化合物等养料和生长激素向上或向下运输，供油桐各器官生长发育的需要。筛管是由多数纵行的管状细胞彼此以端壁连接而成，其端壁称为筛板。筛板上有成群的小孔，称为筛孔(图 3-33)。筛孔中有连接的细胞质丝穿过，在上、下筛管细胞之间形成细胞质流，养料和生长激素随着细胞质流而上下移动到生长旺盛的区域，这种原生质丝又称联络索。联络索外有一层胼胝质包围着。次生韧皮部的作用期比较短。筛管的输导作用开始于细胞核消失之时，终止于原生质消失之际，作用的时间是很有限的。筛管输导作用的丧失，与胼胝体的形成有关。在形成层产生新的韧皮组织后，上一生长季所产生的韧皮分子将大部或全部丧失输导机能。

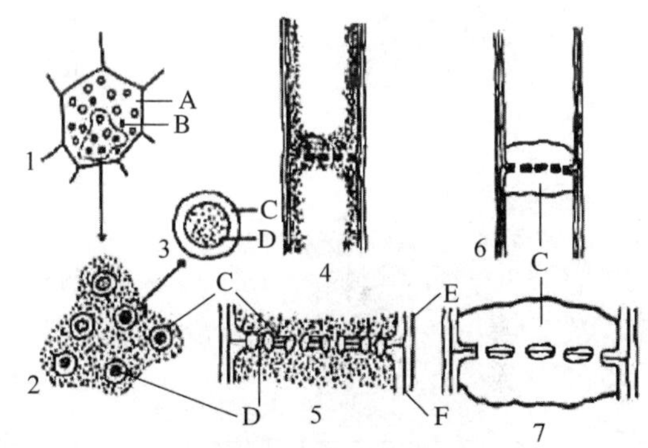

图 3-33　筛板构造图解

1. 筛板表面观　2. 筛板的一部分　3. 一个筛孔　4～7. 筛板侧面观　(1～5. 有功能的筛板，6～7. 无功能的筛板)
A. 筛板　B. 筛孔　C. 胼胝体　D. 具内含物的筛孔　E. 初生壁　F. 胞间层

3. 木栓形成层的活动与周皮的形成

次生维管组织的发生，常伴随着周皮的形成。茎内因维管形成层活动，次生维管组织

的量不断增多，茎的圆周不断扩大。当表皮的可塑性不足以适应茎的内部生长时，表皮遂发生破裂，此时表皮下层细胞通过反分化作用，恢复分生机能，成为一种形状扁平的分生组织——木栓形成层(图3-34)。木栓形成层向外分裂形成木栓层，向内分裂成为栓内层，构成周皮，代替表皮。

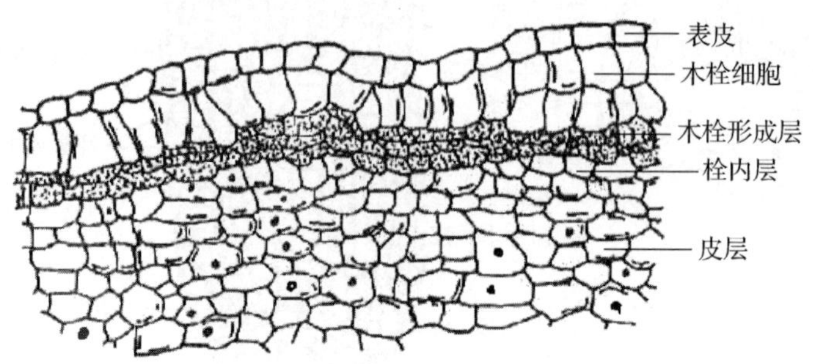

图3-34 油桐幼嫩树皮的横切面

表示木栓形成层起源于表皮下层细胞；木栓形成层已开始活动，产生第一层木栓细胞，把表皮推向外方

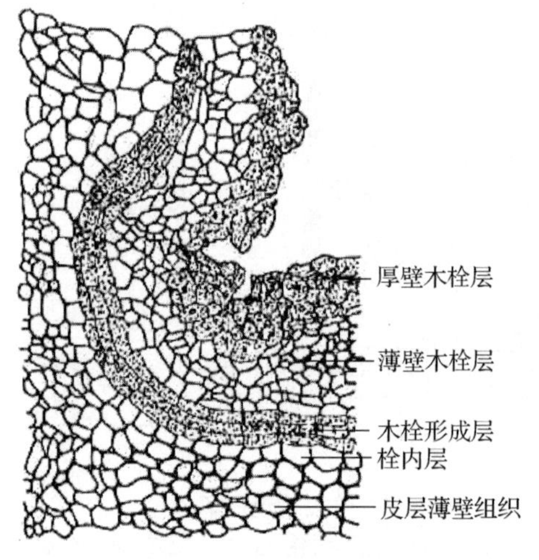

图3-35 油桐树皮横切面

表示周皮的结构

木栓形成层和维管形成层都是侧生分生组织，但在结构上，它较维管形成层为单纯。因维管形成层有两种不同的原始细胞，而木栓形成层是由一种原始细胞所组成。木栓形成层向外分裂的次数多，向内分裂的次数少，在这点上，又与维管形成层活动的情况恰恰相反。油桐的木栓细胞有两种类型：一种是薄壁的，作辐射延伸，径向壁较长，位于木栓层内方，层数很少；另一种则是厚壁的，径向壁逐渐变短，愈向外方，细胞愈扁平。细胞腔中充满了空气、单宁、树脂。木栓层内也有含结晶体的细胞。细胞壁中含有木质素和纤维素，初生壁以内有较厚的栓质层(图3-35)。

木栓层无细胞间隙、不透水、不传热，是体外的一种有效保护层。它的这种性能，是由于细胞壁栓质化和细胞排列紧密的缘故。

树皮指维管形成层以外的次生韧皮部、初生韧皮部、皮层及周皮的所有组织。油桐树皮呈灰褐色，比较光滑，含单宁约18.3%，可提取栲胶。

皮孔是茎进行内外气体交换的通气组织。油桐幼茎在长度生长尚未停止前，皮孔即已形成。皮孔下方的木栓形成层细胞不断分裂，产生大量薄壁细胞(补充细胞)，使表皮胀裂，成唇状突起，补充细胞暴露于外，于是形成皮孔。皮孔的位置与茎内的射线位置有相关性，因此气体可经皮孔通过射线的细胞间隙，深入到木质部，直至髓薄壁细胞的胞间隙。皮孔形成时，木栓形成层在形成皮孔相应的部位不产生正常的木栓细胞；在秋末，木栓形成层在发生皮孔的部位不产生补充细胞，而产生一层排列比较紧密的细胞，形成封闭层。结果皮孔由疏松的补充细胞和比较紧密的封闭层彼此相间叠置而成。在生长季，补充

细胞不断产生，皮孔为补充细胞所填充，所有封闭层被补充细胞所突破。到生长季末，皮孔又为新生的封闭层所遮盖，此时仅由封闭层上的小孔隙进行通气作用。入春，封闭层又被突破，秋末，封闭层又重新形成(图3-36)。

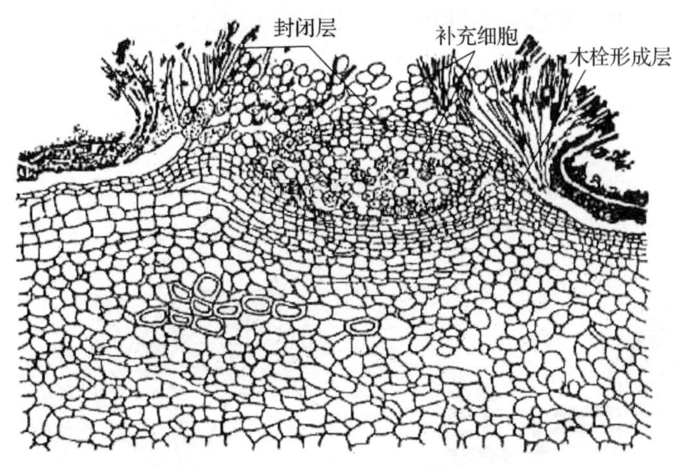

图3-36　油桐茎经过周皮上的皮孔横切面

表示皮孔下方的木栓形成层下陷较深，在补充细胞中间产生封闭层

五、叶

油桐叶是进行光合作用的主要器官。通过光合作用将光能转变成化学能，将二氧化碳和水转变成糖和淀粉。油桐在代谢过程中又将糖输入种子的胚乳中，经过酶的作用，转化为桐油。化学能贮藏在糖、淀粉和桐油中。油桐体内约90%有机物质是叶片光合作用的产物，因此，叶的生理活动便成为油桐生长发育的营养物质生产源。叶的蒸腾作用促使植物吸收水分和盐类溶液，并向上输导到油桐的叶、芽、花、果。水分蒸散，又可将日光热在蒸腾作用中，以汽化热散发。

(一)叶的形态

油桐叶为单叶，由叶片、叶柄及托叶构成(图3-37)。光桐叶片阔卵形或卵形，先端尖，基部心形或截形，通常全缘，幼时偶3裂或5裂；皱桐叶常3~5深裂或全缘。叶脉为掌状网脉，主脉5条，偶7条。幼叶两面披毛，老时叶向轴面的毛脱落。叶柄圆形，基部膨大。在叶的向轴面，叶柄与叶片相连处着生浅褐色腺体2枚。叶片缺刻处也生有类似的腺体1枚。托叶2枚，为略成三角形片状体，贴生在叶柄基部两侧，幼时表面密生柔毛。托叶有保护芽体和幼叶的作用。

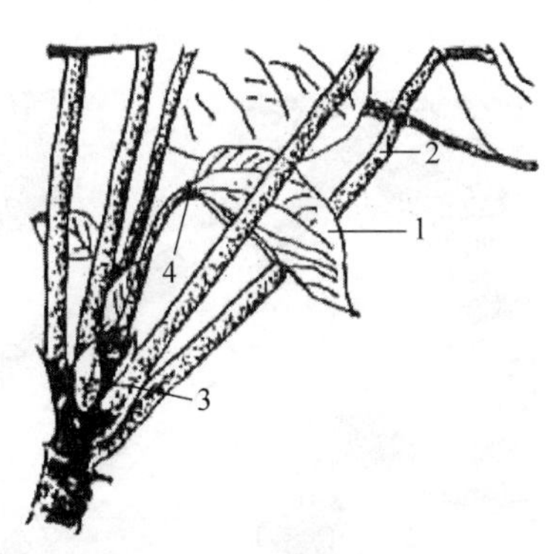

图3-37　油桐叶的形态

1. 叶片　2. 叶柄　3. 托叶　4. 蜜腺

油桐叶有基簇叶与新梢叶之别。前者来源于枝条顶端混合芽，后者着生于新梢上。基簇叶位于花序或新梢的基部，互生叶序，节间很短，簇状着生，故称基簇叶。油桐混合芽膨大、萌发、开展后，揭开芽鳞，就可看见基部的幼叶已有叶柄和叶片的分化，叶片上叶脉明显突出(图3-38)。在

混合芽上端，叶的分化程度较浅，只分化出叶轴，其后，这些叶轴继续分化，从而生出叶柄与叶片。顶芽开放后，簇生在花序基部的幼叶，叶片扩大，叶柄伸长成为基簇叶。新梢叶着生于新梢上(图3-39)，随新梢的不断生长延伸而陆续出现。节间较长，按一定次序每节1叶，呈螺旋状排列，构成互生叶序，其叶序式多数为2/5。表示同一垂直线的两叶之间，叶序螺旋线在枝条上绕两圈，着生5片叶子，即每隔2/5周(144°)着生一叶，各位于不同方向，不互相重叠。由于同一新梢上的叶在时间上有先后出现的差异，即先后次第出现，故上部的叶片小、叶柄短；中下部的叶片大，叶柄也长。正常结实的桐树，光桐单叶面积多为120～270cm^2，皱桐单叶面积常为120～170cm^2。油桐叶面积与产量关系密切。每个果实平均占有叶面积少于2866cm^2就会减少桐子含油率。

图3-38　油桐混合芽萌发开展后，基簇叶的幼叶，从芽鳞内方伸出芽外，叶柄、叶片以及叶脉明显突出，节间很短

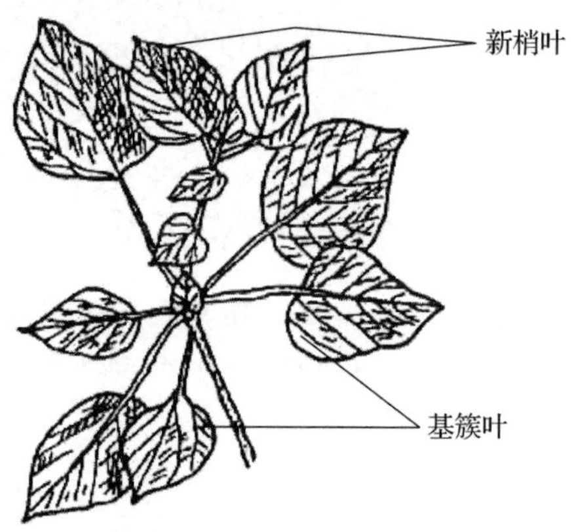

图3-39　油桐枝条上的两种叶子——基簇叶和新梢叶，均为互生叶序，新梢叶着生在新梢上，节间较长

(二)叶的解剖结构

1. 表皮

表皮是覆盖叶片表面的保护组织，分上表皮和下表皮，是薄而透明的生活细胞，不含叶绿素。

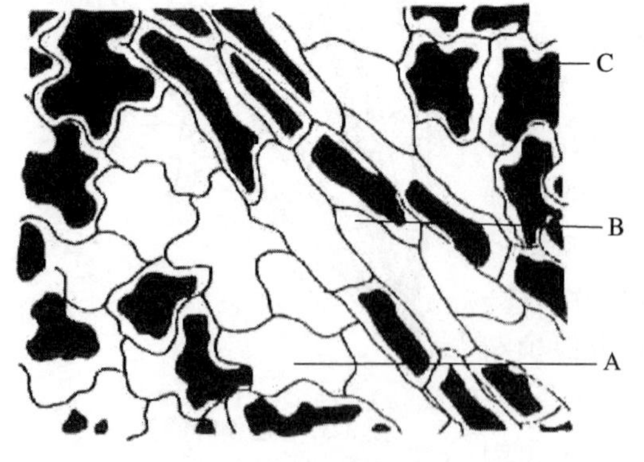

图3-40　油桐叶的上表皮

A. 叶肉上方的表皮细胞垂周壁成波浪形

B. 叶脉上方的表皮细胞垂周壁成长多边形

C. 含单宁的表皮细胞染色后，着色很深

(1)上表皮　上表皮是位于叶肉上方的表皮细胞，边缘成波状弯曲，形状不规则(图3-40)。叶幼时密生表皮毛，成熟时脱落。表皮外壁角质层颇厚，外含蜡质。内层除含角质、蜡质外，还含有纤维素，其作用是防止水分从叶面蒸散和微生物的侵袭，且有较强的折光性，以防日照灼伤。桐叶的上表皮不生气孔，上表皮含有较多单宁，它能保护叶面少受动物侵害。在呼吸作用下，可转变成脂肪与芳香族化合物，降低油桐组织的失水量，有防止桐叶干燥的作用。油桐叶蒸腾强度较小，是与上表皮角质层较厚、没有气孔以及上表皮细胞含有

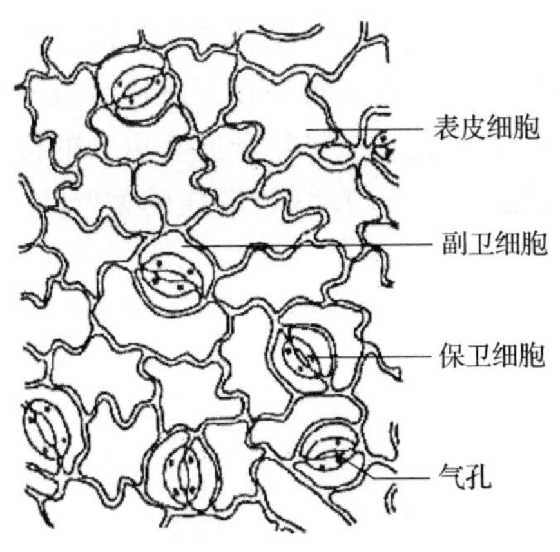

图 3-41　油桐叶的下表皮

表示下表皮细胞的垂周壁呈波浪形，气孔数目较多，气孔器为平列型

单宁分不开的。

(2)下表皮　与上表皮比较，下表皮细胞垂周壁波纹的弯曲度更大，细胞更扁、更薄，含单宁量极微。外壁的角质层也稍薄，角质层外有蜡层，叶脉两侧和下表皮表面着生多数表皮毛。叶的全部气孔都集中分布在下表皮上。气孔由两个保卫细胞合围而成，保卫细胞是含细胞核和叶绿体的生活细胞，略成肾形。两个肾形的保卫细胞，彼此以凹面相对，在凹面中部的果胶层溶解后，成为孔隙，即为气孔。气孔是油桐与外界环境进行气体交换的孔道。在保卫细胞周围，有两个细胞，其长轴与保卫细胞长轴平行，形状较表皮细胞为小，而较保卫细胞为大，称为副卫细胞。副卫细胞与保卫细胞彼此平列(图 3-41)。据测定(王劲风，1984，富阳)，光桐叶每平方毫米约有气孔(428.57 ± 22.34)个；皱桐(392.77 ±54.14)个。叶脉两侧的下表皮不具气孔，而生多数表皮毛。桐叶的气孔因全部分布于下表皮，受阳光直射的影响少，故保卫细胞上午开放较迟，下午关闭也较晚。一般气孔 8：00 左右开始开放，约 10：00 开放最盛，午后呈微开状态，日落时气孔关闭。

油桐嫩叶的上、下表皮都生有表皮毛。毛的顶端尖锐，基部围绕着几个小的基细胞。表皮毛的壁为纤维质，覆盖一层角质层，色白而微黄，毛内有原生质和液泡。在器官生长发育过程中，表皮毛发生很早。油桐嫩叶，上表皮的毛较短而柔软，分布较密，寿命很短，随着叶片生长，毛很快脱落。毛落后，叶面生出角质层，使叶变得光滑明亮。下表皮的毛，多生在各级叶脉的表皮附近，寿命较长，不易脱落。

2. 叶肉

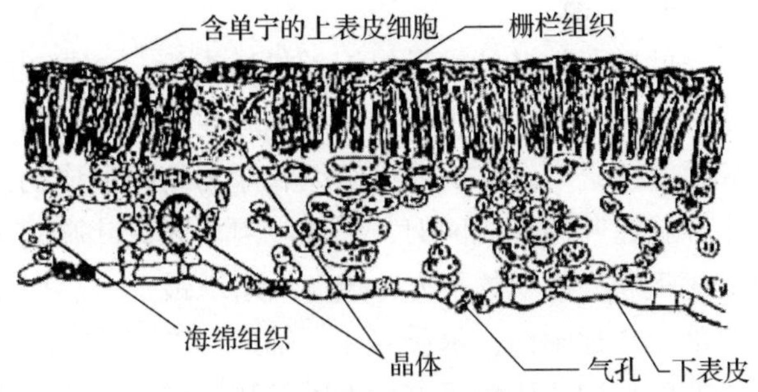

图 3-42　油桐叶片的横切面

表示叶片的结构

上、下表皮之间的部分是叶肉，其细胞含有大量叶绿体，构成疏松的绿色组织，是叶片的光合组织。叶肉细胞又分化成上部的栅栏组织和下部的海绵组织。栅栏组织在上表皮的下方，细胞圆柱形，排成栅栏状，细胞的长轴与上表皮垂直，细胞的长宽比值约为 6∶1。栅栏组织一般由一层栅栏细胞构成，个别细胞横裂为二。栅栏细胞内含叶绿体最多，使桐叶表面呈深绿色，是桐叶内的主要光合组织。在桐叶的横切面上，栅栏细胞彼此紧密连接，叶绿体总是分布在栅栏细胞的周边，有利于最大限度地利用日光光能。胞间隙的存在，加速了气体的交换。栅栏组织光合效率较大，不仅是由于细胞中叶绿体数量的增多，而且也是由于细胞表面与空气接触面积较大。在栅栏组织中，分散着多数含晶细胞(图 3-42)。含晶细胞紧接上表皮，与栅栏细胞平列。且长度约相等，但宽度相当于栅栏细胞的 3 ~ 5 倍。含晶细胞内含结晶体，晶体长圆形，表面有多个突起，晶体中含有碳酸钙。

海绵组织由圆形的、等径的或分枝状的细胞组成，海绵细胞内含叶绿体较少，故桐叶背面绿色较浅。海绵细胞排列松散，但胞间隙多、胞间隙大，气孔又集中在下表皮，故气体交换效率更高。叶肉细胞的表面暴露在胞间隙中，使叶肉细胞对二氧化碳能有更大的接触面和吸收面。海绵组织既是叶的光合组织，也是叶的通气组织。在绿色较浅的嫩叶中，海绵细胞排列整齐，胞间隙小(图3-43)。下表皮细胞仍保持分生机能，未出现明显气孔，维管组织也未充分成熟，说明嫩叶虽有一定的叶面积，但它的叶肉组织和输导组织没有充分分化和成熟。因此，光合效率不高。

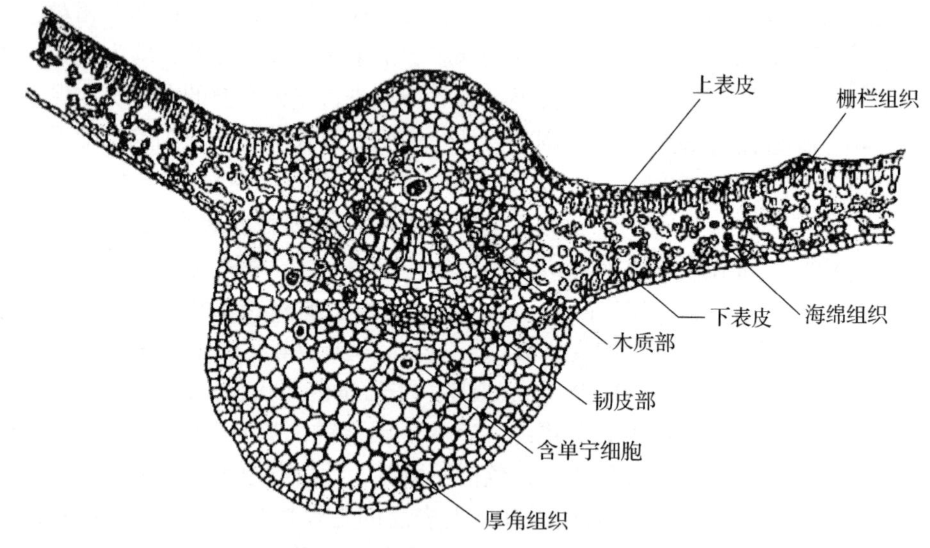

图3-43　油桐嫩叶通过主脉的横切面

表示嫩叶的内部结构

3. 叶脉

叶脉是桐叶的输导组织和机械组织。油桐叶有大叶脉5~7条，从叶片基部中心向边缘辐射展开，其中主脉和大的侧脉在叶的远轴面常常发生加厚，成肋状突起，这些肋状突起是由缺乏叶绿体的薄壁组织和厚角组织形成的。大叶脉常发生分枝成为各级小叶脉，由小叶脉在叶内形成网架，围成叶肉小区，叶脉间区一般在叶肉中还有盲枝的脉梢。叶脉常发生于栅栏组织的下方，或海绵组织最上一层中。主脉和大的侧脉具一个大型维管束，韧皮部在其远轴面，木质部在近轴面。在韧皮部和木质部之间有维管形成层，但活动力弱。小的侧脉构造比较简单，木质部和韧皮部的输导组织减少，二者之间没有形成层。

4. 叶柄

油桐叶柄圆形，有浅纵棱，基部膨大，顶端向轴面有红褐色至青褐色腺体2枚，基部两侧生托叶。光桐腺体为馒头形，皱桐腺体为绿色有柄杯状形。叶柄表皮外方有角质层，表皮细胞内含单宁。表皮以内为厚角组织，围绕叶柄形成一圈较厚的机械组织。厚角细胞内含叶绿体，使叶柄在总体上成绿色。少数细胞含有单宁，部分细胞含有晶簇。厚角组织以内为2~3层形状稍大的薄壁细胞，其中含晶簇或单宁。叶柄的维管束为外韧维管束。在叶柄中段作横切面，可见皮层内方有7个维管束，各维管束略成新月形，束的顶端维管组织较厚，向外凸出；两侧的维管组织较薄，向内凹入，彼此接触，在叶柄的皮层和髓部

间排列成凸凹不齐的环形（图 3-44）。在叶柄顶端，向轴面的维管束小而分离，背轴面的各维管束较大，彼此互相接触。叶柄基部膨大，内含较多的薄壁组织，多数小型的维管束分布在薄壁组织中。

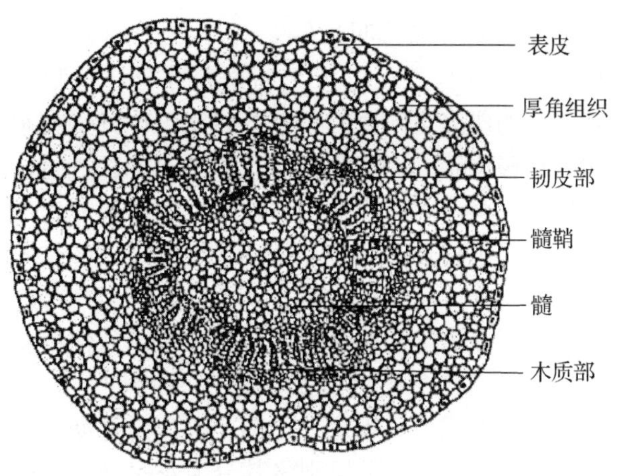

图 3-44　油桐叶柄中段横切面

表示叶柄具有比较发达的厚角组织和维管组织

六、花

花、果实、种子与生殖有关，统称生殖器官。油桐等被子植物典型的花由花梗、花托、花萼、花瓣、花蕊组成。花梗、花托是枝的变态，花萼、花瓣、花蕊是叶的变态。因而不妨说，花是植物适应于生殖的变态短枝。

（一）花芽分化

油桐植株进入生殖生长时，茎尖分生组织不再发生叶原基和腋芽原基，而分化出花序和花原基，逐步发育成花序和花。从花序或花原基的发生至花序或花的分化过程，称为花芽分化。油桐顶芽开始花芽分化时，在生理上和形态上发生一系列质的变化，营养生长趋于停顿，茎顶端分生组织的有丝分裂活跃，RNA 和 DNA 的合成显著增加；内质网、核糖体、高尔基体、线粒体、蛋白质增多；内质网、线粒体的分布渐趋均匀，液泡小而多等特征，反映出茎尖顶端的细胞活动，正在向成花过程变化。在成花过渡时，顶芽由苗端转化为花端之前必然经过套层—核心结构。即由苗端的原套，转化为花端的套层—核心结构，为成花提供面积较大及层次较厚的组织（图 3-45）。处于套层下方的核心细胞体积增大，原生质稀薄，分裂较慢，而套层细胞分裂较快，使花端的表层出现皱褶，在边缘上形成苞片；花端下方的原形成层随即进入苞片。然后在苞片中心向上生长，形成花序，并在花序上形成小花原基，顶端的小花原基形成雌花，下方的小花原基形成雄花（图 3-46，图 3-47）。

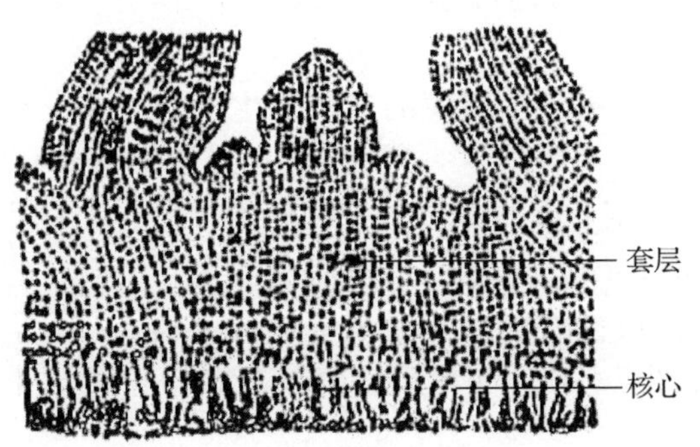

图 3-45　2 年生顶芽（冬季采）纵切面示意图

表示成花前由苗端到花端的过滤顶端具套层—核心结构

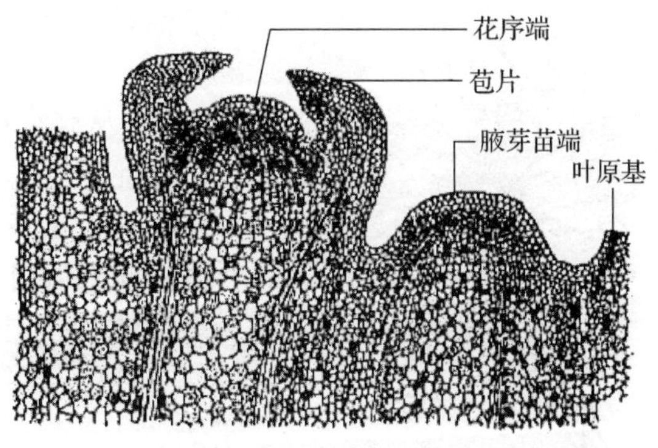

图 3-46　成花初期的 3 年生油桐混合芽纵切面

表示顶端广阔平坦的花端和幼叶叶腋内长成新梢的苗端已经形成

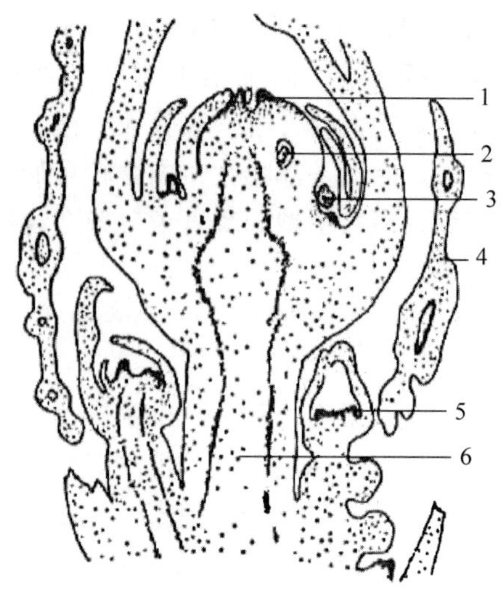

图 3-47　开花前混合芽内幼嫩花序纵切面

1. 幼子房　2. 子室内的胚珠　3. 败育的雄蕊　4. 芽鳞　5. 发育中的雄蕊群　6. 花序轴

李来荣、陈秀明(1949)，刘仕俊(1966)，王劲风(1983)分别发表过关于油桐花芽分化过程及分化期划分的研究资料。由于这些研究工作分别在福建福州、重庆北碚、浙江富阳的 3 个不同地区进行，且所选用的供试材料又存在品种差异，因此各提出的油桐花芽分化过程和分化期划分及其时限自然不尽相同。李来荣、陈秀明将油桐花芽分化过程分为前分化期、前决定期、决定期和前进期 4 个时期；刘仕俊将其分为前分化期、花序始分期、花序分化期、花萼分化期、花瓣形成期、雄蕊分化期、雌蕊发育期、胚珠出现期 8 个时期；王劲风则将其分为花序分化前期、花序分化期、花萼分化期、花瓣分化期、雄蕊分化期、雌蕊分化期 6 个时期。上述 3 种不同划分表明，今后尚必须对我国油桐主要品种，实施多点测定，按统一标准对花芽分化过程进行更确切的分期。至于花芽分化过程的起止时限，不仅因地区、品种不同而异，还受当年气候、树龄、营养状况及花芽着生部位等的影响。从总体而言，光桐各产区主要品种分化，皱桐分别自 7 月下旬至 8 月中旬开始花芽分化；光桐分别于 8 月中下旬至 11 月中下旬完成花芽分化，皱桐完成期更迟，甚至延续到冬春。

(二)花序类型

根据花序主轴长度、花轴分枝级数、花序花数、雌雄花比例，油桐的花序可分为雌花花序、雌雄花同序、雄花花序 3 类。

1. 雌花花序

雌花花序是由纯雌花组成的花序。其中因雌花数及花轴数不同，又分为单雌花花序及丛雌花花序 2 种。人们习惯称此类为“雌株”，约占油桐种群的 7%~15%。

(1)单雌花花序　在一粗短的花轴上只着生 1 朵生长发育茁壮的雌花，受精后发育成单生果。由于花数少、营养足，花径较其他花序的雌花大而丰满，花瓣数亦常多 1~2 片。

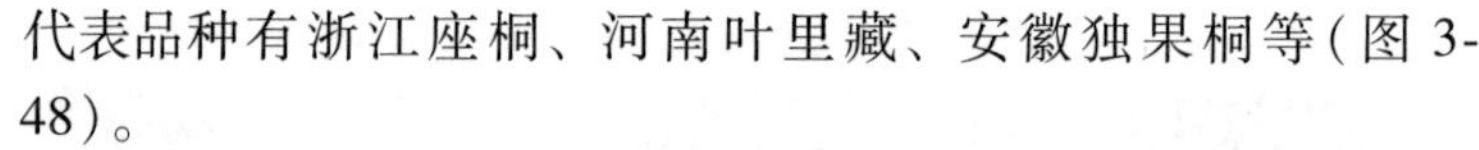
代表品种有浙江座桐、河南叶里藏、安徽独果桐等(图 3-48)。

图 3-48　单雌花花序

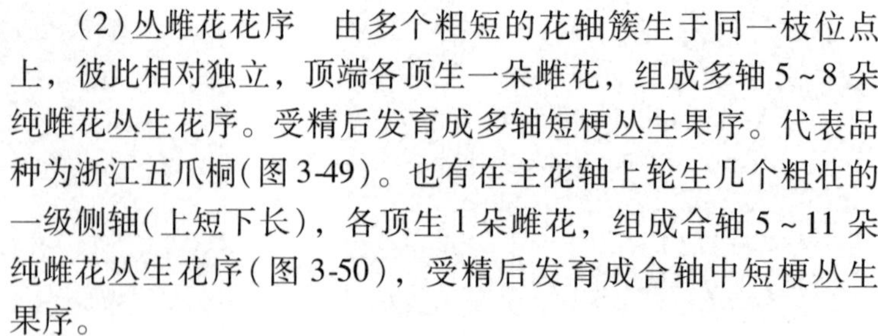
(2)丛雌花花序　由多个粗短的花轴簇生于同一枝位点上，彼此相对独立，顶端各顶生一朵雌花，组成多轴 5~8 朵纯雌花丛生花序。受精后发育成多轴短梗丛生果序。代表品种为浙江五爪桐(图 3-49)。也有在主花轴上轮生几个粗壮的一级侧轴(上短下长)，各顶生 1 朵雌花，组成合轴 5~11 朵纯雌花丛生花序(图 3-50)，受精后发育成合轴中短梗丛生果序。

2. 雌雄花同序

雌花与雄花共同着生于 1 个花序上。其中依花序花数、花轴级数及雌雄花比例不同，又分为少花单雌花序、中花多

图 3-49 丛雌花花序

图 3-50 丛雌花花序的另一种形式

雌花序及多花单雌花序 3 种。油桐种群中的约 80% 属于这种花序类型，以致植物学上给光桐定为雌雄同株的属性。

(1)少花单雌花序 一花序的总花数约 10 朵，花序侧轴级数 0 ~ 1 级，花序长度5 ~ 7cm，主轴顶生雌花 1 朵，雄花侧生于主侧轴上。受精后发育成中梗单生果序。代表品种：浙江少花单生满天星(图 3-51)。在大米桐、座桐、五爪桐的自由授粉子代中，还常出现少花多雌花序，每序花数 10 ~ 20 株，其后发育成中短梗丛生果序。

(2)中花多雌花序 一花序的总花数 20 ~ 40 朵，花序侧轴级数多为 2 级；花序长度 8 ~ 12cm，雌花着生于主轴及侧轴顶端，雄花侧生于各级侧轴上，雌雄花比例多为 1∶10 左右，一般不超过 1∶20。受精后发育成中梗丛生果序。代表品种：四川小米桐、泸溪葡萄桐、湖北景阳桐、河南股爪青、福建串桐、广西龙胜小蟠桐、浙江中花丛生球桐(图 3-52)。这类花序在油桐林中约占 40%~50%，是丰产性状。

图 3-51 少花单雌花序

图 3-52 中花多雌花序

(3)多花单雌花序 一花序的总花数 40 ~ 50 朵以上，花序侧轴级数多为 3 级，间有 4 级，花序长度 12 ~ 16cm，雌花着生于主轴顶端，雄花侧生或顶生于侧轴上，雌雄花比例 1∶20以上。受精后发育成长梗单生果序。代表品种：浙江多花单生球桐(图 3-53)。

3. 雄花花序

一花序的总花数50~80朵以上，个别多至100~200朵。花序侧轴级数4级以上，花序长度16~20cm以上，雄花顶生及侧生于主侧轴各部位。代表品种：浙江野桐及各产地的公桐等(图3-54)。人们习惯将其称为“雄株”，约占油桐种群总数的10%~15%。

图3-53 多花单雌花序

图3-54 雄花花序

皱桐雌株为雌花序，雄株为雄花序，典型雌雄同株的皱桐多为雌雄花同株异序，也间有同序者。

①皱桐雌花序 一花序有雌花10~30朵，多的可达50~60朵，花序侧轴级数1~2级，间有3级，雌花顶生，受精后发育成短梗丛生果序。

②皱桐雄花序 一花序有雄花100~300朵或更多，花序侧轴级数3~40级。

在油桐的种群中，花序的变异是连续的。尽管这里按性别、雌雄花比例、花序花数、分枝级数，同时根据国内主要品种的花序特征，人为地划分为3大类6种形态，仍不足以包含油桐花序性状变异的多样性，中间过渡类型还是普遍存在着。所以，3大类6种形态的划分，只是对油桐花序进化过程中，连续变异的阶段性标志。油桐花序性状表现，又因年龄、营养状况及环境条件而发生变化。人们在观察研究中将经常发现：许多品种及大量单株既可以表现为1种花序形态，也可以表现为2~3种花序形态；生长势旺盛时期，浙江座桐及满天星部分花序会出现2朵雌花，浙江五爪桐会出现1级侧轴，野桐、公桐会有少量雌花；树龄增大，树体衰弱时，所有品种总花量减少，雌花数或雌雄花比例下降。所以，花序类型作为选种的经济性状，既有遗传上相对稳定的一面，亦有随年龄及环境变化的另一面，只是品种之间程度不同而已。

(三)油桐性别生理差异在叶上的反映

油桐的性别表现，内含着复杂的生理生化差异，了解其性别生理表达，对于良种选育及营林措施是至关重要的。

油桐属树种存在由雌雄同株向雌雄异株逐步进化的过程。光桐的雌雄分化程度不如皱桐，其种群内部雌雄同株个体仍占绝大多数，座桐、五爪桐及独果桐等的雌性化尚不稳

定，柴桐、野桐、公桐等的雄性化也不完全。因此，人们习惯上将座桐、五爪桐、独果桐等称为“雌性倾向型”，把柴桐、野桐、公桐称为“雄性倾向型”。中国林业科学研究院亚热带林业研究所苏梦云等研究表明，光桐中之雌雄倾向型之间与皱桐中之雌雄株之间，均存在性别生理差异。该研究选用生长于相似条件下的 10 年生光桐及皱桐雌雄植株作材料，其中以浙江座桐作“雌性倾向型”代表，以浙江野桐作“雄性倾向型”代表，以中花丛生的四川小米桐作“雌雄同株类型”的代表，连同皱桐之雌株与雄株，经 2 年连续测定功能叶的部分生理生化指标，发现在生理物质含量及生理活性上存在明显的性别差异。

1. 叶片中叶绿素的含量

皱桐是浙江皱桐雌株 > 浙江皱桐雄株，但光桐中却是浙江座桐 < 浙江野桐，四川小米桐与浙江野桐无明显差异(表 3-2)。

表 3-2　桐叶叶绿素含量的性别差异

叶绿素含量	浙江皱桐雌株	浙江皱桐雄株	浙江座桐	四川小米桐	浙江皱桐雄株
mg/kg 干重	4. 76	4. 23	1. 87 ±0. 04	2. 15 ±0. 58	2. 15 ±0. 28

2. 叶片中酚酸的含量

叶片中酚酸含量，浙江皱桐雌株 > 浙江皱桐雄株，浙江座桐 > 四川小米桐 > 浙江野桐(表 3-3)。

表 3-3　叶片中酚酸含量的性别差异

酚酸含量	浙江皱桐雌株	浙江皱桐雄株	浙江座桐	四川小米桐	浙江野桐
%	4. 74	2. 57	25. 72 ±3. 50	21. 00 ±1. 37	19. 31 ±0. 46

3. 叶片硝酸还原酶活力的差异

在开花初期,浙江皱桐雄株叶片的硝酸还原酶(NR)活力大大高于浙江皱桐雌株(表 3-4)。

表 3-4　浙江皱桐雌雄株 NR 活力差异

性别	NR 活力	
	μmolNO_2^-/(30min · g)蛋白	μmolNO_2^-/(31min · g)鲜重
雌株	0. 004	0. 009
雄株	0. 022	0. 037

浙江座桐、四川小米桐及浙江野桐之间尚未发现有明显差异。

4. 过氧化物酶同工酶的活力差异

浙江皱桐雌、雄株的过氧化物酶同工酶酶谱不一样，皱桐雄株的酶带多 1 条。不同性别的相对活力(即染色深度)，雌株酶谱中近负极的 3 条酶带(即 RF 0. 1、0. 13、0. 23)均为强带或次强带，而雄株酶谱中的这 3 条酶带均为弱带。但 RF0. 53 酶带，在雄株中表现为强带，而在雌株中则表现为弱带(表3-5)。

表3-5　浙江皱桐雌、雄株过氧化物酶同工酶酶带的相对活力

RF	0.1	0.13	0.23	0.25	0.36	0.42	0.53	0.60
雌株	+ +	+ +	+ + +	+ + +		+	+	
雄株	+	+	+	+ + +	+		+ + +	+

在其他一些有关油桐性别生理生化的研究中，由于试验方法及取样等原因，测定的结果不尽一致，如性别与光合强度、氧化还原能力以及鞣质含量等性别表达，尚待进一步深入研究。

油桐的花虽表现为单性花，但在混合芽内发育时，雄蕊原基和雌蕊原基是并存的，只是后来一方发育而另一方败育，遂成单性花。这表示油桐花性可通过内外条件的诱导而发生变化。高氮肥、低温、弱光、短日照、土壤湿度及空气湿度高，常有利于雌花的形成。反之，则促进雄花的形成。赤霉素、细胞分裂素、脱落酸、乙烯对植物的性别表现也有一定影响。赤霉素能促进雄花的分化，细胞分裂素、乙烯、脱落酸能促进雌花的发育。

(四)桐花形态

油桐的花为单性花，偶有少数发育不正常的双性花或雌蕊、雄蕊不全的退化花。光桐多为雌雄同株异花(图3-55)。但也有强雌性化倾向的品种(浙江座桐、五爪桐)和强雄性化倾向的类型(浙江野桐等)。皱桐多为雌雄异株(但没有不曾开雌花、不结实的绝对雄株)，也有典型雌雄同株的植株。

1. 雌花

油桐雌花由花柄、花萼、花瓣、雌蕊构成(图3-56)。雌花通常着生于花序主轴顶端，丛生果类型还可着生于花序各级侧轴的顶端。油桐雌花的花柄粗短；花萼2~3片，基部合生，多为绿色，或淡紫红色；花瓣5~9片，呈覆瓦状排列，初开时为白色花，随后花瓣中下部出现红色辐射状纵条纹及斑点，有些品种类型花瓣中下部带淡绿色、淡黄色或淡

A

B

图3-55　油桐花的花图式

A. 雌花花图式　B. 雄花花图式

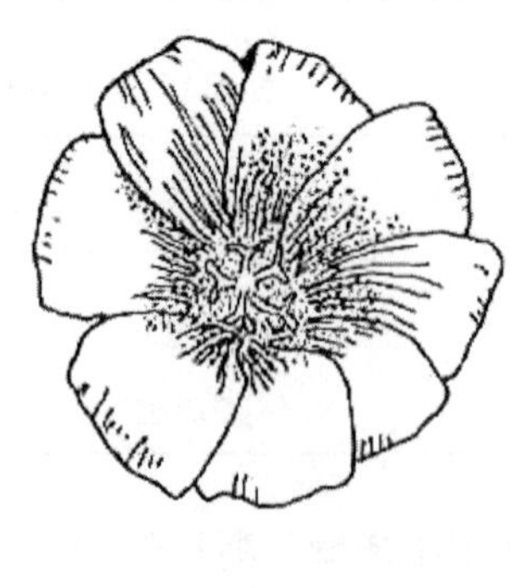
A

B

图3-56　油桐雌花图

A. 外形　B. 除去花被后，留在花托上的雌蕊外形，雌蕊下方为败育雄蕊的花丝

紫蓝色；花径3.5~4.5cm，花瓣长3.0~3.5cm，宽1.2~1.5cm；子房上位，葫芦形或扁球形，常5室(柿饼桐类型6~12室)，每室胚珠1个；柱头多5×2裂式，绒毛状，微弯曲。

皱桐雌花稍大，花萼2~3片，初开时为白色花，随后花瓣中下部也出现淡红色辐射条纹，花瓣长3.5~3.8cm，宽1.0~1.3cm；子房上位，三棱葫芦形，常3室，也有4~5室(罕有超过5室者)，每室胚珠1个，柱头多3×2裂式。

2. 雄花

雄花一般侧生于各级侧轴上，雄花多的如野桐花序亦可着生于花序主轴及各级侧轴的顶端。雄花比雌花瘦小，花柄也细长；萼片2~3片，基部合生，绿色或淡紫红色；花瓣5片，覆瓦状排列，花瓣长2.5~3.2cm，宽1.0~1.2cm，亦有淡红色等各色条纹；雄蕊8~12枚，花丝上下层轮生(常为2轮，间有3轮)。外轮花丝分生且较短(0.7~1.0cm)，内轮花丝基部合生，其丝较长(1.2~1.5cm)，花药着生于花丝顶端(图3-57)。

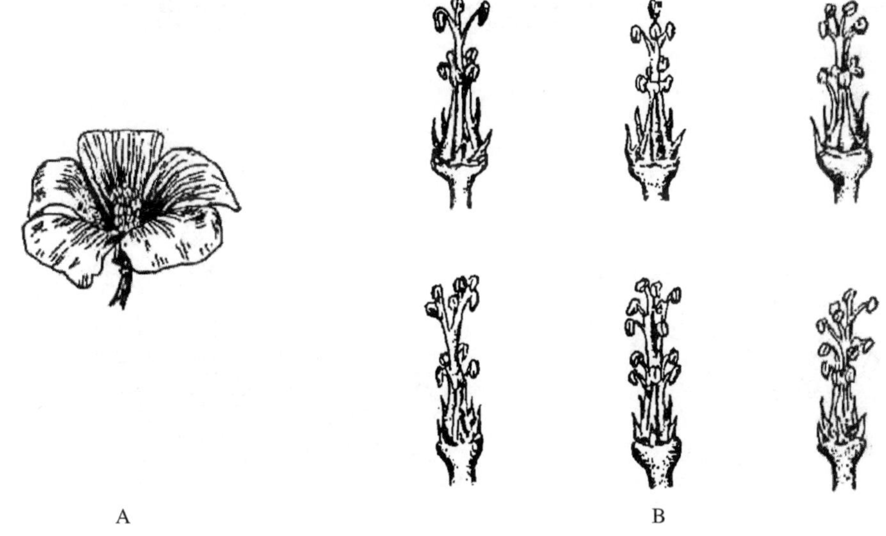

图3-57 油桐雄花图

A. 外形 B. 除去花被后，留在花托上的雄蕊群

皱桐雄花萼片多为2片，基部合生，淡紫红色；花瓣5片，花瓣长3.0~3.5cm，宽1.0~1.4cm，亦有淡红色条纹；雄蕊约10枚，花丝也是上下轮生，花丝长1.5~2.0cm，外轮花丝短而分离，内轮花丝长则基部合生。

(五)小孢子囊和小孢子的发生

1. 小孢子囊(花粉囊)

油桐花药中有4个小孢子囊。在发育早期，花药内的孢原细胞进行分裂，形成内外两层细胞，外层周缘细胞，分裂成花粉囊壁。内层造孢细胞不断分裂，在花粉囊内形成花粉粒(图3-58B)。

周缘细胞不断进行平周分裂，形成数层组织，外层为药室内壁纤维层。中层由1~3层细胞组成，不久解体，并被附近壁层所吸收。内层为绒毡层，是花粉囊壁的最内层，具腺细胞的特征，称腺质绒毡层。包围花粉母细胞的绒毡层具有哺育组织的作用：向花粉母

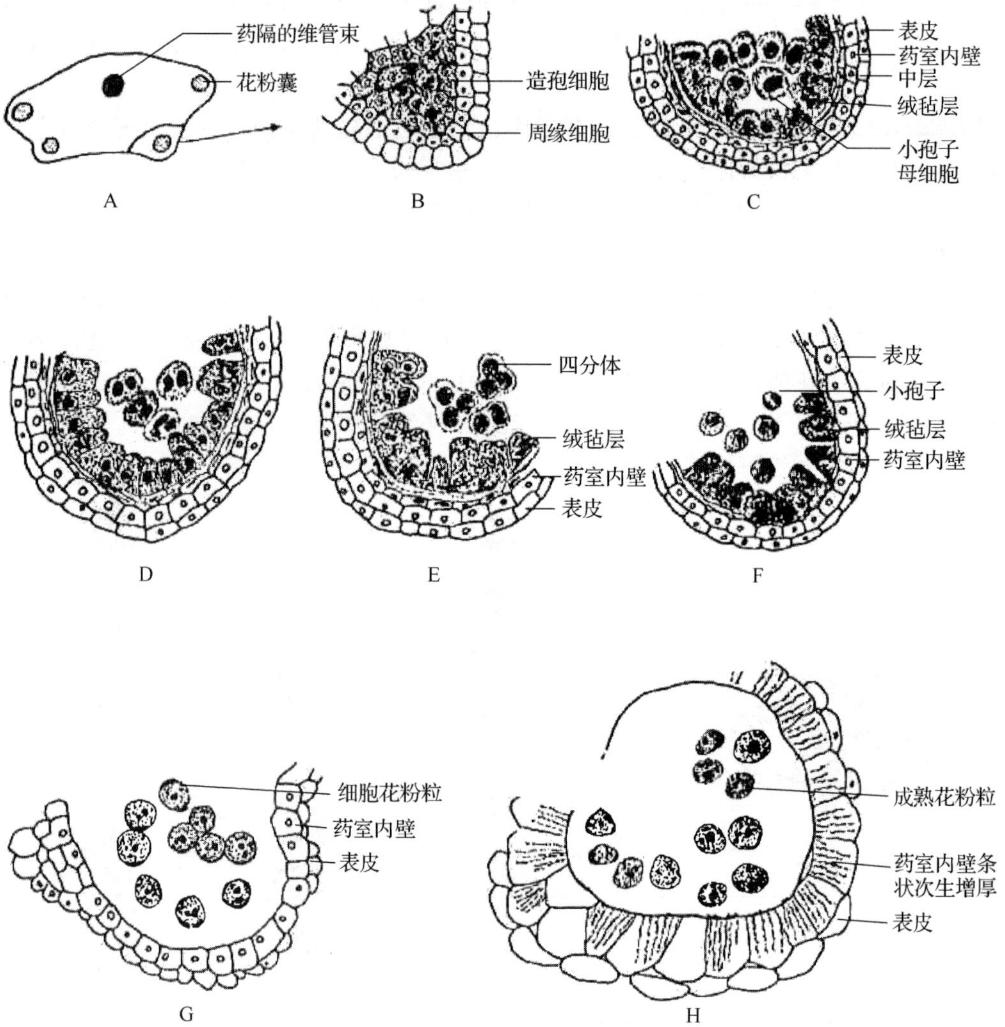

图 3-58　油桐小孢子囊及小孢子的发生

A. 幼药横切面　B. 幼药的四隅分生出初生造孢细胞和初生壁细胞　C. 花药壁各层已分化形成，药室中出现小孢子母细胞　D ~ F. 中层逐渐消失；小孢子母细胞分裂成四分体以至小孢子　G、H. 绒毡层解体消失，小孢子发育为成熟花粉粒，药室内壁已出现纤维质条状次生增厚

细胞输导营养物质；分泌识别蛋白，有利花粉和柱头相互识别；分泌色素吸引昆虫传粉；合成胼胝质酶分解胼胝质，使花粉从四分体中分离，发育成正常花粉粒。

2. 小孢子的发生

造孢细胞的不断分裂，形成小孢子母细胞(花粉母细胞)。小孢子母细胞胞核较大，胞质较浓，没有明显液泡，细胞体积较大，多边形或略成圆形(图 3-58C)。细胞间有胞间联丝联系着。小孢子母细胞经过减数分裂，形成 4 个单倍体细胞，称四分体。小孢子母细胞($n=22$)经过 2 次分裂，染色体经一次分裂所产生的花粉粒，其核内的染色体数为花粉母细胞的一半，即花粉粒核内只有一组染色体，是单倍体的细胞($n=11$)。减数分裂使二倍性的孢子体细胞转变成为单倍性配子体。减数分裂(图 3-59)是 2 次连续的分裂，这一过程分为下列各期：

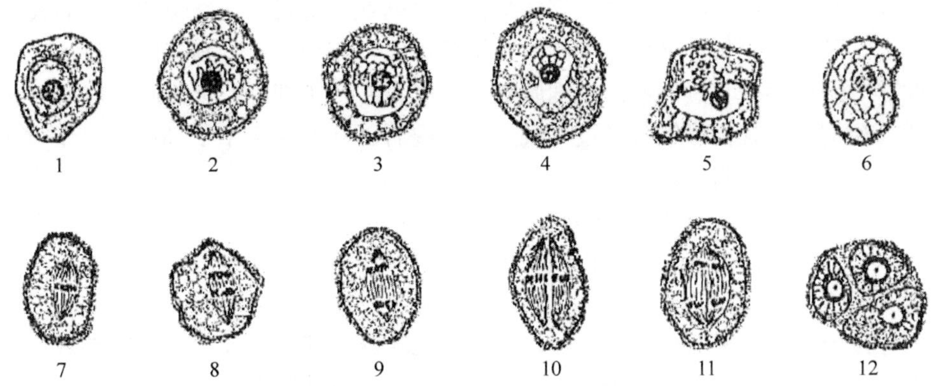

图 3-59　油桐花粉母细胞减数分裂

1. 花粉母细胞　2. 细线期　3. 偶线期　4. 粗线期　5. 双线期　6. 终变期
7. 中期Ⅰ　8. 后期Ⅰ　9. 末期Ⅰ　10. 中期Ⅱ　11. 后期Ⅱ　12. 四分体

减数分裂Ⅰ：前期Ⅰ(细线期、偶线期、粗线期、双线期、终变期)，中期Ⅰ，后期Ⅰ，末期Ⅰ。

减数分裂Ⅱ：前期Ⅱ，中期Ⅱ，后期Ⅱ，末期Ⅱ。

(1)第一次减数分裂(减数分裂Ⅰ)　第一次减数分裂可分为 4 个时期，即前期、中期、后期、末期。

前期Ⅰ　经历时间较长，又细分为 5 个期。

细线期　细胞体积增大，细胞核内出现细长呈线状的染色体，互相纠缠。

偶线期　同源染色体(1 个来自父本，1 个来自母本)逐渐两两成对靠拢，在同源染色体上位置相同的基因依次准确配对(联会)。联会后，油桐体细胞中的 22 个染色体成为 11 对，此时的染色体称二价体。

粗线期　同源染色体联会后，细长线状的染色体逐渐缩短变粗。

双线期　各对同源染色体中，每条染色体各纵向分裂为 2，形成 2 条染色单体，但着丝点仍连在一起。这样，每对联会的同源染色体就有 4 条染色单体。4 条染色单体中的 2 条，在相同位置上彼此交叉、横断，发生染色单体片断的交换现象。由于在发生交换的地方，染色单体仍有一处或多处相连，故呈现 V、O、X、8 等形状。染色单体片断的交换现象与生物的遗传、变异关系重大。

终变期　成对染色体继续缩短、加粗，并逐步分离，核仁、核膜逐渐消失。此时为镜检染色体数目和组型的最佳时期。

中期Ⅰ　成对的染色体排列在赤道板上，着丝点分列在赤道板的两侧，纺锤体出现。

后期Ⅰ　由于纺锤丝的牵引，成对的染色体彼此分开，向两极移动，每极只有原来染色体数目的一半(染色体减数)。

末期Ⅰ　染色体到达两极，核膜、核仁重新形成，出现了 2 个单倍的核，但未形成新壁把细胞分隔为 2 个。第一次减数分裂至此结束。

经过短暂的细胞分裂间期后，进入第二次分裂。

(2)第二次减数分裂(Ⅱ)　也分前期、中期、后期、末期。

前期Ⅱ　时间短促，每个同源染色体进行有丝分裂，染色体呈细线状。

中期Ⅱ　每个子细胞的染色体又缩短加粗，排列在赤道板上。纺锤体再次形成。

后期Ⅱ　子细胞中每个染色体中的 2 个染色单体互相分开，分别移向两极。

末期Ⅱ　子核形成。然后再产生细胞板，分隔为 4 个子细胞，形成四分体。

至此，油桐每个花粉母细胞经过 2 次连续分裂后，共产生 4 个子细胞。由于母细胞经 2 次分裂而染色体只复制一次，故每个子细胞的染色体数目只有母细胞的一半[单倍体(n)]，而且各含亲本同源染色体中的 1 条。油桐小孢子母细胞在减数分裂中，没有二分体阶段，只有待四子核形成后，才在四子核之间同时产生新的细胞壁。

3. 雄配子体的发育

从四分体中分散出来的单核花粉粒，尚需在花粉囊中进一步发育，才能形成成熟的花粉粒(雄配子体)。单核花粉粒初时的细胞核位于细胞的中央。随后细胞核移向花粉粒的一侧，在接近花粉壁处进行 DNA 复制及有丝分裂。由于纺锤体成垂直方向，接近花粉壁的子核是处于核糖核酸和细胞器都较少的一端；接近花粉中心处的另一子核，则处于核糖核酸和细胞器较多的一端。位于花粉中心体型较大的核，常呈球形，称为营养核或管核。近壁的小核，呈纺锤形，具纺锤形的细胞壁和少量的细胞质，将来分裂成为精子，称生殖核(图 3-60)。此时的花粉粒，称二核花粉粒。油桐在传粉以前，它的花粉都是处在二核时期。因各核外围均有细胞质围绕着，因此分别称它们为营养细胞和生殖细胞，这两个细胞就代表油桐的雄配子体。油桐的雄配子体和其他被子植物的雄配子体一样，高度简化，仅由一个营养细胞包含着一个生殖细胞所构成。生殖细胞分裂，产生两个雄配子，与卵和极核进行受精。而营养细胞则积累养料，代表整个雄配子体，起着保护和抚育生殖细胞的作用，并通过花粉管输送生殖细胞或雄配子至雌配子体。

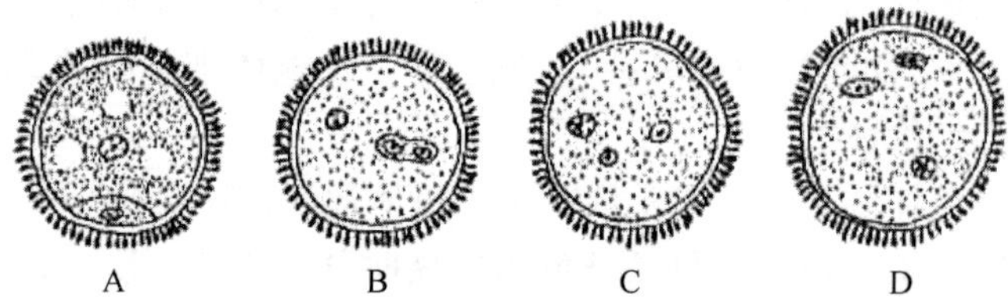

图 3-60　油桐雄配子体发育过程

A. 花粉粒中心有圆形的管核和一个纺锤形生殖细胞　B. 生殖细胞在营养细胞中开始分裂　C. 生殖细胞分裂后，形成 2 个精细胞　D. 在营养细胞内形成 2 个纺锤形的精子和一个营养核

花粉管最初只是一个短短的突起，以后依靠末端生长而逐渐引长(图 3-61)。花粉管前端有一半球形的透明区，称为帽区。根据电镜观察表明：帽区有小泡，它与花粉管末端新壁的形成密切相关。花粉管壁也是由纤维素和果胶质组成，但前端透明的帽区的壁则更富于果胶质。在花粉管远端部分的原生质中有管核、精子、线粒体、高尔基体、内质网等细胞器，以及淀粉粒、脂肪体等。原生质所在的远端部分，通过胼胝质塞的形成而与接近花粉粒部分分开。近花粉粒的部分，则为大的液泡所占据。胼胝质塞(图 3-62)是由原生质体一次又一次地形成的，结果，在较长的花粉管中，能形成多个胼胝质塞，以促使原生质、管核、精子及内含物，全部集中在花粉管的远端部分。

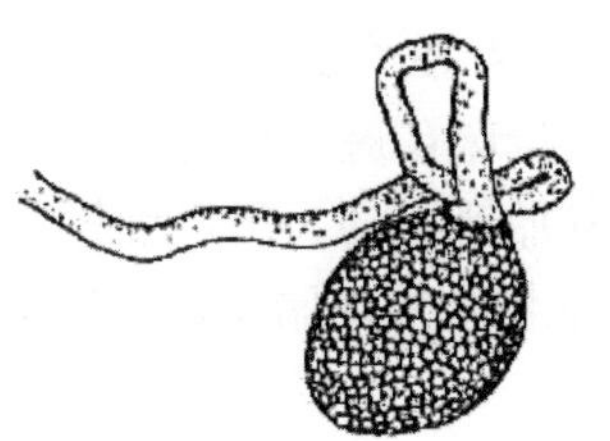

图 3-61　花粉粒萌发

油桐花粉粒在培养基上萌发生出细长的花粉管

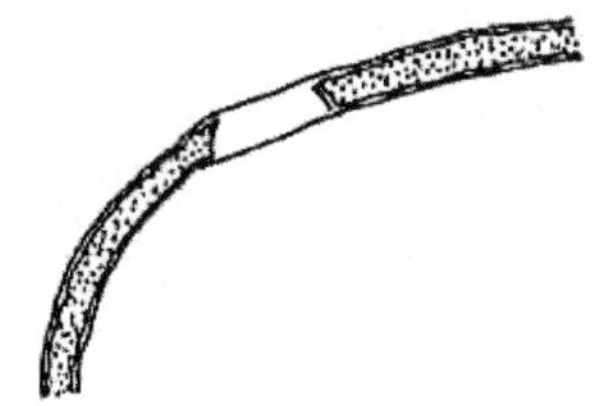

图 3-62　花粉管中胼胝质塞

在油桐花粉管中，形成胼胝质塞以促使花粉管中的原生质、管核、精子等内含物集中于花粉管的远端

（六）大孢子囊及大孢子的发生

大孢子囊及大孢子是在胚珠内发育，油桐种子是由胚珠形成的。要了解上述过程，必须先了解胚珠的结构。

1. 胚珠的构造

胚珠在油桐果实内部生长发育而成，它着生在珠柄上，珠柄从靠近果尖一端的胎座上生长出来（图 3-63）。胚珠由珠心和珠被构成，油桐珠心外有两层珠被包围着，下有珠柄与胎座相连。并平卧在胎座上。

（1）珠心　珠心即大孢子囊，珠被是大孢子囊外的保护层，由珠心和珠被构成胚珠。油桐胚珠、珠心组织发达，是厚珠心，周缘细胞的层数较多，珠心组织里面是一个体积较大的造孢细胞，它起大孢子母细胞的作用。珠心纵切面的外形状似一把提琴。

（2）珠被　在珠心基部先后产生 2 环组织，向上生长，将珠心包围起来，形成 2 层珠被。紧靠珠心的一层，称内珠被；在内珠被外方的称外珠被。外珠被的生长速度较内珠被快，在胚珠顶端，形成一孔，称为珠孔（图 3-64）。

（3）珠心喙　珠心组织向上生长，突出珠孔以外，称珠心喙。珠心喙细胞核大、壁薄、原生质浓。

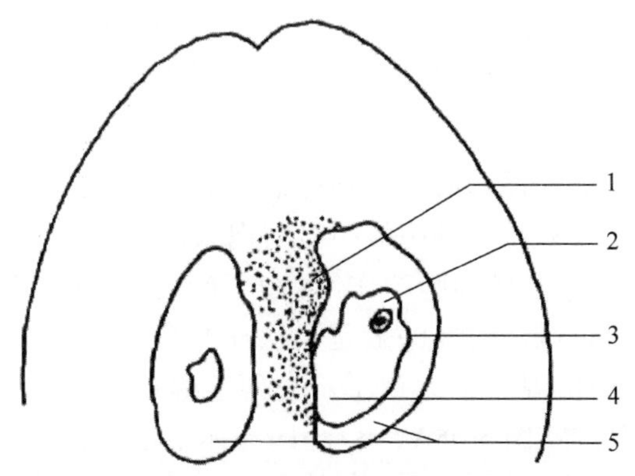

图 3-63　油桐幼子房纵切面

表示胚珠各部

1. 胎座细胞分裂，形成突起，发育成珠孔塞　2. 胚珠　3. 珠被　4. 珠柄　5. 子室

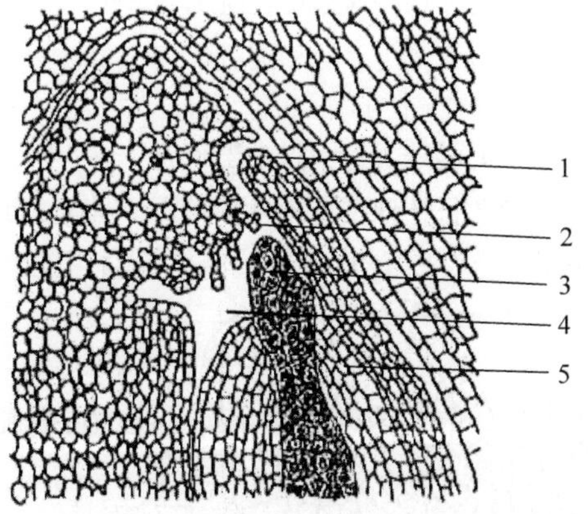

图 3-64　油桐胚珠纵切面

1. 外珠被　2. 珠孔塞细胞指向珠孔生长　3. 珠心喙　4. 珠孔　5. 内珠被

(4)珠柄　连接胎座和胚珠的柄状部分，支持胚珠固着在胎座上。

(5)合点　珠被和珠心组织的汇合点，称合点。它与珠孔遥遥相对。如从珠孔到合点连一直线，这条直线与胎座平行。因此，胚珠是平卧在胎座上的，所以油桐胚珠是半倒生胚珠，而不是"正常的倒生胚珠"。水分、养料和生理活性物质由胎座进入珠柄和外珠被的维管束经合点输入胚珠内部。

(6)珠孔塞　在靠近果尖一端的胎座上，由胎座细胞分裂成一个突起以后，突起内部的细胞胀破表皮，向珠孔生长，充塞在胚珠顶端，形成一个帽状的珠孔塞(图3-65)。

油桐胚珠各侧的生长速度常不平衡，远胎座一侧，生长较快，近胎座一侧生长较慢，结果胚珠逐渐向果尖方向倾斜，最终胚珠将平卧在胎座上(图3-66)。它的珠孔面向珠孔塞并接近果尖，而不是面向胎座和接近珠柄。

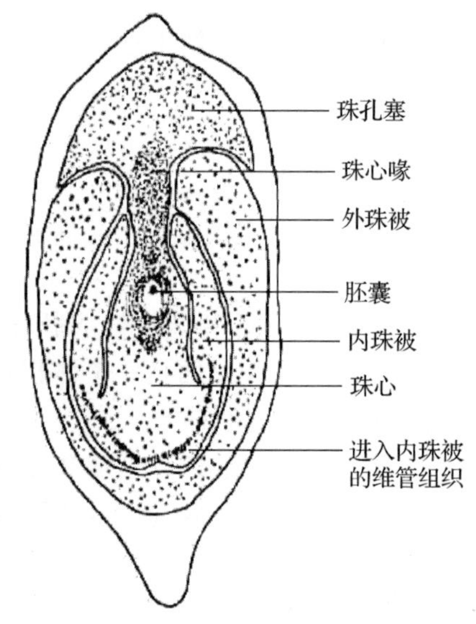

图3-65　油桐开花时的胚珠，贯心纵切面

表示珠孔塞成帽状，珠心成提琴形

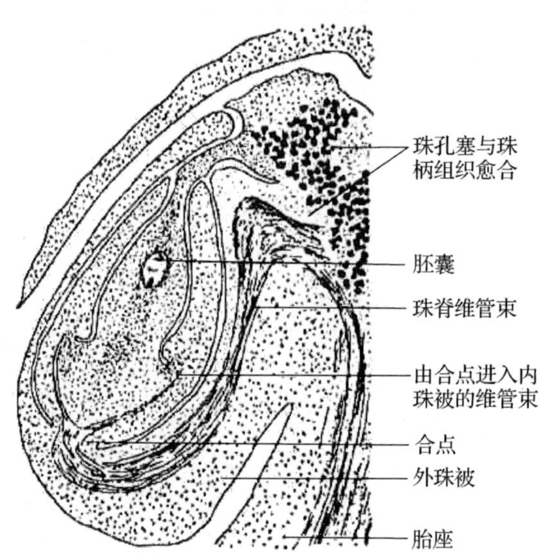

图3-66　通过珠脊的油桐胚珠纵切面

表示胚珠平卧在胎座上，珠柄维管束与珠脊维管束略成直角相交，是半倒生胚珠，珠脊维管束从外珠被经合点进入内珠被，珠孔塞与珠柄组织愈合

2. 大孢子发生与胚囊形成

从油桐胚珠的纵切片可观察到珠心组织发达，是厚珠心，细胞母细胞比较均匀，但距离珠孔端表皮下方不远处有一个体积较大、原生质较浓、细胞核明显的孢原细胞，它直接起大孢子母细胞的作用(图3-67)。大孢子母细胞不断分裂(一般是两次减数分裂)，在珠心中出现一个大孢子。大孢子继续分裂形成四分体(图3-68A、B)。四分体中近珠孔端的3个细胞体积较小，很快解体；近合点端的一个细胞引长成圆柱形，发育成有效大孢子。

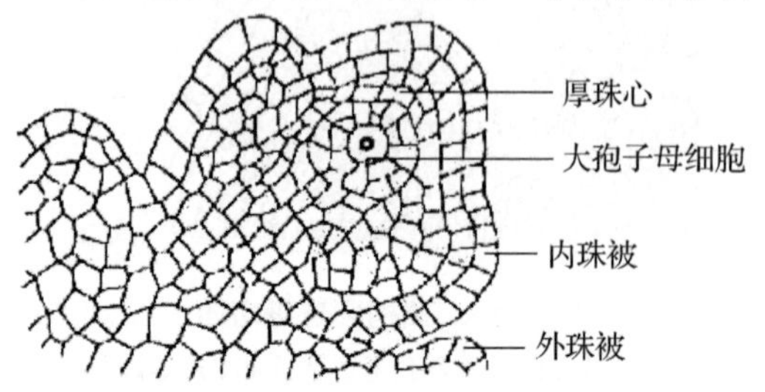

图3-67　胚珠原基纵切面

表示厚珠心中出现一个大孢子母细胞

有效大孢子发育成椭圆形的单核胚囊后，从珠心组织及解体细胞吸取营养，体积不断增大。继之胚囊核连续发生3次分裂。第一次

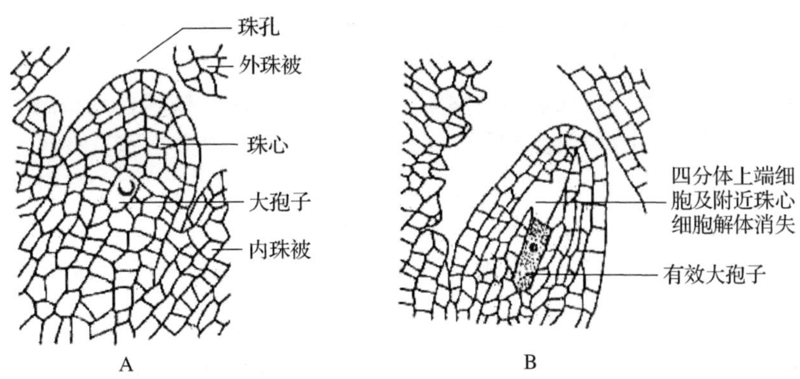

图 3-68　油桐蕾期的胚珠纵切面

A. 珠心中正在发育的大孢子　B. 四分体上端的细胞，正在解体消失，下端的一个细胞在珠心中引长，成为有效大孢子

分裂形成 2 个子核，分别移向胚囊细胞的两极，其后各自再分裂 2 次，形成八核二等极型的胚囊(图 3-69)。油桐胚囊内卵细胞、助细胞和极核的分布与一般蓼形胚囊一致，即卵细胞和 2 个助细胞位于胚囊的珠孔端，含 2 个极核的中央细胞位于胚囊的中央，3 个反足细胞位于胚囊的合点端。单核胚囊经上述分裂、发育，遂成为成熟的胚囊。它是油桐的雌配子体，其卵细胞是雌配子。

卵细胞近似梨形，成熟的卵中，细胞器减少，液泡化程度增高，液泡多分布在卵的近珠孔端，细胞质和核多在卵的近合点端。卵的珠孔端具细胞壁，合点端仅有质膜(图 3-70)。

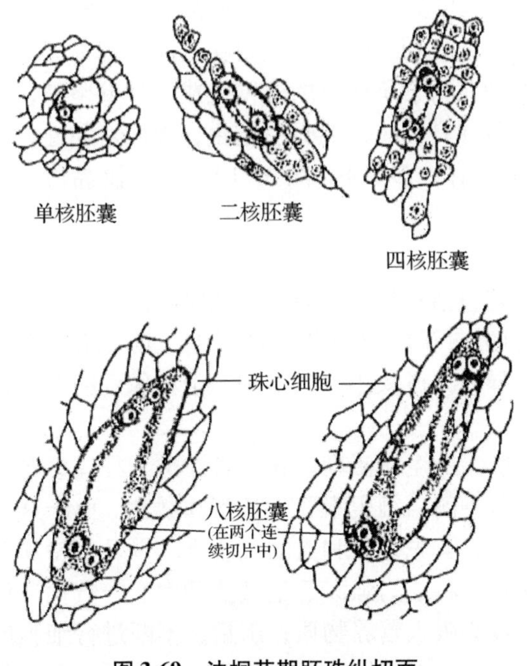

图 3-69　油桐花期胚珠纵切面

表示油桐胚囊发育为八核二等极型即蓼形胚囊的过程

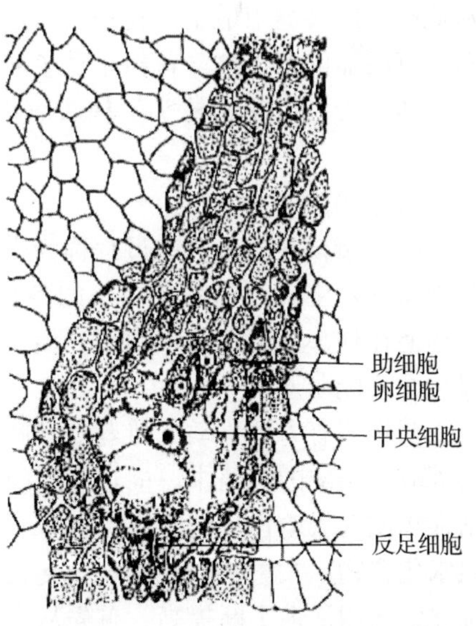

图 3-70　油桐花期的胚珠纵切面

表示成熟胚囊的结构，并示胚囊合点端的反足细胞，多次分裂，侵入珠心组织中，成为水分和养料的强大吸器

助细胞在胚囊珠孔端与卵细胞成三角形排列，具有高度活跃的代谢机能。助细胞的作用是能分泌向化性物质，引导花粉管向胚囊定向生长。

中央细胞的核称为极核。在蓼形胚囊中，中央细胞是珠孔核和合点核融合的产物，具有两者所固有的特性。2个极核融合后的核，称为次生核。中央细胞具有高度生活力。受精后迅速分裂，形成胚乳。3个反足细胞位于胚囊的合点端，以后它不断分裂，形成大小不等、略成行列、染色较深的细胞群，并侵入胚囊合点端的珠心组织中，使珠心组织解体，使胚囊不断向下延长。它对合点附近的珠心细胞以及来自合点的水分和养料，起着强大“吸器”的作用。

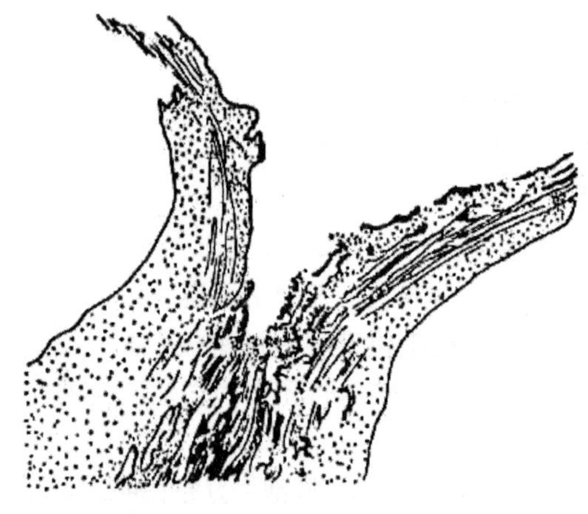

图 3-71　油桐雌蕊柱头纵切面

表示柱头表面粗糙，有突起，能分泌黏液容易黏着花粉

(七)传粉及受精作用

1. 传粉

成熟的花粉粒，从雄蕊花药传至雌蕊柱头上的过程，称为传粉。油桐花为虫媒花，具有大而鲜艳的花冠，花盘含蜜腺，花粉粒富含营养，有特殊气味，能引诱昆虫为媒，实现异花传粉。花粉贮于药室之中，所以只有药壁开裂，才能撒出花粉。当花药干燥失水时，细胞含水量下降，受水分子的内聚力和水与细胞之间黏附力的作用下，细胞外壁薄而被拉向内方；此时经过次生增厚之药室内壁的细胞壁，产生抗拒细胞外壁拉向内方的反拉力；拉力和反拉力同时作用于细胞外壁，使药爿的2个花粉囊之间出现纵裂。花粉就从此纵裂的裂缝中散出。花粉由一层内壁和花粉素所构成的外壁组成。外壁坚韧，使花粉粒具有明显的耐久性。花粉呈黄色或橙黄色并有香味，能吸引昆虫，表面富黏性，易黏附昆虫体上带到雌花的柱头。柱头表面粗糙，有许多突起(图3-71)，能分泌黏液，黏着花粉。

2. 受精作用

卵核与精核互相融合的过程称为受精。它包括花粉粒的萌发、花粉管的导向生长及双受精现象的发生。在花粉及柱头的各自识别蛋白互相“识别”及选择下，具有亲和力的花粉，遂能在柱头上很快吸水萌发；而遗传差异太大或太小、达不到一定相像度的花粉，则遭排斥而不能萌发。

受精作用有力地推动了雌蕊及其胚珠和胚囊的生命活动。花粉管在进入柱头、花柱和子房等雌蕊组织的道路中，向这些组织分泌各种酶、维生素、生长素和激素。由于这些生理活性物质对雌蕊作用的结果，各种营养物质，首先是磷和氮的化合物，以及单糖和双糖等碳水化合物，大量输入雌蕊。胚囊在受精后，将成为强大的生理活动中心，氧化过程显著加强，代谢活性不断提高，首先从合点和珠心吸入营养物质；随后，不断进行细胞增殖和生长，以至新个体的形成。因此，受精作用是油桐机体生活中的重大事态，它开动胚胎发育的机制，引入了父本的遗传特性，恢复了生命的活力，并由单倍体进入二倍体世代，推动了植物生活进入崭新阶段。

柱头和花柱有特殊的结构和生理特性，使花粉粒在柱头上萌发，使花粉管能穿过花柱

进入胚囊。柱头的原表皮通常是一种腺状的表皮，上覆角质层，在角质层表面有一层亲水性蛋白质薄膜，对花粉有识别作用。在表皮内方，另一些细胞形成一层疏松、黏滑和富于原生质的组织(图 3-72)。开花时，柱头表膜解体，角质层破裂成小薄片，由柱头组织分泌溢泌物，布满柱头，溢泌物中含糖、脂肪、酚和硼，这些物质能促进花粉萌发和花粉管生长，花粉管就能穿过柱头表皮，进入疏松黏滑和富于原生质的柱头组织中。

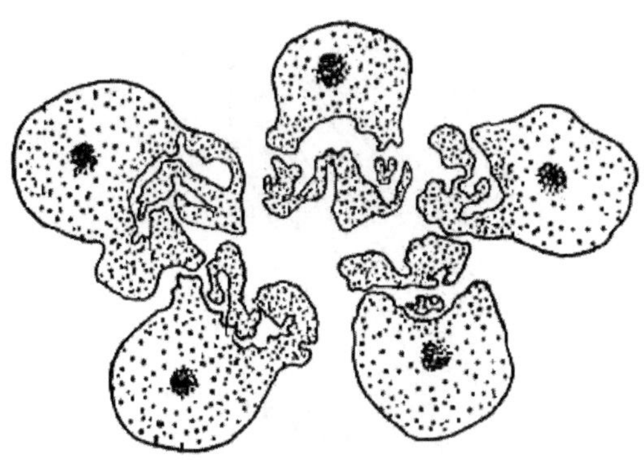

图 3-72　油桐雌蕊柱头横切面

表示柱头裂片内方，组织疏松，花粉管容易进入

在花柱中有一种对花粉管有引导作用的组织，由这种组织提供养料和生理活性物质，花粉管通过柱头，穿过这种组织，使花粉管不断向下生长，这种组织称为引导组织。在油桐花柱的横切面上，花柱中心有 3～5 片略成三角形的引导组织(图 3-73)，这组织由 3～5 群狭长的细胞构成，细胞内有淀粉粒，液泡内有丰富的蛋白体和亲锇小滴，对花粉管的生长有营养作用。在核附近，线粒体、多核糖体、高尔基体都很丰富，表明该组织有较高的代谢活性。随薄壁细胞的酶解和解体，各引导组织之间出现缝隙，使花粉管容易沿着黏滑的引导组织前进。

通过油桐雌蕊花柱中心作纵切面，可见这种引导组织不仅分布在全部花柱以内，而且向下延伸并分枝进入胎座，接触到珠孔塞的边缘(图 3-74)。因此，花粉管就可在柱头下方沿着引导组织不断前进，一直抵达胎座以至珠孔塞边缘。

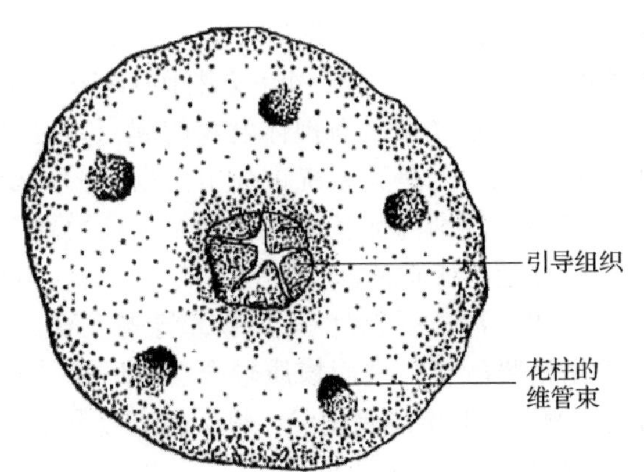

图 3-73　油桐雌蕊的花柱横切面

表示花柱中心处有 3～5 片引导组织，
花粉管可沿着引导组织前进

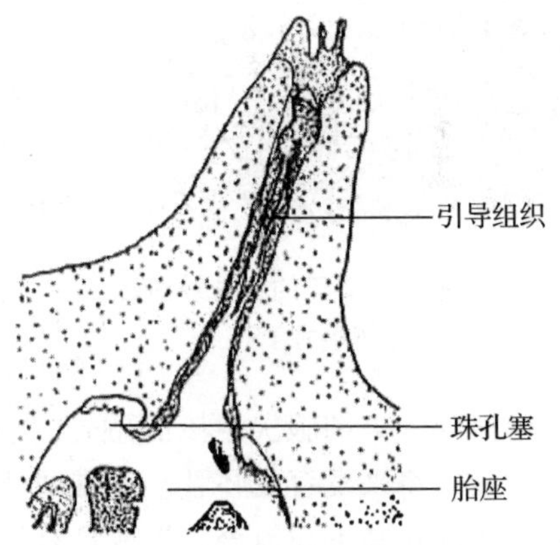

图 3-74　油桐雌蕊纵切面

表示花柱中心的引导组织，由花柱通过花柱
中心的分枝进入胎座，接触珠孔塞

珠孔塞通常与柱头、花柱和胎座中的引导组织直接相连，对花粉管的生长可能有引导和营养上的作用。珠孔塞引导花粉管向珠孔伸长，是花粉管由胎座进入珠孔的桥梁。在授粉一定时间以后，珠孔塞逐渐退化。珠心组织一般局限在珠被以内，但油桐花期的珠心组织，常突出珠孔以外，珠心组织突出珠孔以外的部分称为珠心喙，珠心喙细胞壁薄、质浓，富于营养和生理活性物质，有一定的胞间隙，花粉管通过珠心喙时，常从胞间隙楔入胚囊，行珠孔受精。油桐开花传粉时，珠心喙生长进入高峰，受精后逐步解体消失(图 3-75)。

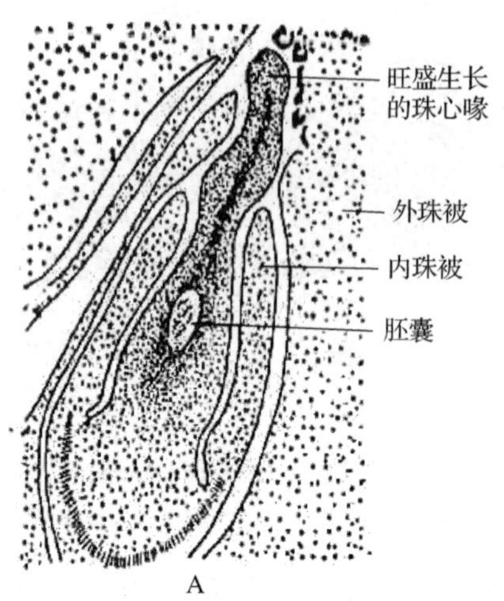

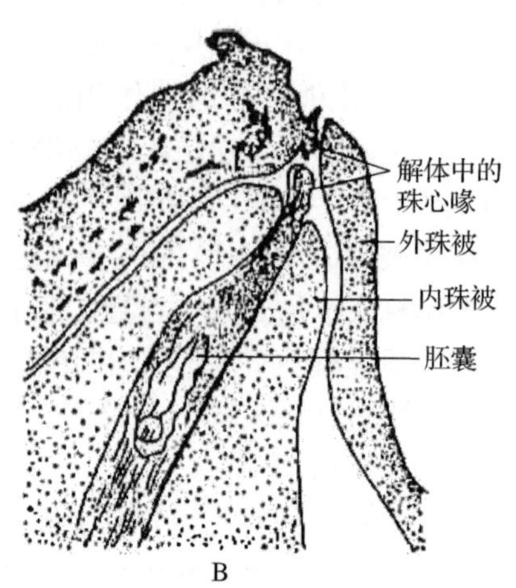

图 3-75　油桐胚珠的珠心喙在受精前后的生长和解体情况

A. 受精前，珠心喙生长达到高潮，突出珠孔以外　B. 受精后，珠心喙由顶端向下逐渐解体消失

图 3-76　授粉后 2 天的胚珠纵切面

表示胚囊中的合子

在花期晴暖条件下，油桐人工授粉后 24h 内花粉管可通过花柱。雌花在授粉后 2～5 天内，花粉管就能从柱头通过花柱的引导组织，并经珠孔塞和珠心喙进入胚囊。曾在授粉后 2 天的同一个胚珠的不同切片中，可观察到次生核和精细胞以及受精卵。可见这个胚珠在 2 天之内就基本完成传粉和受精过程(图 3-76)。

花粉管进入胚囊后，近末端处破裂，释出 2 个精子，1 个精子和卵融合；另 1 个精子和中央细胞中的次生核融合，称为双受精。双受精是新孢体发育的起点，也是被子植物的特有现象，更是其系统进化中更高级的重要标志。精核入卵后，逐渐与卵核靠拢，首先外核膜融合和内核膜融合，继之是核质融合，最后是核仁融合，至此，精、卵受精完成，形成受精卵(合子)，将来发育成胚。另一精核与中央细胞次生核的融合过程，亦先核膜融合，进而核质融合，最后是核仁融合，受精后将来发育成胚乳。雌雄两性细胞的融合，其本质是把父、母本具有差异的遗传物质互相同化和重新组合，形成具有双重遗传性的合子，由 2 个单倍体(n)的雌雄配子变成 1 个二倍体($2n$)的合子，恢复了植物体原来的染色体数。由此，新一代包含父、母本双方特性，生活力更强，适应性也更广。

七、胚胎发育

在双受精后，胚囊内的生命活动进入高潮，中央细胞的胚乳核首先分裂，最终形成胚乳。合子分裂后形成胚，珠被分化成种皮，整个胚珠形成种子。在整个胚胎发育过程中，胚最终发育成新一代的孢子体，胚乳成为营养组织被胚利用，种皮是胚和胚乳的保护组织。

（一）胚乳的发育

胚乳是精子和中央细胞中 2 个极核融合后发育形成的三倍体新型营养组织。

双受精后，合子最初是休眠的，但中央细胞中的初生胚乳核在受精以后，随即活跃起来。一般授粉 6 天后的油桐胚囊中，次生胚乳核已经分裂，产生少数呈游离状态的胚乳核，分散在胚囊的原生质中；在游离核外，并不立即形成细胞壁，要在发育后期，才在游离核外形成细胞壁，说明油桐胚乳是核型胚乳。

油桐胚囊原来在珠心上端，在授粉后 20 天左右，胚囊已延伸到珠心底部，以后胚乳组织继续扩大，到 8 月中旬，胚珠的珠心组织几乎全部消失，种皮以内几乎全为胚乳所充满。珠心组织和胚乳细胞形态上的区别明显，胚乳细胞略呈多边形、圆形、长圆形，细胞壁较厚，排列紧密，没有胞间隙，含有油珠和糖等。邻接胚乳的珠心组织，细胞体积较大，呈柱形，种皮内方的珠心组织，细胞呈圆形，不含油珠，含水量高，液泡多，胞间隙较大，着色也浅（图 3-77）。珠心组织虽然是短命的过渡性组织，但它是油桐大孢子囊，是造孢细胞、大孢子母细胞的孕育之所。大孢子母细胞的减数分裂是在其中进行的；四分体和有效大孢子是在其中形成的；雌配子体即胚囊也是在其中发育而成的。胚乳细胞中所贮藏的养料，也部分地依靠珠心细胞的自溶来提供。在油桐的个体发育中，珠心组织的作用十分重要。

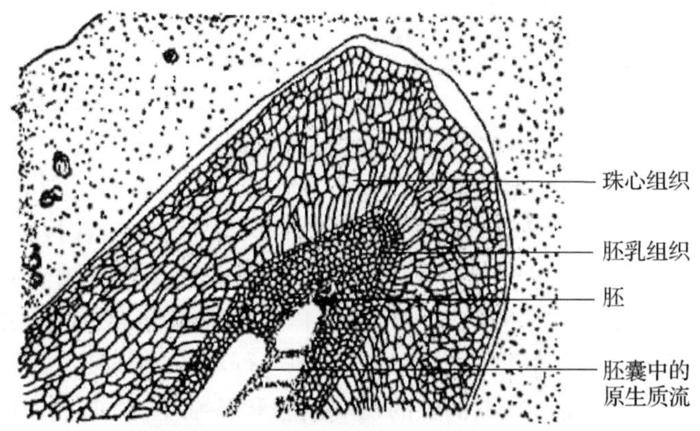

图 3-77　授粉后 10 天的胚珠纵切面

表示珠心组织和胚乳组织在形态上的区别

在油桐胚乳成熟过程中，桐油是由碳水化合物在胚乳细胞内转化而成的。胚乳含油率的提高，常伴随着可溶性糖含量的下降。糖类等营养液渗入胚乳内的途径和渠道是多方面的：首先通过维管束把营养液输入胚珠，珠被维管束把营养液由外珠被经合点进入胚囊，渗入胚乳细胞，其次进入合点的维管组织，分枝进入内珠被，将营养液由外向内渗入胚乳细胞。珠心组织是一种过渡性组织，珠心细胞自溶后的产物也被胚乳吸收和利用。

胚乳在发育初期，有着旺盛的生命力。当合子处在休眠状态时，胚乳核已在进行活跃的分裂活动。但胚乳的生理活性及其活力水平则随着种子的发育而逐渐降低，最终将成为桐油等营养物质的贮藏组织。在桐子萌发时又被胚吸收和利用，直至桐苗出土自养。胚乳生活力的由高到低，有巨大生物学意义。在双受精基础上，胚乳的生理活性旺盛，营养液流入胚乳；到营养物质在胚乳细胞内高度积累时，胚乳的生理活性又极度降低，呼吸作用十分微弱，使营养物质的消耗降到最低限度，有效地保留这些营养物质到种子萌发时供胚吸收利用。

（二）胚的发育

合子经短暂休眠后，转入由合子分裂为开始的胚发育。由于合子是高度极化的细胞，因而产生不对称分裂，形成 2 个大小不等的细胞：一为胚细胞（顶端细胞），位处近合点

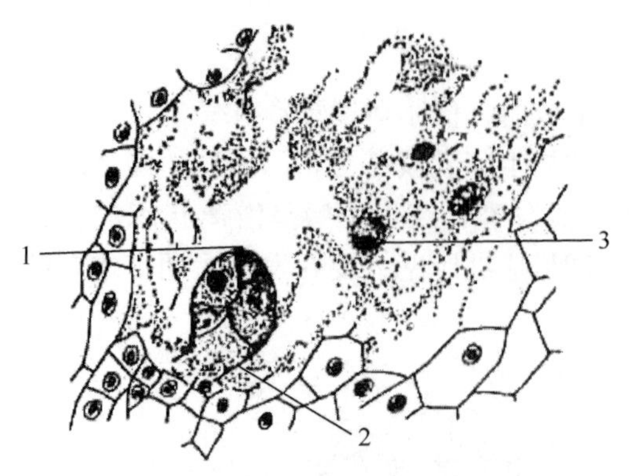

图 3-78 授粉后 12 天的胚珠纵切面

1. 幼胚行对角线分裂 2. 胚柄

3. 胚乳游离核分布在胚囊的原生质流中

端，体积较小，含丰富的核酸、线粒体、核糖体和蛋白质，原生质较浓，染色很深，细胞分裂也较快，发育成胚体；二为基细胞(胚柄细胞)，位处近珠孔端，体积较大，原生质稀薄，明显液泡化，染色很浅，细胞分裂较慢，发育成胚柄。

多数双子叶植物合子的第一次分裂是横裂，但油桐合子的分裂却是斜裂。对授粉后11～12天的油桐胚镜检发现，此时幼胚已进行 3 次以上的分裂，且均为对角线斜裂；其中胚细胞先行纵斜裂，后行横斜裂(图 3-78)。

在授粉后 26 天 3h 的胚中，胚体细胞分裂快，因反复进行纵向斜裂，使胚体分裂面出现互相交叉的现象。胚细胞核大质浓，染色较深，细胞体积较小。与此相反，胚柄细胞分裂较慢，细胞体积较大，核较小，胞质稀薄，染色较浅。胚柄也由两侧交叉地进行对角线分裂，故胚柄细胞多呈菱形，或多边形(图 3-79)。至此，在油桐胚的顶端细胞和基细胞之间，胚体和胚柄之间都明显不同，使胚呈现显著的极性结构。

因胚体细胞分裂的速度较胚柄要快，所以胚体细胞数量逐步增加，胚体外形略成球形，称球形胚。球形胚细胞在扩大体积的同时，仍继续对角线分裂(图 3-80)。

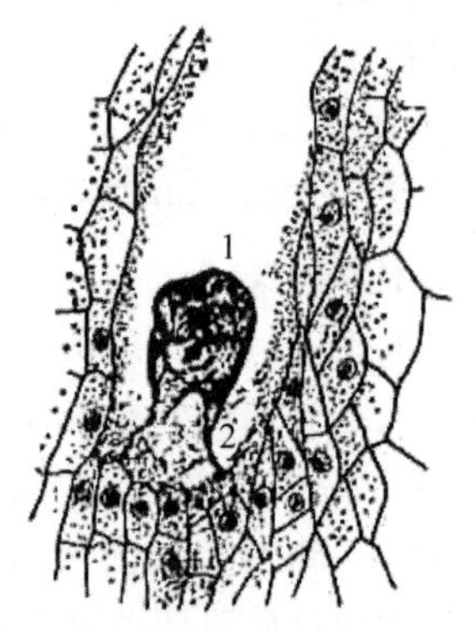

图 3-79 授粉后 26 天 3h 的胚珠纵切面

1. 胚体 2. 胚柄 胚体细胞反复行对角线分裂，表示胚胞体积小，胚柄也行对角线分裂，但分裂慢，胚胞大，成菱形或多边形，液泡明显

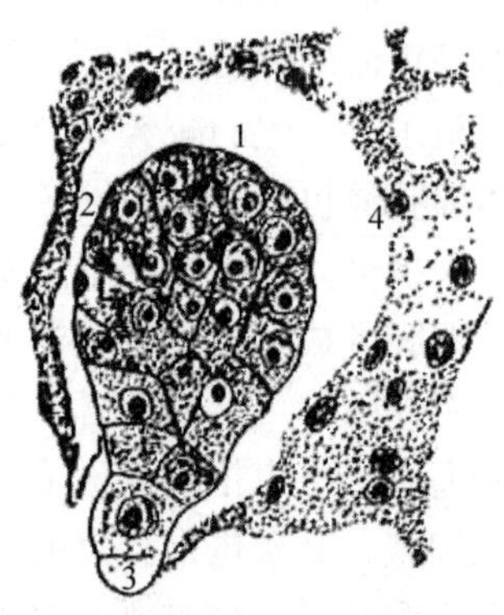

图 3-80 授粉后 25 天的胚珠纵切面

球形胚较大，胚胞数目增多，但对角线分裂面仍然清楚

1. 胚芽原 2. 对角线分裂面 3. 胚柄 4. 胚乳游离枝

在油桐的原胚中，有时胚柄较明显，有时不明显，只见胚体细胞结合成球形。这与胚体和胚柄发育不平衡和胚柄深入胚乳组织内部深浅有关。但油桐的原胚不论胚体细胞与胚柄细胞均行对角线分裂，这使油桐原胚显示出一定的形态特色。通过整体解剖，把授粉 78 天的 4 个胚珠，分别从胚乳中取出胚来。由于球形胚顶端两侧的细胞进行平周分裂，使球形胚的顶端侧向扩张，为子叶的形成创造了条件；此时的胚具有平截形的顶端(图 3-81A)，此种侧向的平周分裂继续进行，子叶向外和向上生长；顶端分生组织构成胚芽原并逐渐下陷，将来发育成上胚轴；至此胚顶成为心脏形(图 3-81B)，这叫心形胚。当 2 片

子叶继续向上生长，上胚轴的顶端分生组织已深深陷在2片子叶的下方(图3-81C)，胚遂成为杯形，胚柄仍在珠孔端，并反复分枝深入胚乳组织中，以后胚进一步发育，胚柄逐渐退化消失，在下胚轴末端已分化出胚根原。胚根原将来发育成胚根。子叶显得更薄、更阔，所有营养器官和原形成层都已发育形成。整个胚形略似鱼雷，称鱼雷胚(图3-81D)。

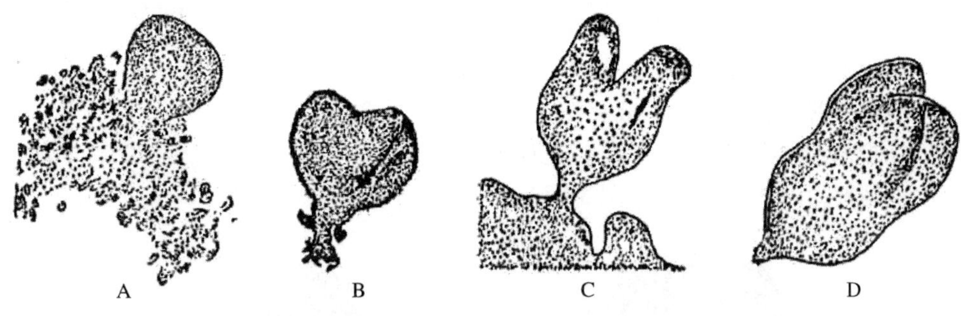

图3-81　从授粉后78天的胚珠中取出的胚

A. 示胚顶成平截形，胚柄分枝深入胚乳组织中，取胚时，胚柄分枝将粘着在分枝上的胚乳一同拔出　B. 表示胚顶下凹，成为心形胚　C. 示胚的子叶继续向上生长，胚体成为杯状，胚柄及其分枝固着在胚乳中　D. 胚的子叶已经侧扁，胚柄已脱断解体，生出胚根

从外部形态而言，在球形胚后期，就已开始器官分化，子叶区细胞分裂的速度远较胚芽区快，使子叶不断向上方和两侧生长，最终导致芽位于2片子叶基部的中央，胚芽和子叶下方的细胞，分化为下胚轴和胚根。胚柄则在器官分化中解体消失。

胚的发育与胚柄的作用是分不开的，在胚发育的早期，胚柄的作用更为突出。胚柄的作用期不长，待胚发育到球形阶段，胚柄便已发育到高潮，以后就停止生长。到种子接近成熟时，胚柄已不再存在或仅留痕迹。胚柄的主要作用是，将胚固着在胚囊的珠孔端最适合位置上；胚柄分枝深入胚乳吸收养分并向胚传送；胚柄细胞具有分泌机能，向胚传送赤霉素等生长激素。

在胚和胚乳发育的同时，2层珠被包围1个厚珠心，对将来桐子的成功萌发起重要作用：维管束迂回地通过珠柄和外珠被到合点区域，然后分枝进入内珠被，在胚珠周围形成维管束密布的一圈表膜，把水分、养料和生理活性物质源源不断地输入胚珠内部；在胚胎发育中，珠心组织包括珠心缘逐渐自溶解体，解体后的养料也被珠被包裹起来，全部被胚和胚乳组织吸收；造孢细胞、大孢子母细胞、四分体、大孢子、胚囊和胚都位于胚珠最中心，直接、间接地被珠被包裹并保护起来；在胚胎发育中外珠被的内层和内珠被的外层细胞逐渐引长，胞壁增厚成为石细胞层，石细胞层对水分和氧有高度不透性，它能控制萌发并加深桐子的休眠，也能有效地保护桐子不受病菌、严寒的侵袭及动物的伤害；珠被在分化成熟过程中，种皮薄细胞中养料十分贫乏，但单宁的含量逐渐增多，使种皮表层成深褐色，单宁又有防止桐子内部高度脱水或腐败变质以及动物伤害的作用；到适合油桐幼苗生长和具备种子萌发条件时，种皮又吸水变软，首先在珠孔附近破裂，使胚根从裂口处引长入土。

八、果实

油桐的果实由子房发育成主体，花柱形成果尖，心皮基部向下延伸形成果颈。子房部

分除分化成外果皮、中果皮外，还分化成石质化的内果皮。花柱则没有石质化的部分，它引导组织留在果尖的中心。果颈是多数维管束进入果皮和胎座的通道。

(一)果序类型

油桐果序类型的划分，是以果梗之长短及果序上果实的丛生量为依据的。由于果序由花序演化而来，故果序类型与对应的花序类型密切相关。

(1)短梗单生果序　由单雌花花序发育而成，果梗粗短，单生大型果。代表品种为浙江座桐、福建一盏灯、河南叶里藏及安徽独果桐等(图3-82)。

(2)多轴短梗丛生果序　由丛雌花花序发育而来，形成多轴短梗丛生果序，大中型丛生果。代表品种为浙江五爪桐等(图3-83)。

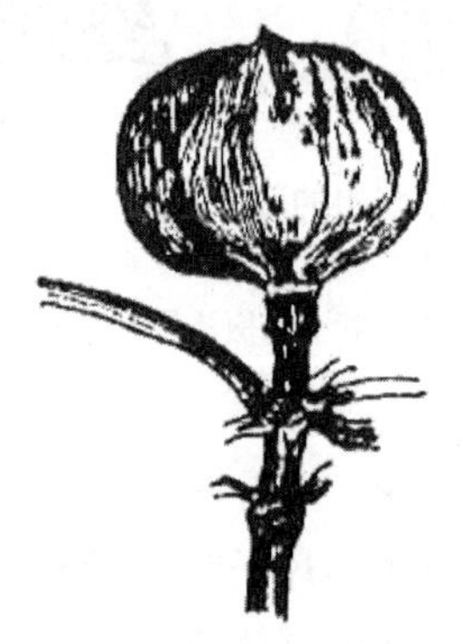

图3-82　短梗单生果序

图3-83　多轴短梗丛生果序

(3)中梗单生果序　由少花单雌花序发育而来，形成中梗单生果序，大中型单生果。代表品种为浙江满天星、湖南满天星、湖北球桐等(图3-84)。

(4)中梗丛生果序　由少花或中花多雌花序发育而来，形成中梗丛生果序，中型丛生果。代表品种为四川小米桐、浙江中花丛生球桐、光桐6号、黔桐1号等(图3-85)。

(5)长梗单生果序　由多花单雌花序发育而来，形成长梗单生果序，大中型单生果。代表品种为浙江花单生球桐等(图3-86)。

油桐果序是由花序发育而来的，因而果序的变异与花序的变异一样是连续的。5种果序类型仅反映果序多样性的阶段性标志，只具相对意义。作为划分果序类型标准之一的果

图3-84　中梗单生果序

图3-85　中梗丛生果序

图3-86　长梗单生果序

梗长度，通常表现较为稳定，而果序果数则受结实年龄、结实年间、气候条件、营养状况、结果枝部位、立地条件等很大影响。尤其对丛生性强的品种影响更甚，其负面影响是出现部分单生果序，正面影响是产生结果枝多头结实现象。果序类型之所以被作为优树选择的重要标准之一，是因为不同果序类型不仅反映品种特征，而且反映果实产量与品质。通常果序的丛生量愈大，产量愈高，桐子含油量愈低，大小年结实现象也愈明显；果序的丛生量小或单生果类型，则结果枝比例大，产量稳定，桐子含油量高，油质也好。

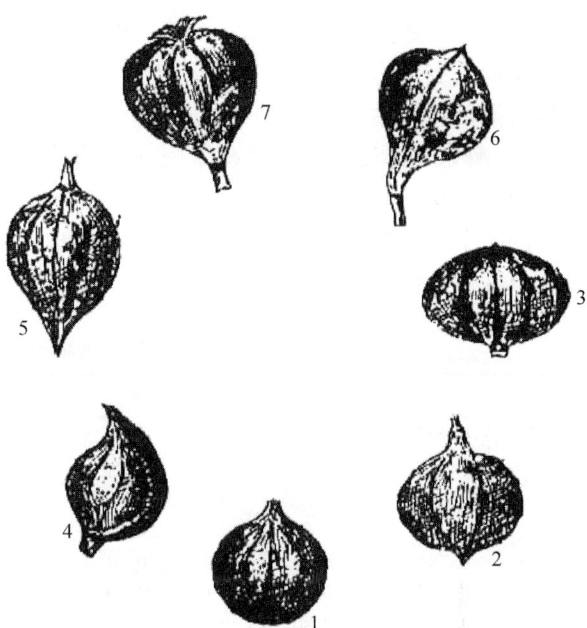

图 3-87　油桐果实形态

1. 圆球形　2. 扁球形　3. 柿饼形　4. 鸡嘴形　5. 寿桃形　6. 葫芦形　7. 罂粟形

(二)果实形态及经济性状

在油桐种群内部果实形状及大小的变异幅度很大，但品种内的变化则小一些，同一单株内的变化更小，无性系品种株间也相对稳定。圆球形和扁球形是桐果的基本形状，随果尖、果颈、含子数变异，便出现多样的果实形态，如宫灯形、柿饼形、葫芦形、寿桃形、罂粟形、鸡嘴形等(图 3-87)。

含子数及果尖、果颈的生长量差异，是油桐果形多样性的直接原因。在评价果实经济性状时，含子数多且种子饱满者通常属于优，果尖及果颈突出且颈大者一般视为次；中型扁球形果及中型圆球形果，具有果皮薄、出子率高等优点，在良种选育中多受重视。光桐的果皮表面光滑，绿色，有 5 条与子室数相应的纵隔深色条纹，在正常情况下各纵隔线的等位点间距离大体相似。随着果实生长定形及逐渐成熟，果皮由绿色转为红绿色至紫红色。光桐主要栽培品种的果实性状列于表 3-6。

表 3-6　光桐主要栽培品种果实性状

性状	鲜果	气干果
果径(cm)	5.12～8.26	4.45～7.28
果高(cm)	4.68～7.41	4.02～6.56
果尖(cm)	0.10～1.73	0.08～1.52
果颈(cm)	0.05～1.17	0.03～0.96
果皮厚度(cm)	0.51～1.10	0.25～0.54
果重(g)	40.93～237.35	25.21～92.15
子重(g)	3.25～7.60	2.45～5.71
仁重(g)	2.05～5.15	1.43～3.25
出子率(%)	21.05～35.86	47.34～58.61
出仁率(%)	55.17～72.87	55.45～71.57

每果含子数多为4～5粒，平均4.66粒。全干种仁含油率56.86%～66.77%。

皱桐果实多为三凸脊卵圆形，果皮常具3条纵棱及许多不规则皱纹，成熟时皮色由绿色转为褐黄色。果实鲜重40～70g，气干果重25～40g；鲜果径5～6cm，气干果径3.5～4.5cm；鲜果皮厚度0.3～0.5cm；气干果出子率42%～50%，出仁率52%～58%；全干种仁含油率55%～65%。

阙国宁(1964)在《浙江常山油桐类型初步观察》一文中，对光桐果实性状的相关性及其变异进行了研究(表3-7A，表3-7B)。

表3-7A　油桐果实性状相关

项目	果径	净高	果颈	果尖	果重	皮厚	子数	子重	子厚	子宽
净高	0.96**									
果颈	-0.36	-0.13								
果尖	—	0.27	0.3							
果重	0.91**	0.86**	-0.35	0.15						
皮厚	0.78**	0.48	-0.12	0.44	0.90**					
子数	0.79**	0.59*	0.01	0.09	0.59*	0.42				
子重	0.99**	0.80**	0.41	0.05	0.97**	0.73**	0.4			
子厚	0.66**	0.54	-0.14	-0.1	0.38	0.31	0.28	0.48		
子宽	0.27	0.25	0.07	0.62	0.25	0.42	—	0.24	0.76**	
子长	0.46	0.87**	-0.2	0.31	0.81**	0.77**	0.03	0.77**	0.62*	0.56

注：*显著性5%水准；**显著性在1%水准。

表3-7B　不同果形的果实形状及其变异

项目	圆球形		扁球形		葫芦形		小扁球形		畸形果		备注
	X	CV(%)	X	CV(%)	X	CV(%)	X	CV(%)	X	CV(%)	
果径(cm)	5.20	3.49	4.69	3.16	4.68	9.83	4.28	10.81	3.67	20.40	1. 样品系采取各类型标准单株10只果实气干后进行测定 2. 含油量采用气干桐粉索氏法测定，重复3次加以平均 3. X系平均值；CV(%)是变异系数
果高(cm)	5.69	3.19	4.50	4.66	5.45	7.78	4.03	4.96	3.91	17.50	
果尖(cm)	0.35	28.35	0.17	28.21	0.31	10.70	0.16	32.43	0.27	82.81	
果颈(cm)	0.30	27.08	0.34	14.99	1.00	24.00	0.30	29.66	0.50	41.96	
净高(cm)	5.02	3.62	3.99	5.87	4.14	5.23	3.57	5.01	3.14	14.23	
果重(g)	47.70	10.58	24.43	10.41	28.61	18.30	22.49	19.38	15.21	43.56	
每果子数(粒)	4.90	6.45	4.60	11.21	4.70	10.20	4.50	11.44	3.20	38.90	
果皮厚度(cm)	0.59	12.56	0.29	16.94	0.43	10.90	0.30		0.23		
每果子重(g)	21.79	8.37	13.77	9.35	14.82	23.04	13.02	21.40	9.01		
每果仁重(g)	14.06	7.42	6.69	11.48	8.04	32.67	7.60	18.27	5.25		
出子率(%)	45.68		56.34		51.80		57.89		29.23		
出仁率(%)	29.47		27.38		28.11		33.81		34.53		
种仁含水率(%)	6.44		4.33		5.81		5.21		5.58		
干仁含油率(%)	61.57		57.49		61.33		66.14		62.45		
种子厚度(cm)	1.57	5.15	1.63	4.07	1.63	4.95	1.51	6.62	1.56	6.44	
种子宽度(cm)	1.90	4.99	2.15	6.24	2.11	1.09	1.92	4.99	2.02	8.71	
种子长度(cm)	3.06	4.84	2.58	5.20	2.63	6.24	2.34	5.30	2.33	9.01	

（三）果实的解剖

油桐子房5室，室与室之间有室隔，室隔连接胎座和子房壁，每室有胚珠1个。受精后的子房形成幼果主体，于5月中旬采果纵切，可见花柱分化成果尖；果皮初步分化，表皮细胞内含单宁，表皮以内薄壁细胞占据果皮的大部分，分布有着色很深的单宁细胞；果皮内方与子室外方的细胞，行垂周分裂，胞核明显，密集成层，进一步分化成石质化区；子室内的胚珠各部分已分化出珠柄、珠被、珠心、胚囊、珠心喙、珠孔塞(图3-88)。

对生长到5月下旬的幼果作横切面，可见胎座中维管组织已初步分化成五角星形。胚珠体积已明显扩大。但已败育的一个胚珠体积很小，它的周围被果皮组织所填充。果皮的石质化区域还在进一步扩张，以适应胚珠的继续扩大，可见此一区域细胞还未停止分裂。果皮含单宁细胞，布满肉质部分(图3-89)。

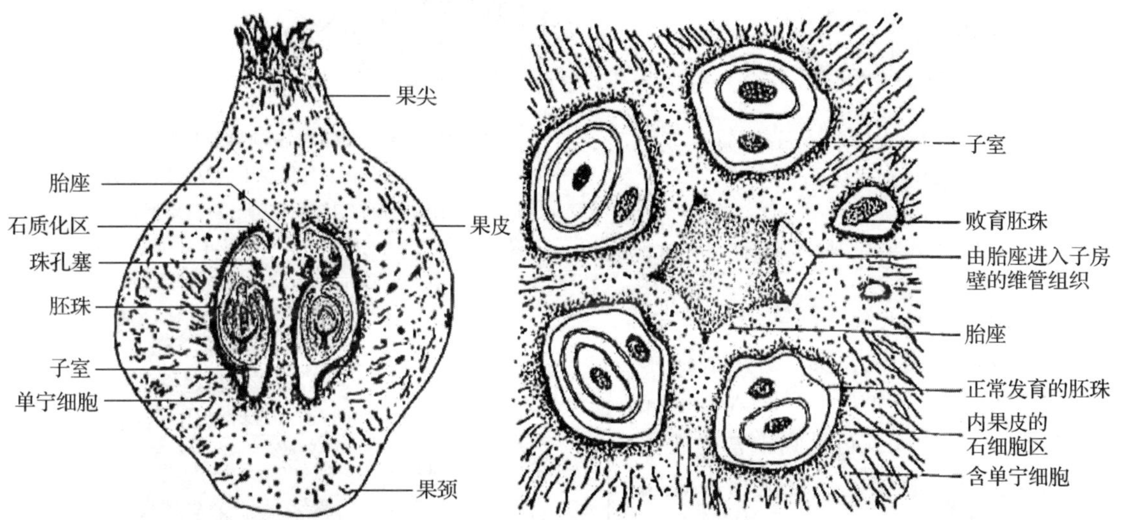

图3-88 油桐幼果(5月中旬采)纵切面

表示果皮已形成石质化区；肉质部分已出现含单宁的细胞群；果尖、果颈明显

图3-89 油桐幼果(5月下旬用)的中部横切面

表示内果皮的石细胞区和中果皮的单宁细胞群；正常发育的胚珠和败育的胚珠以及胎座中的维管组织已初步分化，使胎座中心出现五角星形

对生长到6月初的已由4个心皮构成的桐果作横切面，可见胎座中的维管组织成四角形并向心皮内折的室隔中延伸(图3-90)。可看到种皮已初步硬化，珠心组织基本上已发展到最大的限度。果皮的石质化区域已初步硬化。肉质部分迅速扩大，薄壁细胞体积增大，胞间隙增多。胞间隙中充满了一种黏度较高、含有果胶质和单宁的多糖-蛋白质聚合物。

果皮的进一步分化，已明显地分为外果皮、中果皮和内果皮3层(图3-91)。外果皮包括表皮和表皮内方的厚角组织，表皮细胞一层，外被角质层，内含单宁。厚角细胞可多至10层以上，遍布整个果实，内含叶绿素，使果实成绿色。角组织细胞加厚的壁，常在细胞的角隅，含有大量的果胶质和半纤维素，它既能支持和保护果皮的肉质部分，又不妨碍果实的生长。中果皮较厚，其中含有大量的薄壁细胞和含单宁的细胞。

内果皮由伸长的石细胞交织而成，呈软骨质薄片状，在子房室外围的较薄，在室隔处的较厚但并不越过室隔，各片互不相连。内果皮只在果肉最内方和室隔周围，包围子室，保护种子，并不进入果尖和果颈。

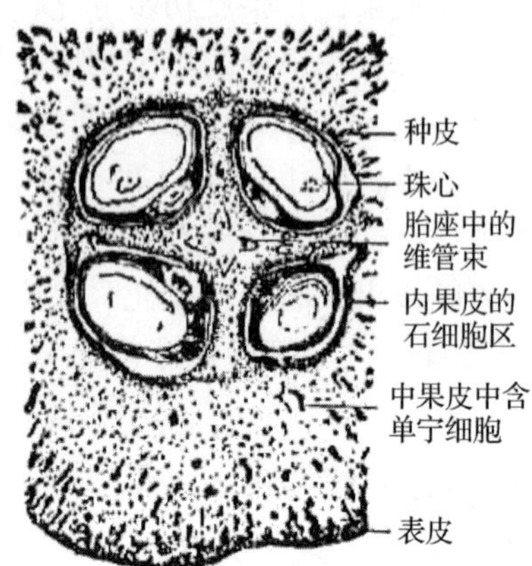

图 3-90　四心皮桐果(6 月初采)的中部横切面

表示石质化区已进一步增厚，胎座中维管组织已伸入室隔间

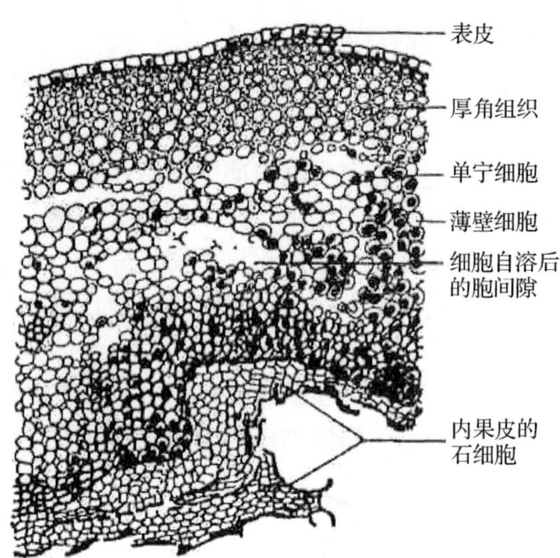

图 3-91　接近成熟时油桐果皮横切面

表示 3 层果皮已明显分化，外果皮中的厚角组织细胞层次增多；中果皮中细胞自溶后的糖－蛋白质聚合物已从果皮中外运，胞间隙增大；内果皮的石细胞已高度分化，其在子室外面的较薄，在室隔处的较厚

油桐果实的顶端有圆锥形的果尖，基部形成圆筒形的果颈。罂粟形桐果上端向外凸出，顶尖向下凹入，果尖生凹处，9 月中旬或可见到干枯的柱头仍固着在果尖的顶上；花柱和果尖同为锥形，在横切面上，二者的每个心皮的结构相同，即表皮以内是大量薄壁组织，在薄壁组织中分布着 3～5 个维管；花柱中心有 3～5 个略成三角形的引导组织，在果尖的中心，这种三角形的引导组织仍然存在。由此可见果尖是直接由花柱发育而来的。

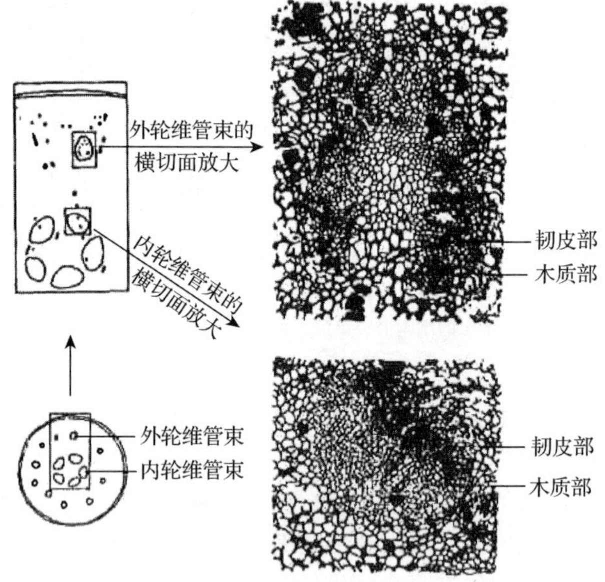

图 3-92　油桐果颈横切面

表示果颈的内外两轮维管束；外轮束数较多，但束径较小，内轮束数较少，但束径较大，右边分别是外轮和内轮维管束的放大

果颈的维管束来自果梗、果柄，果柄的维管束在果柄的皮层和髓部间成为完整的一圈，但进入果基后，分散成为 2 轮，每轮束数与心皮同数。外轮由果基进入果皮后分枝，成为每个心皮的背束，最后终止于果尖。内轮维管束较大(图 3-92)，由果基的中心进入胎座，经过珠柄，然后由外珠被一侧进入合点，终止于内珠被。

第二节　油桐的生长发育周期

一、油桐的个体生长发育周期

从种子的萌发生长开始，经开花结果，最后到衰老死亡的过程，称为个体生长发育周期，亦称生命周期或年龄时期。研究这一过程的规律性，把握过程中不同发育阶段的生命活动本质，运用现代科学技术，去加速或者延缓各发育阶段的进程，以期达到早实、丰产、长寿的目的，具有重要意义。实生繁殖条件下的油桐个体生长发育周期，可以明显地划分成幼年、成年及衰老 3 个阶段。但是营养繁殖的油桐，通常从结果树上采集枝条或芽，经嫁接、扦插或组培成苗，其发育年龄已超越幼年阶段，性成熟过程已完成，因此从阶段发育上看，仅有成年及衰老 2 个阶段。

（一）幼年阶段

油桐的幼年阶段指从种子萌发起，至开花结果之前的生长发育时期。油桐在这个阶段中要经过性成熟的积累过程，获得形成性器官的生理潜能，完成向性成熟的成年阶段过渡，作必要准备。

1. 种子萌发期

刚成熟的油桐种子，因内含脱落酸等抑制物质，即使处于适宜的萌发环境条件下，种子也不能发芽。在自然条件下，油桐种子的后熟和休眠期约需 120 天。在浙江富阳冬季至早春播种，到 5 月上、中旬陆续发芽；发芽持续日数 20～30 天，留土日数冬播为 100～120 天，春播为 30～90 天。

种子播种之后，发芽的主要外部条件是土壤的温度、含水量及一定的氧气。油桐最适发芽温度为 20～30℃，17℃以下及 35℃以上不利于发芽。从土壤中吸收水分，使种子的含水量达到 50% 时即可发芽。水分是种子萌发的首要条件，只有吸收足够的水分，才能发生吸胀作用，使种皮破裂，酶才能由结合状态成为溶解状态，并起催化作用；细胞内部各种物质才能由凝胶状态变为溶胶状态；有机物质、氧气和二氧化碳必须溶于水才能运转到胚，进行气体交换。温度不仅影响种子吸收水分的速度，而且影响酶的活性和生理活动强度。种子充分吸水后如遇长期低温，酶的活性弱，催化作用差，种子无法正常萌发而霉烂；温度太高，呼吸作用强，养分消耗多，酶的活性也弱，种子萌发亦差，弱苗比例大。种子萌发是一个活跃的生长过程，物质转化和输送旺盛，呼吸作用强烈，要求充分的氧。尤其桐子乃含油量高的种子，脂肪酸含氧仅 11%～12%（碳水化合物约为 50%），桐酸的呼吸系数只有 0.37，故萌发过程需要更多的氧气。呼吸系数较低，放热效能较高，是含油率高的油桐种子萌发的特点。土壤透气性差，播种太深，苗床积水，表土板结，皆可使种子得不到充分的氧气供应，而妨碍正常萌发。油桐种子萌发过程大致可分为膨裂期、弓苗期及直苗期 3 个时期。

（1）膨裂期　种子充分吸水后，开始萌动，呈休眠状态的胚激发分生活动，体积不断增大，种皮破裂，胚根伸出珠孔。充分吸水的种子，在适宜的温度等外界条件下，一系列生理生化活动逐步加速，抑制物质被细胞激动素、生长素类抵消，胚从休眠状态中活化；贮存于胚乳中的脂肪等有机养分在酶的作用下，水解转化成可给态糖，溶解于水并进入胚，使胚的分生活动加速，扩大了细胞体积；吸胀及胚体积扩大的结果，种皮软化，处于珠孔附近的种皮首先膨胀破裂；分生活动活跃的胚根，率先伸出珠孔，俗称露白。

（2）弓苗期　弓苗期指胚根快速向下生长，下胚轴膨大伸长，并向上弯曲顶土而出的过程。种皮进一步扩大胀裂，自珠孔伸出的胚根迅速向下伸长，形成主根，经 2～3 天后，从主根基部周围分生 4 个小突起，发育成 4 条一级侧根；与此同时，下胚轴也迅速生长伸长，基部粗壮，上端较细且常带淡红色；随胚轴的快速生长延伸，联系胚轴与子叶的 2 条鞘状子叶柄也相应延伸，维持子叶从胚乳中吸收的可溶性养分继续输向胚轴，供胚轴生长以及形成根系和茎叶系营养的需要；子叶柄的一端固着在胚轴的子叶节上，在异养阶段，硕大胚乳夹住子叶，因子叶柄牵引，使下胚轴的中上段弯曲成弯钩，强化破土机能，弓弹顶土而出；胚芽的生长点分化叶原基并形成真叶。弓苗的形成是油桐种子萌发过程的生物学特性，即使在实验室条件下亦有弓苗阶段，这与硕大胚乳有关。在林地直播的自然条件下，弓苗期持续日数，因播种深度、土壤疏密度及地温高低而异，一般弓苗期历经 10～25 天。高温干旱、表土板结不利出土，苗床覆盖可改善出土条件。

（3）直苗期　直苗期指弓苗借助弯钩向上顶拱出土，子叶柄脱落，弯钩伸直后，实现具有自养能力的直立幼苗的过程。在弓苗出土的过程中，随弯钩的向上伸长，牵引上胚轴自胚乳中退出；子叶柄也相应生长伸长，并包在上胚轴顶端生长锥及幼嫩真叶的外面，保护弓苗出土；弓苗后期，胚乳中的养分渐趋耗尽，在弓苗出土后，经 7 天左右子叶节产生离层，子叶柄从子叶节上脱落；1～3 天内弯钩伸直，遂成直苗。直苗的第一对真叶由皱褶逐渐展平，叶色浅淡逐渐转绿，此时苗高约 10～15cm，主根长约 8～12cm，有一级、二级侧根，根幅 15～20cm。直苗的形成，标志着生命从种子形态向独立营生的幼苗形态转折，由依靠胚乳营养的异养阶段完成向自养阶段的过渡。在林地播种的桐子萌发过程中，弓苗拱弹出土时种皮、胚乳及子叶多滞留土中，仅有子叶柄随之出土。倘土质疏松、播种较浅且表土不甚板结，弓苗出土时，子叶柄常连将胚乳、子叶，甚至种皮一并牵拉出土，待数日后脱落。

2. 幼年期

萌发期是完成从生命的种子形态向生命的植株形态的过渡，而幼年期的生长发育，则是导致向性成熟的积累过程。幼年期是在结束了胚性生活之后，凭借已经建立起来的同化系统，进入独立生活过程。幼年期以营养生长为主，逐步形成树体的主体结构。在良好的立地条件下，通常发育成树高 2.0～3.0m，茎粗 2.5～3.5cm，枝下高 0.7～1.1m，具第 1～2轮骨干枝，轮间距 0.8～1.0m，冠径 2.8～3.2m 的地上部基础树体。尽管幼年期是营养生长为主要特征，但性发育过程也在逐步积累中发生。当幼年期的营养生长达到一定水平和出现某一生理状态时，即发生质的变化，使植株获得形成花芽的潜能，完成向性成熟过渡。

油桐幼年期之长短，因种源、品种及生存环境条件的不同而异。实生播种在浙江富阳的立地条件下，通常福建、广西品种经 1～2 年；四川、陕西、河南、湖北、湖南、贵州、浙江、安徽品种 2～3 年；对年桐 1 年，单生果类品种 3～4 年，丛生果类品种 2～3 年；皱桐 5～6 年。环境条件的改变能影响幼年期进程。将北方品种引种福建后，其中的多数品种比在原产地缩短 1 年；相反，将南方品种引种北缘分布区，其中的多数品种则比原产地延长 1 年。缩短幼年期的途径，主要是通过提高造林质量和管理水平，合理供给养分，促进旺盛的营养生长，以期尽快形成庞大根系和基础树形，为结实创造条件。

(二)成年阶段

成年阶段的重要标志是性发育的成熟，具备正常开花结果能力，所以又称结果阶段。由于结果阶段持续时间最长，过程中表现有明显的生命活动差异，故栽培学上又习惯将该阶段分为结果初期(初果期)、结果盛期(盛果期)和结果后期。

1. 结果初期(初果期)

油桐结果初期是从第一次结果至有一定经济产量时止。该期离心生长快，地上部及地下部营养面积继续扩大，营养生长与生殖生长比较平衡，成果率高，果实丛生量大，常出现多头结实，结果枝比例最大，结实量逐年上升，没有大小年结果现象。油桐结果初期的持续时间为2~3年。对设于福建闽侯、浙江富阳、贵州贵阳、河南西峡的全国油桐基因库进行观察，不同品种在上述不同地区，进入第一次开花结果(始果)时间是不一样的(表3-8)。

表3-8　直播油桐的始果期(年)

品种	福建福州	浙江富阳	贵州贵阳	河南西峡	备注
四川大米桐	3	4	4	4~5	各点造林及观察年份不同，品种内存在株间差异；南缘分布区，间有当年生9~10月份开花结果
四川小米桐	2~3	3	3	3~4	
浙江五爪桐	3	3~4	3~4	4	
浙江座桐	3	3~4	3~4	4~5	
浙江丛生球桐	2~3	3	3	3~4	
湖南葡萄桐	2~3	3	3	3~4	
陕西桃形桐	3	3~4	3~4	4~5	
河南股爪青	2~3	3	3~4	3~4	
湖北景阳桐	2~3	3	3	3~4	
广西龙胜对年桐	3	4	4	4~5	

同一品种在不同产区所表现的始果期不尽相同，在南方较早，在北方则较迟。嫁接苗造林将提早始果年龄，这与接穗发育程度有关。皱桐嫁接苗多提前2~3年；光桐多提前1年，间有2年，少数早实品种嫁接于1年生砧木上，当年秋季有部分植株开花结果。

2. 结果盛期(盛果期)

直播条件下光桐结果2~3年后，皱桐结果3~4年后陆续进入盛果期，结实量稳步上升，逐渐达到高峰。结果盛期地上部及地下部生长达到最大营养面积，同化能力旺盛，营养生长与生殖生长协调，是产量最高的经济时期。随产量的逐步提高，营养消耗也逐渐增加，离心生长渐趋稳定，后期开始向心更新。结果盛期持续时间的长短，主要决定于种性、立地条件、生态环境及管理水平。皱桐 > 光桐；光桐中心产区 > 北缘产区 > 南缘产区；大米桐及座桐 > 小米桐 > 对年桐；桐农间种及零星种植 > 纯林 > 混交林；实生播种 > 嫁接苗造林。在正常经营管理水平下，多数品种的盛果期为10~20年，皱桐20~30年。第四届全国油桐科研协作会议参观贵州省正安县熊家山时，见有1株生长在旱作地上的80多年生小米桐大树，多年保持年产鲜果200~400kg的水平。四川、贵州传统的桐农间种经营，油桐寿命常在40~50年，30~40年生桐树仍结果累累。浙江省建德市新安江林场有一皱桐大树，胸围347cm，树高15m，冠幅投影面积396m^2，树龄逾百年，最高年产鲜果曾达500kg，常年保持300~400kg。福建省漳浦县石榴乡的田寮及东山，桐农混种经营的30~40年生的皱桐树，年产鲜果200~400kg者比比皆是，其中有一株最高年产鲜果达800kg。上述说明，只要立地条件适宜、经营得当，油桐能保持50~60年盛果时间。

3. 结果后期

油桐结果后期产量明显下降，地上部及地下部向心更新加强，茎叶系及根系显现衰弱，生长量下降，同化能力渐差，物质积累渐少，不足以维持大量的开花结果。其综合标志是，结果后期的产果量仅及结果盛期平均产果量的30%~40%。油桐结果后期一般维持3~5年后转入衰老阶段。延长结果年限，特别是延长盛果期经济年限，是油桐营林技术的主要目标。目前，在生产中为延长油桐经济年限，采取结果初期以重施肥为主要措施，促进树体迅速生长，最大限度地扩展营养面积；结果盛期则注重矿质营养的合理搭配和水分的充分供应，调节营养生长与生殖生长平衡；结果后期则应采取深翻改土、增施氮肥、适当重剪等措施，更新根系，控制枝条数量，增加有效枝比例。

(三)衰老阶段

油桐衰老是由于根系及茎叶系的同化能力下降，营养物质的积累不足以维持植株正常生长发育的需要，生理平衡遭到破坏，生命活动日趋衰弱等内在原因造成的。这个时期体内细胞激动素、生长素及赤霉素含量水平下降，物质合成率低，代谢机能弱，生长速率放慢。与此同时，脱落酸及乙烯的含量增高，抑制生长，促进衰老。油桐衰老阶段的外部表现是根系及主枝的逐渐衰亡，直至植株枯死。油桐是速生树种，一旦进入衰老阶段，恢复能力相对较差，更新复壮比较困难，采取一般农艺措施，不易获得期望的效果。虽然生产上亦曾试验衰老树更新方法，但往往收效甚微。

油桐从种子萌发成苗至衰老死亡，完成了一个世代的个体生长发育周期。其周期经历时间之长短，因种性、生态条件及经营管理水平不同而异。油桐是速生树种，具有很强的栽培特性，外部生活条件差异能使个体生长发育历程出现成倍乃至数倍的时间差异。在一般条件下，多数光桐品种的寿命20~30年，其中对年桐类群8~10年，大米桐及座桐类型25~35年；实生皱桐35~50年，皱桐无性系品种20~30年。在优良生长条件下，四川、贵州、湖南相邻地区的光桐中心产区，常有60~80年生乃至百年长寿大树。皱桐在浙江、江西也常出现70~80年生至百年长寿大树。在全国油桐适生区范围内，北方油桐比南方油桐长寿；西部油桐较东部油桐长寿；高海拔地段的油桐比低海拔地段的油桐长寿。

二、油桐的年生长发育周期

油桐伴随自然气候的季节性变化而相应地表现出形态和生理上的周期性变化，并形成相对稳定的年生长发育规律，称为油桐年生长发育周期。油桐为落叶树种，从春暖树液流动、萌芽生长起，经开花结果，果实生长及根、茎、叶生长的整个生长季节，均属生长期。冬寒来临，为适应低温等不利的环境条件，桐树落叶，逐步停止生长活动，进入休眠状态，为休眠期。油桐如此年复一年，周而复始地与自然气候季节性变化相适应的器官动态时期，称油桐生物学时期，简称油桐物候期。油桐的物候期大体分为萌动期、开花期、枝叶生长期、果实生长期、花芽分化期及落叶休眠期。

(1)萌动期　树液流动，标志着油桐年生长发育的开始。随着树液流动，枝条顶端的

混合芽逐渐膨大，紧覆的芽鳞慢慢张开至向外卷曲，呈现嫩绿色，俗称芽破绽期。油桐树液流动的温度条件是旬平均气温16～18℃。

(2)开花期　自始花至落花所经过的期间。

①始花期　在观测株中有10%～20%花序已开放始现桐花。

②盛花期　在观测株中有25%～75%花朵开放的时期。

③末花期　在观测株中的最后20%花朵开放期。

(3)枝叶生长期　从基簇叶出现开始经新梢及新叶生长，到当年生新梢顶芽形成，枝条长度及粗度生长基本停止。这时植株枝叶生物量达到当年的最大值。

(4)果实生长期　子房膨大，幼果体积逐渐增大，至果实发育成熟，自然落果时止。

(5)花芽分化期　从顶芽逐步分化出萼片、雄蕊、雌蕊以及花序原始体的全过程时期。

(6)落叶休眠期　从桐树正常的自然落叶以后，至翌年春萌动期之前止。

我国油桐全分布区内的生态气候条件差异极大，各产区之间油桐的年生长期长短亦有较大的差别。据各地观察，油桐年生长期大体上表现为：中心产区240～250天；北缘产区220～230天；南缘产区260～270天。皱桐在福建及广西南部280～300天；浙江南部及福建东部280～290天；北缘分布区240～250天左右。据不同产区的各自观察，部分油桐主栽品种的物候期见表3-9。

表3-9　部分油桐主栽品种的物候期　　单位：月.日

品种	地区	萌动期	始花期	盛花期	落果期	落叶期
四川大米桐	四川万县	3.5－3.10	4.5－4.10	4.10－4.20	10.15－10.30	11.15－11.25
四川小米桐	四川万县	3.5－3.10	4.1－4.5	4.5－4.15	10.15－10.30	11.10－11.20
黔桐1号	贵州铜仁	3.5－3.10	4.10－4.15	4.10－4.25	10.20－10.30	11.5－11.10
贵州米桐	贵州铜仁	3.5－3.10	4.10－4.15	4.15－4.25	10.20－10.25	11.5－11.10
湖北景阳桐	湖南郧西	3.28－4.10	4.15－4.20	4.22－4.28	10.15－10.25	10.30－11.15
湖南葡萄桐	湖南石门	3.15－3.30	4.10－4.15	4.15－4.25	10.15－10.20	11.10－10.20
湖南五爪桐	湖南石门	3.15－3.30	4.12－4.17	4.20－4.25	10.15－10.25	11.10－11.20
广西对年桐	广西恭城	3.5－3.10	3.20－3.25	3.25－4.7	10.5－10.20	11.15－11.25
桂皱27号	广西南宁	3.1－3.10	4.20	4.25－4.30	10.20－11.05	11.20－12.5
南百1号	广西南丹	3.5－3.10	3.30－4.5	4.5－4.10	10.15－10.30	11.15－11.25
陕西米桐	陕西安康	3.30－4.10	4.20	4.25－4.30	10.15－10.25	10.20－11.5
豫桐1号	河南内乡	3.18－4.6	4.18－4.20	4.22－4.30	10.20－10.30	11.10－10.20
河南叶里藏	河南内乡	3.20－3.7	4.20－4.25	4.25－4.30	10.25－10.30	11.10－11.20
浙江光桐3号	浙江富阳	3.15－3.25	4.10－4.15	4.18－4.28	10.15－10.25	11.15－11.25
浙江五爪桐2号	浙江富阳	3.15－3.25	4.15－4.20	4.22－4.30	10.15－10.25	11.15－11.25
浙皱7号	浙江永嘉	3.10－3.20	5.5－5.10	5.10－5.20	10.25－11.5	11.25－11.30
云南高脚桐	云南奕良	3.1－5.5	3.25－3.30	3.30－4.10	10.20－10.30	11.25－11.30
福建一盏灯	福建浦城	3.10－3.20	4.5－4.10	4.10－4.20	10.10－10.20	11.15－11.25
闽皱1号	福建漳浦	3.1－3.10	4.25－4.30	5.1－5.10	10.30－11.10	12.1－12.15
江西百岁桐	江西玉山	3.10－3.20	4.10－4.15	4.15－4.20	10.15－10.25	11.20－11.25
广东米桐	广东韶关	3.1－3.5	3.20－3.25	3.25－3.30	10.25－10.30	12.15－12.25
安徽五大吊	安徽肥西	3.28	4.18－4.20	4.25	10.11－10.20	10.21－11.15
安徽独果桐	安徽肥西	3.28	4.20－4.25	4.28	10.1－10.10	10.25－11.15
江苏米桐	江苏南淳	3.20－3.30	4.20－4.25	4.25－5.5	10.15－10.20	11.5－11.20

注：表中所列资料系不同年份观察的数值。

油桐物候期有其一定的顺序。从年生长发育进程看，任一物候期都是在前期特定的基础上发生，并为过渡到下一时期创造条件。如开花期，它既是花芽分化的继承，又是果实生长发育的前提条件，以此类推，形成一个关系极其密切的生物学过程。但是，不同物种及其生态型，也存在一定程度上的程序差异。如油桐花叶顺序，多数植株表现为先花后叶或花叶同步，但浙江座桐、安徽独果桐、河南叶里藏等单生果类品种及皱桐，则需待枝叶抽生到一定程度之后才开始开花结果，使前后次序出现错位或重叠。江西及福建有些皱桐类型，一年中除春季开花结果之外，夏、秋季又能再度出现 1～2 次开花结果。说明这些皱桐类型在开花结果这一器官物候表现上，具有重复的特性，即同一株树上既可以有春果的发育成熟，又可以有夏秋花及其幼果的生长。光桐中的广西四季桐，亦有二次开花结果的特性。

油桐的年生长发育周期，明显地存在着生长期和休眠期 2 个阶段。生长期的时间长，既有营养生长又有生殖生长；其物候表现不仅反映量的增长，而且产生质的转变，由一个质态转变到另一个质态，构成年生长发育的周期性物候规律。休眠期是相对于生长期的一个概念。油桐进入休眠状态时，地上部已落叶，枝条及冬芽充分成熟，地下部不再发生新根；生命活动中的呼吸作用、蒸腾作用、吸收与合成、转化等生理活动，仅维护微弱进行的程度。促成桐树冬季休眠的主要生态因子是低温。栽培学习惯上以落叶作为向休眠过渡的标志，而确切的落叶日期，是早霜期出现之后的 3～5 天内，桐叶完全脱落。油桐通过休眠期所需日数，在北缘分布区较在南缘分布区增加 30～40 天。如将南北两地的品种共同引种于浙江富阳，北缘品种则较南缘品种提前 3～5 天。处于幼年阶段的油桐，生命力强，营养生长旺盛，进入休眠期的时间明显迟于壮年期。尤其 1～2 年生植株，枝叶生长的停止日期较成年树推迟 20～30 天。油桐的不同器官组织进入休眠期的迟早亦不尽相同。根系及根颈部进入休眠最迟，但解除休眠却最早。所以冬季高强度的深翻垦复冻土，在一些地区往往导致部分植株冻害死亡。

花芽正常发育有赖于休眠期一定程度的低温。如冬季温度太高，翌年花序及花数相对减少，畸形花比例增大，产果量大幅度下降。长日照条件有利油桐营养生长，枝叶生长停止较迟。而短日照条件则抑制营养生长，促进芽的形成，诱导休眠。关于休眠的生理机制，激素平衡理论简单的解释：植物内源生长刺激素和生长抑制物质的含量，是在互相拮抗中呈某种动态平衡关系；生物体通过生长刺激素和生长抑制物质的不同比例，来调节生长速率以及诱导或解除休眠。

第三节　油桐主要器官的生长习性及生物产量

一、油桐主要器官的生长习性

组成植物体主要器官的根系、茎叶系及花果等，尽管各组分有各自的生长习性，但它们却是在相互依存、相互制约中保持某种动态平衡关系，共同维持生物体的正常生命活动，构成整体的生长发育规律。因此，研究油桐主要器官的生长习性，掌握其发生和发展的规律，则是能动地调节和控制油桐生长发育，提高栽培效益的中心环节。

(一)油桐根系的生长习性

油桐幼年阶段，根系生长伸展的速度较地上部为快。在种子萌发的弓苗期，当上胚轴尚处于胚乳包围之中时，主根已伸长入土5~6cm，并分生侧根；1年生幼树根系垂直分布多为40~60cm，水平分布范围已达2~3m，2年生分别为60~80cm及4~5m。油桐发育的幼年阶段，根系水平生长速度成倍地快于地上部的习性，有利于迅速扩大在土壤中的吸收面积，并为地上部茎叶系快速生长创造良好的根本条件。当植株进入结果期后，根系生长速度渐趋缓慢，根系与地上部生长逐渐保持相对稳定的平衡关系。植株至盛果期时，根系达到最大吸收面积，垂直生长基本上稳定至相应深度，水平生长也稳定保持在大于地上部冠幅的约10%~15%范围。至结果后期，出现少数侧根死亡，根系的回缩向心更新随年龄增长而加速，总根系的量不断下降。桐树至衰老阶段时，出现骨干根逐渐死亡，导致地上部枯死。一般根系的衰老速度比茎叶系稍慢，即使枝叶已大量枯亡，根系尚能维持一段时期的生命活动。

根系在一年之中的生长节律是当地温大于5℃时即可活动，并随早春温度的逐渐增高而转入生长高峰期；夏季温湿度适于枝叶及果实的旺盛生长，供给根系的营养物质减少，根系生长遂趋缓慢；秋季茎叶系及果实生长逐步稳定，根系生长又呈现另一个高峰期；至初霜期逐渐趋向缓慢；寒冬地上部处于休眠时，根系仅进行缓慢的次生增粗。研究还表明，根系的年生长与地上部相比，不仅起动早，而且无严格的自然休眠状态；根系生长与地上部生长存在交替现象，当茎叶系及果实处于旺盛生长期时，是根系生长的缓慢期，而根系生长的高峰期，则是地上部生长的缓慢期或停滞期，这是植物体通过营养物质的分配调节；从而达到生长发育的协调关系。

立地条件及管理水平对油桐根系的生长关系密切。油桐根系生长的可塑性大，处在土层深厚、土质疏松、肥力高、土壤湿润、排水良好的微酸性至中性土壤中，根系得以充分发展。反之，则妨碍或限制根系的正常生长，表现出分布层浅、密度小、吸收面窄、总根量少，形成“小老树”。山地陡坡不利于根系的均衡生长。陡坡之上方往往土层较薄、肥力较低、土质也较差，因之根系在坡上方的伸展，次于坡的两侧，更次于坡之下方。这种根系分布相的不均衡，将导致地上部出现相应偏冠现象。即与坡上方相对应的树冠部位分枝少、枝干细、新梢少、叶子稀；坡下方相对应的树冠部位，受发达根系的支持，分枝级数多、枝条粗壮、新梢量多、桐叶茂盛、产果量也高；坡之两侧的树冠生长状况，介于上下坡之间。山地陡坡出现油桐根系生长不均衡及地上部生长的偏冠现象，是陡坡的立地条件差异所产生的部位效应造成的。但茎叶系的不均衡程度没有根系的大。

平地及缓坡的全垦整地，能使根系均衡发展。坡度20℃左右采取水平带整地造林，则引导根系主要沿水平带左右两向伸展，内坎根幅很小，带下方次之。山地穴状整地及鱼鳞坑整地造林，如不进行后续扩穴作业，将限制根系正常伸展，其幼年期根幅仅及全垦整地的约2/3，成年期根幅仅及全垦整地的约1/2。中耕松土及冬季垦复有利根系生长。夏季中耕松土，能改善土壤通透性，增强保水蓄水能力，加速微生物活动及养分转化；中耕除草又将大量嫩草集中翻埋或覆盖根际，不仅增加土壤有机物，而且降低土壤温度、隔阻水分蒸发、缓和秋旱危害；中耕松土、除草并适当施肥，可极大促进根系生长，能成倍提高吸收根的数量。冬垦是促进土壤熟化、改善理化性状，扩展根系分布范围的关键措施。油桐根系的愈伤力和再生力极强，冬垦造成适当轻度伤根，能促发大量不定根，扩大根系吸收面积。尤其冬垦结合施用有机肥，是促进大量发根的最有效措施。通常在施放肥料部位的周围，将见到密集的吸收根分布，这与油桐的浅根性和根系的敏感向肥性有关。油桐能在石砾含量多的地段生长，其根系有沿石块夹缝弯曲穿透的能力，但在没有土壤存在的裸石空间，则是困难的。林地土壤黏重、透水性差、地下水位高甚至常有积水，将导致土壤氧气不足，二氧化碳增加，从而抑制根系生长及其生理代谢活动，严重时造成烂根及植株死亡。

（二）油桐干、枝的生长习性

油桐主干高度与树高、茎粗及树冠幅度成正比。枝下高在1m以上者，常长成高冠型，低于0.8m以下者，多长成矮冠型。结实早的品种多为矮干型，分枝轮数少，冠幅小，寿命短；结实迟的品种及皱桐多为高干型，分枝轮数多，树冠高大，寿命长。

小米桐品种群，在浙江富阳1年生植株有20%左右出现分枝。翌年5月份有70%～80%植株出现分枝；至秋季时全林植株完成第1轮分枝；少数早分枝植株的部分春梢，尚能抽发夏、秋梢。第2轮分枝多在3年生形成，第3轮分枝在4年生形成……至此，树体骨干构架遂基本造就。油桐支干轮间距离0.6～1.6m不等，一般主干上的第1～2轮间距离1.0～1.4m；第2～3轮间距离0.8～1.2m；第3～4轮间距离0.6～0.8m。皱桐的轮间距离较光桐增大50%至1倍以上。油桐各轮的主枝数1～2轮为5～7枝，3～4轮为3～5枝。主枝对主干的分枝角度为55°～65°，四川立枝桐、贵州窄冠桐、湖南白杨桐的分枝角特别小，仅25°～35°。生长正常的7～8年生盛果期桐树，在4m×4m密度的纯林经营条件下，常年每株萌发新梢的数量为250～400枝。

各种植物都有其一定的分枝方式，油桐兼有单轴分枝和合轴分枝2种分枝方式，幼年为单轴分枝，后为合轴分枝。干和枝皆由芽生长而成，芽的结构和活动方式，决定着分枝方式。油桐在苗期和树冠形成初期进行单轴分枝。幼苗的顶芽及其下方附近的侧芽是营养性芽，这种芽的顶端生长锥圆锥形，纵轴长，轴内有大量肋状分生组织，它的细胞分裂面与生长锥纵轴垂直。细胞分裂时，能使枝条沿着生长锥纵轴伸长，在芽轴基部产生叶原基，这种芽将来发育成粗而长的主茎或侧枝。这种分枝方式叫单轴分枝，枝干通直，顶端优势强，枝干的长度生长占优势。因此，单轴分枝使油桐既有明显的主干，又有强大的侧枝，是形成油桐庞大树冠的重要因素。3年生的植株因顶芽经质变形成了混合芽，这时的混合芽顶端分化成花序、花器，基部产生叶原基和侧芽原基，当年的新梢由侧芽原基发育形成。次年，枝梢顶端混合芽内的侧芽原基又发育成次年的新梢，并着生在上年生的枝条上。由于侧芽原基在每年混合芽周围着生的位置和方向不固定，因而所形成的枝梢常左右扭曲。这种分枝形式，称为合轴分枝。合轴分枝枝短而扭曲，水分和养分交换势弱，滞留性强，故有利于花果的发育。合轴分枝能促使树冠张开和扩大，使枝梢和花序急剧增多，结果量提高。

油桐的这2种分枝形式，随种、品种和受光面大小的不同，其表现的明显程度也不同。皱桐、大米桐及座桐的混合芽出现年龄较迟，单轴分枝占优势，树形高大，分枝点高，主干明显，分枝角小，轮间距长。反之，对年桐、小米桐品种群的混合芽出现较早，芽的数量也较多，合轴分枝占优势，树形低矮，新梢多，枝角大，轮间距短，枝梢常扭曲。光照强弱和受光面积的大小也能影响分枝形式。树周空旷，光照充足的油桐，合轴分枝占优势，树冠开张，枝梢多，花序多，结果多。反之，则桐树受到严重荫蔽，其单轴分

枝占优势，导致树干高耸，枝条轮间距长，枝梢少，产量低。骨干枝由互生叶的腋芽发生，所以幼时也应是互生的，只因枝条之间距离很近，长大后，枝径变粗，彼此更为接近，遂成轮生状。

油桐顶芽抽梢有 3 种状态：一是顶芽萌发后直接抽生新梢，不发生花序；二是顶芽萌发后抽生一段长 3 ~ 5cm 的粗短枝，继之在粗短枝上端抽生花序，并于开花期或花后由粗短枝的腋芽抽发新梢，座桐、五爪桐及皱桐属此类；三是顶芽萌发后，先抽生花序，在开花期或花后再抽发新梢。油桐枝条顶芽每年抽发的新梢数量，与树龄大小有关。在一般生长条件下，幼年阶段，1 年生枝条顶芽抽发新梢 3 ~ 4 枝，盛果期 1. 0 ~ 1. 2 枝，及后随树龄增长而递减，且枝条渐细短。据在浙江富阳新登对 7 ~ 8 年生光桐一 6 号的观测，新梢年生长动态：

①新梢长度的年生长自 4 月中旬起，至 6 月下旬大体停止，长度生长日数约 75 天，但新梢增粗仍继续；

②标准枝年生长的累计长度，平均为 18. 57cm；

③5 月 10 日至 6 月 10 日为新梢年生长的高峰期，30 天中新梢生长 12. 50cm，占全年总长度 18. 57cm 的 67. 31%；

④7 月中旬顶芽逐渐显现，俗称封顶。栽培学上通常以此作为当年新梢停止生长的表型标志。

油桐新梢生长的数量和质量，不仅与果实产量有关，而且是树体盛衰的真实反映。当树体强盛、营养状况良好时，新梢发生量多，枝条充实粗长，芽丰叶茂；树体衰弱、营养不良时，新梢发生量少，枝条细短，芽瘦而少，叶小而稀。油桐在结果初期，生长势旺盛，1 年生枝条在翌年既可开花结果，又能抽发新梢。但桐树进入盛果期之后，由于结果量大、营养消耗多，则呈现枝、果交替现象。即当年结果的枝条，不能抽发新梢或仅抽发细短的弱梢，翌年不会开花结果，俗称无效枝；当年没有结果的枝条，能抽发粗壮的长梢，翌年多会开花结果，俗称有效枝。下一年发生的情况与上一年在枝位上相反，呈现结实与发枝的交替现象。凡果实丛生量大的品种，如湖南葡萄桐、四川小米桐、浙江中花丛生球桐、湖北景阳桐、河南股爪青等，交替现象较为明显；而浙江座桐、安徽独果桐、河南叶里藏等，则较为缓和。人们通过水肥管理，施以合理的营养调节，可以大大降低交替现象的程度。

(三)油桐叶的生长习性

桐叶是年度更新的营养器官，随春季萌芽抽梢而发，伴枝条生长的停止直至休眠而落。年复一年，为植株的生长发育，合成并供应营养物质。

油桐有基簇叶与新梢叶之分。基簇叶来自混合芽，混合芽萌发之后基簇叶迅速生长，至 4 月中下旬即现展开之幼叶，幼叶生长约 20 天时，叶面积长至 80 ~ 120cm^2后渐趋稳定。新梢由基簇叶的腋芽发育而成，新梢叶长在新梢上，随新梢的伸长而渐次发生。新梢叶生长约 30 天时，叶面积长至 120 ~ 270cm^2后渐趋稳定，期间的前 20 天生长最大，叶面积增长率占 70%~80%，30 天后不再有明显增大。据在浙江富阳观察，以单株而言，成年油桐的叶自 4 月下旬发生至 7 月上中旬，约 70 ~ 75 天后叶片表面积的增大即告稳定。

1. 油桐叶的几项生理生化指标

(1)几种生化物质含量　叶的生理活性与叶组织内的叶绿素、蛋白质和核酸的合成及降解有关。除了有关酶的活性外，这些大分子物质的含量，反映出叶片的生理状态和活性。油桐种间存在较大差异。据中国林业科学研究院亚热带林业研究所苏梦云等(1988)测定：叶绿素是光合过程中吸收光能的重要质体色素，种间的差异值见表3-10。

表3-10　油桐叶片的叶绿素含量

种间	叶绿素含量(mg/g 干重)	
	嫩功能叶	角质化功能叶
光桐	2.38	2.90
皱桐	3.52	3.43

叶绿体的形状为卵圆形，进一步测定表明，种间叶绿体直径及厚度则大体相似(表3-11)。

表3-11　油桐叶绿体结构大小的比较

种间	叶绿体含量(mg/g 鲜重)	叶绿体直径(μm)	叶绿体厚度(μm)
光桐	59.11	约4.3	约1.9
皱桐	116.28	约4.7	约1.9

叶片也是氨基酸和蛋白质合成的重要场所，植物的生长发育进程往往伴随着大分子物质的合成和降解。在相似条件下，叶片中同化氮素和合成氨基酸、蛋白质能力的不同(表3-12)，表明光桐与皱桐的种间差异。

表3-12　油桐叶片的氨基酸和蛋白质含量

种间	氨基酸含量(mg/g 干重)		蛋白质含量(mg/g 干重)		蛋白质/氨基酸	
	嫩功能叶	角质化功能叶	嫩功能叶	角质化功能叶	嫩功能叶	角质化功能叶
光桐	12.25	8.16	171.6	114.8	14.01	14.07
皱桐	11.08	8.87	195.0	178.2	17.6	20.09

表3-12说明，皱桐叶的氨基酸和蛋白质含量高于光桐叶。进一步测定叶绿体的蛋白质含量结果，光桐为7.11mg/g鲜重；皱桐为17.15mg/g鲜重。皱桐叶绿体的蛋白质含量为光桐含量的241.21%，存在极显著差异。

叶片中的DNA和RNA含量，是反映叶生理活性的重要标志。取嫩功能叶测定，结果见表3-13。

表3-13说明，光桐叶片DNA含量高于皱桐，但RNA含量及RNA/DNA比值却低于皱桐。为进一步了解叶绿体的DNA及RNA含量，测定结果(表3-14)。

表3-13　油桐叶片的核酸含量比较

种间	DNA含量(μg/g 鲜重)	RNA含量(μg/g 鲜重)	DNA/RNA
光桐	1112.5	2261.0	2.03
皱桐	969.8	3975.5	4.10

表 3-14　油桐叶绿体的核酸含量比较

种间	DNA 含量(μg/g 鲜重)	RNA 含量(μg/g 鲜重)	DNA/RNA
光桐	2.41	67.77	28.12
皱桐	1.34	32.62	24.34

表 3-14 说明，光桐叶绿体的 DNA 与 RNA 含量均明显地高于皱桐，其 RNA/DNA 比值也稍高于皱桐。

(2)光合强度与叶片着生部位及营养状况的关系　叶的光合强度与叶的受光条件、营养状况有关。陈炳章(1980，富阳)取栽培于南坡向的 6 年生葡萄桐作材料(行距 8m，株距东 6m，西 4m)，测定不同着生部位及营养状况的叶片光合强度(吸收 CO_2)结果列于表 3-15。

表 3-15　不同方位叶片的光合强度与营养状况

采样方位	光合强度 [$mg/(dm^2 \cdot h)$]		N(%)		P_2O_5(%)		K_2O(%)		总的营养状况 $N+P_2O_5+K_2O$(%)	
	基簇叶	新梢叶	基簇叶	新梢叶	基簇叶	新梢叶	基簇叶	新梢叶	基簇叶	新梢叶
东部枝条	13	14	2.39	2.29	0.36	0.51	2.73	2.94	5.48	5.74
南部枝条	22	21	2.34	2.15	0.38	0.44	3.09	3.19	5.62	5.97
西部枝条	14	8	2.27	2.15	0.33	0.46	2.50	2.59	5.10	5.20
北部枝条	4.3	1.7	2.48	1.95	0.36	0.47	2.09	2.25	4.85	4.67
顶部枝条	20	11	2.56	2.25	0.24	0.51	2.61	2.70	5.51	5.46
内部枝条	6.1	5	2.24	1.83	0.36	0.39	2.03	2.37	5.63	4.59

表 3-15 说明，光合强度与叶片的受光条件密切相关。顶部枝条受光条件最佳；东部枝条由于被测定株东面与邻株距 6m，受光条件也好；南部枝条处于下坡，至地面的距离较大，通风透光条件亦佳；西部枝条因株距 4m 与邻树交叉郁闭，光照受到影响；北部枝条因处南坡上部，虽是同一轮枝条但接近地面，光照条件差。内部枝条当然光照条件最差。从测定数据来看，顶部、南部枝条着生的叶片光合强度较高，基簇叶在 20～22mg/($dm^2 \cdot h$)，新梢叶 11～21mg/($dm^2 \cdot h$)；东部、西部枝条次之，基簇叶 13～14mg/($dm^2 \cdot h$)，新梢叶 8～14mg/($dm^2 \cdot h$)；北部及内部枝条的叶片光合强度最低，基簇叶只有 4.3～6.1mg/($dm^2 \cdot h$)，新梢叶只 1.7～5.0mg/($dm^2 \cdot h$)。不同方位叶片的营养状况也有差异，从表中看到光照条件较好的叶片全钾的含量亦高。光照条件较好的顶部、南部枝条，基簇叶 K_2O 为含量 2.61%～3.09%，新梢叶 2.70%～3.19%；光照条件较差的北部、内部枝条，基簇叶 K_2O 含量只有 2.03%～2.09%，新梢叶 2.25%～2.37% 氮素含量，光照条件好的也略高于光照条件差的，总的营养情况差距也就更明显。

(3)油桐的蒸腾强度　广西壮族自治区林业科学研究所张文哲对油桐蒸腾强度测定的结果见表 3-16。

表 3-16　油桐在不同季节中蒸腾强度的变化(南宁三塘)

时间(年、月、日)	天气	温度(℃)	相对湿度(%)	风速(m/s)	蒸腾强度[g/m²·h]		
					光桐	融安四季桐	皱桐
1961.7.15	晴有云	27.1	79	2.5	44.56	27.84	30.71
1961.8.16	晴有云	29.4	72	1.3	72.30	21.69	39.67
1961.9.16	晴有云	26.8	67	1.5	43.54	13.77	19.94
1961.10.21	晴间有雨	24.0	78	2.3	27.02	21.47	27.91
1961.11.18	晴间有雨	22.0	90	3	36.85	17.88	31.11
1962.4.25	晴有云	21.1	78	0.8	46.77	22.27	42.25
1962.5.20	全晴	26.4	70	2	10.97	20.73	17.54
1962.6.21	晴间有雨	27.6	83	2	9.60	7.68	12.26

表 3-16 说明，油桐蒸腾强度随季节的大气温度、湿度以及风速的变化而变化。蒸腾强度大的季节，往往也是植物体内含水量较高、恰能适应的时期，从而保持了水分的生理平衡，而不造成失水危害。该研究认为，油桐体内含水量是属于较高的树种，种间及种内的差异不大，但各器官的含水量则有很大差异(表 3-17)。

表 3-17　油桐不同器官含水量情况(南宁三塘)　(%)

材料	根	茎	叶	休眠芽	花蕾	花	果
光　桐	69.86	58.12	61.59	50	80	94	69.34
融安四季桐	71.78	56.23	59.92	43.7	—	93.5	68.73
皱　桐	68.45	55.77	65.1	44.8	—	95.2	65.11

2. 空气污染对桐叶的危害

桐叶对空气污染的反应极为敏感，生长于工矿周围的油桐，常因煤烟排放大量二氧化硫及硫化氢，致使植株死亡。油桐受二氧化硫或硫化氢伤害，首先是桐叶。这些气体容易通过气孔进入叶片，溶解在叶肉细胞中。二氧化硫与水反应；形成亚硫酸和亚硫酸离子、重亚硫酸离子和氢离子。氢离子可以改变细胞 pH 值，干扰生命活动，引起气孔关闭，使叶绿体失绿。亚硫酸离子在增加到一定含量时，可使含硫蛋白质中的双硫键断裂而引起变构，一些酶和辅酶失去作用，使膜系统受到伤害从而破坏叶肉组织和叶绿体，致使叶片失绿。严重时叶肉细胞可发生质壁分离，叶肉组织脱水或枯死。油桐的功能叶受到的伤害最显著，因功能叶气孔多，胞间隙大，气孔张开时，一氧化硫和硫化氢容易透入。入夜，气孔关闭后，较多的二氧化硫或硫化氢仍留在胞间隙中，因此容易受到伤害。伤害的症状是从叶基部出现黄褐色伤斑开始，沿主脉和侧脉向叶缘扩张，以致叶片上出现大块伤斑，最后叶片卷缩枯落。受害叶片厚度减少，一般只有正常叶厚度的 1/2～2/3，栅栏细胞弯曲收缩，互相分离，海绵组织严重收缩，细胞密集混乱，胞间隙大大减少。叶绿体黄褐色至黑褐色，成块状或无定形。下表皮倾斜下陷，保卫细胞收缩。

3. 叶的衰老和脱落

油桐具有落叶植物的共同特性。落叶现象，是伴随一系列生理变化所引起的叶衰老过

程的结果。秋季来临时气温高而相对湿度低，叶面水分蒸腾旺盛，甚至蒸腾量超过根系的吸收量，导致叶内细胞水分不足，从而发生叶片细胞的衰老过程。栅栏组织细胞中钙盐产生积累和结晶，这种结晶盐的过多积累会引起细胞生理活性的改变，从而又促进叶片组织细胞的衰老；叶肉细胞里的有机养料逐渐分解输入根部、茎或芽内；叶绿体解体，叶黄素显现；栅栏组织中的含晶细胞增多，引起叶肉组织功能衰退；秋季干旱及温度下降，根系吸水困难，叶内缺水，促使叶的脱落。离区内薄壁组织较多，各维管束中管状分子的长度较短。离区内没有韧皮纤维的形成，表明离区是叶柄基部的薄弱地区。离区内，部分薄壁组织进行活跃的细胞分裂，衍生出多层扁小的子细胞，形成离层（图 3-93）。落叶时，离层细胞的果胶酶和纤维素酶活性增强，导致果胶质和纤维素解体，细胞彼此分离。维管束内的导管分子常为侵填体、单宁、树胶堵塞，减少了枝条入叶的水分，加速了叶绿素分解和变黄。此时离区的组织已不能支持叶片的柄，离区远轴面的生长素来自叶片，其近轴面的生长素来自顶芽及幼叶。当叶子机能正常时，离区远轴面生长素含量高，叶不脱落；当叶子衰老时，叶片中生长素的含量降低，由顶芽产生的并输入离区近轴面的生长素含量高，就导致叶子的脱落。可见落叶与通过离区的生长素速度有关。与生长素的作用相反，脱落酸（ABA）和乙烯都有促使桐叶脱落的作用。当叶功能正常时，叶含生长素多，脱落酸的含量极微；当叶衰老时，脱落酸的含量增多，生长素的含量很少。短日照可导致脱落酸的合成量增高。乙烯能导致果胶酶及纤维素酶的合成，使离层细胞的果胶质及纤维素分解，引起叶的脱落。

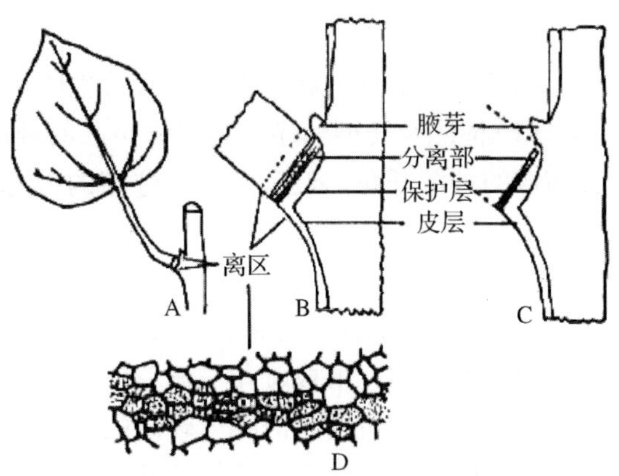

图 3-93　图示落叶时，叶柄基部形成离区，和落叶后叶痕上保护组织的形成

A. 叶柄基部的离区　B. 离区内的离层内方细胞胞壁栓质化，形成木栓层并与枝上木栓组织连接形成保护层　C. 叶子从分离部上脱离，保护层在叶痕上起防雨、防寒、防菌、防虫的作用　D. 离层，为离区中体形扁小、分裂活跃的几层细胞，当酶的活性增强，离层的细胞解离后，就导致落叶

（四）油桐花果的生长习性

在正常生长条件下，结果初期至结果盛期，植株的生长势旺盛，同化能力强，因之表现雌雄花比值大，结果数多，产量高。其后，随树龄增大，生命活动机能逐步下降，生长势渐弱，同化能力遂差，植株向雄性化倾向转化，雌花逐渐减少，雌雄花比值小，结实力下降，产量低。在结果盛期至结果后期，因结果枝交替现象以及营养、生理等因素，常表现大小年结实现象。大年结实，雌雄花比率大，结果枝比例高，结果数也多；小年结实，雌雄花比率小，结果枝比例低，结果数也少。花果生长是生殖生长。作为生物体生长发育过程的生殖环节，花果生长总是在根系及茎叶系生长基础上的延续和飞跃。因此，花果生长不仅反映着前期营养生长的水平，而且体现了当年二者之间的生长协调程度。

据浙江富阳油桐品种园的多年观察，全园花期持续日数 20 ~ 25 天；单株花期持续日数 10 ~ 15 天；单花持续日数 2 ~ 7 天，其中雄花 2 ~ 3 天落花，雌花 5 ~ 7 天落瓣。

油桐在开花过程中，还表现出一定的先后顺序和花叶生长速率的差异。

1. 油桐开花的顺序

因种源、品种、花性以及单花着生的位置等不同，常遵循一定的开放顺序。

(1)种源及类型顺序　南缘分布区的种源在浙江富阳常提早3~5天先开花，次为中心分布区的种源开花，最后是北缘分布的种源推迟5~7天开花；各分布区内的不同品种间也有3~6天的先后差异，通常是雄性倾向型品种先开花，次为少花、中花品种，最后是雌性倾向型品种开花。

(2)雌雄花顺序　油桐种群在各分布区，在总体上表现雄花先开后止，雌花后开先止。在整个花期之间，形成雌花于雄花的盛花期开放，雄花伴雌花期于始终的最佳偶遇，使雌花有充分授粉的机会。但纯度较高的家系品种子代，如浙江中花球桐家系，有少数顶生于花序主轴的雌花，先于该系雄花开放，而无授粉机会的个别情况。

(3)花位顺序　雌花开放时间存在明显的花位效应。位于花序主轴顶端的雌花发育快而先开，受精成果的比率也最高；位于花序侧轴顶部的雌花，发育稍慢而依次后开，受精成果的比率也相对稍低。多主轴的浙江五爪桐花序，是位于中心的短轴顶上的雌花发育快而先开，再是周围短轴上的雌花开放，个别有侧轴雌花则最后开放。雌花的这种生长发育速度、开放顺序及受精成果比率的差异，也是顶端优势现象的反映。油桐多数品种中的雄花数量大大多于雌花数量，而且雄花在花序上的着生点多而分散，花期持续日数更长。但只要系统观察雄花开放的全过程，亦将发现雄花的开放也存在相似的顺序。

(4)枝位顺序　在树冠不同方位上的枝条，不仅有自身质量上的差异，而且其成花过程中所处的光照、温度等条件也是有差异的。这种因枝条质量和所处条件而影响成花效果的枝位效应，也反映在花的质量和花的生长发育速度上，表现为雌花比例高低、败育蕾和畸形花多少、发育快慢以及成果率的高低。通常树冠上部的花先开于中下部花，向阳部位的花先开于阴面及内膛部位的花；先开花的相应部位多是枝条粗壮，营养充足，受光、受温条件较佳者，以致成花过程顺利，雌花比例高、败育蕾及畸形花少，正常受精成果的比率高，将来果实的品质也好。花果枝位效应是更深刻地反映生长优势的综合表现。

2. 混合芽萌发后的花、叶相对生长速度

混合芽春季萌发后，花序与基簇叶或新梢、新梢叶的相对生长速度，是反映其后果实产量的重要经济性状，可作为花期选择的质量指标。实用上常将花叶相对生长速度分为先叶后花、花叶同步及先花后叶的3种表现型。

(1)先叶后花型　混合芽萌发后，先长叶后开花。基簇叶先现并迅速生长，叶面积扩大很快；花序显现之前，已长出粗短枝及短枝叶，在粗短枝顶端发生花序，或随花序显现，抽发生长更快的新梢及新梢叶；待到花开时，已是葱葱绿叶捧银花，呈现出叶茂花艳的"叶包花"状态。属此类者乃树体养分当时大部分用于长叶及抽梢，花序小、花数少、雌花多、花期短而集中。植株的花序类型，多表现为单雌花花序、丛雌花花序、少花单雌。将来植株结果数多、产量高，桐农喻之为"叶包花、压弯枝"。在光桐育种策略中，叶包花特性常常被作为高产、稳产的优良性状进行选择。其代表品种如座桐、五爪桐、满天星、大米桐、丛生球桐等。皱桐无论雄树或雌树，皆属先叶后花型。

(2)先花后叶型　混合芽萌发后，基簇叶生长缓慢，未现新梢及新梢叶伴生；至始花期，2片基簇叶的叶面积仍然很小，待至盛花时，映现出满树繁花的"花包叶"景象；直到末花期至谢花之后，才陆续抽发新梢。属此类者，乃树体养分当时主要供于庞大花序生长

发育，花序大、花期长；花数虽多，却大都是雄花，仅有极少数正常雌花，间有发育不全的两性花及畸形花。植株的花序类型，多表现为多花单雌花序及雄花序，将来结果少或不结果，产量低，桐农喻之为“花包叶，果不结”。其代表品种、类型如多花单生球桐、野桐、公桐、柴桐等。

(3)花叶同步型　混合芽萌发后，基簇叶与花序能比较均衡地同步生长。随花序发育的同时，基簇叶的叶面积相应中度扩大，盛花期至末花期陆续抽发新梢，形成花叶并茂的同步生长状态。属此类者，乃树体养分当时能较均衡地供给开花、抽梢及长叶的需要，其花序大小、花数多少、花期长短，介二者之间。每序雌花数量通常较多，结果初期有多头结实现象，但大小年结果现象较明显，小年时雌雄花比率大大下降。植株的花序类型，多表现为中花多雌花序，丰产植株多出于此。其代表品种如小米桐、葡萄桐、股爪青、景阳桐、中花丛生球桐等。

3. 油桐座果率

发育正常的油桐雌花在正常气候条件下，基本上均能受精成果。低温多雨是花期之大忌，寒潮、晚霜以及较长时间的阴雨天气，影响昆虫传粉活动，严重的还导致败育。在油桐北缘分布区，少数年份花期曾有突遇0℃及0℃以下低温，花器细胞间隙结冰，使原生质失水收缩，可溶性盐类及离子含量升高，引起细胞内蛋白质沉淀和原生质膜破裂，雌雄花大量脱落，成果率严重下降。农谚谓“开花遇冷风，十窝桐子九窝空”，即喻指花期突遇低温寒潮所造成的灾难性后果。在中心分布区及南缘分布区，亦常因较长时间的低温多雨，酿成败育花增加、授粉不良、成果率下降、大幅度减产，甚至几无收成的后果。油桐座果率之高低，因物种、品种及营养、生理、气候等诸因素，而表现较大差异。光桐中大米桐品种群中的各品种，营养生长与生殖生长较为协调，座果率可高达95%以上，如四川大米桐、浙江座桐、浙江满天星、福建一盏灯、安徽独果桐、河南叶里藏等；小米桐品种群中的四川小米桐、云南矮脚桐、湖南葡萄桐、湖北景阳桐、河南股爪青、浙江中花丛多球桐、福建串桐等，其座果率正常年份也有80%~90%。皱桐雌花受精后，在幼果早期生长的30天内，即有约70%先后落果，最终仅存20%~25%的幼果得以继续正常发育成果。油桐落果现象尚出现在果实迅速膨大时，因养分供给失调而少量落果，也有因夏秋高温干旱季节水分不足而少量落果，但此类落果数量一般不超过落果总数的10%。此外，结实量大的植株，在浙江、福建5月份亦有僵果现象发生，即部分幼果停止发育，果皮由绿色渐转黑色僵死，随后渐次脱落。

4. 油桐果实的生长节律

雌花受精落瓣后6~8天，幼果开始迅速生长，至果实充分成熟脱落止，桐果生长期所经日数为165~180天，南方产区略长，北方产区稍短。表示油桐果实生长量的主要内容是果径、果重、种子及其内含物的数量和质量的变化。尽管果实的各组分在整个生长进程中是互相关联的协调总体，但也不是同步地齐头并进的，而是各有时间和速度上的不同进行式，有各自的最适期及其生长量。

在油桐果实的生长发育进程中，从不同组分的生长量看，可以明显地分为2个阶段。第一阶段是果实膨大期，侧重于果实体积的增长，其中6~7月份的生长量最大，果径、果高、果皮厚度接近最高值；种皮石质化加深，种仁开始充实，干仁含油率仅5%左右。第二阶段是长油期，侧重于脂肪的转化、积累及胚的发育，其中8月中旬至9月中旬是桐油增长的高峰期；果实外部形态已定型，果重继续增加；种仁进一步充实，含油率仍有上升；胚发育加速向成熟发展。据测定(杨绍广，1987)小米桐果实的生长动态如表3-18所示。

表3-18说明：小米桐在湖南保靖的果实生长动态是自4月下旬幼果形成后，果径膨大至7月30日的4.99cm时大体稳定，其最大增幅期是6月中旬至7月中旬；单果重增至10月30日的24.63g时，一直呈上升趋势，其最大增幅期是8月份；种子重量8月份开始快速增长，其最大增幅期是8月下旬至10月；种仁重量8月中旬至9月下旬为最大增幅期；种子含水量逐渐减少，与种子的逐步成熟与充实相一致。

关于油桐果实中脂肪积累的研究，各地做了大量的定期采样测定工作。由于产地自然气候、立地条件、供试材料及测试年份的不同，因而所得桐油增长的速度不尽相同，尤其某一月度累积桐油的数量，各地有很大差距；高峰期稍有先后之别，但增长的走势则是一致的。根据何方在湖南长沙市、杨绍广在湖南保靖县、王汉涛等在河南西峡县及广西农学院林学系的采样分析，结果汇总于表3-19。

表3-19说明，桐果脂肪积累的高峰期均在8月中旬至9月中旬。河南及广西的快速积累期比湖南来得更早，8月15日当湖南的干仁含油率为9.80%时，河南的是35.4%，广西的是58.29%；9月15日当湖南的干仁含油率为49.00%时，河南的是57.2%，广西的是64.13%。

随着种子的逐步成熟，各主要脂肪酸在转化过程中发生了量的变化，其中以桐酸、亚油酸、亚麻酸、棕榈酸的变化较大。据测定(陈炳章，1980)，不同时期油桐种仁中各脂肪酸含量变化见表3-20。

表3-20说明，7月24日至10月10日，棕榈酸由18.31%降至2.83%，其中8月11～25日的14天中降幅最大；亚油酸起点最高，下降也最快，其中最大降幅亦在8月11～25日的14天中；亚麻酸在7月24日至8月11日的18天中下降最快；硬脂酸及油酸的变化较小；唯桐酸含量呈上升趋势，在脂肪转化过程中，桐酸含量的增加与棕榈酸、亚油酸及亚麻酸含量的下降密切相关。

表3-18 小米桐果实生长的变化(湖南保靖大妥)

日期	果实生长		果皮生长			种子干重(g)	种子占果重(%)	仁干重(g)	仁占种子重(%)	果皮含水率(%)	种子含水率(%)
月.日	果径(cm)	单果干重(g)	厚度(cm)	干重(g)	占果重(%)						
4.20	1.00	0.40	0.32	0.40	100					77.00	
4.30	1.32	0.45	0.36	0.44	97.78	0.01	2.20			76.50	93.1
5.10	1.73	0.61	0.42	0.59	96.72	0.02	3.28			76.10	90.5
5.20	2.17	1.17	0.45	1.13	96.56	0.04	3.44			75.40	89.4
5.30	2.56	3.47	0.49	3.21	92.51	0.26	7.49			74.00	88.6
6.10	2.74	3.99	0.54	3.60	90.23	0.39	9.77			73.10	87.6
6.20	3.58	7.47	0.59	6.71	89.83	0.76	10.17			73.00	86.7
6.30	4.09	9.43	0.61	8.12	86.11	1.31	13.89			72.15	84.9

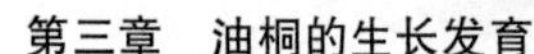

（续）

日期	果实生长		果皮生长			种子干重(g)	种子占果重(%)	仁干重(g)	仁占种子重(%)	果皮含水率(%)	种子含水率(%)
月．日	果径(cm)	单果干重(g)	厚度(cm)	干重(g)	占果重(%)						
7. 10	4. 57	11. 15	0. 59	9. 67	86. 73	1. 48	13. 27			73. 86	84. 5
7. 20	4. 81	11. 71	0. 58	10. 11	86. 34	2. 16	13. 66			74. 67	83. 5
7. 30	4. 99	11. 78	0. 60	9. 11	77. 33	2. 67	22. 67	0. 07	2. 62	73. 12	80. 1
8. 10	5. 21	12. 94	0. 60	9. 13	70. 56	3. 81	29. 44	0. 09	2. 36	73. 46	78. 4
8. 20	5. 21	15. 41	0. 58	10. 47	67. 94	4. 94	32. 06	0. 56	11. 34	74. 60	70. 5
8. 30	5. 12	17. 73	0. 59	11. 88	64. 18	6. 35	35. 82	2. 14	33. 70	73. 01	65. 3
9. 10	5. 14	19. 71	0. 58	11. 24	57. 91	8. 17	42. 09	2. 24	27. 42	73. 10	63. 1
9. 20	5. 21	20. 97	0. 58	11. 31	53. 93	9. 66	46. 07	4. 07	42. 13	73. 0	60. 0
9. 30	5. 09	21. 34	0. 58	11. 73	54. 97	9. 61	45. 03	6. 96	72. 42	72. 1	54. 1
10. 10	5. 22	22. 13	0. 58	11. 13	50. 29	11. 00	49. 71	6. 97	63. 36	72. 2	47. 8
10. 20	5. 10	23. 12	0. 58	11. 11	48. 05	12. 01	51. 95	7. 00	58. 28	71. 8	43. 9
10. 30	5. 20	24. 63	0. 58	11. 1	45. 07	13. 53	54. 93	8. 82	65. 19	69. 9	41. 2

表 3-19　不同时期油桐干种仁含油率的变化　　%

日期(月．日)	湖南长沙(米桐)	湖南保靖(小米桐)	河南西峡(股爪青)	广西农学院林学系(光桐)
5. 30	0. 36			
6. 10		0. 16		
6. 15	0. 17			
6. 20		0. 61		
6. 30	3. 00	2. 91		
7. 10		3. 00	0. 1	
7. 15	4. 37			3. 88
7. 20		4. 02		
7. 25			2. 5	
7. 30	5. 74	5. 24		
8. 05			15. 1	
8. 10		5. 36		
8. 15	9. 80		35. 4	58. 29
8. 20		9. 04		
8. 25			43. 5	
8. 30	37. 25	32. 25		
9. 05			49. 7	
9. 10		37. 77		
9. 15	49. 00		57. 2	64. 13
9. 20		45. 44		
9. 25			58. 7	
9. 30	52. 00	51. 41		
10. 5			63. 5	
10. 10		54. 87		
10. 15	54. 00		62. 6	63. 33
10. 20		56. 23		
10. 30	54. 10	58. 25		
11. 15				63. 19

表 3-20　不同时期油桐干种仁的脂肪酸含量变化　　(%)

日期(月.日)	棕榈酸	硬脂酸	油酸	亚油酸	亚麻酸	桐酸
7.24	18.31	3.77	6.14	50.11	19.70	1.87
8.11	14.49	2.20	5.82	43.48	8.52	24.47
8.25	8.80	1.82	5.46	24.47	4.53	54.92
9.15	4.73	2.34	6.48	13.48	1.87	71.10
10.10	2.83	2.86	5.39	8.65	0.83	79.42

注：表中含量为主要成分，故不足 100%。

桐油的酸价(酸值)和碘价(碘值)是重要的质量指标。在油分形成的初期，主要是产生具有饱和性质的游离脂肪酸，故碘价低，酸价高。随着种子的逐渐成熟，油分在形成、转化与积累过程中，碘价逐渐提高，碘价逐渐提高，酸价逐渐降低。因此，采果太早，种子未充分成熟，桐油的碘价低，酸价高，油质差。据原四川万县炼油厂(邱铠)测定资料，长油期油分碘价、酸价变化见表 3-21。

表 3-21　桐油酸价及碘价变化

采果时间(月.日)	1976		1978		1979	
	酸价	碘价	酸价	碘价	酸价	碘价
8.1					33.36	138.9
8.15	13.60	137.3	4.08	155.6	2.69	166.3
9.1			0.71	156.4	0.56	167.5
9.15	0.90	149.5	0.82	157.4	0.60	164.3
10.1			0.62	159.0		
10.4	0.65	155.0	0.65	157.0	0.45	166.9
10.15					0.47	167.2

二、油桐林生物量及大量元素循环

生物量是能量转化的产物，是油桐光合生产率对根、茎、叶、花、果的有机物质积累。大量元素循环，是指大量营养元素在油桐林生态系统中的吸收、积累、分配与返回的生物循环。研究油桐林的生物产量和养分生物循环，是建立稳定、高效油桐林生态系统的依据。中南林学院何方、王义强等(1990)，对生长于湖南永顺青天坪试验林场红色石灰土上的湖南葡萄桐，按幼龄期(1～2 年生)、始果期(3～5 年生)、盛果期(7～15 年生)、衰老期(20 年生)选择样株，以样株的实测值和林分密度，估算出一般经营水平和中等立地条件下，油桐林生物量及大量元素生物循环的各项数据。

植物是个有机的整体，因而整体与部分、部分与部分的生长具有相关性。在油桐的生物量测定中，可以利用这种相对生长关系来估测油桐林的生物量。

在树龄为 15 年生以内的林分中，分别测得其生物量。以结构因子的径粗(D)、树高(H)和冠幅(S)为自变量，油桐各组分的生物量为因变量，进行逐步回归分析，得各组分

的回归方程(表3-22)。

通过逐步回归后，在各组分的生物量的回归方程中自变量只留下冠幅因子(S)，表明冠幅在油桐各组分生物量与结构因子的线性关系中为主导因子。复相关系数均在0.9以上，经相关系数检验表检验，各回归方程的回归关系均达显著水平。在森林生态系统中生物量的测定，人们常用径粗(D)或径粗的平方和树高的乘积(D^2H)为自变量的幂函数模型，即 $W=aD^b$ 和 $W=a(D^2H)^b$，对树木各组分的生物量进行估测。用径粗和树高两个因子即 D^2H 拟合的数学模型，能消除因树龄、林型和立地条件不同的影响。对于油桐的生物量，这里也采用此两种模型进行拟合。其对数表达式为：$\log W=\log a+b\log D$；$\log w=\log a+b\log(D^2h)$。求出经验公式列于表3-23。

表3-22　油桐各组分生物量的逐步回归方程

组分	样本数	回归方程	复相关系数
根	18	$W_R=-1.93361+0.535575S$	0.9607
干	18	$W_S=-3.3131+0.96671S$	0.9545
枝	16	$W_B=-10.86476+2.15667S$	0.9536
叶	18	$W_L=-0.16056+0.2022S$	0.9897
花	12	$W_{FL}=-0.16867+0.031134S$	0.9915
果	12	$W_{FR}=-0.28146+0.15269S$	0.9054
总生物量	18	$W_T=-13.3919+3.93274S$	0.9646

注：S 为冠幅，单位：m^2。

表3-23　油桐各组分生物量幂函数模型

组分	样本	模型表达式	a	b	相关系数(r)
根	18	$\log W_R=\log a+b\log D$	5.21707×10^{-3}	2.63806	0.98820
		$\log W_R=\log a+b\log(D^2H)$	1.26846×10^{-2}	0.89769	0.98184
干	18	$\log W_S=\log a+b\log D$	2.67745×10^{-3}	3.15941	0.96921
		$\log W_S=\log a+b\log(D^2H)$	1.6615×10^{-2}	0.96514	0.99574
枝	16	$\log W_B=\log a+b\log D$	2.66873×10^{-3}	3.41154	0.98793
		$\log W_B=\log a+b\log(D^2H)$	3.98156×10^{-3}	1.28046	0.99235
叶	18	$\log W_L=\log a+b\log D$	0.010444	2.18225	0.99884
		$\log W_L=\log a+b\log(D^2H)$	0.021086	0.74889	0.99699
花	12	$\log W_{FL}=\log a+b\log D$	8.1524×10^{-5}	3.31783	0.88263
		$\log W_{FL}=\log a+b\log(D^2H)$	7.45207×10^{-5}	1.24385	0.89756
果	12	$\log W_{FR}=\log a+b\log D$	0.84375	0.51354	0.80815
		$\log W_{FR}=\log a+b\log(D^2H)$	0.050695	0.60478	0.90448
总生物量	18	$\log W_T=\log a+b\log D$	0.020171	2.92048	0.99579
		$\log W_T=\log a+b\log(D^2H)$	0.052628	0.99850	0.99350

表3-23说明：不论哪种类型，油桐各组分生物量的回归方程的相关系数均在0.8以上，其中根、枝、干、总生物量的回归方程相关系数在0.96以上。经相关系数检验表检验，回归关系达极显著水平，可见采用此两种模型估测油桐生物量效果均好。将表3-22和表3-23比较可知，虽然3种模型的回归关系均达到了显著水平，但其相关系数仍是有差别的。为了使各组分生物量的估测精度更高，兹选用 $W=a(D^2H)^b$ 估测根、干、枝、叶和总的生物量；选用 $W=a+bs$ 作为花生物量的估测模型；选用 $W=a(D^2H)^b$ 或 $W=a+bs$ 估测果的生物量。

(一)油桐林的总生物量

不同生育期，油桐的同化能力不同，生物量的积累速率不一样。20年生桐林的总生物量及其光合产物相对分配率见表3-24。

表3-24　不同生育时期油桐林生物量及光合产物相对分配表　　单位：t/hm^2,%

生育期	树龄(a)	根	干	枝	叶	花	果	种仁	果皮等	总
幼龄期	1	0.006 30	0.006 30		0.008 40					0.020 100.0
	2	0.122 16.4	0.233 31.2	0.218 29.2	0.173 23.2					0.746 11.0
始果期	3	0.314 14.7	0.639 30.0	0.826 38.8	0.352 16.5					2.131 100.0
	5	0.552 7.4	2.069 27.6	3.350 44.7	0.816 10.9	0.022 0.3	0.680 9.1	(0.17)	(0.51)	7.489 100.0
盛果期	7	2.740 13.6	4.872 24.2	9.297 46.1	1.541 7.6	0.213 1.1	1.486 7.4	(0.394)	(1.092)	20.149 100.0
	9	5.033 13.4	8.555 22.7	18.816 50.0	2.483 6.6	0.273 0.7	2.456 6.5	(0.756)	(1.7)	37.616 100.0
	11	6.966 16.0	1.597 24.3	20.461 46.9	2.771 6.3	0.333 0.8	2.531 5.8	(0.815)	(1.716)	43.65 100.0
	13	7.809 14.2	13.380 24.5	27.174 49.8	3.033 5.6	0.386 0.7	2.830 5.2	(0.775)	(2.055)	54.612 100.0
	15	9.056 12.4	18.675 25.6	38.631 52.9	3.744 5.1	0.456 0.6	2.430 3.3	(0.548)	(1.882)	72.986 100.0
衰老期	20	10.790 13.6	22.864 28.7	44.031 55.3	1.560 2	0.106 0.1	0.263 0.3	(0.026	0.237)	79.614 100.0

注：生物量以干物质重量表示。

表3-24说明：油桐林的总生物量幼龄期为0.02~0.746t/hm^2，始果期为2.131~7.489t/hm^2，盛果期为20.149~72.986t/hm^2，衰老期为79.614t/hm^2。油桐林的生物量是

随树龄的增长而逐渐积累的。生物量积累速率，各生育期有明显差异，幼龄期 2 年间共增长 0.746/hm^2，平均年增长 0.373t/hm^2；始果期 3 年间共增长 5.358t/hm^2，平均年增长 1.786t/hm^2；盛果期 10 年间共增长 58.71t/hm^2，平均年增长 5.87t/hm^2；衰老期 5 年间共增长 6.628t/hm^2，平均年增长 1.326t/hm^2。可见油桐林总生物量积累速率之大小顺序是盛果期 > 始果期 > 衰老期 > 幼龄期。

1. 根、干、枝的生物量

根、干、枝的生物量积累速率在不同生育期也是不同的，但均是盛果期 > 衰老期 > 始果期 > 幼龄期。这说明盛果期不仅生殖生长旺盛，营养生长也旺盛。油桐林光合产物绝大部分积累在根、干、枝中，其中枝的分配率最高，其次是干，再次为根。以 9 年生桐林为例，光合产物的相对分配率枝为 50%，干为 22.7%，根为 13.4%。

2. 叶的生物量

叶与花、果是每年更新的器官，其生物量系指油桐相应组分的当年生产量，而不是逐年的累积量。叶是合成营养物质的主要器官，植株 95% 的有机物质来源于叶的光合作用，所以叶是根、干、枝、花、果干物质积累的重要影响因素。从幼龄期至盛果期，叶的生物量随树龄增大而增加，进入衰老期后渐降，这与树体生活力下降和树冠向心回缩有关。光合产物对叶的相对分配率，幼龄期高达 23.2%~40.0%，其后随树龄增大而逐年减少，至 20 年生时仅 2.0%。

3. 花的生物量

油桐林花的生物量，在总生物量中所占比例最小，除个别年份外，每年光合产物的相对分配率均小于 1%，少时仅有 0.1%。为进一步揭示油桐林花生物量的动态变化，对 15 年生内的桐林采用数学模型进行模拟。花生物量的动态模型表明，在盛果期内，油桐林花生物量随树龄以指数函数增长。以模型估测树龄 6、8、10、12、14 年生的油桐林花生物量，其估计值分别为 0.115t/hm^2、0.257t/hm^2、0.305t/hm^2、0.362t/hm^2、0.429/hm^2。

4. 果的生物量

果实是油桐林经营的主要收获物，所以果生物量是经济生物量。油桐林的果生物量，始果期约为 0.680t/hm^2，盛果期为 1.486 ~ 2.830t/hm^2，衰老期约为 0.263t/hm^2。可见盛果期的果生物量，不仅数量多而且增长的速率也快。为进一步揭示果生物量与树龄的关系，将果生物量与树龄作图，表明经济产量(果生物量或种仁生物量)随树龄的动态变化，约呈二次抛物线规律。以数学模型进行模拟，求得树龄为 6、8、10、12、14、16、17、18、19 年生油桐林的果生物量估测值(表 3-25)。

表 3-25 不同树龄的油桐林果生物量估测值

树龄(a)	6	8	10	12	14	16	17	18	19
估测值(t/hm^2)	1.124	1.924	2.441	2.674	2.624	2.291	2.018	1.674	1.300

模型对时间的求导，得 $t=12.7$，说明树龄为 13 年生时，油桐林的果生物量达到最大值，其估测值为 2.685t/hm^2。

5. 种仁生物量

油桐的种仁是桐油集聚部位，故以种仁生物量来衡量油桐林的经济产量更为合理。油桐林的种仁生物量，始果期约为 0.170t/hm^2，盛果期每年为 0.394～0.815t/hm^2，衰老期约为 0.026t/hm^2。盛果期反映经济产量的作用也是最大的。利用模型对树龄为 6、8、10、12、14、16、17、18 年生油桐林分进行估测，其种仁生物量的估测值见表 3-26。树龄至 18 年生时，油桐林的种仁生物量大体趋于零。

表 3-26　不同树龄的油桐林种仁生物量估测值

树龄(a)	6	8	10	12	14	16	17	18
估测值(t/hm^2)	0.325	0.519	0.775	0.795	0.679	0.249	0.037	0

模型对时间的求导，得 $t=11.3$，说明树龄为 11 年生时，油桐林的种仁生物量达到最大值，其估测值为 0.800t/hm^2。种仁生物量达到最大值的树龄(11 年生)比果生物量达到最大值的树龄(13 年生)提前 2 年，可见当油桐林的树龄增至 11 年生之后，果实的出子率或出仁率已下降。因此，在正常生长条件下，能够推迟种仁生物量达到最大值的时限，就能有效地提高林分的经济产量。

(二)油桐林分的生产力

油桐林分的生产力是指单位时间和单位面积内光合作用所产生有机物或固定能量的速率。通常用林分的净生产量和叶的光合净生产率表示。

1. 油桐林分的净生产量和经济系数

油桐林净生产量是指通过叶的光合作用每年生产的有机物质除去呼吸消耗余下来的部分。经济系数 = 经济净生产量/生物净生产量。不同生育期油桐林净生产量(表 3-27)。

表 3-27　不同生育期桐林净生产量　　单位：t/(hm^2·a)

生育期	林分净生产量	油桐各组分净生产量							
		根	干	枝	叶	花	果	种仁	果皮等
幼龄期	0.373	0.061	0.117	0.109	0.086				
始果期	2.687	0.143	0.615	1.044	0.584	0.011	0.290	0.085	0.215
盛果期	11.422	0.850	1.661	3.528	2.744	0.292	2.347	0.658	1.689
衰老期	7.094	0.347	0.838	2.291	2.242	0.246	1.130	0.235	0.895

表 3-27 说明，油桐林净生产量幼龄期为 0.373t/(hm^2·a)，始果期为 2.687t/(hm^2·a)，盛果期为 11.422t/(hm^2·a)，衰老期为 7.094/(hm^2·a)。从各组分的净生产量看出，幼龄期干的净生产量最大；始果期、盛果期和衰老期均是枝的净生产量最大；叶的净生产量在盛果期和衰老期居于第二位；果的净生产量在盛果期居于第三位。光合产物在各组分的分配比例，幼龄期，根∶干∶枝∶叶 =1∶1.9∶1.8∶1.4；始果期，根∶干∶枝∶叶∶花∶果 =1∶4.3∶7.3∶4.1∶0.1∶2.0；盛果期，根∶干∶枝∶叶∶花∶果 =1∶2.0∶4.2∶3.2∶0.3∶2.8；衰老期，根∶干∶枝∶叶∶花∶果 = 1∶2.4∶6.6∶6.5∶0.7∶3.3。

以果的净生产量作为经济产量，始果期经济系数为 0.11，盛果期经济系数为 0.21，衰老期经济系数为 0.16。以种仁的净生产量作为经济产量，始果期、盛果期和衰老期的经济系数分别为 0.03、0.06、0.03。

2. 叶面积、经济产量和叶的光合经济生产率

光合产物的多少取决于叶的光合面积、叶的光合能力和光合作用的时间。表3-28说明，盛果期经济产量随叶面积不同而异，经相关分析，相关系数为0.7521，经检验达显著水平。油桐叶的净光合经济生产率随树龄的增大有减少的趋势，经相关分析，相关系数为0.7936，经检验呈负显著相关。

表3-28　叶面积经济产量和叶的光合经济生产率

树龄(a)	叶面积(m^2/hm^2)	经济产量(t/hm^2)	光合经济生产率(kg/m^2)
5	5169	0.680	0.13
7	14856	1.486	0.10
9	20194	2.456	0.12
11	26525	2.531	0.10
13	28881	2.830	0.10
15	27806	2.430	0.09

3. 影响林分生产力的主要因子

标志林分生产力水平的是一定时间光合产物的数量，而决定林分光合产物数量的则是叶总面积的大小及其光合条件。因此，品种、树龄、密度、立地条件、生态气候及油桐林经营水平等，均为林分生产力的影响因子，其中油桐林经营水平往往又是影响最大的主要因子。当品种、年龄、密度、立地条件及生态气候大体相同时，油桐林的生物量及其生产力，将随经营水平的提高而提高。

油桐林的经营水平高、水肥供应充足时，树冠大、叶片多、受光面广、光合生产率高，从而提高了林分的生产力水平。据全国油桐资源调查资料表明，各产区不同经营水平的桐林生产力有很大差别：集约经营的桐林，年产油量450~750kg/hm^2，或更多；一般经营的桐林，年产油量300~375kg/hm^2；粗放经营的桐林，年产油量仅100~150kg/hm^2。可见提高油桐林经营管理水平，能有效地增进光合效能，合成更多的有机物质，从而提高油桐林的生产力水平。

(三)油桐生物量的月积累与分配

前面已讨论了油桐在一个世代中，不同生育期或年度之间桐林群体生物量的动态变化。这里进一步讨论油桐在1年中，不同生长季节每月单株个体生物量的动态变化，以期对油桐的生长习性有更深入的了解。为探索油桐1年生苗期生物量的月积累与分配变化(陈秀华，1980，安徽滁县)，选用丛果球、大扁球、五爪桐、球桐及金爪桐5个品种，苗圃播种，分期采样测定结果。

1. 油桐1年生苗木的净同化率

根据每月取样测定全株鲜叶重和全株总干重(8~10株平均值)，计算不同生长期苗木的净同化率。

表3-29说明，油桐1年生实生苗每天的净同化率，高的达53.0931mg(大扁球)和

表 3-29　油桐 1 年生实生苗不同生长期的净同化率

日期（月·日）	丛果球			大扁球			五爪桐			球桐			金爪桐		
	平均全株鲜叶重(g)	平均全株总干重(g)	净同化率	平均全株鲜叶重(g)	平均全株总干重(g)	净同化率	平均全株鲜叶重(g)	平均全株总干重(g)	净同化率	平均全株鲜叶重(g)	平均全株总干重(g)	净同化率	平均全株鲜叶重(g)	平均全株总干重(g)	净同化率
6.2	4.1719	0.145	—	1.5901	0.098	—	5.34	0.034	—	1.3269	0.08	—	2.0852	0.112	—
7.2	14.9667	5.24	15.7324	14.7	4.667	11.6171	16.75	4.97	14.42	14.5606	4.773	11.8208	13.675	4.522	12.6901
8.2	17.3	8.79	49.079	17.63	9.49	53.0931	19.34	9.16	52.1858	39.97	20.86	20.4229	21.81	8.6	16.1706
9.2	104.27	48.63	14.777	63.6	37.55	19.6902	60.25	28.45	15.2183	77.02	37.64	14.6097	43.77	23.26	21.5347
10.2	147.33	58.44	7.594	86.05	52.12	21.6332	—	—	—	112.51	78.5	38.377	60.11	36.88	27.7845

计算公式：$(W_2-W_1)/(S_2-S_1)\times$净同化率[mg 干重/(g 鲜重·d)]；$W_1$ = 上个月油桐苗木平均全株总干重(g)；W_2 = 当月油桐苗木平均全株总干重(g)。

注：计算公式：$W_2-W_1/(S_2-S_1)\times$天数 = 净同化率[mg 干重/(g 鲜重·d)]；W_1 = 上一个月油桐苗木平均全株总干重(g)；W_2 = 当月油桐苗木平均全株总干重(g)。S_1 = 上一个月油桐苗木平均全株鲜叶重(g)；S_2 = 当月油桐苗木平均全株鲜叶重(g)；天数 = 上个月取样日期至当月取样日期相隔的天数。

52.1858mg(五爪桐)；有一个明显的高峰期，一般出现在 7~8 月，但不同品种高峰期的出现亦有先后，甚至似有 2 次高峰期；高峰期是桐苗的速生期，光合作用强、同化率高。

2. 油桐 1 年生苗木生物量的分配率

在一个年生长周期中，苗木各组分生物量的月积累速率不同，光合产物对根、茎、叶的分配率也是不一样的(表 3-30)。

表 3-30　油桐 1 年生苗木不同生长期的生物量及分配率

品种	生长时期（月．日）	全株干重（g）	根		茎		叶	
			平均单株根干重(g)	占全株干重百分比(%)	平均单株根干重(g)	占全株干重百分比(%)	平均单株根干重(g)	占全株干重百分比(%)
丛果球	6.2	0.145	0.037	25.52	0.068	46.90	0.04	27.58
	7.2	5.24	0.79	15.08	1.37	26.15	3.08	58.77
	8.2	8.79	0.62	7.05	2.99	34.02	5.18	58.93
	9.2	48.63	5.91	12.15	18.10	37.22	24.62	50.63
	10.2	58.44	8.71	14.90	22.82	39.05	26.91	46.05
大扁球	6.2	0.098	0.037	37.76	0.05	51.02	0.011	11.22
	7.2	4.667	0.724	15.52	1.173	25.13	2.77	59.35
	8.2	9.49	0.77	8.11	3.38	35.62	5.34	56.27
	9.2	37.55	4.52	12.09	14.63	38.96	18.38	48.95
	10.2	52.12	9.48	18.19	18.80	36.07	23.84	45.74
五爪桐	6.2	0.034	0.012	35.29	0.011	32.35	0.011	32.36
	7.2	4.97	0.84	16.90	0.95	19.11	3.18	63.99
	8.2	9.16	0.75	8.19	2.41	26.31	6	65.5
	9.2	28.46	4.76	16.51	7.87	27.65	15.89	55.84
	10.2	—	—	—	—	—	—	—

（续）

品种	生长时期（月．日）	全株干重（g）	根		茎		叶	
			平均单株根干重(g)	占全株干重百分比(%)	平均单株根干重(g)	占全株干重百分比(%)	平均单株根干重(g)	占全株干重百分比(%)
球桐	6.2	0.08	0.027	33.75	0.043	53.75	0.01	12.5
	7.2	4.773	0.619	12.97	1.264	26.48	2.89	60.55
	8.2	20.86	1.74	8.34	6.95	33.32	12.17	58.34
	9.2	37.64	4.67	12.41	15.02	39.90	17.95	47.69
	10.2	78.50	12.93	16.47	32.73	41.69	32.84	41.84
金爪桐	6.2	0.112	0.033	29.46	0.063	56.25	0.016	14.29
	7.2	4.522	0.653	14.44	1.129	24.97	2.74	60.59
	8.2	8.60	0.67	7.79	2.80	32.56	5.13	59.65
	9.2	23.26	2.87	12.34	8.61	37.02	11.78	50.64
	10.2	36.88	4.65	12.61	15.43	41.84	16.8	45.55

表3-30说明，1年生苗木总生物量的分配率，各个品种中叶为41.84%~46.05%，茎为36.07%~41.84%，根为12.61%~18.19%，即叶>茎>根；从6月2日的测定值看，其分配率茎为32.35%~56.25%，根为25.52%~37.76%，叶为11.22%~32.36%，即茎>根>叶；6月2日之后，从7月2日至10月2日的各月测定值看，光合产物大部分积累在叶，光合产物的相对分配率叶均为最高，次为茎，根最少。根系的生物量积累有个低峰期，各品种均出现于7月2日至8月2日。可见，油桐1年生苗期，光合产物分配率，地上部大大高于地下部，根系与茎叶系的高峰期呈交替出现。

3. 油桐1年生苗期地上部与地下部生长的变化

苗木在年生长周期中，其生物量积累的动态变化，与苗木各组分的生长度的动态变化密切相关。因而，目前生产上仍更多地以生长度来判断油桐苗期的生长变化(表3-31)。

表3-31　油桐1年生苗期地上部分和地下部分的生长变化

品种	生长时期（月．日）	地上部分						地下部分			
		全苗高（cm）	月增长数(cm)	地径（cm）	月增长数(cm)	叶片数（片）	月增长数(片)	主根长（cm）	月增长数(cm)	根幅（cm）	月增长数(cm)
丛果球	6.2	9.95	—	0.5	—	2	—	10.2	—	5.496	—
	7.2	37.42	27.47	0.63	0.13	7.80	5.80	20.50	10.30	6.854	1.358
	8.2	60.96	23.54	0.71	0.08	11.28	3.48	31.06	10.56	36.77	29.916
	9.2	108	47.04	1.09	0.38	18.71	7.3	36.43	5.37	198.767	161.997
	10.2	110	2	1.11	0.02	19	0.29	38	1.57	211.14	12.373
大扁球	6.2	9.46	—	0.50	—	2	—	9.98	—	6.072	—
	7.2	29.37	19.91	0.65	0.15	7.60	5.6	23	13.02	9.145	3.073
	8.2	64.14	34.77	0.88	0.23	10.14	2.54	32.01	9.01	38.916	29.771
	9.2	99	34.86	1.24	0.36	16.71	6.57	39.23	7.22	184.001	145.685
	10.2	107	8	1.25	0.01	18.4	1.69	40	0.77	199.5	14.899

（续）

品种	生长时期（月．日）	地上部分						地下部分			
		全苗高（cm）	月增长数（cm）	地径（cm）	月增长数（cm）	叶片数（片）	月增长数（片）	主根长（cm）	月增长数（cm）	根幅（cm）	月增长数（cm）
五爪桐	6. 2	9. 25	—	0. 65	—	2	—	15	—	6. 48	—
	7. 2	23	13. 75	0. 69	0. 04	9	7	24. 4	9. 4	15. 91	9. 43
	8. 2	75. 35	52. 35	0. 74	0. 05	12	3	30. 75	6. 35	40. 355	30. 445
	9. 2	89	13. 05	1. 03	0. 29	19	7	36. 7	5. 95	192	145. 645
	10. 2	95	6	1. 05	0. 02	19. 5	0. 5	37. 8	1. 1	223. 56	31. 56
球桐	6. 2	10. 45	—	0. 6	—	2. 5	—	14. 6	—	7. 2	—
	7. 2	30. 19	19. 14	0. 71	0. 11	7. 25	4. 75	27. 56	12. 96	14. 213	7. 013
	8. 2	75. 2	45. 01	0. 81	0. 1	12. 57	5. 32	34. 48	9. 92	56. 234	42. 023
	9. 2	99	23. 8	1. 29	0. 48	16. 43	3. 86	39. 93	5. 45	231. 631	175. 395
	10. 2	101. 5	2. 5	1. 4	0. 11	17. 14	0. 71	41. 14	1. 21	277. 568	45. 937
金爪桐	6. 2	10. 89	—	0. 61	—	2	—	14. 1	—	4. 686	—
	7. 2	34. 19	23. 3	0. 7	0. 09	7. 5	5. 5	25. 75	11. 65	9. 485	43799
	8. 2	64. 41	30. 22	0. 76	0. 06	9. 14	1. 64	31. 06	5. 31	45. 798	36. 313
	9. 2	85	20. 59	0. 72	0. 16	11. 14	2	38. 29	7. 23	108. 521	62. 723
	10. 2	103	18	1. 05	0. 13	15. 86	4. 72	40. 03	1. 74	239. 324	130. 863

表3-31说明，油桐1年生苗木地上部与地下部生长，表现出一定的生长节律，既有各自的生长速率以及明显交替出现的生长速率高峰，又有各部分平衡协调、相互促进的整体增长进程；6～7月主根伸长的速率大，各品种月增长幅度为5. 31～13. 02cm，为其增速的高峰期；7～8月苗高增长速率大，各品种月增长幅度为23. 54～52. 35cm，是其增速的高峰期；8月根幅增长速率大，各品种月增长62. 72～175. 40cm，是高峰期。可见苗木在年生长初期，主根伸长迅速，至年生长中期则茎叶系增长迅速，到生长后期为根幅扩展迅速。

（四）油桐大量元素的循环

1. 不同树龄油桐各组分大量元素的含量

油桐不同树龄及树体的不同组分大量元素的含量不同（表3-32）。

表3-32　不同树龄油桐各组分大量营养元素的含量　　单位：%

树龄（a）	组分	N	P	K	Ca	Mg
1	根	0. 699	0. 119	1. 600	1. 164	0. 289
	干	0. 571	0. 112	1. 183	1. 730	0. 117
	枝					
	叶	4. 480	0. 100	0. 712	3. 752	0. 0667
	花					
	种仁					
	果皮					

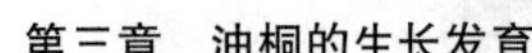

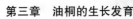

（续）

树龄(a)	组分	N	P	K	Ca	Mg
2	根	0.499	0.072	0.612	1.334	0.189
	干	0.572	0.048	0.364	2.195	0.112
	枝	0.671	0.087	0.916	2.584	0.362
	叶	3.754	0.066	0.886	3.642	0.913
	花					
	种仁					
	果皮					
3	根	0.432	0.086	0.734	1.257	0.281
	干	0.420	0.054	0.427	1.743	0.113
	枝	0.631	0.076	0.850	2.223	0.310
	叶	4.441	0.089	0.712	3.531	0.565
	花					
	种仁					
	果皮					
5	根	0.410	0.082	0.786	1.031	0.280
	干	0.322	0.038	0.438	1.835	0.108
	枝	0.528	0.067	0.743	1.884	0.272
	叶	3.902	0.069	0.816	3.806	0.675
	花	4.616	0.407	3.206	1.321	0.426
	种仁	4.479	0.438	1.253	0.924	0.655
	果皮	0.497	0.056	2.887	1.325	0.047
7	根	0.478	0.070	0.645	1.432	0.246
	干	0.244	0.040	0.438	1.458	0.095
	枝	0.441	0.059	0.659	1.708	0.206
	叶	3.902	0.084	0.93	3.215	0.567
	花	3.466	0.361	2.939	1.154	0.482
	种仁	4.634	0.522	2.691	1.386	0.534
	果皮	0.621	0.062	2.185	1.294	0.051
9	根	0.523	0.097	0.741	1.558	0.283
	干	0.243	0.032	0.542	1.854	0.105
	枝	0.387	0.052	0.61	1.705	0.159
	叶	3.838	0.043	1.414	3.435	0.698
	花	4.776	0.332	2.949	1.289	0.564
	种仁	4.894	0.345	0.814	1.153	0.565
	果皮	0.535	0.055	3.214	1.472	0.063

（续）

树龄(a)	组分	N	P	K	Ca	Mg
11	根	0.423	0.098	0.562	1.310	0.271
	干	0.202	0.034	0.555	1.632	0.092
	枝	0.352	0.049	0.582	1.702	0.148
	叶	3.641	0.075	1.082	2.789	0.720
	花	4.385	0.334	3.134	1.453	0.515
	种仁	6.161	0.527	1.156	0.826	0.604
	果皮	0.429	0.089	3.349	1.153	0.054
13	根	0.265	0.067	0.532	1.406	0.245
	干	0.248	0.031	0.336	1.735	0.094
	枝	0.345	0.046	0.553	1.698	0.123
	叶	3.724	0.085	0.795	3.517	0.641
	花	4.127	0.332	3.013	1.608	0.538
	种仁	5.633	0.398	1.243	1.342	0.467
	果皮	0.684	0.052	2.859	1.026	0.032
15	根	0.240	0.072	0.454	1.565	0.231
	干	0.181	0.028	0.489	1.924	0.088
	枝	0.334	0.044	0.512	1.684	0.122
	叶	3.908	0.081	0.941	3.382	0.618
	花	3.553	0.327	3.212	1.557	0.464
	种仁	7.690	0.433	1.515	1.048	0.432
	果皮	0.627	0.057	3.475	1.021	0.048
20	根	0.225	0.065	0.586	1.352	0.232
	干	0.170	0.027	0.416	1.760	0.085
	枝	0.315	0.041	0.497	1.681	0.108
	叶	3.135	0.052	1.102	3.016	0.581
	花	3.452	0.321	3.017	1.532	0.408
	种仁	6.524	0.408	1.432	1.214	0.484
	果皮	0.532	0.063	3.121	1.143	0.039

表3-32说明：①根、干的大量营养元素含量均较低，除钙外，根部大量元素含量较树于为高；树龄1年时，根部大量元素含量大小顺序为K>Ca>N>Mg>P；树龄1年之后，根部大量元素含量顺序均为Ca>K>N>Mg>P；树干部分，树龄3年起大量元素含量顺序为Ca>K>N>Mg>P。②枝条大量元素含量稍高于根部，其含量顺序为Ca>K>N>Mg>P；氮、磷、钾、钙、镁的含量，随枝龄的增大而减少。③叶部氮、钙、镁的含量，明显高于根部、树干及枝条，其中钙的含量高于诸器官；各大量元素含量的顺序为

N > Ca > K > Mg > P；氮、磷、镁含量在盛果期均无显著变化，进入衰老期后明显降低。④花的大量元素含量与叶部相比，其中氮素含量相当，磷、钾含量显著高于叶，钙、镁含量低于叶；大量元素含量顺序为 N > K > Ca > Mg > P。⑤种仁的氮、磷含量是诸器官中最高的；果皮的钾含量较高，其余较低。⑥树体各组分大量元素的相对含量(积累)，氮素在种仁、花和叶中为高；磷在种仁和花中为高；钾在果皮和花中为高；钙、镁在叶中为高。

2. 油桐林不同生育期大量元素的生物循环

油桐林通过根部从土壤中吸收养分，维持油桐各器官的生长发育。吸收的养分一部分分配给根、干、枝，另一部分分配给叶、花、果。桐林每年从土壤中吸取的养分，称之为吸收量；分配给根、干、枝中的养分每年都被保留下来，称为存留量；分配给叶和花中的养分每年都归还给林地，称之为归还量；分配给果实中的养分每年都随果实的采摘而被输出桐林生态系统，称之为输出量。循环速率等于归还量与输出量之和除以吸收量，即循环速率 = (归还量 + 输出量)/吸收量，其中归还速率 = 归还量/吸收量，输出速率 = 输出量/吸收量。油桐林不同生育期大量元素的生物循环见表 3-33 及循环速率见表 3-34。

表 3-33　不同生育期油桐林大量元素的生物循环　　单位：kg/(hm^2·a)

生育期	营养元素	存留量				归还量			输出量			吸收量
		根	干	枝	合计	叶	花	合计	种仁	果皮等	合计	
幼龄期	N	0.37	0.67	0.74	1.78	3.37						5.15
	P	0.06	0.09	0.09	0.24	0.07						0.31
	K	0.67	0.90	1.00	2.57	0.69						3.26
	Ca	0.76	2.30	2.82	5.88	3.18						9.06
	Mg	0.15	0.13	0.39	0.67	0.55						1.22
	合计	2.01	4.09	5.04	11.14	7.86		7.86				19.00
始果期	N	0.60	2.28	6.05	8.93	23.78	0.51	24.29	3.81	1.07	3.88	37.10
	P	0.12	0.28	0.75	1.15	0.46	0.04	0.50	0.37	0.12	0.49	2.14
	K	1.09	2.66	8.30	12.05	4.59	0.35	4.94	1.07	6.21	7.28	24.27
	Ca	1.64	11.00	21.43	34.07	21.42	0.15	21.57	0.79	2.85	3.64	59.28
	Mg	0.40	0.68	3.04	4.12	3.62	0.05	3.67	0.57	0.10	0.67	8.46
	合计	3.85	16.90	39.57	60.32	53.87	1.10	54.97	6.61	10.35	15.96	132.35
盛果期	N	4.20	3.71	13.03	20.76	94.38	13.39	107.77	36.39	8.14	44.53	173.35
	P	0.38	0.55	1.80	3.18	1.62	0.97	2.59	2.87	1.22	4.09	9.86
	K	5.54	9.11	21.03	35.68	34.25	8.89	43.14	7.67	55.42	63.09	141.91
	Ca	12.19	28.95	60.10	101.24	85.39	4.00	89.39	6.51	22.17	28.68	219.31
	Mg	2.35	1.64	5.40	9.39	19.45	1.58	20.03	3.84	1.00	4.84	34.26
	合计	24.93	43.96	101.36	170.25	235.09	28.83	263.92	57.28	87.95	145.23	579.40
衰老期	N	0.79	1.47	7.51	9.77	49.16	3.66	52.82	1.96	1.26	2.95	65.54
	P	0.24	0.23	0.99	1.46	0.81	0.34	1.15	0.11	0.15	0.26	2.87
	K	1.80	3.80	11.57	17.17	17.19	3.20	20.39	0.37	7.40	7.77	45.33
	Ca	5.06	15.44	38.56	59.06	47.05	1.62	48.67	0.32	2.71	2.73	110.46
	Mg	0.80	0.73	2.41	3.94	9.06	0.43	9.49	0.13	0.09	0.22	13.65
	合计	8.68	21.67	61.04	91.04	123.27	9.25	132.52	2.62	11.61	14.23	238.15

表3-33及表3-34说明：①幼龄期桐林养分总吸收量为19.00kg/(hm^2·a)，存留量为11.14kg/(hm^2·a)，归还量为7.86kg/(hm^2·a)；养分的循环速率为41.5%，各营养元素的循环速率又不同，其大小顺序是N>Mg>Ca>P>K。②始果期桐林养分的吸收量为132.25kg/(hm^2·a)，存留量为60.32kg/(hm^2·a)，归还量为54.97kg/(hm^2·a)，输出量为15.96kg/(hm^2·a)；营养元素的归还速率为41.5%，其中通过叶的归还速率为40.7%，通过花的归还速率为0.8%；输出速率为12.8%，其中通过果皮输出速率为7.8%；各营养元素归还和输出速率不同，归还速率的大小顺序是N>Mg>Ca>P>K，输出速率的大小顺序是K>P>N>Mg>Ca。③盛果期桐林营养元素的总吸收量为579.40kg/(hm^2·a)，其中存留量为170.25kg/(hm^2·a)，归还量为263.92kg/(hm^2·a)，输出量为145.23kg/(hm^2·a)；存留量中以钙最大，其值为101.24kg/(hm^2·a)，归还量中以氮最大，其值为107.77kg/(hm^2·a)，输出量中以钾最大，其值为63.09kg/(hm^2·a)；养分的归还速率为45.6%，其中通过叶的归还，速率为40.6%，通过花的归还速率为5.0%；输出速率为25.1%，其中通过种仁的输出速率为9.9%，通过果皮的输出速率为15.2%；各营养元素的归还速率和输出速率不同，各元素归还速率的大小顺序是N>Mg>Ca>K>P，输出速率的大小顺序是K>P>N>Mg>Ca。④衰老期桐林养分的总吸收量为238.15kg/(hm^2·a)，存留量为91.40kg/(hm^2·a)，归还量为132.52kg/(hm^2·a)，输出量为14.23kg/(hm^2·a)；存留量中以钙元素最高，其值为59.06kg/(hm^2·a)，归还量中以氮元素最高，其值为52.82kg/(hm^2·a)，输出量中以钾元素最高，其值为7.77kg/(hm^2·a)；营养元素的归还速率为55.7%，其中通过叶的归还速率为51.8%；输出速率为6.0%，其中通过果皮的输出速率为4.9%；各元素归还速率的大小顺序是N>Mg>K>Ca>P，输出速率的大小顺序是K>P>N>Ca>Mg。

表3-34　不同生育期油桐林大量元素循环速率　　单位:%

生育期	营养元素	归还速率			输出速率			循环速率
		叶	花	合计	种仁	果皮等	合计	
幼龄期	N			65.4				65.4
	P			22.6				22.6
	K			21.2				21.2
	Ca			35.1				35.1
	Mg			45.1				45.1
	合计			41.5				41.5
始果期	N	64.1	1.4	65.5	10.3	2.9	13.2	78.7
	P	21.5	1.9	23.4	17.3	5.6	22.9	46.3
	K	18.9	1.4	20.3	4.4	25.6	30.0	50.3
	Ca	36.1	0.3	36.4	1.3	4.8	6.1	42.5
	Mg	42.8	0.6	43.4	6.7	1.2	7.9	51.3
	合计	40.7	0.8	41.5	5.0	7.8	12.8	54.3

（续）

生育期	营养元素	归还速率			输出速率			循环速率
		叶	花	合计	种仁	果皮等	合计	
盛果期	N	54.5	7.7	62.2	21.0	4.7	25.7	87.9
	P	16.4	9.8	26.2	29.1	12.4	41.5	67.7
	K	24.1	6.3	30.0	5.4	39.1	44.5	74.9
	Ca	39.0	1.8	40.8	3.0	10.1	13.1	53.9
	Mg	56.8	4.6	51.4	11.2	3.0	14.2	65.6
	合计	40.6	5.0	45.6	9.9	15.2	25.1	70.7
衰老期	N	75.0	5.6	80.6	2.6	1.9	4.5	85.1
	P	28.2	11.8	40.0	3.8	5.2	9.0	49.0
	K	37.9	7.1	45.0	0.8	16.3	17.1	62.6
	Ca	42.6	1.5	44.1	0.3	2.5	2.8	46.9
	Mg	66.7	3.2	69.9	1.0	0.7	1.7	68.4
	合计	51.8	3.9	55.7	1.1	4.9	6.0	61.7

综合比较不同生育期桐林营养元素的生物循环，可见营养元素的吸收量为盛果期 > 衰老期 > 始果期 > 幼龄期；存留量和归还量均为盛果期 > 衰老期 > 始果期 > 幼龄期。不同生育期，各营养元素的吸收量中均是 Ca > N > K > Mg > P；存留量中钙最高，归还量中氮最高，输出量中钾最高；输出速率为钾最大，磷次之，氮第三。以上可为制订维持桐林系统养分平衡，保持桐林高产稳产的施肥依据。

第四章 中国油桐地理分布及其区划

油桐地理分布是指地带性气候因素、土壤条件等，适于油桐正常生长发育的区域范围。我国幅员辽阔，地势起伏，在油桐全分布区内自南而北包括北热带、亚热带及暖温带边缘；自东而西有海洋性湿润森林地带、半湿润和半干旱森林草原过渡带；地势东南低而西北高，东部地区是平原、丘陵及中低山，西部为高原、高山及盆地。由于离海洋远近以及高原、山脉不同走向的影响，导致冷热干湿的差异极其悬殊。兼之高原、高山垂直高差所引起的生态条件变化，形成我国亚热带自然气候条件独特的多样性，造就了适生于不同生态环境下的油桐丰富种质资源。

任何一个树种都有选择适宜自身生存繁衍的环境。油桐是经过长期人工选择栽培的树种，有一定的生境要求，不是任何生境条件都是适宜的。当环境的各组分呈最佳组合时，就是油桐的最适宜生境条件。此处环境的综合作用最大，油桐的总体生产力水平也最高。研究油桐生长发育与生存环境因子的关系，从而确定油桐不同适宜程度在地理范围上的表现和林分生产力变化规律的科学，就是油桐区划。

油桐有效栽培的根本条件是与环境的一致性。所谓适地适树，实质上就是指树种与环境的相容。研究油桐与环境的关系，是为了在各适宜区建立油桐目标培育体系，而油桐区划则是油桐合理布局、正确经营，最大限度提高林分生产力和经营效果的科学依据。油桐科学区划的关键，在于是否综合考察油桐与环境的一致性，以及对油桐适应性范围的深刻了解。油桐适应性的地理范围，通常是根据油桐现有自然地理分布区域和可能存在的历史适应性潜能来体现的。因此，要研究树种区划，必先探明树种的现有生态地理分布。

所谓油桐适生区，通常是指油桐自然地理分布范围和反映油桐适宜程度的区间。在适生区内油桐适宜程度大致相近，但不是全范围适宜程度的绝对相同。因此人们可以根据适生区地域范围内主导因子作用力的大小及组合因子的综合效应，来划分油桐的不同适宜程度区。即中心区、主要区、边缘区，用以表示最适宜范围、适宜范围和较适宜范围。油桐在适宜区内，伴随海拔、地势差异引起的水热变化，也会产生因海拔带不同的适宜程度差异。在一定海拔范围内油桐综合生产力水平也大致相近，构成了油桐垂直适生带。适生带内生产力的差异，可为划分油桐的适宜程度带提供依据。也能分为最适宜带、适宜带和较适宜带。垂直区划是适生区内水平区划的一种立体表现形式，受地域平面制约。因而，不同适宜区的油桐垂直分布相不完全一样。但是海拔与纬度之间因存在某种程度的相应性，

故适生带通常不会超出适生区的水平分布地域范围。在某一适生区范围内，常常又会因地貌、母岩以及纬度等变化，产生相应范围的环境效应，尤其土壤理化性质、肥力、水热变化导致生产力差异，构成等级差。所以需要在某一适生区内，再细分亚区、地区。油桐在适生区的地域范围内，其自然分布相在总体上呈某种程度的不连续性。在任一适生区中总会存在间断区间，愈走向分布区边缘，插花式分布也愈明显。

关于油桐的原产地是我国的结论，国内外学术界已无疑议。但光桐及皱桐的原产地究竟出自何处，经过我国油桐科技工作者的多次考察发现野生油桐的事实，形成目前比较一致的见解是：光桐原产地在四川、贵州、湖南、湖北及重庆的毗邻地带；皱桐的原产地在云南金平、贵州榕江一线。

川、贵、湘、鄂油桐研究人员在四省相邻地区的调查考察中，均先后发现有野生光桐零星散生分布于中山、低山次生林中，觅之可见高低、大小不一的单株，自然繁衍。根据四省汇报认为，野生光桐由于混生于优势树种之下，生存条件多处压制状态，生长多不充分，表现出树体修长、冠幅狭小，枝条稀疏细长，叶小色淡，枝下高、轮间距、节间拉长、腋芽少而不充实，在主干及主枝上间有不规则萌芽条发生。壮龄植株树高 3～7m，个别 10m 以上，也有状如细灌木者，通常结实量较少，单生或丛生果序，果型偏小。由于野生光桐在较大范围内皆有分布，学术界对原产地也不曾有争论，故一直未列入专题研究，缺乏系统的研究报道，是其缺憾。作为世界油桐的主要生产国，今后仍有责任实施该项研究，以期从形态学、生态学及系统发育角度深入研究，全面论证。

在对皱桐原产地的考察研究中有专门报道，可为具体确认提供论证资料。何方、孙茂实、白如礼、赵自富在《我国滇南是千年桐的原产地》一文中报道：于 1978 年在云南省南部金平苗族瑶族傣族自治县的西部分水岭，海拔 1000～1800m 山地的常绿阔叶次生林中调查并发现了野生皱桐。该处地理位置大致位于北纬 22°40′，东经 103°18′，属哀牢山南伸余脉，与越南隔山相邻；3～5 月为干季，6～10 月为雨季，11 月至翌年 2 月为雾季，年平均气温多在 20℃以上，即使在海拔 2340m 的高山，年平均气温亦在 11℃以上，年降水量在 2500mm 以上，年雨量的 80% 集中在 6～10 月，平均相对湿度多在 90% 以上。土壤为花岗岩发育的山地棕色黄壤；温暖多湿及日照短，形成具有南亚热带特点的山地常绿阔叶林带。野生皱桐在金平的分布范围包括阿德博乡、大寨乡、马鞍底乡的相连地区，面积约 90km^2。混生于常绿阔叶次生林中的野生皱桐，密度平均为 9.5 株/hm^2，一般树高 15～25m，胸径 20～35cm，冠幅较小，枝下高约占树高 1/3～1/2，主枝轮生明显，多 4 轮左右，轮间距 3～4m，雌株占 48.6%～53.7%。调查区最大的 1 株约 40 年生，树高 30m，胸径 75cm，冠幅 11.7m×12.2m。

贵州省林业科学研究所郭致中、田明（1981）《贵州是千年桐的原产区》一文中，报道了在黔东南自治州榕江县考察时，发现乔来乡次生阔叶林中混生有一片 7 年生左右的皱桐。树高 12～14m，呈团状分布于沟谷中，业已正常开花结果。其中见有 40 年生大树高达 17m。断言从雷公山南缘的榕江县砂溪开始，至月亮山一带为皱桐原种分布区之一。该处壮龄皱桐树高 16～18m，分枝高 3～4m，轮间距 1.5～3.0m。各调查点皱桐雌雄性表现大体为：强雌性植株占 40%～45%；强雄性植株占 45%～50%；雌雄同株植株占 5%～15%。具有原始种的特点。

福建省林业科学研究所欧阳准、余议彪（1985）在《福建省油桐农家品种类型》一文中，报道于1980年在福建武平县武东乡发现野生皱桐。该处位于北纬约25°，东经约116°，戴云山与江西、广东毗邻地区。年平均气温19.5℃，≥10℃积温6262.9℃，1月平均气温9.4℃，7月平均气温27.3℃，年降水量1624.7mm，无霜期290天。6年生野生皱桐树高6.2m，径粗16cm，分枝高1.7m，冠幅4.0~4.5m，主枝轮数4轮，分枝角度约60°。丛生果序，果梗长6.3cm，果实呈瓠爪形，顶部膨大，下部细长呈蜂腰状，鲜果平均果高9.65cm，果径5.0cm，果尖突出长1.0cm。果颈3.2cm，气干果重23.6g，每果含子数3粒。果皮呈黄色，皱纹粗，叶色较淡，叶面凹凸不平，呈波状皱纹，叶下垂，叶脉淡红色。

第一节　油桐的地理分布

一、水平分布

我国油桐分布区地域范围：西自青藏高原横断山脉大雪山以东；东至华东沿海低山、丘陵以及台湾等沿海岛屿；南起海南省、华南沿海丘陵及云贵高原；北抵秦岭南坡中山、低山和伏牛山及其以南广阔地带。其地理位置：北纬18°30′~34°30′；东经97°50′~122°07′，包含四川、重庆、贵州、云南、湖南、湖北、广西、广东、海南、陕西、甘肃、河南、安徽、江苏、浙江、江西、福建、台湾的18个省(自治区、直辖市)700多个市(县)。南北跨越16个纬度，东西横贯24个经度，约占全国陆地总面积的1/4。

任何人为界线，只是反映复杂的自然生态条件，在一定时期内影响植物分布的大体结果。国内学者根据各自掌握的资料对油桐的实际分布范围有过大同小异的描述，这说明人为界线总是相对的，植物适应性的发展变化则是绝对的。长期以来，由于引种驯化、适应性选育等人为活动的影响，使油桐从原产地全方位向外扩展，分布范围随之不断扩大。

李龙山、吴万兴在《关中地区油桐引种和调查》(1982)一文中，对1958~1966年关中地区北纬34°~35°、东经107°~110°15′的户县、周至县、华县、合阳县、长安县引种光桐调查结果认为：在秦岭北麓低山丘陵区(海拔500~800m)的沟坡、峪口和冲积平原，引种的光桐尚能生长并开花结果。长安县、户县、周至县年平均气温13.1~13.4℃，1月平均气温0.7~1.4℃，极端低温-16.9~-18.1℃，极端高温42.0~43.4℃，年降水量659.4~715.2mm，≥10℃积温4231.2~5194.7℃，年平均相对湿度72%~73%，日照时数1995.3~2242.2h，早霜期11月1~4日，晚霜期3月27~30日，无霜期215~219天。经过调查结果，商南县城及长安县五台乡10年米桐分别为：平均树高4.35m与4.70m，径粗16.40cm与16.12cm；冠幅6.20m与5.53m，单株结果数472.0个与393.5个；单位树冠结果数15.63个/m^2与16.38个/m^2。说明关中地区通过引种抗寒品种、严格选择造林地及加强光桐童期保护等措施，引种取得了一定成绩。

20世纪70年代，中国林业科学研究院亚热带林业研究所也考察了山东胶南的光桐引种。胶南地理位置约处北纬35°50′，东经120°00′，东临黄海，位于胶州湾受海洋气候影响，在特殊气候、地形综合影响下，光桐确实能够生长、开花、结果，这又说明有使光桐进一步北移的可能性。

浙江舟山地区于20世纪70~80年代引种光桐、皱桐试种，在背风低地地段取得成

功，从而使油桐分布区延伸至东经122°07′。云南瑞丽等中缅边境地区，原有皱桐正常生长，又使皱桐分布区的西界推至东经97°50′。云南兰坪、泸水、腾冲也有光桐，使光桐分布区推至东经98°29′~98°55′。安徽林业厅邓延祚1982年在浙江富阳郑重宣称他在安徽怀远县青龙桥镇发现并观察过皱桐大树，可惜后来没有进一步发掘。该处约位于北纬32°30′、东经117°，说明皱桐也有可能进一步北移分布。海南万宁、陵水等地原也有皱桐，事实上现已将皱桐推至北纬18°30′的北热带地区。

综上所述，我国油桐的分布范围确实在不断扩大。诚然，这些扩大还未形成规模经营，或者进一步发展完善尚需解决某些技术问题。但从客观了解油桐生态习性，深刻认识油桐基因型在地域上的遗传反应范围，则是不容忽视的。

(一)光桐的水平分布

根据历史资料的延续性和现实的可行性，光桐水平分布范围可概定为：南起桂西南，北抵伏牛山及秦岭南麓；西自滇西南，东至闽、浙沿海。其地理位置是：北纬22°15′~34°30′；东经99°40′~121°30′。根据何方(1987)描述界线：西界南端从云南澜沧江以西，位于北回归线附近的双江起，向北沿邦马山、老别山东面山麓到昌宁；逆漾濞江西边上至漾濞；再经点苍山西侧，漾濞江东岸上至剑川，转向东经程海以北到永胜；由光茅山南经华坪，进入四川省的盐边；横过雅砻江，经由东岸直上到德昌；跨过安宁河至东岸，逆东岸向北到西昌；复继沿安宁河东岸直到大渡河边的石棉、汉源；绕经大相岩以西，二郎山以东达荥经、天全，经邛崃山、宝兴到理县；由岷山以东，茶坪山以西的低山地区到平武，续由摩天岭以东进入甘肃省的文县，北止于武都。即是双江—昌宁—剑川—永胜—华坪—盐边—德昌—西昌—汉源—天全—理县—平武—文县—武都—线以东。

北界西端起于甘肃的武都、康县，向东进入陕西的略阳；沿秦岭山脉南坡海拔500~700m以下低山，经留坝、柞水、转入秦岭山脉东段的商州；续进入河南伏牛山北麓的卢氏，经由熊耳山南麓到嵩县、伊川、禹州；再经由许昌沿京广铁路线南下转东到上蔡；继向南经由汝南，沿大别山麓、淮河、黄河洪积冲积平原的西缘经息县，过淮河到潢川；再沿黄淮平原南缘低山丘陵向东到固始；进入安徽的霍邱，绕瓦埠湖，沿南岸到定远；继向东到江苏洪泽湖南面的盱眙；经苏北黄淮冲积平原东止于东台。即是武都—康县—略阳—留坝—柞水—商州—卢氏—嵩县—伊川—许昌—上蔡—汝南—息县—潢川—霍邱—定远—东台一线以南。

东界北端起主要起自江苏的东台，向南经苏北黄淮冲积平原中部的海安、江阴到常熟；向东绕太湖以西到苏州，进入浙江省的嘉兴，至杭州；向东沿杭甬铁路到宁波，转向南，直沿东南沿海低山经由天台山西侧到宁海、临海；由大罗山东面到台州；向南直沿闽浙流纹岩低山与中山地区的近海东缘经由瑞安、平阳进入福建省的福鼎、福安、宁德；继向南处仲过闽江到闽侯、福清、永泰；由云居山东面到莆田，经仙游、南安、长泰、过九龙江止于南靖。即是东台—江阴—常熟—苏州—嘉兴—杭州—宁波—临海—台州—瑞安—福鼎—福安—闽侯—莆田—南安—南靖—线以西。

南界的东端起自福建的南靖，向西进入广东省境内的粤东中山低山丘陵地区的大埔；经由梅江东岸到五华，沿连山西面到惠阳；经由珠江三角洲的东莞、新会到开平；向西沿粤桂低山与丘陵地区南缘经恩平、阳春，由大桥顶北面到雷州北部，进入广西合浦；再越沿海丘陵经钦州，沿十万大山东南侧山麓进入宁明；然后向北再转西越桂西南岩溶低山与丘陵地区，经靖西，向西延进入云南境内的富宁、麻栗坡、马关；继经滇南岩溶低山达哀牢山南端的金平，再向西伸进入滇西南山原直达思茅；转向西北逆沿巴景河上到景谷，向西北越经临沧止于双江。即是南靖—大埔—五华—惠阳—东莞—开平—阳春—雷州北部—合浦—钦州—宁明—靖西—富宁—麻栗坡—马关—金平—思茅—临沧—双江。

(二)皱桐的水平分布

皱桐水平分布范围已扩至长江中、下游以南到海南省。其位置为：北纬 18°30′~30°30′；东经 97°50′~122°07′。

其明显的分布界线是：东界北端起自天目山、安吉，经宁波、舟山，南下浙闽沿海至台湾省；南界东段自福建南部沿海，连接广东南部沿海至海南省，转经广西南部及其沿海地区，再沿中越边境止于中缅边境；西界南端起于瑞丽，经梁河、腾冲、泸水及中缅接壤地区，向北延至四川南部一线；北部界线西起四川南部地区，沿长江而下至九江，经安徽南部转入浙江天目山、安吉，止于舟山一线。

以上是我国油桐水平分布区的大体区域范围。在这个范围内，光桐和皱桐存在分布上的重叠，光桐中心在中亚热带，皱桐中心在南亚热带；光桐南部、西部及北部的边缘，皱桐北部及西部的边缘，都存在某种程度上的界线模糊。

二、垂直分布

(一)光桐的垂直分布

光桐的垂直分布，因地理位置、山体大小、山岭海拔和基本地面海拔高度的不同而不同。海拔高度影响着气候、土壤和植被。光桐垂直分布的高度又因纬度的不同而有差异。光桐栽培主要是在山区，但实际上并不分布在很高的山上。如湖南湘西北澧水、沅水是光桐主要产区，境内崇山、峡谷、盆地、丘陵相间分布，光桐主要分布在 500~700m 以下的低山丘陵地带，700~900m 的山地则少有分布，1000m 以上则没有分布。在贵州贵阳至罗甸间，光桐分布最稠密的是海拔 400~500m 的地方，岑巩县画眉寨海拔 1200m，冬有冰雪而不能越冬。在龙里县海拔 1300m 的 5 年生光桐仅高 50cm。镇远的汤水两岸、三都的都江两岸海拔较低，光桐则生长很好。四川光桐一般分布在海拔 1000m 以下的低山丘陵地区，以海拔 200~800m 分布较多。川南可分布到海拔 1400m，川北不超过海拔 900m。四川中部合川至三台间主要分布在海拔 500m 以下起伏不平的丘陵低山地带。川东南黔江、酉阳间主要分布地区是海拔 600m 以下河口场、濯河坝和两河口等处。云南文山州光桐分布在海拔 160~2000m，昭通地区分布在海拔 450~1000m。北部河南南阳的西峡、内江分布较集中的是海拔 350~500m 丘陵，海拔 700~800m 的山地很少分布。至伏牛山北坡，光桐主要分布溪流两岸少有寒风吹袭的台阶地上。如嵩县主要分布于汉水水系的白河沿岸低坡处。在陕西长安南五台光桐生长在海拔 650~700m 以下。浙江及福建光桐主要分布在海拔 150~600m。

根据上述光桐分布区的不同海拔高度，可以得出如下结论：

①低纬度地区比高纬度地区分布高。一般分布高度 300~800m，上限 1000m；在北部分布高度 300~500m，上限 700m；在南部分布高度 500~800m，上限 1200m。

②西部比东部分布高。西部 400~1300m，上限 1700m。在西南地区的滇西南河谷分布

处高达2300m。东部50~400m，上限600m。在东南沿海可低于10m。

③山山相连，山峦起伏，丘陵、盆地相间地区比孤山地区分布高，并且是光桐生长最适宜的地貌。

④分布高的没有分布适中的产量高、品质好。据湖北省林业科学研究院的调查，在竹溪新州海拔200m处，桐子356粒/kg，至海拔900m处，桐子432粒/kg，显然种子变小。

(二)皱桐的垂直分布

由于水热要求上的差异，皱桐垂直分布相较光桐相对偏低，不论集中分布高度或最高分布海拔高度，均比光桐为低。广西、广东、福建的皱桐主产区，海拔110~200m区间皱桐常与光桐重叠分布。野生皱桐发现于云南金平县哀牢山余脉分水岭，生长在海拔1000~1800m山地，又发现并生长于贵州黔东南雷公山南缘榕江县砂溪至月亮山一带。说明皱桐具备适应云南金平、贵州榕江海拔1000~1800m高度的潜在能力。但这不能认为皱桐在其全分布区内皆可适应海拔1000m以上的高度。就当前皱桐主产区的广西、广东、福建、浙南、赣南的垂直分布看，多生长于海拔10~300m区间的平原、丘陵、低山、中山及四旁零星种植。20世纪80年代以来，滇西南、黔东南新发展的皱桐林，也多在海拔300~600m种植。皱桐的垂直分布大体可以是：东南部的分布范围主要在海拔10~300m；西南部主要在海拔300~600m，滇南可高达海拔1800m。

我国部分油桐产区的垂直分布概况见表4-1。

表4-1 适宜发展油桐生产的海拔高度 单位：m

地区	少有分布海拔高度	分布最高海拔高度	最多分布海拔高度	地貌
湘西北	900	700~900	300~700	低山丘陵
湘南	1200	900~1000	500~800	中山、低山丘陵
四川	1200	800~1000	200~800	中山、低山丘陵
川南	1600	1400~1600	400~700	低山丘陵
川北	1000	700~800	300~600	低山丘陵
四川盆地西缘	1500	800~1000	200~800	中山、低山丘陵
四川盆地南缘	1000	600~800	300~500	低山丘陵
贵州	1950	800~1000	300~700	中山、低山丘陵
贵州龙里	1200	800~1000	300~800	中山、低山丘陵
云南富宁东部	2300	1800~2300	1000~1800	高原
云南李仙江			900~1200	谷地
云南文山	2100	1700~2000	800~1400	山地
云南昭通	1800	1000~1700	450~1000	山地
云南金沙江	2000	1200~1500	700~1200	山地
广西南亚热带	1050	100~1300	300~700	低山丘陵
广西中亚热带	1300	1500~1800	600~1000	山原山地

（续）

地区	少有分布海拔高度	分布最高海拔高度	最多分布海拔高度	地貌
桂西石灰岩高原	1300	800～900	500～800	低山谷地
广西那坡		1300～1500	1000～1200	山原高原
广西十万大山			700～900	山地
安徽黄山	1000	800～900	300～700	低山
安徽大别山	600	500～600	300～500	低山
安徽宁国			200～400	丘陵
江苏			50～220	岗地低丘
河南西峡	800	600～800	250～600	低山丘陵
河南桐柏山	1000	800～900	300～500	低山丘陵
鄂西	1200	800～1000	200～700	低山丘陵
江西井冈山	1800	1200～1500	300～800	中山、低山丘陵
福建武平	1000	700～900	200～700	低山丘陵
陕西长安	800	700～800	200～700	低山谷地
台湾	2000	1500～1800	400～1000	中山、低山

第二节　油桐的生态习性

光桐虽然主要表现为中亚热带树种习性，但其分布的地域范围可达南亚热带及北亚热带，甚至于暖温带南缘。皱桐则主要为南亚热带树种，分布的地域范围可达中亚热带和北热带，个别延伸至北亚热带。生态因子对油桐分布相的影响是综合的，各因子之间在相互补充、相互制约中发生作用，构成油桐生存条件的组合环境。对于一个特定的地区而言，不论是温度、降水、光照、相对湿度、土壤、酸碱度、化学物质、病虫害或其他自然环境因子，都有可能成为油桐生存环境的主要限制因子。因此，人们不仅要研究油桐生存中综合的自然环境条件，而且还要深入研究影响油桐生存条件的主导因子，做到深入了解，全面把握。为了客观地了解油桐的生态习性，特从油桐现有分布区范围内摘录部分产地的主要气象资料，供分析参考(表4-2)。

(一)温度

气温是环境条件中最不容易控制和调节的因子。它对油桐正常生长发育的影响，主要是年平均气温，极端气温的程度及其持续时间，无霜期长短和季节交替等变化。油桐与其他植物一样，要求有节奏的最适宜生长气温和结实气温。人们常以年平均气温和总积温来表示油桐栽培的适应温度，这是不够的。重要的还有极端最高气温和极端最低气温的持续时间、升降幅度、发生频率，以及昼夜温差等等，都有可能成为生存的主导限制因子。季节交替的温度变化程度也会成为限制因子。高纬度及低纬度地区，温度的季节交替变化比较平稳，而中纬度地区初春的气温变化则反复较大而且突然。油桐不同品种对温度的反应

表 4-2　部分油桐产区的气候资料

项目 县(市)	年平均气温(℃)	≥10℃积温	1月平均气温(℃)	7月平均气温(℃)	极端气温		年日照时数(时)	年降水量(mm)	最长连续无降水日数	年平均相对湿度(%)	海拔高度(m)	北纬	东经	无霜期(d)
					最高(℃)	最低(℃)								
秀山	16.5	5252.9	5.0	27.6				1328.9						286
达县	14.3	5525.8	6.1	28.0	39.7	(−3.3)	1528.6	1148.0	39	79	310.4	31°16′	107°28′	297
南充	17.0	5357.1	6.2	27.4	39.3	(−1.7)	1395.0	1026.1	27	79	297.7	30°48′	106°05′	316
资中	17.6	5558.0	7.0	27.0				1064.0						315
万县	17.5	5881.9	6.9	28.8	41.8	(−3.1)	1528.3	1215.7	24	81	186.7	30°48′	108°25′	301
涪陵	18.2	5824.8	7.3	28.7	42.0	(−2.7)	1318.2	1072.8	24	79	273.0	29°45′	107°25′	314
慈利	16.8	5322.7	4.9	28.5	40.3	(−7.4)	1621.8	1391.0	30	78	99.8	29°26′	111°08′	268
张家界	16.8	5332.8	5.3	28.1	39.1	(−6.5)	1511.8	1391.1	30	78	183.3	29°07′	110°30′	269
保靖	16.1	5100.8	4.7	27.0				1399.0						
常德	16.8	5238.0	4.7	29.0	39.8	−9.9)	1759.9	1351.6	32	81	36.7	28°55′	111°33′	275
桑植	16.5	5220.0	4.9	27.5				1458.0						
株洲	17.6	5528.0	5.5	29.5	40.5	(−8.0)	1671.4	1389.3	46	78	57.5	27°50′	113°10′	281
河池	17.0	5244.5	7.7	24.7	39.7	(−1.0)	1571.5	1596.2	38	78	214.4	24°42′	108°03′	336
南宁	21.6	7370.5	12.9	28.4	39.0	(−1.0)	1862.0	1306.8	41	79	72.2	22°49′	108°21′	340
天娥	19.9	6662.8	10.7	26.9				1366.0						
隆林	19.0	6318.5	9.9	25.5	39.3	(−2.7)	1789.1	1082.3	25	82	596.8	24°47′	105°21′	339
苍梧	21.3	7009.6	11.9	28.6				1526.6						
龙胜	18.1	5727.2	8.1	26.8	39.5	(−4.5)	1255.2	1577.3	23	82	267.5	25°48′	110°00′	322
道真	15.7	4914.7	4.6	26.2	37.5	(−7.2)	1045.9	1072.5	33	81	685.6	28°53′	107°30′	278
锦屏	16.5	5164.7	5.3	26.7	37.9	(−6.3)	1061.9	1375.3	28	85	343.0	26°41′	109°11′	308
威宁	10.5	2588.5	1.6	17.8	30.6	(−13.8)	1827.3	966.5	17	80	2234.5	26°52′	104°17′	206

（续）

项目 县（市）	年平均气温（℃）	≥10℃积温	1月平均气温（℃）	7月平均气温（℃）	极端气温		年日照时数（时）	年降水量（mm）	最长连续无降水日数	年平均相对湿度（%）	海拔高度（m）	北纬	东经	无霜期（d）
					最高（℃）	最低（℃）								
铜仁	16.9	5337.8	5.5	27.9	40.1	（-6.4）	1192.1	1325.5	18	79	283.5	27°43′	109°11′	286
元江	23.8		16.6	28.6	42.3	3.8	2299.0	819.6	73	68	396.6	23°34′	102°09′	
大理	14.9	4535.4	8.6	20.0	31.9	（-3.0）	2375.0	1144.6	71	68	1990.5	25°43′	100°11′	224
凤庆	16.6	5681.5	10.4	20.9	32.5	（-0.9）	2036.6	1333.0	45	73	1587.8	24°36′	99°54′	297
昭通	11.6	3269.7	2.0	19.9	33.5	（-13.3）	1926.5	746.2	43	75	1949.5	27°20′	103°45′	218
临沧	17.2	6079.3	10.9	21.3	32.6	（-0.7）	2144.5	1200.5	41	74	1463.5	23°57′	100°13′	293
瑞丽	20.0	4562.0	12.7	24.3	36.5	1.2	2312.2	1400.6	52	80	775.6	24°01′	97°50′	364
兰坪	13.9	3880.0	7.7	19.5	33.2	（-0.9）	1720.6	1199.5	52	77	1927.8	26°42′	98°55′	273
郧西	15.4	4867.0	2.6	28.1	41.9	（-11.9）	1882.1	784.8	51	73	252.5	32°59′	110°21′	234
巴东	17.5	5551.5	6.2	28.5	41.4	（-5.3）	1603.8	1081.2	34	69	294.5	31°04′	110°24′	291
来凤	16.1	5102.0	4.7	26.7	36.9	（-5.7）	1287.4	1368.9	29	81	459.5	29°34′	109°29′	282
咸宁	16.9	5311.4	4.0	29.3				1499.9						259
西安长安	13.2	4293.4	（1.0）	27.2	41.7	（-18.7）	2164.9	687.4	73	71	396.9	34°18′	108°56′	216
岚皋	15.0	4725.0	2.0	25.0				1000.9						246
商南	14.1	3489.2	1.5	26.5				841.3						217
安康	15.7	4970.0	3.2	27.5	41.7	（-9.5）	1829.6	799.3	41	71	328.8	32°43′	109°02′	253
山阳	13.1	4142.7	0.4	25.4				709.3						207
略阳	13.2	4200.0	1.8	23.7	36.4	（-9.8）	1601.5	848.0	42	71	793.8	33°19′	106°09′	236
西峡	15.1	4800.0	2.4	27.7	42.0	（-10.4）	2067.3	900.0	50	69	250.3	33°18′	111°30′	239
许昌	14.8	4730.6	0.9	28.1	41.9	（-11.6）	2289.7	729.9	97	68	71.9	34°01′	113°50′	214
信阳	15.1	4800.1	1.6	27.7	40.1	（-16.9）	2204.8	1109.0	41	76	75.9	32°07′	114°05′	220

（续）

项目 县（市）	年平均气温（℃）	≥10℃积温	1月平均气温（℃）	7月平均气温（℃）	极端气温		年日照时数（时）	年降水量（mm）	最长连续无降水日数	年平均相对湿度（%）	海拔高度（m）	北纬	东经	无霜期（d）
					最高（℃）	最低（℃）								
鲁山	14.8	4704.2	0.7	28.1	42.4	（－18.1）	2124.6	824.4	64	68	129.2	33°45′	112°55′	215
洛阳	14.7	4751.4	2.4	28.0	44.2	（－18.2）	2314.1	615.5	94	65	156.6	34°40′	112°25′	216
黄山	16.3	5151.0	3.7	28.3	40.5	（－10.9）	1978.7	1642.8	38	79	146.7	29°43′	118°17′	233
滁州	15.2	4859.0	1.6	28.2	39.8	（－17.0）	2371.4	1023.1	40	75	25.3	32°18′	118°18′	215
东台	14.5	4663.2	1.1	27.4	38.6	（－11.5）	2284.2	1054.1	40	79	6.3	32°51′	120°18′	221
宜兴	15.7	5000.0	2.7	28.6				1200.0						230
南京句容	15.2	4500.0	1.4	28.0	40.5	（－13.0）	2243.3	1030.0	43	77	8.9	32°00′	118°48′	226
金华	17.3	5495.3	5.0	29.3	41.2	（－9.0）	2149.7	1406.3	39	77	64.1	29°07′	119°39′	258
淳安	17.0	5409.9	5.0	28.9				1429.9						264
临安于潜	15.5	4843.4	2.9	27.6	41.9	（－13.3）	1851.2	1375.8	39	79	168.5	30°10′	119°13′	231
富阳	16.1	5094.0	3.5	28.7	40.5	（－14.4）	2025.4	1406.5	38	81	9.1	30°05′	119°56′	234
温州青田	18.4	5843.2	7.8	28.9	38.2	（－5.5）	1988.7	1597.1	48	81	6.0	28°01′	120°35′	276
舟山	16.4	5110.4	5.3	26.6	39.1	（－6.0）	2157.7	1108.1	39	78	35.7	30°02′	122°07′	262
浦城	17.5	5510.5	6.2	27.9	39.5	（－7.3）	1949.2	1838.7	36	80	283.3	27°55′	118°32′	251
莆田	20.2	6828.9	11.2	28.5	35.0	（－0.5）	1935.6	1264.4	44	83	91.0	26°10′	119°56′	311
武平	19.5	6262.9	9.4	27.8				1624.7						290
霞浦	18.5	5932.5	8.7	28.2				1400.3						304
漳州南靖	21.2	7524.4	12.6	28.2	39.3	（－1.7）	2108.2	1698.2	62	79	30.0	24°30′	119°39′	317
赣州	19.4	6150.3	7.9	29.5	39.3	（－4.2）	1971.8	1434.3	37	75	123.8	25°50′	114°50′	285
萍乡	17.7	5418.6	4.8	29.4	38.8	（－8.6）	1572.2	1576.7	33	83	108.8	27°39′	113°51′	266
贵溪	17.6	5657.1	5.5	29.3	40.2	（－7.2）	2029.6	1800.7	38	76	51.2	28°17′	117°06′	281

（续）

项目 县(市)	年平均气温(℃)	≥10℃积温	1月平均气温(℃)	7月平均气温(℃)	极端气温		年日照时数(时)	年降水量(mm)	最长连续无降水日数	年平均相对湿度(%)	海拔高度(m)	北纬	东经	无霜期(d)
					最高(℃)	最低(℃)								
兴国	18.9	6107.4	7.3	29.5				1493.9						
乐昌	19.6	6312.0	9.3	28.2				1522.0						305
韶关	20.3	6614.0	10.0	29.1	39.3	(−3.0)	1973.5	1523.2	38	76	69.3	24°48′	113°35′	313
廉江	22.8	7741.0	15.3	28.3				1774.0						360
海口	23.8	8698.8	17.1	28.4	38.4	3.2	2277.5	1689.6	39	85	14.1	20°02′	110°21′	364
万宁	24.4	8912.9	18.4	28.4				2056.9						364
陵水	24.6	8986.8	19.6	28.0	37.0	5.6	2502.4	1617.7	51	82	13.9	18°30′	110°02′	364
武都	14.5	4518.9	2.7	24.7	37.6	(−6.0)	1920.9	467.4	85	63	1079.1	33°23′	104°41′	250
台湾	21.9～23.6	7789～9073	14.4～17.6	28～28.5	36～39	−2～8		743.6～1977	20～74	77～83	8.0～78.0	22°00′～25°03′	119°34′～121°37′	部分台站

选自《中国地面气象资料》

不一样。高纬度及低纬度地区的品种，习惯于随当地早春气温平稳回升而萌动，又随晚秋气温平稳下降而休眠。中纬度地区的油桐品种在休眠期有适应初春季节气温忽冷忽热变化的能力，不会因暂时的不稳定气温回升而萌动。但是，南方、北方品种，尤其是北方品种在中纬度栽培时，对春季忽冷忽热变化的适应能力较差。常常会因初春气温的暂时回暖而中断休眠，一旦寒流突然来袭，造成严重冻害。

霜期对油桐危害在不同分布区也不一样。北方产区易发生早霜危害，而南方产区则易遭晚霜危害。温度因子的危害与其他气候因子的配合有很大关系。北方长期干冷危害大，南方长期湿热危害大；油桐花期、北方低温干燥的冷冻危害特别大，南方低温阴雨的湿冷危害特别大。油桐生殖器官的抗寒力最弱，花期寒潮侵袭，不论在北方或南方皆是造成授粉不良，当年严重减产的主要原因。所谓“花期遇冷风，十窝桐子九窝空”，就是这个原因。对油桐造成危害的不仅仅是低温，高温也会造成危害。在南方，高温常造成树皮灼伤，严重时产生大面积向阳皮部干裂、形成层组织破坏直至植株致死。丘陵区空旷地段造林，幼龄期因高温受不同程度灼伤的植株比例，高达30%~60%。

光桐的温度适应范围是：年平均气温13.1~21.2℃，适宜15~18℃；1月平均气温1.5~12.6℃，适宜2.4~8.1℃；≥10℃积温3269.7~7500℃，适宜4800~5900℃；无霜期207~340天，适宜217~322天；在北方能抗御缓慢渐降的短暂-18.1~-18.2℃极端低温，河南股爪青在当地能耐短暂-20.9℃极端低温，但较长时间的-10℃低温及突发性较大幅度降温则常遭冻害；花期要求最适气温在15℃以上，低于10℃影响正常授粉受精。

上述温度适应范围只是一个相对的概数，温度作为气候重要因子，是与其他环境因子相配合地存在和作用的。在一个由多因子组成的环境中，任一因子条件的变化都能引起其他因子的连锁反应，并产生不同的综合作用效果。在上述油桐温度的适应范围、适宜范围内，对不同地区、地形、地段、坡向，会有特殊情况出现。如生长于秦岭北麓关中地区的油桐，以及生长于北纬35°以北山东胶南和云南西南部海拔2300m的油桐，就出现了温度或纬度、海拔等超出常规范围的特殊情况。

皱桐的温度适应范围是：年平均气温14.5~24.6℃，适宜18.4~21.3℃；1月份平均气温2.9~19.6℃，适宜7.9~15.3℃；≥10℃积温3880~8986℃；无霜期231~364天；在浙江富阳能忍耐缓慢下降的短暂-14.4℃极端低温，但要求避免多发性、持续性-5~-10℃极端低温。

（二）降水量与湿度

油桐生长期及长油期对水分的要求较严格。在一定的年降水量范围内，油桐的正常生长发育取决于当年雨量的分布。我国高纬度地区年降水量少，低纬度地区年降水量多，且集中于夏季。因此，南方品种耐湿性强，北方品种耐旱性强；皱桐适应热湿气候，光桐适应暖湿气候。油桐的生理耐旱性与其根系分布深度有关。在南方受干旱危害严重的常是光桐，更严重的是植树造林的林分。南方的高温干旱与北方的低温干旱均属危害性气候条件，是造成南方“七月干果、八月干油”和制约北缘分布，出现北果空子的主要原因。湖南、江西、浙江低丘红黄壤地带，自6月中旬至9月中旬常出现高温干旱气候，而此时正逢油桐果实快速膨大期和长油期，是需水的另一高峰，连续高温干旱造成桐果变小、种子干瘪，出子率、出仁率、含油量大幅度下降，桐林当年欠收。

干冻是北方油桐花期的大忌，低温阴雨则是南方花期之大忌。南方4月花期连续的蒙蒙细雨并伴以低温，使桐花不能正常发育，并减弱传粉昆虫活动。花器发育阻碍、授粉不良、幼果大量脱落，座果率大幅度下降，将导致产量锐减，甚至于出现颗粒无收的严重后果。四川、重庆、贵州、湖南、江西、浙江及湖北、福建的部分产区常有花期低温阴雨危害发生。一般4月份的降水量若非偏多或过于集中花期，又无突发性大幅降温或严重水冻，各油桐产区多能安度花期。

油桐分布区的年降水量，多者有广西的东兴2664.7mm，钦州2120.8mm；海南的琼中2340.9mm、万宁 2056.9mm。少者有云南的昭通 746.2mm、元江 819.6mm、开远831.8mm、云龙863.7mm；陕西山阳709.3mm、安康799.3mm；河南许昌729.9mm、洛阳615.5mm、鲁山824.4mm；甘肃武都467.4mm。油桐全分布区内年降水量从最多的2664.7mm至最少的467.4mm，相差极其悬殊，说明油桐对年降水量有广幅的适应范围。

光桐的适应范围是：年降水量467.4～1838.7mm，适宜1026.1～1596.2mm；年平均相对湿度63%～85%。

皱桐的适应范围是：年降水量863.7～2340.9mm，适宜1200.5～2056.9mm；年平均相对湿度68%～85%。

(三)光照

油桐是喜光树种，只有满足相应的光照条件要求，才能正常生长发育，完成花芽分化，顺利开花结果。光照条件包含光照强度、时间及日夜交替的光周期现象。油桐的不同种类、品种对光周期现象的反应不完全相同，存在明显的遗传差异。北方品种引种南方时，生长期缩短，混合芽封顶提前。相反，南方品种北移时，生长停止迟，易遭冻害。

桐林密度太大、光照不足时，表现为发枝减少、冠幅缩小、枝条细弱、叶薄色淡、枯枝增多、黑斑病严重，且仅树冠顶端挂果，产量降低。据调查浙江富阳新登山地8年生葡萄桐不同密度桐林的差异见表4-3。

表4-3　不同密度桐林生长差异

密度	树高(m)	径粗(cm)	冠幅(m^2)	枝条数(条/株)	结果枝比例(%)	产量		气干果		干仁含油率(%)
						(株)	产量(hm^2)	出子率(%)	出仁率(%)	
6m×4m	5.13	30.81	23.3	122.6	67.8	17.56	7317.15	56.23	61.35	63.46
3m×3m	4.27	20.16	14.2	41.1	49.6	3.56	3951.60	53.18	54.48	51.47

山区桐林常因坡向的光照条件差异，使位处北向阴坡的油桐产生不利影响。在正常密度和相似管理条件下的桐林，北向阴坡桐林的结实量下降18%～36%，桐仁含油量减少6%～8%。倘若阴坡因光照条件太差，亦会出现成倍的产量下降。

光桐的日照适应范围是：年日照时数1045.9～2371.4h。

皱桐的日照适应范围是：年日照时数1250.0～2502.4h。

(四)土壤

土壤是决定油桐生产力的主要因素。油桐的根系虽属锥状根，但根系入土深度较浅，要求在土层深厚、土质疏松的地段生长。油桐分布区的成土母质多由页岩、沙质页岩、片岩、玄武岩、石英岩、砂砾岩、砂岩及石灰岩为主，地带性土壤为山地红壤、砖红壤、红

黄壤、黄壤、黄棕壤、紫色土、石灰土等。就大地域土壤而言，上述土类多数的土层厚度为50~300cm、有机质含量为2%~8%、pH值为4.5~6.5；C/N值为12~15。

油桐正常生长发育的最低要求：土层厚度100cm以上；0~20cm土壤的有机质含量2%以上(高产地4%~8%)、全N 0.1%以上、全P 0.05%以上、速效K 0.05%以上；土壤含盐量0.05%以下。此外，还要求土壤含有所需的B、Mg、Mn、Ca、Zn、Fe等微量元素。我国油桐栽培区的多数丘陵、山地土壤，矿物质营养含量均不能满足油桐生长需要，必须通过增加施肥才能丰产、优质。土壤质量包括机械组成、通透性、持水力、含盐量、pH值、肥力及地下水位等，都是油桐生长发育的土壤因素，尤其土壤酸碱度，往往决定了油桐的实际分布。当达到pH≤5时，油桐不能正常生长。沿海盐碱土、碱渍地及西北地区碱性土，均不宜种植油桐。南方低丘红黄壤地带，土壤黏重，保水、蓄水力差、肥力较低，也应配土壤改良才能发展油桐。

(五)其他环境因子

山地油桐应选择缓坡地段。坡度超过20°的陡坡，常因垦复引起土壤冲刷，应选择中下部的缓坡位。山顶、山脊一般土层薄、肥力差，不宜选用。我国油桐多分布于群山绵延起伏的山区，故应特别注重选择向阳开阔地段种桐，北向阴坡光照条件差，不宜选用。

东南沿海地区台风每年多有发生。台风登陆处附近，轻者桐叶撕裂、果实脱落、主枝折断，重者可将成年大树撂倒，宜选择背风低地种植。广西等南部油桐分布区是毁灭性油桐枯萎病的多发区，种植光桐不能取得期望效果，应有相应的防病、抗病措施，才能发展。

以上从温度、降水与湿度、土壤、坡位坡向、风等生态因子，简单叙述了油桐的一般生态习性。这些个别因子对油桐生长发育的影响，都是以组合的生态条件发挥作用的。因此，不能孤立、静止地看待个别因子。在各生态因子的组合中，可能存在某一起决定性作用的主导因子，但任何其他因子也会对主导因子起抑制或促进作用。有关油桐对温度、降水量与湿度、土壤以及分布区纬度、经度、海拔高度、日照时数、无霜期等适应范围的数据，只能就大地域范围内提供了接近实际情况的概数。在任一适应范围区间总会发生某种程度超越或紧缩的特殊情况，这是完全可以理解的。对于复杂的生态条件和不断发展的植物适应性，不能静止地对待。任何人为概数与不断变化发展的环境和植物相比，总会有一定距离。所以在实际应用时尚需具体问题具体分析，要充分认识植物适应性的潜在能力。

第三节　中国油桐栽培区划

油桐栽培区划的原则是遵照自然规律和经济规律。遵照自然规律即是如何合理地开发利用生态资源，保持生态平衡(动态)，发挥最优的经济效益。遵照经济规律即是根据油桐生产历史形成过程，油桐经济收益在当地的经济生活中的地位和四化建设发展的要求。光桐栽培区划分为三级：区、亚区、地区。区级的划分是以光桐三个分布区为界线，所以共划分3个区。亚区级是以区为中心，按其在全国地理位置的不同划分，共划分出15个亚区。地区级的划分，在边缘栽培区是以其在亚区所处的地理位置划分的，但以省为单位。在主要栽培区和中心栽培区则以省为单位，按其在该省所处的地理位置划分，为方便区别在前冠以省名(简称)，后再跟一个山名，共划分出36个地区。在一个省内不是油桐主要栽培地区，一般没有划入。光桐栽培区划图见图 4-1。

(一)边缘栽培区

包括亚热带的北、中、南 3 个气候带，自然条件差异很大，并不是每一个条件都适宜光桐生长的，愈是边缘地区生境愈有局限。在北亚热带≥10℃积温 3500～4500℃至 5000～5300℃，天数为 220～240 天。年极端最低气温 －20～－10℃，连续较长时间 －10℃以下光桐将遭受冻害，不能顺利越冬。在南亚热带终年高温，光桐不能完成冬季休眠，有碍结实。往西海拔高、气温低和水分不足，东部丘陵因土壤条件不适，而限制光桐分布。因此，在北部和南部，西边和东边都存在局部边缘栽培区。

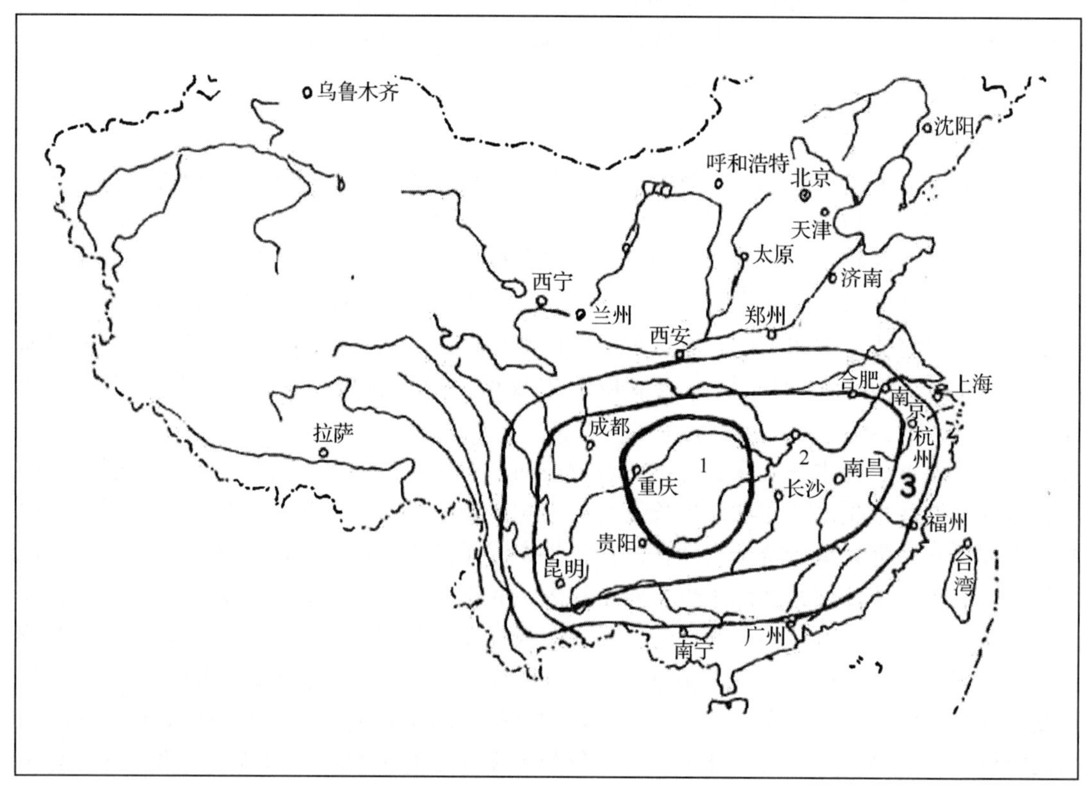

图 4-1　光桐栽培区划示意

1. 中心栽培区　2. 主要栽培区　3. 边缘栽培区

(二)主要栽培区及其自然特点

光桐主要栽培区的界线是：北纬 23°45′～33°10′；东经 101°50′～119°58′。包括贵州、湖南、湖北全部；江苏、安徽、河南、陕西之南部；广东、广西、江西、福建的北部；浙江的西部；四川东部和云南之东北部，约 400 个县。南北跨 850km，东西横贯 1300km，约有 110 万 km^2，约占国土总面积的 11.4%。

光桐主要栽培区的具体界线是：

西界南端从滇西南山原的西南沿哀牢山北麓的沅江，向北经新平到易门，然后转向西北到广通；逆龙川河东岸而上经元谋，横过金沙江进入四川的会理、米易，经安宁河东岸鲁南山西侧到昭觉；再沿大凉山西侧向北转入峨眉山北面的峨眉；横过青衣江，沿岷江西

岸北上到大邑、灌县；继沿茶坪山东侧到江油，顺成宝铁路向北，进入陕西的阳平关，北止于秦岭南面中山低山地区勉县。即是元江—易门—广通—元谋—米易—昭觉—峨眉—大邑—灌县—江油—勉县。

北界西端起自陕西的勉县，向东在米仓山北面，沿汉水北岸经由城固、洋县到石泉；向北到子午河东面的宁陕，转向东北到镇安；再经由天柱山和新开岭北面过山阳，经丹凤、商南，进入河南伏牛山南面的西峡、南阳；东南经泌阳，沿桐柏山北侧跨过京广铁路至罗山；再经大别山北面的光山、商城进入安徽的金寨、六安，沿长江中下游湖积冲积平原的北缘到肥东、滁州；再继续向东延伸进入江苏的六合、仪征；向东南过长江到镇江经丹阳，东止于常州。即是勉县—洋县—石泉—宁陕—镇安—山阳—商南—西峡—泌阳—罗山—光山—商城—金寨—六安—肥东—滁州—六合—仪征—丹阳—常州。

东界北端起江苏常州，绕太湖的西侧进浙江的长兴；由莫干山的东面到杭州；沿浙赣铁路南至义乌、永康；转东向南到青田；折转西经括苍山的西北面到景宁、龙泉；经黄茅尖的西面向南到庆元，继续南伸进入福建的政和、屏南、古田；向南延过闽江转西到白岩山西边的尤溪，沿戴云岭西面到永安、龙岩；向西折至上杭，南伸止于广东蕉岭。即是丹阳—高淳—溧阳—长兴—杭州—义乌—永康—青田—景宁—龙泉—庆元—政和—古田—永安—龙岩—上杭—蕉岭。

南界东起蕉岭，沿南岭山脉南麓向西延伸，经平远、和平，由九连山南侧到翁源；转向西北到曲江、乳源，经由天进山南面到阳山、连山；向西进入广西的贺县、昭平、蒙山；沿瑶山东南麓直至南端转向西北，到达柳州；经由桂中岩溶丘陵到忻城、马山、田东；沿右江东岸到田阳、百色；沿滇桂中山丘陵地区的中部进入云南文山壮族自治州的西畴、文山；向西到蒙自；经由个旧沿元江河东岸西止于元江。即是蕉岭—和平—翁源—乳源—阳山—连山—贺县—蒙山—柳州—忻城—田东—百色—西畴—蒙自—元江一线。

光桐是中亚热带的代表树种，主要栽培区是中亚热带，另外在北亚热带南部一些局部地区也属主要栽培区。在北亚热带的陕西主要栽培分布于秦岭南坡和大巴山低山丘陵和汉中盆地，如宁强、城固、石泉、镇安、紫阳、安康、平利、镇坪等地，是陕西自然条件最优越的自然地区，≥10℃积温在4500℃以上，年降水量超过850mm。河南主要栽培在豫南桐柏山、大别山北麓低山丘陵地区和南阳盆地边缘丘陵地区，如西峡、内乡、淅川、唐河、桐柏、罗山、光山等地。在这里≥10℃积温仍在4600℃以上，年降水量900mm以上，是河南温暖湿润地区。安徽主要栽培在皖西大别山低山地区，其中如金赛、霍山，皖南南部和中部低山丘陵如祁门、休宁、黟县、歙县、绩溪、旌德、泾县、宁国等地。在这里≥10℃积温5000℃左右，年降水量1400mm以上。

(三)中心栽培区及其自然特点

光桐中心栽培区的界线是：北纬26°45′~31°35′；东经107°10′~111°30′。包括川东南、重庆、鄂西南、湘西北和黔东北交界毗邻的地方，是我国光桐著名产区。全国有油桐基地县101个，50余个在这里。南北长约440km，东西宽约400km，约有17.6万km^2面积。

光桐中心栽培区的具体界线是：

西界南端从贵州的息峰起，向北顺川黔铁路经遵义、桐梓，进入重庆；又继续向北横长江至长寿；再经大竹、达县，北止于平昌。

北界西端从平昌起，向东经开县至奉节；沿长江南岸经由湖北的巴东，东止于宜昌。

东界北起宜昌，向南进入湖南石门、慈利，经由武陵山脉东侧至沅陵；顺沅江而下至辰溪、黔阳，经洪江南止于会同。

南界东起会同，向西延进入贵州的锦屏、三穗、镇远；继续西延至黄平止于息峰。

光桐中心栽培区处于我国中亚热带的中段，自然条件优越。

光桐区划系统：

Ⅰ　光桐边缘栽培区

ⅠA　北部亚区

北纬 33°10′~34°30′。

ⅠA1　西段地区

包括甘肃的文县、武都、康县、陕西省的边缘分布地区。

ⅠA2　中段地区

河南省境内的边缘分布地区。

ⅠA3　东段地区

包括安徽、江苏边缘分布地区。

ⅠB　南部亚区

北纬 22°15′~23°45′。

ⅠB1　西段地区

云南省的边缘分布地区。

ⅠB2　中段地区

广西边缘地区。

ⅠB3　东段地区

广东的边缘分布地区。

ⅠC　西部亚区

东经 99°40′~101°50′。

ⅠC1　南段地区

云南境内边缘分布区。

ⅠC2　中段地区

四川省雅安以南地区。

ⅠC3　北段地区

四川雅安以北地区。

ⅠD　东部亚区

东经 119°58′~121°30。

ⅠD1　南段地区

福建境内边缘分布地区。

ⅠD2　中段地区

浙江境内边缘分布区。

ⅠD3　北段地区

江苏境内边缘分布区。

Ⅱ　光桐主要栽培区

ⅡA　北部低山丘陵亚区

北纬 31°35′~33°10′。

ⅡA1　陕西秦巴低山丘陵地区。

ⅡA2　鄂西北武当山低山丘陵地区。

ⅡA3　鄂东北大别山低山丘陵地区。

ⅡA4　鄂东南幕阜山低山丘陵地区。

ⅡA5　豫南桐柏山低山地区。

ⅡA6　皖东南黄山低山地区。

ⅡA7　苏南宜、溧山地丘陵台地地区。

ⅡB　东部中山低山丘陵亚区

东经 111°30′~119°58′。

ⅡB1　浙西南黄茅尖中山低山地区。

ⅡB2　浙中千里岗低山丘陵地区。

ⅡB3　闽西北戴云山中低山地区。

ⅡB4　赣东北怀玉山低山丘陵地区。

ⅡB5　赣中低丘岗地地区。

ⅡB6　湘南南岭北坡中山低山地区。

ⅡB7　湘东八面山低山丘陵地区。

ⅡB8　湘西南雪峰山中山低山丘陵地区。

ⅡC　南部中山低山丘陵地区。

北纬 23°45′~26°45′。

ⅡC1　粤东北九连中山低山地区。

ⅡC2　粤北南岭南坡中山低山地区。

ⅡC3　桂东北越城岭中山低山地区。

ⅡC4　桂西北青龙山中山低山地区。

ⅡD　西部中山低山亚区。

东经 101°50′~107°10′。

ⅡD1　滇东九龙山中山地区。

ⅡD2　滇东五连峰中山地区。

ⅡD3　黔东南老山盖低山丘陵地区。

ⅡD4　黔南苗岭中山低山地区。

ⅡD5　黔西七星关中山低山地区。

ⅡD6　川东华蓥山中山低山丘陵地区。

ⅡD7　川中峨眉山低山丘陵区。

Ⅲ　光桐中心栽培区

北纬 26°45′~31°35′。

东经 107°10′~111°30′。

ⅢA　湘西北武陵山中山低山亚区。

ⅢB　湘西南罗子山低山丘陵亚区。

ⅢC　黔东北梵净山中山低山亚区。

ⅢD　黔北大娄山中山低山亚区。

ⅢE　川东方斗山中山低山丘陵亚区。

ⅢF　川东南金佛山低山丘陵亚区。

ⅢG　鄂西南巫山中山低山亚区。

皱桐栽培区划

我国皱桐多以零星种植分布为主，虽然全分布区包含国内广大的南亚热带、中亚热带及北热带南缘地区，但其实际占地面积和桐油产量，仅为全国油桐总面积和总产量的4%左右。根据皱桐的生态习性和皱桐全分布区地域生态条件，现以北纬25°线为基本界线，将北纬25°线附近以北，区划为皱桐北部一般栽培区；北纬25°线附近以南区划为皱桐南部主要栽培区。

南北的大体界线是：东起台湾省的桃园—福建泉州、华安—江西寻乌—广东南雄、韶关—湘南边缘—广西桂林、融安—黔南边缘—云南昆明、楚雄、保山、腾冲一线。

(一)皱桐北部一般栽培区

皱桐的北部一般栽培区，包括福建的闽东、闽北；浙江的浙南、浙西北；江西、贵州的大部；广西、云南的东北部和西北部。

该区北端止于浙江西北部的天目山麓。其范围：北纬25°01′~30°16，东经97°50′~121°30′。自然条件：年平均气温14.5~20.2℃；1月平均气温2.9~11.2℃；≥10℃积温4500~6828℃；无霜期231~305天；极端低温-14.4℃；年降水量863.7~1838.7mm；年平均相对湿度76%~83%；年日照时数1250.5~2157.7h。

(二)皱桐南部主要栽培区

皱桐南部主要栽培区，自我国北纬250线以南至海南省。其分布范围：北纬18°30′~25°00′；东经97°50′~121°。自然条件：年平均气温16.6~24.6℃；1月平均气温7.7~19.6℃；≥10℃积温5244.5~8986.8℃；无霜期270~364天；该区极端最低温度：江西-5.5℃、广东-4.4~-5.0℃、云南-4.4℃；年降水量819.6~2340.9mm；年平均相对湿度68%~85%；年日照时数1571.5~2502.4h。

第五章 油桐育种

在20世纪70年代以前，我国各油桐产区营造的桐林，除少数地区采用集团选种外，普遍取用混杂种子造林，因此造成了大面积桐林质量差、产量低，不结果或少结果的低产植株占林分中的大多数。根据各省、自治区、直辖市调查分析说明，用混杂种子造林者，桐林中株间结果量具有数倍的差异；低产植株通常占林分的70%~80%，仅产出全林总产量的20%~30%，其中不结果或少结果的野桐、公桐植株占林分总数的8%~15%；高产或比较高产的植株仅占林分20%~30%，却产出全林总产量的70%~80%。种子品质差、纯度低是造成以往桐林低产的主要原因，提高良种化水平则成为增产的关键所在。贵州省正安县龙岗乡龙江村，以树势好、结实多、出子率高为条件对当地主栽品种贵州小米桐，实施集团选种后造林45.6hm^2，平均每公顷产桐油346.5kg，比附近其他混杂桐林增产1倍以上；湖南省湘西土家族苗族自治州古丈县茄通乡泽溪河村，选用纯度较高的当地良种泸溪葡萄桐，营造0.43hm^{2}试验林，6年生桐林产桐油达194.15kg，增产幅度更大；各产区选用当地良种，如浙江五爪桐及丛生球桐、广西南丹百年桐、湖北景阳桐、河南股爪青、福建串桐及垂枝皱桐等地方良种，也分别在所在地实现了产出桐油300~450kg/hm^{2}的水平。各产区初级丰产林的陆续出现，使人们看到只要提高当地良种的纯度，纠正混杂种子造林，就能大幅度提高桐林产量。

至20世纪末“全国油桐科学研究协作组”实施了全国油桐良种化工程，在种质资源清查、品种整理、优树选择的基础上，通过品种比较试验、优树子代测定及无性系测定、杂交亲本的配合力测定等，各协作单位陆续选育48个增产30%以上的优良家系、无性系及杂交种，其中部分品种实现了产出桐油750kg/hm^{2}的丰产水平，为我国油桐新造林良种化提供了新一代良种(表5-1)。

表5-1　我国油桐新一代良种

编号	品种名称	研制单位	选育方法	丰产水平	试验地点
1	玉蝉47号(南百1号×广对10号)	四川省林业科学研究所	用16个品种的优良个体间杂交，经过各杂种后代的比较试验结果选出	5年平均株产油量1.25kg，最高2kg，其产量水平为母本的3.8倍，父本的2.3倍	四川泸县玉蝉试验站

（续）

编号	品种名称	研制单位	选育方法	丰产水平	试验地点
2	玉蝉100号(万米18号×广对5号)	四川省林业科学研究所	用16个品种的优良个体间杂交，经过各杂种后代的比较试验结果选出	5年平均株产油量1.25kg，最高2.6kg，其产量水平为母本的1.2倍，父本的3.3倍	四川泸县玉蝉试验站
3	桂皱27号	广西壮族自治区林业科学研究所	用57个优良单株，经过无性系测定后选出	6～10年生平均年产桐油648kg/hm^2，比实生皱桐增产11.35倍	广西崇左油桐站
4	桂皱1号	广西壮族自治区林业科学研究所	用57个优良单株，经过无性系测定后选出	6～10年生平均年产桐油468kg/hm^2，比实生皱桐增产9倍	广西崇左油桐站
5	桂皱2号	广西壮族自治区林业科学研究所	用57个优良单株，经过无性系测定后选出	6～10年生平均年产桐油382kg/hm^2，比实生皱桐增产6.8倍	广西崇左油桐站
6	桂皱6号	广西壮族自治区林业科学研究所	用57个优良单株，经过无性系测定后选出	6～10年生平均年产桐油405kg/hm^2，比实生皱桐增产7倍	广西崇左油桐站
7	光桐3号	中国林业科学研究院亚热带林业研究所	在优树子代测定中，采取家系间选择，结合家系内再选择，经2个世代试验测定后选出	6年生平均年产桐油454.2kg/hm^2，4～9年生累计产量比对照增产118.37%	浙江富阳
8	光桐6号	中国林业科学研究院亚热带林业研究所	在优树子代测定中，采取家系间选择，结合家系内再选择，经2个世代试验测定后选出	6年生平均年产桐油399.2kg/hm^2，4～9年生累计产量比对照增产118.01%	浙江富阳
9	光桐7号	中国林业科学研究院亚热带林业研究所	在优树子代测定中，采取家系间选择，结合家系内再选择，经2个世代试验测定后选出	6年生平均年产桐油464.4kg/hm^2，4～9年生累计产量比对照增产112.43%	浙江富阳
10	浙皱7号	中国林业科学研究院亚热带林业研究所、浙江省永嘉县林业局	选用皱桐北缘分布区的14个优树，经过无性系测定结果选育成功	6年生产桐油766.8kg/hm^2，中试结果增产4倍以上	浙江永嘉
11	浙皱8号	中国林业科学研究院亚热带林业研究所、浙江省永嘉县林业局	选用皱桐北缘分布区的14个优树，经过无性系测定结果选育成功	6年生产桐油648.2kg/hm^2，中试结果增产4倍以上	浙江永嘉

（续）

编号	品种名称	研制单位	选育方法	丰产水平	试验地点
12	浙皱 8 号	中国林业科学研究院亚热带林业研究所、浙江省永嘉县林业局	选用皱桐北缘分布区的 14 个优树，经过无性系测定结果选育成功	6 年生产桐油 759kg/hm²，中试结果增产 4 倍以上	浙江永嘉
13	（浙林 5 × 浙林 8）	浙江林学院①	从 24 个杂交组合的 F1 代比较试验中选出	结果量为母本的 4.8 倍，父本的 21.1 倍	浙江临安
14	浙桐选 7 号	浙江林学院	用 44 个优良单株子代，通过 2 个世代和 1 次无性系选择中选出	5 年生产铜油 396kg/hm²	浙江临安等
15	浙桐选 2 号	浙江林学院	用 44 个优良单株子代，通过 2 个世代和 1 次无性系选择中选出	5 年生产铜油 348kg/hm²	浙江临安等
16	浙桐选 08 号	浙江林学院	用 44 个优良单株子代，通过 2 个世代和 1 次无性系选择中选出	5 年生产铜油 348kg/hm²	浙江临安等
17	浙桐选 10 号	浙江林学院	用 44 个优良单株子代，通过 2 个世代和 1 次无性系选择中选出	5 年生产铜油 263kg/hm²	浙江临安等
18	浙桐选 9 号	浙江林学院	用 44 个优良单株子代，通过 2 个世代和 1 次无性系选择中选出	5 年生产铜油 332kg/hm²	浙江临安等
19	浙桐选 15 号	浙江林学院	用 44 个优良单株子代，通过 2 个世代和 1 次无性系选择中选出	5 年生产铜油 335kg/hm²	浙江临安等
20	浙桐选 5 号	浙江林学院	用 44 个优良单株子代，通过 2 个世代和 1 次无性系选择中选出	5 年生产铜油 318kg/hm²	浙江临安等
21	南百 1 号	广西壮族自治区河池地区林业科学研究所	从 4 个优树的无性系测定结果中选出	8 年生产桐油 546kg/hm²，6 年平均年产桐油 294kg/hm²，比参试无性系平均值高 73.3%	广西河池

① 现浙江农林大学。

（续）

编号	品种名称	研制单位	选育方法	丰产水平	试验地点
22	黔桐1号	贵州林业科学研究所、岑巩县林业局	对8个优树子代，进行2个世代的系统选择后评选出来	7年生产桐油648kg/hm^2，比对照产量高1.19倍	贵州岑巩
23	黔桐2号	贵州林业科学研究所、岑巩县林业局	对8个优树子代，进行2个世代的系统选择后评选出来	7年生产桐油472.5kg/hm^2，比参试家系产量的平均值高74%	贵州岑巩
24	闽皱1号	中国林业科学研究院亚热带林业研究所、福建林业科学研究所、漳州市林业局	从16个垂枝型皱桐优树无性系测定及中试结果选育出	7年生产桐油788.4kg/hm^2，在大面积中试中，比对照增产5倍以上	福建漳浦
25	黄甫79017	安徽林业科学研究所等	在优树子代测定中，选育出并经区域试验决选	4~5年生产量比29个参试家系均值提高72.2%	安徽滁县等
26	郎溪79001	安徽林业科学研究所等	在优树子代测定中，选育出并经区域试验决选	4~5年生产量比28个参试家系均值提高42.4%	安徽滁县等
27	青选30号	湖南湘西土家族苗族自治州林业局、保靖林业科学、桑植林业科学研究所、吉首林业科学研究所	用29个家系，经2个世代选择，从3个测试点试验结果中选出	粗放管理，3~6年生平均年产铜油167kg/hm^2，比参试家系平均值高53.52%，比对照增产85.81%	湖南保靖等
28	青选12号	湖南湘西土家族苗族自治州林业局、保靖林业科学、桑植林业科学研究所、吉首林业科学研究所	用29个家系，经2个世代选择，从3个测试点试验结果中选出	粗放管理，3~6年生平均年产铜油160kg/hm^2，比参试家系平均值高47.45%，比对照增产78.46%	湖南保靖等
29	慈选2号	湖南湘西土家族苗族自治州林业局、保靖林业科学、桑植林业科学研究所、吉首林业科学研究所	用29个家系，经2个世代选择，从3个测试点试验结果中选出	粗放管理，3~6年生平均年产铜油155kg/hm^2，比参试家系平均值高42.07%，比对照增产71.95%	湖南保靖等

（续）

编号	品种名称	研制单位	选育方法	丰产水平	试验地点
30	青选46号	湖南湘西土家族苗族自治州林业局、保靖林业科学、桑植林业科学研究所、吉首林业科学研究所	用29个家系，经2个世代选择，从3个测试点试验结果中选出	粗放管理，3~6年生平均年产铜油152kg/hm^2，比参试家系平均值高40.00%，比对照增产69.44%	湖南保靖等
31	中南林19号	中南林学院经济林研究所（现中南林业科技大学）	从50个无性系中评选出	盛果期产油200~300 kg/hm^2	湖南衡阳
32	中南林23号	中南林学院经济林研究所（现中南林业科技大学）	从50个无性系中评选出	盛果期产油250~300 kg/hm^2	湖南衡阳
33	中南林36号	中南林学院经济林研究所（现中南林业科技大学）	从50个无性系中评选出	盛果期产油250~350 kg/hm^2	湖南衡阳
34	中南林37号	中南林学院经济林研究所（现中南林业科技大学）	从50个无性系中评选出	盛果期产油200~450 kg/hm^2	湖南衡阳
35	杂种1号	中国林业科学研究院亚热带林业研究所	用自交系作亲本，经组合测定，以比光桐6号、光桐7号增产30%以上指标选出	5~7年生平均产油量535.8kg/hm^2	浙江富阳
36	杂种2号	中国林业科学研究院亚热带林业研究所	用自交系作亲本，经组合测定，以比光桐6号、光桐7号增产30%以上指标选出	5~7年生平均产油量509.4kg/hm^2	浙江富阳
37	杂种3号	中国林业科学研究院亚热带林业研究所	用自交系作亲本，经组合测定，以比光桐6号、光桐7号增产30%以上指标选出	5~7年生平均产油量482.9kg/hm^2	浙江富阳
38	杂种4号	中国林业科学研究院亚热带林业研究所	用自交系作亲本，经组合测定，以比光桐6号、光桐7号增产30%以上指标选出	5~7年生平均产油量475.4kg/hm^2	浙江富阳
39	67号无性系	浙江金华县林业局、浙江林学院	从80个优树无性系测定中选出	7年生理论鲜果产量可达12.75t/hm^2	浙江金华县林场
40	73号无性系	浙江金华县林业局、浙江林学院	从80个优树无性系测定中选出	7年生理论鲜果产量可达12.85t/hm^2	浙江金华县林场
41	77号无性系	浙江金华县林业局、浙江林学院	从80个优树无性系测定中选出	7年生理论鲜果产量可达11.58t/hm^2	浙江金华县林场

（续）

编号	品种名称	研制单位	选育方法	丰产水平	试验地点
42	74 号无性系	浙江金华县林业局、浙江林学院	从 80 个优树无性系测定中选出	7 年生理论鲜果产量可达 13.42t/hm^2	浙江金华县林场
43	豫桐 1 号	河南省林业科学研究所、南阳地区林业科学研究所、许昌地区林业科学研究所、鲁山县林业局	从 13 个优树子代 2 轮中选出	6～9 年生平均产油量 350.7～401.1kg/hm^2	河南内乡及叶县
44	豫桐 2 号	河南省林业科学研究所、南阳地区林业科学研究所、许昌地区林业科学研究所、鲁山县林业局	从 13 个优树子代 2 轮中选出	6～9 年生平均产油量 334.6～334.8kg/hm^2	河南内乡及叶县
45	豫桐 3 号	河南省林业科学研究所、南阳地区林业科学研究所、许昌地区林业科学研究所、鲁山县林业局	从 13 个优树子代 2 轮中选出	6～9 年生平均产油量 312.2～328.4kg/hm^2	河南内乡及叶县
46	肖皇周 1 号	安徽省林业科学研究所、安徽省林木种苗站	从 29 个优树子代测定中选出，并经扩大试验确定为优良杉桐混交良种	6 年生的产油量 322.6kg/hm^2	
47	万米 7 号	重庆市万县地区油桐科研协作组	从 14 个优树子代测定中选出	6 年生的产油量 290.25kg/hm^2	重庆万县、开县、云阳
48	万米 11 号	重庆市万县地区油桐科研协作组	从 14 个优树子代测定中选出	6 年生的产油量 399.53kg/hm^2	重庆万县、开县、云阳

表 5-1 所列 48 个油桐优良家系、无性系及杂交种，是采用正规选育程序育成的良种，是在当地主栽品种经优良单株选择的基础上，通过半同胞子代测定、无性系测定或配合力测定结果评选出来的。因此，这批良种的品质比相应的地方主栽品种更好，增益更高。

应该说明，表中所列 48 个油桐良种的产量指标，是在不相同条件下试验的结果，故不能作为互相之间优良度比较的依据。因为各省、自治区、直辖市在选育过程中，所取供试材料、试验方法、评选标准、立地条件、管理水平、种植密度以及地理位置等均各不相同，尤其在表达良种产量水平上，既有盛果期 3～4 年的平均值，亦有以某一年生的平均

值，所以在未实施统一的良种区域化试验之前，从不同产区以不同目标及评判标准选出的良种，尚缺乏相互之间的可比性。但尽管如此，这批良种毕竟是在各产区地方主栽品种的基础上，经过不同程度遗传改良后的产物，在应用中也表现出比当地主栽品种有显著的增益，所以是能够代表相应地区的新一代良种。

油桐育种是研究油桐遗传改良原理和方法的科学。其任务是根据油桐遗传变异的规律，研究油桐现有品种资源的选择、改良与合理利用，并应用人工杂交及诱发变异等方法来创造新的品种。

油桐育种又是一门综合性的应用科学，它是以遗传学的基本原理为理论指导，在植物学、分类学、细胞学、生理学、生物化学、森林生态及栽培学等现代生物科学及有关自然科学成就的基础上，探索有效控制和利用油桐的遗传变异，实现遗传改良的实践。因此，油桐育种工作者必须广泛掌握相关学科的基本知识，综合应用各领域先进的科学成就和最新技术，密切学科协作，才能提高育种的效能和水平。

油桐育种工作要有明显的目标，才能达到预期的选育效果。我国油桐分布区广、自然气候差异大、经营方式多样，各产区生产中存在的问题也不尽相同，因而不同情况下对良种要求的侧重面，往往不完全一样。例如北缘分布区的陕西、河南及甘肃南部当以选育抗寒、抗旱品种为主要目标；广西、广东、福建应以选育耐湿热及抗枯萎病为主要目标；西南及中南油桐中心产区，要以选育高产、稳产、优质为主要目标；皱桐分布区以选育高产、优质、矮化为主要目标；复合经营系统，则要依据各类组合因子在时空分布上的特点，选育相应协调组分间竞争力小、干扰少的品种。各分布区及不同经营方式可以确定几个主要的选育目标，但还必须有符合良种标准的相应产量指标及质量指标。通常要求在规模经营条件下，盛果期连续 4 年平均鲜果产量每平方米树冠面积应不少于 1kg，气干果出子率 54% 以上，出仁率 58% 以上，干仁含油率 62% 以上，桐酸占脂肪组分的 79% 以上。此外，与之相应的新梢发生数、结果枝比例、雌雄花比例，亦应有一定要求。选育目标的确定，既要注意当地油桐品种上当前存在的问题，还要预见未来发展的需要。例如机耕化耕作、采收及加工正日趋发展，这就要求育成的新品种必须机耕性好、成熟期一致、果实及种子大小形状比较均匀，便于机械采果、剥皮脱粒。随着桐油深加工的发展及应用领域的不断扩大，对油质也应有新的要求。

选育目标确定之后，尚有赖于采取正确的选育途径和科学的研究方法才能获得预期良种。我国油桐良种选育工作在近 60 年的实践中，积累了许多宝贵的经验，其中富有成效的主要有：①通过资源调查整理，发掘对当地自然条件适应性强，经济性状好的地方品种，经选择提纯后就地推广应用。如浙江五爪桐、湖南葡萄桐、河南股爪青、湖北景阳桐、四川立枝桐、广西南丹百年桐、福建垂枝型皱桐等，都是从产地发掘并推广，取得快速效果。②引进其他省、自治区品种试种后，选择其中能适应新环境的良种，繁殖推广。四川小米桐、湖南葡萄桐、浙江五爪桐、广西对年桐等是被国内引种最多、最广的品种，其中经试种有被直接扩大繁殖推广的，也有进行驯化改良后应用的，还有用作家系选育或杂交育种的亲本。“全国油桐科学研究协作组”的主要成员单位，大都批量引种了国内油桐主栽品种并开展品种比较试验，大大地丰富了各产区的品种资源和育种材料。目前国内已选育出的大批优良家系，其中，许多就是从引种材料中，经多世代再选择后获得的。③选择育种在油桐遗传改良工作中应用最广，取得的成效也最快。通常在主栽品种中选拔优良单株，经半同胞子代测定，评选出最好的家系，继之在最好的家系中选出最好的单株，进行第二轮半同胞子代测定，从而获得更大的遗传增益。另一方面是选用自然的或人工创造的优良单株，经无性系测定，评选出最优良无性系，繁殖推广于生产。实践表明，油桐无性系选育速度快、增益也大，久被广泛应用并已育成了 10 多个高产、优质无性系。④采取有性杂交产生基因重组，杂种的生活力、适应性、产量等均表现较高优势，且有创造新类型的特殊应用价值。此外，近年来有关单位采用生物工程技术、化学及物理引变等育种方法进行多途径育种，预期今后也会有新的突破。

种植的地域广阔及山地规模经营，仍然是当前油桐生产的特点。这就要求油桐育种工作必须把提高各类生态条件下群体生产力作为育种的最终目标。在追求获得单一品种最大限度遗传改良的同时，要注意各产区山地森林生态的复杂性，维持一定的多样性，防止过于单一化可能出现的危险。要有保持、发展和不断扩大种群遗传基础的战略眼光。根据近年新一代良种的实践应用效果，今后我国油桐新造林的良种趋向，应把优良家系、无性系的进一步推广和杂种优势利用，作为实现良种化的基本途径。

第一节　种质资源的调查收集与利用研究

种质(Germplasm)就是遗传物质，在遗传学中指染色体上的基因(Gene)，它是决定生物遗传性状的物质基础。种质具有传递遗传信息(Genetic information)、准确复制自己的连续性和稳定性，也是决定生物个体发育模式和方向的根据。

种质资源也就是基因资源。油桐的种质资源，泛指分类学上光桐及皱桐 2 个种种群基因资源的总和。具体包含油桐的种、变种、生态型、地方品种、主栽品种以及野生、半野生类型等的所有基因型。在油桐自然种群中，蕴藏着极其丰富的种质资源，任何不同类型的油桐，甚至可能是单株，均有其不同的遗传组成，含有不同的遗传特性。育种工作只有建立在广泛收集和正确研究、利用种质资源的基础上，才能充分发挥种质潜力，提高育种效能，不断创造适于不同要求的各类新品种。

一、种质资源的分类

种质资源依其来源可分为自然已有的种质资源(本地种质资源、外来种质资源、野生或半野生种质资源)以及人工创造的种质资源 2 类。

1. 本地种质资源

本地种质资源是指当地的油桐地方品种或类型。它是在当地自然环境和栽培条件下，经过长期选择和培育的适应性产物，在育种上具有特别重要的意义。本地种质资源对当地的自然气候、土壤、条件、经营方式、栽培条件等具有高度的适应性；经长期选择，其主要经济性状及产品质量，符合产区的基本要求；油桐地方品种或类型多是基因型极不一致的随机交配群体，变异幅度大，只需进行 1～2 代的简单选择，即能获得较高的遗传增益。国内许多家系、无性系品种，都是从本地种质资源中，通过株选分离而来，并迅速推广到生产上的。如光桐 3 号、浙桐选 7 号、南百 1 号、黔桐 1 号、中南林 36 号、豫桐 1 号；桂皱 27 号、浙皱 8 号、闽皱 1 号等。本地种质资源是育种的最基本和最宝贵的材料，它既可直接利用，亦能为进一步遗传改良提供丰富的种质基础。

2. 外来种质资源

外来种质资源通常指从不同生态区引进的油桐品种和类型。外来种质资源具有不同于本地的各种各样基因类型，引进的结果能丰富和扩大本地种质资源的遗传基础，为创造新品种提供本地没有的基因型。例如从四川万县引进四川小米桐，在浙江富阳经多世代改良后，育成了适应新区的光桐 6 号及光桐 7 号；又对其进行多世代自交，获得纯合度较高的自交系，用其与浙江五爪桐、浙江座桐自交系杂交，育成了杂种 1 号、杂种 2 号、杂种 3 号及杂种 4 号。这些说明，利用外地种质资源在育种上具有重要意义。

3. 野生、半野生种质资源

野生、半野生种质资源是指在自然分布区内新发现的和未经人工扩大栽培的野生类型。这些油桐类型是在一定自然环境条件下，经长期自然选择结果保留下来的，通常具有一般栽培品种所没有的特殊性状，有突出的优点和缺点。如对不良环境有更大的适应能力，对常见病虫害有更强的抗性；经济性状往往较差，产量也低。野生特性的遗传力往往较强，只要正确地利用是能够提高其优良性状、优良特性的基因型频率的，在育种工作中具有特殊意义。

4. 人工创造的种质资源

人工创造的种质资源是指通过人工杂交、引变等手段创造的油桐新类型。尽管自然资源中有丰富的种质，但并不总会满足育种工作的复杂需要，仅从现有资源中选择，是一种终点选择。为了获得自然种质资源中还不具备的优良生物特性或综合性状，必须借助杂交、引变等人为手段，有意识地促使基因重组或引导基因突变，以期产生崭新的优良基因类型，扩大遗传物质基础，为育种提供新的种质资源，实现生产技术和产品质量对新品种的复杂要求。

二、种质资源的调查

我国油桐全分布区的自然生态条件存在极大差异，兼之在长期栽培历史中往往经人工多世代的选择结果，导致油桐种群系统发育过程中，产生了诸如反映在生态习性、形态特征及经济利用价值等方面具有明显区别的许多地方品种、类型。例如油桐丰产型品种有小米桐、葡萄桐、景阳桐、股爪青、矮脚桐、中花丛生球桐、串桐等；稳产型品种有座桐、大米桐、大蟠桐、叶里藏、独果桐、满天星等；早熟型品种有对年桐、对岁桐、早实三年桐等；丰产稳产型品种有五爪桐、少花丛生球桐、五爪龙、五大吊等。此外还有冠幅狭小、适于密植栽培的窄冠桐、李桐、白杨桐、观音桐，花果性状独特的柿饼桐等。油桐种内表现在树形、分枝习性、续发枝力、花果序类型、丛生性、结果枝比例、出子率、出仁率、含油率、抗病性、适应性等特征特性的多样性，反映在品种、类型上往往具有基因型差异，有不同的利用价值。因此，在全国范围内开展油桐种质资源调查、收集、整理、研究和利用，是极其重要的。

1981 年 1 月“全国油桐科学研究协作组”在贵州省贵阳市召开“第四届全国油桐科研协作预备会”上，根据协作单位代表的一致建议，从 1981 年开始，组织开展以油桐种质资源收集为基础，以地方品种调查为中心，以地方主栽品种整理及其优树选择为重点的全国性大协作攻关项目。该研究项目不仅列入第四届及第五届全国油桐科学研究协作攻关课题，而且列入“六五”、“七五”国家攻关专题及部分省、自治区的攻关课题。

（一）组织

本研究项目由“全国油桐科学研究协作组”组织，由中国林业科学研究院亚热带林业研究所具体负责、主持本项研究任务。原四川省林业科学研究所、贵州省林业科学研究所及贵州农学院、原湖北省林业科学研究所、中南林学院及湖南省林业科学研究所、原广西壮族自治区林业科学研究所、陕西省林业科学研究所、河南省农业科学院林业科学研究所、中国林业科学研究院亚热带林业研究所及浙江林学院、原云南省林业科学研究所、福建省林业科学研究所、江西省林业科学研究所、安徽省林业科学研究所、江苏省林业科学研究所为本研究项目的主要参加单位，并分别为各省、自治区的负责单位，承担实施本省、自治区的计划研究任务。各省、自治区根据自己的工作量，分别组织相应力量，完成分省任务。根据全国总体部署，调查工作以省、自治区为单位划分成14个单元进行，各省、自治区的所有外业调查、资源收集整理，地方品种的认可，按统一的技术方案要求，分省进行。参加该项工作的有13个省、自治区林业科研、教学、生产及业务行政部门的218个单位530位科学技术人员。

（二）技术指标

①完成我国油桐地方品种、类型的清查及其资源的收集；

②完成各省、自治区油桐主要栽培品种的整理；

③对各省、自治区油桐优良地方品种，为进一步改良的需要，完成必要数量的优树选择与收集；

④查明各省、自治区油桐的分布特点、生产历史、栽培面积、生产水平、经营特点，发现问题，提出建议；

⑤各省、自治区油桐种质资源调查、收集及整理工作自1981年开始，至1985年完成。

（三）调查的内容

1. 社会经济情况调查

内容包括行政区划；土地、山林面积；民族、人口、劳力；水利、交通；生产、生活水平；油桐栽培历史、规模、经营方式、繁殖方法、栽培管理特点；油桐收益的比例、发展潜力、当地的规划；油桐生产中的要求及存在问题等。通过调查，要求对该地区的社会经济生活、生产状况有大体的了解，以便为将来油桐生产规划提供依据。

2. 气候条件调查

(1)气温(℃)　年平均温度；各月平均温度；极端高温；极端低温；活动积温。

(2)地温(℃)　地表温度(月平均、月最高、月最低)；5cm深度温度(月平均、月最高、月最低)；10cm深度温度(月平均、月最高、月最低)；30cm深度温度(月平均、月最高、月最低)；60cm深度温度(月平均、月最高、月最低)；土壤冻结期、冻土日数、解冻期；土壤冻结最大深度。以上根据各地需要与可能选择调查。

(3)日照　年平均日照时数；各月平均日照时数。

(4)降水量　年平均降水量；各月平均降水量；各月平均降水日数；干旱季节及最长连续干旱日数。

(5)蒸发量及空气湿度　年平均蒸发量；各月平均蒸发量；年平均相对湿度；各月平

均相对湿度。

(6)其他　风：各月平均风速；最大风速及主要风向；台风发生时期、频率。霜：平均初霜期、终霜期；年平均无霜日数。

3. 地貌及土壤调查

①地貌，包括高山、山地、山麓、丘陵、沟壑、坡地、台地、盆地、山岗；海拔高度。

②土类及成土母质。

③肥力及酸碱度 0～20cm 及 21～50cm 土层的有机质、全氮、全磷、全钾含量，pH 值。

④体积质量及孔隙度(土样深度 0～20cm)。

⑤坡度、坡向。

⑥侵蚀情况。

4. 植被调查

种类及其密度；总郁闭度；优势树种的生长情况；主要草本植物的种类及其密度。本项针对油桐与其他林木的混交林使用。

5. 品种、类型的代表株调查

代表株选自集中分布区、一般分布区及边缘分布区，各分布区调查 40 株(合计 120 株)。每个分布区的 40 株应分别从高中山、低山、丘陵及平地等不同立地条件下随机各选 10 株。代表株一般在所在地区的人工林中选择，人工林的密度应不影响品种、类型的正常生长发育。在特殊情况下可以选用孤立木。也可以用设立标准地的方法进行调查。每一品种、类型的调查，原则上要求对 120 株代表株进行每木调查，尤其对于变异幅度较大的性状(如产量等)更应如此。但对于那些变异幅度较小的性状(发枝力、果实性状、叶部性状等)则可减少。能用平均数填写的用平均数，不能用平均数表示的(如树形、花果序类型)则用文字描述。同时具备几个类型者(如果形等)，可用幅度或各类所占的百分数表示。

(1)概况　种及品种、类型的名称、学名、别名；所在产地及分布情况；来源；树龄、密度、经营方式；繁殖方法、经营管理水平；主要病虫害及发生情况。

(2)基本形态　树形直立、开张、半开张、下垂；圆锥形、半圆形、伞形、近塔形；树高(m)；基茎粗(cm)，离地面 20cm 处；冠幅(m^2)，东西×南北；树形照片 1 张。

(3)枝干　主干高度(m)；主干光滑度(粗糙、一般、较光滑)；分枝高度(m)；第 1 轮分枝角度(°)；分枝轮数；各轮的轮间距(cm)；当年生枝条数(条)；1 年生枝条平均长度(cm)，每代表株抽样调查 40 条；1 年生枝条平均粗度(cm)，每代表株抽样调查 40 条；1 年生枝条饱满腋芽的百分数，每代表株抽样调查 40 条；结果枝比率(%)，每代表株调查不同着生方位共 1/4 的枝条。

(4)叶部　取 1/2 代表株，每株选生长发育正常的桐叶 40 片，调查以下项目：叶形(选一代表性叶片，带叶柄拍照片 1 张)；叶片大小[叶片长度(cm)；叶中肋宽度(cm)]；叶厚度(厚、中等、薄)；圆叶、裂叶及其比例；叶片裂数；叶基状(绘图表示)；腺体形状及颜色；叶柄长度及颜色。

(5)花及花序　用 1/4 代表株，每株 20 个花序，测定花序性状。用 1/10 代表株，每株各10朵雌、雄花测单花性状。花序：照片1张，1个品种有几个花序类型时，将2个主要花序类型合拍1张。花序类型：丛雌花花序（如浙江五爪桐）；单雌花花序（如浙江座桐）；少花单雌花花序（如浙江满天星）；中花多雌花花序（如四川小米桐）；多花单雌花花序（如浙江多花单生球桐）；雄花花序。1个品种、类型有2～3种花序时，按其比例由多到少记下，并说明各类的大体比例数。雌雄花比例。雌花及雄花的单花性状：花径（cm）；花瓣数及颜色；雄花花丝数及排列。花叶次序：先花后叶型；先叶后花型；花叶同步型。

（6）果序　用1/4代表株，每木调查1/4果序数。拍摄果序照片1张。果序类型：如短梗单生果序（如座桐、一盏灯等）；短梗丛生果序（五爪桐）；中梗单生（如满天星）；中梗丛生果序（如小米桐、葡萄桐等）；长梗单生果序（多花单生球桐等）。单果果序数；2～3果果序数；4果以上果序数；单序最多结果数；平均每序果数；株平均果序数。

（7）果实　用1/4代表株，每株随机取30果测定果实性状。果形（圆球、扁球、桃形、肾形等）。鲜果质量（g）；鲜果皮厚度（cm）及质量（g）；果皮光滑度（光滑、浅皱、中皱、深皱）；鲜果平均子重（g）及含子数（粒）。果尖（cm）；果颈（cm）；净高（cm）；果形指数（果高/果径）。鲜果出子率（%）、出仁率（%）、含水率（%）。

（8）种子　用代表株混合种子100粒测定子长（cm）、子宽（cm）、子高（cm）；种皮光滑度（光滑、浅皱、中皱、深皱），颜色；用全干材料测定平均单子重（g）、出子率（%）、出仁率（%）、种仁含油率（%）。

（9）油质　用代表株混合油样测定桐油色泽、透明度、水分及杂质含量、相对密度（20℃/4℃）、折光率（20℃）、皂化值、碘值、酸值；脂肪酸成分的软脂酸、硬脂酸、油酸、亚油酸、亚麻酸及桐酸含量。

6. 品种、类型生物学特性调查

（1）生物学年龄时期　幼年时期（从播种、定植至开始结果前）；生长结果时期（从开始结果至多量结果）；盛果期（为大量结果时期）；衰老期（生活力显著衰退开始）。

（2）物候期　芽萌动期（顶芽膨大时开始）；展叶期；现蕾期；始花期；盛花期；末花期；新梢停止生长期（顶芽形成时为准）；果实成熟期（5%果实开始正常落果时为准）；落叶期（全树80%的叶片正常脱落时为准）；休眠期。

7. 产量

盛果期4年的平均单株产量（kg）；盛果期4年的每公顷平均产量（kg）；该品种、类型与当地主栽品种相比，产量提高或减少的百分数；相比较时应说明在什么样立地条件下的差异，比较应是在条件基本类似的情况下，应是3个以上点的差异；隔年结实现象［有、无，大年平均单株产量（kg），小于平均单株产量（kg），大、小年差额］；单株产量的变化（用盛果期4年平均产量表示），最高产量（kg）、最低产量（kg）、标准差、变异系数。

8. 抗逆性

抗病（枯萎病、黑斑病、枝枯病）、虫、寒、霜、旱、涝及风等的能力。

9. 适应性

强、一般、较差。

10. 调查资料的整理

调查资料的整理是反映整个调查工作的最后总结。因此，整理工作要求做到准确、真实、完整、无误。最后写出3份材料。

①基本情况调查范围，社会经济，自然条件，资源概况，种、品种和类型的分布特点，来源，栽培技术，存在问题，解决途径，发展前景等。

②每个品种、类型调查应有记载表格及文字说明材料、植株、花果照片和标本。

③品种、类型的特征、特性的描述。

第一次全国油桐种质资源调查、收集与整理，自 1981 年开始至 1985 年 9 月，各省、自治区按计划陆续完成。调查范围包括我国 14 个省、自治区中的油桐主要分布区、66 个地区 233 个县市，涵盖面积约 70 万 km^2；调查中共设置标准地 1712 块；实测固定标准株 85500 株；采集并分析测定土壤样品 814 个；收集油桐种质资源 1849 号；初选优树 1846 株；整理出油桐地方品种、类型 184 个；整理出主要栽培品种 71 个。这是全国油桐工作者协作攻关所取得的重大成果，它为今后提高我国油桐育种效能提供了充分的种质基础。

三、我国油桐地方品种、类型的整理与确认

油桐地方品种、类型确认的依据是：①具有特定的经济性状和经济价值；②有相对稳定的形态特征和生物学特性，并能够遗传；③有一定的生态适应范围和栽培要求；④是由一定数量组成的群体。

地方品种、类型的确认，是按全国油桐地方品种整理方案的程序进行。第一步由各省、自治区在种质资源调查的基础上整理出各自的地方品种、类型；第二步由 1980 年的第四届及 1985 年第五届全国油桐科研协作会议分别审核确认。经两届会议确认的首批油桐地方品种、类型共 183 个（含当时已经过试验鉴定育成的 13 个光桐家系、8 个皱桐无性系；9 个皱桐地方品种）。其中：①四川小米桐；②四川大米桐；③四川立枝桐；④四川矮干桐；⑤四川对年桐；⑥四川柿饼桐；⑦四川紫铜；⑧贵州对年桐；⑨贵州小米桐；⑩贵州大米桐；⑪贵州窄冠桐；⑫贵州矮脚桐；⑬贵州垂枝铜；⑭贵州柿饼桐；⑮贵州裂皮桐；⑯黔桐 1 号；⑰黔桐 2 号；⑱湖北九子桐；⑲湖北五子桐；⑳湖北五爪龙；㉑湖北景阳桐；㉒湖北小米桐；㉓湖北大米桐；㉔湖北观音桐；㉕湖北座桐；㉖湖北球桐；㉗湖北柿饼桐；㉘湖北桃桐；㉙湖北公桐；㉚湖南大米桐；㉛湖南小米桐；㉜湖南五爪龙；㉝湖南葡萄桐；㉞湖南柏枝桐；㉟湖南七姐妹；㊱湖南满天星；㊲湖南对年桐；㊳湖南观音桐；㊴湖南丛生柿饼桐；㊵湖南柿饼桐；㊶湖南球桐；㊷湖南尖桐；㊸湖南葫芦桐；㊹湖南寿桃桐；㊺湖南柴桐。㊻龙胜对年桐；㊼永福对年桐；㊽恭城对年桐；㊾三江对年桐；㊿三江红皮桐；(51)忻城青皮单桐；(52)上林单果桐；(53)龙胜小蟠桐；(54)荔浦五爪桐；(55)三江五爪桐；(56)忻城红皮丛桐；(57)都安矮脚桐；(58)那坡米桐；(59)上林多果桐；(60)乐业米桐；(61)龙胜大蟠桐；(62)隆林矮脚桐；(63)永福米桐；(64)南丹百年桐；(65)天峨三年桐；(66)隆林米桐；(67)都安高脚桐；(68)凤山米桐；(69)东兰三年桐；(70)田林三年桐；(71)柿饼桐；(72)桂皱 1 号；(73)桂皱 2 号；(74)桂皱 6 号；(75)桂皱 27 号；(76)南百 1 号；(77)陕西大米桐；(78)陕西朝天桐；(79)陕西桃形桐；(80)陕西尖桐；(81)陕西葫芦桐；(82)陕西大青桐；(83)陕西柿饼桐；(84)陕西小米桐；(85)陕西对年桐；(86)陕西柴桐；(87)河南股爪青；(88)河南五爪龙；(89)河南叶里藏；(90)河南桃形桐；(91)河南葫芦桐；(92)河南矮脚黄；(93)河南大红袍；(94)河南满天星；(95)河南小荆子；(96)河南小蛋桐；(97)河南歪嘴桐；(98)河南肉壳桐；(99)河南青皮赖；(100)河南迟桐；(101)河南野桐；(102)浙江座桐；(103)浙江五爪桐；(104)浙江少花单生满天星；(105)浙江少花丛生球桐；(106)浙江中花丛生球桐；(107)浙江多花单生球桐；(108)浙江野桐；(109)浙江早实三年桐；(110)浙江大

扁球；⑪浙江桃形桐；⑫浙江光桐3号；⑬浙江光桐6号；⑭浙江光桐7号；⑮浙桐选7号；⑯浙桐选2号；⑰浙桐选08号；⑱浙桐选10号；⑲浙桐选9号；⑳浙桐选15号；㉑浙桐选5号；㉒浙皱7号；㉓浙皱8号；㉔浙皱9号；㉕云南高脚米桐；㉖云南矮脚米桐；㉗云南球桐；㉘云南八瓣桐；㉙云南柴桐；㉚云南观音桐；㉛云南厚壳桐；㉜云南丛生球桐；㉝云南尖嘴皱桐；㉞云南园皱桐；㉟福建一盏灯；㊱福建罂薅桐；㊲福建座桐；㊳福建五爪桐；㊴福建少花丛生球桐；㊵福建对年桐；㊶福建桃形桐；㊷福建多花单生球桐；㊸福建串桐；㊹福建硬枝型皱桐；㊺福建垂枝型皱桐；㊻福建武平皱桐；㊼闽皱8901号；㊽江西周岁桐；㊾江西鸡婆桐；㊿江西百岁桐；⑤①江西鸡嘴桐；⑤②江西蟠桐；⑤③江西大果丛生皱桐；⑤④江西小果丛生皱桐；⑤⑤江西四季皱桐；⑤⑥广东小米桐；⑤⑦广东大米桐；⑤⑧广东对年桐；⑤⑨广东皱桐；⑥⓪安徽独果桐；⑥①安徽大扁球；⑥②安徽尖嘴桐；⑥③安徽五大吊；⑥④安徽小扁球；⑥⑤安徽丛果球；⑥⑥安徽平顶桐；⑥⑦安徽长把桐；⑥⑧安徽短把桐；⑥⑨安徽周岁桐；⑦⓪安徽杂果桐；⑦①安徽一把爪；⑦②江苏大米桐；⑦③江苏小米桐；⑦④江苏球桐；⑦⑤江苏座桐；⑦⑥江苏柿饼桐；⑦⑦江苏葫芦桐；⑦⑧江苏丛生球桐；⑦⑨江苏扁球桐；⑧⓪江苏满天星；⑧①江苏桃形桐；⑧②江苏柴桐；⑧③江苏大花桐。

四、我国油桐主要栽培品种的评定

在183个油桐地方品种、类型中，其遗传品质、适应范围、经济价值、栽培数量等方面存在很大差异。地方品种、类型未必是当地主要栽培的优良品种。为此，1985年第五届全国油桐科学研究协作会议从中评定出71个全国油桐主要栽培品种（主栽品种），作为各省发展油桐新造林的用种依据。主栽品种是指在当地油桐生产中，占有重要分量、栽培面积大、适应性强、产量高、经济性状比较稳定、遗传品质好的那类地方品种。主栽品种的评选标准是：①该品种在其主分布区内，占有油桐群体数量的10%以上；②产量水平超过当地其他品种、类型平均值的15%以上；③具有稳定的优良特征、特性；④在当地油桐长期生产实践中，曾是广泛利用的优良地方品种，曾经不同程度的遗传改良。经1985年全国评定出首批71个主栽品种，这批主栽品种约占全国现有桐林面积的70%以上，是我国油桐资源中的主要部分。为了今后良种选育、引种及生产上直接应用的需要，全国油桐科学研究协作组对主栽品种进行了规范化整理与汇编工作，保持各主栽品种资料的真实性、可比性和完整性，根据编写提纲的标准化要求，较全面地充实了所需的技术资料和测定数据，并集中采样进行桐油理化性质、脂肪酸成分的分析测定。最后按植物学特征、经济性状、生物学特性、适应性、栽培特点等项作规范化描述，每个主栽品种还附有典型的花序及果序图各1张，于1985年编印出版《中国油桐主要栽培品种志》。1985年至今选育的44个优良家系、无性系及杂交种，尚未列入。

五、种质资源的收集

种质资源收集是育种的经常性基础工作。为了有效地利用种质资源，收集工作必须做到目标明确、主次分明、准确可靠、方法多样、分期分批地进行。油桐种质资源的数量十分庞大，任何一个研究单位不可能也没有必要将所有资源收全收齐。因此，要根据各自的研究目标、任务，有针对性地确定收集的对象和数量，以期取得事半功倍的效果，避免盲目性。

种质资源收集的范围，应以本地为主，由近而远。本地资源具有对当地自然环境的高度适应性，通常比较容易进行遗传改良，是最有希望育成新品种的基本材料。所以，首先要尽可能广泛地收集本地资源，然后根据育种需要，逐步扩大收集符合自己育种目标的外地资源。收集对象必须真实可靠、准确无误，这是决定收集效果的关键所在。在收集任一目的品种、类型时，应直接取自原产地，从其集中分布区内选择典型植株，以采集枝条嫁接成苗为主，采集种子或子代苗木为次，要尽可能避免从异地的收集区间接采集目的品种的种子或苗木。在油桐实生繁殖子代中，由于自由授粉的结果，存在一定程度的个体差异。为保持目的品种、类型有利基因，除要求判别准确外，可依其个体差异程度，增加典型植株收取。对于经过多世代改良的家系品种，优良无性系品种，仍应选择其中生长发育正常的典型单株采集。

种质资源收集的途径，主要是组织人员实地调查、考察收集，其次是科研单位的资源交换，或委托技术部门收集。采集数量，每个品种、类型的接穗枝条20枝以上(含饱满腋芽100个以上)，或种子0.25kg，或苗木10株以上。不论枝条、种子、苗木或其他材料，必须具备正常生活力，能够繁殖和保存。每个收集的品种、类型必须有详细的记载材料。记载项目：编号、征集地点及时间、种类、品种名称、来源；征集地的自然条件，海拔高度、纬度、经度、土壤、地势、气温(年平均气温、月平均气温、极端最高气温、极端最低气温)、降水量及其月份分布、生长季空气湿度及其蒸发量、无霜期(初霜期及晚霜期)；主要生物学特性；主要经济性状(产量、品质)；适应性及抗逆性；主要优缺点及利用评价；收集人签名。收集工作的最后环节是归口专人负责管理。严格实物验收、登记编号、检疫消毒、收藏保管、繁殖、定植绘图的全过程，做到不发生紊乱、差错或遗失。收集来的每个种质资源，最后必须有3份完整的资料。即外业调查的详细表格；内业整理规范化资料；验收登记、检疫、定植图等。3份资料要分类统一编序，归档保存，以备今后查考。种质资源的保存育种成效之大小，取决于种质资源的丰富程度。为了有效地利用和研究油桐种质资源，必须在广泛收集的基础上，相对集中地加以妥善保存，这是一项带有根本性的育种基础工作。只有做好种质资源的保存，才能为育种的长期需要，贮备充分的种质材料；为生产提供直接利用的优良品种、类型；为研究油桐物种的发生与演变、认识种群谱系关系、了解遗传变异的形式与幅度、进行科学分类，集中地提供系统的实物材料。种质资源保存也是阻止种质流失，克服栽培植物遗传型渐趋一致的有效措施。现代社会的发展，生态自然条件的急剧变化以及人为有限目标的片面选择，导致了许多优良种质的流失。在近代经济林栽培中，为追求集约经营条件下发挥品种的最大经济效益，不同程度地存在着仅推广少数几个高产品种的危险倾向。这不利于适应复杂变化的自然环境，一旦发生环境骤变，势必造成巨大损失。大面积、集中连片地种植单一油桐树种或单一油桐品种的危险性，在于构成植物群落或桐林群体的遗传基础极其狭窄，遇上突发自然灾害时，这类种质十分有限的桐林，缺乏遗传型多样性所具有的那种适应变化着的不利环境的潜能，有导致覆灭的危险。因此，尽可能广泛地保存一切有利的种质资源，是防止种质进一步流失，克服栽培种遗传型渐趋单一化，创造适应环境复杂变化的各类新品种不可缺少的措施。

(一)种质资源保存的形式

油桐是多年生经济林树种，目前主要采用建立基因库方式，集中种植保存。20世纪

80 年代我国建立了全国及地方两级油桐基因库，共收集保存基因资源号共 1849 个。

1. 全国油桐基因库

其任务是分片收集所在地区及全国主要油桐种质资源。5 大片共收集保存种质资源号 1239 个。其中：华东油桐基因库（设于浙江、福建），由中国林业科学研究院亚热带林业研究所、浙江林学院（现浙江农林科技大学）、福建林业科学研究所营建。华中油桐基因库（设于湖南），由中南林学院营建。华南油桐基因库（设于广西），由广西壮族自治区林业科学研究院营建。西南油桐基因库（设于贵州），由贵州省林业科学研究所营建。西北油桐基因库（设于河南），由河南省林业科学研究所、西峡县林业科学研究所营建。

2. 地方油桐基因库

其任务主要是收集保存当地油桐种质资源。全国有省、地、县级油桐基因库 19 处，共收集种质资源 610 号，分别由所在的省、地、县林业科学研究所结合育种任务营建。

油桐种子在自然温、湿度条件下进行室藏、种胚生命力仅维持 4～6 个月；保湿室温贮藏，维持时间也不足 1 年；种子含水量 8%～9% 时，在 0℃低温条件可维持 3～5 年。花粉的生命力在花期自然温、湿度条件下仅维持 2～4 天。近年，国内一些科研单位分别开展种子、花粉及组织培养等种质保存技术的研究，虽然取得了可喜进展，但尚未达到实用阶段。相信随着研究工作的深入，一定能够找到更经济、有效的种质保存方法。

（二）种质资源保存的技术要点

种质资源保存要求严格，时间性长，工作量大，需要大量土地、人力、物力及经费的支持，要有一个切实可行计划。保存的最后目的是为了有效地利用，绝不是简单地种植，有一定的技术要求。

（1）五大片全国油桐基因库要作为最大限度地贮备我国油桐有利基因而设置，使之不仅能满足近期育种任务对种质的需要，而且可以适应长远育种目标对种质的不断需求。因此，全国基因库所保存的种质要比地方基因库更为广泛，要体现国家级的数量和质量水平。

（2）种质资源保存要反映主次缓急。对于一切有潜在利用价值的种质资源，特别是对处于濒危、稀有的野生与半野生类型以及近缘种，应作为珍稀材料收存；生产上长期沿用至今的许多古老乡土品种或农家品种、地方品种，对当地生态条件有高度适应性，对地区性病虫害有较强免疫力，由于存在某些缺点，常被忽视而失散，要尽快收存；具有特殊价值的突变型及人工创造出的新遗传型材料有可能培育出新品种，可作为观察对象收存。各地主栽品种是现行优良品种，分别具有某些可贵的基因，是代表当前生产水平的优良种质。主栽品种固然是种质资源中最具现实意义的珍贵部分，但毕竟已形成规模经营，在种群中势居数量的绝大多数，短期内不至于散失，可作为少量保存，或暂缓收存。

（3）基因库设置的选址，要求在一定区域内具有代表性，其自然气候、立地土壤等生态环境条件，能满足收存资源正常生长发育的需要。营林措施的集约程度要稍高，确保不同资源材料得以充分发挥各自的固有种性，最大限度地减少环境偏差。此外，保存点的交通条件要比较方便，以利于资源交流与利用。负责单位必须具备一定的研究设备和较强的技术力量，有从事科学研究的专业技术人员和较高的学术水平。

（4）对来自主要病虫害高发区的种质资源，不论种子、穗条或其他繁殖材料均应采取严格检疫、有效消毒的防范措施。尤其对油桐枯萎病这一毁灭性病害，应引起高度重视。

广西是枯萎病的高发区，广西光桐种源对枯萎病的感病率都比较高，可采取嫁接办法，用皱桐或高抗类型种源作砧木，嫁接成苗后进入基因库收存。至于其他主要病虫害，虽危害程度不及油桐枯萎病，亦应采取相应的防范措施。

(5)种质资源地栽保存的数量，应根据育种对资源数量的要求而定，同时考虑研究需要。稀有重要资源多一些，一般资源少一些；有性繁殖多一些，无性繁殖资源少一些。通常每个种质资源号种植 7～10 株。种植密度，皱桐行株距不少于 6m×6m；光桐不少于 4m×4m 或 6m×4m。资源号的数量较多时，先按来源或性状特性的相似程度分成若干组，然后分组定植。定植的排列方法、立地条件比较一致者，可采取错位排列，尽量减少环境影响分量。定植完毕，定植图也遂成，要及时归档。

(6)为满足育种工作对种质资源的长期需要，地栽至一定树龄之后，当实施更新种植保存，以期使来之不易的种质资源不致散失。更新建库所用的材料，可采取人工控制授粉留种，以保持种性，或采穗嫁接繁殖原号。对于因偶发事故遗失的资源号，应重新收集。

六、种质资源的研究

种质资源研究是种质资源调查、收集、保存的延续。资源调查时有过系统的记录，它说明的是资源在原产地的表现。经过异地保存，尚需对其性状、特性进行验证，并从育种目标的需要出发，着重探明各类资源的特殊基因、控制特有性状的基因组成及其发生频率和条件等，为育成新品种提供有效利用的可靠线索。种质资源研究亦属于应用基础研究，需要研究的内容繁多，必须在统一计划指导下，结合各自育种任务，进行合理的分工协作。国家种质资源收存单位的技术力量较强，应侧重于遗传规律性进行探索研究；地方种质资源收存单位，收集保存的资源号一般较少，可侧重于对具体品种、类型的综合经济性状进行深入研究。

(一)植物形态学的性状研究

形态特征是种群变异多样性的直观反映，研究的主要目的在于鉴别品种、类型，区分次要的一般性状和主要的经济性状，了解诸性状间的相关性。调查记载的项目有树形、分枝、芽、叶、花与花序、果与果序等形态特征。记载必须规范化，能够综合分析；有足够的可比性，能够互相识别。要用统一的标准尺度，切忌模棱两可、含糊不清等不明确的描述。国内已分别对地方品种、主栽品种及新一代良种的表型性状进行过不同程度的系统观察研究，由于以往记述过于简单化，对各品种、类型的异同了解不够充分，取材、记载也不甚一致，使特点的综述不易比较，给彼此有效识别带来一定困难。例如全国有许多大米桐、小米桐、对年桐等，依据各地的综述资料，很难识别诸如四川小米桐与广东、江苏小米桐之间的主要差异所在。其他同名异种亦如是。又如浙江座桐与河南叶里藏、安徽独果球、云南观音桐，虽然异名，但综述资料不足以说明为异种。出现此类情况，与观察记载缺乏标准化、忽视典型性有关。因此，在进行种质资源的性状研究中，观察记载一定要有科学性和规范化，必须注意反映具体品种、类型的性状典型性，使综述资料能准确反映性状的真实差异，让人们一看到综述资料，即能意识到具体品种、类型的形象特征及内在特性。

(二)生育期的研究

生育期包括世代生长发育周期和年生长发育周期。研究的目的是揭示油桐种质特性与环境统一的生长发育规律。世代生长发育周期的研究，是认识一定条件下各油桐品种、类型经历幼年期、成年期、衰老期的年龄期差异，探明从营养生长向生殖生长阶段转化、过渡的时间与速度；了解各类资源寿命的长短和经济生物产量的年增长速率。年生长发育周期的研究，是认识油桐伴随自然气候的年季节性变化，产生相应的器官形态、生理机能反应，表现规律性的物候时期；了解各类资源节奏性物候时期出现、持续、过渡时间的动态变化及其主要器官年生长发育规律。油桐的物候表现主要受遗传控制，但与气候影响关系密切，研究时必须联系当时的气候条件，特别是积温的影响。油桐物候表现存在年龄差异，应取营养生长与生殖生长处于平衡的盛果期连续 4 年的平均值，作为某一品种、类型的标志。有条件时最好分幼年期、成年期、衰老期分别观察记载，更具真实性。记载的项目参考种质资源调查表。

（三）产量与质量的研究

产量和质量是最重要的综合经济性状，表示品种、类型遗传上的生产能力、产品品质与栽培环境的适应程度。组成油桐产量和质量的主要因素有树冠大小、新梢量、结果枝比例、雌花数量、丛生量、座果率、单果重、出子率等；种仁含油率、桐酸含量、碘值、皂化值、酸值等；对不良环境的适应性，对主要病虫害抵抗能力以及对营林措施的反应等。必须分别对诸多性状进行研究。

丰产性与稳产性是评价经济产量的重要关联指标，取决于品种、类型内在的遗传特性，但又受环境因素制约。如立地条件、管理水平、病虫害情况等。将许多种质资源收存在环境条件一致的地段种植，施以相同的栽培措施，可减少环境误差，便于彼此间的系统比较研究，但在准确评价产量与质量上尚有不足之处，也会产生某种程度的误导。因为产量、质量这类经济性状，本身就是由多个相对独立的性状组成的综合性状，而各独立性状有不尽一致的最佳环境要求。在一定环境条件下，对某些性状发育有利，对另一些性状发育则可能不利。一个品种、类型时是如此，对收存的众多品种、类型时则更加复杂。因此，在种质资源集中收存地观察、评价众多品种、类型的产量和质量，有一定的局限性。只有实施多点试验，才能做出接近真实的评价。油桐存在不同程度的大小年结实现象，故产量的比较要用盛果期 4 年连续产量平均值。株间产量差异大的品种，不宜用少数单株产量推算单位面积产量。不能用郁闭度小的单位树冠面积产量，来推算单位面积产量，尤其是对无性系品种。

（四）抗性的研究

抗寒、抗旱、抗湿、抗风及抗病虫害能力的研究，除需要多年连续观察积累外，应及时利用突发年份，进行重点深入研究。如寒害、旱害在多数油桐分布区内，危害严重的常为 10 年一遇，是比较不同品种、类型适应性的机遇，不可错过。研究方法以自然鉴定为主，也可以利用相关性进行早期预测，间接鉴定。在特定条件下，有些项目还可采取诱发鉴定。

为了系统地掌握各类种质资源的真实特性，准确判断利用的范围与方向，尚需进一步深入开展分类学、解剖学、细胞学、遗传学、生理生化、生态习性等比较全面的研究，以期深入探明物种的起源与发展，识别种群的亲缘关系，了解种群的遗传组成及主要性状遗传变异的形式与幅度，认清各类基因型与环境条件的统一，使收存的种质材料得以充分、

合理的利用。

自20世纪60年代开始，油桐种质资源的研究受到逐步重视，在第4~6届全国油桐科学研究协作计划中，分别列上重点项目，实施有计划、多学科协作的系统研究，取得很大进展。通过资源普查和研究，初步探清我国油桐资源的全分布区范围、适生区的生态类型、不同地理种源的种性差异；对全国油桐主要品种、类型的生态习性、生长发育、形态特征、综合经济性状、生产潜力、利用价值及栽培特点，有比较深入的了解；对油桐部分品种、类型分枝习性、花芽分化、结实规律、解剖结构进行了探索研究；在油桐种群性状多样性研究的基础上，对部分主栽品种主要经济性状的遗传力和遗传相关进行了测定，获得试验数据；部分省、自治区在完成品种整理和研究的基础上，对油桐品种、类型进行分类；性状遗传与环境关系的大量研究，为湖南、四川、广西、浙江、陕西、河南、福建等省、自治区实施良种区划和立地分类提供科学依据；安徽、陕西对国内部分油桐主栽品种进行抗寒性鉴定，研究认为油桐的抗寒性存在种源差异，并对所在的北亚热带油桐分布区进行抗寒用种规范；在油桐病虫害的鉴定研究中，吴光金、王问学分别总结了油桐病害、虫害的种类，疫区范围以及物种、类型间危害程度的差异。花锁龙对30多种油桐品种、类型进行油桐枯萎病人工诱发鉴定，进一步证实皱桐具有高抗特殊基因，光桐种群虽然在总体上缺乏类似抗病能力，但不同种源及品种、类型间存在抗性差异，有高抗株系。

近年中国林业科学研究院亚热带林业研究所等单位，在油桐生理生化方面进行大量研究，对性别鉴定、遗传性状差异分析等提供了试验数据。研究表明：由基因控制的油桐诸性状，是通过酶来表达的，即通过酶调节代谢的途径和速率来实现的。基因控制酶的合成，同工酶结构差异，能反映某些基因和性状表现的差异。通过同工酶酶谱分析，是探测油桐基因差异和遗传关系的有效手段。

黄少甫、汪孝廉等(1984年)在油桐染色体数目、形态、核型进行分析测定。确认油桐的染色体数为$2n=22$；检测染色体绝对长度为1.74~3.18μm，相对长度为6.49%~11.87%，长臂长度为0.96~1.84μm，短臂长度为0.78~1.38μm，长臂/短臂为1.09~1.62；根据Levan的分类，油桐染色体属于“M”型，其核型组成模式为$K(2n)-22=20M+2Ms5C$；短臂/绝对长度为0.38~0.48，属“Kato”系统。除第5对染色体为“J”型外，其他染色体为“V”型，其核型组成模式为$K(2n)-22=20V+2J_5^{sc}$；在11对染色体中未发现随体，第5对染色体长臂上存在较明显的次缢痕，或在第3对、第4对上出现次缢痕。

关于油桐发生、发展及其系统关系，研究起步迟，知之甚少。油桐的全分布区范围广，它们分别生长在极不相同的生态环境条件下，因环境选择的结果产生诸多形态特征、生态习性、生长发育、生理现象以及对不良环境适应能力等的多样性差异。油桐在其系统发育过程中，因各种特定环境的长期影响，促使变异逐渐定向积累，形成与相应环境平衡的各类渐变群。随着地理隔离、自然或人工选择作用的加深，逐步发展成适应特定环境条件的生态型群体。油桐物种在进化过程中，皱桐种群突出表现为明显的雌雄异株，光桐种群至今更多地表现为明显的雌雄同株。性别分化作为进化的重要标志，显然说明皱桐进化程度高于光桐。

研究光桐性别演变过程，可为探索种群的谱系关系，认识品种、类型的系统位置，区别彼此的差异与联系，提供进化线索。方嘉兴(1984)在研究浙江油桐种质资源中品种、类型的差异与联系中，试从花果序连续变异上探索种群性别演变的走向，以期了解彼此间的系统关系及其性状特征、生长习性、生产潜力的差异，给予浙江油桐品种、类型以性别差异的相关定位。研究认为，浙江丛生球桐可能是系统演变过程中重要的点。从这个点进一步向两极分化，向性别分离的两极分化；从这个点到两极由 7 个相对阶段组成，并通过许多中间类型组成系统的变异连续性。根据这个推断，认为浙江光桐系统进化模式可能是这样的：

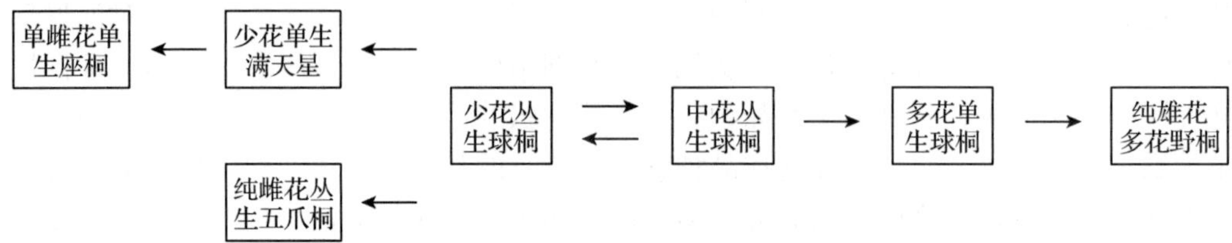

设想少花丛生球桐及中花丛生球桐为性别分化的某一起点，主要理由是这两个品种、类型在整个种群中占有最大数量，二者的遗传特性相像度大，包含最丰富的性状内容，具有最大的中间性，在系统中存在从此走向两极分化的渐变过渡条件。通过进一步分析系统演变规律表明：

①丛生球桐作为性别分化的阶段原型，具有相对稳定的雌雄同株异花属性，类型内的人工控制授粉或自由授粉，子代能稳定保持亲本性别的遗传特性；取两边相邻的少花单生或多花单生类型分别进行类型内的控制授粉或自由授粉，子代分别出现不同比例的向心过渡型及原始型；以单雌花单生座桐作母本与中花丛生球桐杂交，子代出现不同比例的从单雌花单生果至中花丛生果之间的各类花果序类型；以纯雌花丛生果五爪桐作母本与中花丛生球桐杂交，子代出现不同比例的从纯雌花丛生果至中花丛生果之间的各类花果序类型；以少花丛生球桐作母本与野桐杂交，子代出现不同比例的从少花丛生果至纯雄花多花野桐之间的各类花果序类型；以座桐或五爪桐作母本与野桐进行两极之间杂交，子代出现不同比例的从单雌花单生果或纯雌花丛生果至纯雄花多花野桐之间的各类花果序类型，并在一定程度上反映出油桐花果序遗传变异的形式与幅度，亦能从中看到油桐性别演变过程连续、渐进发展的走向。

②油桐性别分化主要是通过雌雄花比率的扩大与缩小这一关键性状开展的。一方面雌雄比逐步增大，从中花丛生—少花丛生—纯雌花丛生及少花单生—单雌花单生；另一方面雌雄比逐步变小，从中花丛生—多花单生—纯雄花野桐。其结果引起生长与发育的关系，发生相应的有规律的变化。这个变化反映在开花结实习性、树体结构、生命周期等各方面，向有利于种群繁衍方向发展。

③雌性极与雄性极的形成，有助于产生更强生命力的杂合子代，有利于丰富种群的遗传基础，提高种群的遗传素质。处于两极的典型纯雌性型座桐、五爪桐和典型的纯雄性野桐，基于性别构成的特征，不可能产生自交子代。接近两极的类型，虽有雌雄同株的属性，但由于存在不同程度的雌雄花异熟习性，也达到了减少自交机会、增加杂合程度的效果。

④趋向雌性极时，渐向花序小、花轴级数少、雌雄比率渐大、花序花数少、花型大、开花期迟而短、先叶后花型等方面加强；而趋雄性极演变时，则渐向花序大、花轴级数多、雌雄比率渐小、花序花数多、花型小、开花期早而长、先花后叶型等方面加强。趋两极演变时，相对地都朝果序小及丛生性弱、种子饱满、含油率高、大小年结实现象和结果

枝交替现象递减等方面发展。此外趋雌性极时，还有向始果迟、果梗短、结果枝比例大、果大皮厚、盛果期长等方面逐步加强的趋势。

⑤从生球桐树体矮小、分枝点低、分枝轮数少、轮间距短、枝条细弱、冠型伞形为主、生长势弱、寿命短；在趋两极演变时，一样朝树体高大、分枝点高、分枝轮数多、轮间距长、枝条粗壮、冠型半椭圆、生长旺盛、寿命长等方面逐步加强。根据油桐性别演变伴随出现的生物学差异，用以指导良种选育和营林措施也有重要意义。例如，中花丛生球桐类型具有早结实、早丰产的特性，通常适用于中短期经营，随着立地条件的改善和管理水平的提高亦能增加收益，但多数很难取得长期稳定的丰产；要取得长期高产、稳产，必须从少花丛生球桐和五爪桐中选录，并辅以优良的立地条件和管理水平来达到；座桐、五爪桐、满天星具有适应性强、生长发育协调、稳产长寿的特性，在一定程度上随营养水平的提高，其经济效益和收益年限较其类型能更有效地提高；座桐、五爪桐具有纯雌的花性，少花丛生球桐的丛生性适中、雌花比例大，实践中选作育种材料或经过筛选直接用于生产，通常可以收到较好效果。

探索浙江光桐性别演变过程的初步尝试，其结果也大体符合油桐种群性别演变的规律。在排除畸形花果序之后，7 个花果序类型既能包括浙江油桐，亦可涵盖已知的全国油桐。所分析的伴随性别系统演变而出现的诸多形态特征、生长发育、遗传变异、生产潜力、栽培利用的变化，也具有一定的普遍意义。我国油桐种质资源的研究虽然做了大量工作，也取得显著成绩，但毕竟知之皮毛。目前积累的资料多是有关形态特征、生态习性、经济性状及抗逆性方面研究报告。对于油桐的起源与发展，适应性与环境在油桐进化中的关系；种群的遗传组成及其遗传规律；重要基因或有利基因的识别、分离与组合；基因差异与生理生化表达的关系等等，有少量涉及尚待加强研究，力求尽快在广度和深度上有所提高，以期达到充分、有效地利用种质资源。

第二节 油桐引种

引种是指对栽培植物或野生植物实行异地迁移的过程。油桐与其他树种一样，有其一定的分布范围，将其从原分布范围移种到新的地区，称之为油桐引种。人们在引种实践中，由于原分布区与引进地区环境条件的相似程度不同，又由于油桐不同物种、种源或品种、类型对环境的适应性存在差异，引种成功的难度不尽相同。引种又有简单引种与驯化引种之分。所谓简单引种，是指原分布区与引进地区自然条件存在某种程度的相似，或引进材料本身具备较广泛的适应范围，异地迁移后虽不改变遗传性亦能适应新的环境条件，并可正常生长发育，繁衍后代；驯化引种，是指原分布区与引进地区自然条件存在较显著差异，或引进材料本身的适应范围较窄，对某些环境因子要求比较严格，必须经过改变遗传性方能适应新的环境。也就是说，简单引种是油桐在其固有遗传性适应范围以内的迁移，而驯化引种则是油桐在其固有遗传适应范围以外的迁移。前者有赖于已经具备的适应性潜能的发挥，后者是对其生存条件要求的适应性改造。

引种对扩大油桐的分布范围具有重大意义。光桐的原产地在我国湘、鄂、川毗邻地带，皱桐的原产地在我国云、贵毗邻南部地带。经过多年代多世代的引种迁移，不仅在国内不断扩大分布，而且逐步在亚洲、美洲、非洲等地区的许多国家形成规模经营，使目前国外桐油的产量，约为我国桐油总产量的约1/3，极大地改变了油桐树种的原来分布范围。油桐引种国外后，先后育成一批适应新的环境条件的良种，促使油桐的遗传适应范围得到扩大。引种作为育种的一个重要手段，只要科学地应用，则是行之有效的快速方法。

一、引种的生物学原理

国内外许多油桐引种实践，有宝贵的成功经验，也有沉痛的失败教训。所有成功与失败都不是偶然的现象，关键在于是否尊重自然规律，依生物学原理进行引种。当某一植物被引进与原生存条件不相同的新区环境时，植物与环境便构成了一对新的矛盾关系。随着矛盾的发展与转化，能够适应者继续生存，不能适应者遭受淘汰。不妨说，引种就是研究及解决适应性与环境关系规律和方法的科学。为使引种成功，必须掌握引种的规律，依科学原理作指导，实事求是地开展引种实践。自然界一切植物都是在一定自然环境条件下发生与发展起来的。现代植物的所有品种、类型都与祖先的起源息息相关，存在着某种可循的联系，是系统发育过程中由简单到复杂、由低级到高级，缓慢地不断发展中的不同进化阶段。进化程度愈高，其适应性潜在能力往往也愈强。适应性作为发展过程，表现为对环境条件的适应由窄至宽、从弱到强，并真实地反映植物继续生存的强烈需要。在复杂多变的自然环境下，植物的适应性因环境的变化而发生和发展，不断地维持植物与环境之间的动态平衡，使植物有可能在变化的环境中继续生存。不妨说，对不断变化中环境的适应，在植物进化中具有创造性作用。植物对生存环境的适应要求具有多样性，这正是环境多样性的历史原因。不同植物对生存条件的要求不一样，同一植物的不同物种、地理种源、类型乃至品种，其遗传性适应范围也不完全一样。这是自然选择、人工选择的结果。

适应性不仅具有遗传的保守的一面，而且还存在遗传的变异另一面。任何植物的适应性都是相对的，绝非一成不变。由一定环境形成的某种遗传的适应性，又会在变化的新环境下，随遗传的变异而改变，形成新的适应能力，从而使驯化引种成为可能。植物的遗传性不管如何保守与强大，都能在环境影响下发生变异，并传给子孙保存。植物的适应性受遗传控制，因而有其一定的承受限度和反应范围。如果引种迁移超过这个承受限度和反应范围，就必须借助变异来改变旧的遗传性适应，形成新的遗传性适应，提高适应能力，拓宽适应范围。在自然条件下，这种改变是借环境的变化，缓慢地产生变异，经自然选择、积累来实现的。而在栽培条件下，则可借人为手段快速促发变异，通过定向选择来实现人工控制下的驯化迁移。植物之所以能够不断发展，功在变异。没有变异就没有发展，没有进化；没有变异，驯化迁移也就没有可能。

引种的根本任务是充分利用和不断加强植物的适应性，实现有目标的异地迁移。植物总是以遗传的稳定性，维持其对旧的生存条件的适应要求；又总是借遗传的变异性，加强对新的生存条件的适应能力，促进植物的适应范围不断扩大。

二、引种的影响因素

影响引种成败的因素是多方面的，除引种材料本身的遗传适应性反应范围之外，自然环境因素则是引种的主要影响条件。为了客观地分析引种成功的可能性，要对引种材料的适应范围及原产地生态条件与引进区生态条件进行系统的分析研究，增加把握性、减少盲目性。

(一)生态型的分析

植物与自然环境的相互关系，主要表现为气候、土壤、生物等生态条件对植物生长发育的生态影响，以及植物对不断变化中的生态环境产生的适应性反应。所谓生态型(Ecotype)是指植物在特定环境的长期影响下，产生遗传性上有质的差异的群体。不相同的生态环境条件，作用于植物系统发育的过程造就了不同的生态型，并形成植物对相应生态环境条件的特殊需要或生态习性。这种生态型及其生态习性是通过遗传性变异来实现，经自然选择形成的。同一生态型的油桐品种、类型，多是在相似的自然环境和栽培条件下形成的，因此，具有许多共同的特性。如对气候、土壤、生物等有相同或相似反应；在外部形态特征上，不一定有显著差异；其生长发育、生理现象、抗逆性、适应性等方面有相似的特性；对特定自然环境和栽培条件具有最大的适应性，以及产量、品质上的相对稳定性。在自然界，所有个别环境因子都是在相互联系、相互依存中组合成各类生态环境的，促成产生不同的植物生态型，发挥不同的生态效应。研究植物生态型发生、发展的目的，在于深刻了解环境是决定植物发展方向的外在原因。伴随植物的发展，适应性与环境总是保持某种相对平衡，这是确定引种方向的重要依据。实践表明，当引种地新的自然条件与原产地的自然条件相似时，引种成功的希望就大，植物可能顺利地生长发育，从而达到异地迁移的目的。反之，困难就较多。引种成功还表明，植物所要适应的不是个别生态因子，而是综合的生存环境，是由众多因子构成的生态环境条件。因此，在研究植物生态型与引种关系时，必须充分认识到各个生态因子总是相互促进、相互制约地综合作用于植物的基本原理。当然，也应该意识到个别生态因子在一定时间、地点或某一生育阶段，可能起主导的决定性影响。我国油桐主要适生于夏湿带气候，集中分布在长江中下游及其以南地区。其中，皱桐偏向南亚热带，光桐偏向中、北亚热带。油桐在夏湿带之间引种容易成功。向中间带甚至夏干带引种难度增大，应从中挑选雨量稍多、温度较适宜的地区，才有成功的希望。

(二)生态因子的分析

生态因子中的温度、光照、降水和湿度、土壤等，对一个特定引种材料可以构成综合的影响因子，或者是主导的影响因子。研究诸因子的综合影响，从中找出主导限制因子，对引种成功是至关重要的。

1. 温度

温度尽管有相对稳定的季节性变化规律，但它是一个难以人为控制的气候因子，往往会成为引种的主导限制因子。温度随纬度和海拔高度的变化而变化，从而主导了油桐的分布范围。在引种中，单凭年平均温度及总积温来判定引种区的适宜温度是不够的。要进一步研究并掌握极端最高温度及极端最低温度的出现期、发生频率、持续时间、突发变化幅度等的特殊限制。这些限制往往成为决定性影响因素，当引起足够重视。北方冬季气温太低或夏季气温不足，使正常生长和开花、结实的积温不够，限制了油桐进一步北移。长江中下游以北地区，温度低是皱桐北移的主导限制因子，秦岭以北及山东胶南以北地区温度低则是光桐北移的主导限制因子，尽管其间局部地段因小气候特点也会有引种栽培。海南及广东、广西南部夏季至冬季气温偏高，缺乏必要的低温期，对光桐的花芽发育、休眠解除不利，生殖生长与营养生长不能协调，限制光桐有效地南移。

低温的危害程度，严重时不能正常生长发育，甚至于整株冻死；中度危害是植株部分冻枯；轻度危害是冻梢。低温危害还出现在春季油桐萌发之后的突发性大幅度降温，晚霜期寒潮长时间持续低温及花期的低温多雨。北缘分布区的油桐种源南引时，高温多湿常导致某些病害严重侵染，限制南移。南方油桐种源北引时，冬季严寒是其北移的限制因素。

2. 光照

皱桐、光桐及其不同品种、类型对光照质量的反应存在一定差异。光桐比皱桐要求更长的日照，南方种源可适应短日照。光照质量包含光照强度、时间及日夜交替的光周期现象。南方种源北引时，因生长季节内的日照延长，使油桐生长期延迟，当年生枝条顶芽封顶推迟，木质化不完全，越冬前养分转化、积累准备不充分，降低抗寒能力。在抗寒力下降的情况下，冬季来得愈早及降温幅度愈大，冻害程度也愈严重。北方种源南引时，由于生长季节内的日照长度变短，促使当年生枝条提早封顶，缩短了生长期，抑制了正常的生命运动，加剧了南方高温多湿气候的不良影响，促发病害侵染。有时还促使部分顶芽抽发二次枝或小阳春开花，不利越冬及减少翌年结果。

油桐正常生长发育需要一定比例的光照日夜交替节奏，这是生长期对光周期现象的遗传性适应要求。只有在合适的光周期条件下，才能顺利进行营养物质的积累与转化，促进有性过程，完成开花结果，使生长发育正常进行。人们常可发现，生长在山的阳面与阴面的油桐，由于光照时间及日夜长短比例的差异，混合芽的比率、花的数量、雌雄花比率、结果数及发梢数量，会出现成倍的差异。阳面的光照条件好，是生长、结实好的主要原因。

3. 降水与湿度

油桐为不耐旱树种。年降水量 500 ~ 1800mm 可作引种光桐的水分参考指标，年降水量 850 ~ 2300mm 可作引种皱桐的水分参考指标。但单凭年降水量判定引种范围还不够，降水量是否较均匀分布有时更加重要。油桐枝、叶、果生长期及油分转化、积累期，要求有较充分的水分。南方 7 月高温干旱果实小，8 月高温干旱含油低。油桐需水量与温度密切相关，温度愈高需水量也愈大。湿度对引种成败也有重大关系，福建高温多湿气候引种湖南葡萄桐，曾引发油桐枯萎病及油桐黑斑病大面积蔓延，招致闽西北大面积桐林毁灭。在关中地区引种油桐，冬季冻害是重要的方面，早春干风侵袭造成的生理脱水也是其引种的主要限制因子。皱桐对水分及湿度的要求较光桐为高。广西、福建的皱桐种源，不适应在秋旱明显的地区及湿度较低的丘陵地带生长。北缘种源南引时要选择湿度较低的空旷地带；南方种源北移时要选择湿度较大的湿润地带。油桐品种间对水湿反应程度也有一定差异，果实丛生量愈大的品种，对水分的要求愈高，而单生果类型的耐旱性则相对强一些。

4. 土壤

土壤的机械组成、通透性、持水力、含盐量、pH 值、肥力及地下水位等都与引种有关，尤其是 pH 值。土壤酸碱度是油桐分布的决定性因素。油桐最适于在中性至微酸性土壤中生长，当 pH 值达到 5 以下时，生长不良，pH = 4 时，已不能生长。土壤含盐量达到 0.1% 时也不能正常生长。沿地盐碱土或碱渍土地带是引种油桐的主导限制因子。西北地区的地下水位低、蒸发量大，也常有碱性土分布。南方丘陵红壤地区，土壤的通透性差，保水、蓄水力弱，肥力较低，引种北方品种应配合土壤改良。

5. 其他生态因子

引种必须充分了解不同生态区存在的特殊生态因子，可能成为引种的主导限制因素。例如南部沿海地区的台风频繁发生，对浅根性树种造成严重危害。当风力7级时，桐叶撕裂、部分落果；风力12级时可使大树拔地倾倒或大量折枝，果叶遍地吹落。西北沙荒地区流沙造成曝根或沙埋，也是引种的主要限制因子。河网地区地下水位较高、石灰岩地区土层太薄的地段也会成为限制因素。广东、广西南部是油桐枯萎病重灾区，成为光桐引种的主导限制因子。光桐中的浙江座桐、浙江五爪桐、安徽独果桐、河南叶里藏等，引种时必须考虑相应的授粉树，尤其引种皱桐无性系品种，需要3%~5%可配性授粉树。这些或许是特殊情况，但往往也会成为引种成败的关键所在，当引起必要注意。

上述温度、光照、降水与湿度、土壤、风等都是个别生态因子，它们对引种植物的影响不是个别地、等量地发生，而是整体的综合作用。所以不能孤立、静止地等同看待个别生态因子。任何一个个别生态因子都有可能在特定条件下，成为引种的主导限制因子。这就要求人们深入研究、寻找起决定性作用的主导因子，并了解这个主导因子在生态系统中对植物适应性的限制程度，给予相应的重视分量。组成生态环境的任何一个因子的变化，都会牵动其他因子不同程度的相应变化。如林地光照因子的变化，就要引起地上部及地下部温度、湿度及微生物的连锁变化，也包括主导因子的相应变化。主导因子在植物的不同生育期、不同生长季节，所起的限制程度不完全一样，甚至会是另一因子成为主导因子。因此，具体问题要具体分析，只有了解得愈深，才能解决得愈好。

(三)历史生态的分析

植物遗传适应性的形成，不仅与现代分布区的生态条件有关，而且与古代以来所经历的生态条件有关，即与历史生态条件有关。现代植物的自然分布状况并不代表它们在古代的自然分布状况，也不能说明它们自远古以来自然分布的发展过程。而只是在一定地质时期被迫形成的事实。所以，现在的分布范围也未必是它们最适应的分布范围。由于近代植物曾经历过因生态巨变的历史变迁，所以积累有自远古以来承受变迁而继续生存的适应能力。这就是现代植物的适应性潜能，它对潜在性驯化能发挥重要作用。

引种工作中仅仅弄清引进植物当前的分布范围，以及比较原产地区与引入地区的生态条件差异，尚不能全面而准确地判断该植物的适应能力和适应范围。只有对该植物的生态经历也充分了解，才能达到准确无误。古气象学及古植物学的研究表明，中国中部和北部，大约在白垩纪是近赤道地带，具有近赤道地带气候。白垩纪末期开始的气候缓慢变冷趋势，一直延续至整个第三纪，到第三纪末期气候变冷加剧至第四纪初冰川时期到来赤道南移。这一巨变导致一些植物灭绝，而另一些植物被迫南迁。冰川时期以后有些植物又从南向北返回迁移。冰川期持续了几千年，其中有很长一段时间的缓慢渐冷期，使许多植物有机会逐步向南迁移并经受寒冷锻炼。现在北半球植物的潜在性抗寒能力，就是在这样的历史生态条件下锻炼并积累下来的，对这类植物的驯化也常常比较容易。起源于南半球的植物种类，如新西兰、澳大利亚、南美洲、南非等地的植物种类，没有经受过冰川时期寒冷锻炼与选择，就不具备潜在性抗寒能力。

不同植物在其系统发育过程中，所经历的历史生态条件的变迁愈复杂，其适应的潜能与范围就愈大，对不断变化的生活环境的承受力和生活力也愈强。认识植物历史生态发展的经历，不仅给“现实生态条件相适应”的原理以深化和补充，而且对开阔引种思路、正确选择引种材料、确定引种方向与措施等也具有重要意义。

油桐属植物的起源中心，应该归属于中国起源中心(或称中国—日本起源中心)。主要包括我国中部和西部山区。中国起源中心也是最早和最大的世界农业和栽培植物起源的独立中心，蕴藏世界上最独特、最丰富的亚热带植物资源。油桐属植物的现代自然分布也是气候变迁的结果，由于具有潜在性驯化的适应性内在因素，是我国油桐能在世界许多国家和地区成功引种的原因。

三、引种方法

科学的引种方法应能够充分利用和有效改良植物适应性，促进植物与新环境的协调关系，实现顺利异地迁移的目的。油桐引种的核心问题是适地适树。作为多年生植物，不仅需要适应一年季节变化的异地环境，而且需要适应多年的异地环境。况且异地环境往往又是与原来生存环境不完全相同，是人为难以控制的变化的生态条件。因此，通过有效利用和扩大适应性的方法，则是引种成功的希望所在。

(一)引种材料选择和生态环境比较

油桐的不同品种、类型，不但经济性状差异大，而且适应范围也各不一样。为完成有限的引种目标，对引种材料要有针对性地进行选择，切忌包罗万象、类型繁多，避免盲目性。选择的内容主要是，要具备引种要求的优良经济性状；存在对新环境条件的适应可能性。引种材料在原产地和原分布区的经济性状表现是选择的重要线索，在当地明显表现为低产、劣质的品种、类型，引种新区后通常不能产生高产、优质的结果。如引种桐杉混交林用的品种，应优先考虑从对年桐品种群中选择，对不存在早实性状基因的大米桐、座桐等品种群就可以排除。同样，小米桐品种群的丰产性，大米桐、座桐品种群的稳产性与油质好等，都应是相应引种目标的主要选择对象。各地引种实践表明，柴桐类型的产量低、皱桐的油质稍差等缺点，通常在异地栽培也难以根本改变。充分了解引种材料在原产地及原分布区的经济性状表现，可为预测引种效果和决定取舍提供依据。引种材料对新区生态环境的反应也要有客观的预测。根据原产地及分布区生态条件调查，了解对生态条件的原来要求；也根据植物生态型及历史生态研究，来判断它的遗传性适应范围；根据栽培措施与引种关系，分析人工调节对它的积极影响程度。这样，就有可能做出比较客观的适应性预测。如厦门、广州、南宁一线及其以南地区，引种光桐适应的可能性就很小。引种什么以及引到哪里去，即引种目标确定之后，接下去就是根据什么和从哪里寻找符合目标要求的引种材料。为此，充分了解以下各种关系是重要的。

(1)起源中心与选择的关系　起源中心或次生中心是蕴藏遗传变异最丰富的地方，存在许多变异类型及珍贵的特殊性状。从起源中心选择引种材料，常常会收到意想不到的良好效果。但从适应性而言，凡处于生态地理条件离开起源中心愈远的品种、类型，它所经历的历史生态条件愈复杂，含有的适应性潜能和适应范围也愈大。起源中心种质丰富，但适应范围较窄；远离中心的品种、类型的种质较单纯，但适应范围较宽。

(2)栽培中心与选择的关系　栽培中心或称主产区，是指当前栽培数量最多的集中分布区。栽培中心的油桐品种、类型，多是一些经过长期反复选择的主栽品种，遗传基础极其狭窄，虽然是一批优良种质，但缺乏多样性优势。处于栽培中心的种质材料，在生态适应上常常表现为高度的相似。适应性的选择余地极其有限。

(3)引种方向与选择的关系　在栽培中心的北方地区或南方地区，区内不同地点之间相互引种时，总是表现为向心方向引种的适应可能性大于离心方向引种的适应可能性。在栽培中心以北的广大分布区内相互引种，向南(向心)引种的适应可能性大于向北(离心)的引种；栽培中心以南的分布区内相互引种，向北(向心)引种的适应可能性大于向南(离心)的引种。从远离中心的地方选材引向接近中心的地方，适应的可能性大。

(4)亲缘远近与选择的关系　组成种群系统的所有品种、类型及其单株，都存在不同程度亲缘关系。这种关系能反映种群系统发育过程中环境与适应性的差异。品种之间，有些亲缘关系近一些，另一些则稍远些，但它们均源于共同祖先。四川小米桐、湖南葡萄桐、湖北景阳桐、浙江中花丛生球桐等亲缘关系可能较近，各原产地之间相互引种适应的可能性较大。它们虽然与座桐、对年桐品种群中各品种的亲缘关系远些，但都秉承其祖先的遗传适应性，各原产地互相引种多数也能适应。如湖北郧西是景阳桐品种原产地，引种小米桐品种群中的其他品种能够适应，引种座桐、对年桐品种群中的多数品种一般也多能适应。

(5)疫区与灾区对选择的关系　引种抗性种质材料取自疫区或自然灾害多发区，比较容易得到。这类地区某些病虫害或自然灾害经常发生，在长期自然和人工定向选择作用下，产生了对某些病虫害或自然灾害的抗性类型。如广西是油桐枯萎病的高发区，尽管多数植株发病枯死，但也发现有少数株系表现出不同程度的抗病能力，从中可能找到抗油桐枯萎病的材料；浙江建德皱桐比广西、福建皱桐有更强的抗寒能力；广西、福建沿海风害地区存在矮干抗风皱桐类型，其植株高度甚至比多数光桐还要矮小；东南沿海光桐分布区存在抗高温、多湿的品种类型；桐柏山区油桐乡土品种有较强的抗寒、抗旱能力。

(6)地理种源与选择的关系　油桐是广域分布树种，不同生态型对一定生态条件的反应及经济性状表现各不相同，这种差异有时达到惊人程度。如浙江富阳分别引自重庆万州区、贵州铜仁、云南彝良、广西龙胜、陕西安康、河南西峡、湖北郧西、湖南泸溪、福建莆田的种源试种，结果5~8年生平均产量以重庆万州区及福建莆田的种源最高，较其他种源平均值提高30%以上，是最差种源的近1倍。这说明，在引种取材时经全面衡量之后，不妨多取几个种源，尽可能避免在没有相当把握的情况下专注单一种源。尤其驯化引种应选择不少于5个的种源，每个种源的优良采种母树不少于10株，每一母树的实生子代要有50~100株，要保持较大的个体数量，为大强度选择创造条件。

以上各点是引种材料选择应注意的几个方面，在实际应用时要全面地加以综合考虑，才能做到正确地选择。当然，需要注意的还有许多，如分布区海拔高度、不规则地理变化、特殊小气候等。但原则上要求引种取材需由近及远，先近后远。至于引种向南或向北推进多大距离，这与引种材料的适应能力和引进地区生态差异程度有关，要经引种试验才能客观地确定。不过国内进行简单引种时，光桐以400~500km、皱桐以200~300km作为直接引种的探索距离可能是比较合适的。

(二)引种试验

1. 引种试验前的材料检疫及登记编号

引种材料经过选择、收集后，引种试验首先需对引进材料进行严格检疫，详细建档编号。严格检疫是引种工作中的重要环节。外来种苗如果带来引种区本来没有的病虫害，将造成重大损失。20世纪50~60年代引种广西对年桐，造成了油桐枯萎病的大范围蔓延，与没有执行严格检疫制度有关，这本是不应该发生的疏忽。在引种工作中，绝对不能让带有病原菌或虫源的种子、接穗混进新区，对引种材料要严格检疫和彻底消毒。引种材料的编号、建档工作也非常重要。引种材料收到后要及时编号和详细登记，登记的主要内容有：种类、品种类型名称（学名、俗名、通用名）；繁殖材料（种子、苗木、枝条，如系嫁接苗要注明砧木名称，杂交种注明父、母本名称）；材料来源[引种地的省、县（市）、镇（乡）、村及地名，历史来源]；收到日期、编号；材料处理措施、苗圃地或栽植地的定植图及定植号等。以上登记资料连同原始材料（植物学性状、经济性状、原产地生态条件等）记载资料，一并归档，以备今后查对。

2. 栽培试验

引进一个外来品种，从引种试验到规模推广需要较长时间，有时经过几个世代仍难说引种已经成功。人们只能根据引进品种、类型在引种试验中的实际表现，兼顾生产需要的迫切程度，来确定从引种试验到推广所需的时间。油桐引种试验大体可采取小试阶段、多点中间试验和生产性示范推广 3 个阶段。小试阶段主要是了解外来品种对新区气候、土壤条件的适应能力、生长发育情况、病虫害感染率、存活率等。小试可结合种质资源收集圃、品种园进行，每个引种号种植 7~10 株。小试阶段进入盛果期 4 年后，即可从中选出适应性及经济状况表现较好的品种、类型，转入多点中间试验阶段。多点中间试验是对适应性及经济性状进行全面的考察鉴定，其研究结果将作为评价引种材料的主要依据。中间试验一定要有多点的代表性，以利将来对外来材料进行合理的栽培区划。中间试验要求每品种、类型不少于 30 株，尽可能按正规试验设计排列，可以统计分析。中间试验进入盛果期 4 年后，这时小试已至盛果中后期，大体已经历了世代周期中主要阶段的新区考验，能够进行较有把握的评价。经过多点中间试验之后，从中筛选出少数最有希望的、表现优异的外来品种、类型，投入生产性示范推广阶段。生产性示范推广是对少数优异外来引种材料，在适宜的范围内给予新区经营方式和栽培技术条件下，实施较大面积的生产性规模经营。在没有十分把握的情况下，这个阶段是典型示范和逐步推广的慎重过程，要稳妥地掌握示范与推广的进度。

从小试到推广，油桐引种需 15~20 年。引进外来品种，在没有充分把握之前就大面积推广，有时会酿成巨大损失。如 20 世纪 80 年代初期，福建闽西引种湖南泸溪葡萄桐，属离心方向引种，由于没有经过引种试验就大面积广泛种植，导致全林毁灭。所以，引种工作既要积极，更需慎重。近来为缩短引种鉴定过程，采取提早结果的办法加速引种进程。如将结果迟的皱桐引种材料嫁接在当地成年树上（大树嫁接换冠），第 3 年即可大量结果。另一办法是减少鉴定层次，如引种的外来品种、类型不是很多时，可以直接投入多点中间试验，免去小试阶段；或对小试阶段中少数表现特别优异的品种、类型，在取得必要的小试鉴定资料之后，也可直接投入生产性示范推广，但推广面积要由小及大。引种试验鉴定的观测项目主要有生长发育周期、经济性状、适应性、抗逆性以及植物学性状等。记载的项目应满足对引种材料进行总结评价的需要。

总之，对外来引种材料在引进之前，对其经济性状和适应性预测不能代替引种试验。只有通过试验鉴定证明其生产价值时，才能在生产中大量推广。人们在直接引种的实践中积累并总结出一套成功的经验，概括为："由近及远，从少到多；反复比较，准确挑选；多点试验，科学鉴定；加速进程，逐步推广"。

（三）农业措施

新区生存环境与原产地的生存环境条件不可能完全一样。为使外来品种、类型能在新区正常生长发育，需要采取一些必要的农业措施，缓解两地环境差异所造成的影响。油桐在不同生育期对不利气候的忍耐能力差异甚大，一般 1～2 年生幼年期生长停止时间迟，树皮较薄，耐寒性及抗夏季灼伤能力也弱。油桐在早春萌发期尤其花期容易受晚霜或突发大幅度降温的严重危害。因此，在这些关键时候给予某种保护措施，能促使外来引种材料经受考验，以后会逐渐增强对不利环境的适应能力。通常油桐在北移时，只要 1～2 年生采取某种防寒保护，以后即可逐步适应，若幼年期不采取防寒措施者，苗期即遭严重冻害。北移主要是低温寒害问题，南引主要是高温多湿及高温干旱的危害问题。可根据各地具体情况，采取相应农业措施。对外来种子采取湿沙低温冷藏处理，能稍微提高苗期越冬能力。苗圃冬播育苗加地膜覆盖，有利保持土壤温度，促进苗木提早发芽出土。9～10 月施用磷钾肥或草木灰拌硫酸锌，或以 0.5% 硼酸水溶液在早霜期之前每隔 7 天喷洒 1 次，共 2～3 次，也有促进苗木木质化、增强越冬抗寒的效果。突发性大幅度降温，危害最大的是在早春萌发期，虽然持续时日不太长，但对混合芽的损害非常严重，花期常造成大面积冻花，采取熏烟办法可降低冻害程度。有条件者可用化学药剂延迟开花，避开冻害期，亦可利用化学泡沫于傍晚施放，第 2 天日出后数小时自行消散，达到防冻效果。防寒措施主要在 1～2 年生采取，以后则靠逐渐增强耐寒能力去适应。但春季突发性冻害及霜冻威胁，则需要更长时期内采取相应预防措施。

选用合适砧木对扩大南引、北移往往可起重要作用。在福建及广东、广西地区引种北方品种，用当地皱桐作砧木不仅解决了油桐枯萎病的危害问题，而且还提高了对南方高温多湿气候的适应能力。南方品种北移时，选用北方耐寒品种作砧木，同样能不同程度地增强北移的耐寒性。至于对南方的高温干旱的危害，育苗主要借苗圃地灌水及遮阴解决，林地直播则采取适时中耕及幼树基部覆草，减少土壤水分蒸发与降低土壤温度。防止日灼的简便有效方法，是在幼树主干和主枝上涂刷石灰乳液，既可防烈日灼伤，又能防蛀干害虫。这些引种的农业措施虽有重要作用，但毕竟是在关键时候的人为调节措施，对引种成败的影响作用多是有限的。农业措施作为配合植物适应能力的辅助手段，一定要注意措施对大面积生产是切实可行和有经济效果的，如果引种栽培需要的特殊措施，是耗费较大生产成本而没有经济效益，这样引种就不能认为是成功的。引种中通常需要重点解决的如越冬抗寒、越夏抗旱、烈日灼伤、高温多湿、病虫害发生、土壤酸碱度等，采用特殊保护是不难解决的。如应用塑料大棚、锥形单体罩、温室、喷灌、送风、加温、调光等设备，这在特殊需要的科学研究中，能够人为地创造适宜的生活环境，使外来引种材料正常生长发育。这种高成本措施在研究上是可用的，但对生产性引种则是不能承受的。任何不因地制宜、不计成本的引种，必然会给生产造成严重损失。

（四）改造适应性的措施

当直接引种不能获得成功，采取栽培技术等农业辅助措施也未能达到引种迁移目的时，说明新区生态环境条件超过植物自我调节能力，必须通过改造植物原来的适应性来达到。

1. 改造植物适应性必须从种子取材开始

由种子繁殖的实生苗，阶段发育年轻，可塑性强，容易接受改造、驯化而适应新区环境条件。植物的这种早期调节适应能力，3～5年后逐渐消失。挑选初果期的种子作引种材料，也比成年期种子容易适应新环境。以种子作引种试材，与有性繁殖过程中发生基因分离、重组而产生适应性变异有关。由于驯化引种过程寄希望于适应性变异，故在引种材料的选择上，更要注重种源、类型及优良采种株适应性、遗传差异的显著性，并要有较大的数量可供选择。油桐种源间差异大时，种源选择所取得的遗传改良效果，往往较优良单株多世代选择为好。故对驯化引种而言，既要重视引种材料的广泛性，又要对优良种源作较大密度的试材种子收集，为驯化提供比较充分的广泛种质条件。

2. 杂交是产生适应性变异的主要途径

仅从地理种源、品种、类型及优良单株中收集种子，这类引种试材的选择只是利用了自然变异，并不能创造变异。当油桐自然杂交不能产生某种变异要求时，人工控制杂交就成为产生驯化引种所需变异的有效途径。人工控制杂交可以有意识地组合适应风土条件新品种，在驯化引种上具有广泛潜力。当光桐中尚难找到抗油桐枯萎病的材料时，通过(光×皱)杂交就能很容易得到抗性杂种。而且以杂种作砧木嫁接光桐，比光桐本砧具有更广泛的适应性。光桐与皱桐间的杂交是种间远缘杂交，亲本之间在地理生态习性上的遗传差异大，杂种Fi是杂型合子，因而对异常环境有更大的适应能力。光桐种内不同品种、类型间杂交，亦表现为随亲本的遗传差异增大、杂种适应性也随之增强的趋势。

3. 逐步迁移和多世代连续驯化

当引种的距离太远，原产地与新区的生态环境差异大时，可采取分段逐步向目的地推移的办法。每段进行1～2个世代，逐代累积加强对异地的适应能力，最后达到迁移目的。如福建闽西直接从湖南引种泸溪葡萄桐失败了，但浙江富阳却引种成功。于是福建第二次从浙江富阳引种经过3代选择驯化的泸溪葡萄桐，结果能正常适应，并推进到更远的闽东霞浦县栽培。我国北方在引种南方油桐种源时，也经常出现不太适应的情况，但从浙江富阳油桐基因库中间接引种南方种源时，则表现出比从原产地直接引种更能适应。

改造植物适应性的手段还很多，如人工诱导突变、多倍体选育、细胞杂交、基因工程等。只是油桐在这方面的研究还很少。相信随着科学技术的发展，今后一定能够找出更加有效改造办法。实践中判断引种成功的标准：①在无需特殊保护的条件下，能露地越冬、度夏，正常生长发育；②不降低原来的经济价值，能保持固有的产量水平及优良品质；③能正常开花结果，繁殖后代。

第三节　选择育种

依据育种目标，从油桐自然变异中定向选择符合人们需要的群体或个体，从而改良大群体的遗传组成，或从中选鉴出优良的无性系品种，称为油桐选择育种，简称油桐选种。选择育种是我国油桐育种中应用最为广泛，历史最为悠久的传统育种途径。在1000多年的油桐栽培利用历史中，人们通过实生选种将野生油桐改变成栽培种，又经过多世代漫长的选择与积累，形成近代众多的生产性油桐品种、类型。我国各油桐产区的主栽品种，都是从自然种群的自然变异中，经无数世代的不断选择而来的。近30多年来，选择育种工作已向家系、无性系选育发展，并陆续选育出40多个优良家系、无性系，在生产上广泛推广。尽管选择育种只是利用现存自然变异的一种手段，但油桐的变异性状多、幅度大，

通过选择能够更快地获得适应当地环境的新品种。因此选择的潜力大，是行之有效的育种途径。根据油桐育种的发展趋势，利用现存变异的选择育种和人工制造变异的育种，都将是今后油桐育种工作中不可偏废的重要途径。

一、实生油桐的遗传变异与选种

现代每个树种既有遗传性的一面，又有变异性的另一面，它们的实生繁殖子代既与亲本相像，又与亲本相异。随着世代的推移，在自然选择的作用下，差异逐代积累扩大，最终分化成有显著遗传性差异的许多类型。植物之所以能够不断地进化发展，最基本的因素就是产生变异。没有变异，就根本不会有进化和发展，选择也完全不可能。因此不妨说，变异是形成植物新类型的原始材料，遗传是积累、传递变异的机制，选择则是定向保存有利变异的引导。现代栽培植物皆因变异性才能被选择出来，又因遗传性使优良变异得以世代相传。人们在油桐育种事业中，只有对油桐的遗传与变异规律了解得愈深，育种的成效才能愈大。

(一)变异的多样性

油桐种群之中普遍存在多样性变异，它表现在形态特征、生长发育、生态习性、抗逆性、生命力、生产力、生理特征等方面极其复杂的差异。油桐种质资源调查资料表明，油桐品种、类型以及株间差异是极其明显的，人们几乎不可能找到 2 个完全一样的植株个体。这说明变异是普遍的和多样的。

1. 株型变异

油桐多有明显主干，但光桐中的对年桐则相对不明显，浙江建德皱桐树高可达 15m 以上，广西桂皱 9 号反而仅 3m 左右。大米桐大树最高达 12m 以上，对年桐类型树高多为2～3m。皱桐树冠常为近塔形至半椭圆形，福建漳浦皱桐则有垂枝形，树冠接近地面。光桐树冠多为伞形、半圆球形或半椭圆形，但窄冠桐、白杨桐、梨桐、观音桐则成窄冠形。皱桐主枝轮数 4～7 轮，光桐 1～5 轮。油桐盛果期树冠每年抽发新梢的数量，皱桐 3～6 枝/m^2，光桐 5～8 枝/m^2，而浙江丛生球桐 3 号可多达 12.54 枝/m^2。

2. 花果性状变异

前已说明，皱桐表现为雌雄异株，间有雌雄同株(雌雄花同序或异序)。光桐花序从雌花序至雄花序的连续变异过程，表现在花序大小、花数多少、雌雄花比例等差异的复杂多样性上。油桐果序主要表现在丛生量差异上，从单生果到每序 10 多果，个别每序最多可达 40～60 果。圆球形及扁球形为桐果的基本果形，皱桐中尚有葫芦形，光桐则有葫芦形、寿桃形、宫灯形、罂粟形、鸡嘴形以及柿饼桐的肾形、并生鸡冠花状的果形。桐果含子数常为 5 粒，也有每果 1～4 粒种子或 6～7 粒种子，最多达 12～15 粒种子。单果鲜重多为 40～70g，最大达 237.35g。鲜果皮厚度 0.5～1.1cm。出子率、出仁率、种仁含油率以及桐油中桐酸含量等均存在不同程度差异。

3. 生育期变异

南方油桐品种的生长发育快、寿命较短，北方油桐品种的生长发育较慢、寿命也较长，中西部油桐又较东部油桐的寿命长。处于福建、广东、广西南亚热带地区的皱桐，播种后 5 年生开始开花结果，寿命为 30～40 年，间有 60～70 年者，而生长于中亚热带地区的皱桐则需 6～7 年生开花结果，寿命常为 40～50 年，最高可达百年以上；光桐中的对年桐，2 年生开始开花结果，经济年限短，寿命 8 ~ 10 年；小米桐多于 3 年生始花始果，经济年限较长，寿命常达 15 ~ 25 年；大米桐及座桐，多于 4 年生始花始果，经济年限更长，寿命也可达 30 年以上，立地条件好的地段，寿命可达 40 ~ 60 年，个别亦高达百年。

4. 生活习性变异

从油桐的全分布区范围看，油桐可以在极不相同的地理区域、立地条件下生长，并表现在生态习性方面有显著的差异。生活于一定生态环境条件下的群体，对一定环境条件，如温度、水分与湿度、土壤、日照等，有相同或相似的反应。不同环境条件的长期影响，就形成遗传性上有差异的不同群体。习与性成，表明环境选择的创造性效果。不同的环境条件影响，产生不同的遗传变异、形成不同的同化型、表现出不同的生活习性。

人们完全可以认为，油桐的所有性状几乎都有不同程度的变异，只是不同性状的变异形式与幅度不同而已。有些性状变异的形式少、幅度小，如多数的质量性状；另一些性状变异的形式多、幅度大，如多数的数量性状。油桐多数性状又存在连续变异的特点，这与分布区生态环境条件的连续变异密切相关。

（二）变异的来源

变异作为油桐的普遍生命现象，它不仅表现在外部形态上的差异，而且还表现在内部结构、生理特性、生态习性等各个方面。人们在考察油桐实生子代时，发现变异因分布区环境不同而产生，也能在相同环境下而出现。为认清油桐实生群体内个体变异的发生来源，重温油桐花性及授粉特性则是重要的。油桐植株的花器官正在向雌雄异株单性花进化，其中皱桐基本上实现了雌雄异株的更高级阶段。光桐的性别分化处于进展中，雌雄同株异花约占近 80% 的大多数(起源中心比例略大，边缘分布区比例稍少)。对以异花授粉为基本特性的油桐实生繁殖方式，雌雄同株光桐植株中也存在不同程度的雌雄花异熟性，雌花常比雄花迟开 2 ~ 4 天。其中一些雌花比例大的少花类型，雌雄花开放时间甚至常是错开的，而且雌花都着生于主侧花轴的顶端。这些表现为虫媒异株授粉增加了机会。人工控制授粉，同个体雌雄花自交的亲和力常低于异株雌雄花异交的亲和力，前者的受孕率平均仅为 58.25%，而且结合子在发育过程中出现败育的比例平均高达 38.13%。但异株授粉的受孕率平均高达 82.54%，结合子发育过程中败育的比例仅为 12.63%。随着长时间的多世代异花自由授粉，实生后代中的杂结合程度很高。因此，不妨认为皱桐和光桐种群中的每一植株实际上都是杂合体。

1. 群体内个体变异的来源

油桐实生群体内个体间遗传型变异的主要来源，是由基因重组而产生的。油桐的杂合程度高，大都是杂型合子，在每一次自由授粉的有性繁殖世代，都要发生基因重组，按自由组合原理讲，2 对基因的可能组合方式是 $2^2=4$，3 对基因的可能组合方式是 $2^3=8$，4 对基因的可能组合方式是 $2^4=16$，n 对基因的可能组合方式是 2^n。油桐的染色体数目 $2n=22$，这些染色体上有成千上万个基因。经自由授粉后因基因重组可能产生的基因型就非常多。因此，基因重组几乎成为实生后代遗传变异的无穷来源。另一种是由环境条件引起的一定变异，它是不遗传变异，亦称饰变。这种变异由环境条件决定变异的方向，即在同样的环境条件作用下，所有个体都向同一方向发生同样的变异。例如：将一批遗传性质完全一致的优良无性系苗木，分别栽于立地条件好、集约管理和立地条件差、粗放管理的两地上，结果前者所有植株都生长好、产量高；后者所有植株都生长差、产量低。这一好一差

和一高一低的变异，是优良的生活条件使优良的遗传特性得以充分的发挥；不良的生活条件抑制优良特性的充分发展，但并未使优良的遗传特性变劣，一旦生活环境改善就会恢复原来的优良性状表现。因环境条件诱发引起不遗传的简单变异，多发生于油桐数量性状，而少发生于质量性状；多发生于油桐的营养器官，而少发生于生殖器官。这类变异既可表现为微小差异，也能表现为个体间的显著差异，当表现为显著差异时，就会混淆基因型的真实优劣，从而影响正确选择。

2. 影响群体遗传组成的因素

基因重组是油桐实生群体内个体间变异的主要来源，但不是实生群体变异的主要来源。在一个大的随机交配群体中，当不发生迁移、突变和选择情况下，群体的基因频率及其基因型频率在世代相传中总是保持稳定不变的。这就是群体遗传平衡。但是，群体遗传平衡是在假设不存在引起遗传性质发生变化的干扰因素时才能成立。所以，通常也只有对具备隔离的天然林群体，才被看成为一个遗传平衡群体。但是生物界又总是不断发展的，任何平衡也只能是相对的和暂时的，变化才是绝对的。人们可设想，在一个大的随机交配群体中，迁移、突变及选择总会发生，在小群体中随机漂移也会不断发生，从而会不同程度地影响群体的遗传平衡。

由外来花粉、种子带进新基因，引起群体基因频率变化的迁移现象，经常有发生。油桐天然种间杂交种和生态型间杂种的屡屡发现，说明油桐群体因迁移而产生变异的现象确实存在。迁移所产生的影响是单向的，少量一点花粉或种子，对供给群体的影响甚微，但对接受群体却能导致混杂，尤其对一个小型的接受群体。

基因突变一般是指染色体上一定位置或一定位点上遗传物质基础的化学变化，突变也包括染色体数目和结构的变化。任何组织都能够发生突变，而不仅仅局限于生殖细胞里。体细胞发生的基因或染色的突变称体细胞突变。体细胞突变一般不能传给后代，除非那突变部分以后能产生生殖细胞或由无性繁殖传给后代。油桐芽变就是体细胞突变的例子，可以通过嫁接等无性繁殖方法传给后代。外界条件对自然突变的发生会有一定影响，如自然界的电离辐射、温度的极端变化等。但突变发生的原因主要仍是生物体或细胞的内部原因。在正常情况下，自然突变发生的频率很低，对群体遗传组成的影响通常也较小，但突变却是产生新的遗传变异的唯一内部来源。因突变而增加的基因多样性，将在基因重组后出现新的基因型，从而不同程度地影响群体本来的遗传组成。

影响群体遗传组成的最大因素是选择。因环境条件变化而产生的自然选择和人类生产活动而出现的人工选择，都意味着对某个或某些类型、个体的淘汰，从而使群体的基因频率和基因型频率沿选择的方向变化。环境的不定变化，会对群体内生活力、生殖力和适应性不同的个体进行自然选择。如突发性温度、水分的强烈变化、病虫侵入等，使某些不能适应严寒或高温、干旱或多湿，以及不能抗侵入病虫的个体、类型淘汰。人工选择则势必从经济角度上淘汰那些生长差、产量低的类型和个体。由于每个植株个体都具有各自特定的基因型，受到选择(淘汰)的基因型，即使不会是全部，也会大大减少组合下一代结合子的配子数量，从而引起配子比率的变化，导致子代的基因频率和基因型频率沿选择方向变化。此外，随机漂移也是影响群体遗传组成的因素。所谓随机漂移是指在小型群体中由于随机抽样而引起的基因频率和基因型频率的变化。随机漂移会导致大的自然群体再分为若干遗传上有差异的组群；小型化组群内部的个体差异缩小，基因型相像度增大，遗传基础趋于狭窄；纯合体频率增加，生活力及生殖力降低。

(三)遗传变异的方向与层次

自20世纪60年代以来，部分单位开展了不同规模的油桐种源、品种类型、家系及无性系试验，对油桐遗传变异的一般规律有比较清楚的认识。综合各方面的试验数据，说明油桐遗传变异的方向，带有明显的地域性渐变趋势；种群内部存在种源间、种源内家系间以及家系内无性系间的多层次差异。

1. 遗传变异的方向

油桐种内不同地理种源之间，在诸如适应性、抗病性、生产力以及生长发育特性等绝大多数性状，存在显著的差异。这种差异的走向，往往与分布区生态环境条件的从南方到北方，从低纬度到高纬度，从低海拔到高海拔，从东部沿海至西部内陆，从温暖、湿润、短日照到寒冷、干燥、长日照等的渐进变化相平衡，体现随环境渐变而渐变的趋势，形成遗传变异的一定地理模式。在自然状态下，环境条件决定了油桐遗传变异的方向。分布区地理气候等生态环境的异质性，是造成种群分化及地理种源差异的生态学原因。油桐多数性状，如耐寒性、耐旱性、个体寿命、含油率、桐酸含量等与纬度间多呈密切的线性相关。即随纬度提高而提高，呈纬向为主的渐变；个体总生物量、生长发育速率、年生长期、果实大小、分枝轮数等性状，与纬度间呈密切的负相关。果实经济产量，从中心产区向一般产区、边缘产区呈东、西、南、北的周向渐降趋势。其中向北降幅大于向南，向东降幅小于向西；愈走向西北边缘，下降的速率愈大。

油桐种群的多样性优势主要在分布区中心，愈走向边沿多样性愈少、综合优势也愈弱。油桐地理种源的丰产性，中心产区种源优于南缘分布区种源，南缘种源又优于北缘种源。丰产种源多出于中心种源区的原因，与该区气候温暖、降水量较多、相对湿度大、短日照、蒸发量少、风力小以及相应的土壤、植被、微生物等适宜油桐生长的生态环境密切相关。反之，在油桐分布区的南缘和北缘，环境选择分别朝产生耐湿热、热旱与抗干冷、干旱种源的方向发展。油桐种源变异的地带性特征，使地理位置相近和生态环境相似的种源大多具有相似的性状表现。相距愈远，生态环境差别愈大，种源的差异也愈大。人们依据油桐地带性渐变群的特征，合理地利用种源变异，往往可以获得较大的增益。油桐种源选择是有效的。

2. 遗传变异的层次

根据不同规模的种源试验、品种试验、单亲本优树子代测定及无性系测定的结果，初步揭示了油桐遗传变异的层次性特征。方嘉兴、刘学温对华东片油桐基因库700多号种质资源、10个省30个主栽品种、82个家系、75个无性系进行不同水平的试验。测定了树高、径粗、冠幅、枝下高、主枝轮数、每平方米树冠枝条数、花序花数、雌雄花比例、果序果数、单株结实量及果实经济性状。试验的初步结果表明，多数性状在种源间、品种间、家系间及家系内无性系间存在不同程度的差异。其中，树高、径粗、冠幅、枝下高、发枝力、结果枝比例、每序雌花数、每序结果数、每平方米树冠果实产量及单株果实产量有明显差异。大体趋势呈种源间差异 > 种源内品种间差异 > 品种内家系间差异 > 家系内无性系间差异。

(1)对全国油桐基因库华东片700多个资源号的测定结果，大数性状表现为种源间差异大于种源内品种间差异。如树高遗传方差分量中，种源占75.57%，品种占23.58%；

单株产量遗传方差分量中，种源占79.23%，品种占18.68%。

(2)30个主栽品种的82个家系(浙江富阳点、福建福清点)试验中，品种间的树高和每平方米树冠果实产量差异明显大于品种内家系间差异。在遗传方差分量中，品种间分别占83.33%及78.78%；品种内家系间分别占8.34%及16.47%。

(3)12个家系的75个无性系(福建莱舟点、霞浦点)试验中，每平方米树冠枝条数及冠幅，家系间差异明显小于家系内无性系间差异。在遗传方差分量中，家系间分别占25.93%及16.14%；家系内无性系间分别占72.76%及81.54%。

该研究结果还探明：优良家系多出于优良品种和优良种源中，优良无性系多集中于优良家系中；南方种源树体生长量大，北方种源生长量小；果实产量以四川品种、家系最优，次为试验所在地的浙江及福建品种、家系，再次为湖南、贵州、湖北品种、家系；高纬度品种、家系生长期短、生长量小、产量低。在浙江、福建试点，当地品种、家系、无性系对当地环境的适应性强于外地试材。

掌握油桐遗传变异的地域性、层次性特征，对于提高选择利用效果有重要意义，是有效制定油桐选择育种策略的依据。可以认为：油桐选种应建立在确保适应于当地栽培环境的优良种源基础上，从优良种源中选择优良品种，从优良品种中选择优良家系，从优良家系中选择优良无性系，可获得最大的遗传增益。

夏逍鸿、范义荣选用6省(自治区)9个品种19个家系进行试验，测定树高、主干粗、冠幅、枝下高、第一轮枝数、每轮新梢数、结果枝比率、每序结果数、每序雌花数、果高、果径、果形指数、4年单株产量共13个性状。测定结果说明，油桐多数性状在品种间及品种内家系间存在明显差异。

(1)除冠幅、果径、果形指数3个性状外，其余10个性状在品种间存在显著或极显著差异。主干粗、冠幅、结果枝比例、每序雌花数、每序结果数、果径、果形指数、4年生单株产量共8个性状在家系间存在显著差异。

(2)除枝下高、第一轮枝数2个性状外，在其余11个性状的遗传方差分量中，品种间高于品种内家系间，如品种间的树高及4年单株产量差异明显大于品种内家系间差异，品种间分别占86%及88%；品种内家系间仅占6%及10%。

(3)供试材料中，品种间4年单株产果量最优品种比最差品种增产126.5%；参试家系中最优家系比最差家系增产227.78%。

以上两组试验结果，有许多共同的趋势。但由于取材代表性不同，试验设计、观察内容、测定年份以及试验点环境等的局限性，还不是系统的多点连续研究结果。这些结果只是对某些试材、某几片试验林、某个年龄阶段生长表现的估算值，仅供正在实施的全国油桐多水平区域化试验参考。兹列出两组油桐诸性状变异的遗传方差分量(表5-2)。

表5-2　油桐品种间及品种内家系间诸性状变异的遗传方差分量

性状	30个品种82个家系		9个品种19个家系	
	品种	家系	品种	家系
树高	0.83	0.08	0.86	0.06
径粗	0.82	0.14	0.84	0.11
冠幅	0.71	0.22	0.55	0.34

（续）

性状	30 个品种 82 个家系		9 个品种 19 个家系	
	品种	家系	品种	家系
枝下高	0.56	0.41	0.22	0.65
主枝轮数	0.74	0.19		
第一轮枝数			0.24	0.51
每轮新梢数			0.95	
树冠枝条数/m^2	0.85	0.12		
结果枝比率	0.82	0.11	0.84	0.14
每序结果数	0.89	0.07	0.95	0.04
每序雌花数	0.86	0.08	0.9	0.06
雌雄花比率	0.63	0.30		
果高	0.87	0.10	0.92	0.01
果径	0.76	0.22	0.63	0.28
果形指数			0.43	0.35
果皮厚度	0.84	0.12		
出子率	0.72	0.23		
出仁率	0.75	0.19		
树冠产果量/m^2	0.79	0.16		
4 年单株产果量	0.84	0.11	0.88	0.10

(四)主要性状的遗传参数

了解油桐主要性状的遗传力、变异系数、相关系数等遗传参数，是预测选择反应和遗传改良效果、科学制定育种策略的重要依据。

1. 遗传力(Heritability)

遗传力(h^2)是指某一性状的遗传变量在表现型总变量中所占的比率。油桐任何一个性状的发育，既受基因型控制，又受环境的影响。表现型变异包含由遗传差异引起的变异和由环境差异引起的变异，这就是所谓的表现型是基因型和环境相互作用结果的概念。由于表现型及基因型不总是一致，人们为排除环境影响，探明遗传因素在性状表现上控制程度，数量遗传学上就以遗传力的参数值，来衡量遗传作用在表现型总变量中的相对分量。遗传力大小是直接影响选择效果的最重要因素。遗传力强的性状，选择效果好，见效快；遗传力弱的性状，选择效果差、见效也慢。遗传力的估测值不仅受环境影响，而且受供测材料多少、树龄、取样等影响。当环境条件较均匀时，遗传力的估测值趋大，反之，遗传力的估测值趋小；遗传的变异幅度较小的小型群体，遗传力较高，反之则较低；质量性状的遗传力通常较高，而数量性状的遗传力一般较低；在相同条件下，不同性状遗传力估量的相对差异会很大，但在不同条件下，同一性状的遗传估量也会不一样。因此，在任何情况下给某一性状遗传力的估测值，只能是某一群体在某一条件下的估计量。遗传力的估测值往往不是常数。遗传力有广义遗传力与狭义遗传力之分。广义遗传力指遗传方差中的基因型方差与表现型方差之比；狭义遗传力指遗传方差中的加性方差与表现型方差之比。

综合几个试验测定数据，油桐家系诸性状遗传力的估测值为：树高(0.66~0.81)、径粗(0.67~0.83)、冠幅(0.76~0.84)、枝下高(0.68~0.86)、主枝轮数(0.79~0.89)、第一轮枝数(0.67)、每平方米树冠枝条数(0.92)、结果枝比率(0.65~0.85)、每序结果数(0.37~0.72)、每序雌花数(0.41~0.65)、雌雄花比率(0.56~0.81)、果高(0.64~

0.73)、果径(0.62~0.75)、果形指数(0.84~0.89)、果皮厚度(0.69~0.76)、出子率(0.71)、出仁率(0.76)、每平方米树冠产果量(0.36~0.76)、单株产果量(0.34~0.73)。由于试验材料、试验地环境等差异，所测之家系遗传力估量不同。油桐主要生长性状的遗传力估测值，随环境指数值的增大而增高。即随环境条件的改善，有利于性状遗传力的充分表现，从而使遗传方差占表型方差的比值增大。因此，立地条件、管理水平等都可影响遗传力的估测值。从遗传力的高、低限值看，油桐遗传力较高的性状有：每平方米树冠枝条数、果形指数、主枝轮数、枝下高、结果枝比率、冠幅、径粗、树高、雌雄花比率。遗传力较低的性状有：每平方米树冠产果量及单株产果量。对遗传力较高的性状进行选择时通常选择的效果较好，反之则差。

2. 变异系数(Coefficient of variation)

变异系数(CV)也是衡量数据变异程度的统计量。当相比较的2个样本因单位不同，或平均数大小各异时，不能用标准差进行直接比较，而应以百分率来衡量2个样本的相对变异程度。所谓变异系数是指标准差与平均数的比值(相对值)，用%表示。

对来自不同品种的一批家系，测定其部分性状的表型变异系数为：每平方米树冠结果枝数56.12%、单株产果量48.65%、单株结果枝数44.84%、每平方米树冠枝条数44.46%、雌雄花比率42.62%、果皮厚度40.35%、枝下高39.25%、结果枝比率31.13%、单株新梢数28.59%、冠幅26.88%、主枝轮数24.76%、树高15.59%、径粗13.82%、出子率8.29%、果形指数7.33%、出仁率6.64%。变异系数小，表明性状变异程度也小。

变异系数不受单位不同和平均数不同的影响，而能比较其变异程度的大小。但变异系数同时受标准差及平均数两项指标的影响，在采用变异系数表示样本的变异程度时，宜同时列举标准差与平均数，以免引起误解。变异系数常是用以衡量2个样本间的相对变异程度。假如要对2个或多个样本的平均数进行比较时，这个统计数值则为平均数变异系数，即平均数标准差对其相应平均数的百分比。平均数变异系数愈小，表明某一测定结果的精确度愈高，代表性愈大。

3. 相关系数(Correlation coefficient)

相关系数(r)是用以表示2个或2个以上性状之间相互关系及其相关密切程度的统计量。其中表型相关(r_p)表示2个性状在表现型值间的相关性质与程度；遗传相关(r_a)表示2个性状在育种值间的相关性质与程度。植物体性状之间存在相互联系、相互依存、相互影响及相互制约的关系。如油桐的结实产量与枝条生长量、结果枝比率、雌花数量、成果率、丛生性有关，也与施肥管理等环境条件有关。研究诸性状之间有无相关及其相关的程度，可以从1个或几个变数来估计或预测另1个变数的发展趋势，达到间接选择的目的。

据9个品种的19个家系测定结果，油桐性状之间的遗传相关系数与表型相关系数(表5-3)。

表5-3说明：①产量与诸性状的遗传相关系数是，每序结果数0.909、结果枝比率0.708为极密切相关；每序雌花数0.639、枝下高0.444为较密切相关；第一轮枝数0.188、果径0.167、果形指数0.039为弱相关；与其他性状为负相关。②产量与诸性状的表型相关系数是，每序结果数0.836、结果枝比率0.691为极密切相关；每序雌花数0.460为较密切相关；枝下高0.231、第一轮枝数0.122、果径0.096、果高0.039为弱相关；与

表 5-3 9 个品种的 19 个家系性状之间的相关系数

性状	果高	果径	果形指数	树高	主干粗	冠幅	枝下高	第一轮枝数	每序雌花数	结果枝比	每序结果数	每单位新梢数	4 年单株产量
果高	1.000	0.733	0.649	-0.815	-0.703	-0.628	-0.395	-0.872	-0.532	0.166	-0.109	-0.613	-0.105
果径	0.467	1.000	-0.052	-0.519	-0.323	-0.239	-0.277	-0.300	-0.359	0.151	0.029	-0.290	0.167
果形指数	0.712	-0.196	1.000	-0.683	-0.651	-0.633	-0.178	-0.904	-0.342	0.101	-0.115	-0.547	0.039
树高	-0.388	-0.280	-0.273	1.000	0.887	0.872	0.015	0.303	-0.227	-0.679	0.600	1.013	-0.585
主干粗	-0.425	-0.233	-0.334	-0.823	1.000	0.869	0.010	0.350	0.076	-0.760	-0.508	1.039	-0.517
冠幅	-0.377	-0.120	-0.354	0.683	0.725	1.000	0.123	0.279	-0.111	-0.594	-0.510	0.889	-0.460
枝下高	-0.165	-0.113	-0.093	0.046	0.000	0.080	1.000	0.011	0.577	0.506	0.470	-0.069	0.444
第一轮枝数	-0.331	-0.196	-0.297	0.238	0.304	0.245	0.132	1.000	0.397	0.005	0.321	0.177	0.188
每序雌花数	-0.350	-0.221	-0.237	-0.089	-0.078	-0.078	0.493	0.242	1.000	0.381	0.833	-0.201	0.639
结果枝比	0.164	0.144	0.100	-0.418	-0.512	-0.336	0.330	0.021	0.302	1.000	0.731	-0.727	0.708
每序结果数	-0.069	0.082	-0.105	-0.396	-0.376	-0.358	0.321	0.170	0.603	0.655	1.000	-0.690	0.909
每单位新梢数	-0.392	-0.231	-0.270	0.670	0.707	0.637	-0.011	0.052	-0.169	-0.539	-0.509	1.000	-0.718
4 年单株产量	0.039	0.096	-0.017	-0.364	-0.318	-0.272	0.231	0.122	0.460	0.691	0.836	-0.494	1.000

注：右上角部分为遗传相关系数，左下角部分为表型相关系数；范义荣、夏道鸿(1992)。

其他性状为负相关。③产量与开花结实性状的相关密切，用每序雌花数、每序结果数及结果枝比率来预测产量，进行间接选择，可靠性大。

中国林业科学研究院亚热带林业研究所茹正忠、郑芳楫通过对生长于浙江富阳 8 年生小米桐生殖生长与营养生长中几组综合因子的典型相关分析，以期了解某类生长的综合反应与另一类生长综合反应之间的关系，并从中找出某些因子作用的相对分量与方向。各因子的简单相关系数见表 5-4、表 5-5。

表 5-4 上年性状与下年性状的简单相关系数

上年性状 / 下年性状	枝条数	枝条增长数	枝条粗	枝条长	果/枝	果数	单果干仁重	果数增量
果数增量	0.18809	0.15604	0.14232	0.01435	-0.4487	-0.23295	0.36901	-0.45879
单果仁重	0.04976	0.15173	0.1171	0.07157	0.02414	0.01037	0.17782	0.04240
枝条增长数	0.35556	0.43634	-0.0271	0.23861	-0.07159	—	—	—

表 5-5 当年性状间的简单相关系数

性　状	枝条数(a)	枝条增长数(b)	枝条粗(c)	枝条长(d)	果数增量(e)
果数(f)	0.55117	0.34625	-0.23831	0.04032	0.69904
单果仁数(g)	0.08280	0.12234	0.28421	0.11178	-0.40876
果/枝(h)	-0.16272	-0.05607	-0.24721	0.00599	—
枝条数(a)	—	0.62973	-0.04215	0.03182	0.19871
枝条增长数(b)	—	—	-0.04574	0.06651	0.15534
其他	$r_{fg}=-0.30081$　$r_{ed}=-0.08938$				

通过矩阵分析，求5对典型变量的相关系数，并经典型相关显著性检验，在0.01信度上达极显著相关。结果表明：

(1)树体本底营养状况(生长与消耗)对当年生殖生长、营养生长的关系较密切。

第1对典型变量的相关系数(0.5839)。表示这对典型变量是以果数增产量为主，且与枝条增长数及单果仁重作用方向一致，反映生殖与营养各部分生长效应之和的综合因子与本底营养状况的依赖关系，存在着相互间较密切的正相关。本底营养状况愈佳(如上年的枝条增长愈多、果枝比率愈小、枝条愈粗长等)，翌年总生物量愈大，尤其果实产量愈多。

第2对典型变量的相关系数(-0.4119)。显示果数增量与枝条增长数互为制约而呈差值关系的综合效应对本底养分状况的依赖关系。去年果枝比率越大、本底枝条愈细，今年枝条增长数愈大、果实产量愈少。

(2)当年营养生长与生殖生长相互间存在负影响关系，同时存在着正影响关系。

第3对典型变量的相关系数(-0.6351)。反映出当年新梢粗与当年果数量负相关，但新梢长与果数具有弱相关。可以认为，对以果数为主的当年总的生殖效应之和的综合指标来说，取决于树体本底总的营养状况(去年总枝条数-1.3736在起主导作用)。

第4对典型变量的相关系数(0.3331)。当年新梢粗起主导作用(1.9699)，说明当年新梢粗与当年单果仁重为正相关。此外，当年枝条增长数及新梢长，也与当年单果仁重有一定的正相关。

(3)去年生殖状况对今年生殖状况存在负相关。

第5对典型变量的相关系数(-0.6126)。表明去年的生殖状况对今年的产量增加(或减少)有很大影响。以果数增量为主要因子，并表现出它与单果仁重作用相反的下年结实状况，很大程度受到上年生殖的残余效应的影响。其中去年果数增量与今年果数增量呈很大的负相关，而与今年单果仁重成一定程度的正相关；去年单果仁重亦具一定的作用效应，但对今年结实状况影响的方向与前者相反。因而与果数指标相比，单株产仁量的年度差异要小些。

(五)影响选择效果的主要因素

选择意味着对群体变异广泛性与多样性的某种程度改造。自然选择能产生适应环境变化的新类型，人工选择将产生符合人们需要的新品种。选择是定向的，其实质是留优去劣。

选择响应(R)及遗传增益(ΔG)是用以表示选择效果的常用数理量度。人们在群体中对某一性状进行选择时，将产生选择差。所谓选择差(S)是指人选亲本的表现型平均值距群体表现型平均值的离差。选择差尚不能真实反映选择效果，因为入选亲本的子代平均值往往处于人选亲本平均值与群体平均值之间，只有当选择性状的遗传力(h^2)愈接近1时，子代平均值才愈接近入选亲本的平均值，选择的效果也愈好；h^2愈接近零时，子代平均值也愈接近群体平均值，选择效果则愈差。因此，对某一性状的选择效果，取决于选择差与遗传力的乘积，即选择响应(R)。R表示人选亲本的子代表现型平均值与群体表现型平均值的离差。$R = h^2 \cdot S$

由于选择响应(R)和选择差(S)各有相应的单位，需转换成统一的度量单位才能比较，故以标准差(σ_p)除之。兹将转换成：$R/\sigma_p = S/\sigma_p \cdot h^2$；因$S/\sigma_p = i$(选择强度)，故$S = i\sigma_p$，得$R = i\sigma_p \cdot h^2$

从选择响应导出遗传增益(ΔG)。ΔG 系指选择响应(R)与群体表现型平均值(x)的比率，用%数表示。

$$\Delta G = R/x = i\sigma_{\mathrm{p}}h^2/x$$

上式表明：对一个性状选择效果的主要影响因素，有选择强度、变异幅度、遗传力、选择差、入选率等诸多因素。

1. 选择性状的变异幅度

选择性状在群体内变异幅度的大小，在一定程度上反映该性状的选择潜力。选择性状在群体内变异幅度愈大，选择潜力一般也愈大，选择效果也会愈好。当某个选择性状在群体内既有较高平均值，又有较大的变异幅度时，其选择差(S)和选择强度(i)才会增大。

油桐多数性状的变异幅度存在种源内 > 品种内 > 家系内的倾向。任何一个经过多世代连续选择的供选群体，其性状变异幅度会逐步缩小，选择的效益亦随之渐差。无性系内的基因型高度一致，各性状几乎没有本质上差异，故无性系内选择是无效的，除非产生突变，否则选择没有意义。

2. 选择性状的遗传力大小

变异幅度是性状表现型值的统计量，它不能真实反映由遗传差异所引起的变异分量。只有性状遗传力(h^2)才能表达性状表现型值中的遗传分量。h^2值是直接影响选择效果的遗传因素，选择性状的 h^2值愈高选择响应(R)或遗传增益(ΔG)也愈大，即选择效果愈好。油桐每平方米树冠平均枝条数的遗传力高(0.92)，次为主枝轮数(0.79~0.89)，对这类性状实施选择的效果较好。

3. 选择性状的入选率及选择强度

入选率(P)是指入选个体数占选择群体总数的比率。入选率与选择差(S)的关系是：入选率愈大，选择差愈小；入选率愈小，选择差愈大。在一个供选群体内，入选个体数愈少，入选性状的数值离供选群体性状的平均值就愈大，即选择差愈大，选择效果也愈好。因此，在选种实践中，为提高选择效果，常常采取减少入选率的办法来扩大选择差。选择强度(i)即标准化的选择差，即选择差与总体标准差的比率。选择强度对变异幅度不同的群体，能客观地反映选择对群体的压强。因此在这种情况下，扩大选择强度，也就提高选择效果。i 愈大，R 也愈大，ΔG 也愈高。

4. 环境条件的影响

性状的表现型差异，既有遗传原因又受环境影响。要使选择尽可能不受或少受环境的影响，须知环境差异既有导致个体间表现型差异的一面，环境一致也能掩盖个体间基因型差异的另一面。基因型相对一致的群体，可因环境差异而出现较大的个体间表现型差异，这时表现型没有真实反映基因型的相对一致性；不同基因型有其相应的最适生活环境，任何一致的环境条件下的表现型，又不能真实反映不同基因型的最佳表现。因此，为了提高选择效果，既要为供选群体提供尽可能一致的环境条件，减少环境变量，又要为供选群体提供反映基因型差异的最适生活环境，充分发挥遗传分量，使表现型值尽可能接近基因型值。

5. 选择方式的影响

(1)多次选择与一次选择　多次选择指对目的性状的多世代反复选择；一次选择指对目的性状进行一次性选择。多次选择能促使选择性状在世代延续中定向积累，而一次选择

只局限于对现有变异的筛选，因而多次选择的改良效果优于一次选择的改良效果。

(2)单项选择与多性状综合选择　单项选择指对供选群体实行单项指标、单一性状的选择；多性状综合选择指实行多项指标、多个性状的综合选择。选择性状增多，一般都会扩大入选率、减少选择差，从而降低选择效果。单项选择效果优于多性状综合选择，更优于多性状综合的一次选择。

(3)直接选择与间接选择　直接选择指对目的性状本身进行直接的选择。间接选择指从与目的性状相关的性状进行选择，达到对目的性状选择的目的。如对花序雌花数、结果枝比率、果序丛生量、每平方米树冠结实量等性状的选择，达到丰产性状的选择目的。直接选择的改良效果通常优于间接选择。由于丰产性状要在盛果期连续 4 年以上才能较真实表现，所以利用相关性先进行早期选择，随后再行直接选择，选择的效果更好。

(4)单株选择与混合选择、集团选择　单株选择(个体选择)是指按一定的表现型指标，从群体中挑选优良单株(个体)，入选单株分别采种、分别繁殖；混合选择是指按一定性状(如早实性状)从混杂群体中选出符合这一性状的单株，混合采种、混合繁殖；集团选择是指按几个不同改良目标，分成几个不同集团(如大果型、高干型、晚花型、抗寒型等)，分别从混杂程度更大的群体中，以各自目标同时选择各自单株，不同集团分别混合采种、混合繁殖。集团选择在提高子代性状一致性上，通常稍优于混合选择。

二、油桐选择育种的实用方法

选种方式繁多，在油桐遗传改良上应用较多的有两类。一类是以选择优良群体品种(地方品种)为目的的混合选择或集团选择；另一类是以选择优良家系、优良无性系为目的的单株选择。两类的共同点都是根据表现型进行的选择，子代均存在因环境条件造成的偏差。不同处在于混合选择或集团选择不能建立清楚的谱系关系；单株选择是将入选个体分别采种、分别繁殖，故能够建立起清楚的谱系关系；前者属简单选择，不能进行回复再选择，后者可依亲缘关系，能够进行回复再选择，也适于连续多世代系统选择。油桐选择育种的具体方法主要有：主栽品种选择、优树选择、家系选择、无性选择等。

(一)主栽品种选择

20 世纪 70 年代以前，各产区油桐林分中的品种混杂程度较高。由于使用混杂种子造林，一个比较大的栽培群体中，常由当地多个地方品种、类型混合组成，良莠不齐。如调查浙江西北部淳安油桐产区发现，林分中包含有浙江野桐 12%~15%；浙江座桐 7%~8%；浙江满天星 5%~6%，浙江五爪桐 12%~15%；浙江桃形桐约 2%；浙江柿饼桐 2%~3%；浙江对岁桐约 3%；浙江小扁球 18%~23%；浙江大扁球 15%~17%；其他约 10%。各省(自治区)调查也发现类似情况。为将其中优良部分从栽培群体中分离出来，各省(自治区)先后开展了主栽品种选择。主栽品种选择是在各产区地方品种整理基础上的选择，采用的是混合选择或集团选择，依据是各品种稳定的典型性状。按品种的典型性，在各自比例较大的、生长正常的成年林分中，分别选出 15~20 株典型植株，分目的品种混合采种、混合繁殖、隔离制种。经上述简单选择而分离出来的主栽品种，属地方品种中经初步改良、遗传品质较好、纯度较高的部分。通过生产应用证明，多数主栽品种比当地混杂品种都能增产 30% 以上，其中部分可增产 50% 以上。全国先后选出适应当地的主栽品种 67 个(不含无性系)，其中品质较好的有四川和陕西的大米桐、小米桐；贵州和云南的高脚桐、矮脚桐；湖南葡萄桐、七姊妹；湖北景阳桐、九了桐；广西对年桐、大蟠桐；河南股爪青、五爪龙；浙江五爪桐、丛生球桐；福建一盏灯、串桐；安徽丛果球、大扁球等。

（二）优树选择

优树的选择与利用，是油桐遗传改良工作中成效最大的选育方法。通过优树选择，将遗传品质最优良的个体从各类杂合群体中分离出来，并由优良基因型组成高品位新型群体，大幅度提高产量。在我国现有实生主栽品种中，均存在显著的个体差异，株间产量可有成倍乃至几倍的差异，这为利用群体已有的优良变异提供良好条件。尽可能地从混杂群体中将优树选择出来，既可通过繁殖为生产直接提供优树种子，又可以为进一步育种提供优良的原始材料。尽管优树选择只能利用群体原有的自然变异，但仍是油桐遗传改良工作中使用方便、成效快、效果好的育种手段。

1. 优树选择标准

优树选择标准的制定主要围绕经济性状，而经济性状常又突出产量性状。但产量性状是受雌花数量、枝条数、结果枝比率、丛生量、座果率、结实层厚度、果实性状、树龄以及环境条件等综合影响。因此，首先必须了解产量与诸性状的相关程度，突出重点，力求简单明确，便于操作，切忌繁杂。其次，标准要切合实际，标准太低，选择差小，入选率高，增加工作量；标准太高，选择差大、入选率低，使真正优树会因环境影响而落选。所以在标准制定中要尽可能做到准确、适度、可行。在注重产量性状的同时，也顾及油质、适应性等质量性状。

(1)光桐优树选择标准

①雌花比例大，发枝力强。雌雄花比例在1∶15以下；结实大年有效枝(粗度在0.5cm以上)应为去年生总枝条数的80%以上，结实小年应为去年生总枝数的120%以上。

②丛生果序比例及结果枝比例大。丛生果类型的丛生果序占70%以上；结果枝占总枝条数的70%以上(单生果类型占85%以上)。

③结果多、产量稳。按树冠乘积，3年平均产鲜果1.25kg/m^2以上；中果型。

④出子率、出仁率、含油量高。气干果出子率55%以上；出仁率60%以上；全干桐仁含油率65%以上；油质符合国家标准。

⑤生长发育正常，无病虫害；轮间距短于、结实层厚于群体(或对比木)平均值；树冠紧凑，树型大小适中的盛果期植株；适应性强。

产量状况受环境极大影响，许多试验分析表明，环境方差分量常占表现型方差分量的70%左右。因此，为使处于不同土壤立地条件下的真正优树都能中选，对优树产量指标的确定亦可改用平均产量(X)加3个标准差(σ)进行选优。由于调查大群体的平均数和标准差是困难的，故实用上以标准地求得样本平均产量和标准差代替。为纠正因一个性状达不到规定的最低标准，而其他性状均超群的单株落选的缺陷，也可用百分制评分法选优。即将选择性状按重要性和遗传力给予加权比分(指数)，其后依全部选择性状的加权总分数线决定取舍，如以80分上线中选。采用百分制记分评选法，要掌握好各选择性状的经济价值给予恰当的权重，制定易于掌握的性状分级指数选择标准。

(2)皱桐优树选择标准　皱桐优树选择主要用于无性系测定，育成优良无性系。

①纯雌株。

②结实大年的有效枝应为去年生总枝条数的80%以上；结实小年应为去年生总枝条数

的120%以上。

③从生果序占总果序数的80%以上；结果枝占总枝条数的75%以上。

④座果率20%以上；3年平均果实产量每平方米树冠2kg。

⑤气干果出子率50%以上、出仁率60%；全干桐仁含油率62%以上。

⑥生长发育正常，无病虫害；主枝轮数4轮以上，轮间距短于、结实层厚于群体（或对比木）平均值；树冠紧凑，树型大小适中的盛果期植株；适应性强。

2. 优树选择的方法、步骤

（1）优树预选株的举报与踏查　与产区地、市、县林业局合作，会同产区乡、镇林业站技术人员，将优树选择的标准交给桐农，依靠群众举报预选优树。通过访问座谈及实地踏查，了解当地油桐栽培历史、来源、自然环境、立地条件、经营方式、栽培技术、产量水平、分布情况及加工利用等。根据群众举报，在果实形态基本稳定的秋季，组织技术人员与有经验的桐农进行实地踏查。踏查以经验目测为依据，对举报株进行目测评估，确定有实测价值的预选株，进行标号待测。

（2）优树初选

①果期初选　在果实性状基本稳定的10月至果实成熟采收之前，对预选株进行实测初选。初选优树除桐花性状外，凡其余性状皆符合标准者，即为初选优树，进行标记、编号、填表。果实产量以鲜果为准，测定时间为果实完全成熟，开始正常脱落时为准，鲜果产量必须在采摘后立即计量。同时，从初选单株中随机抽样30只果，测定果实各项经济性状指标填表。

②花期初选　预选株经秋季果期实测初选后，尚需通过翌年花期实测。花期实测的内容是每花序雌、雄花数，了解雌雄花比例。凡雌花/雄花的值小于0.0667者予以淘汰；等于或大于0.0667者作选留填表。皱桐花期主要考查是否发生雄花，并标记标准花序，调查每序雌花数，秋季计算座果率。

（3）复选　复选在第二年果实成熟采收之前进行，主要测定产量的稳定程度。丛生果类型要求大小年产量高低差距不大于50%，3年平均产量达标。皱桐还要调查座果率。经初选实测及室内果实性状、含油率测定已达标的初选优树，经复选也合格者，即可进入考核。

在光桐优树选择的实践中，为缩短选择周期，可采用一次决选的方法。即组织有经验的人员，采取“看今年、查去年、测明年”方法，经一次性实测决选优树。一次性决选是根据枝条与结果数量的相关关系；枝条性状、果梗性状与花序性状的相关关系所进行的一种间接选择。所谓看今年就是实测今年产量等项指标；查去年是根据果梗残留状态及去年枝条结果状态，推算去年产量、结果枝比率、丛生量及花果序性状等；测明年是依据今年新梢的数量、质量和去、今两年的结果枝比率、丛生量、果梗长度、花序侧轴脱落痕迹等，估测明年产量、结果枝比率、丛生量及花序性状等。一次性决选由于存在一定的估测误差因素，准确性多少有点影响。但根据实用结果看，仍能达到较高的精度，可以在选优中采用。油桐品种多，品种间的差异也大，不同品种、不同地区，可结合各自具体情况，灵活应用。比如，对年桐、窄冠桐及福建垂枝皱桐，具有多数品种所没有的性状特征，南缘分布区与北缘分布区也存在较大的生长、结实差异，在应用标准的过程中可允许有适当调整。

3. 优树考核

经过初选及复选的优树，将完成的所有外业调查及内业测定资料进行整理。各市、县应将中选优树材料及时申报省林业厅、林业科学研究所汇总。省林业厅、林业科学研究所组织技术人员对全省优树进行考核。考核采取会议考评及实地抽样核查相结合的办法进行，通过全省考核达标者，作为决选优树，统一由省厅编号备案。经考核合格后的优树应做好原地保护工作，避免遗失。有条件的地、市林业科学研究所可作为种质资源收入基因库保存。油桐优树登记表的项目，可参照种质资源品种、类型代表株调查项目增减。

4. 优树鉴定

优树选择是依表现型为根据的选择，表现型好的其遗传品质未必总是好的。为弄清遗传因素在优树表现型中的分量，中选优树必须集中进行鉴定，通过排除环境引起的误差，直接比较彼此遗传品质的优劣。

优树鉴定依其繁殖材料不同，分优树子代鉴定和优树无性系鉴定 2 种。前者是通过研究优树有性繁殖的子代表现来评价优树品质；后者是通过研究优树无性繁殖的当代表现来评价优树品质。油桐优树鉴定通常要用 8～10 年时间才能完成。如果等待优树鉴定完成之后才开始后续选育或利用，就要耗费更多的时间、土地、人力、财力。因此，为加速后续选育进程，在实践中往往要结合利用来完成优树鉴定，即在利用中鉴定，在利用、鉴定中再选择与提高。例如，若优树拟用于优良家系选育或营建实生种子园的材料时，可结合家系选育试验或实生种子园改建、重建程序进行；如优树拟用于优良无性系选育或营建无性系种子园的材料时，可结合无性系选育试验或无性系种子园改建、重建程序进行。

选择优树是为了用以繁殖遗传品质优良的后代，而优树鉴定则是根据子代（或无性系）表现再度评亲本的重要程序。对于待测的优树，不管是采取单独立项鉴定，或是采取与利用结合的鉴定，均可通过了解优良性状的遗传方差分量，分清真假，达到回复选择亲本；依据子代在目的性状上的差异程度，从中进行优中选优；通过子代表现，估算主要性状遗传力与遗传相关；为进一步的多世代选育，筛选出优良种质材料；通过优树无性系表现，淘汰不良无性系；利用无性繁殖保存基因的加性效应和非加性效应；从无性系测定，估算广义遗传力及一般配合力参数。

在油桐良种选育中，优树是被广泛用于后续选育的宝贵种质材料，如在优树的基础上，实施家系选育、无性系选育、自交系选育、杂交种选育以及种子园的营建、改建、重建等后续多世代选育程序。所以，优树选择是油桐良种选育策略中极其重要的环节。

（三）优树的家系选育与无性系选育

1. 优良家系选育

由单株优树自由授粉或由双亲控制授粉的种子繁殖的子代，称为家系。前者为半同胞家系，后者为全同胞家系。家系选择（系统选择）就是对各优树的半同胞家系或全同胞家系，作子代鉴定；根据各家系性状的平均表现型值进行家系间筛选，选留优良家系，淘汰不良家系。在优树子代鉴定中，除了比较家系间优劣之外，还要了解亲本各性状遗传给子代的能力以及子代个体间的变异幅度。

由于油桐基因型的高度杂合化，在半同胞或全同胞子代中仍存在个体差异。即家系内存在较大的变异幅度，需要经过多世代连续选择，才能获得在主要性状上较为整齐的家系。因此，在油桐家系选育中，一次简单的优树子代鉴定是不够的，必须经过 2～3 世代

进行家系间选择，结合家系内再选择和配合选择来完成。所谓家系内再选择，系指在优良家系内，再进一步从中选择优良的单株；配合选择则是指在最优良家系内，选择最优良单株。

家系选育的试验鉴定必须按正规要求进行。试验地条件及营林措施必须保持尽可能一致；田间试验设计要满足重复和随机要求；对照应是当地主栽品种；各家系供试种苗的取样应随机，材料处理及定植时间、密度应一致；主要性状的测定应在盛果期，产量要有连续4年的平均值；测定内容依选育目标而定，包括生长度、分枝习性、花果序性状、果实性状、适应性、抗逆性及产量等主要经济性状。应用之前需经过生产性和区域化试验。

2. 无性系选育

由单株无性方式繁殖而来的所有无性植株，称无性系(营养系)。无性系选择是指在群体中挑选有性起源的优良单株的无性系化的选择。无性系选育具有改良效果好、选育周期短、简单易行的优点。对于多年生基因型杂合化的油桐是最有效的选育途径。

从群体中挑选出表现型优异的单株基因型，它包含两类不同的效应。一是基因的加性效应，由多个等位基因的累加，从而产生加性效应优于亲本的遗传型(实生繁殖可以遗传)；二是基因的互作效应，由非等位基因的显性、上位性等的互作效应而产生的超亲特性(实生繁殖下不能遗传)。只有进行无性繁殖的简单遗传，才能将表现型优异的单株基因型全部保留下来，即能将加性方差分量和互作方差分量完整地保存。所以，在常规育种方法中，只有无性系和杂种F1才能充分利用广义遗传力，获得更大增益。

无性系选择也属于一次个体选择或简单选择，但也不全是仅对现有自然变异个体的简单无性繁殖利用。它可在杂种选育中对特殊配合力进行无性系挑选，也可在最优家系内对最优单株进行无性系挑选。优良无性系的后续利用，可作为无性系种子园及杂交育种等选育材料。

自然变异也是无性系选择的主要来源，天然林、人工林以及各类试验中的种源试验林、优树子代测定林、家系测定林、种质收集区等，都可能存在优异基因型植株。人工杂交的育种群体及引变群体，是获得新遗传型的材料，也应作为重要的无性系选择对象。优良无性系多出于优良品种中的优良家系。因此，优树及其子代应是对现有自然变异进行无性系选择的主要对象。考虑到无性系性状的同一性，对栽培环境的适应性较实生群体要窄，无性系选择需要从广泛变异的、不同生态环境中选优，以期将来能选出适应不同立地条件的无性系。

为提高无性系选择的效果。对入选无性系也必须实施无性系鉴定。油桐无性系鉴定的田间设计、观察内容、试验方法等基本上与品种比较试验、优良子代鉴定等类似，可以互相参考应用。油桐无性系采取嫁接苗繁殖，对所选用的砧木和接穗会有某种影响。要求接穗的部位、年龄、枝条及芽的饱满程度等尽可能一致；砧木应选用生产上广泛使用过的材料；嫁接方法均采取方块芽接，苗木生长度不应有大的差异。油桐无性系鉴定，6~8年生即可评定，为缩短育种周期，通过早期选择，可将一部分好的无性系提前结合生产进行中试。

油桐无性系在生产应用中，特别是单一无性系推广中，确实不同程度上存在遗传型纯一的弊端。这种弊端的产生还同山区造林地的立地差异悬殊有关，与不适当的营林措施和不适宜的造林地有关。作为发展方向，推行优良无性系是不容置疑的，重要的是要根据不同立地条件，不同生态环境应用不同的无性系，并按无性系高生产力特点，给予集约管理。在油桐集中产区，采取大范围多个无性系造林和小范围单一无性系造林的结合，较能体现适地适树的原则。目前油桐优良无性系尚不多，浙皱8号、桂皱27号、闽皱1号等8个皱桐无性系皆源于当地优树。黔桐1号、中南林37号、浙桐77号、南百1号等10多个光桐无性系出自优良家系内的优良单株。这批无性系在选育过程中偏重于产量性状，所以对栽培条件要求严格，稳产性较差，适应范围也较窄。为提高现有无性系的品质，近年部分单位正在以高产无性系作亲本与具备特殊性状(抗病、耐寒、耐旱)的亲本杂交，以期提高无性系的综合品质，扩大适应范围。有性杂交、无性利用，能最大限度地提高油桐遗传改良效果。

3. 高油无性系的选择

①单株产量

表5-6 单株结实400个以上的油桐无性系产量排序

无性系代号	单株结果量(个)	单果重(g)	单株产量(g)
18	920	81.66	75127
61	665	77.09	51263
69	662	70.95	46970
58	615	79.13	48663
25	592	64.39	38119
41	582	59.04	34358
75	550	64.67	35569
68	550	51.79	28486
2	532	71.20	37878
0	500	89.62	44809
64	479	69.47	33275
19	465	93.23	43352
41	418	53.68	22440

不同无性系的油桐果实产量差异很大，最多的单株结果量达920个果，最少的单株只有4个果。方差分析结果表明，不同无性系的油桐单株结实量呈极显著差异($P<0.01$)，并且筛选出了结实量较大的10个无性系，排在第一位的是18号无性系，单株结实量明显大于其他无性系，结果实920个；其次是61号无性系，单株结实量为665个；其次结实量由大到小依次为69号、58号、25号、41号、68号、75号、2号、0号。不同无性系油桐果单果重也有很大差异，单果最重的为33号，可达100.7g，其次是36号、73号，果实最轻的为5号，3.48g，仅不足33号无性系果重的1/30。结合单株结果量和单果重，可以得出18号无性系的单株产量最高，为75127g，远远高于其他无性系，61号次之，单株产量最低的是29号无性系，为752.98g；结果量在400个果以上的无性系中，单株产量由大到小排列顺序依次为：18号>61号>69号>58号>25号>41号>75号>68号>2号>0号>64号>19号>41号(表5-6、表5-7)。

表 5-7 不同无性系油桐结实量方差分析表

差异源	SS	df	MS	F	P - value	F crit
组间	1714649	52	32974. 02	1. 920328	0. 00894	1. 572048
组内	2918171	113	25824. 52			
总计	4632820	165				

②果实性状

不同无性系间油桐的果实性状也有所不同。方差分析显示，不同无性系的油桐果实性状差异均达到极显著水平(P<0. 01)。说明不同无性系间果实性状差异明显。单果重最重的达 100. 7g(33 号)，最轻的只有 3. 48g(5 号)。

表 5-8 不同无性系油桐果实性状统计分析

果实性状	果高(mm)	果径(mm)	果尖(mm)	果颈(mm)	单果重(g)	出仁率(%)	出籽率(%)	果型指数
最小值	4. 80	5. 46	0. 17	0. 12	3. 48	18. 36	9. 25	0. 57
最大值	54. 81	66. 21	9. 74	7. 91	100. 70	60. 55	29. 87	1. 40
平均值	22. 67	25. 57	1. 86	2. 10	31. 14	45. 73	23. 29	0. 90
极差	50. 01	60. 74	9. 57	7. 79	97. 22	44. 98	20. 62	0. 83
标准差	15. 89	18. 23	1. 50	1. 80	23. 42	8. 71	3. 26	0. 10
变异系数(%)	70. 10	71. 32	80. 40	85. 53	75. 22	19. 05	13. 99	11. 41

将采集的所有无性系作为总体进行无性系之间的果实性状分析(表 5-8)，结果显示果高、果径、果尖、果颈、单果重、出仁率、出籽率、果型指数的变异系数(CV)分别为 70. 10%、71. 32%、80. 40%、85. 53%、75. 22%、19. 05%、13. 99%、11. 41%，由此可以得出油桐无性系间果实性状变异的大小顺序为，果颈>果尖>单果重>果径>果高>出仁率>出籽率>果型指数。由此说明，种质资源圃收集的油桐种质果实性状具有丰富的遗传多样性，便于做特种用途的种质筛选。

通过对油桐果实性状的相关性分析可见(表 5-9)，果高、果径、果尖、果颈和单果重这 5 个性状之间均呈极显著正相关关系。出仁率与果高、果径、果颈之间没有明显的相关

表 5-9 果实主要性状相关分析

性状	果高	果径	果尖	果颈	单果重	出仁率	出籽率
果高	1						
果径	0. 99**	1					
果尖	0. 67**	0. 60**	1				
果颈	0. 68**	0. 60**	0. 79**	1			
单果重	0. 86**	0. 87**	0. 51**	0. 47**	1		
出仁率	0. 07	0. 01	0. 26*	0. 22	-0. 10**	1	
出籽率	0. 08	0. 09	0. 15	0. 02	0. 06	0. 20	1

性，与果尖呈显著正相关(r=0.26)，与单果重呈极显著负相关(r=－0.10)。出籽率与其他性状均没有明显的相关性。可见，油桐的果型(果径、果高)越大，单果重越重；但并不是单果重越重的油桐品种出籽率和出仁率就高，相反，单果重与出籽率无明显相关，单果重越重，出仁率反而越低，这可能与采收时的成熟度和油桐的后熟有关。

③含油率和脂肪酸组成及含量

参试油桐无性系的含油率和脂肪酸组分见下表5-10，由方差分析可知，所有无性系的油桐籽仁中含油率和油中的脂肪酸组分均无显著差异($P>0.05$)。其中10号无性系的含油率最高，达58.91%，其次是25号，含油率为57.99%，含油率最低的是12号和73号无性系，两者都为47.60%。

经气相色谱分析，多数油桐无性系均含有以下5种脂肪酸：棕榈酸(16:0)、硬脂酸(18:0)、油酸($18:1\Delta^{9cis}$)、亚油酸($18:2\Delta^{9cis,12cis}$)、α－桐酸($18:3\Delta^{9cis,11trans,13trans}$)，少数品种还有少量贡多酸($20:1\Delta^{11cis}$)。桐油所含有各脂肪酸成分中，含三个不饱和双键的桐酸为主，平均含量为74.27%，在68.115~78.584%之间(54号最低，65号最高)，其次为含两个双建的亚油酸和单不饱和脂肪酸油酸，含量达到8.741~11.685%和7.123~13.504%，亚油酸和油酸平均含量分别为10.06%、9.63%。两种饱和脂肪酸棕榈酸和硬脂酸含量最少，只有2.422~3.487%，2.075~3.467%，平均分别为2.85%和2.72%。

参试无性系中，73号无性系的含油率最低，总脂肪酸中桐酸和贡多酸含量均最高，分别为81.224%和1.315%，亚油酸、油酸、棕榈酸、硬脂酸的含量均最低。66号无性系的总脂肪酸中桐酸和贡多酸含量最低，分别为68.115%和0.248%，亚油酸、油酸、棕榈酸、硬脂酸的含量均最高。

表5-10　油桐无性系的粗脂肪含量和脂肪酸组成

无性系代号	含油率(%)	棕榈酸(%)	硬脂酸(%)	油酸(%)	亚油酸(%)	贡多酸(%)	桐酸(%)
0	51.84	3.049	2.766	10.810	10.454	0.369	72.552
5	53.52	2.579	2.440	10.348	9.224	0.710	74.699
6	52.66	2.743	3.348	10.274	11.359	1.070	71.206
7	49.88	2.485	2.225	7.788	9.841	—	77.660
8	52.33	2.719	3.091	8.065	9.503	0.445	76.126
10	58.91	3.038	2.299	8.212	10.013	—	73.514
12	47.60	2.777	2.871	8.505	10.146	0.788	74.913
13	49.73	3.060	2.963	11.366	10.516	—	72.096
14	51.79	2.665	2.075	10.053	9.682	0.336	75.189
15	52.02	2.884	2.248	9.490	10.682	—	74.695
17	56.10	3.550	2.794	11.481	11.075	0.927	70.174
19	51.01	2.796	2.659	9.082	9.494	0.261	75.707
22	53.22	2.445	2.610	7.314	10.254	0.444	76.933

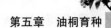

（续）

无性系代号	含油率（%）	棕榈酸（%）	硬脂酸（%）	油酸（%）	亚油酸（%）	贡多酸（%）	桐酸（%）
23	52.61	2.801	2.969	9.498	9.561	0.388	74.784
25	57.99	2.696	2.562	9.926	9.369	0.335	75.113
27	52.65	3.244	2.519	9.385	10.572	—	74.280
28	51.93	2.691	2.557	9.671	9.588	0.969	74.524
29	53.01	2.738	2.688	9.222	9.819	0.414	75.119
39	52.48	2.674	2.441	10.908	10.496	0.294	73.187
41	52.64	2.837	2.667	10.937	9.183	—	74.376
43	50.44	2.621	2.333	7.123	9.501	0.339	78.084
46	51.36	2.882	3.108	13.504	11.412	0.740	68.309
48	53.73	3.079	2.836	11.917	10.611	0.397	71.161
52	53.97	2.928	2.925	9.866	11.578	—	72.702
54	51.35	2.973	2.785	10.948	11.306	—	71.987
56	49.85	2.612	2.701	7.564	10.711	—	76.413
58	51.01	2.634	2.514	9.359	10.169	0.400	74.922
59	53.11	2.914	2.735	9.835	10.057	0.638	73.820
60	49.80	2.986	2.817	9.485	9.786	0.440	74.484
63	51.56	2.769	2.751	9.235	9.940	0.304	75.001
64	54.39	3.013	3.243	9.463	9.822	0.827	73.632
65	51.48	2.777	3.356	8.639	9.309	—	75.919
66	53.97	3.487	3.467	13.027	11.658	0.248	68.115
67	51.86	2.937	2.596	10.312	9.849	0.562	73.744
68	53.52	2.422	2.418	9.217	9.728	0.328	75.887
69	52.66	2.967	2.799	9.742	9.937	0.423	74.131
70	49.88	3.027	2.611	8.873	9.714	0.836	74.939
71	52.33	2.868	2.703	9.499	9.674	0.480	74.778
72	58.91	2.630	2.670	8.201	9.852	0.000	77.046
73	47.60	1.996	1.948	5.599	7.918	1.315	81.224
74	49.73	2.660	2.309	7.286	8.741	0.420	78.584
75	51.79	3.117	2.701	9.303	9.949	—	74.930
76	52.02	2.887	3.173	11.026	10.099	0.327	72.482
77	56.10	2.652	2.489	8.349	9.259	0.680	76.574

注：—表示未检出。

含油率大于55%的优良种质材料共5个，分别是10号、25号、17号、72号、77号。

方差分析可知，桐酸大于平均值+1.96倍标准差的油桐种质材料有1个，为73号无性系，作为高桐酸无性系，可以作为环保化工用途的定向育种材料。

④出籽率和出仁率

对所有结果的油桐无性系果实进行分析可知，从整体来看，不同无性系油桐的出籽率有极显著差异(P<0.05)，所采样品中，2号无性系的出籽率最低，为9.25%，与0号无性系有显著差异(P<0.05)，10号无性系的出籽率最高，达31.87%。

与58号无性系的出籽率差异极显著(P<0.01)，58号和56号无性系又有显著差异(P<0.05)，其余无性系差异不显著(P>0.05)。76号无性系的出籽率最低，但其出仁率却较高，仅次于出仁率最高的22号无性系，达70.86%。

从整体来看，不同无性系的油桐出仁率之间无显著差异(P>0.05)。出仁率在60%以上的有17号和37号无性系，其中37号无性系的出仁率最高，但与17号无性系无明显差异(P>0.05)，与出仁率最低的是55号无性系(18.36%)有极显著差异(P<0.05)(表5-11，表5-12)。

表5-11　不同无性系油桐出籽率方差分析表

差异源	SS	df	MS	F	P - value	F crit
组间	1473.638	52	28.3392	2.186604	0.000286	1.456781
组内	1464.522	113	12.96037			
总计	2938.16	165				

表5-12　不同无性系油桐出仁率方差分析表

差异源	SS	df	MS	F	P - value	F crit
组间	10124.3	52	194.698	1.015969	0.461775	1.456781
组内	21655.07	113	191.6378			
总计	31779.36	165				

综上可知，要进行优良无性系的筛选，不能单看其出籽率，还必须与出仁率、单株产量等指标结合考虑。在产果量已定的条件下出籽率、出仁率和出油率直接决定产油量的多少。

4. 油桐高热值无性系选择

2008年4月，把不同无性系的油桐籽剥壳取仁，用石油醚浸提出桐油，用C 2000控制型量热仪测定其热值，选出高热值的油桐无性系。

不同无性系的桐油单位热值有显著差异(P<0.05)。单位热值最高的是68号无性系，达49811J/g，与其他无性系有显著差异(P<0.05)，单位热值相对较低的是60号、25号、29号、34号无性系，均低于40000J/g，其中最低的是34号无性系，热值为35416J/g(表5-13)。

表 5-13 不同无性系的桐油单位热值方差分析

差异源	SS	df	MS	F	P-value	F crit
组间	1.59E+08	43	3302103	1.820583	0.011179	1.538651
组内	1.25E+08	55				
总计	2.84E+08	98				

表 5-14 不同无性系的油桐单株籽油热值平均值 单位：J

种 源	热值	种 源	热值	种 源	热值	种 源	热值
77	6.09×10^{7}	66	5.39×10^{8}	48	6.17×10^{7}	19	7.37×10^{7}
76	2.40×10^{8}	65	1.28×10^{9}	46	1.19×10^{8}	17	5.96×10^{7}
75	3.71×10^{7}	64	2.24×10^{8}	43	3.11×10^{8}	15	1.98×10^{8}
74	1.35×10^{8}	63	6.65×10^{8}	41	8.64×10^{7}	14	1.43×10^{8}
73	1.7×10^{8}	60	5.01×10^{7}	39	3.93×10^{7}	13	7.32×10^{7}
72	4.78×10^{7}	59	1.53×10^{8}	29	5.90×10^{7}	12	1.19×10^{8}
71	2.79×10^{7}	0	2.60×10^{8}	28	2.73×10^{7}	10	6.77×10^{7}
70	6.59×10^{7}	58	2.52×10^{8}	27	6.19×10^{8}	8	6.92×10^{7}
69	4.93×10^{7}	56	9.58×10^{7}	25	1.82×10^{8}	6	1.44×10^{8}
68	5.38×10^{7}	54	9.12×10^{7}	23	7.19×10^{7}	5	5.53×10^{8}
67	3.87×10^{7}	52	2.71×10^{7}	22	1.24×10^{8}		

表 5-15 不同无性系的油桐单株籽油热值方差分析

差异源	SS	df	MS	F	P－value	F crit
组间	3.92E+18	43	9.11567E+16	2.096924	0.004933	1.600278
组内	2.39E+18	55	4.34716E+16			
总计	6.31E+18	98				

结合单株产油量对不同无性系的油桐单株进行方差分析，结果显示，不同无性系的桐油热值大小之间有极显著差异($P<0.01$)(表 5-14、表 5-15)。其中热值最低的是 52 号无性系，仅为 2.71×10^{7}J，但与 28 号、71 号无性系差异不显著($P>0.05$)。热值相对较高的无性系由高到低依次为：65 号、63 号、27 号、66 号、69 号、43 号、0 号、58 号、76 号、64 号、15 号、25 号、73 号、59 号、58 号、6 号、14 号、74 号、22 号、46 号、12 号，其中 65 号无性系热值最高，单株可产生 1.28×10^{9}J 的热量，但与其他无性系无显著差异($P>0.05$)，相比这 21 个无性系，其他无性系的热值均降低了 1 个百分位。

方差分析后，计算大于单株热值平均值 +1.96 倍标准差的种质材料有 3 个，分别是 65 号、63 号和 27 号。

第四节　杂交育种

植物杂交育种，已从传统的异源精、卵结合的常规有性杂交育种，发展到近代DNA(基因)分子辅助育种的生物工程技术阶段。植物的分子辅助育种超越了植物属、种之间有性过程的界限，有可能使植物之间的任何基因源实现基因整合、转化和遗传，扩大植物变异范围，把植物杂交育种带进更加广阔的领域。分子辅助育种技术的发展趋势，正在逐步走向人工操纵植物遗传变异，进而改造生物本性的境界。未来的植物界将变得更富有多样性，遗传信息交流也会更加广泛可容。

植物分子育种包含2个层次的生物工程技术：一为植物基因工程技术，是将目的基因分离出来，构建重组分子，导入受体，筛选获得目的基因表达的后代杂种。受体是离体培养的细胞，导入后诱导再生植株。二为外源DNA导入植物的生物技术，是将带有目的性状基因的供体总DNA片段导入受体，筛选获得目的性状的后代杂种。受体是完整植株内细胞(卵细胞、胚细胞、幼苗顶端生长点细胞等)，直接得到DNA转化的种子。前者需要高科技配合，后者则较为直接、简单，容易施行。

目前，人们对各类植物主要经济性状由什么基因及多少基因控制的了解甚微，这是造成植物基因工程进展缓慢的原因。因为广泛实施植物基因工程，首先必须对不同植物有益基因能够识别与分离，如果不能准确地识别基因，便无从分离纯化的基因，也就没有重组分子的基因导入。况且还有细胞、原生质体等组织培养和诱导再生植株的系列技术。虽然植物基因工程可以实现人工控制分子定向育种的目的，但由于这一高技术的复杂性，在油桐上尚待深入研究。外源DNA导入植物技术，是将带有目的性状基因的供体总DNA片段导入植物，不需要原生质体或细胞等离体组织培养和诱导再生植株，易于掌握和实践，可在常规杂交育种基础上发展，并为高层次的基因工程技术提供基础。DNA片段杂交技术在约20年时间里，运用于水稻、小麦、棉花、大豆、花生、油桐、蔬菜等植物遗传改良，成功地转移了不同来源的性状基因，获得广泛变异的后代，筛选出一批特异类型和抗性株系。广泛的试验已为研究外源基因导入提供了一个良好的实验系统，为扩大植物变异范围提供了一项新的技术，在育种上是一个有应用价值的新途径。诚然，与任何新技术的出现一样，植物分子辅助育种技术也需要有个发展过程，需要时间进一步从机理上探索，在技术上完善以及多学科的系统验证。分子辅助育种是在常规遗传育种学的基础发展起来的。在可以预见的将来，有性杂交仍然是杂交育种的基本手段之一，二者互相结合，相辅相成，将会推动杂交育种事业向更高的境界发展。近40年油桐杂交育种基本上仍然多用常规方法，积累的资料也主要是这方面的，因此杂交育种这一节主要仍按常规育种程序编写。

一、油桐杂交种(F1)的性状表现

杂交育种的目的在于有效地利用亲本优良性状，组合具有强大杂交优势、超越亲本的杂种，大幅度提高杂种的生产能力。有效的杂交育种，取决于对性状遗传变异的深刻了解。只有对性状遗传特性了解愈清楚，亲本选配也愈合理，杂交育种的效果也愈好。油桐属的不同种之间存在着共同的起源，因而有相似的遗传特性，多数性状的控制基因在功

能、结构上差异也较小，可能存在或产生相似的变异类型。所以，种间多数性状有不同程度的相容性，通过种间杂交，目的性状在杂种中容易再现，这为亲本选择提供了有益线索。此外还表明，可以依据近缘种存在的变异类型，来预测相互之间存在同型系的可能性。例如，依据皱桐在树形上存在垂枝型、宝塔型；花性上有雌株、雄株、雌雄同株；对主要病害有免疫、高抗、低抗等变异类型，可预测光桐在树形、性别分化及抗病性差异上，也可能存在相似的变异类型，为正确制定杂交育种目标、亲本选择提供依据。人们有理由推测，皱桐在系统发育过程中能产生抗油桐枯萎病的突变基因，在光桐种群中也可能会出现类似的抗病类型。最少在皱桐与光桐这两个近缘种之间，通过杂交，存在对抗病目的基因的相容性。诚然，不同种、品种、类型在某一些具体性状上，不完全可能出现同一遗传模式，而且会有不同的变异形式、变异幅度，这就要求必须深入研究油桐性状的遗传特性，以期在杂交亲本选择上尽可能合理，提高杂交育种的效果。

方嘉兴、刘学温在光桐种内杂交 82 组合与光、皱种间杂交 16 组合测定以及夏逍鸿、黎章矩在光桐种内杂交 96 组合测定中，根据杂种性状表现，初步了解在杂交重组下亲本性状的遗传变异状况。现以有限的杂交试验，归纳部分性状在杂种 F1 表现，供选配亲本时参考。

(一)树形

根据油桐壮龄树形的形态，分为高干型(大米桐)、中干型(小米桐)、矮干型(对年桐)以示树高形态。以伞形、半椭圆形、圆锥形、塔形、窄冠形表示树冠形态。现列上几种树形组合的 F1 表现，详见表 5-16。

表 5-16　杂种树性状表现

性状	种间杂交			光桐种内杂交		
	母本	父本	F1	母本	父本	F1
树高(cm)	光桐 386	皱桐 858	401	313	582	341
	皱桐 873	光桐 353	866	577	321	556
				577	564	570
				313	341	324
冠型	光桐伞形	皱桐近塔形	伞形	窄冠形	伞形	窄冠形 64.53% 其他形 35.47%
	皱桐近塔形	光桐伞形	半长椭圆形	伞形	窄冠形	伞形 62.85% 其他形 37.15%
分枝轮数(轮)	光桐 3	皱桐 6	4	4	1	3～4
	皱桐 6	光桐 3	5	1	4	1～2
树冠枝条数(枝/m^2)	光桐 8.43	皱桐 5.71	7.24	12.51	7.88	11.64
	皱桐 5.66	光桐 7.81	8.23	7.14	12.51	9.55

杂种 F1 树形的多数性状倾向于母本，少数性状倾向于中亲值。(皱×光)的每平方米树冠枝条数表现超亲倾向。(高干×高干)没有出现矮干型，(低干×低干)也未发现高干型。

(二)早实性

早实性指实生繁殖下的早结实特性。2年生开花结果为早实型(对年桐),3年生开花结果为中实型(小米桐类),4～5年生开花结果为晚实型(桃形桐),建德皱桐7年生才开花结果。不同杂交组合F1开花结果的年龄(表5-17)。

表5-17 杂种早实性状表现

种间杂交种始花始果年龄(a)			种内杂交种始花始果年龄(a)		
母本	父本	F1	母本	父本	F1
皱桐7	小米桐3	5	对年桐2	小米桐3	2年生23.51%
					3年生76.49%
			小米桐3	对年桐2	2年生12.47%
					3年生87.53%
小米桐3	皱桐7	4	对年桐2	桃形桐4	2年生21.76%
					3年生78.24%
			桃形桐4	对年桐2	2年生8.33%
					3～4年生91.67%
			对年桐2	对年桐2	2年生51.54%
					3年生48.06%

(三)花、果序

油桐花、果序表现为连续变异。杂种花、果序除体现连续变异特征外,主要表现父、母本及其中间性状(表5-18)。

表5-18 杂种花、果序表现

亲本		杂种F1(%)							
母本	父本	单雌花序	丛雌花序	少花单雌花序	中花多雌花序	多花单雌花序	雄花序	单生果序	丛生果序
座桐(单雌花)	小米桐(中花多雌)	48.26		10.68	41.06			58.94	41.06
座桐(单雌花)	葡萄桐(中花多雌)	44.12		13.24	42.64			57.36	42.64
座桐(单雌花)	大米桐(少花单雌)	62.33		37.67				100	
五爪桐(丛雌花)	小米桐(中花多雌)		54.84		45.16				100
五爪桐(丛雌花)	丛生球桐(中花多雌)		57.96		42.04				100
五爪桐(丛雌花)	葡萄桐(中花多雌)		56.08		43.92				100
五爪桐	大米桐		51.97	12.85	35.18			12.85	87.15

（续）

亲本		杂种 F1（%）							
母本	父本	单雌花序	丛雌花序	少花单雌花序	中花多雌花序	多花单雌花序	雄花序	单生果序	丛生果序
（丛雌花）	（少花单雌）								
小米桐	丛生球桐				100				100
（中花多雌）	（中花多雌）								
丛生球桐	小米桐			9.51	90.49			9.51	90.49
（中花多雌）	（中花多雌）								
小米桐	满天星			22.37	77.63			22.37	77.63
（中花多雌）	（少花单雌）								
皱桐	光桐					4.36	95.64	100	
（丛雌花）	（中花多雌）								
光桐	皱桐			14.19	15.87		69.94	96.14	3.86
（中花多雌）	（雄花序）								

油桐花、果序性状受多基因控制，个体表现又受环境、特别受营养状况很大影响，表5-17示正常生长发育条件下的 F1 表现。从总体上看，（中花丛生 × 中花丛生）表现稳定；（五爪桐 × 中花丛生）父母本性状各占约一半；（座桐 × 中花丛生）除出现父母本性状外，尚有少量少花单生花序类型出现。五爪桐及座桐具有纯雌花的特性，选作杂交母本能避免出现自交后代。

（四）果形

果形亦由多基因控制的性状，表现为连续变异。不同杂交组合，F1 果形表现如表 5-19 所示。

表 5-19　杂种果形表现

亲本果形		F1 果形（%）				
母本	父本	葫芦形	罂粟形	圆球形	扁球形	柿饼形
葫芦形	圆球形	35.00		30.00	35.00	
柿饼形	扁球形				52.62	47.38
圆球形	葫芦形				100.00	
扁球形	圆球形			34.90	65.10	
罂粟形	圆球形		100.00			
罂粟形	扁球形		95.70	4.30		
圆球形	罂粟形		100.00			
罂粟形	圆球形		87.50	12.50		
圆球形	扁球形			70.00	30.00	
扁球形	扁球形			7.10	92.90	
罂粟形	圆球形		85.70	14.30		
圆球形	扁球形			64.00	32.00	4.00

表5-18表明：多数杂交组合的F1果形性状表现为父本及母本果形，并不同程度地倾向母本；罂粟形性状遗传力高，与各果形作正反交F1均表现为全罂粟形或绝大部分罂粟形，说明具有罂粟形果形者可能属野生类型，在后代中占优势；圆球形与葫芦形组合出现全扁球形或部分扁球形。由于油桐果形变异的连续性特点，若以果形指数进行度量更易比较，并将发现F1平均果形指数介于双亲之间并倾向于中间的近圆球形及近扁球形。果树上的果形指数是(果高/果径)，由于油桐多存在明显的果尖及果颈，可用(净高/果径)表示。过去油桐文献上有过以(果径/净高)表示，为使与果树上一致，今后应统一用(净高/果径)表示果形指数。

(五)果重

果实重量的变异幅度较大，是典型的多样性数量性状。各组合的F1果重表现如表5-20所示。

表5-20　杂种果实质量表现

亲本单果重			F1分布				
母本(g)	父本(g)	双亲平均重(g)	单果重变幅(g)	低于小果亲本(%)	大于大果亲本(%)	介于双亲之间(%)	平均果重(g)
60	85	72.5	60～100		30	70	79
140	85	115	90～140			100	116
122	85	103.5	80～160	2.94	11.76	85.3	100
122	60	91	90～115			100	100
85	122	103.5	80～140	2.32	9.32	88.36	102
140	52	96	80～105			100	100
140	80	110	85～130			100	103
105	111	110	105～140		54.54	45.46	112
115	90	102.5	90～140		43.75	56.25	115
70	61	65.5	60～75		30	70	67
140	96	115	110～145		14.3	85.7	129
106	76	91	80～105		21.43	78.57	100

以亲、子果重平均值相比，F1多数组合的平均单果重量稍高于中亲值，少数组合低于中亲值。在另一批试验中发现：(大果×大果)组合中F1平均果重趋向中亲值以上；(小果×小果)组合中F1平均果重趋向中亲值以下；F1产量超亲者，果重趋向中亲值以上；F1产量接近或少于中亲值者，果重多趋向中亲值以下；单果重量是连续变异，有些组合能出现少数大果亲本或小于小果亲本的果重植株。

(六)果皮厚度

各杂交组合F1果皮厚度性状表现见表5-21。

表 5-21　杂种果皮厚度性状

亲本果皮厚度(mm)				F1 果皮厚度(mm)		
母本	父本	双亲平均厚	变幅	平均值	大于中亲值植株(%)	小于中亲值植株(%)
座桐 7.5	小米桐 6.0	6.75	6.0~8.0	7.01	58.23	41.77
座桐 7.5	葡萄桐 6.0	6.75	6.0~8.0	6.96	54.47	45.53
座桐 8.0	大米桐 8.0	8.00	7.5~8.5	7.88	41.66	58.34
五爪桐 7.0	小米桐 6.0	6.5	6.0~7.5	6.75	55.89	44.11
五爪桐 7.0	丛生球桐 6.5	6.75	6.5~7.5	6.87	57.14	42.86
五爪桐 7.0	葡萄桐 6.0	6.5	6.0~7.0	6.83	60.11	39.89
五爪桐 7.0	大米桐 8.0	7.5	7.5~8.0	7.52	46.75	53.25
小米桐 6.0	丛生球桐 6.5	6.25	6.0~7.0	6.2	48.22	51.78
丛生球桐 6.5	小米桐 6.0	6.25	6.5~7.0	6.4	67.56	32.44
小米桐 6.0	满天星 7.0	6.5	6.0~7.0	6.38	63.34	36.66

果皮厚度也是典型的数量性状，F1 果皮厚度取决于亲本并稍趋向母本。从总体上看，F1 平均值徘徊于中亲值左右；厚皮亲本较薄皮亲本的影响大，F1 中超亲厚皮的植株多于超亲薄皮的植株；以座桐或大米桐作亲本，子代果皮较厚，以小米桐或葡萄桐作亲本，子代果皮较薄；F1 果皮厚度也呈连续变异。

(七)产量

产量是主要的经济性状，又是典型的综合性状。它由许多个相对独立的遗传性状构成，又表达特定条件下构成性状的综合效应。所以，要重视与产量关系密切的构成性状的遗传力，如每序雌花数、每序结果数、每平方米树冠枝条数及结果枝比率等。在杂交育种的实践中，各单位先后测定 300 多个杂交组合，尽管选用的亲本皆各个品种中的优良单株，但绝大多数的 F1 产量低于双亲的平均产量，只有少数组合高于中亲值或明显超亲。这可能与油桐产量的非加性效应比例较大有关。

根据方嘉兴、夏逍鸿等人大批量的光桐杂交试验结果表明：高产、稳产的杂交组合多出于(五爪桐×小米桐)、(五爪桐×丛生球桐)，次为(座桐×小米桐)、(座桐×丛生球桐)；(小米桐×丛生球桐)正反交组合虽高产但不稳产；在小米桐及丛生球桐组合中，尤以雌雄比率大、丛生量适中、结果枝比率大、枝条数较多的植株作亲本为佳。兹列出 2 个优良的自交系杂交组合(表 5-22)。

表 5-22　杂种产量性状表现

组合	亲本单株鲜果产量(kg)						F1 平均单株鲜果产量			
	母本		父本		双亲平均值		F1 嫁接		F1 直播	
	嫁接	自由授粉子代(平均)	嫁接	自由授粉子代(平均)	嫁接	自由授粉子代	产量(kg)	增产(%)	产量(kg)	增产(%)
1	12.16	17.04	18.03	22.06	15.1	19.55	21.95	45.36	27.54	40.87
2	11.45	16.77	16.25	20.15	13.85	18.46	20.76	49.89	26.98	46.15

注：组合 1(五爪桐×小米桐)，组合 2(五爪桐×丛生球桐)；亲本为自交系(s3)；产量为 5~8 年生平均值；试验林密度 4m×6m，桐农间种管理。

表5-21说明：2个杂交组合在嫁接比较中，F1比双亲平均值增产45%以上；在直播比较中，F1比双亲自由授粉子代平均值增产40%以上；F1果实产量具有超亲优势。

二、杂种优势及亲本选择

(一)杂种优势的概念

在常规有性杂交中，两个基因型不同的亲本杂交产生的杂种一代，综合了双亲的优良性状，表现在诸如生长势、生活力、抗逆性、适应性、产量及品质等超越双亲的现象，称杂种优势。利用F1这种超亲优势进行遗传改良，培育新品种，称为杂交育种；用以获得更大的生产效益，称为杂种优势利用。至于杂种优势形成的原因，国内外学者曾做了长期的探索研究，提出过许多假说。随着生物工程技术的介入与应用，使对杂种优势的遗传机理的认识更加深刻了。这里仅就一些传统的理论作简单介绍。

1. 等位基因的互相作用

(1)显性效应　显性假说认为杂种优势的产生，是由于双亲的显性基因在杂种中所起的互相补充造成的。一般显性基因是有利的，而隐性基因则是不利的，杂交时两类基因均呈杂合状态，杂种F1综合了双亲的显性有利基因和隐性不利基因，在许多位点上隐性不利基因被显性有利基因所抑制、掩盖，使具有显性基因的位点增多，从而表现出杂种优势。杂种优势的大小，取决于显性等位基因的多少，显性等位基因位点愈多，隐性不利基因被抑制、掩盖也愈多，则杂种优势也愈强。显性假说仅考虑等位基因的显性作用而忽视非等位基因的相互作用，更没有注意到杂种优势性状多属数量性状，受多基因控制，没有显性与隐性关系而有累加作用。

(2)超显性效应　超显性假说认为杂种优势的产生，是由于双亲基因型的异质结合而引起等位基因间的互相作用。认为等位基因没有显性与隐性关系，同位点的等位基因可分化出许多不同的异质性的等位基因，异质的等位基因间的相互作用大于同质(纯合)等位基因间的相互作用。

显性假说与超显性假说，立论的基本点是双亲细胞核内等位基因的互作产生杂种优势。但是，杂种优势的产生除与核内等位基因互作有关之外，尚与核内非等位基因的互作有关。

2. 非等位基因的相互作用

两对独立遗传的非等位基因互作，因互补作用、累加作用、上位作用等而产生杂种优势。其特点是当两对基因处于完全杂合时，出现与双亲不同的性状。如果决定同一性状的是多基因，后代的性状表现则更为复杂。

3. 细胞核基因与细胞质基因的相互作用

近代研究认为，杂种优势虽然主要是由核基因控制的现象，但也与细胞质基因，特别是细胞核基因和细胞质基因间的相互作用有关。

以上是关于杂种优势现象的几种主要传统解释。此外，还有杂合说、生活力假说、遗传平衡假说、生化集优假说等等，都企图从不同角度去揭示杂种优势的遗传机理。但是由于受生物科学本身发展水平的限制，离真正了解还有距离。目前不妨说，杂种优势现象涉及内外诸多因素，核内等位基因的相互作用可能是产生杂种优势的基本原因；非等位基因互作和细胞核基因与细胞质基因互作，可能与特殊配合力有密切关系；显性效应则更多地

与一般配合力有关。显性假说与超显性假说曾是解释杂种优势产生原因的主要遗传理论学说，但忽视了核质关系以及细胞内各种物质之间关系对杂种优势的可能影响。杂种优势问题的本质是基因的重组、表达和控制问题。目前已有的种种理论、假说，仍然未超越传统生物学概念，还不能深刻揭示和准确解释杂种优势这一复杂的生物学现象，要真正探清杂种优势的机理，尚有赖于遗传学、生物化学、植物生理学以及生物技术的不断发展。

(二)杂种优势的量度

为了研究和评价杂种优势的程度，需要用统一标准来衡量。总体上说，杂种 F1 性状超过亲本时称正向优势，低于亲本时称负向优势。不过有些性状优势，对人类利用是正向优势，但对植物本身可能是负向优势。如早结实性状，既有提早收益的一面，又有缩短生命周期的另一面。

杂种优势可从不同角度进行评价，常用有以下几种方式。

(1)平均优势(V%)　杂种 F1 某一性状的测定值偏离双亲平均值的比例。F1 与亲本平均数的差异越大，杂种优势越强。

(2)超亲优势(V%)　杂种 F1 某一性状的测定值偏离最高亲本同一性状值的比例。

(3)竞争优势或对照优势(V%)　杂种 F1 某一性状的测定值偏离当地主栽品种(对照)同一性状的比例。

(4)相对优势　F1 为杂种 1 代平均值，P1 及 P2 为父母本值，MP 为双亲平均值。当 $hp=0$ 时为无优势；$hp=\pm1$ 时为正、负向优势；$hp>1$ 时为正向超亲优势；$hp<-1$ 时为负向超亲优势；$1>hp>0$ 时为正向部分优势；$-1<hp<0$ 时为负向部分优势。

(5)优势指数　a1 及 a2 分别代表某一性状父母本的优势指数。优势指数高，说明杂种优势大，反之则小。a1 与 a2 差异大时，互补后杂种优势也可能较大。

以上各种衡量杂种优势的量度均有一定应用价值。从育种角度看，F1 不仅要比亲本具有优势，还应该优于当地主栽品种(对照)才有意义。所以，用竞争优势来衡量更有实用价值。

(三)杂交亲本的选配

育成优良杂交种的关键在于选配亲本，而优良亲本则是选配优化组合的基础。没有优良亲本就不会有优良杂交组合。因此，选择杂交亲本时，应依育种目标，尽可能地从广泛的育种材料中选择优点最多、缺点最少的材料作杂交亲本。有了目的性状的优良亲本之后，如何合理搭配组合才能获得优势强的杂种，应注意以下几个方面。

(1)双亲的遗传基础差异要大　杂种优势的大小，通常与双亲遗传基础差异的大小成正比，亲本遗传基础的差异愈大，杂种的优势也愈强。亲本之间的亲缘关系越远、生态型差异越大或地理分布距离越远，其遗传差异也越大。人们利用双亲之间的这类差异进行杂交组合，可产生强大的杂种优势。光桐与皱桐之间的杂交，主要就是利用其亲缘差异及生态习性差异；光桐种内杂交主要是利用其生态型差异及种源差异。

(2)双亲优缺点的互补性强　任何优良亲本尽管优点很多，但总是还有缺点或某些不足之处的。因而在组配时要力求使亲本一方的缺点能从另一方面获得弥补，如果双方不能互补，就不能育成所期望的杂种。(光×皱)组合使光桐易患油桐枯萎病的缺点从皱桐亲本中得到弥补，(皱×光)组合又使皱桐耐寒性差的缺点从光桐亲本中得到弥补。(浙江五爪桐×福建球桐)可使F1既耐福建湿热又耐浙江干热。亲本之间双方可以有共同的优点，而且越多越好，但绝对不能有共同的或相互促进的缺点。(座桐×柿饼桐)或(座桐×大米桐)不仅有共同的厚皮缺点，而且有某种程度的助长作用，就应设法避免匹配。

(3)双亲的主要经济性状要好　为实现某种有限的育种目标(如耐寒)，父母本之中至少有一方必须具备耐寒目的性状外，亲本的其他主要经济性状也应具有广泛的优良度。如果仅是耐寒而不能高产优质，那就失去良种的基本条件。在这方面母本更为重要。杂种F1许多性状不仅表现为双亲的平均值，而且常表现为母本遗传优势的倾向。因此，母本的目的性状以及具备广泛有利性状条件，则是选配优化组合的关键。

(4)双亲的配合力要高　配合力分一般配合力(g、c、a)和特殊配合力(s、c、a)2种情况。所谓一般配合力是指某一亲本(或自交系)在一系列杂交组合中，对杂交后代某一性状的平均表现或一般的影响能力。一般配合力决定于基因的加性效应；所谓特殊配合力是指一亲本在特定的杂交组合中对杂交后代某一性状平均值产生的偏差。特殊配合力决定于基因的非加性效应即显性、上位性作用。通常认为，一般配合力高的性状，表明亲本的基因累加效应较大，传递能力较强，该性状容易在子代中稳定。利用一般配合力高的亲本组配，往往也能获得特殊配合力高、杂种优势强的F1。特殊配合力在判断杂交组合优势上，具有特殊意义。

综上所述，要获得F1强大杂种优势，有赖于优良亲本的优化组合。亲本的优良度是基础，合理组配是关键。实践表明，作为油桐杂交亲本，首先必须具备育种目标所需的目的性状。如抗寒、抗旱育种时，亲本之中必须具备抗寒、抗旱特性，倘双亲之中均不具备这一特性，那杂种一般是不可能出现抗寒、抗旱性状的。其次，在具备目的性状之余，尚需具备较广泛的其他优良农艺性状，在整体上体现优点尽可能多，缺点尽可能少。要尽可能避免选用数量性状低劣的类型作亲本，必须把丰产、稳产作为杂交亲本选择的最基本条件。最后，要重视那些少有的可贵有利性状，如大果薄皮类型、优质油类型、抗病及耐寒类型、树冠紧凑类型等。

三、油桐种内杂交

油桐杂交育种已取得很大成绩，四川省林业科学研究院从16个品种的111个组合中，筛选出2个组合，表现出生长势、丰产性及抗病性的优势。浙江林学院(现浙江农林大学)从96个杂交组合中获得1个优良组合，F1表现出生长速度、丰产性、稳产性及抗病性的超亲优势，F1产量较父、母本自由授粉子代增产78%以上。中国林业科学研究院亚热带林业研究所用自交系作亲本，从82个组合中筛选出2个优良组合，F1产量较亲本平均值增产45.36%~49.89%，较亲本自由授粉子代增产40.87%~46.15%，表现出明显的超亲优势。

(一)杂交方式

杂交育种时常因杂交方式不同而影响到杂种性状和特征的表现。选用适合的杂交方式能加速新品种选育进程。

(1)单交　指2个基因型不同的个体的交配。这是最基本的杂交方式，例如(五爪桐×小米桐)或(五爪桐×丛生球桐)，所得的杂种叫单交种。假如前者是正交，父母本对换则是反交。有时正反交的表现不一，例如扁球形与圆球形果实正交偏向于母性遗传，而罂粟

形与圆球形的正反交均表现为罂粟形的完全显性和部分显性，亦有圆球形与葫芦形的组合F1全部为扁球形。因此，试验时要求正反交配方式都要进行。

(2)回交　指单交所得的杂种，再与亲本之一进行杂交。作为回交的亲本称为回交亲本，运用回交的目的是加强回交亲本的优良性状。例如(五爪桐×丛生球桐)组合的F1果序丛生性不够强时，为了加强丛生性状，即选择亲本之一的丛生球桐与F1回交，从而获得了丛生性较强的回交1代(R1)。有时需要多次回交才能加强亲本的某一性状。

(3)三交　是指1个单交杂种再与第三者进行杂交。例如(五爪桐×丛生球桐)×小米桐，所产生的杂种称"三交"种。三交杂种有可能把三者亲本的优良性状综合在一起。

(4)双交　指2个不同的单交杂种再进行杂交称双交。例如(五爪桐×小米桐)×(座桐×葡萄桐)。采用此法，可能获得更大优势。

(二)杂交方法

1. 花粉收集

在浙江富阳4月中下旬气候条件下，花粉室温贮藏超过48h生命力即大降。故从外地采集花粉时，应采剪带枝含苞待放的花序，以最快速度带回水培取粉。近距离采粉，应采集含苞待放的雄花蕾迅速带回，剥去花瓣日晒1~2h取粉，尽快使用。花粉需作短期贮藏时，低温、干燥是基本条件。油桐花期在分布区域内从南到北，从低海拔到高海拔，从阳坡到阴坡均是由早到迟。因此在杂交工作中可以利用这些地理差异，调控花期。实用上促进开花的方法还有：在温室内用5%~10%蔗糖水溶液，水培带花序枝条；在温室内盆栽植株。延迟开花方法有：树冠覆盖遮黑；早春喷射250~500mg/kg萘乙酸钾盐；在低温处盆栽植株。

2. 去雄、隔离及授粉

油桐是单性花，如雌、雄花同在一个花序上，需在雌花套袋之前摘除雄花，而后套袋(袋长25~30cm，宽20cm)，袋的顶端用回形针封严，袋的下端枝条接触处应嵌些棉花，用绳线绑紧以防昆虫夹带花粉钻入。套袋的适宜时间是露白2/3，顶端松动时进行，套袋后标记编号。套袋后1~2天雌花瓣开放，柱头充满分泌物即可授粉。授粉时打开袋口，用镊子夹住雄蕊花丝，或用消毒毛笔沾上花粉，将花粉撒到柱头上，这样一次大量授粉就可完成。经试验，重复授粉与一次大量授粉的受精率没有明显差异。授粉完后封回袋口，注上授粉日期。一只袋中往往有数朵雌花，要选留发育程度一致的雌花留袋，便于一次授粉完成，避免多次开袋。授粉后5~6天，柱头枯萎，子房膨大时即可去袋。去袋时应在枝条上做好红漆记号或挂塑料牌，不同记号和牌号代表不同杂交组合，并与记录本相符，以防混杂。杂交果实往往成熟较早，所以应提前几天采收，以免掉落地上无法鉴别。采种时应采集父母本的自由授粉果实作为今后试验的对照。不同的杂交组合要分别贮存标记。

(三)杂种的培育与选择

1. 杂种培育

通过杂交所获得的种子通常数量不多，培育的基本要求是促使有限的种子成苗，并根据杂种性状发育特点给予适宜的生长条件，促进苗木正常生长、开花结果。

(1)播种育苗　将有限种子进行盆播或苗圃冬季播种育苗，有条件的应播于温室育苗床，保证种子在良好条件下顺利成苗。无论是盆播、温室或室外苗床播种，土壤应疏松、湿润，精细管理。杂种种子数量少、组合多，播种时必须注意标记，随播随记，绘制播种图。登记号码、组合、播种粒数。每播完1个组合给一隔离标记，以防混杂。室外播种密度30cm×30cm。

(2)杂种苗管理　杂种苗管理条件要均匀一致，减少环境条件对杂种生长的影响，以利准确选择。要提供充足的营养和水分，注意松土除草，防治病虫害，确保苗木生长健壮。通过营养调节，确保苗木适时停止生长，新梢充分木质化，增强抗寒能力。冬季严寒阶段必须采取防寒措施，保护苗木安全过冬。

(3)杂种苗林地定植　油桐植株高大，生长也快，1年生苗木需于翌年春季上山定植，进行鉴定。定植地段的立地条件要尽可能一致，全面整地、开挖大穴、施足基肥。起苗时减少伤根，及时上山，定植要按试验设计进行，常用随机区组，单株小区30次重复。密度4m×4m。苗木定植之后，要给予集约管理，使杂种性状得以充分发挥，正常生长，缩短童期。

2. 杂种选择

油桐杂交亲本原是杂合基因型，通过杂交重组的F1仍表现多样性，只有通过选择，才能将其中少数遗传品质好的个体筛选出来，淘汰不良植株。杂种的选择包括对杂种F1种子、杂种苗、幼树及成年树各阶段进行系统的选择。从育种角度上说，还包括F2及F3等多世代的选择。对杂种的选择首先要依育种目标，进行对目的性状的选择。例如抗病育种就要把是否抗病作为重点进行选择；抗寒育种、早实性育种，则应将抗寒性状、早实性状作为重点进行选择。其次要兼顾综合性状，杂种只有综合性状上也有优良表现，将来才能在生产上成为有价值的新品种。最后，要坚持经常性的系统观察，了解目的性状在不同时期、阶段的特殊表现。还要根据油桐主要性状的相关性，进行早期选择。对突发因子如病虫害、冻害、旱害等要及时鉴定。要有完整的观察记载表格及其规范，以利今后总结、评价和鉴定。杂种选择具体分为早期鉴定选择、成年期鉴定选择及生产性鉴定选择。

(1)早期鉴定选择　早期鉴定选择是根据性状相关性进行的选择。目的是及早淘汰不良植株，减少工作量，提高研究质量。早期鉴定选择指从种苗到始花始果的1~4年生。

①劣质种子及苗木淘汰：种子不充实、不饱满、子重太轻、色泽暗淡无光者，可予以淘汰。苗期生长势弱、发育差、畸形、感病苗木，亦应予剔除。油桐树体大，试验鉴定占地多，对劣质种子、苗木要不吝惜地及早去除。

②丰产性状的早期选择：丰产性作为综合数量性状，与许多相对独立的遗传性状存在不同程度的相关。如种子的充实饱满，含油率高，幼苗子叶大而厚，胚轴粗壮，真叶大而厚，全缘或裂缺浅，叶色浓绿，叶柄粗短，幼茎色绿，茎干粗壮，节间短，腋芽充实；分枝点适中，分枝粗壮，分枝角度较小，分枝数较多；顶芽硕大、壮实；翌年春季萌发时，基簇叶宽而大，叶色绿而少红；始花年表现先叶后花型，雌花多、雌雄比率大，结果枝比率大、果实丛生量适中等。以上性状均与植株的丰产性存在一定相关。

③其他：早实性常与分枝点低，分枝角大，叶片窄长，枝叶生长速率快、定形早，植株矮小相关；果实的大小与叶片的大小、枝条之粗细相关，果大则叶大、枝条粗壮、叶柄短；果形指数与叶形指数相关；果实颜色与胚轴、叶柄、嫩叶颜色相关；花瓣基部绿色、腺体绿色与果实颜色相关；抗寒性与枝条生长停止早、枝条粗壮、节间短、落叶早、叶色深绿，叶肉较厚、含糖量高相关。

(2)结果期鉴定选择　结果期的鉴定选择，主要是根据产量等主要经济性状的直接鉴定选择，也是比较鉴定不同组合杂种的重点。时间从开始开花结果至盛果期连续4年。鉴定选择的内容依育种目标进行较全面的比较。

①物候期：包括树液流动期，脱苞期，萌芽期，开花期，果实成熟期，落叶期。物候期与气候等环境条件密切相关，必须记载年度气象资料及栽培管理状况。以萌芽期至落叶期所经历的天数来表示年生长期，以落叶期至树液流动期所经历的天数来表示休眠期。物候期需有4年的记载资料。杂种的个体生长发育周期之长短，因油桐的多年生特性，可根据地上部树体的生长状况，比照父母体特性，常采取双亲均值或均值倾向母本的预测来判断。

②花、果性状：花序性状主要包括花序类型，雌雄花比例、花叶次序及单花性状。要特别注意变性花、败育花及畸形花的发生情况。果序及果实性状主要包括果序类型、丛生量、果形、单果重、果尖、果颈、果高、果径、果形指数、果皮厚度、出子率、出仁率、含油率及种子性状。此外还有油质分析。

③主要器官形态及生长习性调查：主要有树形、树高、径粗、冠幅、冠厚；分枝高、轮数、每轮枝数、轮间距；叶形、叶厚、腺体、叶面积、叶柄；每平方米树冠枝条数、平均枝条粗度及长度，结果枝比例等；枝、叶、果生长习性及其生长期。

④抗性：抗病鉴定选择主要在苗期进行，抗寒、抗旱、抗虫鉴定选择结合突发年份进行。

⑤产量：每年比较每一单株的产量，最后以盛果期连续4年产量做出评价。

对杂种的鉴定选择要坚持每木调查，分析每个组合每个调查性状的差异程度。对不同性状要区分主次，那些与育种目标关系不大的性状尽可能减少。鉴定时要制订完整的记载表格，有些连续变异的数量性状还可以采用分级方法进行评分。杂种经过苗期及盛果期连续4年育种性状鉴定，已经获得了较全面的材料，根据育种目标结合综合性状对杂种进行最后评价。经过小试评定的杂种，尚不能立即投放生产中，还必须进行中间试验及区域化栽培试验。

四、自交系选育

所谓自交系(Inbred line)是指异花授粉植物通过连续多世代的人为强制自交而获得几乎是同质结合的株系。油桐自交系选育是作为油桐杂交育种(尤其优势育种)程序中的重要环节来进行的。其目的和任务是运用近交手段，经过多世代的连续自交和选择，使遗传上杂合程度很高的供试材料逐步提纯，为杂交提供配合力高、产生非加性效应大的亲本组合。然后通过建立杂交种子园，生产出具有强大杂交优势的杂种F1用于生产。

油桐是异花授粉植物，不仅在种群内部存在着变异，而且在类型内、品种内也存在不同程度上的变异。我国油桐传统上长期采用实生繁殖，每个世代经过基因重组，又产生新的(外加)变异，这是油桐性状表现多样性的本质原因。因此，通常仅从现有的品种中选择部分优良个体，直接进行品种间杂交，杂种优势的强度不大，F1仍然出现诸多性状的多样性，整齐度差，遗传改良的效果不显著。

光桐生长快，开花结果早，世代周期短，有纯雌株及雌雄同株，且自交亲和，这为采取极端的自交形式(同个体自交)提供了可能，对需要作多世代选育的自交提纯这类研究课题，是适宜选择的树种。中国林业科学研究院亚热带林业研究所方嘉兴、刘学温等自 1975 年开始实施光桐自交系选育研究，在种群中选择了反映地理分布、性状特征、生长习性、生产力水平有明显遗传差异的四川小米桐、四川柿饼桐、浙江五爪桐、浙江座桐、浙江中花丛生球桐、福建丛生球桐、广西对年桐共 7 个品种、类型的 20 多个典型优良单株，采取多世代最极端的近交方式(人工控制自体受精)，先后测定 171 个各代自交系及其 118 个杂交组合。试验已进入第 4 代自交系(部分第 5 代)，有效地促使杂合基因型分离，在选择中淘汰隐性不良基因，使优良基因型渐趋于纯合化。该研究首批成功育成 L13、W1、W2 3 个具备纯雌花丛生果优良性状，适于作杂交母本的优良自交系，同时育成 E1、E19、D24、P3、P4 5 个具备雌雄花同株丛生果优良性状，适于作杂交父本的优良自交系。各自交系纯合程度较高，主要经济性状表型整齐，经配合力测定，杂种优势强，F1 性状高度统一，优良杂交组合增产 33.26%~76.59%，具有明显超亲优势。这是油桐优势育种的重大进步，对于我国经济林育种也是一次成功的尝试。

(一)自交的遗传效应

对异花授粉的油桐而言，自体受精是最极端、最严格的近亲交配。连续自交会产生 3 个相互关联的遗传效应：一是使杂合基因型分离，隐性性状获得发育的机会；二是能使分离了的基因型分别趋向纯合化，形成纯系群体；三是使遗传性状固定。三者的关系是，只有分离才能选择，通过选择实现纯合固定。

杂合体分离基因型趋于纯合化的速度取决于等位基因对数的多少。以 1 对等位基因的杂型合子(Aa)为例，它们雌、雄原始生殖细胞都是 Aa，经减数分裂也都广泛产生出 A 和 a 配子。经自体受精则产生 1/4AA、2/4Aa、1/4aa。这说明经过 1 代自体受精后，原来是 100% 的杂合体 Aa，变成了 50% 杂合体 Aa 和 50% 纯合体 AA 与 aa。再经 1 代自体受精时，由于 AA 只产生 AA 纯合体，aa 只产生 aa 纯合体，而 Aa 却产生 2/4AA 与 aa 纯合体和 2/4Aa杂合体。如果各植株所产生的子代数目相等，杂合体从 50% 降至 25%，纯合体从 50% 升至 75%。若行第 3 代自体受精，杂合体从 25% 降至 12.5%，纯合体从 75% 升至 87.5%，依此类推。自体受精使杂合体每个世代减少为原来的 50%，并向纯合体增加。随着自交世代的延续，自交子代群体中杂合体的比率有规律地逐代下降，纯合体的比率逐代相应增加。杂合体在没有选择的条件下，连续自交可达到最大程度的纯合。其进展速度如表 5-23 所示。

表 5-23　1 对等位基因自交后代的分离和纯合

自交代数	基因分离	杂合体(Aa)	纯合体(AA + aa)
0	Aa	100%	0
1	1AA∶2Aa∶1aa	1/2 = 50%	1/2 = 50%
2	6AA∶4Aa∶6aa	1/4 = 25%	3/4 = 75%
3	28AA∶8Aa∶28aa	1/8 = 12.5%	7/8 = 87.5%
4	120AA∶16Aa∶120aa	1/16 = 6.25%	15/16 = 93.75%
5	496AA∶32Aa∶496aa	1/32 = 3.125%	31/32 = 96.875%

当自交至第6代时杂合体在群体中仅占1.5625%，第7代时降至0.7813%，第8代为0.3907%，第9代为0.1954%，第10代为0.0977%，至此杂合体在群体中几乎逐渐接近于零。自交世代中杂合体的减少和纯合体的增加是有规律的，各分离世代的纯合体比率是$(2r-1)/2r$。r为自交世代。如果不是1对等位基因的杂合体的自交，而是若干对独立遗传基因杂合体自交导致基因分离和纯合的情况，其各个分离世代的纯合体比率则为$[(2r-1)/2r]n$。式中n是表示等位基因的对数，表明杂合体性状等位基因对数愈多，同一自交世代纯合度进展愈慢。由多基因控制的数量性状，需经过更多世代的自交才能趋于纯合。如果是自交3代，当1对等位基因时，自交纯合体比率为7/8，而3对等位基因时纯合体比率只有67.1%。

不仅自体受精，其他程度较弱的近亲交配也会使杂合体比例下降，只是进展速度比较缓慢。如兄妹交配，经8代纯合体比率几乎是90%；双重的姑表交配，经16代纯合体也接近90%。在特殊情况下，这类同系交配也可作为一种方法采用，如为了减少自交引起的急剧衰退等。

自交系对显性基因和隐性基因的纯合作用是一样的。在杂合体情况下，显性基因掩盖隐性基因，使隐性基因得不到表现，一旦进行自交，由于基因的分离与重组，隐性基因就得到表现。大部分的隐性基因常是对生存有不同程度危害的。因自交导致隐性基因表现的不良后果是畸形、缺陷的出现，生活力、生殖力的下降。但是畸形及缺陷，生活力及生殖力下降，也并不是无休止的，且各自交系表现的形式和程度不尽相同。随着自交世代的推移，多能在某个水平上得到相对稳定，这时一般认为已达到近乎纯合程度了。

(二)自交亲和力

许多正常的异花授粉植物，存在着阻止自花受精和限制重组合潜势的阻碍因素。但由于异花授粉植物各有很不相同的遗传基础，所以自交对所有正常异花受精植物的影响往往完全不一样。油桐在自由授粉条件下，自交率约5%~8%。经对7个品种的20多个单株进行人工强制同个体自交，第一批测定其成果率见表5-24。

表5-24 不同油桐品种、类型的自交成果率

品种类型	四川小米桐	四川柿饼桐	广西对年桐	浙江座桐	浙江丛生球桐	浙江五爪桐
成果率(%)	76	25	66.7	35.2	36.6	80

概括地讲，油桐自交是亲和的，但品种之间存在较大差异。浙江五爪桐及四川小米桐表现很高的自交亲和能力，而四川柿饼桐及浙江座桐、丛生球桐自交亲和性较差。同一品种中的不同单株个体间，自交受孕能力的差异更大：柿饼桐6个供试单株有4株自交不孕，2株低孕；小米桐5个供试单株中有1株自交不孕，1株假孕；对年桐3株中的2株以及座桐4株中的1株自交不孕。

油桐在其长期的系统发育过程中，形成了反映在花性特征上(性别、结构、异熟性等)有利于异花受精，但从其具有很高的自交受孕能力来看，用不同的近交方式获得后代仍然是可能的。鉴于油桐自交亲和性的差异，必须根据其各自所能忍受的深度，采用不同的近交方式。自交亲和力强的品种，可本着加快纯合进展速度的需要，采取极端的同个体自交形式；对存在较强自交阻碍因素的品种，则宜采取缓和的近交形式，以利于获得后代，增加选择的机会。

假孕及种子致死现象：不亲和性的另一表现是，部分胚珠受精、假孕及种子致死。油桐通常子房5室，受精后正常发育可得健康种子5粒。但在强迫自交的情况下，出现仅有部分胚珠受精发育(果实偏小)，或受精卵等在发育中途解体以及种子致死(瘪籽、空籽)。在对含子数的调查中，得知品种之间除浙江座桐及浙江五爪桐外，普遍有不同程度的下降(表5-25)。

表5-25 油桐自交果实含子数的变动情况

项目	四川小米桐	四川柿饼桐	浙江丛生球桐	浙江座桐	浙江五爪桐	广西对年桐	备注
自交果平均含子数(粒)	3.6	5.3	3	4.4	4.1	3.7	自交果实重量分别下降14.5%~30.1%
自由授粉果实平均含子数(粒)	4.4	5.9	4.3	4.9	4.7	4.5	

自交获得的种子经播种发芽试验，得知部分种子是没有生命力的。致死现象在不同品种间有很大差异(表5-26)。

种子致死不仅品种、类型间有差异，品种、类型内的不同自交株系之间亦有差异。四川小米桐中有1单株进行自体受精，果实大大变小，所获之种子经播种后无一存活，种子致死率达100%。油桐自交的不亲和，胚及胚乳发育中途解体突出表现在第一次的强迫自交，一旦获S1代，其后上述现象能逐步缓解。

表5-26 自交种子致死率

品种类型	四川小米桐	四川柿饼桐	广西对年桐	浙江座桐	浙江丛生球桐	浙江五爪桐	备注
致死率(%)	68.2	68.7	18.2	42.7	60	31.5	自交种子重量分别下降17.6%~48.7%

(三)自交衰退

选用遗传上有较大差异的7个品种中20多个单株作试验材料，通过同个体自交建立自交系。A系为浙江丛生球桐；B系为四川柿饼桐①；C系四川柿饼桐②；D系四川小米桐①；E系四川小米桐②；F系四川小米桐③；G系四川小米桐④；H系浙江大扁球①；I系浙江大扁球②；J系广西龙胜对岁桐；K系浙江座桐；L系浙江五爪桐①；P系福建丛生球桐；W1系浙江五爪桐②；W2浙江五爪桐③。根据S1表现，进行淘汰选择，再次自交形成自交系(S2)；对S2又进行淘汰选择，又经自交建立自交系(S3)……依此类推。各自交世代除B系、C系、F系因自交不孕、胚或胚乳发育中途群体、种子致死以及S1早期死亡外，其余均顺利继续进行各世代选育。根据1~4代(部分5代)选育研究，认为油桐自交所引起的衰退现象，不同性状及不同自交系的表现不尽相同。油桐自交确实导致产生部分性状的衰退。其表现形式主要有畸形花、雌雄蕊发育不全的两性花、单性畸形花和败育花、畸形果、花叶黄化、枝叶畸形或萎缩、不规则萌芽枝等出现。此外，还普遍表现生长势弱、抗逆性差、产量下降、生命周期缩短等现象。畸形花大量出现于B、C、H、I等

自交系，且绝大多数不能正常受精发育，只有极个别畸形花最后发育成畸形果(肾形果、重叠果、果包果、缺裂果等)。雌雄蕊发育不全的两性花和单性败育花，在所有各自交系中均有不同程度出现；同一个自交系中的不同个体，出现的数量也不一样，但就总体来看，其比例仅占3%~6%，没有造成太大的影响。自交成果率各自交系不同，平均第一代为44.9%，以后各代逐步提高，S261.6%，至S4自交成果率各系均在80%以上。花叶黄化，枝叶畸形或萎缩，不规则萌芽枝等，一般是在部分自交系中的少数植株上出现，及时淘汰对加深自交进程不会造成重要影响。自交系普遍出现适应性、抗逆性差，生长势弱，植株高度、粗度均下降12%~17%，产量下降15%~28%，在相似生长条件下，世代周期缩短1/8~1/5。此外，在果实性状方面，也不同程度表现果型偏小，含子数下降，枯果率及落果率增加，出子率、出仁率及含油量减少等。

自交衰退的本质原因是近亲交配导致隐性基因的显现。油桐自交衰退现象大体有3种类型。一是伴随自交世代数加深，衰退现象逐代加强，并导致继续自交困难，或根本无法进行，以致不能产生后代。如B系、C系、H系、L系原是沿着多子的目标进行自交选育的，由于含有败育雌雄蕊的畸形花逐代增加，致使中断继续自交。对此，可行的办法是修正原定的选育目标，从中挑选出不能完全形成多子果的正常花进行自交，才能延续后代。第二类衰退现象如黄化、枝叶畸形、不规则萌芽条等。如果继续用表现有这类衰退的个体进一步自交，虽然也随自交世代数的加深而加强，但毕竟这类衰退在总体中只占很少比例，尚未产生因此而不能继续繁衍后代的情况；如果采取逐代的早期淘汰，选用无此衰退现象的正常个体做进一步自交，后代产生这类衰退现象的基因型频率则逐渐减少。也就是说，第二类自交衰退现象常可以通过淘汰选择来解决。第三类衰退现象是普遍出现的生长势弱，抗逆性差，生命周期短等。这类衰退现象在自交系的头几个世代表现比较明显，但也不是呈逐代累加的上升趋势，而是达到一定程度之后不再继续发展，保持在一定程度的水平上，达到某种新的平衡。因此，对待第三类衰退，只要注意从中选择接近正常的优良个体做下一代自交，不仅不会对选育程序产生重大影响，而且一旦经过杂交产生基因重组后，通常能得到比较满意的结果。

(四)雌性或强雌性自交系的选育

油桐自交系选育的目标之一，是育成纯合度高、能稳定开雌花的自交系，以期为杂交提供优良母本。在油桐种群中，绝大多数品种、植株属雌雄同株异花，只开雌花而不开雄花的植株，可在浙江五爪桐、浙江座桐、福建座桐、安徽独果桐、河南叶里藏、江苏座桐、四川大米桐等少数品种中找到。设想把这些遗传上高度杂合的油桐雌株育成纯合的雌株，则是自交系选育中难度很高的选育环节。倘能顺利突破这一环节，用纯雌自交系作母本建立杂交种子园，就自然避免了母本自身的雌、雄花自交，也无需研究选育雄性不育系的问题。

浙江五爪桐及浙江座桐这2个品种中，存在仅开雌花的植株，尽管它在种群中出现的基因型频率仅10%左右，仍然具有育成纯雌自交系的内在可能。尤其浙江五爪桐，不仅具有纯雌花特性，尚具备一序多雌花丛生果特性，是有希望育成强雌性多雌花丛生果自交系的供选品种。但是典型的浙江五爪桐、浙江座桐植株通常是仅开雌花，不开雄花的。如果用以实施近亲交配，则无法采取同个体自交，而只能选择其中也开极少量雄花的植株与之进行半同胞姐妹交，或以开少量雄花的植株，进行同个体自交。但试验结果表明，这2种近交方式，即使连续实施3个世代，子代中出现典型五爪桐和座桐的频率只从10%左右提高到25%左右，进行很慢。因此，为了实现育成纯合雌性自交系，尚需着眼于从典型五爪桐和座桐中取得突破。该研究从花芽分化的解剖中发现，通常只开单雌花的典型浙江座桐，在其花芽分化过程中，1个混合芽中不仅有1个雌花原体，而且有2个左右的雄花原体共同组成1个花序原体。与此同时，在研究浙江五爪桐、浙江座桐开花习性的过程中也发现，早春花序抽生时通常只开雌花的典型五爪桐和座桐，部分植株中的部分花序基部，伴有1~2个细弱的雄花蕾。这类雄花蕾通常随雌花发育至开放的中途不断解体，多不能与雌花一样正常发育和开放。也就是说，所谓只开雌花的典型浙江座桐和浙江五爪桐，有些植株可肉眼见到雌花序基部伴有一般不能正常发育的雄花蕾。此外尚发现通常只开雌花的典型浙江五爪桐、浙江座桐，盛果期过后，随着树龄的增长，个别年份也会开放少量发育正常的雄花。这说明对浙江五爪桐、浙江座桐可以通过激发雄花正常发育的办法，来实现同个体自交。为激发典型浙江五爪桐、浙江座桐的雄花正常生长发育，采取以下3项技术处理可获得成功。

(1)多数油桐随树龄的增大，雌花比例逐减，初果期至盛果期，雌花比例大，而盛果期过后，则比例小。典型的浙江五爪桐和浙江座桐尽管盛果期及其以前只放发雌花，但至结果后期，放发雄花的机会则相对增大。因此，选用树龄较大的植株作激发处理容易获得预期效果。试验结果表明，在实施相同处理的条件下，树龄12年生的成功率在86.7%，树龄6年生的成功率只有46.7%，且激发产生正常雄花的数量亦较6年生多1倍以上。大龄树是经过长期观察后确定的典型树，把握性大，也不易误选。

(2)在花芽分化期及花序抽生期，通过施肥、喷洒微量元素及赤霉素，调节营养生长和生殖生长。7月初旬，每株施用复合肥料0.25~0.5kg及草木灰10kg；7~9月用0.1%硼酸溶液，喷洒2次，间隔期15天；7~9月每月用30~50mg/kg赤霉素溶液，喷洒2次，间隔期15天；春季萌发期至初花期，用30~50mg/kg赤霉素溶液每10天喷洒1次。

(3)人工摘除雌花蕾，促进雄花蕾正常发育。经花芽分化期处理后的多数植株，在翌年花序抽生时，部分花序顶部除着生强壮的雌花蕾之外，其花序基部可能伴生有发育迟缓的1~2朵雄花蕾。把部分枝条上顶生雌花蕾摘除，可促使基部雄花蕾正常发育。摘除的时间以人为能够分辨为准，越早越好，摘除的范围数量是尽可能将拟激发雄花蕾所在的3~4级轮枝上的所有雌花蕾。与此同时，在其他枝条上，也摘去发育快的雌花蕾，留一部分发育迟的雌花蕾，待与激发开放的雄花实现同个体自交。

经过上述处理后，约有3%~5%具有潜能的花序能够激发开放正常雄花，并产生出有生命力的花粉，从而使典型的五爪桐、座桐实现同个体自交，成功地育成雌性、强雌性自交系。

(五)8个优良自交系

经过3~5个世代的连续同个体自交，按纯雌花丛生果选育目标，已从浙江五爪桐中选育出L13、W1、W2三个雌性、强雌性优良自交系，适用于作杂交母本。与此同时，按雌雄同株丛生果选育目标，从四川小米桐及福建丛生球桐中选育出E1、E19、D24、P3、P4适用于作杂交父本的5个优良自交系。

(1)L13、W1、W2三个雌性、强雌性自交系，从3~5代均表现纯雌花丛生果类型。虽盛果期过后也发现个别植株有个别雄花，但一般发育缓慢，不会与雌花授粉期相遇，能自我避免自交；3个自交系除花果序性状一致外，分枝习性、树冠形态、果实性状等也表

现比较整齐；用作母本与El、E19、D24、P3、P4进行杂交，F1表现整齐，生长及结实产量等性状有不同程度的优势。部分性状表现见表5-27。

表5-27　L13、W1、W2 6年生性状

自交系号	树高（m）	径粗（cm）	冠幅（m^2）	结果枝数（枝）	单株结果数（个）	新梢数（枝）	分枝高（m）	第一轮分枝数（枝）	雌雄花比例	果径（cm）	果高（cm）	净高（cm）	单鲜果重（g）	果皮厚（cm）
L_{13}	5.1	12.8	20.8	61	250	108	0.6	4	1:0	5.33	5.36	4.48	56.99	0.5
W_1	6.5	12.8	27.8	99	318	229	0.8	5	1:0	5.76	5.26	4.52	66.95	0.47
W_2	6	10.6	23.2	51	273	94	0.7	5	1:0	6.27	5.21	4.59	84.97	0.54

2. 根据雌性同株丛生果目标，从77个自交系中选育出E1、E19、D24、P3及P4优良自交系，均表现为中花丛生果类型，6年生雌、雄花比例1∶2.5～3∶5，盛果期提高到1∶5左右，盛果期过后保持在1∶10以下。果序丛生量较大，平均每序果数5.32个，最多8.33个；E1、E19、D24表现四川小米桐的优良性状特征，P3、P4表现福建丛生球桐的优良性状特征，各主要性状较整齐。部分性状表现见表5-28。

表5-28　E1、E19、D24 6年生性状

自交系号	树高（m）	径粗（cm）	冠幅（m^2）	结果枝数（枝）	单株结果数（个）	新梢数（枝）	分枝高（m）	第一轮分枝数（枝）	雌雄花比例	果径（cm）	果高（cm）	净高（cm）	单鲜果重（g）	果皮厚（cm）
E1	5.6	10.7	22.2	117	318	242	0.9	6	1:3.3	4.81	4.75	4.04	39.95	0.47
E19	4.6	13.6	21.9	118	393	240	0.7	9	1:2.5	4.59	4.84	4.15	32.59	0.46
D24	5.2	10.7	21.3	119	270	286	0.6	5	1:3.5	4.02	4.53	3.56	23.29	0.37

（六）自交系育种的选择技术

1. 自交系育种的原始材料选择

国内现有油桐种质资源已收集184号。从这些品种群体中选择具有优良性状的植株，作为基本材料是最重要的；其次是用自交系间各类杂交种作为基本材料；此外，也可利用其他人工创造的育种材料作为自交系选育的原始材料。我国现有油桐品种、类型积累了油桐长期系统发育过程中极其丰富的种质资源，包含人们所需要的许多优良品质，它是选择自交系育种材料的最基本来源。五爪桐雌花比例大；小米桐、葡萄桐丛生性强、皮薄、出子率高；对岁桐早结实、矮化型；座桐、大米桐生长势强、含油率高、稳产、油质好；"一盏灯"、柿饼桐含子数多；丛生球桐小枝密度大；柴桐、野桐适应性广、抗病力强；白杨桐分枝角小。所有这些都是可供选择的重要基因来源，含有各种特殊性状。杂种优势程度往往因亲本遗传差异的增大而增高。故选择自交系基本材料时，应尽可能广泛地包括生态习性、亲缘关系、经济性状等各方面有较大差异的品种、类型，使自交系选育建立在丰富的种质基础上。自交系的选出不是目的，用具有优良纯合基因型的自交系作为杂交亲本能产生强大的杂种优势，它比用杂合基因型亲本优越得多。这是因为自交系的纯合基因型，能在以后各自交世代中复制、保存、繁殖和利用，当2个自交系杂交后，就有可能在杂交F1得到接近全部由同一优良杂合基因型组成的杂种群体，从而能产生整齐的经济性状和栽培性状；其次，利用自交系的相互杂交，可以充分地利用基因的显性作用、加性作用、超显性作用和上位性作用等效应，使杂种F1具有强大的杂种优势。自交系选育所需品种的数量与植株数量，应根据选育目标来确定。由于油桐植株高大，占地面积多，故针对1个目标所需的品种数不可能很多，每个品种的株数也应更少。一般地说，针对1个选育性状，要以最后能产生不少于4个自交系为准。

2. 自交后代的选择

选择是自交系选育的基本措施。为了使选择更加有效可靠，选择工作必须建立在立地条件和栽培措施基本一致的条件下进行。在试验排列上，对来自同一基本材料(品种)及同一目标性状的不同自交株后代，要尽可能地安排在相邻小区，以利彼此比较和选择。

油桐Sl在遗传上相当于自花授粉植物杂交种的F2代，因性状分离会表现出多样性。不但系间差异极大，系内也有一定差异。S1在大量淘汰系内不良个体的基础上，还要多着重于系间选择，选择时期应分别在苗期，4~5年生花期和果期开始进行，其他性状也要视该性状基本稳定时进行。选留数量一般每个株系挑选4~6株，每株自交20花，得10个左右果实，获子代30株以上。S2性状仍然会继续分离，选择的重点仍为系内为主，结合系间选择(S2中的姐妹系通常只选留性状突出者，有相似者一般仅保留其一)。中选者自交1~2株。S3代以后的选择，基本上与S2相同，但要注意比较系内的性状差别，着重于整齐度选择，力求获得系内株间的性状一致性。一般S3代以后性状开始逐步整齐，只要继续自交并定向选择，表型性状的整齐度会越来越高。

自交系选择是淘汰选择。要善于选择、敢于淘汰，这对于具有高大植株的油桐来讲更加重要。选留数量多固然有它的好处，但到一定程度后，庞大的数量将给试验带来很大的困难。因此，对表现不好的自交系或植株个体应及早淘汰或少留；系间差异大，要少去多留；系内差异小，要多去少留。

五、种间杂交

油桐种间杂交是选用亲缘较远的2个种进行的杂交，所以也称为“远缘杂交”。由远缘杂交产生的杂种称“远缘杂种”。在油桐属内进行远缘杂交并成功获得杂种者，目前仅光桐与皱桐间的杂交。

光桐植株较小、生长发育快、结实早、产量高、油质好、适应性及耐寒性强，但寿命短、抗枯萎病能力弱。皱桐植株高大、盛果期长、寿命长、抗枯萎病能力强。故国内从20世纪60年代初期起，为选育高产、抗病良种，先后进行种间杂交，成功地获得杂种后代。部分单位还利用F1开展回交、组织培养、物理化学引变等多项研究，取得了一定进展。以下就中国林业科学研究院亚热带林业研究所1964年及1972年2批十多个组合杂种F1的主要表现作扼要阐述。

(一)形态特征

F1的形态基本上表现了双亲的中间性状，但倾向于母本。尤以树形、分枝习性、果实形态及腺体等更为突出(表5-29)。

表 5-29　F1 与亲本的形态比较

种类		形态
光桐		中小乔木；叶心脏形全缘，腺体无柄馒头形；单性花雌雄同株或异株，子房 4~5 室；果大皮光，含子数 5 粒
皱桐		中大乔木；叶常 3~5 裂，腺体有柄杯状形；单性花雌雄异株，子房 3 室；果小皮皱有突出棱脊，含子数 3 粒
杂种	光×皱	中小乔木；叶心脏形全缘，腺体无柄盘状；单性花雌雄同株，雌性较强，常开 2 批花，子房 3~5 室；果小稍皱，棱脊隐现，含子数 1~3 粒
	皱×光	中乔木；叶心脏形全缘，腺体无柄盘状；单性花雌雄同株，雄性较强，开少量 2 次花，子房 2~4 室；果小皮皱，棱脊浅突，含子数 1~3 粒

(二) 花果性状

1. 花性

杂种 3~4 年生开始开花。用 3 年生始果的光桐与江西四季皱桐作亲本，无论正、反交，均第 3 年开花；用浙江建德皱桐和常山皱桐作母本者，至第 4 年开花。光桐作母本，表现强雌性，并明显地开 2 批花，第一批于光桐盛花期开放，第二批于皱桐盛花期开放；以皱桐作母本，表现强雄性，部分表现有少量雄花继续开放一个时期，主花期很长，从光桐的盛花期始，至皱桐的末花期止。各类杂种在同批花期之内，明显地表现雌花先熟性。杂种与亲本花期比较见表 5-30。

表 5-30　杂种及亲本的花期比较(浙江富阳)

种类 \ 日期 \ 花期			始	初	盛	末	终	开花天数 (d)
			月.日	月.日	月.日	月.日	月.日	
光桐			4. 80	4. 8 – 4. 12	4. 12 – 4. 20	4. 20 – 4. 24	4. 28	20
杂种	(光×皱)	第一批	4. 16	4. 16 – 4. 20	4. 20 – 4. 24	4. 24 – 4. 28	5. 2	16
		第二批	5. 10	5. 10 – 5. 14	5. 14 – 5. 18	5. 18 – 5. 22	5. 26	16
	(皱×光)		4. 22	4. 22 – 5. 2	5. 2 – 5. 18	5. 18 – 5. 24	5. 26	36
皱桐			5. 1	5. 1 – 5. 8	5. 8 – 5. 16	5. 16 – 5. 24	5. 28	24

2. 授粉与结实

(光×皱)杂种在 2 批花中，雌花数目较多，但不论是自由授粉或人工辅助授粉，其结实率均低；(皱×光)杂种虽雌花比例较小，但结实率相对稍高。杂种一般在花期过后有 80% 以上的雌花子房开始膨大，在授粉后的半个月内似乎座果率很高，但经 1 个月后发育成 1~2cm 大小幼果时，便开始大量落果，表现了远缘杂种的严重不育性现象。杂种的授粉方式与结实差异见表 5-31。

表 5-31 杂种授粉方式与结实率

杂种组合		自由授粉			控制或辅助授粉		
		调查花数(朵)	结实		调查花数(朵)	结实	
			数量(个)	结实率(%)		数量(个)	结实率(%)
(光×皱)	第一批	154	17	11	69	8	11.6
	第二批	110	5	4.5	147	19	12.9
(皱×光)		166	57	34.3	175	94	53.7

3. 果实性状

杂种鲜果多数性状，表现了双亲本的中间性状，但果实趋于偏小，含子数下降(表 5-32)。

表 5-32 杂种与亲本的果油性状比较

材料	果径(cm)	果高(cm)	净高(cm)	果尖(cm)	果重(g)	皮重(g)	单果子重(g)	含子数(粒)	出子率(%)	出仁率(%)	干仁含油率(%)	酸值	折射率(20℃)
光桐	5	5.8	4.8	0.7	65	47	18	4.3	27.7	50	64.67	0.62	1.5212
杂种	4.8	5.5	5.2	0.6	52	40	12	2.7	22.8	56.7	53.4	1.47	1.5139
皱桐	4.7	4.2	4.2	0	46	32	14	3	30.4	64.3	61.24	0.46	1.5184

(三)种间杂种优势及其不孕性的克服

1. 种间杂交优势表现

(1)生长优势 (光×皱)F1 无论生长高度、粗度、冠幅均超过母本。尤其表现较强的生命力，在相似的立地条件和管理水平下，母本已趋衰败而杂种仍处于旺盛生长阶段；(皱×光)F1 高、粗生长与母本相近，但小枝密度大大地超过母本，显得更加茂盛；杂种年生长期较双亲为长。

(2)综合表现父母本双方的部分优点 F1 不论是正交或反交，都明显地表现耐寒、耐旱、长寿及抗枯萎病等优点。这些综合效应对于人们进一步研究育成新品种提供了极好的机会。

2. 不孕性及其克服途径

杂种的不孕性主要表现在结实力方面，即杂种植株虽能结实，但结实力差，甚至于不结实。造成结实力差的原因，可能是由于染色体的不同源性，在减数分裂时，出现染色体的不联会及随之而产生的不规则分配，因而不能产生有生活力的配子，或配子虽有生活力，但不能进行正常受精过程，甚至受精后结合子因发育不良而中途解体。如何克服杂种不育性问题，国内有少数单位在进行研究，目前尚未取得突破。综合有关资料，可供选择的有以下途径。

(1)杂种胚的离体培养 种胚培养的目的是为了寻找一种辅助的繁殖方法，进而了解影响杂种种子发芽的物质基础；同时，试管苗经化学物质处理促使染色体质变，或许能解决杂种油桐的结实问题。中国林业科学研究院亚热带林业研究所阙国宁(1982)切取经处理

的杂种油桐完全胚，在无菌条件下，接种于 Ms 或 White 培养基中，经 7 天后，胚根开始突出，然后渐渐形成具有 1 条主根和 4 条侧根的根系，并且上部开始分化茎叶系。经 2 个月培养，能长成具有根、茎、叶的完整试管苗。

(2)杂种染色体的加倍　在二倍体杂种种子发芽的初期或苗期对正在分裂的细胞，用 0.1%~0.3% 秋水仙碱溶液处理，使体细胞染色体数加倍，获得异源四倍体(即双二倍体)。双二倍体在形成配子的减数分裂过程中，每个染色体都有相应的同源染色体可以正常进行配对联会，产生具有二重染色体组的有生命力的配子，从而提高结实率。国内一些单位在这方面做了大量研究工作，取得了部分进展，但仍未达到实用阶段，尚寄望于研究的进一步深入。

(3)回交法　杂种在自由授粉情况下结实率极低，经检验得知花粉绝大多数是不正常的。在多种培养基中培养，能发芽的仅是少数正常花粉。采取回交手段，F2 及 F3 能逐代提高结实率，使杂种不孕性得到缓和。但改善的速度比较慢，有赖于继续坚持和有效的选择。

(四)外源皱桐 DNA 导入光桐的研究

中国林业科学研究院亚热带林业研究所花锁龙等(1993)以皱桐 DNA 作供体，以光桐作受体。在光桐人工自交授粉 24~72h 之内，用小剪刀将光桐自交花的花柱齐端剪断，以微量注射器将 10μL 皱桐 DNA(含 3μg DNA)溶液注入光桐胚轴胎座位置深约 5mm 处，以期达到 DNA 片段杂交和基因重组，从子代中筛选基因转移、表达的植株，培育抗病新品种。1987—1989 年 3 年中，将皱桐 DNA 于光桐自交后不同时间导入到不同的光桐株系，共 109 个组合，导入雌花 2856 朵，获得 1058 个果实，3776 粒种子。

(1)D1 代对枯萎病的抗性测定　3 年 3 次导入的 D1 代分别于翌年进行首期接种测定，结果表明对枯萎病的抗性与受体比较无明显差异。1987 年导入的子代(D1 代)至 1991 年尚存 21 株，占 D1 代苗木总数的 8.2%，是否抗病植株，正在继续测定。

(2)D1 代对黑斑病感染情况的比较　1987 年 D1 的 21 株，其中有 8 株 1990 年开花结实，果实采收时逐果进行病斑数统计。结果有 3 株(87D1-5，87D1-53 和 87D1-113)果实平均黑斑数明显低于受体，分别为 1.00、1.07 和 1.44，而受体为 11.13~13.44。D1 代枯果率为 0，而受体为 36.0%(表 5-33)。对黑斑病抗性转移率为 10^{-2}。

(3)D1 代表型性状的变异　87D1-53 和 87D1-113 两株子代在树形、分枝角度和果柄长度等方面出现明显的供、受体中间性状(表 5-34)。

表 5-33　87D1 代 3 个单株抗黑斑病比较

类别	果实总数	枯果数	枯果率(%)	每果平均黑斑数
87D1-5	14	0	0	1.07
87D1-53	11	0	0	1
87D1-113	9	0	0	1.44
受体(4 株合计)	111	40	36.0	11.13~13.04
供体(2 株合计)	53	0	0	0

表 5-34　87D1 代与供体、受体几个性状的比较

类别	树冠形状	分枝形状	分枝角度	果梗长度(cm)
87D1－113	窄而向上、紧凑	直立向上	30°~40°	5.14
87D1－53	窄而向上、紧凑	直立向上	30°~50°	4.38
受体	宽而平展、稀疏	开展斜伸	50°~70°	9.69
供体	窄而向上、稀疏	直立向上	30°~50°	5.65

表 5-33 表明：D1 代果梗粗壮，明显偏短，斜伸或直立不下垂，近似供体，而受体则长而柔软下垂。D1 代分枝角度小、分枝直立向上，树冠和枝叶就显得窄而紧凑，明显偏向供体，而受体则由于分枝角度大，枝条开心形而近于平展，树冠就显得宽大，枝叶稀疏；子代的这些性状特征表明了供体遗传性状的转移。

提取高纯度大分子量植物的 DNA 是一件十分细致的工作。不同植物由于分子结构及理化性质不同，分离方法也不一样。就是同一类或同一种植物的取材部位不同，抽提的方法也有很大差别。如皱桐整个种子抽提 DNA，因内含许多油脂、淀粉、糖类等物质，而这些大分子往往很难与 DNA 分开，给纯化 DNA 带来许多困难。为此，采取弃胚乳而取子叶措施。因子叶中仍含有少量油脂，提取 DNA 前就必须对子叶进行预处理。先用有机溶剂乙醇和丙酮把油脂类物质去除，对顺利分离纯化 DNA 是很重要的步骤。在抽提液中加一些二价离子 EDTA(整合剂)，可以有效抑制脱氧核糖核酸的作用。

导入的子代对枯萎病抗性的早期鉴定是一个亟待解决的关键问题。常规的苗期根部接种测定方法很难从大量的苗木中鉴别出少数由于抗性基因转移而表现抗病的子代。苗期接种发病率通常为 20%~50%，尚有 50%~80% 的所谓抗病苗木需要在成熟期加以甄别。这对多年生林木就需要很长一段时间才能达到目的。经过成熟时期多次人工接种保留下来的抗病植株，还需在 D2、D3 代得到表达才能充分肯定。

油桐黑斑病虽不是毁灭性病害，但它感染枝、叶和果实。尤其是引起大量落果和枯果，严重影响产量，是一种普遍而又严重的病害。供体皱桐不感染，D1 代感病很轻。说明皱桐抗黑斑病的性状转移。

关于树形、分枝角度和果柄长度的变异，在不同品种、类型间存在着程度不同的差异，但同 1 个无性系或同 l 单株的子代不可能出现这么明显的差异。无性系具有保持接穗性状的特点，因此子代中出现供体性状的变异，只能是通过外源 DNA 导入引起的遗传物质转移并表达的结果。这些性状变异能否遗传下去，有待于 D2、D3 代的试验结果来证明。

第五节　油桐育种程序

油桐是多年生经济林树种，世代周期较长，因而从不同原始材料开始选育，到新品种育成和生产利用推广，需要 12~20 年。育种过程进展之速度，取决于建立科学的育种程序和相应的育种策略、技术路线、研究方法。育种程序的制定必须建立在对油桐生物学特性、遗传变异规律以及性状发育与环境关系的深刻理解上，才能加速育种过程，提高育种效率。

油桐育种程序，从选择、小试至示范(中试)推广，大体经过3个阶段，每个阶段依其取用之育种材料、繁殖方式、选择方法不同，采取的技术路线和研究方法也不完全一样。因此，任何一个育种程序都不是一成不变的，随着生物科学技术的不断发展，程序有赖于实践中不断完善。根据油桐现有研究水平，兹提出油桐多世代育种程序如下，供实践应用。

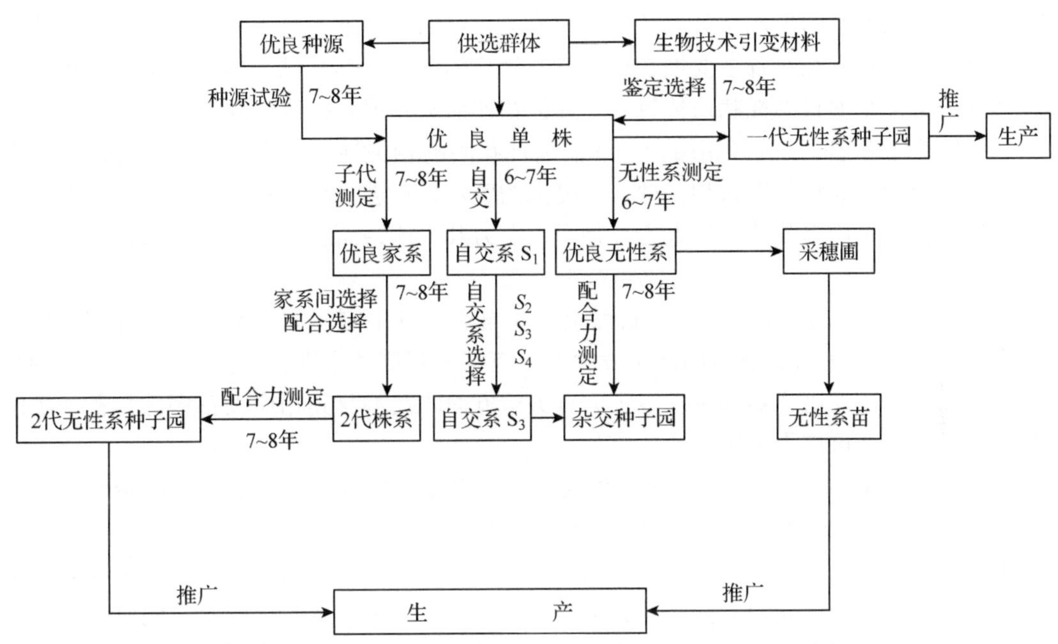

一、油桐育种程序

该油桐育种程序的特点是以选择的优良基因型单株(优树)为起点，围绕优树的各类交配系统，实施种源、家系、无性系、自交系及杂交种选育的多途径育种策略；本着充分利用基因加性效应与非加性效应的原理，实行以杂种优势利用为主，优良杂交种、家系、无性系利用相结合的多世代综合育种体系。

油桐育种之供选群体，从广义上说可以包括天然林、生产林分、基因库、各类试验林以及一切人工创造的育种原始材料。但从育种效果看，需要的主要是目的性状的优良基因型供体，而不是种群中的所有种质材料。综观我国油桐近代育种实践，取得育种成就的单位，多是在广泛种质资源调查整理的基础上，沿着从优良种源中选择优良品种、类型，从优良品种、类型中选择优良家系，从优良家系中选择优良无性系的选育路线展开。在整个选育过程中，又是始终贯彻对群体优良基因型单株(优树)的重点选择，并以优树的各类交配系统为载体，进一步实施优良家系、优良无性系、优良自交系及优良杂交种的选育。

二、加速育种过程的途径

为保证良种质量，遵循一定的育种制度，本着既积极又慎重的科学态度，根据实际情况，是完全可能和允许的。按育种程序进行良种选育是完全必要的。但争取尽可能缩短育种时间，加速育种进程，也是完全可能和允许的。

(1)准确取材　育种之供选群体非常庞大，一定要依据明确的具体育种目标，选择适宜的育种材料。取之不当，则用之不灵。主攻方向不明，面面俱到，常会导致事倍功半以至于偏离目标的后果。当然，在任何不具备目的性状的贫乏资源中取材，也不可能达到既定的育种效果。因此，丰富的种质资源基础与准确的育种取材，是实现育种目标，缩短选育周期的决定性因素。

(2)掌握目的性状的遗传规律　性状的选择效果，取决于该性状的遗传力及其性状发育条件。在性状的基因组成及其遗传规律还不甚了解的情况下，是不可能实现有效的选择的。良种选育是建立在对各主要性状遗传变异规律的深刻了解基础上的。一个具体育种目标的实现，必须掌握目的性状遗传特性，才能快速而成功地获得改良效果。

(3)直接选择与间接选择相结合　油桐诸性状间的相关性研究已有一定基础，可以根据亲、子代及幼、成年的性状相关性，对庞大的鉴定材料进行早期选择，大量淘汰不良个体。早期选择不仅可以节约大量人力、物力、财力及土地，而且可以提前决选，缩短选育周期。

(4)自然鉴定与诱发鉴定结合　自然鉴定受自然条件限制，如突发性严重冻害、旱害常常10~12年发生1次，病害的严重发生期也有某种程度的周期性。为了缩短育种周期，应积极采取人工诱发措施实现诱发鉴定。有关这方面的技术及其相应设备多已具备，实用效果也比较可靠，可广为采用。

(5)灵活运用育种程序　育种既有客观的选育程序，也有一定的灵活运用余地。例如优树的子代测定、无性系测定与初级种子园的营建就可以结合起来，通过测定结果可为种子园疏伐改造提供依据。这类研究与利用相结合，可大大缩短利用周期。在育种各类试验上，对发现某些特别优异的变异类型、单株，也完全可以越过或与比较鉴定同时，进行少量示范推广。育种程序规定的上下环节，有许多是可以同时在相同或不同地点进行，从而缩短周期。

(6)基因工程与常规育种技术结合　我国开展油桐传统育种已经30多年，但仍然没有解决含油率低等问题，迫切需要基因工程进行油桐精准改良。谭晓风等(2010)开展油桐ACPase基因克隆及生物信息学分析，克隆获得油桐ACPase基因，其开放阅读框为1152bp，编号383个氨基酸残基，相对分子质量为40.94kDa，理论pI为5.30，属可溶性不稳定蛋白。油桐ACPase基因的表达可能与其体内磷营养的分解利用等过程有关。汪阳东等(2012)围绕油桐遗传多样性及基因工程改良，开展了中国油桐分子标记辅助育种、桐油生物合成分子机制以及油桐组织培养快繁技术体系等方面研究。利用ISSR-PCR分子标记法，12个引物共扩增出110条带，其中90条具有多态性，多态性比率达81.82%。开展桐油生物合成功能基因组学及基因工程改良研究。构建了高质量油桐种仁cDNA文库，初级文库的滴度为1×106Pfu/mL，重组率为99.7%，扩增后文库的滴度为1.2×109Pfu/mL，插入片段大小在0.5~2.5kb之间，平均约1kb。通过文库测序获得2752个ESTs，包括228个contigs和515个singlets，归并为743Unigenes(GenBank登陆号为GR217756-GR220587，G0253190-G0253199)。已知功能基因类型主要包括：种子贮藏蛋白(607，22.1%)、蛋白酶等(225，8.18%)、脂代谢相关基因(148，5.38%)、碳代谢(80，2.90%)、信号转导(激酶、钙调素等)(71，2.58%)、核糖体、蛋白翻译(66，2.40%)、膜转运体及受体(61，2.21%)、转录因子(58，2.11%)等等。从文库中筛选并进一步分离克隆得到油脂代谢新基因vffbox、vfDHN. vfOLE基因的序列全长，利用建立的Real-time

PCR 反应体系，分析发现三个基因表达规律与油桐脂肪酸油酸的含量变化趋势一致。利用口蹄疫病毒 FMDV-2A 序列耦连，成功构建了多基因载体 vfFD2-FDMV2A-vfDGAT2/pCAMBIA1301，并转化烟草获得阳性转基因植株。同时，构建了 vfDGAT2 RNAi 干涉载体的构建。为进一步掌握桐油合成分子机理以及基因工程育种奠定了技术和理论基础。

(7)其他　通过有效的营林措施，加速生长发育，促进提早开花结果，缩短幼年期时间，是行之有效的实用技术；运用多点试验，以空间争取时间，尤其对可以实施多水平试验的项目，应尽量减少逐项的纵向分立，增加横向综合设置；室外测定与室内分析测定结合，利用一切新技术、新方法、新设备，提高检测精度和选择效果；对于特优类型、单株，可随选育进程提前投入繁殖，为决选后的立即推广准备大批量繁殖材料。

总之，油桐育种程序作为必要的育种制度，也为不断改进完善提供充分可能。在育种的整个过程中，各个阶段都存在进一步提高育种效能和加速育种进程的充分余地。随着研究工作的深入和检测手段的提高，无疑会大大加速育种的进程。

第六章 油桐良种繁育

良种繁育是育种工作的继续，它是育种的重要组成部分。没有良种的繁育，良种就无法在生产上发挥规模作用。油桐良种繁育的任务是用优良母本，大量繁殖高产、优质、纯度高的种子或苗木，满足生产的需要；保持和改善良种特性，使良种的丰产、优质和适应性保持稳定。

第一节 油桐品种退化的原因及其防止

一、油桐品种退化的原因

油桐优良品种、类型的退化，是指在长期栽培过程中，因种种原因导致生活力逐渐降低，以及发生不合乎人们要求的种性变劣现象。如失去品种固有的典型性，对不良环境条件抵抗力的减退以及产量、品质下降等。在良种繁育制度不健全和栽培技术较差的情况下，无论是有性繁殖或无性繁殖均有可能发生退化现象，使品种的利用价值降低。防治品种退化也是良种繁育的主要任务之一。油桐品种的经济性状在有性后代中存在普遍退化现象的根本原因是遗传组成的改变。例如实生繁殖下由于基因的非加性效应在重组过程中发生解体，只有加性效应能稳定地传递，以致多数经济性状平均值低于中亲值。导致品种退化还有其他方面原因。如突变引起的变劣，在多世代繁殖过程逐步积累，导致种性退化；在品种繁殖中取材不当，如用徒长枝嫁接导致产生结实力下降，用老枝嫁接导致生活力下降等；用受病原感染的种子、穗条等繁殖的种苗造成品种退化的程度往往更加严重；劣质花粉的侵入，会影响良种本来基因频率和基因型频率，由劣质配子引起种性混杂会大幅度地降低良种的生活力、生产力和适应性；留种过程中自交或近交，也会引起种性退化；在种子采收、脱粒、贮藏、运输过程中的机械混杂是人为引起种性退化。缺乏完善和严格的良种繁育制度和科学的繁育技术措施，没有经常选择生活力强、产量高和品质优良的个体留种，不注意伐除劣株和进行必要的隔离措施，对无性繁殖系也不进行定期的复壮，都会引起良种的不断退化。

二、防止品种退化的方法

导致品种退化可能是一个因素，也可能是几个因素综合影响的结果。因此，除了制订

严格的良种繁育制度外，关键在于采取不断的选优，改善生存条件、品种内和品种间杂交以及其他复壮措施，以期防止品种退化或使退化的品种得以复壮。

(1)经常不断地进行选择是目前生产上最常用、最有效的提高品种种性的基本方法。它不仅能使品种保持高度的生活力、生产力，维持良种的纯度和典型性，而且还能通过选择来改善或提高原来品种的性状和特性。在留种地中不断淘汰不良的劣株，保留优良的个体就是一种有效的实用选择措施。

(2)改善生存条件，提高生活力，也是提高优良品种种性的有效措施。基本方法是通过集约的抚育管理，使良种的优良特性得以充分发育，或将某一良种栽培在新的生活条件下，使之同化新环境，提高生活力和扩大适应性。一个品种如长期同化某种不变的生活条件或因近亲授粉引起的退化时，采取异地环境种植的办法，能获得有效的复壮效果。

(3)应用品种内或品种间杂交，不仅是防止品种退化的有效手段，而且是改善品种种性的积极措施。品种内或品种间杂交应选用生长于不同环境条件下，具有优良目的性状的优良材料作亲本，应由探明具有配合力高，能产生杂交优势的亲本进行组合。通过杂交复壮，能大大提高后代生活力、生产力和适应性，是良种繁殖中品种复壮的最有效措施之一。

保持品种纯度，防止生物、机械、人为混杂，严格各环节检验以及提供优良栽培条件都是保持品种典型性和防止退化的必要措施。各地在良种繁育和种苗经营中，要有严格的管理制度，要统一计划，防止违法繁殖和自由经营种苗。

第二节 油桐良种繁育基地建设

按照一定的技术要求和科学方法建立良种繁育基地，能为生产提供必需数量的优质种子、穗条和苗木。实行严密的科学技术管理措施，是防止良种混杂、种性退化，提高品种优良度和生活力的关键。因此，在良种基地的规划设计和布局中应遵循以下原则：一是良种基地应设在该品种的中心产区或主产区内立地条件较优越的地方，保证繁育环境能满足该品种生长发育的需要，使品种的优良性状得以充分发挥；二是良种基地应设在交通方便的缓坡地带，以利于贯彻科学的营林技术措施，实现集约经营，便于管护和产品、生产资料的运输；三是良种基地的规模应能满足推广范围内，生产对种苗的需求。一般每公顷良种基地可供应 $100hm^2$ 造林面积用种，每 1 个点的规模为 $5 \sim 10hm^2$。永久性的国家良种基地还应包含基因库(含优树收集区)、测定区、繁殖区、示范区等，规划可更大一些。如部省联办的浙江金华县林场油桐良种基地，规划面积 $100hm^2$，可为南方几个省(自治区)提供新品种；四是建立良种基地应实行科学研究与生产的结合，要严格进行科学设计、科学施工、科学管理，既能满足良种生产的需要，又能满足试验、示范和进一步选种、育种的需要；五是良种基地周围要有足够宽度的隔离带，在昆虫可及的传粉距离，山区在 2000m 以内，丘陵平原在 4000 ~ 5000m 以内，不能有其他油桐品种树，防止劣质花粉传入良种基地。

一、母树林

母树林(seed production stand)是种子遗传品质经过一定改良的专门采种林分。它是林木良种繁育的重要内容之一，应用母树林种子造林一般可获10%以上遗传增益。建立的方法可由优良地方品种的优良林分或者是子代测定试验林发展而成。林分遗传品质优劣的标准，主要是根据林分中优良品种和优良植株所占的比率和纯度来评价。优良品种和优良植株占优势的林分称为优良林分。可对结实林分进行遗传品质调查、评价，从中选择优良林分建立母树林。建立母树林的技术简单、成本低、见效快，其种子遗传品质也得到了一定程度的改良。20世纪60~70年代母树林曾是繁育油桐初级良种重要形式。

(一)母树林的林地选择

母树林应尽可能设立在气候、土壤等生态条件与造林地环境接近的中心地区。为了便于经营管理和采种运输，也要求交通方便，地势平坦。立地条件要求主要是土壤肥力以及与光照条件密切相关的地形和坡向。土壤肥力的高低对母树林的种子产量和质量都有很大影响。母树林立地应选择土层深厚、肥沃、疏松，地形开阔、背风阳坡的地段。

(二)林分选择

建立母树林应选择优良林分。林分质量的好坏是决定母树林种子优劣的种质条件。林分中优良品种的数量和质量，决定了母树林生产的种子遗传品质。各主栽品种中优良母树的比例在80%以上的林分，才能选作营建母树林。母树林郁闭度的大小，也影响母树林光照条件和种子产量、质量。郁闭度大，通风透光不良，影响母树正常生长发育和种子数量与质量。盛果期的壮龄林分，即8年生以上的油桐纯林，生长和结实性状已充分显示，可以准确地进行留优去劣。母树林应选择纯林为宜，实生或无性系起源的林分均可选作母树林。混交林或萌芽更新林分，种子品质稍差，不宜选用。

(三)母树林的建立和管理

1. 调查

根据油桐造林用种的任务，确定母树林的经营面积。然后按母树林的条件要求进行踏查，选出母树林的候选林分，进而对候选林分设立标准地(标准地面积占林分2%~5%以上)，进行每木调查。母树林每木调查内容如表6-1所示。

表6-1 母树林每木调查表

树种________ 林龄________ 编号________

株号	品种类型	冠幅(cm×cm)	树高(cm)	结厚实层度(cm)	结实情况			新梢			健康状况	砍或留
					结果枝比率(%)	果实丛生率(%)	单果重(g)	条数(条)	平均粗度(cm)	平均长度(cm)		
1												
2												
3												
4												
5												
…												

母树林登记表：树种____编号____地址____省____市县____乡镇____村____(小地名)地形____坡位____坡向____坡度____土壤____品种组成____树龄____密度____林分管理情况____生长状况____调查单位____调查人____年____月____日

2. 区划与疏伐

母树林确定后，要进行规划设计，标定边界，绘制平面图，计算面积，设置作业小区、林道、防火线和花粉隔离带，作为施工的依据。根据调查对林分疏伐，是建立母树林的关键措施。疏伐是依表现型进行留优去劣，提高遗传品质，改善林分光照、通风及营养条件，促进母树正常生长发育，增加种子产量和品质。优良母树指品种优良，生长势旺盛，新梢粗壮，叶色浓绿，树冠发育匀称，具有层次结构，结实层厚，产量高，生长发育正常的健康树。

疏伐强度依优良母树的比率、林分密度而定。立地条件好、抚育管理水平高的林分，疏伐强度要大些，反之可以小一些。母树林的疏伐一般采用"均匀式"疏伐，即留优去劣，适当照顾距离的原则。但不能为了照顾母树分布均匀而将优良母树伐除。林分中如有2~3株或3~5株优良母树互相靠近，应当按"优良母树群"保留下来，以期获得更多的优质种子。几乎是纯雌花的五爪桐及座桐，要注意保持其他品种的适当比例以利授粉。第一次疏伐为伐株总数的60%~70%，过2~3年后伐去其余的30%~40%。

3. 母树林的经营管理

(1)土壤管理　母树林经过疏伐后，因林内小气候条件得到改善，因而促使杂草繁生，需要每年增加松土除草次数。冬春进行全垦1次，实施林内间种，既能保持水土、减少杂草、提高土壤肥力，又能促进母树林生长。

(2)水肥管理　集约管理有利于促进母树开花结实，提高种子产量和品质，缩小结实大小年的差异。母树林施肥可按2N: 1P: 2K的比例，每公顷施用氮120kg、磷60kg和钾120kg。母树林施肥还要用微量元素进行根外追肥。根外施肥的含量，一般氮肥不超过1%、磷肥2%、钾肥0.5%。喷施的时间以早晨或傍晚为好。

(3)病虫防治　必须比生产性桐林更加认真地做好病虫害防治工作。对油桐尺蠖、油桐刺蛾、天牛、油桐枯萎病、油桐黑斑病等主要病虫害，在母树林经营管理中都要严格防治，防止随种苗传播。

二、种子园

种子园(seed orchard)是由经过人工选择的无性系或家系组成的良种繁育林，其经营目的是为了改良种子的遗传品质，促进良种的高产稳产。种子园生产的种子遗传品质较母树林高，增产效益也大。营建油桐种子园，尤其无性系种子园具有很多优越性：无性系种子园第二年即可开花结果，良种提供的速度快；建园材料是经过人工选择改良的良种，遗传品质好，优良性状的重复力高，种子的增产效益大；利于良种生产的基地化和科学化管理。

(一)种子园的种类

1. 实生种子园(seedling seed orchard)

从优树上分别采集种子，培育成家系实生苗(或者直播)。再按一定方法排列，将各优树子代定植或直播建园。实生种子园用优树子代作材料建园，选择强度较高，遗传增益比母树林高，一般为15%左右。实生种子园的组成，都是自由授粉的半同胞子代，亲缘关系不完全清楚，只知其母，不知其父，是其缺点。但仍可依据子代的综合表现，回复评价母本。实生种子园取材容易、繁殖方便、建园成本较低，故广为采用。实生种子园的营建，通常可结合优树子代测定进行，有利缩短育种周期。

2. 无性系种子园(clonal seed orchard)

为了弥补实生种子园株间差异大的缺点，直接从优树上采剪接穗，嫁接繁殖成无性系，然后按统计要求随机排列，将各无性系定植或将穗条直接嫁接在已定植好的砧木上建成种子园。无性系种子园是目前油桐种子园中的主要形式。无性系可以完整保持优树的加性效应和非加性效应，能稳定表现母本优良遗传特性及原有品质，整齐度高、投产快、树体矮化、便于管理。使用无性系种子园生产的种子遗传增益高，一般为20%~30%。用优树无性系建园，通常也可以结合优树无性测定进行。

3. 改良种子园(improvement seed orchard)

改良种子园属高一级的种子园。选用通过优树子代测定，具有一般配合力高的选择基因型构成。在油桐改良种子园内选留的无性系，是经过1次优树表型选择和1次子代测定或无性测定后的再选择获得的。因此，其遗传改良程度更高，用它生产的种子造林，可获30%~35%的遗传增益，是当前油桐种子园中的主要形式之一。

4. 杂交种子园(cross seed orchard)

杂交种子园的目的是生产优良杂交种供应生产。建园材料是选用具有特殊配合力高的亲本组合，子代多能产生超亲杂种优势，如(五爪桐×丛生球桐)、(L13×E1)。杂交种子园是当前我国油桐良种繁育的方向和主要形式，所生产的种子一般具有增产30%~50%以上的遗传增益。

(二)种子园营建

1. 园址选择

种子园是油桐良种的繁育基地，是以生产优质种子为其经营目的的。因此，园址必须具备满足正常生长发育的环境条件和科学经营条件。

(1)位置　种子园的位置应建在品种栽培区和发展区之内。在一个省、自治区范围内，要根据本省气候和土壤状况划分为若干地区，每个地区建立相应的中心种子园，以利于种子采收、分配和调拨。同时，为了集约经营管理，种子园要适当集中连片，应尽量选择在交通方便的中心地带建园。

(2)立地条件　选择土层深厚、肥力高的土壤，以及水分、光照条件好的地段。山区建园应当选交通方便，低海拔，坡度不超过15°的缓坡地段。

(3)隔离条件　为防止不良花粉侵入，要注意隔离。种子园周围4000~5000m范围内，应无其他品种桐树。

2. 种子园的规划

在对园址进行全面调查的基础上，进行建园具体规划。规划方案应包括：建园目标、规模、位置、区划、种类、隔离、施工技术、辅助设施、预期效果、经费预算等。作为总体规划内容，要提出总体规划书、总体规划图、小区配置图，施工计划及预算说明书。根据经营目的、环境条件，在种子园内具体划分采种区、试验区、种质资源收集区、其他生产区等。全园划分成几个大区，大区下再分小区。依地形不同，平缓地带大区面积3~4hm^2，小区面积0.5~1hm^2；山区以山地沟、脊为界，大区面积5~6hm^2，小区面积按坡向、坡位及地形划分，面积0.5hm^2左右。为便于无性系或家系的配置设计和种子园科学管理，小区尽可能使用正方形、长方形或梯形的形状。大、小区之间应有3~5m的距离，

便于管理。种子园的规模与产量预测，应以用种数量和不同种子园单位面积产量为依据。油桐种子园在一般经营水平下，每公顷种子园的种子产量可供 100～150hm^2 造林用种的需要。其中实生种子园产量稍高于无性系种子园，丛生性强的小米桐种子产量又高于大米桐、座桐。

3. 无性系种子园的设置

用经过测定选择的无性系组成种子园，无性系数量 10～20 个即可。如用未经测定的无性系则需由 40～60 个无性系组成。

配置设计方案，均要求最大限度地减少自交以及提供比较广泛的遗传基础。在无性系种子园配置设计中，具体要求：同一无性系分株应保持最大的间隔距离，利于充分地自由授粉、异系交配，减少自交机会；力求均匀分布，即使经过疏伐后，仍能维持分布均匀；各小区无性系间要相应搭配，缩小今后近亲交配机会；配置设计有利于试验数据的统计分析，能估算出一般配合力参数；适应各类地形及面积大小，有较大应用范围；容易操作，利于施工、管理及测定观察。种子园无性系排列设计方案很多。具体排列可参照田间设计的有关书籍。不管采用何种配置建园，都要尽可能符合上面的要求。人们建园是基于某种理想推断进行的，即在种子园中各无性系的花期一致，相邻之间授粉可孕，有同等的自由授粉机会和结实能力，自花不孕性也一致，每株所获数量相同的有生命力种子，具有同等生长势，等等。事实上这是不可能办到的，只能做到尽可能减少差异，任何形式的排列设计都含有某种缺陷。兹引列各种排列设计形式的效应比较(表 6-2)供参考。

表 6-2　无性系排列设计各种形式的效应比较

评价项目	成行排列	棋盘式	完全随机	随机完全区组	固定排列区组	轮换区组	颠倒排列区组	不平衡不完全区组	平衡不完全区组	方向循环平衡的不完全区组	循环平衡的不完全区组	平衡格子	相邻替换	系统排列
避免自交	－	＋	＋	＋	＋	＋	－	＋	＋	＋	＋	＋	＋	＋＋
利于自由交配	－	－	＋	＋	－	－	－	＋	＋	＋＋	＋＋	＋	＋＋	－
允许系统疏伐	＋	－	－	－	＋	－	＋	－	－	－	－	－	－	＋＋
允许任何试验	－	＋	－	＋	＋	＋	＋	－	－	－		＋	－	＋
允许作无性繁殖比较	－	＋	－	＋	－	－	＋	－	＋	－	＋	＋	＋	－
便于无性系在多处作深收集	＋	＋	－	－	＋	－	－	－	－	＋	＋	－	－	＋
允许扩大	＋	＋	＋	＋	＋	＋	＋	＋	－	＋	＋	＋	－	＋
适用于任何形状的种子园	＋	＋	＋	－	－	－	－	－	－	＋	－	－	－	＋
适用于任何无性系及其分株数目	＋	－	＋	＋	＋	＋	＋	－	－	－	－	－	＋	＋
有利于预测开花时间和配合力测定	＋	＋	－	－	＋	－	－	－	－	－	－	－	－	＋
设计简单	＋	＋	＋	＋	＋	＋	＋	－	－	－	－	－	－	＋
成本较低	＋	＋	＋	＋	＋	＋	＋	＋	＋	＋	＋	＋	－	＋

注：＋＋表示非常适合；＋表示适合；－表示不适合。引自《种子园》，P36。

4. 实生种子园的设置

各地早期建立的种子园，多从优树上采集种子直播造林建园。用这类种子园生产的种子造林，有一定的增产效果。如能采用经过优树子代测定，选用优良家系营建种子园，则遗传增益更高。两种材料建园的方法基本相似。实生种子园的遗传增益大部分取决于在种子园内进行有效的选择。对于遗传力低的那些性状，只有选择最优家系才能得到较高的遗传增益；对于遗传力高的那些性状，通常在家系内选择最优单株就很有效，不必选择最优家系。但是，油桐多数性状(特别是数量性状)的遗传力值是非常含糊和不定的。因此，为慎重起见，实生种子园不仅要作家系间选择，而且还要从优良家系内进行最优良个体选择(配合选择)，才能获得更大效果。

实生种子园存在大强度选择的特点。通常先取用优树 100～200 株，单株采种、分别繁殖，结合优树子代测定建园。按田间试验要求进行随机排列，每个优树家系选 30 株以上用单株小区定植。在子代评定的基础上，进行大强度家系间疏伐和家系内再选择疏伐。为此，选留下来的家系及其家系内优良单株组成的种子园，通常仅有 30～50 个家系，比原来初建时已是经过进一步改良的材料，林地的密度也只有原来的 1/3～1/4，种子园的遗传品质及林地条件均得到很大改善，生产的种子可获得 20% 以上遗传增益。

5. 双系杂交种子的设置

随着对油桐性状遗传规律和配合力的了解，选用优良亲本，建立杂交种子园，生产具有强大杂种优势的杂交种成为可能。20 世纪 80 年代以来，油桐杂交种子园的营建已逐步扩展，使我国油桐良种繁育工作推向更高的层次。

杂交种子园的亲本选择主要依据配合力，尤其特殊配合力的大小，它将决定杂种优势强度。产量与多数经济性状密切相关，通过对产量性状的直接或间接选择，依据 F1 表现，选择优势组合，可产生极显著的增产效益。夏逍鸿等筛选的(五爪桐 × 少花球桐)组合，增产效果极明显。方嘉兴等选育出适于作杂交母本的具有纯雌丛生花果序特征的五爪桐自交系 L13、W1、W2 和适于作杂交父本的、具有中花多雌丛生花果序特征的小米桐自交系 E1、E19、D24 及福建丛生球桐自交系 P3、P4，各杂交组合 F1 均产生明显的超亲优势。选育纯合度高的具有纯雌丛生花果特性的五爪桐作杂交母本，比直接利用群体中杂合五爪桐作杂交母本更好。油桐种群内不只是浙江五爪桐具有纯雌花特性，只要多加深入寻找均能获得。座桐、叶里藏、独果球亦具纯雌花特性，只是丛生量少。选用纯雌花个体作母本，能充分获得异系交配子代，这是油桐所具备的难得优良性状，应珍视利用。

用经过配合力测定后选择的亲本建立双系杂交种子园，通常用双亲嫁接苗定植，也可以先在园内播种砧木然后嫁接。定植的母本与父本的比例为 4:1，即 4 行母本 1 行父本。全园定植密度为株行距 3m × 4m 或 4m × 4m。双系种子园是生产特定组合的杂交种，必须更加重视种子园的花粉隔离，严防外源花粉传入。用双系种子园的杂种造林，多数可获 30%～50% 增产效益。

6. 第二代种子园(改良种子园)营建

根据浙江金华油桐良种基地无性系种子园种子的应用表现，其遗传增益均大于 21.0%。夏逍鸿等选用其中的浙桐选 08 号、浙桐杂 58 号、浙桐选 5 号、浙桐选 8 号等 16 个家系参加多点子代测定，结果有 2 个家系在 4 个点上表现都好，遗传增益达 35.8% 以上；有 1 个家系在 3 个点上表现很好；有 6 个家系在 2 个点上表现好；有 2 个家系各在 1

个点上表现很好。试验结果有 11 个家系丰产性、稳产性好，主要经济性状比较稳定。营建种子园的目的是利用优树相互授粉产生改良的种子。所以，要建成多世代的优良种子园，必须首先选择基因型优良的优树；其次是它们之间要有高的一般配合力效应。种子园的子代测定表明，产量性状的大部分遗传方差属加性方差，表明通过轮回选择可能得到继续改进。遗传型与环境的交互作用并不妨碍发展具有广泛适应性的品系。

(1)第二代种子园的改良计划　制订第二代种子园改良计划应注意：①在育种群体内部保持并增加遗传变异是极为重要的。为使育种群体与生产群体不产生矛盾，必须在多世代改良的计划中，把直接生产种子的生产群体与培育具有广泛遗传基础的良种群体分隔开来。②生产群体(即生产种子园)应该始终建立在某一代的育种群体中所培育的最优遗传材料上。③育种群体必须轮回通过 1 个选择阶段，但选择的强度应低于生产性种子园。为了获得某一些需要的性状，若选择过严将对性状的变异性产生限制。因此，必须十分谨慎地选择，以免经数个世代之后，使性状的变异性限制在几个突出的遗传型之中。④要不断地注重补充新的遗传材料，防止或减少近交，使育种群体具有更大的适应性。其材料来源：从人工控制杂交与精心设计的育种计划中获得选择材料；从天然林分中进行选择；从其他地域引进经过鉴定的材料中选择；对不同地区的油桐进行特定的杂交。根据油桐育种实践，按照一定程序和途径从各育种群体中进行选择，其遗传增益和增产效益是高的，这可为第二代种子园建设提供参考数据(表 6-3)。

表 6-3　各育种群体选择的遗传增益

被选群体性质	被选群体大小	入选数	ΔG(%)
全同胞	25 个组合	1 个组合	34.0
矮、早、丰试验	3 个品种	1 个品种	34.3
优树单亲	77 个家系	3 个家系	39～46
优树单亲(多点试验)	36 个家系	1 个家系	36.2
优树单亲(多点中试)	16 个家系	2 个家系	35.8
无性系测定	80 个无性系	4 个无性系	48.0
双系制种园	4 个无性系	2 个亲本	21.0
品种家系试验	44 个	6 个品种、1 个家系	30.1 以上

在第二代选择中，最重要的是把品种选择与家系选择以及家系内个体选择结合进行，才能出现好的选择效果，产生更大的增益。具体方法是使用“独立标准法”进行选择，即要求被中选的个体，产果量(产量)性状必须显示出的优点。但产量性状往往由诸多因子构成，故亦可根据性状的相关性，从结果枝比例、每序雌花数、每序结果数等相关性状上进行间接选择。为简便起见，特定了选择程序(表 6-4)。

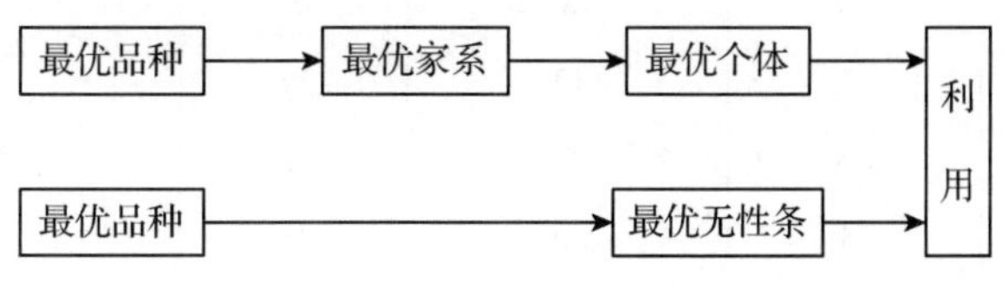

表 6-4　第二代选择程序

（2）第二代种子园营建的技术要求　①营建第二代种子园时，尽可能避免近亲交配，规划面积要稍大一点，以满足栽植距离上使有亲缘关系的个体之间有足够的间距。浙江金华县林场第二代种子园设计面积为4hm^2，形状接近于正方形。②无性系数目至少20个以上，根据配合力测定，选择最优良无性系参加建园。同一无性系分株之间的间隔距离应保持最大限度，对有亲缘关系的无性系在配置时，可视为同一无性系拉开距离。具体配置按田间试验设计要求设置。本着长期经营出发，采取5m×6m密度定植。③第二代种子园的隔离应更加严格，除选择地段隔离的距离符合要求外，种子园四周还需配置隔离带。金华林场在种子园四周建立5m宽的隔离带，配置湿地松和桉树2层树木。桉树以平地截干萌芽方式，构成密集绿篱。隔离带的两边增设皱桐作内层隔离。

（三）种子园管理

必须实行科学经营、集约管理，不断提高种子园的产量和质量，延长种子园的利用年限，发挥种子园的最大效益。目前我国桐林系统管理已形成标准化，有一整套高效的综合管理技术，作为种子园的管理，要求适当高于国家标准，要超过一般生产性丰产林的经营管理水平。

1. 土壤管理

种子园栽植密度较稀、林地裸露部分大，杂草繁生，应加强夏秋中耕除草次数，冬垦需每年进行1次。丘陵山区坡地建园，要修筑水平带，减少水土冲刷。根据浙江富阳、金华建园经验，坚持长年桐农间种，以耕代抚，是行之有效的科学措施。通过林地间种豆类、花生、油菜等油料作物，小麦、大麦、甘薯、玉米等粮食作物，胡萝卜、萝卜、蚕豆、豌豆、黄花菜、西瓜等瓜菜作物，或各类中药材及绿肥作物，可提高土地利用率，改善土壤肥力，增加经营效益，促进种子园桐林速生、丰产、优质。

2. 种子园施肥

施肥是促进油桐生长发育，提高产量和种子品质、克服大小年结实现象的必要措施。种子园造林时应施足基肥，幼年期给予一定速效肥，促进生长，提早分枝，尽快形成树冠框架。成年期生物产量多，应足量补充枝叶生长及结实的营养消耗。为保证种子园获得最大产量和最长的利用年限，兹列出种子园参考施肥量（表6-5）。种子园施肥以冬季施有机肥及花芽分化前的春夏季施速效化肥为主。

3. 及时疏伐

种子要求保持较稀的密度，使树冠充分接受光照，增加光合产物。碳水化合物水平对

表6-5　油桐种子园每年施肥量　　单位：g/株

树龄(a)	N	P_2O_5	K_2O	备注
1～2	10	8	8	农家肥25kg/株作基肥
3～5	15	12	12	
6～10	40	30	20	
11～15	45	30	25	
>20	40	30	20	

花芽分化有重要影响，只有碳水化合物与氮的比值(C/N)高时，才有利于大量开花结果。疏伐也是留优去劣的选择措施，为保持种子品质，不仅要根据测定结果对淘汰家系、无性系及时进行疏伐，而且要对选留家系、无性系中的劣株、病株及时疏伐。

4. 树体管理

种子园的植株树形要求适当矮化，便于采集果实。整形修剪是控制树体结构的重要措施。当1年生植株高生长至70~80cm时，南方暖湿地区于夏末摘去顶芽促使提早分枝，选留3~4枝形成第一轮骨干枝，并使树冠逐步向外扩展。1年生有效枝的数量是决定当年花芽分化质量和翌年结果枝比率、结实量的主要因素。树体管理的重要目标是通过修剪，清除内膛枝、细弱枝、萌芽条以及病害枝、枯梢枝等，集中养分保证选留枝粗壮、顶芽饱满。内膛枝及中下部细弱枝多不结果，即使结果也不能产生优质饱满种子，尤其丛生性强的类型、单株更是如此。

5. 强化病虫害防治

种子园提供的生产性种子，不仅要品质好、纯度高，而且不能携带检疫的病虫传染源，危害用种产区。特别是对枯萎病这类毁灭性病害，应从建园开始采取有效防范措施，在整个经营过程中，立足于以防为主。一旦发生，应采取及早连根清除烧毁，并进行土壤消毒，消灭病原。

此外，在种子园管理中，还要经常注意防止品种退化，减少自交，有效隔离，严防劣质花粉入侵，防止人为、机械混杂等各主要环节可能不断出现的新情况。保证种子园经营在严格的良种繁殖制度制约下，实现科学化管理。

种子园技术档案管理也是种子园科学化、规范化管理的重要组成部分，必须高度重视，专人管理。任何良种繁育基地，必须建立完整的技术档案以备查考。其中主要内容有良种繁育基地总体规划书，种子园区划图及规划设计书，施工方案，种子园大区、小区家系或无性系配置图及说明书，种子园建园材料及产品质量检验材料，种子园分类产量统计表，家系子代测定、无性系测定及评价资料，种子园改造技术方案，种子、接穗、苗木调拨记录及其应用后的反馈材料，种子园营林措施记载资料，种子园各类鉴定材料等。

第三节 油桐嫁接繁殖

嫁接(graft)是指将供体植物的枝或芽(接穗 scion)移接至受体植物(砧木 stock)上，二者经愈合生长，形成完整新植株的一种植物无性繁殖方法。植物的繁殖主要有有性繁殖(实生繁殖)和无性繁殖(营养繁殖)两类。无性繁殖中有嫁接、扦插、压条、组织培养以及无融合生殖等。油桐的无性繁殖，嫁接是被广为采用的有效方法，为目前生产无性系良种苗木的主要形式。

嫁接繁殖作为我国古老的植物繁殖技术，已有约2000多年历史。据史料记载，在《廿四史》中曾记叙过有关木连理的现象就有254次之多，说明当时人们已开始认识接木之自然现象，是嫁接技术发展的早期认识基础。至公元前3世纪，《周礼·考工记》有“橘淮而北为枳……此地气然也”的记载。推测那时可能已有嫁接技术。公元前1世纪《汜胜之书》记有将10株瓠苗嫁接成一蔓结大瓠的方法。但尚待考证。后魏贾思勰《齐民要术》中，对接穗及砧木选择、嫁接方法和时期等有较详细的论述。在《插梨》中有“插者弥疾。用棠、杜。杜如臂正上皆任插，杜树大者插五枝，小者或三或二，梨树微动为上时，将欲开莩为下时”。说的是嫁接可提早结果，依砧木之大小接 2~5 个接穗，芽萌动为嫁接适时。《齐民要术》中还记述：“折其美梨枝，阳中者，阴中枝则少”；“用根蒂小枝，树形可喜，五年方结子，鸠脚老枝，三年即结子而树丑”。说的是不同接穗的嫁接效果。唐朝韩鄂《四时纂要》中记述：“其实内子相类者，林檎、梨向木瓜砧上，栗子向栎砧上皆活，皆是类也”，指的是林檎、梨可用木瓜为砧木，栗可接于栎上。明朝王象晋《群芳谱》(1621)记叙了有关嫁接与培养相结合的关系。清初陈扶摇《花镜》记述“凡木之必须接换，实有至理存焉。花小者可大，瓣单者可重，色红者可紫，实小者可巨，酸苦者可甜，臭恶者可馥，是人力可以回天，唯在接换之得其传耳。”这是对嫁接可以改变砧木本来品质所作的生动描述。综上史料记载，比较可靠的推断认为，嫁接在我国农业上的应用可能始于秦汉时期。

植物嫁接技术的发展，在我国已有悠久历史，但对嫁接的系统研究与广泛应用，则是近百年之事。国内学者在整理、发掘祖国农业科学遗产上做了大量工作，对有关嫁接技术的起源、发展和传播也进行了比较深入的考证，这些都为认识嫁接技术的发展过程，提供了有价值的史料。嫁接技术在油桐繁育上的应用仅有 60 多年的实践经验。林刚(1935)在南京试以单生果类光桐作砧木，接上丛生果类光桐植株的接穗；1938 年又在广西柳州沙塘，用当地光桐作砧木，接上湖南宁乡的丛生米桐。2 次嫁接试验均获成功，对于利用生长势强的单生果类砧木，嫁接繁殖丛生性强的丰产单株，进行了有意义的试验。接着他又于 1939 年在沙塘试验以皱桐作砧木，嫁接光桐优良单株，取得油桐“异砧”嫁接成功，并认识到皱桐砧木有诱导接株乔化、增强生长势，避免光桐感染油桐枯萎病的效果。这为其后油桐嫁接技术的发展，产生积极的影响。至 20 世纪 60 年代初期，油桐砧、穗组合关系的研究正式立项开展。中国林业科学研究院亚热带林业研究所、广西壮族自治区林业科学研究所等单位，在种间、品种间、类型间的不同组合中进行了嫁接亲和力、砧穗效应及嫁接方法等各项试验，解决了油桐无性系嫁接繁殖过程中，砧木与接穗选择、嫁接方法、嫁接苗培育等系列技术，使油桐良种嫁接繁殖达到了实用阶段。目前，广西、浙江、福建、广东、江西广泛选用当地皱桐作砧木，繁殖皱桐或光桐无性系嫁接苗，也用于建立无性系种子园、采穗圃、基因库及无性系测定林。四川、贵州、云南、湖南、湖北、河南、陕西等省，也选用当地适生的大米桐、座桐、野桐等乡土砧木材料，嫁接繁殖光桐良种无性系苗木。据统计，全国已推广油桐良种嫁接苗造林 1 万 hm^2，其中皱桐无性系较实生播种增产 4 倍以上；光桐无性系增产 30% 以上。浙江、福建应用嫁接技术，对皱桐雄株及低产株进行高位嫁接换冠改造，当年形成一定树冠，翌年即可普遍结果，第 4 年单株产果量达 70~100kg，取得了快速改良效果。

一、嫁接繁殖的生物学原理

第五章论述油桐遗传变异特性时指出：在实验繁殖条件下基因重组是产生子代变异多样性的本质原因；杂合基因型即使在自交条件下，子代也会出现分离现象；只有在无性繁殖条件下，才能完整地保持基因的加性效应和非加性效应。嫁接等无性繁殖的分生株系能稳定地保持母本原来的遗传特性，同时还可以借助砧木的多种有利影响，实现某种改良。因此，嫁接繁殖已成为油桐良种繁育的主要营养繁殖方法，是广泛用于繁殖油桐优良基因型的有效手段。

(一)嫁接繁殖的效果

1. 保持接穗母本的优良特性

嫁接繁殖的株系属简单遗传，只有分生组织细胞增殖的无性有丝分裂过程，没有有性过程的减数分裂和基因重组。一个无性系内的所有植株，皆由同一母本的接芽有丝分裂构成，有与母本相同的基因组成和遗传特性。无性系植株的芽、根生长点和形成层细胞虽然在不断分裂，但新产生的子细胞之间以及子细胞与老细胞之间，体细胞与体细胞之间，其染色体数目、形状及其内容都是完全一样的，两两相似地存在。所以，母本接穗上所有的芽，具有与母本植株同样的遗传组成，通过嫁接形成的无性繁殖系，能保持母本的固有遗传特性。砧木在嫁接形成新植株后，主要起吸收水分、无机养分等功能，虽对地上部生长有一定影响，但一般不会改变其遗传组成。如在皱桐砧木上嫁接五爪桐、柿饼桐、窄冠桐，以后地上部分也分别发育成五爪桐、柿饼桐、窄冠桐的母本性状。油桐种群中有许多具备优良性状的品种、类型或单株，在自由授粉条件下，种子繁殖的子代不能稳定地保持母本的优良性状。如对年桐的早实性状；五爪桐的纯雌花丛生果性状；柿饼桐的多子性状；小扁球桐的薄皮性状；葡萄桐强丛生的性状；座桐的高结果枝比率性状；窄冠桐分枝角小的性状等，实生子代重复母本上述优良性状的比例，通常分别在10%~65%，皱桐子代性别遗传的比例是约50%雌株和50%雄株。但采取嫁接繁殖的株系，则能稳定地保持母本的各种优良性状。20世纪70年代以来，我国选育成功的桂皱27号、浙皱8号、闽皱1号、中南林37号、南百1号、黔桐1号、杂种1号、浙桐77号等大批新品种，皆用嫁接繁殖成无性系来保持良种优良特性并推广于生产。浙江、湖南、贵州、广西、福建、河南、湖北等研究单位，还采用嫁接方法保存优良种质材料，皆能获得基因型稳定保存的效果。

2. 促进早实丰产

嫁接繁殖的分生株系，是在接穗所处发育阶段基础上的延续，只要采集发育成熟的枝条作接穗，嫁接苗定植后，营养期缩短，光桐多于翌年开花结果，并迅速进入盛果期；皱桐2~3年即正常开花结果。试验表明，对中选优树进行半同胞子代测定和无性系测定时，常出现极悬殊的产量差异。取优树之枝芽繁殖嫁接苗营造的无性系桐林，较取优树种子播种营造的单亲本子代林，增产幅度提高10%以上；皱桐则能成倍乃至几倍地增产。无性系的基因型同一，桐林群体的整齐度高，母本的丰产特性得以稳定保持，而单亲本子代林个体差异大，母本的丰产特性重复率则较低。目前我国大批速生丰产桐林，多采用高产优树无性系嫁接苗营建。

3. 利用砧木效应

油桐的种及其生态型，是在一定生态环境条件下形成的，并产生对一定生态条件的特殊需要和适应能力。同一生态型的许多地方品种，是在相似的生态条件下自然、人工选择的结果，并有相似的生态习性。南缘分布区品种，具有适应高温、多湿的能力；北缘分布区品种，具有适应低温、干旱的能力。南方品种直接引种北方，或北方品种直接引种南方，常常表现对异地环境的不适应。而利用异地乡土品种作砧木，则能较好地解决对异地环境的适应，从而扩大良种栽培范围。皱桐为砧嫁接光桐，具有乔化作用；光桐为砧嫁接皱桐则有矮化作用。人们可以利用砧木对接穗生长的不同影响，来选择砧木，调节树势。油桐种群中的生长势差异很大，如桂皱9号是皱桐中的矮干类型；光桐大米桐、座桐、野桐是相对高干类型；浙江小扁球3号及对年桐则是明显矮干类型，诸如此类，可供不同需要来选用。如用对年桐或小扁球3号作中间砧，也可达到调节树势，控制树冠发育，促使树体矮化或紧凑的作用。利用砧木的抗病性差异，有广泛的实用价值。如以皱桐作砧木嫁接光桐，能有效地解决光桐的毁灭性枯萎病危害，增强树势、延长寿命，在南方油桐枯萎病多发区应用已取得普遍成功。

4. 其他

近年皱桐产区在改造雄株、低产株和衰老树上，用良种接穗实施大树高位嫁接换冠办法，取得快速增产的效果。浙江温州地区用浙皱7号、浙皱8号、浙皱9号良种接穗，改造壮龄皱桐雄株，于早春在首轮分枝上，每主枝干上高位切接2~3穗，利用砧木庞大根系，当年接穗生长1.5~2.0m，粗1.2~2.1cm，并分枝形成基本树冠，翌年平均株产果17.54kg，其后随树冠扩大产量逐增。部分科研单位还选用生长一致的成年人工林，通过高位换冠嫁接不同品种、单株等试验材料，实施试验测定项目，取得缩短选育周期的效果。也普遍用于保存从杂种中分离的优良个体，或自然、人工突变等少量珍稀材料。

综上说明，植物嫁接的效果明显，可为实现诸多繁育目的服务。但也应认识到嫁接亦存在某种不利的方面，如嫁接苗较实生苗造林寿命短，在一般营林水平下，容易出现早衰；需要寻找合适的砧、穗组合才能发挥有利作用；要求熟练技术，育苗、造林成本也相应较高，繁殖系数相对较低，需要营建专用采穗圃等。这些都要从改变经营方式，相应提高综合经营技术来解决。

（二）嫁接亲和性

所谓嫁接亲和性（graft compatibility）是指砧木和接穗通过嫁接能够愈合并正常生长发育的能力。它是表示嫁接能否成活以及成活之后是否相互适应的生物学内在相容程度。嫁接成活的难易，取决于砧、穗之间亲和性的强弱。在任何条件下，不论采用任何嫁接方法，要求砧、穗之间具备一定程度的亲和性才能成活。成活只表明砧、穗组织能愈合，可开始生长。而成活后又能长期相互适应，很好地生长发育、开花结果，才算亲和。凡不能愈合成活或虽成活而不能正常生长发育者，皆属不亲和。

1. 不亲和的表现

不亲和现象除不能愈合成活外，早期还表现为勉强愈合，愈合组织连接不良；接芽不萌发或萌发率低；接芽生长缓慢，接株叶变色或早期落叶，枝条枯萎；上下生长不协调，接合部肿大等现象。后期不亲和为随树龄增长，生长阻碍加剧，症状加重以至于死亡，主要表现为接合部愈合脆弱，容易造成风折；木质部和韧皮部连接不良，影响水分、养分正常的输送及分布，导致根系及茎叶系生长发育不良；叶片变小、变色，早期落叶；枝条枯萎，花果发育不正常，未老先衰，呈现生理性病害，大量枯枝或整株枯死。在浙江富阳以皱桐作砧木嫁接浙江五爪桐及泸溪葡萄桐，5~6年生时开始发生枯枝及部分植株死亡。其中泸溪葡萄桐更为严重，至10年生时已大部分枯死，表现严重的不亲和现象。但在福建霞浦，用当地皱桐嫁接泸溪葡萄桐及浙江五爪桐，则表现较好的亲和性。这说明不同砧木对不同接穗存在着较大亲和性差异，需要进一步深入研究、发掘，以期获得彼此更为适应的砧、穗组合。

2. 影响嫁接亲和的主要因子

（1）亲缘关系　植物嫁接亲和性的强弱，与砧、穗之间亲缘关系的远近密切相关。一

般地说，亲缘关系愈近，嫁接的亲和性愈强，反之则弱。种群内部品种、类型间相互嫁接，砧、穗之间差异小、相容性大、愈合好、亲和性强；油桐种间嫁接多能亲和，但不如种内嫁接；属间嫁接亲和的可能性很少，科间嫁接亲和的可能性极少，但也不是绝对不可能。草本植物不同科之间的嫁接有过成功的报道；木本植物在森林环境下的自然接木也屡见不鲜，只是彼此连接可能不甚密切，是深入研究嫁接机制的极好天然材料。

(2)结构性差异　砧、穗之间木质部、韧皮部的组织结构，导管、筛管的大小及数量、形成层及薄壁组织的形质差异等，都是影响嫁接愈合和其后水分、养分吸收、同化物质正常运转的关键因素。凡砧、穗组织的结构性相像度大者，相容性也大，组织间的连接密切、愈合好、物质交换顺利，亲和性强。反之，嫁接不易成活或成活后不能正常生长发育。接合部双方接合面细胞壁木质素(lignin)含量和排列，是表明细胞壁木质化程度或愈合牢固程度的重要标志。愈合过程中木质素合成发生障碍，将导致细胞壁木质程度差，愈合部脆弱。木质分子的不正常排列，特别是接合部不是交织地组合，而是沿水平弯曲，就会降低接合部机械强度。

(3)生理生化差异　砧、穗之间生理、生化反应的差异愈小，嫁接愈亲和。它反应在物质吸收、合成转化、代谢过程中的生理、生化反应强度以及各类酶活性的相似程度。砧、穗之间细胞渗透压差异，也有可能妨碍正常生理活动障碍。接穗的合成物质要求砧木具备相应的转化酶，当缺乏某种酶或酶的活性弱时；就不能发生正常生化反应，导致不亲和。

(4)病毒的影响　病毒在嫁接过程中的传染，对部分木本树种曾产生毁灭性危害，如柑橘衰退病。许多嫁接不亲和现象也是由病毒引起的。砧、穗的一方带有某种病毒，就有可能使另一方感染，导致对该病毒敏感的另一方造成严重危害。病毒是潜伏性、渗透性病害，它可以入侵营养组织细胞中，不断增殖危害，破坏组织并造成局部坏死，甚至整株死亡。病毒感染危害，通常是以特定砧、穗组合为条件的。如柑橘衰退病在以酸橙为砧时才危害严重，表明是酸橙对病毒敏感所致。温州蜜柑接穗多带病毒，但嫁接在枳上仍能生长正常，这是由于枳对病毒具有抗性的原因。

影响植物嫁接亲和的因素，包含植物遗传学、生理生物化学、植物组织学以及环境条件影响等复杂原因，国内外学者在这方面做过大量研究，积累了许多宝贵经验。油桐嫁接研究的起步相对较晚，在借鉴果树研究成果的同时，今后重点应放在研究新型优良砧木上，以期大幅度提高油桐嫁接繁殖的效果。

(三)嫁接愈合过程

嫁接愈合过程也是植物再生能力的表现过程。具有嫁接亲和性的砧、穗间，首先在创伤面上形成接触膜，使之产生愈伤组织，最后经组织分化及输导组织的连接，遂成完整植株。

1. 接触膜形成

砧、穗切削面的坏死细胞形成接触膜，覆盖砧木及接穗的伤口。接触膜既有保护作用，又有妨碍作用。当切削面不平整、坏死细胞太多、疏松的接触膜太厚，就会构成过分隔离，导致砧、穗接合不良，使嫁接愈合困难，甚至不能愈合。这多是由于嫁接技术造成的，并非不亲和所致。

2. 愈伤组织形成

在接触膜内方未受伤的薄壁细胞和维管组织中的薄壁细胞，恢复分生机能，并出现细胞核趋伤现象，且愈靠近创伤面愈活跃。细胞分裂的不断增生，突破接触膜，形成愈伤组织。形成层是愈伤组织产生最多的部位，砧、穗之间形成层最大面积的紧密接合，在嫁接愈合过程中起重要作用。尤其木本植物愈伤组织的形成，形成层及射线组织更为重要。油桐嫁接成活后，砧、穗之间的愈伤组织如图 6-1 所示。

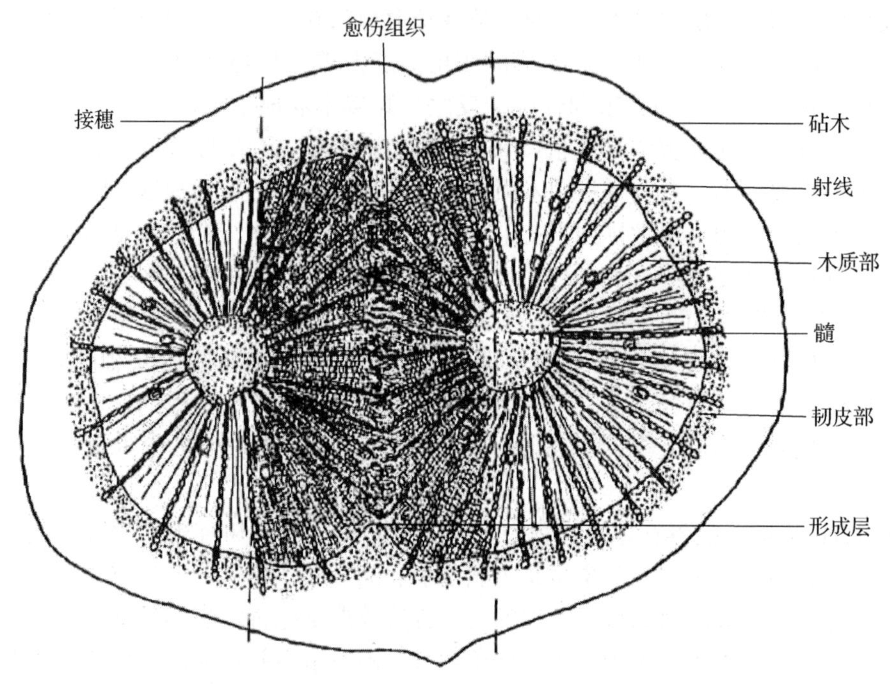

图 6-1 嫁接口愈合横切面

油桐嫁接成活后，在砧木与接穗之间形成愈伤组织，二者之间的形成层是密切接触的

3. 组织分化与沟通

愈伤组织的薄壁细胞将砧、穗初步地接连，但还不是嫁接成活，尚有待组织分化使砧、穗维管束等的沟通。嫁接后 7～10 天，愈伤组织分化出联络形成层将砧木和接穗的形成层连接沟通；被切断的导管、筛管和管胞产生某种物质，促使残存形成层活动或某些薄壁细胞分化出管胞，进而形成中间导管，将上、下导管连接沟通；筛管的连接也大致相同，先是由伤口上部筛管形成中间筛管，然后接通上、下筛管。愈伤组织也能形成筛管，与上、下筛管连接沟通。在形成层、导管、筛管的连接沟通的同时，愈伤形成层向内形成愈伤木质部，向外形成愈伤韧皮部，这时砧、穗才真正愈合。至此，砧木吸收的水分、养分通过愈伤组织及其通道输向接穗，为接穗发芽生长提供可能。伴随穗芽的不断生长，形成茎叶系，将光合作用的同化产物，通过愈伤组织及相应通道输向砧木，供应根系生长，形成某种共生的完整新植株。

二、砧木与接穗的相互影响及其选择

砧、穗组合是 2 个基因型各不相同的砧木与接穗，通过嫁接愈合形成共生的统一植

株。这个统一体，只有彼此相互协调、相容，才可能在生长、结实、品质或抗性上体现出优化组合。为此，必须了解砧、穗之间相互影响的机制，才能指导有效的选择。

(一)砧木对接穗的影响

利用砧木的优良性状，如乡土适应性、耐寒性、耐旱性、抗病虫能力等，有可能扩大接穗生长适应范围，调节接穗的生长速率、结实状况或果实品质。

(1)对生长的影响　砧木对生长势的影响是明显的，皱桐嫁接光桐的乔化作用，光桐嫁接皱桐的矮化作用，这种影响在不同土壤立地、生态条件下进行多组合试验，虽有程度上不同，但其影响方向和顺序则不会改度。其影响的程度，往往是立地条件好的比差的更为明显。砧木对接株生长的影响主要表现在总生物产量、生长速率、冠形及寿命的差异上。

(2)对结实的影响　砧木对结实性状的影响曾有不同看法，现在看来其影响仍然是广泛的和复杂的。砧木对地上部茎叶系的生理生化影响，如营养物质的吸收与代谢状况，养分输导功能，酶、激素及其他生理活性物质与代谢产物的影响等，都必然会反映到果实产量、品质方面。缩短营养期与提早开花结实，除接穗具备的潜能外，砧、穗结合本身就具有刺激提早结果的作用。相同的接穗在不同砧木上所表现出的结实迟早、果实大小、成熟期、产量及品质会有一定差异。

(3)对适应性和抗逆性的影响　不同生态型、野生、半野生类型以及乡土品种，都是长期自然、人工选择结果形成的，因而具有一定的生态要求和对乡土条件的特殊适应能力。野生、半野生类型通常对某些病虫害及不利环境有比较强的抗性，利用这些具有某种特性的砧木的有利影响，来达到扩大适应性和抗逆性的目的是毋庸置疑的。光桐砧木嫁接皱桐可增强耐寒，用福建皱桐嫁接泸溪葡萄桐则可适应福建高温、多湿气候，并使黑斑病的感染率也大大减少。

(4)中间砧的影响　中间砧对上及对下均有一定影响，特别在调节树势上有明显作用。皱桐本砧嫁接组合中，加上光桐作中间砧有一定矮化作用。中间砧对根系生长的影响通常比对茎叶系生长的影响为大；对营养生长的影响又比对果实产量、品质的影响大。此外，中间砧在克服嫁接不亲和，提高抗性上也有积极作用。但从总体上说，中间砧的影响不论在质或量上均不如砧木的影响大，尤其对生长的影响。

综上所述，砧木在嫁接中对接穗生长发育有多方面影响。研究利用各类砧木，尤其是发掘近缘种及野生、半野生特殊砧木类型，是建立优化砧、穗组合，解决目前油桐砧木利用过于局限，提高嫁接繁殖效果的迫切任务。

(二)接穗对砧木的影响

砧、穗之间的影响是双向的。当嫁接植株由砧、穗结合而成统一的整体时，其后一切生命活动的内容和形式都是通过相互作用来体现的，而不是砧木、接穗或中间砧某一单独作用的结果。当然在结合体的诸多性状表现中，确实也存在其影响范围和程度上的差异。在油桐的嫁接中，决定接株生长速率和生长势强弱的主要方面是接穗本身，其次才是砧木的影响。皱桐与光桐互为砧、穗，接株不论树高、茎粗、冠幅、分枝轮数、新梢量等生长性状，总是更倾向接穗。接穗对根系的分支情况、分布范围及细根的数量有一定影响，即生长势强的品种接穗对根系生长有增强作用，反之则有削弱作用。接穗对砧木影响的程度，常受砧木茎的有无所制约。当接穗直接在砧木根上嫁接时其影响程度较大，而接在砧木茎上时影响程度则小。芽苗砧嫁接比大砧茎嫁接，受接穗之影响也大些。接穗影响主要表现在对实生砧木的影响上，营养繁殖的无性系砧木，根系的形态等通常受接穗的影响不明显。此外，有人认为根系淀粉、碳水化合物，总氮的含量及酶的活性会受接穗的影响。

（三）砧木与接穗的选择

1. 砧木的选择

砧木是固着和承受接株的基础，它不仅直接关系嫁接是否愈合，而且影响接株其后的生长发育，关系树势、发枝力、果实大小与品质、产量多少、寿命长短以及适应能力等各个方面。选择优良的砧木是构成优化砧、穗组合的重要环节。

（1）必须具备与接穗的良好亲和性　由于砧、穗之间的亲和性取决于彼此内在的组织结构，生理、生化机能和遗传特性的差异程度，故必须选择彼此能够相互适应的砧木，探求确立相容性好的匹配组合。

（2）砧、穗相互影响的有利效应要大　砧、穗组合存在相互影响的效应，其中有不利影响，也有有利影响，选择的目的在于获得最大的有利综合效应，尽可能把不利影响降低至最小，以期提高嫁接繁殖效果。优良砧木应具备对接穗生长发育、果实产量与品质有良好的调节作用。

（3）砧木应具备适应风土条件的能力　适应栽培区土壤、气候及特殊环境条件，是接株可能正常生长的基本条件。试验用广西、浙江、福建皱桐砧木，分别嫁接浙皱 7 号、浙皱 8 号及闽皱 1 号，结果在福建点表现出福建砧木优于浙江砧木，又优于广西砧木；在浙江点则表现浙江砧木优于福建砧木，又优于广西砧木。两点之共同趋势是以当地砧木为好，邻近砧木次之，远地砧木较差。

（4）具有某一方面的特殊抗性　要求砧木在病虫害免疫力、耐寒、耐旱、耐瘠薄、抗高温多湿、抗盐、乔化或矮化等方面，具备其中某 1 ~ 2 个突出优良特性，来满足不同栽培条件下的某些特殊要求。如云南种源的耐湿性、福建种源抗湿热、北缘种源耐寒，丛生性强的品种矮化倾向强等。要根据不同的栽培目的去进行相应选择。

（5）其他　砧木的来源应比较丰富，扩大繁殖也容易，根系发达，再生力强，砧芽萌发力弱，单宁含量低，适合多种嫁接。

2. 接穗的选择

从嫁穗母树上采集枝条、芽作接穗，期望嫁接之后形成亲和的接株，具备良好的树冠形态、生长发育正常、高产优质及寿命长。因此严格选用优良接穗是嫁接繁殖的成功前提。

（1）具有选择的优良性状　接株的经济性状表现，主要取决于接穗固有的遗传特性。人们不可能设想基因型低劣的接穗，经过嫁接后会出现优良的基因表达。嫁接繁殖的前提是接穗必须具备选择的优良性状，以期通过无性繁殖最大限度地保持接穗原有的遗传特性。要取用经过正规育种程序选育鉴定的优良单株、无性系或杂交种作采穗母树。

（2）品种纯度高、无检疫对象　接穗品种必须纯正，是保证嫁接苗整齐度、优良度的基础。要依据良种繁育制度，建立采穗圃和繁育基地，保证良种纯度。接穗携带传染源是病虫害传播的重要途径，为严防接穗组织带菌、潜伏越冬虫害及病毒感染，除平时注意病虫防治之外，采集的穗条还要严格检疫、杜绝传染源。

（3）生长强健、枝芽充实饱满　采穗母树应是生长强壮、性状充分表现的成年植株。幼龄植株及萌芽条多不充实，髓部大，嫁接成活率低，结果时间延迟。衰老树的枝条及内膛枝生活力弱，也不宜采用。要剪取树冠中、上部外围枝条，这种枝条生长充实，芽体饱满，有效芽也多。春接常用的1年生枝条，中部的腋芽饱满，嫁接成活率高；枝条顶部的芽常太嫩，基部的芽较少或多是分化不良的不饱满盲芽，嫁接后成活率低或不能成活。

三、砧木及采穗树的培育

在油桐嫁接繁殖方法中，一类是建立苗圃培育砧木，经嫁接后以嫁接苗上山植树造林；另一类是利用林地直播造林的当年生或1年生实生苗进行林地嫁接换种。前者集中育苗、管理，便于大量生产嫁接苗，是目前生产上多数采用的方法。但因起苗常造成伤根，造林后需经恢复过程，造林成本也大。林地嫁接多受自然影响，嫁接成活率稍低，管理也不方便。但嫁接后不经移植，对苗木早期生长有利。权衡利害，生产上仍应以圃地集中培育嫁接苗为好。为提高嫁接育苗质量，必须对砧木及采穗树进行规范化培育。

（一）砧苗培育

1. 苗圃地建立

为培育优质嫁接苗，要求苗圃地具备适宜苗木生长的环境条件和施行集约的农业技术措施。苗圃地应选择在苗木调拨区的中心地带，尽量缩短育苗地与造林地的距离。圃地的土质要疏松，肥力高而一致，pH值5~6，地形较平坦，靠近水源，有灌溉条件，交通方便，利于常年管理。南方红黄壤土质黏重、肥力低、土壤适居病虫种类较多，要求整地改土更为严格。苗圃地土壤改良的主要环节是深耕及施足基肥，不论是熟地或新垦圃地，首先应于冬季进行20~30cm深耕翻土，促进土壤熟化，加深耕作层。深翻必须结合施足有机基肥，用量饼肥4000kg/hm^2、磷肥（P_2O_5）150kg/hm^2、钾肥（K_2O）100kg/hm^2。早春整地时对过于黏重的土壤尚需掺沙改良，清除杂草、树根，然后耙整、碎土筑床。苗床宽度1.2m，床高15~20cm；两床间沟道宽30~40cm。苗圃排灌系统必须总体规划，要连接沟道妥善设置，利于旱季灌溉及雨季排水。南方采用高床，北方宜采用平床或低床。

2. 种子处理

育砧采果要求果形大小均匀，充分成熟。采集的桐果经筛选后集中堆放，待果皮软化后剥取种子（忌用脱壳机等机械脱粒）。剥取的种子经再度筛选，剔除小粒不饱满种子后用湿沙保存。大量种子要室内库藏，用3倍于种子重量的河沙层积贮存，层积堆放高度不超过50cm。稍加覆盖，注意适当通风，保持湿润，每15~20天抄翻1次，适量洒水，无浸出水为度。播种前筛出种子，然后用清水浸泡12~24h，使其充分吸水。浸泡时可将上浮的不饱满种子清除，再行种子消毒。

3. 种子消毒

种子消毒是预防病害传染的重要措施。常用的方法有以下几种：用40%福尔马林原液加水稀释成0.15%含量溶液浸种约20min取出，用塑料薄膜闷盖2h后，以清水冲洗残药，稍晾干即可播种；用0.5%~1.0%硫酸铜溶液，浸种4~6h，取出用清水冲洗残药，稍晾干后即可播种；用0.5%高锰酸钾溶液浸种2h取出，用塑料薄膜闷盖0.5h后，以清水冲洗残药，稍晾干即可播种；以种子量的0.2%敌克松粉剂，先与10~15倍细土拌匀制成药土，然后以药土拌种即可播种。以药剂进行种子消毒，适于冬播或早春播种。催芽的种子，特别是“露白”种子，不宜用福尔马林、高锰酸钾进行种子消毒，以免产生药害，降低出芽率。高含量硫酸铜、赛力散、甲醛或各种化学除草剂溶液浸泡种子，常会造成药害。

4. 播种时期

油桐种子育砧播种以春播为多，亦可冬播。冬季气候寒冷，有严重冻土、干冷或土壤黏重地区不宜冬播。油桐种皮坚厚并有生理休眠期，冬播种子翌春萌发早、出土整齐、生长快，根系垂直分布深，适于南方，但易遭鼠害。春播增加种子贮藏过程，适用于北缘分布区育苗，待土壤解冻之后播种为宜。南方春播在2~3月份，北方在4月上中旬。

5. 播种量及方法

播种量应根据苗木生长的适宜密度决定。油桐生长快，要求适当稀播，保持必要的营养面积和光照空间。密度太大，苗木纤细，不符合当年嫁接要求。密度太小，育苗量少、杂草丛生、消耗肥料、圃地利用率低、成本也高。当年播种、当年嫁接、当年出圃的“三当”育苗，播种密度可稍大。当年播种、翌春嫁接、冬春出圃的2年育苗，播种密度宜稀。油桐常采用点播，点距20~30cm，每点位播饱满种子1粒，覆土深度3~4cm。为缓解南方土壤板结及北方保墒需要，有条件地区应增加覆盖物，保持水分、抑制杂草、提高发芽率和发芽的整齐度。苗圃播种量，以300粒/kg计，发芽率正常者，播种量300kg/hm^2，将来产苗量控制在8万~10万株/hm^2。为确保全苗，需育预备苗供补苗需要。预备苗常设于圃地中心部位的边缘，以30kg/hm^{2}种子量密植育苗。时间应控制在苗圃地出苗期基本结束时，正好是利用预备苗处于弓苗期或直苗期进行补缺。

6. 砧苗管理

育苗过程要求种子萌芽快、出土整齐、成苗率高、生长快且均匀苗壮。因此苗木管理则是重要环节。

(1)补苗　种子出土时，应视覆盖物种类决定是否揭盖。一般如采用秸秆、谷壳之类易腐烂材料作覆盖物者，可尽其自然或集于两行苗木之间，继续覆盖保苗。补苗应结合选择，淘汰生长不良的细弱株或病害株，以弓苗或直苗补植保持全苗。补苗应在齐苗之后的约10天选择阴雨天进行，亦可在晴天的早晨及傍晚进行。

(2)松土、除草　直苗后长出3~4片真叶时进行松土浅耕，结合除草，并注意尽可能少伤根。苗圃除草应掌握“除早、除小、除净和耕浅、耕匀、耕遍”的要求，提高松土、除草效果，减少作业次数。南方雨季应注意排水，不能有积水状况，梅雨季节结束前，再松土1次，深约3~4cm。

(3)施肥、抗旱　根据砧苗生长状况，于6月下旬施速效氮肥1次，常用尿素、硝酸、复合肥施用，用量150kg/hm^2，在苗木行间结合松土除草浅施。秋旱季节，高温少雨，应及时灌水，以防旱害。

砧木粗度对嫁接成活率的重要性大于高度。砧木培育过程中因密度太大，施肥不当，虽然苗高达1m以上，但粗度太小、砧苗纤细或木质化程度差，嫁接成活率必低且嫁接苗生长差。育砧要求苗木粗壮、侧根发达、粗度1.5cm以上，嫁接成活率通常可达85%~90%或更高。

(二)采穗圃建立

采穗圃是不断提供优质穗条的良种繁育圃。随着油桐优良无性系的大面积推广造林，少数优良基因型单株或小型良种群体，已不能满足大量繁殖营养系对穗条的需要。因此，

必须通过建立一定面积的采穗圃，才能长期、大量地提供良种的优质穗条。用于建立采穗圃的材料，通常是经过选择鉴定的优良基因型单株无性系。在优良培育条件下，能达到穗条产量高、组织充实、腋芽多而饱满、嫁接成活率高的目的。

油桐采穗圃的营建分原始采穗圃和普通采穗圃两类。原始采穗圃亦称原种采穗圃，是选用经过鉴定选择的原始优良基因型单株作材料，经无性繁殖建圃。营建油桐原始采穗圃，多取用原始母株的枝条嫁接繁殖成无性系苗，由省级种苗管理单位的下属良种繁育场或林业研究单位集中营建。纳入原始采穗圃的每个原种，营建的株数为20~40株或更多，其任务是保持良种纯度、防止退化、不断向普通采穗圃提供纯正的良种穗条。普通采穗圃亦称生产性采穗圃，是从原始采穗圃取穗嫁接成苗建圃。其任务是集中繁殖大量穗条，满足该地区育苗单位对穗条的需求。普通采穗圃通常设于地区良种繁育单位或地区林业研究所，面积依本地区生产嫁接苗的任务而定。成年油桐采穗母树每年可提供合格接芽800~1200芽。近年来，由于大面积推广良种无性系嫁接苗造林，有些地区因接芽不足而采取从无性系生产林分中采穗，造成不同程度的混杂现象，应当纠正。良种繁育是技术性很强的环节，况且多世代无性系繁殖也存在种性退化及复壮问题，所以要严格良种繁育制度，依法育苗、持证育苗。要绝对禁止使用不正规的穗条，保证良种纯度和苗木质量。

1. 圃地选择

采穗圃应营建在苗木繁殖区范围的中心地带，选择立地条件好、地势较平坦、向阳坡位，便于操作管理，有灌溉条件和交通方便的地段建圃。

2. 种植密度

采穗圃密度太大时，穗条纤细、有效芽少、枝条不充实，嫁接成活率低。密度太稀时虽然枝条粗壮、有效芽也多，但单位面积产穗量太少。油桐采穗圃的合适定植密度，光桐为2m×3m；皱桐为3m×3m。此外还应根据立地条件、品种冠形等适当增减。

3. 整形

油桐采穗圃的采穗树以培养成自然开心型树形为宜。光桐常养成分枝高50~60cm，4~5个长60~70cm的一级分枝，8~12个长70~80cm的二级分枝的基本树形架构；皱桐可养成分枝高70~80cm，5~6个长70~80cm的一级分枝，12~15个长80~90cm的二级分枝的基本树形架构。采穗树的基本树形架构通常在定植2年即可养成，随即投入正常培育采穗。在树形养成过程中，当年及翌年培养一、二级分枝时剪下的及疏去的枝条皆可作为秋接的接穗来利用。至于其后二级枝上选留多少枝条，当视管理水平、各无性系的发枝能力、枝条生长程度而定。一般要求产出枝条均匀，饱满芽多，穗条粗度1.5~2.0cm，每平方米树冠产出合格枝穗条8~10枝为宜。

4. 采穗圃管理

为保持长期稳定地提供大量优质穗条，采穗圃应实施集约管理，主要内容包括施肥、除草、病虫防治、整枝修剪及冬季垦复等常年作业。采穗圃在定植时需施足基肥，并于第1~2年分别追施化肥N 20g/株；$P_2O_5$15~20g/株；K_2O15~20g/株。采穗圃夏季应中耕除草2次，或结合绿肥间种效果更好。每年冬季结合施肥进行垦复、修剪，清除内膛枝及下部细弱枝、枯枝，控制枝条数量。由于大量采穗，采剪伤口将导致增加病害侵染机会，故采穗后要喷洒波尔多液等杀菌药剂，预防病害发生。对发病植株更要及时防治或清除，以免病虫随穗条传播。

5. 采穗

采剪穗条应本着可持续利用的原则，在有利于采穗树再抽梢生长的基础上，最大程度地提高采穗树利用效率。任何不合理的采剪方法，将导致采穗树早期衰败。采穗中最关键的在于，采剪时必须保留 2~3 芽使之萌发新枝。春接应于树液流动、顶芽脱苞前采剪；夏、秋嫁接在采剪前 7~8 天摘去顶芽，促使新梢充实、腋芽饱满，采时宜早晨剪取，此时枝条的含水量高。采穗时间应尽量缩短与嫁接时间的距离，减少贮藏日数。

接穗采后要及时整理、标记。不合格枝条应剔除，枝条顶端不充实部分要剪除，生长期采剪的穗条需立即去叶，仅留与腋芽相连的 1~1.5cm 小段叶柄。之后按品种每 100 枝扎成 1 捆，挂上内外标签，标明品种名称、采集地点和时间，置于阴凉处保湿等待进一步的集中贮藏或运输。为防病虫传染，对穗条要进行检疫消毒处理。

6. 贮藏和运输

春季采剪的穗条离嫁接时间尚有 20~30 天可延，宜置于空气相对湿度 80%~90%、4~12℃低温条件下贮藏。北方利用地窖、南方利用山洞，内置湿沙埋藏，也可低温室内湿沙埋藏。贮藏时间应注意保湿及适当通风，防止霉烂。夏、秋接的穗条，贮藏时间较短，要本着“降温、保湿、快运、快用”的原则进行技术处理。短期保湿可采取封蜡处理，即穗条两端切口处沾石蜡液封口，再用少量加湿消毒棉或干净湿纸保湿，外包聚乙烯薄膜即可待运。经过贮藏的春接穗条，按品种编号分别喷湿外加聚乙烯薄膜包扎，即可装箱待运。运输过程中，对经过上述保湿处理后的穗条，力求在最短时间内到达目的地，并尽快使用。如数量大，到目的地后也要注意低温保湿放置。

四、嫁接技术

(一)嫁接时期

油桐嫁接时期分春季嫁接、夏季嫁接及秋季嫁接 3 种。春季嫁接用 1 年生砧木，1 年育砧翌年嫁接，嫁接苗经 2 年成苗；夏季嫁接用当年生砧木，实行当年育砧、当年嫁接、当年出圃造林，俗称“三当嫁接育苗”；秋季嫁接亦用当年生砧木，接后不断砧，接芽愈合而不令萌发，造林时定植断砧，若苗木太小则苗圃断砧再培苗 1 年。

(1)春接　油桐春接在清明、谷雨进行，立夏之前完成。适用于枝接或“工”字形芽接，使用的是经过贮藏的接穗。在春季嫁接期内，南缘分布区可早，北缘分布区应迟；枝接可稍早、芽接应稍迟。春接适期，大致是广东、广西 3 月中下旬，福建 3 月下旬至 4 月上旬，贵州、四川、湖南、湖北、浙江 4 月中下旬，河南、陕西 4 月下旬至 5 月上中旬。

(2)夏接　油桐夏接在小满、芒种、夏至进行，立秋之前完成。适用于“工”字形等各种芽接法，使用当年生的砧木及接穗。此时温度较高、湿度较大，处于生长期的砧木及接穗皮层容易剥离，嫁接成活率高，接芽萌发、生长快。福建、浙江采取早播种育砧，加强砧木早期管理，至 6 月中下旬砧木粗度可达 1.5cm 以上，即可进行夏接。南方夏接应掌握在梅雨季节完成并促使萌发抽梢。

(3)秋接　油桐秋接在白露、秋分进行，南缘分布可迟至寒露、霜降，北缘分布区可早至立秋、处暑。适用于“工”字形及“T”字形等各种芽接法。秋接的关键是接后不断砧，不令接芽萌发以免冻害。秋接时间长，砧、穗形成层活跃，嫁接成活率也比较高。

全年可进行油桐嫁接的时间较长，但不同地区、不同方法各有其最适嫁接时期，各地

需要深入探索研究。根据方嘉兴、阮逸、蔡金标、方玉霖等在浙江富阳、温州地区及福建霞浦、漳州地区的嫁接试验，选用当地1年生或当年生皱桐砧木，以光桐或皱桐优良单株枝条作接穗进行芽接，结果各试验点的不同嫁接时间，成活率存在一定差异。1984年以去年春播皱桐苗木作砧木，用“工”字形芽接法自3月30日至10月30日止，每隔10天嫁接50株，其成活率及苗木生长情况见表6-5。

试验表明：在浙江富阳4~5月用贮藏接穗进行芽接，成活率在78%~94%以上；6月起用当年新梢芽嫁接，当月成活率最高，分别达92%~96%；7~8月为高温干旱季节，在苗圃遮阴灌溉条件下用新梢芽嫁接，亦可达到68%~86%成活率；9~10月芽接成活率84%~94%，尤其不断砧嫁接的成活率高达88%~94%，接芽不萌发，冬季无冻害；9月断砧嫁接者，冬季出现轻度冻梢。

1983~1984年在浙江温州地区进行“三当”嫁接育苗。早春播种皱桐育砧，于6~7月用当年生皱桐优树新梢芽进行“工”字形芽接。采取嫁接当时一次性断砧及分段2次断砧处理。分段断砧是嫁接时留砧桩叶3~4片行第一次断梢，待接芽萌发正常生长后，第二次在接口上方剪断砧桩。试验结果见表6-6。

表6-6　不同时期嫁接成活差异(浙江·富阳)

嫁接日期(月.日)	嫁接株数(株)	成活株数(株)	成活率(%)	当年苗生长(平均)		备注
				高度(cm)	粗度(cm)	
3.30	50	18	36	80.14	1.53	4~5月用贮藏穗条，6月起用当年新梢芽，高温干旱季节遮阴灌溉
4.10	50	39	78	84.76	1.61	
4.20	50	43	86	84.18	1.6	
4.30	50	45	90	82.95	1.58	
5.10	50	47	94	82.13	1.56	
5.20	50	40	80	81.50	1.54	
5.30	50	41	82	80.26	1.52	
6.10	50	48	96	78.77	1.49	
6.20	50	46	92	75.22	1.46	
6.30	50	48	96	72.34	1.40	
7.10	50	43	86	69.16	1.28	
7.20	50	41	82	58.29	1.12	
7.30	50	38	76	55.67	1.10	
8.10	50	35	70	43.14	0.95	
8.20	50	34	68	38.38	0.94	
8.30	50	37	74	36.33	0.78	
9.10	50	42	84	24.91	0.74	
9.20	50	44	88	21.14	0.62	
9.30	50	45	90	不断砧		
10.10	50	47	94	不断砧		
10.20	50	47	94	不断砧		
10.30	50	44	88	不断砧		

表 6-7　夏季嫁接成活差异(浙江·温州)

嫁接日期	留叶 3~4 片分段断砧			不留叶一次性断砧		
	嫁接株数(株)	成活株数(株)	成活率(%)	嫁接株数(株)	成活株数(株)	成活率(%)
6 月中旬	200	186	93.0	200	48	24.0
6 月下旬	200	183	91.5	200	67	33.5
7 月上旬	200	181	90.5	200	95	47.5
7 月中旬	200	175	87.5	200	106	53.0
7 月下旬	200	167	83.5	200	107	53.5

表 6-7 说明：利用当年生砧木及新梢芽进行“三当”嫁接育苗，6 月中旬至 7 月下旬是适宜时期，成活率 83.5%~93%；留叶分段断砧比不留叶一次性断砧，可大幅度提高嫁接成活率。

1986—1992 年在福建霞浦、漳州地区，以皱桐当年生苗作砧木，以皱桐及光桐接穗进行秋季“工”字形及“T”字形芽接。嫁接时不断砧，接芽不萌发，不同时间的平均成活率见表 6-8。表 6-8 说明：油桐秋季芽接不断砧条件下，在福建霞浦、漳州地区成活率达 87%~95%。

表 6-8　秋季芽接成活率差异(福建霞浦、漳州)

嫁接时期	播砧时间	调查株数(株)	成活株数(株)	成活率(%)	备注
9 月中旬	3 月上旬	100	87	87	前期“工”字形芽接，10 月中旬起“T”字形芽接
9 月下旬	3 月上旬	100	91	91	
10 月上旬	3 月上旬	100	94	94	
10 月中旬	3 月上旬	100	89	89	
10 月下旬	3 月上旬	100	95	95	
11 月上旬	3 月上旬	100	90	90	

陕西省林业科学研究所李龙山等(1984—1985)在安康吉河乡油桐场，用 1~2 年生大米桐实生苗作砧木，7 月中旬前用去年生枝条、8 月及 9 月用当年生枝条，以不同嫁接方法分期嫁接旬阳对年桐和安康小米桐，试验结果见表 6-9。

表 6-9　不同时期、方法与嫁接成活率的关系(陕西·安康)

嫁接时间	方块芽接			“T”字芽接			单芽腹接			劈接		
(月.日)	嫁接株数(株)	成活株数(株)	成活率(%)	嫁接株数(株)	成活株数(株)	成活率(%)	嫁接株数(株)	成活株数(株)	成活率(%)	嫁接株数(株)	成活株数(株)	成活率(%)
3.23	13	8	53.3	—	—	—	15	14	93.3	15	10	66.7
4.14	30	22	73.3	30	20	66.7	30	29	96.7	30	5	16.7
5.07	20	17	85	20	17	85	5	5	100	10	0	0

（续）

嫁接时间	方块芽接			"T"字芽接			单芽腹接			劈接		
（月．日）	嫁接株数（株）	成活株数（株）	成活率（%）	嫁接株数（株）	成活株数（株）	成活率（%）	嫁接株数（株）	成活株数（株）	成活率（%）	嫁接株数（株）	成活株数（株）	成活率（%）
5.19	30	24	80	30	22	73	30	27	90	30	0	0
6.15	20	16	80	20	15	75	15	12	80	5	0	0
6.29	10	8	80	11	8	72	10	7	70	10	0	0
7.19	20	15	75	20	13	65	11	8	72.7	5	0	0
8.16	20	14	70	15	9	60	11	9	81.8	7	3	42.8
9.13	18	12	66.7	6	3	50	9	8	88.9	5	3	60

表6-8说明：在陕西安康自然气候条件下，不同嫁接时期、方法对嫁接成活率存在明显差异；单芽腹接法3~9月份成活率都高，平均达85.93%；方块芽接和"T"字形芽接法平均成活率分别为73.30%与68.40%，劈接法平均成活率仅为20.69%；单芽腹接除6月下旬及7月份外，成活率均在80%以上，方块芽接及"T"字形芽接5~6月份成活率较高，劈接法只有3月及9月稍高。

广东省林业科学研究所清远研究站(1964)以1年生皱桐作砧木、1年生皱桐枝条作接穗，于1月6日(小寒)及1月21日(大寒)进行劈接，成活率达90%；至7月17日苗高生长分别达到76cm与120cm。这是油桐冬季嫁接成功的报道。以上说明，油桐在一年中适于嫁接的时间较长，尤其我国南部沿海地区，只要有适宜的砧木、接穗，采用适当的嫁接方法，辅以相应的保护措施，在南亚热带湿热地区几乎全年都可能进行油桐嫁接。

(二)常用的嫁接方法

油桐是容易嫁接成活的树种，多数常规嫁接方法均可施用于油桐。油桐嫁接主要有2类，一是以带芽枝条作接穗的枝接法；二是削取芽片作接穗的芽接法。可用于油桐枝接法的有切接、劈接、切腹接、皮下枝接、髓心形成层对接、靠接、高接及芽苗砧嫁接等。芽接法中有"工"字形芽接、"T"字形芽接、倒"T"字形芽接、嵌芽接等。

1. 切接

切接是油桐枝接中具有广泛的代表性的嫁接方法，常用于春季的硬枝接为主，也可用于夏季的嫩枝接。操作方法见图6-2。

(1)接穗切削　接穗长5~8cm，留有2个饱满腋芽，削成长短相背的2个斜切面。长斜面约3cm，从下芽的背面下方削出不深入髓部的长斜面。在长斜面背面削出短斜面约1cm。切削的斜面力求平整光滑，长短切面均应一刀削成。

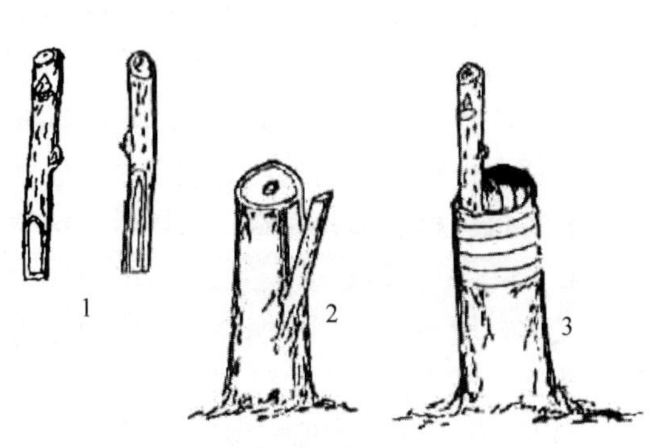

图6-2　切接法

1. 接穗　2. 砧木　3. 接合

(2)砧木切削　砧木离地6~7cm处用剪

刀切断，再用嫁接刀修平切口。在横断面沿形成层的内侧，用切接刀带部分木质部垂直切下，深度3cm，切口平滑。

(3)接合及绑扎　将削好的接穗，长斜面向内，短斜面向外，对准砧、穗的形成层，垂直插至砧木切面底部。由于砧、穗粗度不可能完全一样，接合时仅求形成层必须有一侧彼此充分吻合。然后，用塑料薄膜带绑扎，使接合面紧密固着。绑扎时应注意不能使对准后的砧、穗位移，同时亦将砧木切口一并封住。接穗上端的切口，如不另用接蜡封口时，当于绑扎时以塑料带的一端拉连封口。

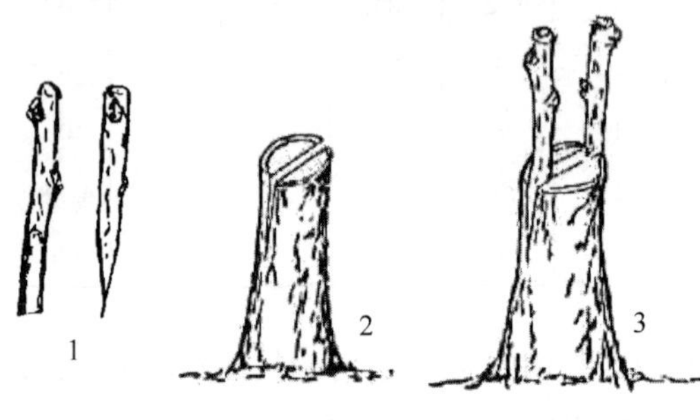

图6-3　劈接法
1. 接穗　2. 砧木　3. 接合

2. 劈接

当砧木较大时，切接难以操作，需用劈接法进行嫁接。通常大树高接换冠改造、老树更新改造、粗度3～4cm以上的大砧嫁接，多采用劈接法(图6-3)。

(1)接穗切削　接穗留芽2个，下端削成长楔形的等长正反削面，切削面平整，切面长约3cm。

(2)砧木切割　在砧木离地7～8cm处(大树嫁接换冠则在第一轮分枝的适当部位上)，锯断砧木上部，用刀削平锯口。以劈接刀在横断面的约中心部位，垂直一分为二地劈开砧木，深约3～4cm。

(3)接合及绑扎　用刀撬开切口，将接穗轻轻插入。插时接穗对准砧木一边形成层，使砧、穗形成层相互吻合。砧木稍大者，砧木的另一边再插入1个接穗。大树改造还可以在砧木横断面的中心垂直交叉劈开"十"字形切口，分别接上4个接穗。接合后，用塑料薄膜带紧密绑扎，并对砧木断面及接穗上端切口进行封口。

3. 切腹接

切腹接在浙江广泛应用，尤其在杭州、温州地区，嫁接成活率较高。操作方法见图6-4。

(1)接穗切削　接穗留芽2个，切成两面斜度稍不等的斜楔形。长面约3cm，斜度较小；短面约2.5cm，斜度稍微大些。

(2)砧木切削　在砧木离地12～15cm处断砧，用于腹切刀于7～8cm处向下偏内斜切一刀，长约3cm，斜入达木质部约1/3，使与接穗削面的角度及大小相适应。

(3)接合　用左手稍推砧桩，使切口放松，右手将削好的接穗对准形成层轻轻插入，长斜面朝内，短斜面朝外。对准后左手放开，利用砧木夹力紧紧夹住接穗。春接可以不另行绑扎，也可稍加绑扎固定。嫁接后，接穗及砧木切口封口保湿。

4."工"字形芽接

又称方块芽接。是油桐芽接中应用最为广泛的方法，春接、夏接及秋接均可采用，成活率普遍较高。操作方法见图6-5。

(1)剥芽　当砧、穗皮层能够剥离时，选取穗条用双片刀剥取芽片。双片刀的刃口长均为2cm(可用挂钟发条制作)，2刀片用木柄固定，保持1.9cm距离。取芽时用双片刀对准芽位上下横切一刀，在芽的左右宽约1cm处，撤切至木质部并将芽片轻轻挑动剥起，切

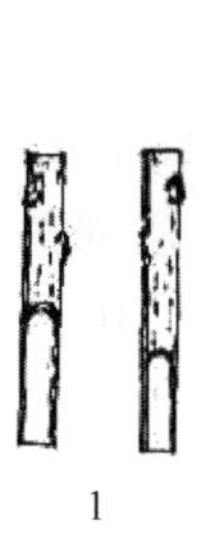
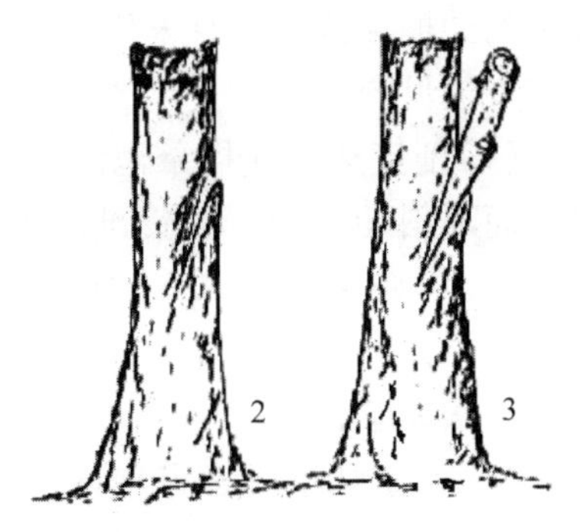

图 6-4　切腹接法

1. 接穗　2. 砧木　3. 接合

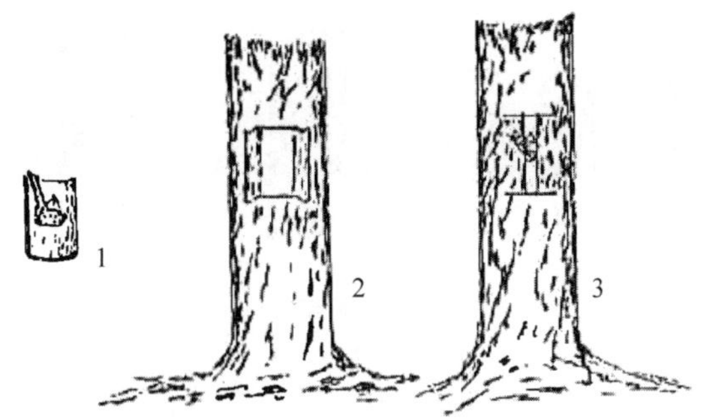

图 6-5　"工"字形芽接法

1. 接穗　2. 砧木　3. 接合

成长 1.9cm、宽 1cm 的芽片。

(2)接口开剥　在砧木离地 12～15cm 处，用剪刀断砧。选砧木东北面光滑处，离地 6～7cm，用双片刀横切 1 刀，宽度 1.2cm，深度以切断皮层稍至木质部为准。在双片刀切出的上、下横断线之间，用双片刀的 1 片居中撳切，撬起皮层，左右对开。至此，形成上下 1.9cm、左右各 0.6cm 对开的近似窗式接口，与接芽长度及宽度相适应。

(3)接合及绑扎　将剥取的方块芽片放置于切口，上下线对准，恰好安放。再将撬起的砧木皮层，左右回覆芽片之上。最后用塑料带绑扎，密切吻合，中间露出接芽。

5. "T"字形芽接

"T"字形芽接法也广泛应用，由于不必等待皮层剥离的时候，故用于春接可提早，用于秋接可延迟，使嫁接期增长。操作方法见图 6-6。

(1)削芽　选好穗条上饱满芽，用芽接刀在芽上方 1cm 处横切一刀，深达木质部 0.2cm。再于芽下方 1.5～2cm 处，自下而上稍斜纵切，渐渐深至木质部约 0.2cm。这样便削成长 2.5～3.0cm、宽约 0.6～0.8cm 稍带木质部的盾形芽片，削面平整。夏季及秋季生长期嫁接，削芽时应留叶柄长约 1cm。

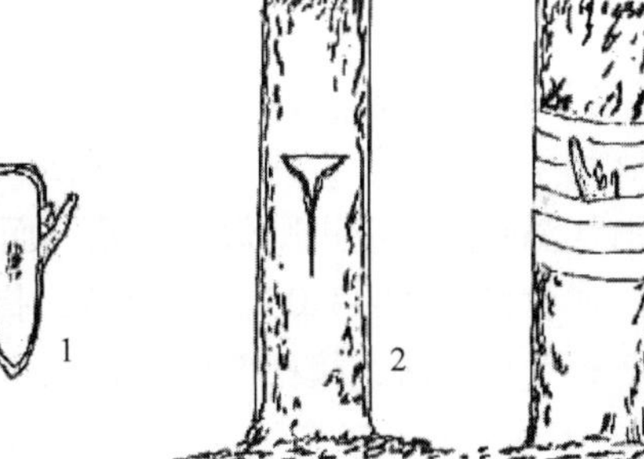

图 6-6　"T"字形芽接法

1. 接穗　2. 砧木　3. 接合

(2)接口开剥　在砧木离地 12～15cm 处用剪刀断砧。选砧木东北面光滑处，离地 7～8cm 用芽接刀开"T"字形切口，深度刚好至木质部，用角片撬开皮层，长度与宽度比接芽片稍微略大，彼此相适应。

(3)接合与绑扎　将切好的盾形接芽片，轻轻自上而下插入"T"字形切口中，插时应使砧、穗上方横切线紧密接触，砧木撬起的皮层回覆接芽片之上。最后用塑料薄膜带绑扎，露出芽及叶柄。

倒"T"字形嫁接亦多采用，所不同的是切削盾形接芽片时，横切线在芽下方，自上而下削，砧木开口的横切线也在下方，形成"丄"形。

6. 嵌芽接

用此法时，接芽所带木质部比"T"字形芽接多，也是砧、穗皮层不易剥离时选用。在

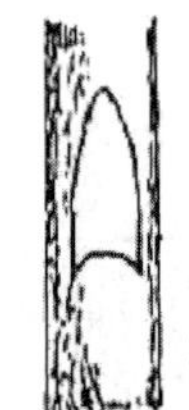

图 6-7　嵌芽接法

1. 接穗　2. 砧木　3. 接合

福建的油桐芽接中常有采用，成活率也较高。操作方法见图 6-7。

（1）削接芽　在穗条饱满芽上方 1cm 处，自上而下斜切一刀，刀锋渐渐深至木质部约 0.3cm，再在芽下方 0.6～0.8cm 处以 30°角斜切一刀，取出长约 2cm、宽 0.6～0.8cm 的芽片，状如厚盾形。

（2）砧木切削　在砧木离地 12～15cm 处断砧，于 7～8cm 处以 30°角斜切一刀。再于上方 2cm 处，自上而下斜切一刀，刀锋亦抵木质部约深 0.3cm，形成与接芽长、宽相适应的接口。

（3）接合与绑扎　将接芽轻轻插入接合部位，对准砧、穗形成层。用塑料薄膜带紧密绑扎，露出腋芽。

（三）提高嫁接成活的注意事项

为使嫁接达到预想效果，除注意砧、穗之间亲和性这一内在关键条件外，还必须重视嫁接技术、气候因子、管理保护等外在变化条件对嫁接的影响。

1. 选择适宜的嫁接方法

任何一种嫁接方法，都有其最适的应用时期和应用条件，并在不同情况下表现出各自的优点和缺点。作为一种实用嫁接技术，也总是要在实践应用中不断改进发展，逐步地完善提高。所以，要根据各地情况，灵活地应用上面介绍的 6 种油桐基本嫁接方法，在应用中力求创新提高，不能生搬硬套。例如“工”字形芽接法是各地广为应用的油桐嫁接方法，接芽的利用率高、操作方便、容易成活。但“三当”夏季嫁接育苗时，常规“工”字形嫁接方法在浙江温州地区应用则效果较差。而当在常规方法基础上采取分段断砧处理，可使成活率由一次性断砧的 44.0%～57.5%，提高到分 2 次断砧的 90% 左右。大树嫁接换冠改造，用各种芽接方法，接穗成活率皆在 40% 以下，而枝接则可达 80% 以上。

2. 温度与湿度的调节

温度与湿度条件是影响嫁接愈合的重要气候因子。油桐嫁接时的最适愈合温度是 20～30℃，日夜温差 10℃左右；最适愈合相对湿度 80% 以上。在南方 4～5 月份及 9～10 月份嫁接成活率皆高，是与当时温度及湿度有利形成层分裂及愈伤组织形成、分化有关。夏季温度高、相对湿度小，通过人为的遮阴及灌水等调节措施，降低温度、提高湿度，也可显著地改善苗圃地小气候条件，从而提高嫁接成活率。嫁接过程中伤口保湿，是决定嫁接成活的最重要调节措施。接穗本身含水量少，任何过多失水都将影响愈合。砧木切口伤流多也影响愈合，尤其高温干旱季节。实践上用接蜡封口或用塑料薄膜封口，使伤口保持水膜及防止大量失水，有利嫁接愈合。传统的固体接蜡用动植物油、黄蜡、松香按 1:2:4 比例配制。先将油加热至沸，加入黄蜡及松香搅拌溶化，冷却凝固而成。用时加热溶化。液体接蜡用松香、动物油、酒精按 16:1:18 比例配制。将松香溶于酒精，加入动物油搅拌而成。目前接蜡使用较少，改用塑料薄膜带，既可作为绑扎，又能起到保湿作用。正确地使用塑料薄膜，要求充分地将砧木及接穗的伤口密切包封。切口包封除了保湿外，尚有防止水分、微生物侵入及伤口溃烂的作用。

3. 合适的嫁接工具、材料和熟练的操作技术

嫁接常用工具有刀、剪、锯、撬子、手锤等。嫁接刀有双刀芽接刀、普通芽接刀、切接刀、劈接刀、单面平刃刀等。正确地选择和使用合适的嫁接工具，是提高嫁接成活率和工效的重要保证。嫁接材料主要是绑扎材料及圃地覆盖材料的选择和准备。在常用的塑料薄膜中，应选择弹性强、韧度高、保湿好、不易老化的那类材料。遮阴材料目前推广塑料遮阴网，在圃地搭架张网遮阴，可有效缓解烈日曝晒。高温干旱地区还应采取苗床土面覆草处理，取用各类植物秸秆及加工剩余物均可。

嫁接过程中熟练的操作技术更是成活的关键。在相同条件下因不同熟练程度的技术操作，往往会造成成活率成倍乃至数倍的差异。经验表明，嫁接中应遵循“快速、平整、对准、紧合”的操作原则。“快速”是要求在切削接穗，断砧及开接口，砧、穗接合，绑扎封口的全过程中速度要快，以期使接穗及砧木的伤口尽量缩短暴露时间，减少单宁氧化和水分损失。在切削时必是手快、刀快(锋利)，力争每个切口一刀削成。“平整”是要求砧木及接穗的切削面要平，不允许切削面有任何微小的凹凸不平或波浪形的曲面出现，砧、穗的接合面大小及宽度，力求相互适应。“对准”即要求砧、穗接合时，两者形成层最大限度地准确、密切接触。“紧合”要求绑扎时不能使砧、穗接合部松动移位，务求砧、穗紧密结合，绑扎松紧适中，太紧或太松都不好。一般用 1.5cm 宽的塑料薄膜条绑扎。“工”字形芽接及“T”字形芽接紧拉 3～4 圈、普通枝接紧拉 4～5 圈后即可打结。

4. 加强嫁接苗的管理

(1)检查与补接　油桐嫁接后约 15 天，愈合组织已形成并分化，必须及时进行检查。愈合者，接穗皮层色泽青绿色、新鲜有光泽。没有愈合者，接穗皮层皱缩，皮色暗褐色，甚至霉烂，枝接的接穗呈现干枯。夏季芽接及秋季芽接，接穗常留约 1cm 叶柄，凡嫁接愈合者，残留叶柄已形成离层，轻轻拨动即脱落，呈现新鲜的叶痕。没有愈合者，不能产生离层，叶柄与芽片一并干枯附着，拨动不易脱落。对嫁接没有愈合者，应即行补接，力求全苗。补接的部位，应在原砧木切口另一面的下方，稍降低高度断砧，剪除原切口及其以上的砧木，选适当位置重新开口嫁接。

(2)松绑与解绑　嫁接成活者接后约 20 天接芽即陆续萌发。待接芽生长至 5cm 左右，对绑扎太紧或使用弹性不好材料绑扎者应行松绑，以免影响加粗生长。生产上目前多用弹性好的塑料薄膜条进行适度绑扎，因此也可以不进行松绑措施，待嫁接苗上山定植时才解除绑扎，对嫁接苗生长未发现有太大的不利影响。油桐生长迅速，过早地一次性解除绑扎，在南方反而导致少数接芽在生长中途枯萎，而且东南沿海地区还常有大风撕裂接口、折断嫁接苗的现象发生。因此，对油桐嫁接而言，松绑与否应视采用绑扎的材料、绑扎是否适度、嫁接时期与方法、不同地区自然条件及嫁接苗生长情况而定。如确实需要，应采取先松绑，出圃时最后解绑的办法。

(3)抹砧芽及剪砧桩　抹除砧芽是嫁接后管理的关键措施。砧芽来自砧木本身，其生长势、生长速率大大优于穗芽，而且萌发数量及时间较长，在穗芽未形成绝对生长优势之前，需人工抹芽来抑制砧芽发生，尤其以皱桐砧嫁接光桐的组合。在育苗期内乃至定植造林后，都有可能发生砧芽，必须及时抹除。在嫁接苗培育期，如不及时抹除砧芽，会导致穗芽生长不良，甚至于枯死。抹除砧芽要除早、除净、勤除，以期集中养分供给穗条生长发育。在抹除时，对初萌发的小砧芽可用手抹除，稍大的萌芽要用剪刀或嫁接刀切除，使切口平整，减少伤流、利于愈合。当接芽梢正常生长时，梅雨季过后，应及时进行剪砧桩，使接合部全面愈合。

(4)其他　枝接的接穗常有2个芽，待萌发后当选一生长强壮的留下，剪去生长较差的接芽梢。高接时每支干上如接多穗，亦当留1穗1芽生长，待长至60~70cm时摘去顶芽，促使分枝。7~8月高温干旱、采取遮荫措施者，南方应于9月上中旬去除遮阴，使嫁接苗在自然光照条件下生长。对苗期病虫害，应做好防范措施，一旦发生要及时防治。需勤于松土除草，在苗木旺盛生长期适当施用速效氮肥，后期施速效磷、钾肥，可促进根系发育和地上部木质化，增强抗寒力。北方地区还要采取相应的苗木防寒、防冻措施。

五、嫁接苗出圃

苗木出圃是嫁接育苗的最后环节。为保持良种纯度和苗木生活力，向生产提供无病合格苗木，在出圃至定植的过程中，必须进行品种鉴定、苗木检疫、起苗、苗木分级及包装运输、假植处理等。

1. 品种鉴定

出圃前的品种鉴定，是保持良种典型性和纯度的重要环节。品种鉴定通常在苗木生长期和起苗期进行，要根据接穗编号及嫁接图，对照苗床上的苗木进行鉴定。鉴定时依该品种典型性状进行识别，确定品种的真实性，保持纯度，淘汰混杂类型。大面积嫁接育苗，可按品种采取抽样检查，检查数量应不少于总苗量的25%。

2. 苗木检疫

苗木检疫是预防病虫害侵染源进一步传播的重要措施。苗木出圃前需经农村检疫机构进行检疫，经检疫未发现油桐检疫病虫害时，签发种苗检疫证书。检疫的范围除苗木本身之外，还应包括包装材料等可能携带的传染源。为防止检疫对象以外的病虫害传播，对核准调运的苗木，还须进行必要的消毒。常用的消毒杀菌剂是用30~50波美度石灰硫黄合剂浸苗10~20min，然后以清水冲洗。

3. 起苗

起苗时间在南方无霜冻地区，可于小阳春起苗上山定植。北亚热带多数地区于2~3月份起苗造林。有冻土的地区宜于解冻后起苗造林。起苗时要求尽可能地保持根系完整，大苗主根发达，保留20~25cm剪除，伤口应削平。要按品种分别起苗，防止苗木混杂。裸根苗造林应随起随栽，缩短间隔时间。需作短途运输的苗木，要将根系先沾黄泥浆，然后每50~100株成捆，根部保湿、外加塑料薄膜包扎。油桐裸根苗在不保湿条件下，不宜作长途运输。

4. 苗木分级

油桐的合格嫁接苗是光桐苗粗度1.2cm以上，高度60cm以上；皱桐苗粗度1.5cm以上，高度80cm以上。合格苗可以出圃造林。经过品种鉴定后，合格的良种苗尚需在供应生产单位前进行分级。分级也是一次严格的选择，是对苗木质量的定级。合格苗的标准是：具有良种固有的典型性状，纯度高；生长发育正常，有相应的高度和粗度，芽充实饱满，木质化程度高，无冻梢；根系发育良好，有相应的长、粗度和侧根数量；嫁接部位愈合良好，砧桩剪除，剪口环形愈合或完全愈合，无明显的坏死残砧组织；苗茎无显著机械损伤；没有检疫对象的病虫害或其他严重病虫害。油桐嫁接苗分为3级，标准见表6-10。

表 6-10　油桐嫁接苗质量指标

项目	一级苗	二级苗	三级苗
品种及砧木类型	纯		正
一级侧根(条)	4 以上	4 以上	4 以下
侧根基部粗度(cm)	0.4 以上	0.35 以上	0.3 以下
侧根长度	20 以上	20 以上	20 以下
侧根分布	均根、舒展而不卷曲		
侧根粗度(cm)	80 以上	70 以上	60 以上
穗茎粗度(cm)	1.5 以上	1.3 以上	1.1 以上
根、茎皮层	无干缩皱皮，无新损伤处，老损伤面不超过 $1cm^2$		
饱满芽数(个)	8 以上		
接合部愈合程度	愈合良好		
砧桩处理及愈合程度	砧桩已剪除，剪口环形愈合或完全愈合		

5. 苗木假植

油桐嫁接苗原则要求当天起苗，当天栽植。如当天栽不完或由外地调进的苗木，当及时假植于造林地附近。假植时先开一长沟，深 30～40cm，将苗木紧排斜放沟内，根部覆盖湿润细土，使根系与湿土均匀接触，稍加踩实、浇水。裸露的苗茎部分也适当覆草保湿，栽时逐日取用。

第七章 油桐丰产林栽培技术

第一节 油桐商品基地建设

一、建设基地的意义及原则

桐油是面向市场的商品，其经营调拨要求一定的批量，并且对质量有严格的规定标准。因此，只有建立桐油生产基地，才能形成一定的经营规模，才能形成批量的优质商品生产。建设油桐商品基地，便于国家扶持，利于先进科学技术的推行，是适应商品经济发展的运行机制。在我国油桐中心栽培区的重庆、川东南、鄂西南、湘西北和黔东北的交界毗邻山区，有50多个县盛产桐油，产量占全国总产量的65%，是我国桐油著名产区。该区既是我国油桐生产最大的基地，也是世界最大的油桐生产基地。在我国的经济林树种中，只有油桐才有如此大面积连片集中产区。我国曾规划油桐基地县101个，由于多种原因，多未建成，而现在保存最好的也多在这大片地区。所以，今后我国油桐商品基地的建设，仍应优先在这里和其他老产区进行。桐油生产老区，多为贫困山区，建设基地是振兴山区经济的重要途径。

油桐商品基地建设的原则是：首先要贯彻因地制宜，尽可能在油桐老产区安排。这里不仅有适宜油桐生长发育的自然条件，并且农民有经营油桐的习惯和经验，占据天时、地利与人和的优越条件。其次，油桐商品基地的建设仍然要着眼于维护和改善生态环境，坚持经济效益、生态效益与社会效益统一的生态经济原则。再次，统筹兼顾，优化网络结构。在一定的地域范围内，不可只有单一的油桐生产，要充分利用自然资源和地貌条件多样性的特点，统筹安排各种生产门类，优化网络结构，相互促进。

二、基地规划设计

油桐商品基地规划设计，一般由林业勘察设计部门负责实施(包括由县林业局组织)。经过系统的外业详细调查之后，将所获调查资料进行系统分析处理，即可着手编制油桐基地设计方案。设计方案应包括如下内容：

(1)自然条件　油桐基地设计方案可以县为单位，为顺应规模经营，以一个乡为一个

林班，村设若干小班。作为施工单位，技术设计要求到林班、小班，每个林班 100hm² 以上。一个基地县不能少于 1000～1500hm²。这是基地规模要求，面积太小形成不了规模效应。自然条件主要指气候、地貌、土壤 3 个方面的基本情况。在一个县范围内气候条件，主要研究非地带性引起的地域差异。地貌影响着局部的小气候，要严格控制，宜桐林地海拔要在 600m 以下，坡度在 25°以下，最陡也不能超过 25°。对土壤种类、分布、肥力、可利用性等做出评价。

(2)社会经济条件　社会经济条件主要是指基地建设可提供的条件。这不仅包括人口、劳力(劳力的素质)、土地、田地，还要注意交通运输、油桐生产历史及现状、市场、可能提供的商品加工条件等。

(3)栽培技术　在方案中有关油桐的栽培技术措施要有说明，产量、质量等各项应有具体指标。

(4)基地投资　油桐商品基地的建设要有一定资金的投入。除国家应适当投入外，可以多渠道集资。国家投资、地方投资以及银行贷款，主要用来支付种苗费、肥料费、农机具等直接生产性支出。投资要有效益预测。良种、苗木由县林业部门统一组织提供。

(5)基地管理　基地建设是作为工程项目实施的，因而从施工开始，就要加强管理。乡、村、组要有专人负责，这是组织保证。基地可以实行统一规划设计、统一技术措施、统一施工、统一检查验收，林权到户，分户经营。在有条件的地方，也可以组织兴办乡、村、组的集体油桐林场，统一经营管理。以集体林场为头，带动面上的农户造林。油桐基地规划设计方案完成后，要组织专家进行论证。论证通过后，再报上级林业主管部门审批。方案经审批后，方可组织实施。

第二节　油桐立地类型划分

宜桐林地的选择，就是选择由于非地带性因素所引起的环境条件的局部差异，在技术上通过立地类型划分的方法来进行。

一、立地类型划分的意义

立地条件是指某一具体林地影响油桐林分生产力的自然环境因素。在自然界组成立地条件的因素很多，其中主要是指地形、土壤和植被特点等直接因素。自然环境因素在不同情况下存在着明显的差异，如坡位不同、坡度大小、母岩和土壤各异等。各个独立的自然环境因素，根据它对油桐林分生长发育的不同影响，可以划分为不同等级(表 7-1)。

表 7-1　立地因子等级的划分

立地因子	立地因子等级			
	1	2	3	4
坡位	上部	中部	下部	坡底
坡向	阳坡	半阳坡	阳坡－半阳	阳坡－半阳
坡度	≥35°	26°～35°	15°～25°	<15°
坡形	凸形	平直形	凸形	凹形

（续）

立地因子	立地因子等级			
	1	2	3	4
土层厚度	30～50（极薄）	50～70（薄）	70～100（中）	＞100（厚）
土壤腐殖质层厚度（cm）	＜10（极薄）	10～20（薄）	20～25（中）	＞25（厚）
土壤湿度	干	潮	润	湿
土壤质地	沙土－黏土	重壤土（黏壤土）	轻壤土－中壤土	沙壤土
土壤结持力	紧密	稍紧密－较紧密	疏松	疏松
原来林地类型	疏林灌丛	杂木混交林荒山	用材林迹地荒芜经济林	农耕地荒芜经济林
宜林等级	劣	中	良	优

二、立地类型划分方法

自然界的诸多环境因素中，对油桐林分的生长发育在外表上显示出其独立性，并且有其一般的规律性，如下坡位比上坡位好、缓坡比陡坡好等。实际上各个因素之间存在着相互内在的联系，表现出一定的组合性，起着综合作用。当然在环境因素中的组合并不会像表 7-1 中所列的那样规则，而是交替出现的，它们之间是交叉的，其中必然有主导因素。因而，在实际工作中可以寻求出环境因素中的主导因素，将它们进行不同的组合，则可组成各种不同的类型，称为立地条件类型，也可简称为立地类型。根据立地类型的异同，可进一步做出立地质量生产力等级的评价。立地类型生产力的等级，是选择油桐宜林地和确定现有桐林经营措施的依据。为了方便掌握立地类型划分的具体方法，兹以 20 世纪 80 年代何方等在湖南进行油桐立地类型划分方法为例，加以阐述。

（一）划分的依据

由于影响立地条件的环境因子是多种多样的，各因子之间又有一定内在联系，并且存在着起主导作用的因子。因此，为便于在实际工作中应用，主要运用易于识别而又起主导作用的直观因子，如海拔、地形、土壤等作为划分油桐林立地条件类型的依据。

（二）外业调查

采用标准地调查法。湖南共在 17 县的油桐林分中选 220 块标准地。标准地条件是：①在油桐纯林中选设；②应反映一定的自然环境因素，如不同坡位、坡向、坡度、母岩、土壤等；③在位置和植被上应有代表性；④经营措施大体相同。

在 449.44m^2的标准地内进行机械抽样，选择 5 株油桐作为调查样株，进行生长调查（表 7-2）。在每一标准地内挖一土壤剖面，进行土壤调查（表 7-3），分层采集分析样土，进行土壤质地、类型和土壤肥力等级的评价。同时进行其他自然情况、社会情况及油桐生产方面的调查，并进行内业整理和分析工作。

（三）组成立地类型因子的筛选

组成立地条件类型的因子很多，显然不能全部纳入，否则类型太多，无法在生产实践中应用，故只选择少数主导因子来划分立地类型。

将普遍调查的 220 块标准地资料进行整理比较，选择 194 块资料准确完整的标准地进

表 7-2　油桐生长调查表

编号（与土壤剖面编号一致）　　地点：　　调查日期：

调查人：　　油桐林经营状况：　　株行距：

结果量（kg/hm^2）：　　品种说明记载：　　其他：

品种名称	年龄	树高	品种名称	年龄(a)	树高(m)	分枝处直径(cm)	分轮（层）数及主枝数						树冠		枝条生长情况						结果情况				结果枝						
							第一轮		第二轮		第三轮				去年枝条			今年枝条													
							高度(m)	枝数(枝)	轮距(m)	枝数(枝)	轮距(m)	枝数(枝)	冠幅(m)	冠高(m)	枝数(枝)	枝长(cm)	枝粗(cm)	枝数(枝)	枝长(cm)	枝粗(cm)	果数(个)	果径(cm)	单果重	单株果重	合计	单果枝	2至4果枝	5果以上枝	结果枝比例(%)		

表 7-3　土壤调查记载（二）

土壤层次		剖面形态特征									
记号	深度	颜色		质地	结构	紧密度	新生体	侵入体	生物活动	pH 值	层次过渡
		干	湿								

表 7-4 湖南省油桐标准地立地因子反应表

项目	母岩(χ_1)			海拔(χ_2)			土层厚度(χ_3)			坡度(χ_4)			坡位(χ_5)			坡向(χ_6)		产量（油 kg/0.07hm^2）
类目 等级	页岩	石灰岩	砂岩	<200m	201～500m	>500m	<30cm	31～79cm	>80cm	<10°	11°～30°	>31°	上	中	下	阳	阴	
代号	C_{11}	C_{12}	C_{13}	C_{21}	C_{22}	C_{23}	C_{31}	C_{32}	C_{33}	C_{41}	C_{42}	C_{43}	C_{51}	C_{52}	C_{53}	C_{61}	C_{62}	
标准地																		
1	√				√		√				√		√			√		15. 32
2		√		√				√			√		√		√		√	11. 1
3		√		√					√		√			√		√		65. 54
4	√				√				√		√		√			√		12. 29
5	√				√		√				√					√		4. 59
191	√			√					√		√			√		√		22. 03
192	√			√					√			√		√			√	16. 33
193		√				√			√		√			√			√	16. 45
194		√				√		√		√			√			√		24. 81
$\sum Nik$	129	31	34	33	104	57	18	51	125	22	128	44	49	72	73	95	99	194
$\sum Cik$	3017. 92	829. 66	640. 03	771. 07	2611. 17	1105. 37	367. 23	1223. 11	2897. 27	573. 65	2838. 79	1075. 17	870. 45	1626. 04	1991. 12	2176. 15	2311. 46	4487. 61
C_{ik}	23. 3947	26. 7632	18. 824	23. 3658	25. 1074	19. 3424	20. 4017	23. 9825	23. 1780	26. 075	22. 178	24. 4357	17. 7643	22. 5839	27. 2756	22. 9068	23. 3841	23. 1320
$C_{ik}-y$	0. 2627	3. 6312	-4. 3080	0. 2338	1. 9754	3. 7395	-2. 7303	0. 8505	0. 0462	2. 943	-0. 954	1. 3037	-5. 3677	-0. 5481	4. 1436	-0. 2252	0. 2521	
δ_i	32. 3830			34. 709			13. 0896			19. 5404			51. 8344			3. 3331		214. 9373

行分析，从众多立地因子中，初选出对油桐结实量有较大影响的母岩、海拔、土层厚度、坡度、坡位和坡向6个因子。然后，采用逐步回归运算的方法，筛选出3个主导因子组成立地类型。

1. 主要立地因子的分级及级距划分

各种立地因子都有其一定的变动范围。如海拔的高低，坡度的大小，母岩中的页岩、砂岩、石灰岩等。为了更确切地反映不同立地各主要立地因子对油桐的综合作用，有必要将各主要立地因子再划分为不同等级(类目)。其划分方法可根据不同因子的性质而定。如母岩，可按实际调查确定为石灰岩、页岩、砂岩等；海拔，可根据调查的原始材料，分析海拔与产量的关系，归属为几个级。现将海拔高度划分为200m以下，201~500m和501m以上3个等级。

2. 标准地立地因子反应表的编制

以立地因子作为自变量，每0.07hm^{2}油桐林的产油量作为因变量，编制标准地立地因子反应表(表7-4)。

将各标准地按具有相同立地因子等级进行归类(表7-4)，即凡某标准地具有某个因子等级(类目)，就打一个"√"为记。如X_1因子(母岩)中，包括了C_{11}、C_{12}、C_{13}，即页岩、石灰岩和砂岩三个等级，而1号标准地属页岩，故在C_{11}栏内打一"√"。若2、3号标准地属石灰岩，则在C_{12}栏中打"√"。其他因子由此类推。

3. 应用逐步回归筛选主导因子

母岩、海拔高度和坡位3个因子，作划分立地类型的主导因子。

根据在湖南的调查，坡位对土壤养分和产量有重要的影响作用(表7-5)。

表7-5　不同坡位对土壤养分和油桐产量的关系

样地号	地点	海拔(m)	母岩	土层厚度(cm)	坡位	土壤养分				林龄(a)	产果重(kg/hm^2)
						有机质(%)	全N(%)	全P(%)	全K(%)		
石门-40	山峰寨林场	460	页岩	50	下	1.59	0.100	0.0012	2.10	12	7932.0
石门-41		530	页岩	35	中	1.22	0.093	0.0018	2.54	12	3702.0
石门-42		590	页岩	20	上	1.11	0.074	0.0016	2.49	10	2347.5

据调查，不同母岩对土壤肥力有影响(表7-6)。

表7-6　不同母岩的油桐林土壤交换钙、镁和全磷含量

石灰岩				页岩				砂岩			
标准地编号	钙(mL/100g土)	镁(mL/100g土)	磷(mL/100g土)	标准地编号	钙(mL/100g土)	镁(mL/100g土)	磷(mL/100g土)	标准地编号	钙(mL/100g土)	镁(mL/100g土)	磷(mL/100g土)
常3-2B	8.03	5.01	0.060	常19-2B	3.71	0	0.072	常11-A	2.64	5.76	0.044
常24-2B	5.99	3.36	0.015	吉11-B	3.14	4.12	0.015	龙10-B	3.95	4.88	0.022
常30-B	6.98	5.88	0.025	龙1-B	3.38	4.01	0.047	龙17-B	4.23	1.59	0.045
吉6-C	5.31	3.06	0.029	龙41-B	1.84	2.90	0.013	龙31-B	1.60	0	0.013

（续）

石灰岩				页岩				砂岩			
标准地编号	钙（mL/100g 土）	镁（mL/100g 土）	磷（mL/100g 土）	标准地编号	钙（mL/100g 土）	镁（mL/100g 土）	磷（mL/100g 土）	标准地编号	钙（mL/100g 土）	镁（mL/100g 土）	磷（mL/100g 土）
吉 9 - B	6. 31	4. 86	0. 099	大 4 - B	2. 35	2. 26	0. 019	吉 7 - B	4. 97	1. 63	0. 022
龙 20 - B	5. 89	8. 90	0. 027	大 25 - B	1. 59	0	0. 021	吉 33 - 2	0	3. 19	0. 048
龙 43 - B	7. 99	6. 06	0. 011	衡南 - 1	4. 86	1. 81	0. 017	吉 40 - AB	4. 49	2. 74	0. 018
隆 2 - (467)	8. 38	2. 36	0. 016	加 - 1	4. 29	4. 37	0. 051	常 10 - 3B	4. 26	0	0. 055
				华 - 1	4. 56	1. 61	0. 031				
n	8	8	8		9	9	9		8	8	8
Σ_x	54. 880	39. 490	0. 282		29. 720	21. 080	0. 276		26. 140	19. 790	0. 2670
χ	6. 860	4. 936	0. 035		2. 715	2. 342	0. 276		3. 276	2. 473	0. 034
S	1. 339	4. 360	0. 027		1. 259	1. 119	0. 031		1. 192	1. 633	0. 016
CV	1. 95	8. 83	7. 58		3. 38	4. 77	2. 52		3. 65	6. 60	4. 75

4. 编制油桐立地条件类型表

根据以上逐步筛选出来的母岩、海拔和坡位 3 个主导因子，组成不同的立地条件类型。因每个因子又可划分为 3 个等级，故可依据这 3 个因子的 9 个等级组成 27 个油桐立地条件类型(表 7-7)。

表 7-7　湖南省油桐立地条件类型

编号	划分依据			立地条件类型名称	产量预报值(油 kg/hm^2)
	海拔	母岩	坡位		
1	低	页　岩	下坡位	低海拔页岩下坡位类型	415. 5
2	低	石灰岩	下坡位	低海拔石灰岩下坡位类型	468. 0
3	低	砂　岩	下坡位	低海拔砂岩下坡位类型	343. 5
4	低	页　岩	中坡位	低海拔页岩中坡位类型	346. 5
5	低	石灰岩	中坡位	低海拔石灰岩中坡位类型	397. 5
6	低	砂　岩	中坡位	低海拔砂岩中坡位类型	276. 0
7	低	页　岩	上坡位	低海拔页岩上坡位类型	274. 5
8	低	石灰岩	上坡位	低海拔石灰岩上坡位类型	325. 5
9	低	砂　岩	上坡位	低海拔砂岩上坡位类型	204. 0
10	中	页　岩	下坡位	中海拔页岩下坡位类型	438. 0
11	中	石灰岩	下坡位	中海拔石灰岩下坡位类型	490. 5
12	中	砂　岩	下坡位	中海拔砂岩下坡位类型	367. 5
13	中	页　岩	中坡位	中海拔页岩中坡位类型	369. 0
14	中	石灰岩	中坡位	中海拔石灰岩中坡位类型	421. 5
15	中	砂　岩	中坡位	中海拔砂岩中坡位类型	298. 5
16	中	页　岩	上坡位	中海拔页岩上坡位类型	297. 0
17	中	石灰岩	上坡位	中海拔石灰岩上坡位类型	349. 5
18	中	砂　岩	上坡位	中海拔砂岩上坡位类型	226. 5

（续）

编号	划分依据			立地条件类型名称	产量预报值(油 kg/hm²)
	海拔	母岩	坡位		
19	高	页　岩	下坡位	高海拔页岩下坡位类型	363.0
20	高	石灰岩	下坡位	高海拔石灰岩下坡位类型	415.5
21	高	砂　岩	下坡位	高海拔砂岩下坡位类型	292.5
22	高	页　岩	中坡位	高海拔页岩中坡位类型	294.0
23	高	石灰岩	中坡位	高海拔石灰岩中坡位类型	345.0
24	高	砂　岩	中坡位	高海拔砂岩中坡位类型	223.5
25	高	页　岩	上坡位	高海拔页岩上坡位类型	222.0
26	高	石灰岩	上坡位	高海拔石灰岩上坡位类型	274.5
27	高	砂　岩	上坡位	高海拔砂岩上坡位类型	151.5

5. 全国油桐立地类型划分

何方等人(1994)在湖南油桐立地类型划分的基础上，进行了全国油桐立地类型划分。

(1)分类原则

①地域分异原则　依地域分异规律进行立地分类，有利于真实地反映立地发生学上的差异和立地的本质关系。因此，地域分异是油桐立地分类的基础，这种地域分异规律有地带性和非地带性变异规律。其中地带性(如纬度、垂直地带性)决定着高级分类单元；非地带性(如坡位、土厚等)只在局部起作用，决定较低级分类单元。因此，在不同地域上各种立地的自然因子及其组合在不同等级的立地单元所表现的侧重点不同，如高级层次的立地划分多侧重于生态气候因子，尤其侧重于气候因子影响油桐分布和生产力的水、热条件及其组合；划分中、低层次的立地单元多侧重于中、小地形、土壤性质等因子。

②分区分类原则　按分区分类就是区划单元与分类单位并存，也就是在油桐立地分类系统的较高级单位采用区划的方法，所划的“区”在地域空间是连续分布的。由此所构成的油桐立地分类系统，有利于按区划单位逐级进行宏观控制和按分类单位进行微观指导。

③多级序主导因子原则　层次结构是自然界中普遍存在的现象，而分类系统本身也是多层次的；分类等级越高，差异程度越大；分类等级愈低，差异程度越小，相似性也越大。在分类系统各等级中影响油桐生长、结实及其效益的生态因子的作用程度是不同的。虽然到目前为止，还不能完全知道各种因子对油桐的具体影响效果，但通过各种调查研究总可以在综合各项构成因素的分析基础上找出几个主导因子作为分类依据。这样就能既反映立地的分异规律，又简便实用。

④生态经济分类原则　在油桐产区，油桐所构成的系统，既是生产系统，又是经济系统。在油桐林地的发生发展过程中，其发展阶段及生产力水平将依人为经营的集约程度而变化。人类经营活动的合理与否，将直接影响油桐林地的发展变化，或发展为更成熟阶段或倒退回初始阶段，甚至于生态序列发生转移、生产力减退、适宜性恶化、水土流失严重。这是油桐生产经营时值得注意的生态问题，也是立地分类时应当考虑的因素。油桐虽然是一年种多年受益的树种，但是只取不予，其效益是要受到限制的。特别是在现代市场经济条件下以及其他生产门类的挑战，如何适应市场的需求来发展油桐生产，值得油桐生产和科研部门分析、研究，也是立地分类时应当重视的一环和遵循的重要原则。

(2)分类依据和方法　根据多年对油桐分布及生态习性的研究，并且与《中国林业区划》、《中国森林立地分类》取得协调和衔接，并考虑到研究成果的实用性，不仅为我国油桐生产提供宏观布局以及局部规划科学依据，同时也提供林地选择的实用技术和方法。因此而建立了油桐立地大区—立地小区—立地类型组—立地类型四级分类系统。

①立地大区　以气候因子的水热条件及其结构上差异为主导因子划分为北、中、南亚热带3个立地大区单元。并用《中国油桐气候区划》的材料随机抽25个样点，以ISODATA模糊聚类分析，结果与《中国油桐气候区划》一致，且聚类效果为 $F = 0.9999987$，$H = 8.656932E-05$，样品对比度 $G = 1.05$。可见，用气候因子作为划分立地大区的依据是合理的。

②立地小区　依据地貌所引起的立地分异作为主导因子，划分为秦巴山地小区等13个立地小区。

③立地类型组　以地形差异所引起的立地分异作主导因子，划分秦岭北坡立地类型组等41个立地类型组。

④立地类型　立地类型是四级分类系统的基础单位，具有实用价值。

在油桐立地分类系统各级分类单元中起主导作用且易于识别的因子是不一样的。兹用数量化模型Ⅰ来寻求划分立地类型的主导因子。

(3)数量化模型Ⅰ分析　由于油桐立地调查因子中既有定量表示的数量化因子，如海拔、坡度、土层厚度等，又有定性的非数量化因子，如坡位、土类等。因此，讨论这种混合因子对油桐生长结实间的定量关系，根据实际经验，应用多元数量化模型Ⅰ分析能取得较好的效果。

根据数量化理论Ⅰ，把影响油桐生长结实的各种生态因子叫项目，每个项目中划分的不同等级或类别叫类目，把油桐立地因子划分项目、类目等级表，如用湖南湘西20块样地材料得到的结果见表7-8A。

表7-8A　油桐立地定性因子分级及其得分值(湖南湘西部分)

项目	类型	类目号	得分值
地点 x_1	古文	1	−0.04420
	吉首	2	0.02612
	张家界	3	0.01706
	桑植	4	0.00000
地形 x_2	低丘	1	−0.05031
	高丘	2	0.01310
	低山	3	0.05328
	高山	4	0.00000
坡向 x_3	阳	1	−0.08915
	半阳	2	−0.17096
	半阴	3	−0.05748
	阴	4	0.00000

（续）

项目	类型	类目号	得分值
坡形 x_4	平凹	1	-0.02052
	斜直	2	-0.03421
	凸形	3	0.00000
坡位 x_5	上	1	0.17790
	中	2	-0.02444
	下	3	0.00000
母岩 x_6	石灰岩	1	0.09979
	页岩	2	0.00000
土类 x_7	石灰土	1	0.08521
	黄壤	2	0.00000
	红壤	3	0.05442

其他定量因子的回归系数如下：

$a_0 = 0.08906$；

海拔（x_8）：$a_8 = 0.00041$；坡度（x_9）：$a_9 = 0.00660$；

厚度（x_{10}）：$a_{10} = 0.00293$；腐殖质层厚度（x_{11}）：$a_{11} = 0.00653$。

由此可得出油桐产量预估模型：

$\hat{y} = 0.08906 + a_1x_1 + a_2x_2 + \cdots + a_{11}x_{11}$

油桐立地因子 t 检验表详见表 7-8B。

表 7-8B　油桐立地 t 检验

项目(变量)	地点	地形	土类	坡位	坡形	坡向	母岩	海拔	坡度	A 厚	土厚
偏相关系数	0.2785	0.4499	0.3949	0.7903	0.1023	0.211	0.4134	0.4323	0.3425	-0.3436	0.333
t 值	1.1299	1.9511*	1.8648*	5.0044*	0.3561	0.70477	1.5729	1.6607	1.2629	-1.2676	1.2233

立地类型的油桐产量预估模型为：

$$y_B = 0.38004 + a_1x_1 + a_2x_2 + a_3x_3$$

式中：0.38004 为回归系数，a_1、a_2、a_3为相应的立地因子得分值。

经综合分析，可以看出这 3 个因子具有重要的生态经济学意义，并且在一定程度上代表了其他未入选因子。如地形表现了光、温、风等气象因子，也可间接看出当地的交通等经济状况；坡位表现了土壤养分状况，还减弱了母岩等对土壤肥力的影响程度以及经营发展的适宜性。因此可见，所选出来的主导因子是合理的（表 7-8C）。当然影响各立地类型组的立地类型的主导因子是不同的，必须分组收集资料分析。但本研究收集的资料遍布油桐分布的大部分产区，因而以此作为划分立地类型的依据是可行的。

油桐产量的预测是指这个立地类型的基础产量。每公顷以 7500m^2 计算实际产量，但在油桐分布区北缘的褐土类型则受严格地貌因素限制。

表 7-8C 立地类型主导因子得分值

立地因子名称	中山	低山	高山	低丘	上坡位	中坡位	下坡位
得分值	0. 21537	0. 02549	-0. 02117	0	-0. 17006	-0. 06951	0
立地因子名称	褐土	紫色土	石灰土	黄棕壤	黄壤	红壤	
得分值	0. 04991	-0. 06967	0. 02004	-0. 18423	-0. 19003	0	

(4)立地分类系统　根据上述指导思想和原则以及分类依据，由立地大区—立地小区—立地类型组—立地类型四级分类单元所组成的油桐分类系统如下：其中立地大区 3 个，立地小区 13 个，立地类型组 41 个，立地类型 72 个(表 7-8D)。

表 7-8D 油桐立地类型及其评价

立地类型名称	代号	油桐果产量预估	
		kg/m^2	kg/hm^2
中山上坡褐土立地类型	ST1	0. 47527	3565
中山中坡褐土立地类型	ST2	0. 57577	4318
中山下坡褐土立地类型	ST3	0. 64537	4840
中山上坡紫色土立地类型	ST4	0. 35568	2668
中山中坡紫色土立地类型	ST5	0. 45623	3422
中山下坡紫色土立地类型	ST6	0. 52577	3943
中山上坡石灰土立地类型	ST7	0. 44537	3340
中山中坡石灰土立地类型	ST8	0. 54597	4094
中山下坡石灰土立地类型	ST9	0. 61547	4616
中山上坡黄棕壤立地类型	ST10	0. 24112	1808
中山中坡黄棕壤立地类型	ST11	0. 34167	2563
中山下坡黄棕壤立地类型	ST12	0. 41118	3084
中山上坡黄壤立地类型	ST13	0. 40623	3047
中山中坡黄壤立地类型	ST14	0. 50687	3802
中山下坡黄壤立地类型	ST15	0. 57638	4323
中山上坡红黄壤立地类型	ST16	0. 42535	3190
中山中坡红黄壤立地类型	ST17	0. 52559	3942
中山下坡红黄壤立地类型	ST18	0. 59541	4466
低山上坡褐土立地类型	ST19	0. 28538	2140
低山中坡褐土立地类型	ST20	0. 38593	2895
低山下坡褐土立地类型	ST21	0. 45544	3416
低山上坡紫色土立地类型	ST22	0. 16580	1244
低山中坡紫色土立地类型	ST23	0. 26636	1998

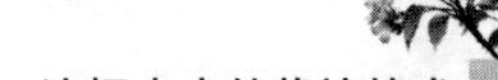

（续）

立地类型名称	代号	油桐果产量预估	
		kg/m^2	kg/hm^2
低山下坡紫色土立地类型	ST24	0. 33586	2519
低山上坡石灰土立地类型	ST25	0. 25551	1916
低山中坡石灰土立地类型	ST26	0. 35606	2671
低山下坡石灰土立地类型	ST27	0. 42557	3192
低山上坡黄棕壤立地类型	ST28	0. 05124	384
低山中坡黄棕壤立地类型	ST29	0. 15179	1138
低山下坡黄棕壤立地类型	ST30	0. 22130	1660
低山上坡黄壤立地类型	ST31	0. 21644	1623
低山中坡黄壤立地类型	ST32	0. 31699	2377
低山下坡黄壤立地类型	ST33	0. 38650	2899
低山上坡红黄壤立地类型	ST34	0. 23547	1766
低山中坡红黄壤立地类型	ST35	0. 33602	2520
低山下坡红黄壤立地类型	ST36	0. 40553	3042
高山上坡褐土立地类型	ST37	0. 23872	1790
高山中坡褐土立地类型	ST38	0. 33927	2545
高山下坡褐土立地类型	ST39	0. 40878	3066
高山上坡紫色土立地类型	ST40	0. 11914	894
高山中坡紫色土立地类型	ST41	0. 21969	1648
高山下坡紫色土立地类型	ST42	0. 28920	2169
高山上坡石灰土立地类型	ST43	0. 20885	1566
高山中坡石灰土立地类型	ST44	0. 30940	2321
高山下坡石灰土立地类型	ST45	0. 37891	2842
高山上坡黄棕壤立地类型	ST46	0. 01458	109
高山中坡黄棕壤立地类型	ST47	0. 10513	789
高山下坡黄棕壤立地类型	ST48	0. 18464	1385
高山上坡黄壤立地类型	ST49	0. 16978	1273
高山中坡黄壤立地类型	ST50	0. 27033	2027
高山下坡黄壤立地类型	ST51	0. 33984	2549
高山上坡红黄壤立地类型	ST52	0. 18881	1416
高山中坡红黄壤立地类型	ST53	0. 28936	2170
高山下坡红黄壤立地类型	ST54	0. 35887	2692
低丘上坡褐土立地类型	ST55	0. 25990	1949
低丘中坡褐土立地类型	ST56	0. 36040	2703
低丘下坡褐土立地类型	ST57	0. 43000	3225
低丘上坡紫色土立地类型	ST58	0. 14031	1052

（续）

立地类型名称	代号	油桐果产量预估	
		kg/m^2	kg/hm^2
低丘中坡紫色土立地类型	ST59	0. 24086	1806
低丘下坡紫色土立地类型	ST60	0. 31040	2328
低丘上坡石灰土立地类型	ST61	0. 23000	1725
低丘中坡石灰土立地类型	ST62	0. 33060	2480
低丘下坡石灰土立地类型	ST63	0. 40010	3001
低丘上坡黄棕壤立地类型	ST64	0. 02575	193
低丘中坡黄棕壤立地类型	ST65	0. 12630	947
低丘下坡黄棕壤立地类型	ST66	0. 19581	1469
低丘上坡黄壤立地类型	ST67	0. 19095	1432
低丘中坡黄壤立地类型	ST68	0. 29150	2186
低丘下坡黄壤立地类型	ST69	0. 36101	2708
低丘上坡红黄壤立地类型	ST70	0. 20998	1575
低丘中坡红黄壤立地类型	ST71	0. 31053	2329
低丘下坡红黄壤立地类型	ST72	0. 38004	2850

Ⅰ北亚热带立地大区(北部过渡性亚热带立地大区)

Ⅰ A 秦巴山山地立地小区

Ⅰ Aa 陇南山地立地类型组

Ⅰ Ab 秦岭北坡立地类型组

Ⅰ Ac 秦岭南坡立地类型组

Ⅰ Ad 汉中盆地立地类型组

Ⅰ Ae 巴山北坡立地类型组

Ⅰ B 桐柏山、大别山山地立地小区

Ⅰ Ba 大别山山地立地类型组

Ⅰ Bb 桐柏山山地立地类型组

Ⅱ中亚热带立地大区(典型亚热带立地大区)

Ⅱ A 四川盆地周山地立地小区

Ⅱ Aa 盆地西缘山地立地类型组

Ⅱ Ab 盆地北缘山地立地类型组

Ⅱ Ac 盆地南缘山地立地类型组

Ⅱ B 四川盆地立地小区

Ⅱ Ba 盆北立地类型组

Ⅱ Bb 成都平原立地类型组

Ⅱ Bc 盆中丘陵立地类型组

Ⅱ Bd 盆东立地类型组
Ⅱ C 武陵山雪峰山山地立地小区
Ⅱ Ca 川黔湘鄂山地立地类型组
Ⅱ Cb 武陵山地立地类型组
Ⅱ Cc 雪峰山地立地类型组
Ⅱ D 幕阜山山地立地小区
Ⅱ Da 北部山地立地类型组
Ⅱ Db 南部山地立地类型组
Ⅱ E 天目山山地立地小区
Ⅱ Ea 天目山北部丘陵立地类型组
Ⅱ Eb 天目山南部低山丘陵立地类型组
Ⅱ F 云贵高原立地小区
Ⅱ Fa 川西南山地立地类型组
Ⅱ Fb 黔北山地立地类型组
Ⅱ Fc 黔南山地立地类型组
Ⅱ Fd 滇金沙江峡谷立地类型组
Ⅱ Fe 滇中高原盆谷立地类型组
Ⅱ G 武夷山山地立地小区
Ⅱ Ga 武夷山北部立地类型组
Ⅱ Gb 武夷山西坡立地类型组
Ⅱ Gc 武夷山东坡立地类型组
Ⅱ Gd 戴云山立地类型组
Ⅱ H 南岭山地立地小区
Ⅱ Ha 南岭山地北坡立地类型组
Ⅱ Hb 南岭山地南坡立地类型组
Ⅲ 南亚热带立地大区(南部过渡性亚热带立地大区)
Ⅲ A 滇南山地立地小区
Ⅲ Aa 滇南西部山地立地类型组
Ⅲ Ab 滇南中部山地立地类型组
Ⅲ Ac 滇南东部山地立地类型组
Ⅲ B 黔桂山地立地小区
Ⅲ Ba 黔桂南盘江山地立地类型组
Ⅲ Bb 黔南桂北山地立地类型组
Ⅲ Bc 桂中丘陵台地立地类型组
Ⅲ Bd 桂西北山地立地类型组
Ⅲ C 粤桂丘陵立地小区
Ⅲ Ca 西江北部立地类型组
Ⅲ Cb 西江南部立地类型组

第三节　林地整理

宜桐林地的整理是油桐栽培中的首要技术措施，将为油桐幼林创造一个适生的立地条件。整地总的要求是：有利于林地水土保持，有利于桐林生长，有利于桐林经营。具体任务是：清除宜桐林地原有杂、灌、草；进行林地开垦。整地的种类有全面整地和局部整地。全面整地是在选择好的宜桐林地全面开垦，全面整地有一定的应用限制条件，坡度在5°以上不宜采用。局部整地是在宜桐林地按规定要求在林地上局部地方开垦，有利水土保持，一般要求采用这种整地方法。

一、水土流失与保持

在南方山坡地因植被破坏或现有油桐林地整地及林地土壤管理不当，均出现不同程度的水土流失。据湖南湘西土家族苗族自治州林业局石泽钧等人的调查，该州共有油桐林10.85万hm^2（1987年），其中发生水土流失面积9.82万hm^2，占全州油桐林地的90.45%，年表土流失量约235万吨，相当全州油桐林地冲掉表土层0.5~0.7cm。由于水土流失，地力急剧下降，使桐林早衰、寿命短、产量不断下降。山上的水土流失，冲下大量泥沙，淤塞山下河道、耕地，破坏生态环境，影响更大。

在南方坡地引起水土流失有自然因素和人为因素。自然因素中主要有天体因素和地体因素。天体因素中主要是降雨因素，特别是降雨强度。地体因素中主要有坡度、坡长、土壤质地及地表覆盖等。人为因素主要是生产活动对土地利用是否合理。在南方坡地造成现代水土流失的直接原因是产生地表径流，切割地表层，引起冲刷。所谓"地表径流"是指降到地表的雨，其中有近10%的降雨渗入地下成为地下水；有10%~20%的水蒸发，成为大气中的水蒸气；而70%~80%的降雨是顺坡流走。顺地表流失的部分降雨，即称为地表径流，或简称径流。径流量愈多，冲刷力愈强，冲走的表土愈多，如果径流量少或没有，冲刷力小或没有，则表土流失也少或没有流失。因此，在山坡地减免径流量，就可减免水土流失。

影响地表径流量大小的各个因素是与它的构成条件直接相关。如地表植被能拦截降水及削减雨滴对地表的撞击，地面枯枝落叶和草丛能挂雨水、减缓流速、阻碍径流。又如地形因素中的坡度与坡长，也是决定径流量多少与冲刷力大小的重要条件。一般坡度越大，水流速越快，径流量越多，冲刷力越强，水土流失量则越大。坡度越长，集流面积宽，径流量也越多，冲刷流失也越重。据湘西土家族苗族自治州的调查，油桐林地在坡度25°以下者年表土流失量100t/hm^2，25°~35°者年流失量123.74t/hm^2。坡面在100m以内的表土年流失量为100.56t/hm^2，坡面在200m以上的是122.18t/hm^2。据在保靖县的定点测定（表7-9），坡度大，坡面长，流失量也大。

土壤质地也影响着水土流失程度。土壤质地不同，抗蚀性和抗冲性的能力也不同。抗蚀性是抵抗径流分散和悬浮土壤的能力。抗冲性是抵抗径流机械破坏推移的能力。土壤质地与母岩是相关联的，在湖南油桐产区最主要的母岩是石灰岩、紫色页岩、页岩（泥质页岩）等。据湘西土家族苗族自治州的调查，油桐林地由于母岩的不同，引起的表土流失量是有差别的（表7-10）。

表 7-9　湖南保靖县大妥乡油桐林地水土流失与坡度、坡长的关系

调查地点	降水量（mm/d）	坡度（°）	坡长（m）	土壤流失量	
				（t/hm^2）	比例（%）
塘坝二队桐壳	31.6	13.0	20	10.05	100
卜家湾桐壳	31.6	26	40	12.75	127
黄沙岭桐壳	31.6	35	60	16.95	169

表 7-10　湖南省湘西土家族苗族自治州油桐林地不同母岩水土流失面积统计

母岩	流失面积（万 hm^2）	%	轻度流失		中度流失		强度流失		烈度流失		年流失量
			500～3000[$t/(km^2 \cdot a)$]		3001～8000[$t/(km^2 \cdot a)$]		8001～13500[$t/(km^2 \cdot a)$]		>135000[$t/(km^2 \cdot a)$]		$t/(km^2 \cdot a)$
			面积（万 hm^2）	%	面积（万 hm^2）	%	面积（万 hm^2）	%	面积（万 hm^2）	%	
页岩	6.2943				1.27	13.0	3.4561	35.21	1.5685	15.97	127.770
石灰岩	2.7768	28	0.4957	5.1	0.83	8.4	0.1962	2.00	1.2569	12.81	102.090
紫色页岩	0.7442				0.03	0.3	0.6437	6.56	0.0700	0.71	110.655
合计	9.8153				2.13	22	4.2960	43.77	2.8954	29.50	113.505

页岩风化的土壤主要是泥质页岩，呈褐灰色，与紫色页岩形成的紫色土类似，均属岩性土。物理风化强烈，化学风化微弱，所谓土壤基本上是岩片碎屑，聚结力差，5～10cm以下即为难以透水的岩层，渗透速度小，仅0.08mm/min，极易受雨水冲刷流失。降雨量在10mm/h即可发生侵蚀，径流系数一般达0.56～0.95。紫色页岩含有较丰富的磷、钾、钙等矿物养分，但有机质含量低，一般在2%以下。石灰岩主要由碳酸钙、镁组成，岩石坚硬抗冲能力较强，成土过程极其缓慢。据广西的测定，广西石灰岩的溶蚀速率约为0.08～0.3mm/a，即80～300$m^3/(km^2 \cdot a)$，按岩石密度2.6t/m^3折算，则等于208～780$t/(km^2 \cdot a)$。石灰岩受溶蚀后，碳酸钙、碳酸镁溶于水中而被径流带走，只有约占被溶蚀石灰岩质量1/30的不溶残积物形成土壤，这样折算自然风化成土速率为10.4～26.0$t/(km^2 \cdot a)$。考虑到加速风化的作用，石灰岩山丘区土壤的允许流失量最大可定为50$t/(km^2 \cdot a)$。如果土壤流失量超过此值时，自然风化成土已不能弥补土壤侵蚀所造成的损失，土壤厚度将趋渐薄。如果油桐林地要求石灰岩山丘区的土壤厚度为20cm，自然积聚这样厚的土壤，需要溶蚀6m厚的石灰岩，约需经历2.0万～2.7万年。石灰岩山地的地块分散，岩石相间，面积从几平方米至几公顷不等。黑色石灰土多形成于岩壁缝间或谷地中较低洼处。棕色或红色石灰土分布连片，面积则较大。在石灰岩山地栽培油桐，只在有土壤的地方栽，不要强调株行距的规整。

降雨强度与水土流失关系密切，降雨强度大，造成的冲刷量也大。据测定在坡度33°相同情况下，当降雨强度达到82mm/h，径流量和冲刷量是降雨强度4.2mm/h的32倍和17倍。我国油桐主产区的年降水量一般都在900mm以上，且分布不均匀，4～6月占全年雨量的50%并有暴雨，极易造成水土流失。

综上所述，在影响水土流失的诸因素中，人力可以制约的因素只限于坡度、坡长和植被。降雨是不能人为制约的因素，土壤质地也只能在先有水土保持措施，才能逐步改良。

因此，山坡地水土流失的防止措施有3个准则：一是降低坡度；二是缩短坡长；三是增加地表覆盖。

油桐地栽培经营需要长年进行土壤耕作，所以从整地开始就要采取措施，防止水土流失，改善生态环境。我国《水土保持法》中第17条规定："在5°以上坡地上整地造林，抚育幼林，垦复油茶、油桐等经济林木，必须采取水土保持措施、防止水土流失。"有关的水土保持治理措施，在第24条中提出"根据不同情况，采取整治排水系统、修建梯田、蓄水保土耕作等水土保持措施。"

二、整地的方法

我国劳动人民在油桐生产实践中，为防治林地水土流失，积累了丰富的经验。在湖南湘西油桐产区有农谚说："头戴帽子，腰围带子，脚穿鞋子。"即是说在开垦时山顶的树木保留下来，山腰留下杂灌草带，山脚下部的杂灌草也要保留下来，可拦截径流，有利水土保持。为防治水土流失，林地整理方法主要有：梯土带、等高沟埂、蓄水坑、块状、带状等。具体采用哪种整地方法，要根据地区、地形、土质、雨量、油桐生产经营习惯而定。

（一）梯土整地

梯土整地应用适宜，既达到了降低坡度，又达到了缩短坡长的目的，栽培桐树后又起到增加覆盖的作用，是最好的水土保持措施。在坡面上用半挖半填的方法，把坡面一次修成若干水平梯级，上下相连，形成阶梯状的梯土。梯土是由梯壁、梯面、边埂、内沟构成的。梯面宽度、梯间距离因坡度和桐林栽培密度不同而异。梯壁一般根据材料可采用石块或草皮堆砌而成，保持45°~46°的坡度。梯面应反向内斜，在内侧开30cm宽，深15cm的竹节水沟蓄水。梯壁任其长草以作保护，杂草太高太多，也只能刈除。梯埂可以种植茶树、胡枝子、黄花菜、龙须草等。

中低山油桐丰产林应采用梯土整地方法。据湖南省林业科学院对湖南永顺油桐林地表土流失量的测算，在一块1266.73m^2红色石灰土的坡地，原坡度15°，坡长5.1m地段修梯土，梯面宽1.2m，反坡内倾，内侧开竹节沟蓄水，栽培油桐丰产林。另在相邻的一块533.36m^2的坡地，其他情况大体相似，坡长只2.9m，全面整地也栽油桐。在全面整地的油桐林地中有沟蚀也有面蚀，梯土整地的梯面上基本上没有表土流失，仅是有很细小的沟蚀。经测算，全面整地的桐林，每年表土流失量14.70t/hm^2，梯土整地者每年表土流失量仅0.60t/hm^2。

陕西省林业科学研究所在山阳丰产林试验基地，测算了油桐林地修建石坎梯土与未修石坎梯土的土壤含水率和肥力（表7-11）。

表7-11说明修石坎梯土提高了保水保肥性能，土壤含水率提高7个百分点，有机质及氮、磷、钾的含量普遍提高。

梯土修筑方法，首先沿山坡横向等高放线，按线开梯。由于坡面不会很规整，在坡面较长的情况下，可采用中间插梯带的办法，等高不等距，形成梯间距离不等、梯带长短不一，但在整体上仍然是规整的。梯土整地也要因地制宜，在坡度超过25°或石山区不宜使用。坡度太陡，梯壁高，不牢固，如遇大暴雨容易崩塌，带来更大的水土流失灾害。

表7-11 油桐林地土壤含水率及养分测定

项目	修石坎梯土	未修石坎梯土
采样深度(cm)	0~40	0~40
平均土壤含水率(%)	15.25	8.25
平均含有机质(%)	1.4809	0.6120
平均含氮(%)	1.1019	0.0903
平均含磷(%)	0.0995	0.0318
平均含钾(%)	2.0142	2.0080
备注	间作管理	未间作管理

(二)块状整地

块状整地通常是指在种植点周围一定范围内开垦，适用于坡度在25°以上坡地。陡坡不适宜栽培油桐，因此在这里块状整地是特指在石灰岩山地，由于裸露岩石的阻隔，将土地分割形成大小不等的地块，可以从几平方米至1hm²，每块地少至只栽几株桐树，多至几十株、几百株。在这些地块整地，可以利用自然裸露岩石起着拦土作用，防止水土流失。

(三)宽带状整地

坡度在10°以内可以采用宽带状整地。宽带状整地是在林地每开垦5~10m宽的距离，留一宽0.8~1.2m的杂灌带(也可以人工种植茶叶)，同时在林地的上方和下方开等高沟埂，同起阻止水土流失的作用。

无论采用哪一种整地方法，地整好后，应按株行距定点挖穴，穴的大小一般80cm×80cm×60cm，在穴中施放基肥与土拌匀，每穴返土作墩高15~20cm，然后直播种子或栽树。

(四)整地季节

整地的季节通常在春季或冬季。春季整地于2~3月份在选好的宜桐地上将杂灌砍倒，摊放在山坡上，让其晒干，至4~5月份清理干柴，不正式开垦，随即播种玉米、谷类等旱作物(俗称火山小米)，到秋季收获后，再按规定要求进行整地，当年冬季或翌年春季开穴栽桐。冬季进行整地，土壤经过冬季风化，翌年春开穴栽桐。

第四节 栽培密度

密度是在单位面积上栽培油桐的株数，是林分结构的重要指标，直接关系产量。

一、林分生长发育与密度的关系

油桐栽培密度与品种、立地类型有着密切的关系。各省(自治区、直辖市)油桐的主要栽培品种多属小米桐品种群。为了在确定栽培密度、立地类型时易于掌握，兹以小米桐为准，以石灰岩和页岩为母岩的土层深度为准，划分为三大经营类型(表7-12)。

表 7-12　立地条件经营类型

类型＼标准＼项目	母岩	土壤厚度	包括的立地类型(立地类型编号)
肥沃(Ⅰ)	石灰岩	>55	1，2，3，4，5，10，11，14
	页　岩	>60，无母质或极少	
中肥(Ⅱ)	石灰岩	30～55	6，7，8，12，13，17
	页　岩	35～60，母质较少	
浅肥(Ⅲ)	石灰岩	<30	9,15,16,18,,21,22,24,25,26,27
	页　岩	<35	

在一定的密度范围内，林分生长量和产量，随密度的增加而增加，而当密度达到一定限度时，则随密度的增加而减少。据对 1983 年春湖北省郧县 4 年生桐林密度调整的试验研究，康士才、王年昌、欧阳绍湘、陈炳章、何方等 1985 年冬调查结果表明，不同密度对光照、养分、树体分枝角度都有影响，并且对桐仁含油率也有影响(表 7-13 至表 7-16)。

表 7-13　不同密度桐林的光照强度

重复	450 株/hm^2	600 株/hm^2	750 株/hm^2	900 株/hm^2	对照(CK)	备注
Ⅰ	8200	7100	5875	5625	2050	CK＝1500 株/hm^2
Ⅱ	8925	6650	5225	4600	5450	CK＝1500 株/hm^2
均值	8563	6875	5550	5113	3750	CK＝1500 株/hm^2

表 7-14　不同密度桐林植株分枝角度

重复	600 株/hm^2	750 株/hm^2	900 株/hm^2	CK
分枝角度	44°09′	44°0′	42°36′	41°36′

从表 7-13 中看出，没有进行密度调整的桐林光照强度最小，不及 450 株/hm^2 处理的一半，也只有 900 株/hm^2 处理的 73%。由于光照条件不良，影响了叶片光合作用，同化产物少，油桐生长发育受到抑制。另从表 7-14 中看，由于密度大植株分枝角偏小，加上光照的影响，结果部位只集中在顶部，即使树体中部结果，果实也偏小。据调查测定，顶部果实平均质量为 60g，中部只有 45g。

通过对不同密度桐林进行叶片养分分析(表 7-15)，清楚地看到桐林密度上的差异直接影响树体营养。湖北郧县黄柿油桐试验林，总的营养状况水平低，均在 3.5% 以下，呈现营养不足，表现出密度越大其总的营养状况越低，在氮素营养上表现更为明显。磷营养也表现出调整密度后的高于未调整者。因此，可以认为密度大的桐林，明显缺乏氮、磷营养，钾的差异则表现不很明显。从主要营养元素的生理平衡指数来看，没有进行密度调整的桐林，氮、磷的生理平衡指数明显低于进行调整的桐林，钾的生理平衡指数却高于进行调整后的桐林，形成植株营养元素供应的比例失调，使营养生长和生殖生长都受到抑制，影响生长和结果，并且在桐仁含油率上也有明显反映(表 7-16)。

表 7-15　不同密度桐林叶分析比较

处　理	N		P_2O_5		K_2O		总的营养情况(%)
	%	生理平衡指数	%	生理平衡指数	%	生理平衡指数	
450 株/hm^2	1.629	56.1	0.131	4.5	1.147	39.4	2.91
600 株/hm^2	1.608	56.5	0.151	5.3	1.089	38.2	2.85
750 株/hm^2	1.583	56.3	0.166	5.9	1.060	37.8	2.81
900 株/hm^2	1.524	56.4	0.131	4.9	1.040	38.5	2.70
CK	1.370	53.9	0.082	3.2	1.090	42.9	2.54

表 7-16　不同密度桐林桐仁含油率比较　%

重复	450 株/hm^2	600 株/hm^2	750 株/hm^2	900 株/hm^2	CK
Ⅰ	65.74	65.78	68.64	62.55	61.60
Ⅱ	66.50	65.38	64.42	68.93	63.44
Ⅲ	70.86	71.02	71.52	73.08	69.36
均值	67.70	67.39	68.19	68.18	64.80

二、桐林产量与密度的关系

试验研究和大量的调查研究资料表明，在较小密度范围内(肥沃[Ⅰ]条件下 <405 株/hm^2，中肥[Ⅱ]条件下 <570 株/hm^2，浅瘠[Ⅲ]条件下 <705 株/hm^2)，桐林各植株个体之间没有什么显著影响。由于立地条件不同，生产能力也不同。肥沃者约为中肥的 2 倍，中肥者约为浅瘠的 2 倍。超过上述密度范围，株产则随密度的增加而逐渐降低，降低的速率则因立地条件不同而异。立地条件越好，降低的速率就越大，即立地条件越好，密度对株产影响就越大，且初始竞争密度亦来得越快。如肥沃类型在 450 株/hm^2 就出现竞争，中肥类型则在 570 株/hm^2 左右才开始出现竞争。选用指数曲线为株产－密度曲线(无竞争条件下，株产为一常数)。各立地类型的株产－密度回归方程为：

$\hat{y}_{\mathrm{I}} = 35.001\exp(-0.00198N)$　　$R = 0.9699$ $(N > 405)$

$\hat{y}_{\mathrm{I}} = 15.97$　　$(N \leqslant 405)$

$\hat{y}_{\mathrm{II}} = 19.422\exp(-0.001540N)$　　$R = 0.8175$ $(N > 570)$

$\hat{y}_{\mathrm{II}} = 8.02$　　$(N \leqslant 570)$

$\hat{y}_{\mathrm{III}} = 8.437\exp(-0.001103N)$　　$R = 0.8405$ $(N > 705)$

$\hat{y}_{\mathrm{III}} = 3.87$　　$(N \leqslant 705)$

单位面积产量为株产与密度之乘积，即 $y = N\hat{y}$，因此单位面积产量与密度的回归方程为：

$y_{\mathrm{I}} = 35.001N\exp(-0.00198N)$　　$(N > 405)$

$y_{\mathrm{I}} = 15.97N$　　$(N > 405)$

$y_{\mathrm{II}} = 19.422N\exp(-0.001540N)$　　$(N > 570)$

$y_{Ⅱ}=8.02N$　　　　　　　　　　　　　　　　　$(N>570)$

$y_{Ⅲ}=8.437N\exp(-0.001103N)$　　　　　　　　$(N>705)$

$y_{Ⅲ}=3.87N$　　　　　　　　　　　　　　　　　$(N>705)$

结果表明，在一定密度范围内，单位面积产量随密度增加而增加(无竞争条件下呈直线增加)，至一定密度(N_0)时，产量达最大值，以后随密度增加而逐渐降低，至1500株/hm^{2}后呈渐近线形式。

林分产量受密度的作用强度因立地条件不同而异。立地条件越好，作用强度越大(曲线变化陡)。对产量－密度方程求导，并令导函数为零时求得的密度值即为产量最高的最佳密度值。即令：

$dY/dN=a^{e-bN}(1-bN)=0$；得 $N_0=1/b$，N_0即为最佳密度值。各立地类型的最佳密度值见表7-17。

表7-17　不同立地条件下的最佳栽培密度

立地经营类型	最佳密度范围(株/hm^2)	株行距(m×m)
Ⅰ	495~555	4×5~5×4.5
Ⅱ	630~720	4×4(3.8×4.2)~3.5×4
Ⅲ	750~945	3.5×3.8~3×3.5

注：最佳栽培密度值是根据产量密度方程求得的，最佳栽培密度范围和株行距是根据最佳密度值和外业调查并考虑到生产使用方便提出的，供生产上参考。

由产量－密度方程可知，密度对单位面积体积产量的影响表现在两方面：一方面是由于株数增加而使总产增加；另一方面是随密度增加，单株产量降低而使总产降低。前者开始作用大，后者后面作用大，两者综合作用的结果使产量－密度的变化规律呈一凸形曲线，在最佳密度时有产量最大值。

三、确定栽培密度的原则

总的原则是：以品种、立地条件、经营水平为依据，以建立最佳(理想)林分结构，获得最佳经济效益和生态效益为目标来确定栽培密度。表7-17是小米桐在一般经营条件下不同立地类型的最佳密度，供生产上参考。

具体而言，树体高大的品种宜稀，矮小的品种宜密；经营水平高宜稀，经营水平低宜密；立地条件好宜稀，立地条件差宜密；平地宜稀，坡地可稍密；南坡、西坡宜稀，东坡、北坡可稍密；土层深厚宜稀，土层浅薄宜密；土壤肥沃宜稀，土壤瘠薄宜密；石灰岩区宜稀，页岩区可稍密；行距宜稀，株距稍密。确定栽培密度时，可以不考虑疏伐而直接采用壮龄林分的最佳密度造林。因为油桐生长迅速，5年生左右就基本定型，而2~3年生时应以培养树体为主，促进营养生长，为建立良好林分结构和丰产稳产打下基础。油桐栽植的排列方式最好采用宽行窄株，行距大于株距，株与株之间基本相接，行与行之间应保持0.2~0.4m的间隙，利于通风透光、防止病虫及方便生产。

四、优良林分的结构模式

在特定的品种、立地条件和经营水平下，林分结构主要决定于林分密度。最佳栽培密

度和理想的林分结构也因品种和立地条件而异，但均应符合下述基本原则：密度适宜，个体生长发育良好；能最大限度地利用光能和地力，经济产量最高，寿命长，盛果期长；林内通风透光良好，无严重病虫害。根据研究结果，特提出当前各地栽培最多的小米桐品种群在不同立地条件下的3种最佳栽培密度和理想的林分结构模式：

（1）深肥类型的最佳栽培密度和理想林分结构模式　应建立小密度、高大树冠、单位面积树冠体积最大，产量最高，寿命长，盛果期长的高产、稳产林分。具体指标为：495～555株/hm^2，极肥时可用405株/hm^2；壮龄郁闭度0.9左右，行与行之间留有0.3m左右的间隙，冠高2.5～3.0m，树冠体积15000～22500m^3/hm^2，叶面积系数2～2.5为佳，产果量达6000kg/hm^2以上。这种密度和结构特别适合石灰岩发育的深肥土壤上。

（2）中肥类型的最佳栽培密度和理想林分结构模式　建立中等密度，较大树冠，产量高的丰产、稳产林分。具体指标为：630～720株/hm^2；壮龄郁闭度0.9左右，行距间隙0.2m左右，株距为树冠基本相接，冠高1.7～2.2m，树冠体积10500～15000m^3/hm^2，叶面积系数1.5～2.0，产果量达4500kg/hm^2以上。

（3）浅瘠类型的最佳栽培密度和理想林分结构模式　此类型因土壤肥力差，树体小，株产较低，应建立大密度、产量较高的丰产林分。具体指标为：750～900株/hm^2；壮龄时，郁闭度0.95左右，林内树冠基本相接，叶面积系数1.2～1.5，树冠体积9000～10500m^3/hm^2，产果量达3000kg/hm^2以上。

第五节　种植方法

一、季节

选择适当的油桐栽植季节，有利幼树的成活和成长。有农谚："栽树无时，毋能使树知。"因此，栽植油桐最适宜的时期是：油桐处于休眠期；气温、水分处于逐渐回升的前奏。在油桐主要栽培区域，气温和降雨有明显的季节性变化。一般冬季寒冷，雨水较少，但这时油桐处于落叶休眠期，对其生命活动并无影响。2月份各地气温一般在4～7℃，3月份普遍上升至10℃以上，4月份在15℃以上。2月降雨50mm以上，3月降雨约100mm。随着气温的回升，水分的增多，3月油桐开始萌生。油桐栽植最适宜的季节为2月中下旬。在油桐分布区的北缘可以延至3月上中旬，在南缘可提早至2月初。南方皱桐的栽植季节1月份进行。直播种植可在12月至翌年1月进行。

二、种植方法

（一）直播种植

直播种植即是将经过精选的油桐种子，直接播种到整好地、开好穴的植坑中，此法方便省工。由于油桐种子粒大、发芽率高、始果期早，直播方法沿用至今。

（1）选用良种　种子是栽培的物质基础。种子品质的好坏直接关系到新桐林产品的数量和质量。种源必须是经过鉴定的优良品种。种子必须采自种子园，并经过检验合格者才可使用。绝对禁止使用混杂种子。

（2）种子的精选　经过贮藏的种子，播种前必须进行精选。可用水浮选，浮除10%～

20%空粒或种仁不饱满的种子。浮选以后再进行一次粒选，选择粒大、形状正常、色泽新鲜的种子用于直播。

(3)播种方法　按照规定的株行距，每穴播放油桐种子2粒，覆土5~7cm，再覆草一层，避免表土板结，以利种子发芽出土。播种时要注意种子不能直接放在肥料上，要用细土隔开。

(二)植树栽植

植树栽植是将预先培育好的苗木，栽到整好的宜林地上。近些年来，各地丰产林常采用优树嫁接苗栽植。苗木质量好坏直接关系到今后桐树的成活、成长和结果量，要使用规格苗造林。在整好的造林地上，按株行距点每穴栽植1株。植树时必须做到苗正、根舒、分层填土踩实。根颈要低于地面2~3cm。栽植后在周围覆草层。栽植前苗木要适当地进行根系修剪，主根只留15cm左右，然后用黄泥浆沾根。栽植过程中要注意保护苗木不受损伤，特别是根系不能暴晒和风吹。

(三)芽苗移栽

油桐芽苗移栽即是将形成弓苗或直苗的芽苗期，移栽至林地。

(1)芽苗培育　选择排水良好、沙质土壤的平地，整畦作床。床高出地面5~10cm，床面平整，按每平方米播种子2.5kg的数量，12月份将种子密密地平铺在床面上，盖沙15~20cm，再铺草一层。其后注意保湿，严防鼠害及积水。

(2)及时检查，分批出苗　3月下旬气温上升、水分增多，油桐种子在圃地开始发芽，4月份陆续有弓苗出土，即可分期分批将弓苗上山定植。在移弓苗时要特别细心，不能损伤幼嫩的芽苗。芽苗可不带土移出，用容器轻轻摆好，运至林地栽植。圃地每隔5~7天又有一批弓苗可以上山，一般可分3批移完，如果还有剩下的种子即淘汰不用。这实际上是一个催芽选择的过程。

(3)林地移栽　芽苗要随挖随栽，移多少栽多少，移出的芽苗要当天栽完。栽时一手放苗一手填土，扶正、压实，栽深6~8cm，弓苗弓背上盖3cm厚细土，以免移栽后失水。芽苗成活后，5月下旬至6月上旬要进行一次穴抚，即在苗木周围松土除草，并追施一次氮肥。芽苗移栽成活率高，生长势一致。据湖南泸溪县油桐研究所试验，1年生幼林平均高107.5cm，径粗2.5cm，有20%植株当年分枝。

第六节　油桐经营模式

山区总的特点是平地少、坡地多，山区人民在长期的生产实践中，创造了靠山、吃山、养山，适宜当地自然条件的种植习惯和耕作方法，极大地促进了社会经济进步和发展。在油桐生产中，根据地貌特点、土地资源和社会经济条件的差异，形成不同的油桐经营模式。这里所谓模式是指组成林分的树种、作物种类之间存在优化结构，多功能、高效益，具有典型意义和在一定范围内的普遍意义，并有与其配套的技术措施可以推广应用。

一、油桐林立体经营模式

油桐林立体经营模式是在油桐林地间种其他乔灌木或草本作物，组成多层次的复合人工林群落。它是合理地利用光能和地力，形成一个稳定的高产量、高效益的生态系统。自然界一个有序的天然的植物群落结构，在地面空间从乔木、灌木、草本至苔藓是有结构层次的，在地下空间植物各自的根系和动物及微生物的分布是有级差的，由上向下逐步递减，这是地上和地下鲜明的空间特点，即立体特征。因此，植物群落的立体结构是自然特征，也是优化的表示，只有这样的自然生态系统，它的自身组织能力和对外的适应能力才会增强。所以油桐林的立体经营是合乎自然规律、高效益的经营。

二、油桐纯林

油桐纯林指在同一林地上只种植桐树，450～900 株/hm^2。在幼林期间亦可利用株行距空间种农作物，但成林以后郁闭度至 0.8 左右，林内光照弱，不再间种其他作物。立地条件好的林内仍可间作耐阴的中药材，进行立体经营。油桐纯林便于集约经营，单位面积产量高、商品率高，是油桐的重要经营模式。现在推行的丰产栽培均采用纯林模式。

油桐纯林也可以组成多种模式：油桐-茶叶-绿肥；油桐-药材-绿肥；油桐-黄花菜。药材只能是耐阴的太子参、田七、白术等，以及小灌木类如广东紫珠。

在油桐幼林多种经营模式中均可间种绿肥。绿肥茎叶鲜嫩，春夏翻埋压青，正值气温高、水分充足，很容易腐烂成为肥料。有农谚“冬种春埋夏变粪”的效果。绿肥不仅含有氮、磷、钾(表 7-18、表 7-19)，还有 10%～20% 的有机质，可以从根本上改善土壤结构和营养状况。

表 7-18　冬季草本绿肥氮、磷、钾含量

绿肥名称	N (%)	P (%)	K (%)	每 1000kg 鲜草相当于		
				硫酸铵 (kg)	过磷酸钙 (kg)	硫酸钾 (kg)
红花草籽	0.48	0.12	0.50	21.80	6.0	10.0
兰花草籽	0.44	0.15	0.31	20.00	7.5	6.2
满园花	0.29	0.23	0.45	13.18	11.5	9.0
蚕　豆	0.58	0.15	0.49	26.36	7.5	9.8
油　菜	0.46	0.12	0.35	21.70	6.0	7.0
荞　麦	0.39	0.08	0.33	17.22	4.0	6.6
黄花苜蓿	0.55	0.11	0.40	25.00	5.5	8.0
豌　豆	0.51	0.15	0.52	22.42	7.5	14.0
山　青	0.41	0.08	0.16	18.63	4.0	3.2

表 7-19　夏季草本绿肥氮、磷、钾含量

名称	鲜草产量 (kg/666.7m^2)	分析部分	水分 (%)	N (%)	P (%)	K (%)
日本青	1.531	茎叶	69.20	2.611	0.1926	1.1820
		根系		1.478	0.1330	

（续）

名称	鲜草产量（kg/666.7m²）	分析部分	水分（%）	N（%）	P（%）	K（%）
印尼屎豆猪	1.650	茎叶	68.00	2.460	0.1993	1.1660
		根系		1.494	0.1847	
印尼绿豆	1.400	茎叶	76.00	1.675	0.1873	0.8048
		根系		1.265	0.1554	
三叶屎豆猪	1.500	茎叶	66.40	2.660	0.1481	
		根系		1.129	0.1461	
印尼豇豆	1.400	茎叶	77.50	2.642	0.1841	
		根系		1.579	0.0944	
四方藤	1.000	茎叶	81.38	1.823	0.2475	1.1570
		根系		0.795	0.1996	

三、桐农混种

桐农混种是农耕旱地、坡地上稀疏栽植桐树（约100株/hm^2），农作物（以粮食作物为主）与桐树长期共同经营。以农促桐，以桐保农，互相促进。这是我国油桐主产区四川、贵州、湖南、湖北、重庆的主要经营形式。桐农混种和桐农间作属于立体经营。纯林经营在成林以后间种耐阴中药材也是立体经营。

四、零星种植

在我国油桐主产区，由于山多地少，随着人口的增加、耕地的扩大，原来种植油桐的缓坡地均逐步改为农耕旱地，促使油桐林地面积缩小，或往高坡发展。因此，零星种植是今后发展油桐生产的有效办法。零星种植即是利用村旁、宅旁、水旁、园旁的“四旁”，以及地边、田边、路边、沟边的“四边”等空旁隙地栽植单株或数株桐树。这些地段土壤肥沃、水分条件好、阳光充足，结果寿命长，单株产量高。在湖南、福建、浙江、四川、重庆均有不少单株产果量200~300kg以上的“油桐王”。我国油桐主产区就有几千万农户，每户植桐10株，平均户产桐果300kg，按10000万农户计，则每年可产桐果30亿kg，折算桐油达1.8亿kg，即已超过全国桐油最高产量水平。油桐零星种植的生产潜力巨大。

五、杉桐混交

我国杉木林区历来有杉桐短期混交，数年后去桐留杉的经营习惯和经验。其效果有如农谚：“三年粮食五年桐，七年杉木绿葱葱”。这是一种以短养长，以短促长，长短结合的好形式。如果全国每年推广6万hm^2杉桐混交林，平均产桐油75kg/hm^2，年增加桐油450万kg。

杉桐混交是利用杉木和油桐各自不同生物学和生态学习性的合理组合。对年桐树形矮小，根系分布浅，而杉木早期根系分布更浅，以后则更深，正好避开二者根系之间相互交织的状态，达到合理调节水分、养分供应，充分利用地力的目的。杉木生长慢，幼年期要求有一定蔽荫，不耐阳光直射。油桐生长快，直播造林1年生幼树高达70～90cm，第二年始果，3～4年就能形成4～6m^2树冠，正好作上层蔽荫。在夏季高温干旱时，因油桐枝叶遮挡，降低林内气温、增加湿度，为杉木生长创造良好的环境条件。油桐枝叶茂密有利林地水土保持，且每年有大量落叶，可增加土壤有机质。据调查，杉桐混交的早期杉木高生长比杉木纯林要增大20%～25%。

杉桐混交方法以往的传统习惯是坡地炼山挖垦后，先种2～3年旱粮作物，再点播油桐，又过一年才插杉或栽植杉苗。这种混交作业容易引起水土流失，肥力下降，有碍新林生长。今后应推行当年整地，当年点桐插杉(或栽植杉苗)，同时间种农作物，并注意防止水土流失。杉木幼龄期在混交油桐后可连续间种2～4年农作物，混交的收益期为4～5年。以后杉木郁闭成林，生长超过油桐，这时油桐生长及开花结果受到压制而逐渐自行枯死。杉桐混交密度要两者兼顾，做到立足于杉，着眼于桐。一般认为采取2行杉木，混交1行油桐较好。立地条件好的栽植密度使用1.66m×1.66m，3600株/hm^2，其中杉木2400株，对年桐1200株；一般立地条件使用1.33m×1.33m，4500株/hm^2，其中杉木3000株，对年桐1500株。6～7年砍去油桐，形成宽窄行形式的杉木纯林。在砍除油桐时，结合进行一次抚育，可促进杉木速生丰产。

在南方油茶产区传统习惯上还有茶桐混交，以后去桐留茶，形成油茶纯林。

第七节　桐林生态系统的管理

生态系统就是在一定时间和空间内，生物的和非生物的成分之间，通过不断的物质循环和能量流动而相互作用，互相依存的统一整体，构成一个生态学的功能单位。

自然环境中的各类因素是可以用来创造物质财富的，因而是资源。根据其性质可分为物质资源，如土壤、水、各类营养元素；能量资源，如光、热。其他时间和空间、信息也均可视为资源。

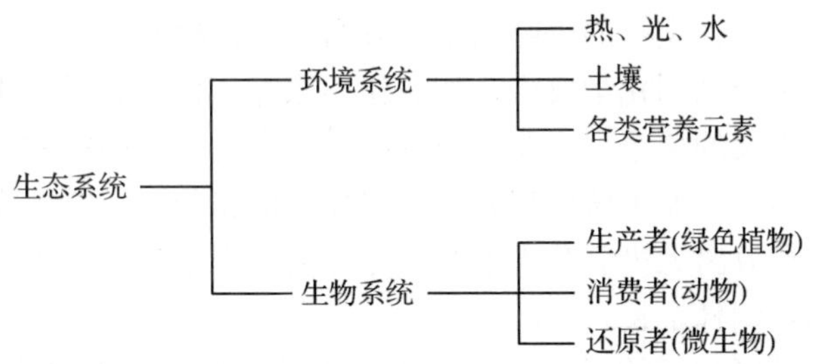

生物系统也是资源，是如何开发利用的问题。在生物系统中的森林生态系统是陆地生态系统中的主体，其中森林生物量占陆地总生物量的80%。油桐林是森林生态系统中的一个子系统，但在某一个局部地区或范围之内，它也可为生态系统中的主体。油桐林是人工系统，是由人直接创造的系统，是受人们生产实践活动直接控制的，是人类社会发展进步的产物。油桐林系统由于是人工系统，所以有它自己的特点。首先，是组成系统种类单一，结构简单，因而自我调节修复能力低。为了使系统更加稳定，应尽可能组成多成分的复合系统，如推行桐农立体经营。其次，油桐林是次生偏途顶极演替。在自然演替过程中，要形成一个多层次的结构复杂的顶极群落系统，需要经过漫长的历史时间。在正常演替的途径中是不可能出现油桐林自然群落的，而由人工干预在演替途中清除原有自然植被，从旁插入，并迅速形成顶极群落系统。因此，人们称之为次生偏途演替。再次，油桐林系统是一个油料资源生产系统。人工栽植油桐林系统能否顺利发展为顶极群落，形成稳定的生态系统，成为油料资源生产系统，是要依靠科学管理，合理利用环境资源，正确调节各个因素来达到的。油桐林系统是一个耗散结构，要维持这个结构，必须有能量的输入，物质的循环，不停地进行着能量和物质的代谢，否则这个系统就崩溃、瓦解。油桐林是作为经济林来栽培的，管理的最终目的是获得高产、稳产。

油桐栽植以后，形成一个油料资源生产系统，按其生长发育的顺序，必须经过幼林阶段，然后进入成林阶段，才能开花结果。营养生长和生殖生长阶段是紧密相连的，不可超越的。因此，桐林管理按其生长发育阶段，分为幼林管理和成林管理。

一、幼林管理

幼林阶段是指栽植的第一年，至开始开花结果的这一阶段。幼林抚育管理的任务是中耕除草、间苗补植、除虫灭病和施肥。目的是为幼林成活和成长创造一个良好的环境条件，培养优良的树形。

(一)土壤耕作

幼林期的土壤耕作，主要是中耕除草。土壤是水分、养分、空气和热量的贮存库，植物从土壤中获得水分和营养物质，同时土壤也是固定植物的场所。土壤库是能量流和物质循环途径中的一个重要链节。因此，可以作为“土壤生态系统”来研究运用。

土壤生态系统在油桐林生产栽培中是环境条件之一，它包括物理环境、化学环境和生物环境。物理环境是指土壤的机械性质和结构性能。结构性能好的土壤所含孔隙的数量和比例大小适中，通透性和传导性均好，有利气体交换、热量传输、根系伸展。土壤水分除作为营养因素外，还能影响土壤中一系列的物理、化学和生物性质，土壤中的各种养分要溶解于水后，才能供给桐树吸收利用。因此，土壤水分与土壤养分的有效性具有多方面的关系。土壤化学环境对桐林生长的影响也是多方面的。各种元素主要是以离子状态与桐树发生直接关系。土壤中一系列化学反应，如氧化还原等，直接关系着土壤肥力及其供给能力。土壤生物与桐林生长的关系，主要是土壤微生物参与土壤中的物质转化。桐林所需要的无机养分的供给，不仅依靠土壤中现有的可溶性无机养分，还要依靠微生物的作用将土壤中的有机质分解，释放出无机养分来不断补充。微生物生命活动中产生的生长激素、维生素类物质也直接影响桐林生长。

据江苏省林业科学研究所的研究试验，中耕除草对防止土壤板结、改善土壤理化性质、提高土壤养分和水分有重要作用(表7-20，表7-21，表7-22)。

表7-20　中耕除草后油桐林地土壤养分的变化

土壤肥力	全氮(%)	速效磷(%)	速效钾(%)	有机质(%)	pH值	备注
中耕除草	0.1860	0.0260	0.0100	1.8520		1962年采土样深度0～30cm，1961年直播
对照	0.1225	0.0240	0.0080	1.8024		

（续）

土壤肥力	全氮（%）	速效磷（%）	速效钾（%）	有机质（%）	pH 值	备注
中耕除草	0.0872	0.0180	0.0150	1.3865	6.5	1963 年采土样深度 0～30cm，1961 年直播
对照	0.0549	0.0160	0.0108	0.9306	6.5	

表 7-21　中耕除草后不同土层深度含水量的变化

处理	不同土层深度含水量（%）		备注
	0－20cm	20－40cm	
中耕除草	13.24	15.43	1961 年 7 月 18 日干旱时速测
对照	9.59	15.50	

表 7-22　中耕除草后油桐叶营养元素含量的变化

中耕时期	P_2O_5（%）	K_2O（%）	N（%）	蛋白质（%）	备注
6 月	0.262	0.241	2.0	12.4531	9 月 10 日采样
8 月	0.254	0.241	1.9	12.1824	9 月 10 日采样
CK	0.230	0.240	0.8	5.0325	9 月 10 日采样

（二）抚育方法

幼林抚育中的中耕除草，第 1、2 年每年要进行 2 次，第 1 次 5～6 月，第 2 次 8 月。中耕除草在幼树 30cm 周围只作浅松，外围松土深度可以 15～20cm，除净杂草并铺放在幼树周围。第 1 年的第 1 次中耕除草时，要注意进行扶苗培苗，间苗补植。第 2 年的第 1 次中耕除草后，要进行施肥。第 3 年在 6 月或 8 月抚育 1 次即可。每次抚育都要注意结合除虫灭病。幼林抚育管理在栽植后的头 2 年非常重要。因为这时幼树还没有庞大的根系和粗壮的茎干，生活力较弱，易受杂草侵害。杂草从土壤中夺走大量的水分和养料；繁茂的杂草可以遮盖住幼树，影响光照；杂草也是害虫及病菌最好的繁殖场所。春季和夏季是幼林生长的最旺时期，也是杂草蔓延最快的时候，此时必须及时进行中耕除草。根据江西省林业科学研究所试验，抚育管理与幼林生长关系密切（表 7-23）。

表 7-23　抚育管理与幼林生长关系

成活与生长处理组	成活率（%）	平均高（cm）	平均根径（cm）	单株平均叶片数（片）	备考
6 月抚育组	100	81.21	1.7	29.36	3 个以上重复
8 月抚育组	96.46	42.78	1.1	20.41	3 个以上重复
CK	79.89	28.96	0.8	14.65	3 个以上重复

注：直播造林，穴垦（80cm×80cm×60cm），1kg 棉籽饼肥/穴。

（三）幼林间作

桐农间作是人工栽培的复合群落，能够充分利用光能、合理利用地力、增加土壤肥力、减免水土流失，以耕代抚，促进桐林生长。植物所积累的干物质90%~95%是光合作用的产物。在一般情况下，光合作用产物的多少，是由光合作用的叶面积、光合作用的时间和强度来决定的。桐树和农作物之间的生长周期、物候期和季相演替不同，合理搭配，相互交替，即可使林地上长年都有绿色植物在进行光合作用，充分利用光能。

间种能合理利用土地。由于桐树与农作物根系分布深浅不同，在地下部形成层次，吸收不同层次的养分。间作后勤于中耕，可以疏松和熟化土壤、加深耕作层、改善土壤结构。同时，农作物的大量叶、秆和根残留林地，可改善土壤化学性能、增加土壤肥力。据中国林业科学研究院亚热带林业研究所在浙江富阳油桐试验地的测定，间种改良土壤作用如表7-24、表7-25所示。

表7-24　间种对土壤体积质量和孔隙度的影响

间种年限	间种前	间种1年	间种2年	间种3年	间种4年	间种5年
体积质量（g/cm^3）	1.34	1.12	1.04	0.956	1.01	0.978
孔隙度（%）	50.40	58.80	61.90	65.100	63.20	64.300

从表7-24中看出，不进行间作的土壤体积质量为1.34g/cm^3，常年间种后，可降至1左右。总孔隙度可由原来的50.4%增加至62%~65%。体积质量降低、孔隙度增大，使土壤物理性能得到改善，提高了土壤的保水、保肥能力。

表7-25　幼龄期间种的改土效果

测量项目 / 土层深度 / 处理	有机质（%）		全N（%）		全P（%）	
	0~15cm	15~40cm	0~15cm	15~40cm	0~15cm	15~40cm
间种3年	2.45	1.02	0.1140	0.0440	0.0110	0.0061
间种2年	1.99	1.09	0.0790	0.0420	0.0099	0.0081
间种1年	1.76	0.80	0.0660	0.0240	0.0110	0.0090
不间种	1.23	0.24	0.0410	0.0220	0.0084	0.0076

从表7-25中看到间作对土壤中的有机质、全N、全P普遍都有提高。又据中南林学院经济林研究所在湖南永顺油桐丰产林试验地的测定（表7-26，表7-27），桐林立地条件好，缓坡地，黑色石灰土幼林地，间种对土壤活性有机质的增加尤为显著，平均增加2%左右。因此，促进了幼林的成活、生长及开花结实（表7-28）。

表7-26　土壤活性有机质含量　　单位：%

采样 / 处理	1	2	3	4	5	6
纯林（0~15cm）	0.8419	1.8043	2	1.9933	1.8	2.03
间种林（0~15cm）	3.8832	4.9577	4	4.3387	3.2	3.54

表 7-27　方差分析

变差来源	自由度	离差平方和	均方	均方比	Fa
组间	1	$La = 15.356$	$Sa^2 = 15.356$		
组内	10	$Le = 2.867$	$Se^2 = 0.2867$	$F = 53.56$	$(f1 = 1)\quad Fa_{0.1}(f^2 = 10) = 10$
总的	11	$Lt = 18.22$			

表 7-28　间种对油桐幼林生长的影响

项目 \ 处理		间　种	未间种
1 年生桐林	发芽率(%)	100	68.9
	树高(m)	1.10	0.65
	径粗(cm)	2.1	0.9
2 年生桐林	树高(m)	2.64	1.41
	冠幅(m^2)	89	30
3 年生桐林	树高(m)	3.41	2.15
	冠幅(m^2)	9.10	4.90
	结果株(%)	86	24
	平均单株果数(个)	9.5	2.7
备　注		900 株/hm^2	900 株/hm^2

二、桐林间作的方法

桐林间种作物种类很多，粮食作物方面有玉米、甘薯、高粱、小米、荞麦、小麦、马铃薯、木薯等；豆类有大豆、绿豆、豇豆、蚕豆、豌豆等；经济作物有棉花、芝麻、花生、油菜、烟草、西瓜、黄花菜等；蔬菜有萝卜、生姜、瓜类、叶菜类、根菜类等；药材方面有白术、党参、玄参、太子参、沙参、防风、红花、前胡、紫草、紫珠等；绿肥有紫云英、苕子、满园花、猪屎豆、四方藤、巴西豇豆、印尼豇豆等。在选用作物时要使间种关系协调一致，相互有利，形成短暂稳定的群落。具体地说，有三个方面需要注意：第一是桐林年龄，如在第一年生长势还不很旺，并且需要有适当蔽荫，可以选用玉米、高粱等高秆作物，但不宜选用夏收作物。因为正当夏季炎热的时候，收获后林地裸露，骤然改变幼林的生长环境，温度突然增高，加大蒸腾，容易造成日灼和干枯。同时也不宜选用甘薯、马铃薯等块根作物，以免收获时因全面挖翻土壤，损伤根系以及造成水土流失。幼林的第二年和第三年，不宜间种玉米等高秆作物，宜选用甘薯、马铃薯、豆类、生姜等较矮小而又耐阴的作物。块根作物，收获时挖翻土壤，可起着深耕的作用。第二是要根据不同立地条件，因地制宜地选择间作物。在缓坡土层深厚的地段，可间作玉米、薯类、烟草、油菜、西瓜、蔬菜等。在立地条件一般的地段，可间作小米、小麦、荞麦、黄豆、绿豆等。在立地条件较差的地段当间作耐瘠性强的豆类作物。第三要考虑当地的社会经济条件，在粮食不充足的地方，以间种粮食作物为主，粮食多的地方以间种经济作物为主。

桐林间种涉及农作物的套作、间作、连作和轮作等多方面问题。一般说来，轮作比连作好，有利恢复地力，可以选用高秆粮食作物—经济作物—低矮耐阴的粮食作物、豆科作物轮作；高秆粮食作物与豆科作物套作；高秆粮食作物—豆科作物—耐阴粮食作物、经济作物套作轮作。间种年限3~4年，第5年以后属成林经营，在立地条件好的地方，可间种耐阴药材。桐林间种的作物一般产量见表7-29。

表7-29　桐林间作物的一般产量　　单位：kg/hm²

作物种类	产量	作物种类	产量
黄　豆	750~900	小　麦	1500~2100
豌　豆	600~750	马铃薯	1050~1350
豇　豆	600~750	油菜籽	375~525
花　生	600~750	荞　麦	600~750
芝　麻	255~350	旱　禾	600~900
甘　薯	15000~24000	西　瓜	18000~24000

三、树形培养

桐林丰产必须有良好的树体结构。根据油桐的分枝习性，采用修剪定型在技术上有一定的难度。因此，油桐幼林树形的培养，主要依靠对幼林的抚育管理，通过养分和空间调控来培育优良树形。在播种或栽植的第1年，要促使苗木生长健壮，高度达到1.0m左右，为第1~2年分枝创造条件。嫁接苗植树造林有足够基肥者，当年多能分枝。肥力、水分不足，直播造林2年生也不分枝，3年生多不结果，即使嫁接苗植树造林当年也多不分枝。如果第2年不分枝，主干必然继续高生长，则会造成分枝点过高，其后可能形成一层单盘状树冠。如果2年生才开始分枝，至3年生由于根系发育庞大，新梢猛长，其后成为2层双盘状树形，中间空一大段，轮间距大。单盘形结果面积只有正常树冠的1/4，双盘形结果的立体空间体积只占1/5。这2种树形结果面小，结果量自然少，土地和光能都未充分利用。油桐优良树形应是：有中心主干，主枝3轮，呈台灯形。具体的要求是分枝高1.0~1.2m，第1层4~5个主枝；第2层各3~4个分枝，轮间距40~60cm；第3层各3~4个分枝，轮间距30~50cm。这样的树体架构强壮、牢固，主枝分层着生，发枝点多，内腔不空，立体空间利用充分，结果面大，负载量大，通风透光良好，将来发育成树高4~5m、冠幅4.5~5.5m台灯形树冠，是理想的树形。根据湖南省湘西土家族苗族自治州保靖县的调查，树形与结果量差异很大(表7-30)。

据"七五"国家攻关项目，油桐丰产林课题组分布在湖南、广西、浙江等7省(自治区)133hm²油桐丰产林的调查统计，由于普遍采良种、集约经营，丰产林中80%~90%的植株第2年正常分枝，其中3层树体结构的丰产树占30%~40%，二层分枝结构的较丰产树占40%~50%，结果少的树占10%~20%，基本上没有"公桐"。将一般桐林中丰产和较丰产的桐树仅占20%~30%，提高到在丰产林中占70%~80%，体现了林分结构的整体水平大幅度提高，确保丰产建立在可靠的优良林分基础上。133hm²丰产林直播种植，3年生平均产桐油46.05kg/hm²，4年生181.50kg/hm²，5年生226.50kg/hm²，6年生357.60kg/hm²。

表 7-30　丰产树与低产树产量差异调查

树形		台灯形	伞形
样地号		保靖 -1	保靖 -5
品　种		葡萄桐	葡萄桐
林龄(a)		7	7
主枝层数(层)		3	1
调查株数(株)		5	5
调查结果	树高(m)	4.03	2.44
	分枝高(m)	1.01	0.80
	冠高(m)	2.99	1.64
	冠幅(m^2)	17.60	11.88
	株产果量(kg)	14.40	3.60

四、成林管理

纯林经营的桐林，从第 5 年开始逐步进入结果盛期。由于林地郁闭度增大，停止间种农作物和对间种物的耕作、施肥等作业，所以必须加强对桐林的直接抚育管理。油桐栽培性状的反应强烈，如果成林以后 2 年不垦复施肥，则产量大减。有农谚："一年不铲草成行，二年不铲叶子黄，三年不铲山就荒，四年不铲树死亡。"油桐盛果期一般是 20~30 年，这是栽培上最有经济价值的黄金时期，其营养生长和生殖生长均至旺盛期，必须及时强化抚育管理。重点是土壤耕作和施肥。油桐成林林地的土壤耕作，主要有夏铲、冬挖(冬垦)。

(一)夏铲

夏季正是油桐生长及杂草生长旺盛季节，互相争夺水分、养料加剧，不利油桐生长。每年 7~8 月份进行一次夏季浅锄铲山(深度 10~15cm)，能及时消灭杂草、疏松土壤、减少水分蒸发，增加土壤透气性和蓄水保肥能力。铲除下的杂草开沟堆埋在树根周围。据中南林学院经济林研究所在湖南永顺油桐丰产林的对比试验中测定，丰产林第 4 年停止间种，第 5、6 年连续进行夏铲及适量施肥，与相邻的对照桐林(第 4 年停止间种未管理)产量相差很大(表 7-31)。

表 7-31　油桐成林管理与土壤肥力和产量关系

项目		抚育管理	未抚育管理
速效养分(mg/kg)	NO_3-N	18.20	14.10
	NH_4+N	19.76	14.31
	P_2O_5	13.40	4.71
	K_2O	42.10	32.30
有机质(%)		1.4185	0.9431
平均油桐产量(kg/hm^2)		406.5	76.5

从表7-31中看出，幼林管理相同，仅是成林以后2年未管理，产量相差4.4倍。另据陕西省林业科学研究所在商南县双庙岭乡调查，垦复与未垦复产量也相差很大(表7-32)。

表7-32　双庙岭油桐林垦复与未垦复生长结实调查

处理	品种	树龄(a)	平均树高(m)	根径(cm)	冠幅(m)	平均新梢长(cm)	平均单株结果数(个)	平均果重(g)	平均单株产量(kg)	增产指数(%)
垦复	米桐	6	2.8	5.02	3.2	36.7	27	45.00	1.215	279.3
荒芜	米桐	6	2.1	3.94	2.2	10.2	11	39.74	0.435	100

从表7-32可以看出，同是6年生米桐，经垦复的油桐树平均树高、根径、冠幅、新梢长度等都比不垦复的大；垦复油桐树平均单株产果量1.215kg，未垦复的只0.435kg。

油桐至7月份以后，开始花芽分化及快速脂肪累积，这时叶片中氮、磷、钾的含量都很低，是大量消耗养分的时候。据中国林业科学研究院亚热带林业研究所对浙江富阳6年生油桐纯林(未施肥)的测定，4月25日基叶氮的含量是2.08%，至7月27日下降为1.17%，8月12日下降为0.72%；磷的含量，则从0.67%分别下降至0.21%和0.15%。所以铲山及施肥不仅关系当年油桐果实的生长发育，也影响下一年的结果量。

在油桐林地也可结合松土使用化学灭草剂除草。常用的灭草剂有：

①除草醚　触杀型并兼内吸传导，有一定选择性，能防除1年生杂草和以种子繁殖的多年生杂草。用含量为10%的5~15g/m²。

②扑草净　高效低毒的内吸传导型，能杀除1年生和多年生杂草及若干禾本科杂草，药效期30~38天。用含量为50%的0.5~1.0g/m²。

③西马津　选择性内吸传导型，根系吸收后产生叶缺绿症，抑制光合作用，药效期长，在土壤中可达6~18个月，可灭除1年生杂草。用含量为50%的0.5~1.0g/m²。

④阿特拉津　性能与西马津相似，但具较大溶解度，下渗性强，对深根性杂草的作用比西马津好。用含量为50%的0.5~1.0g/m²。

⑤茅草枯(达拉朋)　内吸传导型灭草剂，对1年生禾本科及莎草科杂草灭除效果显著，药效20~60天。用含量为87%的0.5~2.0g/m²。

⑥敌草隆　对1年生和多年生杂草均具灭草作用，药效期60~90天。用含量为25%的0.4~1.0g/m²。

(二)冬挖(冬垦)

冬季的深挖垦复，一般深度要求20~25cm，在土层深的缓坡或梯土处，可以加深至30cm。冬挖时将土壤大块深挖翻转，让其在冬季自然风化。夏铲主要起到除草松土作用，冬挖则能起到加深土壤熟化和蓄水作用。冬挖每2~3年1次，时间12月至翌年2月份。冬挖能改善土壤的结构和提高肥力。据中南林学院经济林研究所在湖南永顺青天坪试验地的调查测定，2块733.4m² 9年生桐林的立地条件大体一致，均为红色石灰土，直播小米桐，第5年停止间种。试验地在第6、7年继续夏铲，第8年冬深挖1次；对照地第6年继续夏铲，以后2年未加管理，处于荒芜状态。两块林地土壤理化性状及产量相差很大(表7-33)。

表 7-33　冬挖抚育对油桐林地土壤和产量的影响

处理	0～20cm 深土壤						产油量（kg/hm²）
	孔隙度（%）	土壤体积质量（g/cm³）	有机质（%）	全 N（%）	全 P（%）	速效 K（mg/100g ±）	
冬挖抚育	61.42	0.985	2.2	0.0812	0.1	16.4	29.0
未抚育	36.21	1.610	0.9	0.0210	0	10.3	4.2

从表 7-33 中看出，土壤的理化性质相差很大，从 1 倍至几倍，产油量相差 6 倍。目前，我国油桐林大面积平均单位面积产量较低，其中重要的原因之一就是荒芜桐林较多。

冬挖的范围应根据原来的整地规格进行。在桐树四周 30cm 以内宜浅，但适量挖断部分老根，可以促进新的吸收根的萌生。如果原是块状整地者，可以结合冬挖逐年扩大，连成梯带。对狭梯带也应结合冬挖逐年扩大梯面。

冬挖是油桐丰产的重要技术措施，但方法方式要得当，适时适量，要注意水土保持，才能达到预期效果。冬挖的工作量繁重，除陡坡仍主要使用人力进行外，应尽可能使用机械耕作。在湖南省湘西土家族苗族自治州，有使用耕牛犁山的办法进行冬垦。耕牛犁山具有工效高、质量好，1 个人每天可犁山 0.3hm²，比人工挖山提高工效 2～4 倍。犁山方法是由山下向上犁，并掌握沿水平横向耕翻，以利保土、蓄水。浙江常山县林场、金华县林场及江西乐平梅岩垦殖场，使用手扶拖拉机进行桐林的冬挖及夏铲，初步实现了耕作机械化。国内在某些经济林生产上试行免耕试验研究，初步取得良好效果。在油桐生产上，也可以研究免耕法的应用，如试验割草覆盖、绿肥覆盖等多种办法。

（三）桐林施肥

1. 油桐的营养元素

植物干物质的元素组成大体是：碳 45%、氧 42%、氢 6.5%、氮 1.5%，灰分元素平均约 5%。但植物组织中含有必需的营养元素有十多种。如果缺乏某些元素时，就会出现“缺素症”，影响油桐正常的生长发育。

氮是植物生长不可少的重要元素，是所有蛋白质和核酸的主要成分，因而也是所有原生质的主要成分。提高氮的供应水平可以扩大叶子生长，有利于光合作用。但氮过多形成徒长，延长营养生长，推迟成熟。油桐苗木缺氮时生长最差，茎矮小，侧根细弱，细根少，叶由淡绿渐变成黄色，老叶呈橙黄色，叶尖端和边缘焦枯，叶肉有很多红、黄、褐色斑块，叶脉和叶柄变成紫红色，6 月中旬即有落叶现象。

磷是主要营养元素之一，是细胞核的重要成分，而且也是细胞分裂和分生组织发育所必需的物质。磷能促进花芽分化，提早开花结果，促进油脂积累及果实、种子成熟。缺磷导致分生组织的分生活动不能正常进行，影响生长。油桐苗木缺磷前期虽仍生长良好，但 7 月初茎的高生长显著减慢、主侧根较短、叶暗绿色、下部叶子后期有黄化脱落现象。

钾也是主要营养元素之一，在铵离子合成氨基酸和蛋白质及光合作用的过程中都起着重要作用。缺钾时叶子未老先衰。钾是土壤中常因供应不足而限制油桐产量的 3 种大量元素之一，所以要不断施用钾肥。但钾肥过多有碍植物对阳离子的吸收，不利生长。油桐苗木缺钾初期对生长影响还不明显，6 月底以后生长缓慢，径粗生长不均匀，愈向上愈细弱。主根短粗，侧根细根有腐烂，新叶黄绿，老叶淡黄，尖端和边缘干枯卷曲。

钙对分生组织的生长，尤其是对根尖的正常生长和功能的正常发挥，是不可缺少的元素。油桐苗木缺钙对茎的生长类似缺钾症状，只是茎的上部颜色淡黄，叶较小而薄，呈黄绿色，老叶后期淡黄，尖端和边缘出现黄褐色斑块，下部叶中期有脱落现象。根发育较差，有的植株根部腐烂。缺钙会使根系发育不充分，并会造成让其他物质在组织中累积而受害。油桐是喜钙植物。

镁是所有一切绿色植物都需要的元素，因为它是叶绿素的成分。油桐苗木缺镁，叶出现黄化现象。硫是许多蛋白质的主要成分，缺硫往往会使叶子出现黄化现象。油桐缺硫苗木生长好像影响不大，但叶子较薄小。油桐缺铁苗木生长后期差，叶色不正常，叶厚硬呈铜青色，部分幼叶出现黄红颜色。其他的微量元素包括锰、锌、铜和硼等，虽需要量较少，但也是不可少的。

广西壮族自治区林业科学研究院曾进行过油桐盆栽矿质营养元素的试验(表7-34)，缺氮的油桐幼苗根、茎、叶各部分的生长都比其他各种处理的生长差，仅仅稍好于对照(全缺)。其他生长较差的依次为缺钾、缺钙、缺磷及缺铁等。缺硫和缺镁从茎高和根的长度看，常超过施全肥的苗木，但后期生长慢。

表7-34　各种不同处理油桐苗木生长情况

处理	茎(cm)		根(cm)		叶(cm)		
	高	粗	主根长	侧根长	叶片数(张)	长	宽
全液	70.02	2.11	52.32	28.69	23.5	17.60	19.62
－N	24.97	0.99	15.88	9.95	13.5	7.99	8.83
－P	61.00	2.03	30.89	26.53	21.0	15.11	18.05
－K	49.63	1.56	19.10	18.77	20.0	14.20	15.75
－Ca	52.95	1.75	29.08	19.97	18.0	13.06	14.59
－S	78.23	2.13	84.47	42.24	21.6	16.43	18.70
－Mg	77.70	1.96	52.53	24.78	23.6	16.27	18.58
－Fe	64.96	1.96	32.53	24.45	22.6	15.83	17.63
CK(全缺)	20.85	0.90	14.20	12.37	11.5	8.11	8.49

该试验认为矿质营养元素对油桐苗木的生理活动强度也有影响，如对光合强度(表7-35)、对苗木呼吸强度(表7-36)、对油桐苗木蒸腾强度的影响(表7-37)。

表7-35　不同矿质营养元素对油桐苗木光合强度的影响

处理	全液	－N	－P	－K	－Ca	－S	－Mg	－Fe	CK(全缺)
光合强度干重[g/(m^2·h)]	0.8067	0.1503	0.4817	0.3000	0.4016	0.5950	0.5167	0.5200	0.1717
CK(%)	469.0	87.5	280.5	174.7	233.9	346.3	300.9	302.9	100.0

表 7-36　不同矿质营养元素对油桐苗木呼吸强度的影响

处理	－N	－P	－K	－Ca	－S	－Mg	－Fe	CK(全缺)
光合强度[(CO_2g/干重 g·h)]	1.0714	0.4138	0.8099	0.412	0.4437	0.4849	0.4646	1.2116
CK(%)	88.4	34.2	66.8	34.0	36.0	40.0	38.3	100.0

表 7-37　不同矿质营养元素对油桐苗木蒸腾强度的影响

处理	－N	－P	－K	－Ca	－S	－Mg	－Fe	CK(全缺)
蒸腾强度[g/(m^2·h)]	113.87	78.37	92.43	84.37	84.17	84.37	0.23	104

试验表明，凡缺一种元素的光合作用强度都有减弱趋势，其中缺氮的最为严重，比对照还低。这是由于缺氮减弱光合作用器官的活动能力，比之对照营养元素更为不平衡的结果。呼吸作用是新陈代谢过程中一个重要部分，植物在进行呼吸时分解有机物质，同时释放出供植物生命活动所必需的能量。呼吸作用不能正常进行，一定会影响植物生长的发育。油桐苗木缺乏某些矿质元素时呼吸强度一般都出现下降现象，但其中缺氮和缺钾及对照(全缺)的苗木则明显增大。当缺乏某种元素时，呼吸强度也可能出现增高的现象。水分供应是否充分，直接影响植物正常的生命活动。蒸腾作用消耗大量水分，常会造成植物需水不足现象。全液的油桐苗木生长好，蒸腾强度也较小，缺矿质营养元素的其他各种处理的苗木，蒸腾强度都有不同程度的增大，其中缺氮及对照(全缺)的油桐苗木生长最差，而且蒸腾强度最大。

油桐各种营养元素的含量，随着季节的变化而变化。据浙江林学院赵梅(1984)在金华和临安两地3年生油桐幼林的测定(表7-38，表7-39)。金华是第四纪红色黏土，临安是砂页岩风化的红壤。

表7-38说明，氮、磷、钾和镁随春、夏、秋季节变化几乎成直线下降，其中首先氮、磷的变化特别明显，相对下降50%左右。这是由于前期新梢迅速生长，叶面积增大，中后期的生殖生长，即花芽分化及种子中脂肪积累等，需要大量的氮、磷，以致其含量显著下降；其次是钾含量的下降，除了因为上述生长发育过程需要足够量的钾外，还由于钾容易转移(夏季较稳定)以及通过叶淋失与根部损失而逐渐下降。镁是以幼叶含量为最多，随叶子的老化和光合作用的衰减，以致叶绿素含量的下降而减少。钙的含量随季节逐渐上升，这是因为在幼叶中含钙量通常是最低的，且多被固定为草酸钙的形态；它是生理不活跃元素，不参与元素循环，因而随叶子老化变硬而增多。氮、钾等元素含量的变化趋势恰与钙相反。临安的油桐常量矿质营养元素含量随季节的变化趋势，钾基本上与金华的相似，但在不同季节中，金华油桐的氮、磷、镁含量比临安的下降幅度大，钾含量的下降幅度则相反。而钙含量的上升幅度，金华的比临安的小。

表7-39(金华)所示，铁含量随春、夏、秋季节变化几乎成直线下降；夏季锰的含量最高，到秋季则递减，但不低于春季含量；锌含量春、夏变化不大，秋季上升；铜与硼的含量，在不同季节中差异不大。还可看出，锌与锰的变化情况正相反。临安的微量元素含量

表 7-38　金华与临安两地油桐叶片常量元素含量测定平均值数据

单位:%

采样日期	测定元素														
	N			P			K			Ca			Mg		
	5 月 9 日	7 月 14 日	9 月 10 日	5 月 9 日	7 月 14 日	9 月 10 日	5 月 9 日	7 月 14 日	9 月 10 日	5 月 9 日	7 月 14 日	9 月 10 日	5 月 9 日	7 月 14 日	9 月 10 日
金华	2. 780	1. 990	1. 49	0. 200	0. 130	0. 100	1. 323	0. 913	0. 818	1. 347	2. 073	2. 148	0. 462	0. 418	0. 337
临安	2. 800	2. 060	1. 80	0. 190	0. 097	0. 093	2. 091	1. 288	0. 971	1. 297	2. 168	2. 266	0. 526	0. 506	0. 473

表 7-39　金华与临安两地油桐叶片常量元素含量测定平均值数据

单位:mg/kg

采样日期	测定元素														
	Cu(%)			Fe			Zn			Mn			B		
	5 月 9 日	7 月 14 日	9 月 10 日	5 月 9 日	7 月 14 日	9 月 10 日	5 月 9 日	7 月 14 日	9 月 10 日	5 月 9 日	7 月 14 日	9 月 10 日	5 月 9 日	7 月 14 日	9 月 10 日
金华	4. 5	4. 5	5. 5	241. 9	126. 5	103. 3	26. 2	24. 9	32. 2	878. 3	1299. 7	1151. 7	11. 4	11. 2	11. 5
临安	19. 7	5. 4	5. 8	201. 6	125. 7	74. 9	32. 2	31. 0	45. 3	761. 7	1243. 8	983. 0	14. 6	11. 7	15. 6

变化趋势与金华的相仿。但临安油桐在不同季节中的锌、硼、铜等元素含量都比金华的高，春季铜含量更为明显；而铁、锰的含量则比金华的低。

2. *油桐林地施肥*

油桐幼林和成林的抚育管理都包括施肥的内容。桐林生产者的初级产品——果实是被人们拿走的，只有落叶和少量枯枝才回到林地被还原，作为养分进入生态系统。拿走的初级产品中包括来自土壤中各种化学元素。据分析测定，油桐果实中含氮量1.7978%；含磷量0.5885%；含钾量2.3880%。如果每年从桐林收获100kg干果实，等于从土壤中减少氮1.7978kg；磷0.5885kg；钾2.388kg。年复一年，必须用施肥来补充土壤养分的不足。桐林生态系统管理示意图如下：

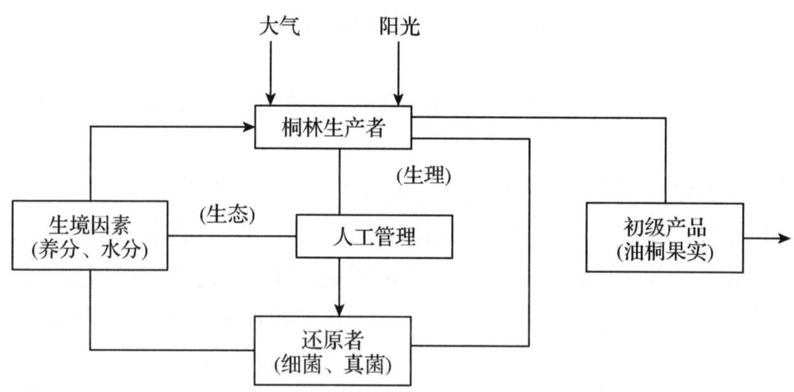

桐林的第一年，由于在直播或植树的穴中已经施放基肥，间种农作物也进行了必要的施肥。因此，不要专门为幼树施肥，否则易促使幼树徒长，如树高超过1.5m，其后树体结构就不好了。桐树的施肥从第二年开始，至整个结果期间，每年都要抚育、施肥。肥料可分为有机肥、无机肥(化肥)和菌肥三大类。有机肥如厩肥、堆肥、土杂肥、绿肥、各类饼肥、粪肥等。化肥主要有尿素、硫酸铵、硝酸铵、过磷酸钙、钙镁磷、氯化钾、各类复合化肥等。菌肥有固氮菌剂、根瘤菌剂、抗生菌剂等。生产上施肥一般分为基肥和追肥。基肥施用要早，追肥要巧。基肥是长期供给经济树木养分的基本肥料，所以宜施有机肥料。如堆肥、厩肥、土杂肥、腐殖酸类等，使其逐渐分解、供给油桐长期吸收利用。在秋、冬两季结合土壤管理进行，于树木周围开沟埋施。追肥是根据油桐物候期需要的特点及时追施肥料，以调节生长和开花、结果的关系。追肥一般使用化肥为主。花前施肥，为补充树体养分不足、促进开花，以施氮肥为主，适量配合磷肥。落花后追肥，此时幼果开始生长，同时新梢生长旺盛，是需肥较多的时候，要及时施肥促进幼果生长，减少落果。在果实生长过程中，根据情况还要追施氮、磷肥为主，配合钾肥，促进果实膨大、防止落果。施肥要和水以及其他耕作措施配合，才能更充分地发挥肥效作用。同时要有机肥与无机肥配合使用。

根据浙江林学院钱雨珍等(1984)油桐成林的施肥的试验研究，在油桐开花前，施以氮肥为主的氮、磷、钾肥料作追肥的配比为$N:P_2O_5:K_2O=4:2:1.2$，一般可用，每株桐树施尿素0.5kg、钙镁磷0.75kg、氯化钾0.1kg。油桐的开花授粉状况对当年产量有决定性影响，所以花前追肥是很重要的。7~9月是桐果油脂形成和积累的主要时期，花芽分化也在继续进行，需要很多养分，所以在7月初应施以钾肥为主的氮、磷、钾配比肥料($N:P_2O_5:$

K_2O =1∶1∶2.4），一般可用，每株桐树施尿素0.15kg、钙镁磷0.20kg、氯化钾0.30kg，可以减少落果，促进桐果生长、种子饱满、含油量增加。浙江金华低丘红壤地土壤贫瘠，如果6年生桐林桐果产量6.0～7.5t/hm^2，全年应施尿素270kg、钙镁磷450kg、氯化钾135kg，投入与产出比为1∶4.08。7年生桐林，如果桐果产量9.0～10.5t/hm^2，全年应施尿素540kg、钙镁磷900kg、氯化钾270kg，则投入与产出比为1∶3.50。为了准确确定施肥，可采用桐叶营养诊断法。6年生桐林桐叶氮、磷、钾含量（全量）的临界值分别为2.5%～2.6%；0.14%～0.15%；0.57%～0.63%。7年生桐的桐叶氮、磷、钾的临界值分别为2.4%～2.6%；0.14%～0.15%；0.63%～0.73%。

第八节　桐果采收

桐果的适时采收是丰产丰收的重要技术环节，在果实充分成熟、开始自然落果时为采收适时。

油桐果实生长变化，据中南林业科技大学林学院经济林研究所的测定（表7-40），子房受精后开始果实生长期，至7月30日果径和净高停止增长，果形基本定型。但果实干物质仍继续增加，内含物更充实，水分下降。果实干物质重到10月底也停止增加，这时果实已经基本成熟。果实生长中，果皮占全果的百分率从高到低，而种子所占的百分率却由低到高。这两种走向的距离慢慢趋于接近，至9月30日以后成为各50%左右。开始主要是果皮的生长，以后才转为种子的增长。种仁的充实较晚，7月30日当果实干重16.36g时，种仁仅0.09g。但从8月15日以后仁重增长很快，至10月30日增至8.23g，时间仅45天。

表7-40　果实生长过程的变化形态

次序	日期（月.日）	果实大小			果皮			种子			
		果径（cm）	净高（cm）	单果干重（g）	厚度（cm）	干重（g）	占果重（%）	干重（g）	占果重（%）	仁干重（g）	仁占种子重（%）
1	4.30	1.41	1.35	0.45	0.37	0.44	97.70	0.01	2.3	—	—
2	5.15	2.79	2.35	1.68	0.49	1.59	94.00	0.09	6.0	—	—
3	5.30	3.83	5.58	5.56	0.57	5.04	92.50	0.52	7.5	—	—
4	6.15	4.83	4.14	9.14	0.61	8.07	88.10	1.07	11.9	—	—
5	6.30	5.37	4.30	10.13	0.62	8.41	82.90	1.72	17.1	—	—
6	7.15	5.41	4.54	12.45	0.62	9.68	79.40	2.73	20.6	—	—
7	7.30	5.61	4.65	16.36	0.61	11.64	71.10	4.72	28.9	0.1	2.0
8	8.15	5.63	4.65	18.41	0.63	12.48	67.70	5.93	32.3	0.7	11.2
9	8.30	5.73	4.70	19.44	0.61	12.47	64.10	6.97	25.9	2.2	31.7
10	9.15	5.84	4.71	22.85	0.61	12.76	55.90	10.08	44.1	4.2	41.5
11	9.30	5.83	4.70	24.38	0.61	12.86	52.70	11.52	47.3	7.1	61.2
12	10.15	5.85	4.71	25.28	0.61	13.27	52.40	12.01	47.6	7.5	62.3
13	10.30	5.83	4.70	26.44	0.61	13.34	50.40	13.10	49.6	8.2	62.8

注：果径、净高、果皮厚度是指鲜果；种子重量足指全果实的种子。

油桐果实内部生理变化和外部形态的变化特别是种仁的充实是一致的(表7-41)。种子的含水量开始比果皮高15%左右，以后逐步降低。7月30日起种子含水量比果皮低，果皮的含水量从开始至10月底基本保持在73%左右。其中虽然有些跳动，这与当时的气候条件有关，当空气湿度较大的时候果皮含水量略有上升。种子的含水量逐步的减少，说明内含物愈来愈充实，趋向成熟。脂肪、蛋白质和糖的含量，从5月30日开始至8月15日呈逐步上升。但从8月15日以后就有了变化，糖的含量由原来的4.13%下降至8月30日的1.89%，至10月30日只有0.13%。蛋白质含量一直都是上升的，唯增值幅度不大。脂肪从8月15日的含量为9.80%，至8月30日急速上升为37.25%，出现了脂肪形成的第一个高峰。第二高峰出现在9月中旬，上升至39.00%。脂肪含量的直线上升和糖含量的下降出现在同一时期，是由于碳水化合物大量转化为脂肪的原因。

种仁的增长主要也是从8月份开始的，脂肪的形成与积累是和种仁增长一致的。在7月份以前种仁量低、脂肪含量微小，碳水化合物主要供给果皮、种皮构成的需要。当完成果皮、种皮的生长以后，种子的发育逐渐加快，种仁逐步充实，干重不断增加，种子渐趋成熟。其特点是含水量逐步减少，种仁慢慢变硬，脂肪含量不断增加。油桐果实的生长发育可以分为2个阶段：第一阶段从4月开始至7月主要是果实增长；第二阶段从7月至10月，主要是种仁生长、脂肪转化积累、种子逐渐成熟。

种仁脂肪含量随含水量的降低而逐步上升，下降和上升的速度都比较快，至9月15日接近于等量。

表7-41　果实生长过程的内含物质变化

次序	日期（月．日）	水分含量(%)			还原糖含量（%）	粗蛋白含量（%）	脂肪含量（%）
		果皮	种子	平均			
1	4.30	76.4	92.1	84.3	—	—	—
2	5.15	75.1	87.9	81.5	—	—	—
3	5.30	74.8	86.9	80.8	0.83	1.80	0.36
4	6.15	75.8	84.3	80.0	1.19	2.60	0.71
5	6.30	78.7	82.4	80.5	1.14	3.00	3.00
6	7.15	77.8	81.1	76.9	2.18	4.14	4.37
7	7.30	74.2	73.1	73.6	2.99	5.55	5.74
8	8.15	73.8	65.6	69.7	4.13	10.40	9.80
9	8.30	73.0	62.2	67.6	1.89	18.40	37.25
10	9.15	74.3	49.2	62.0	1.40	20.60	49.00
11	9.30	73.1	47.4	55.2	0.61	20.91	52.00
12	10.15	72.4	44.9	56.6	0.15	21.30	54.00
13	10.30	69.8	44.5	57.1	0.13	21.80	54.10

此后，含水量仍有所下降，脂肪含量也有所上升，但两者变化幅度都较小。含水量下降较快时，也正是脂肪含量增长快的阶段。种仁脂肪含量与其含水量的增减存在密切关系。

从以上桐果外形和内部变化的测定可知：

①油桐果实的生长发育可以明显地分为2个阶段。第一阶段为果实增长阶段。6～7月是果皮、种皮的生长时期，果实迅速增大，果皮组织进一步纤维化；种皮逐渐形成，由软变硬，在颜色上由乳白色变成紫红色过渡到褐黑色；种仁水分含量多，不充实，干物质量少。第二阶段为种子成熟、脂肪增长阶段。8～10月种仁增长充实，油量大幅度上升和种胚加快成熟时期。这个阶段的特点是：果实基本定型，种仁进一步充实、变硬；大量的碳水化合物转化为脂肪。

②在脂肪增长的过程中，分别于8月底和9月中旬各出现一次高峰，至10月底基本停止增长。7月份干旱时，油桐果实变小，8月份干旱降低出油率。因此，在桐林的经营中7～9月份要特别注意水肥管理。

③水分和油分两者存在着互为增减的关系。在种仁的充实成熟过程中，水分逐步减少，油量逐步上升，至10月中旬以后两者都基本稳定在一定的水平上，这是种子成熟的重要标志。但油分在10月中旬以后仍有增长，因为脂肪是由甘油和脂肪酸形成的，在种子的成熟过程中，开始形成的脂肪酸是饱和的，其后逐渐转化成不饱和脂肪酸。

④桐果在成熟过程中，8月以前脂肪的增加较慢，糖的含量达4%左右。8月份以后脂肪急剧形成时糖的含量也渐降，最后只有0.1%左右。因此，桐果采收最适宜的时候是10月下旬至11月初。桐果成熟的标志是：果皮由绿色变为黄绿色、紫红色或淡褐色，种子坚硬。

桐果采收回来以后，堆放在阴凉的室内，如果堆在室外的场地要适当遮盖，切勿曝晒。堆放10～15天，待果皮变软时即可进行机械或人工剥取种子。榨油用的商品种子要晒干、风净后装袋，送入库房贮藏。库房要求通风、干燥、防潮、防鼠。种子贮藏时间不宜太长，最好能在翌年2～3月榨油完毕，以免影响出油率和油质。

用来播种繁殖的种子，宜在室内湿沙低温贮藏。也可在地窖或室外湿沙、湿土贮藏。在种子贮藏期间应注意经常检查，既要保持湿润，又不可积水，需防霉烂变质。

第九节　老桐林更新

油桐开始逐渐衰老时，结果数量减少，群众在生产中采取的更新方法有截枝、截干及矮桩更新3种。

(1)截枝更新　方法是将老树主干的第2、3轮主枝全部去除。截枝在树液停止流动时进行。更新后的第2年即开始结果，3～5年是结果的旺期，以后又逐渐衰退，至6～8年又可进行第二次更新。第二次更新砍伐点离伐枝的节部不应太长，以留上次更新后抽发枝长度5～7cm为宜，切面要平整，方向朝下以免积水。为使收获不致间断，在第二次更新后的2～3年应在林下采用直播或植树造林，以更替老林。

(2)截干更新　方法是在1～2月份将老树离地面0.7～1.3m高以上的树干和枝全部伐除，只留下1个光秃秃的树桩子。据在湖南慈利的调查，第一年萌发出90cm长、5.4cm粗的枝条，第二年继续生长出长110cm、粗2.5cm的枝条，并有4个分枝。第三年长出长81cm、粗1.1cm的枝条，并开始结果。第1年可能同时发几个枝条，只能保留其生长健壮、位置适当的1～2个枝条，其余枝条全部抹除。

(3)矮桩更新　方法是从离地面20cm处截去主干。据在湖南龙山洗车乡调查，1962年2月更新伐桩留主干20cm高，当年长出110cm长的枝条，继又长出长90cm二次梢。更新4年后的油桐，树高2.3m，有5轮枝，进入盛果期。

上述3种方法，以第一种为最好，不仅结果快而且结果多，唯结果寿命不如后2种。为使更新达到预期效果，必须进行重施肥。贵州农学院林学系岳季林等(1985年)在贵州镇宁六马的调查，当地对老桐林有采用伐桩更新(矮桩更新)的习惯，伐桩第2年即开始结果(表7-42)。

表7-42　六马油桐伐桩萌生与实生幼树产果量统计

油桐林起源	逐年结果量(个)			3年产果量(个)	年均产果量(个)	与实生产果量比值
	1981年	1982年	1983年			
萌生(1)	0.3	5.17	49.58	55.05	18.35	32.2
萌生(2)	1	19.7	38.3	5	19.67	34.5
实生	0	0	1.7	17	0.57	1

从萌芽逐年结果情况看，第2年即可结实，第3年增产，第4年就进入盛果期。实生者，第4年才结实。据对板乐样地附近三队沟边萌生油桐大树的观察和群众的经验介绍，只要加强管理，一般萌株结实期仍可达20年。据有关资料记载，萌株衰退后，其伐蔸还可继续再次更新。可见，伐桩更新显然具有“返老还童”的效果，只要使用得当，仍有一定价值。

第八章 油桐病虫害及其防治

第一节 油桐主要病害及其防治

我国油桐病害约有30种。现将发病普遍而严重的病害及局部地区发病严重的病害详述如下。

一、油桐枯萎病

油桐枯萎病分布于广西、浙江、湖南、江西、广东、贵州、安徽、福建等地。由于发病历史长、分布广、危害重、损失大，是我国油桐产区一种毁灭性病害。故群众有"过疯病"、"油桐瘟"之称。该病1939年于广西柳州首先发现。1940年陆大京报道：柳州沙塘广西农事试验场附近发生光桐枯萎病，全林20%植株感染。同年浙江省常山光桐枯萎病大发生，很多桐林被毁。1958年浙江省缙云县县洪管理区因本病危害，枯死植株达70%，1959年减产60%。据1963~1964年在广西柳州、南宁等地调查，重病区植株被害率达70%~90%以上，有的桐林近于毁灭。1962年在浙江省常山县调查，该县久泰弄和富足山等地普遍发生，植株被害率高达60%，其中全株枯死者又占37.3%。1963~1964年在湖南调查永顺、大庸、慈利、靖县、花垣、永兴、洞口、长沙等市县均有此病发生。

(一)症状

病菌从根部侵入，通过维管束向树干、枝条、叶柄、叶脉、果柄、果实扩展蔓延，引起全株或部分枝干枯死，是一种典型的维管束病害。感病植株由于各部位的组织结构不同，症状特征有一定差异。

(1)根部　病菌从根部侵入后，病根腐烂，皮层剥落，木质部和髓部变褐坏死，根部腐烂与枝叶枯萎、枝干维管束坏死有明显的相关性。若某一侧根腐烂，则在该根方位的树干维管束必变色坏死，其相应的树冠也枯萎。根际全部腐烂，植株全部枯死；根际半边腐烂，树冠半边枯死；根际不规则腐烂，枝干也不规则枯死。

(2)枝干　病树枝干初期外表无明显症状，病害发展到一定程度时，嫩枝梢先呈赤褐色，后为黑褐色湿润状条斑，最后枯萎。主干树皮初期无明显病变，而木质部呈红褐色局部坏死，至后期病部的树皮才腐烂，并失水干缩。半边枯的植株由于病部边缘不断产生愈

合组织，树皮边缘隆起，且常产生开裂现象，形成明显的凹槽，有的病部干缩并与健康部脱离而使木质部外露。当空气湿度大时，在病部的裂缝及皮孔处长出粉红色或橘红色镰刀菌分生孢子座。将病部树皮剥开，木质部呈红褐色或黑褐色。

(3)叶部 分急性型和慢性型。急性型的叶脉及其附近叶肉组织变褐色或黑褐色，主脉稍突出，形成掌状或放射状枯死斑；病叶枯黄皱缩，但多数不脱落。慢性型的病叶或叶柄逐渐黄化，叶缘向上卷缩，继而叶柄萎垂，病叶逐渐干枯，也不易脱落。

(4)果实 果实初期黄化，继而有紫色或褐色带产生，并逐渐干缩，最后果实完全变黑褐色而干枯，成为树上的僵果。剖视见种仁干腐，有时见有病菌的分生孢子堆和菌丝体(图 8-1)。

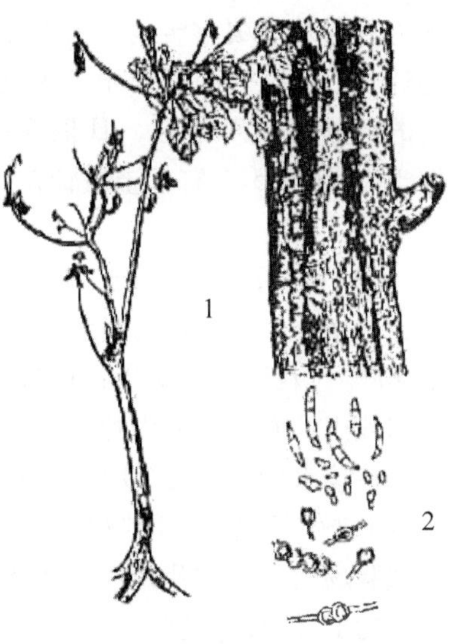

图 8-1 油桐枯萎病症状和病原

1. 症状 2. 病菌的分生孢子和厚垣孢子

(二)病原

由半知菌亚门丝孢纲瘤座孢目瘤座孢科镰刀菌属中的尖孢镰刀菌(*Fusarium oxysporum* Schlecht.)侵染所致。病菌菌丝白色棉絮状，菌落基质桃红色至紫红色，小型分生孢子着生在气生菌丝上，有的聚成假头状。在 P－D－A 培养基上，大型分生孢子较少。小型分生孢子较多，且具有多种形态：有卵形、椭圆形、柱形、梨形、类球形等，直或稍弯。在马铃薯培养基上，小型分生孢子较少，大型分生孢子较多，其形态有弯月形或镰刀形、纺锤形等，具多细胞，以 3 分隔的较多，5 分隔的偶尔可见，顶端细胞窄细，末端细胞有短柄即脚胞。孢子无隔的，其大小绝大多数为(5.1～7.4)μm×(2.7～4.8)μm，个别的为 28.8μm×4.4μm。厚垣孢子很多，壁薄而光滑，球形，顶生或间生，有的单个间生，有的数个串生在菌丝之间，也有成对串生的。

(三)发病规律

油桐枯萎病菌是弱寄生菌，在土壤或病株残体中存活，在适宜的条件下，病菌主要从须根侵入，也从根部和根茎部伤口侵入，发生连根现象的两树之间，病菌可从病根蔓延至健康根。病菌侵入后在植株体内蔓延并分泌毒素，使组织遭到破坏，变色坏死。加之菌丝体在细胞间或细胞内扩展，有碍树体内水分和养分的正常运转，因而导致感病植株枯萎死亡。病害发生发展与下列因子关系密切。

(1)气象因子 据在广西南宁地区定点观察，当气温在 23℃以上、相对湿度在 75% 以上时则病情严重。若气温继续升高、蒸发量增加，病株最易枯死。因此，油桐枯萎病从每年 4～5 月开始发生，6～7 月发病严重，8～9 月病株枯死较多，10 月基本停止。枝干部病菌孢子座的产生受相对湿度的影响较明显。温度适宜时，当相对湿度在 75%～80% 范围内，发病植株少则 5～7 天，多则 15 天便产生橘红色的分生孢子座，若相对湿度低于 75%，孢子座便推迟出现。

(2)地形地势及土壤条件 据在广西、湖南调查，海拔 875m 以上的高山地区几乎无病。海拔在 130～140m 左右发病严重。红壤地区比石灰岩地区或黄壤地区发病严重。这是因为病菌是土壤习居菌，土壤性状对病菌的繁殖和侵染有很大影响。由于红壤土的 pH 值等性状较适宜病菌的繁殖，因此有利于病害的发生。据 1963—1965 年调查，广西南丹县有的油桐地属黄壤土，pH 值 6～7，土质较好，发病较少；而柳州附近有的油桐林地属红壤土，pH 值 5 左右，土质较差，发病较重。湖南石灰岩地带比红壤地带种植的光桐枯萎病也轻。

(3)种间抗病性差异　1963—1965 年发病高峰季节，在广西柳州沙塘、三门江林场吴广坪和水冲大队等历史发病区进行调查说明：皱桐抗病性强，光桐易感病。调查地 20 世纪 40 年代栽种的皱桐生长良好，未发现病株，而同年栽种的大片光桐，因严重发病几乎全部毁灭；柳州沙塘大片光桐林无病的仅存几十株；柳州三门江林场数十公顷光桐都已毁灭，该场水冲大队在 20 世纪 40 年代种的光桐，到 1965 年仅剩 4 株，且其中 3 株已发病，只有 1 株生长良好。用皱桐作砧木、光桐作接穗嫁接的油桐树抗病性强。1939 年原广西农事试验场用光桐的芽嫁接在 2 年生的皱桐上，共栽种 19 株，后损坏了 4 株，至 1963 年时剩下的 15 株长势良好，结实累累；而在同一地方大片光桐早已因病全部死亡；1974 年广西河池地区林业科学研究所 41hm^2 嫁接的桐树，到 1983 年仅有 3 株发生枯萎病，而在同一地方的实生光桐 90% 以上因枯萎病致死。

(4)不同品种及单株的抗病性　1964—1965 年从广西南丹、武宣等县采集抗病性强的地方品种。又从广西柳州三门江、江口、沙塘等历史病区收集经自然筛选后遗留下来的单株种子。1965—1966 年进行室内盆栽幼苗抗病性测定和室外人工接种抗病性测定。在 7 月份当室外幼苗生长到 3～4 片叶时，用第二代纯菌种进行伤根和不伤根淋菌接种。盆栽的在温室内进行，以易感病的巴马高脚桐作对照，定时观察。试验结果(表 8-1、表 8-2)表明：皱桐抗病性仍最强，盆栽的全不发病，室外的最高发病率仅为 7.5%；光桐各品种抗病性差，发病率为 25%～75%。

表 8-1　盆栽油桐不同的种和品种苗期抗病性测定

处理方法	接种				对照(不接种)			
	刮伤		不刮伤		刮伤		不刮伤	
病情	病株数/总株数	发病率(%)	病株数/总株数	发病率(%)	病株数/总株数	发病率(%)	病株数/总株数	发病率(%)
对岁桐	7/8	87.5	7/9	77.8	0/6	0	0/9	0
四季桐	2/4	50.0	2/4	50.0	0/4	0	0/4	0
宁乡米桐	3/10	30.0	0/10	0.0	0/10	0	0/10	0
三门江三年桐			0/30	0.0			0/10	0
沙塘三年桐	2/5	40.0	0/5	0.0	0/10	0	0/12	0
南丹三年桐	5/6	83.3	1/6	16.6	0/6	0	0/7	0
沙塘皱桐 + 光桐的子代	7/8	87.5	6/8	75.0	0/12	0	0/5	0
南宁皱桐 + 光桐的子代	3/9	33.3	11/12	91.6			0/8	0
三门江皱桐	0/15	0.0	0/10	0.0	0/10	0	0/12	0
巴马高脚桐	8/10	80.0	8/9	88.8	0/11	0	0/12	0

表 8-2　室外油桐不同种和品种苗期抗病性测定

处理方法	接种				对照(不接种)			
	刮伤		不刮伤		刮伤		不刮伤	
病情	病株数/总株数	发病率(%)	病株数/总株数	发病率(%)	病株数/总株数	发病率(%)	病株数/总株数	发病率(%)
对岁桐	9/19	47.3	5/20	25.0	0/24	0.0	0/21	0.0
四季桐			6/8	75.0			0/3	0.0
三年桐	17/26	65.3	6/9	66.7	1/34	2.9	1/31	7.7
皱桐 + 光桐的子代	11/24	45.8	9/21	42.8	0/27	0.0	0/17	0.0
皱　桐	3/40	7.5	0/21	0.0	0/40	0.0	0/20	0.0
巴马高脚桐	33/43	76.7	18/21	85.7	1/39	2.5	2/21	9.5

广西柳州江口等地是历史病区，调查中发现在本病流行后仍有零散的光桐老树生存下来。1965 年 10 月选择其中生长旺盛的老桐 29 株编号采种。1966—1967 年用其中 21 个单株的种子播种，进行苗期田间人工接种抗病性测定(做法同前)。另 8 个单株的种子则种植于严重发病的油桐林地。其方法是将原发病林地整地作床，并把长有镰刀菌分生孢子堆的病株树皮埋入土内，然后将这 8 个单株种子用水浸 3 天，捞起晾干，再经药剂消毒，按随机排列法进行播种，仍以易感病的巴马高脚桐作对照，定时检查发病情况。试验结果如表 8-3、表 8-4 所示。

表 8-3　光桐单株子代抗病性的田间接种法测定

单株号	病株数/总株数	发病率(%)	单株号	病株数/总株数	发病率(%)
三门江光桐 4	0/42	0	三门江光桐 2	5/60	8.3
江口光桐 17	1/90	1	江口光桐 8	11/88	12.5
江口光桐 16	1/69	1.4	江口光桐 9	11/89	12.4
江口光桐 15	1/64	1.5	三门江光桐 3	16/80	20
江口光桐 14	3/96	3.1	江口光桐 12	17/83	20.5
江口光桐 7	3/90	3.3	三门江光桐 5	14/63	22.2
江口光桐 13	4/73	5.5	江口光桐 11	19/75	25.3
三门江光桐 7	5/88	5.6	三门江光桐 1	20/74	27.8
江口光桐 1	5/80	6.2	江口光桐 10	27/81	33.3
三门江光桐 6	6/82	7.3	三门江光桐 16	6/15	40
江口光桐 3	7/84	8.3	易感光桐(对照)	17/17	100

表 8-4 光桐单株子代抗病性的林地自然感染法测定

单株号	播种数（粒）	病株数/出苗株数	发病率（%）
江口光桐 17	43	2/35	5.7
江口光桐 2	61	7/57	12.2
江口光桐 5	53	14/47	29.7
三门江光桐 8	64	23/55	41.9
江口光桐 19	25	7/16	43.7
江口光桐 4	48	30/48	62.5
江口光桐 6	48	24/36	66.6
三门江光桐 9	47	28/36	77.7
巴马高脚桐（对照）	43	17/39	43.6

表 8-3 说明，历史病区经自然选择留下的光桐单株，其子代苗期抗病性较强，发病率均低于易感病的光桐（对照）。其中三门江光桐单株 4 号、江口光桐 15、江口光桐 16、江口光桐 17 号单株发病率在 2% 以下，抗性最强。发病率在 2%～5% 的有 2 个单株。在5%～10% 的有 6 个单株。其余发病率较高。又从林地自然感染抗性测定的结果说明，江口光桐 17 号的子代同样证明具有较强的抗枯萎病特征，光桐中存在抗病单株。因而选育抗病性强的光桐栽培品系是有希望的。

（四）防治方法

油桐枯萎病的防治，应以“预防为主，综合防治”才能收到预期的效果。

①皱桐作砧木，光桐作接穗进行嫁接，是防治光桐枯萎病的根本措施。

②适地适树，在光桐枯萎病发生严重的红壤地带，应以发展皱桐为主。也可用皱桐和光桐混交（或与其他不发生此病的树种混交），以避免病根接触健康树根际而传病。

③现有林的防治，应及时清除病株，挖除病根，将病组织烧毁，病土用石灰处理，防止病害扩展蔓延。对初病树，据试验可采用抗菌剂（401）800～1000 倍液或 50% 乙基托布津 400～800 倍液进行包扎和淋根，有一定效果。

④选育抗病品种。油桐枯萎病是典型的维管束病害，病树初期较难鉴别，一旦发现严重时，药剂防治已难收到理想的效果。故选育抗枯萎病的品种是防治本病的方向。

二、油桐黑斑病

油桐黑斑病在油桐果实上称黑斑病或黑疤病，叶部称叶斑病或角斑病。在我国各油桐产区均有发生，危害叶和果，引起早期落叶和落果，降低油桐产量和出油率。近年贵州、湖南、福建、广东等地果实黑疤病甚为严重。据湖南常德地区林业科学研究所（1981）报道：湖南常德美胜林场葡萄桐果实黑疤病 1980 年感病指数达 56.26，落果率 30.27%。福建省沙县因油桐黑疤病危害，病果率为 13.8%～55.5%，单株最高病果率达 94.3%。据湖南省常德地区林业科学研究所研究，油桐感染黑疤病后，引起病果早落。病落果越早，含

油率越低。如9月11～20日的病落果的风干种子平均含油量只有20.14%。油桐黑疤病是造成桐林丰产而不丰收的一种重要病害。

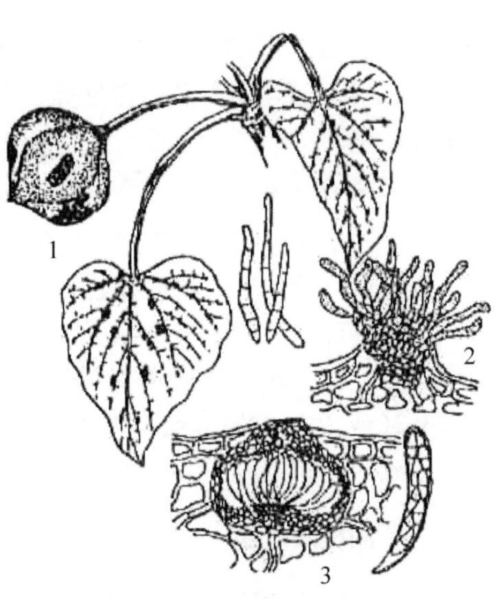

图8-2　油桐黑斑病

1. 症状　2. 病菌分生孢子座、分生孢子梗及分生孢子　3. 病菌子囊座及子囊和子囊孢子

(一)症状

病叶初期出现褐色小斑，逐渐发展扩大，由于受叶脉的限制成为多角形，背面尤为明显。叶正面病部呈褐色或暗褐色，背面黄褐色，有时多数病斑连接成大块枯斑，严重时全叶枯焦。后期病斑上长灰黑色霉状物，即病原菌的分生孢子梗和分生孢子。果实染病后，初期成淡褐色圆斑，随病斑扩展，纵向扩展较快，横向扩展较慢，最后形成椭圆形的黑色硬疤，直径1～4cm，病疤稍凹陷，有些皱纹。在病斑上也长有病原菌的子实体(图8-2)。

(二)病原

由半知菌亚门丝孢纲丛梗孢目暗色孢科尾孢菌属油桐尾孢菌(*Cercospora aleuritidis* Miyake.)侵染所致。病菌分生孢子梗丛生，淡褐色，单细胞或有1～5个分隔，大小为(22～65)μm×(4～5.5)μm。分生孢子倒棒形或鞭状，直或弯曲，无色，有2～12个分隔，有性世代是子囊菌亚门腔孢纲座囊菌目座囊菌科小球腔菌属油桐小球腔菌[*Mycosphaerella aleuritidis* (Miyake) Ou.]，子囊座丛生或单生，以叶的下表面为多，球形、黑色、直径60～100μm，孔口处有乳头状突起；子囊束生，圆筒形至棍棒形，(35～45)μm×(6～7)μm；子囊孢子无色、椭圆形，双细胞，上细胞稍大，(9～15)μm×(2.5～3.2)μm，成双行排列。

(三)发病规律

油桐黑斑病菌在叶、果内越冬，当年或翌年春3～4月份形成子囊腔，子囊孢子成熟后借气流传播，从气孔侵染新叶，出现病斑，产生分生孢子，以分生孢子进行多次再侵染。果实形成后侵染果，产生病斑。病菌除侵染叶、果外，还侵染叶柄和果梗。油桐生长期内，病害可陆续发生。在一般情况下，7～8月果实开始发病，9～10月为发病高峰，9月下旬以后病落果最多。引起早期落叶落果。但是果实发病迟早，关键决定于当地的温度和湿度。据中国林业科学研究院亚热带林业研究所和福建省沙县富口林业站等在福建省沙县设点定株定时观察，每隔10天检查1次，结果说明：在沙县果实从4月下旬开始发病，5月下旬果病率达100%，5月初开始出现枯果，5月中旬开始落果，以后枯果、落果逐渐增加。到9月上旬止，枯果率53.1%，落果率45.8%。由于沙县5月正值梅雨季节，雨量多，湿度高，温度适宜，有利于病菌繁殖和传播。因此，在这一地区，5月份病害呈暴发性发生。

桐林不同坡位果实黑疤病发生的严重程度不一。如湖南泸溪县上保乡陈家庄，同一块葡萄桐试验林，山上部感病指数为32.4，四、五级病果占24.5%；而山脚感病指数达64.3，四、五级病果占51.3%。又如湖南石门县南岳乡官桥试验山，同时种植的五爪桐，山上部感病指数为63.1，四、五级病果占51.4%；而山脚感病指数达79.3，四、五级病果占73.7%。说明空气相对湿度高，发病重。油桐黑斑病不仅危害光桐，也危害皱桐。但光桐发病重。

(四)防治方法

①冬季结合桐林抚育管理，将病叶、病果深埋土内或集中烧毁，可减少翌年初次侵染源。如此坚持数年可收到良好效果。

②有条件的地方，于3~4月间用50%托布津500倍液或用0.8%~1%波尔多液喷雾，每隔半月1次，连续2次可保护桐叶不受侵染。在水源缺乏的山区，可撒施草木灰:石灰=3:2(或2:2)的混合剂。果病初期，用上述药剂保护果实，及时防治可控制病害的发生和蔓延。

三、油桐炭疽病

油桐炭疽病主要危害皱桐的叶、果，引起早期落叶和落果。光桐也能感病，但发病轻。本病在福建、广西、湖南等省(自治区)均有发生，福建和广西发病最重。如福建罗源叶最高发病率达100%，感病指数达93。由本病引起落果减产达40%~80%，给生产带来严重损失。广西南宁等地发病率最高达96.6%，感病指数为63。

图8-3 油桐炭疽病

1. 症状 2. 子囊壳、子囊及子囊孢子
3. 分生孢子盘及分生孢子

(一)症状

油桐炭疽病危害果和果柄、叶和叶柄。桐叶感病后初生红褐色小斑点，后扩展成近圆形或不规则形的斑块，严重时在主侧脉间形成条斑，使病叶红褐枯焦，皱缩卷曲，引起大量落叶。病斑后期有明显的边缘，由红褐色转为灰褐色至黑褐色。典型病斑常有轮状排列的黑色颗粒状物，即病菌的分生孢子盘或子囊壳。病叶经保湿培养，多能产生具黏性的粉红色分生孢子堆。叶柄感病出现梭形、不规则形的黑褐色病斑。若病斑发生在叶柄和叶的交界处，叶片更易枯萎脱落。病菌有时能危害当年生新梢，症状和叶柄相似。果实感病后，出现椭圆形、条状或不规则形的斑块，并逐渐扩大，感病部位初期黄褐色软腐状，失水后变成黑褐色大块枯斑，中间稍凹陷，病果易落。果蒂受害，迅速形成离层，落果更严重。病果后期，上生许多黑色颗粒状子实体。经保温可产生大量卷丝状或粉状橘红色黏性分生孢子堆(图8-3)。

(二)病原

1980年首先在中南林学院皱桐苗病叶发现病菌的有性世代。1981年又在同一地方发现。同年在福建罗源县也采集到此病菌的有性世代。用病菌的无性孢子接种，产生了自然界相同的有性时期。1982年再次检查到。本病病菌是子囊菌亚门核菌纲球壳菌目疔座霉科小丛壳菌属围小丛壳菌[*Glomerella cingulata* (Stonem) Spauld. et Schrenk.]侵染所致。子囊壳单个埋生，黑色、近球形或扁球形，孔口呈乳状突起，成熟时突破表皮层外露，有时近

孔口外壁四周有毛，子囊壳大小(81.7～125.5)μm×(80.5～108.5)μm。子囊无色、棍棒形，大小为(40.0～51.2)μm×(10.2～16.5)μm，子囊内有2行交错排列的子囊孢子8个。子囊孢子单胞、无色、长圆形稍弯曲，或梭形，大小(10.5～18.2)μm×(5.5～7.4)μm。无性世代是胶孢炭疽菌(*Colletotrichum gloeosporioides* Penz.)，异名为油桐毛盘孢菌(*Colletotrichum aleuriticum* Sacc.)；分生孢子盘长在寄主表皮下，大小为(78.9～129.6)μm×(41.2～55)μm；分生孢子梗棍棒状集生于盘上，顶端着生分生孢子，分生孢子单胞、无色、长椭圆形或肾形，两端钝圆，或一端钝圆另一端稍尖，大小为(14.9～21.5)μm×(5.2～7.2)μm。

(三)发病规律

病菌以分生孢子盘和子囊壳在病组织内越冬，翌年春当温、湿度适宜时，便产生大量的分生孢子和子囊孢子，借风雨传播到新叶和幼果上，萌发后侵入危害。病菌以自然孔口侵入为主，也能从伤口侵入，潜育期2～7天。当年病斑产生的分生孢子在发病适期可多次再侵染，不断扩大危害。病害的发生时间随各地区温、湿度的差异而有迟早。开始发病的时间：广西为3月下旬，福建为4月中、下旬，湖南为5月上旬。一般是气温达到18～20℃左右，相对湿度在70%以上开始发病。7～9月当气温在28℃、相对湿度80%以上时，病害出现高峰期。由于温、湿度的变化，1年有可能出现2个高峰期。10月以后，气温在14℃左右，相对湿度在70%以下，病害便停止发生。本病的发生发展受温、湿度的影响最明显，随其变化而有起伏。若其中某个因素不适，病情便会减缓或趋于停止。温度偏高、偏低均能抑制病害的发生发展。如果温度适合、降雨较多、相对湿度增高，发病率便急剧上升，病情更加严重。福建、广西营造大面积皱桐纯林是本病发展的重要因素。特别是在沿海地区或长年湿度大的地方，营造皱桐纯林病害更易流行。此外，桐林管理粗放、立地条件差、生长衰弱的桐林也易发病。

(四)防治方法

油桐炭疽病的防治，应以改变营林方式并结合药剂治疗。

①试用皱桐与其他树种进行混交，避免营造大面积纯林。

②对现有皱桐纯林，应结合抚育管理，在冬末或初春，将病落叶、果深埋土内，或集中烧毁，可大大减少侵染源。

③药剂防治，发病初期，在雨后或早雾未干时，撒施草木灰和石灰的混合物(草木灰∶石灰=3∶2或2∶2)，施用方法简单易行，材料来源丰富，更适于水源缺乏的地方。也可用抗菌剂(401)的1000倍液，70%托布津400～600倍液或炭疽福镁500倍液喷雾。

四、油桐芽枯病

油桐芽枯病在湖南、贵州都有发生，危害苗木、幼树和成年树的芽，使病芽腐烂枯死。据贵州省林业科学研究所调查，该所1980年和1981年苗圃地发病率分别为7.9%和5.8%。中南林学院1982年在湖南湘西调查，重病区发病率为31.3%，病株结果明显下降。

(一)症状

本病危害光桐先年顶芽。病芽鳞片先呈红褐色病斑，然后扩展，全芽变赤褐色水渍状

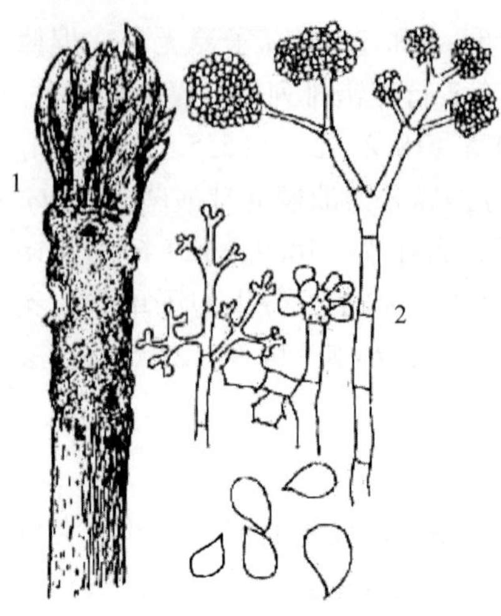

图 8-4　油桐芽枯病

1. 症状　2. 病菌分生孢子梗及分生孢子

腐烂，产生黏性液体，然后失水干枯。病害发生严重时，由顶芽向枝梢蔓延，病枝梢 2～6cm 处皮层腐烂，失水皱缩，变紫褐色枯死。后期，在病芽表面产生一层灰绿色霉状物(图 8-4)。

(二)病原

是由半知菌亚门丝孢纲丛梗孢目淡色丝孢科葡萄孢属中的灰色葡萄孢菌(*Botrytis cinerea* Pers. ex Fr.)侵染所致。病菌分生孢子梗细长，单枝或叉状分枝，顶端细胞如菌丝状或膨大成球形。球状细胞上生小梗，其上着生分生孢子。分生孢子无色或灰色，单胞。卵圆形或圆球形，聚生于小梗上成葡萄状，群体呈灰色粉状。分生孢子大小为(9.5～14.2)μm×(7.2～8.5)μm。病菌培养时易产生黑色米粒状菌核。

(三)发病规律

病菌以菌丝体在病组织内越冬。翌年以分生孢子传播危害。病菌在 8～18℃时生长迅速，25～30℃培养下，易产生菌核。据湖南、贵州观察，本病于 3 月上旬开始发生，3 月下旬至 5 月上旬发病严重。7～8 月趋向停止。9～11 月，温度降低，雨水较多时，病害又出现高峰。11 月下旬停止发病。油桐芽枯病发生在高山湿度大、温度低的地方，丘陵地区桐林未见本病。主要危害光桐，苗地地势低洼，苗木过密，发病就更严重。

(四)防治方法

①苗圃要注意排水，适当间苗或打叶，使其通风透光、降低湿度。

②剪除病部，消灭侵染源。

③药剂防治发病期使用 50% 退菌特 300 倍液；50% 托布津 600 倍液；25% 多菌灵 500、1000 倍液或叶枯净 400 倍液。每 15 天喷洒 1 次，连续 2 次。水源缺乏的地方，可用上述药剂与草木灰配合。

五、油桐枝枯病

油桐枝枯病各地均有发生。危害光桐、皱桐新梢和去年的枝条，造成局部枝条枯死，影响植株生长，减少结果量。据四川省林业科学研究所 1984 年报道，玉蝉试验站 1981 年枯枝率达 46%，桐油产量比历年平均产量下降 57.3%。

(一)症状

油桐枝枯病有生理型和侵染型。生理枝枯：从枝梢顶端开始，向枝下扩展，失水枯死。枯死枝呈灰黑色或枯黄色，无病原物。侵染性枝枯：油桐新发嫩梢的芽苞首先受害，使芽鳞变褐色坏死，顶芽干缩，流出胶液，然后褐色病斑向下蔓延，致使新梢皮层纵裂坏死。潮湿时病斑上的皮孔处产生白色分生孢子堆。在夏季枯枝上可见许多赤红色颗粒状的子囊壳，冬季子囊壳大量丛生，皮孔处数量多。大树、幼苗均可受害。另一种侵染性枝枯：病害多发生在当年生小枝或去年的枝条上。病斑初为近圆形，然后扩展成梭形或不规则形黑褐色坏死斑。当病斑扩展或数个病斑相连，环切枝干时，病部以上枝条枯死。在枯

死枝上长出许多针头状的颗粒体，即病菌的子实体。

（二）病原

生理性枝枯是由冻害及林地瘠薄、干旱、未及时抚育管理导致桐林荒芜、枝条枯死。有的地方因桐林衰老也常出现枝枯。结果量过多也可引起枝枯。侵染性枝枯，病原复杂。因各地情况而异。湖南、广西、广东油桐枝枯病菌常见的有以下几种：

（1）囊孢壳菌（*Physalospora* sp.）　病菌子囊壳单生，埋于寄主表皮下，黑褐色，球形或扁球形，具有孔口，大小为(102～230)μm×(75～132)μm，内有多个子囊及侧丝。子囊无色透明，长棍棒状，大小为(23.1～45)μm×(8.4～15)μm，内含8个子囊孢子。子囊孢子无色、单胞、椭圆形，大小为(8.4～18.9)μm×(4.5～5.1)μm。用挑取囊孢壳菌的子囊孢子放在试管培养基中培养，菌丝体开始白色，后变褐色，7～10天后产生颗粒状子实体，即大茎点属的分生孢子器和分生孢子，与病部分离出的相同。因此说明，大茎点属（*Macrophoma*）是囊孢壳菌的无性世代。分生孢子器球形，大小为(58.4～178.2)μm×(42.9～125.4)μm，器壁黑褐色、炭质，顶端有孔口。分生孢子无色，椭圆形或纺锤形。

（2）色二孢菌（*Diplodia* sp.）　分生孢子器生于表皮下，球形或扁球形，暗褐色。分生孢子幼嫩时无色，单胞、椭圆形，大小为(19.8～24.7)μm×(10.6～13.2)μm，老熟后变为双胞、褐色，大小为(20.5～24.1)μm×(11.2～13.2)μm。

（3）除上述两菌外，油桐壳小圆孢菌（*Coniothyrium aleuritis* Teng.）、小穴壳菌（*Dothiorella*）和壳细胞属（*Cytospora*）也能侵害油桐枝条，引起枝枯。

（4）据四川省林业科学研究所1984年报道，玉蝉试验站油桐枝枯病的病原是子囊菌亚门核菌纲球壳目肉座菌科丛赤壳属油桐丛赤壳菌（*Nectria aleuritidia* Chen et Zhang.）侵染所致。子囊壳聚集成丛，每丛13～19个，生于油桐枯枝顶端开裂的皮孔内。子囊壳球形或椭圆形、赤红色，壁略光滑，成熟时有乳头状突出。直径197.0～223.1μm。子囊棍棒形，大小为(50.6～91.4)μm×(12.7～16.6)μm，内含有双行排列的子囊孢子。子囊孢子椭圆形、透明、有一隔膜，极少数为无隔或2隔，隔膜处一般不缢缩，内有油球，大小为(11.1～23.0)μm×(5.5～9.0)μm。其无性世代为半知菌亚门丝孢纲丛梗孢科柱孢属油桐柱孢菌（*Cylindrocarpon aleuritum* Chen et Zhang）大型分生孢子，长圆柱形、直或稍弯，顶端略小于基部，成熟时4～7隔、透明，大小为(11.1～99.8)μm×(3.6～5.9)μm，着生在分生孢子梗的分枝小梗上。小型分生孢子短圆柱形，无隔膜或仅有1个隔膜、透明，大小为(9.6～19.6)μm×(1.1～8.5)μm。

（三）发病规律

根据四川省林业科学研究所对油桐丛赤壳菌侵染油桐枝条，引起枝枯病的发生规律可知：病菌以子囊壳、子囊孢子和分生孢子越冬。2种孢子均有感染能力。分生孢子在初次侵染和再次侵染过程中有重要作用。子囊孢子有渡过夏、冬季的功能。病菌的潜育期约15天。孢子主要借雨水飞溅和风力进行传播。油桐一般在4月下旬开始萌发新梢，新梢感病在当年10月底或11月初表现症状，11月下旬开始出现少量枯枝。次年3月中、下旬发病率才达到高峰。大量枯枝在4月中旬出现，6月中旬枯枝率最高。病害流行与气象因子关系密切。油桐枝枯病菌孢子萌发的适宜温度在14～22℃，当林间气温在12～21.7℃、相对湿度84%～93%或降雨频繁，有利于孢子的萌发和侵染，病害流行严重。油桐枝枯病菌主要侵染光桐，特别是在比较阴湿的地段发病重，疏林地或零星单株发病较轻。

(四)防治方法

(1)应以适地适树、加强抚育管理作为根本措施，这样不仅能解决生理性枝枯，而且因树势健壮抗病力强，弱寄生菌无法侵入。

(2)对枯死枝条，宜在冬季或初春休眠期进行修剪，修剪的病枝应集中烧毁，减少病菌扩散蔓延。

(3)用1%波尔多液，50%退菌特500倍液或多福粉500倍液防治侵染性枝枯病效果均好。

六、油桐枝干溃疡病

油桐枝干溃疡病在湖南、福建、浙江、广西、贵州等省(自治区)均有发生。主要危害苗木和幼树及成年树幼嫩枝干。据福建林学院、福鼎县土特产公司调查，福鼎县、霞浦县葡萄桐林发病率一般在30%~40%，最高的达90%。由于该病的危害，造成油桐枯枝、枯梢，树势衰弱，甚至整株死亡。

(一)症状

油桐枝干溃疡病主要发生在嫩梢、幼枝上，病害表现的症状可分2种类型。溃疡型：发病初期，在嫩梢或幼枝表面出现不规则的水渍状浅黑色病斑，略肿胀，病部皮层组织变软腐烂，用手压有水流出。而后病斑失水，颜色逐渐加深，形成椭圆形或不规则形的较大黑色斑块。病斑面积多在1~2cm。在高温高湿时，病部出现绒状黑色小霉点，即病菌子实体。枯梢型：油桐幼嫩枝干感病后，病斑迅速扩展达5~6cm^{2}以上或多个病斑密集，病部环包枝梢，以至木质部受害，皮层干腐、爆裂，导致枝梢枯死。

(二)病原

据福建林学院(1982)报道，本病由半知菌亚门丝孢纲丝孢目淡色丝孢科的尾孢菌(*Cercosora* sp.)侵染所致。有待进一步研究。

(三)发病规律

油桐枝干溃疡病以分生孢子座和分生孢子梗在病部越冬，翌年3月初产生分生孢子，借助风雨从油桐嫩梢、幼枝的自然孔口或伤口侵入。发病期与各地气候因子关系密切。在福建省福鼎县病害的第一次盛发期发生在气温回升、雨日多的4~5月份，第二次盛发期出现在8月中旬至9月中旬。该病害持续时间长短随气候条件而不同。如福鼎县湖林油桐场近40hm^{2}葡萄桐林，1978年第一次病害盛发期近7月份才停止，林间出现大量枯枝、枯梢。而1979年则在5月份就停止，枯枝、枯梢也少。其原因是1978年6月份降雨量是1979年6月份的3倍。油桐不同物种和品种抗病性有明显差异。光桐中的葡萄桐品种感病严重，福鼎县各引种点株发病率均在70%以上，并且有大量枯枝、枯梢，严重时整株死亡。而混种在一起的光桐地方品种，株发病率仅为10%~20%，病斑易抑制，无枯枝、枯梢。皱桐对溃疡病抗性强，在同一地区的70hm^{2}皱桐均未发现溃疡病。本病在阴湿的地方，苗木和幼林施氮肥多，枝梢组织幼嫩发病均重。

(四)防治方法

油桐溃疡病的防治关键是应选择适宜于本地栽植的品种、苗木，幼林不宜过密以及合

理施肥，可控制其发生。发病初期，使用25%托布津400倍液；50%多菌灵500倍液；每毫升2万单位的井冈霉素300倍液，喷洒枝干均有一定效果。

七、油桐膏药病

油桐膏药病在湖南、广西、广东、浙江、贵州、四川等省(自治区)均有发生。危害幼林和成林的树干或枝条，引起树势衰弱或枝干枯死。

(一)症状

油桐树干或枝条病部产生圆形或不规则形、灰白色或淡紫色至紫褐色膏药状菌膜，这是由菌丝层和病菌繁殖体构成的担子果。有时膏药状菌膜表面呈细绒毛状，菌膜边缘颜色较淡，中部开裂呈龟裂纹。病株枝叶衰弱，最后引起枝条枯死。

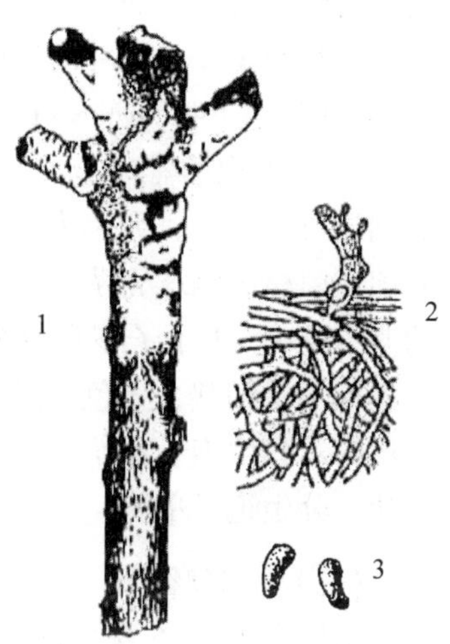

图8-5　油桐膏药病

1. 症状　2. 病菌原担子和担子　3. 担孢子

(二)病原

油桐膏药病是由真菌中的担子菌亚门层菌纲隔担菌目隔担子菌科隔担子菌属田中隔担耳[*Septobasidium tanakae*(Miyabe) Boed. et Steinm.]侵染所致。子实体褐色，菌丝较粗、褐色，直径3.8~4.2μm。下担子(原担子)无色、单胞；上担子纺锤形，隔膜一般3个，大小为(47~62)μm×(7.1~8.5)μm，担孢子镰刀形，稍弯、无色、单胞，大小为(28~38)μm×(4.2~5.5)μm(图8-5)。

(三)发病规律

病菌与介壳虫发生有一定的共生关系。病菌孢子借介壳虫的分泌物作为生长发育所需的养料，而介壳虫由于菌膜的覆盖而得到保护。介壳虫又可通过爬动而传播病菌。因此，介壳虫危害严重的油桐林病害往往严重。病菌以膏药状担子果进行越冬，次年5~6月产生担子和担孢子。担孢子借风雨和昆虫传播。病菌菌丝层侵入油桐枝干皮层吸取养料，菌丝体在树干表面发育形成菌膜。油桐林立地条件和生长状况对本病的发生有一定影响。

(四)防治方法

(1)防治介壳虫　用40%氧化乐果乳剂400~500倍液，或用50%马拉松乳剂500倍液。也可用松碱合剂，即用烧碱2份，松香2份，水16份。将水煮沸后，加入烧碱，待溶化后，再慢慢加入研细的松香，边加边搅拌，然后煮50min，冷却后加15倍水稀释即可使用。

(2)防治膏药病　经试验使用抗菌剂(401)200倍液或40%代森铵200倍液，涂刷菌膜效果明显。也可将膏药状菌膜刮除，然后喷射1%波尔多液或20%的石灰乳。

八、油桐烂皮病

油桐烂皮病危害皱桐和光桐。在湖南、广东、广西等地都有发生。

(一)症状

油桐树干病部皮层腐烂，木质部淡褐色。后期腐烂树皮失水干缩或纵裂。病菌子实体着生在皮层内，成熟时呈黑色颗粒状物。另一种类型，枝干局部皮层坏死腐烂，引起枝枯。有的枝干树皮腐烂后，树皮破裂，木质部暴露，周围产生愈合组织，有的出现流胶。后期病部皮层上有颗粒状子实体。

(二)病原

引起油桐烂皮病的病原菌有2种。囊孢壳菌(*Physalospora* sp.)属子囊菌亚门核菌纲球壳菌目圆孔壳科。病菌子囊座单生，埋于表皮下，球形或扁球形黑褐色，有孔口，大小为(102~230)μm×(75~132)μm。内有束生子囊多个，子囊无色透明、长棍棒状、双层壁，大小为(22.4~46)μm×(6.8~15.5)μm，子囊间有侧丝。无性世代为大茎点属(*Macrophoma*)，分生孢子器球形，大小为(58.4~178.2)μm×(42.9~125.4)μm。分生孢子无色，椭圆形或纺锤形，大小为(9.9~21.4)μm×(2.3~4.6)μmm。黑腐皮壳菌(*Valsa* sp.)属子囊菌亚门核菌纲球壳菌目间座壳科。病菌子囊壳球形或近球形，具长颈，埋生于寄主组织的假子座中。1个子座有数个至十余个子囊壳。子囊棍棒形或圆筒形，内含8个子囊孢子。子囊孢子单细胞，无色，腊肠形。无性阶段属壳囊孢属(*Cytospora*)；子座瘤状，位于寄主韧皮内。分生孢子器位于子座内，不规则地分为数室，有1个共同的出口。孢梗排列成栅栏状。分生孢子单胞，无色，腊肠形。

(三)发病规律

本病危害4~5年生幼树和生长衰弱的老树。病菌以子囊孢子和分生孢子在腐烂树皮内越冬。翌年春天病菌靠风雨传播，然后从伤口或皮孔侵入。6~7月病害发展较快，在病部有时可见卷丝状分生孢子角。到秋、冬季节病菌子实体在病部呈瘤状逐渐突起，树皮发生纵纹龟裂。病菌是一种弱寄生菌，在油桐老残林或干旱瘠薄低山丘陵地区的油桐林发病较多。特别是当油桐枝干受高温日灼或管理不善、枝干有裂缝时更易发生本病。

(四)防治方法

①加强油桐林管理，促其生长健壮。在幼林期实行间种，防治日灼。也可实行混交作业。

②在病部涂抹多菌灵1000倍液，或托布津400倍液。

九、油桐苗木茎腐病

油桐苗木茎腐病又称苗枯病。在湖南、江西、广西、广东、浙江等地均有发生。根据调查，本病只危害1年生幼苗。1978年中南林学院大江口苗圃病苗率为8%~10%。发病后植株枯萎死亡。

(一)症状

油桐苗木染病后，先在地茎部产生坏死斑，然后扩展呈梭形或不规则形褐色斑，当病斑环切幼茎，苗木逐渐枯死。有些病株，染病皮层臃肿皱缩，呈海绵状腐烂，干后有的纵裂，剥开病部皮层，有时可见细粒状黑色菌核。

(二)病原

由菜豆壳球孢菌[*Macrophomina phaseoli*(Maubl.)Ashby.]侵染所致。病菌属半知菌亚门腔孢纲球壳孢目球壳孢科壳球孢属的1种。病菌在病株上除形成菌核外，不产生分生孢

子器。用病苗分离培养，在 PDA 培养基上菌丝生长旺盛，菌落白色。经 1 个月左右，温度在 29～33℃时，在菌落上产生黑色鼠粪状菌核。

（三）发病规律

病菌是土壤习居菌。此菌喜高温，夏季繁殖快，在 pH 值 4～9 时均生长好。病害的发生与寄主的状态和环境条件有密切关系。特别是夏季温度高，苗木茎基部受高温灼伤，病菌从灼伤处侵入，然后向苗茎健康部蔓延，从而导致苗木发生茎腐病。病害发生的迟早及严重程度受高温影响。在 6～8 月内，温度高则发病重，否则发病轻。9 月以后发病少，10 月不发病。

（四）防治方法

①预防桐苗夏季高温日灼，是防治茎腐病的关键。苗木行间覆草，灌水降温抗旱，对预防本病有明显的效果。

②整地时施用厩肥、棉子饼或豆饼作基肥，有利于促进抗生菌的繁殖，达到减轻病害的作用。

十、油桐根腐病

油桐根腐病引起桐树整株枯萎死亡。我国油桐产区多为零星发生，但重庆市万县发病严重。据 1965 年调查，重庆市万县长滩乡曾大面积发生，形成毁灭性病害。据贵州省黔西南布依族苗族自治州林业局墙忠元 1984 年报道，自 1978—1983 年初步调查，贞丰县的白层、鲁贡、者相 3 个区 14 个乡和册亨县坡坪区者王乡因遭根腐病危害，共枯死桐林 540 多公顷，桐树死亡 455000 多株。

（一）症状

从病株解剖观察，病株先是须根坏死腐烂。染病须根多在根尖变色，有的在须根中间或侧根处开始变色坏死，然后扩展蔓延。须根大多腐烂后，地上部叶、果较小，当侧根和主根逐渐腐烂时，叶失水萎蔫卷缩，枯黄脱落，以至全株干枯而死（图 8-6）。

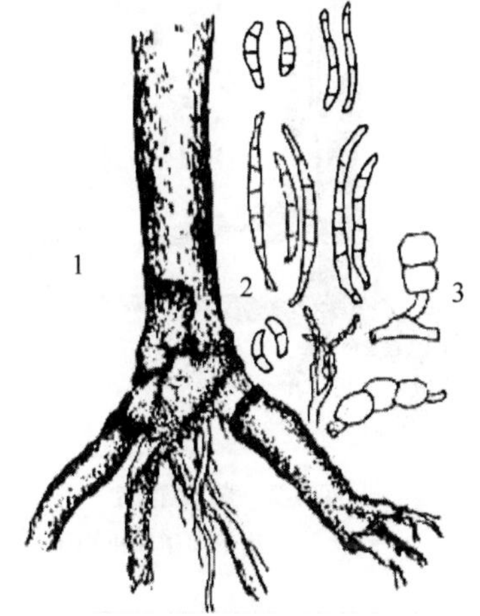

图 8-6　油桐根腐病

1. 症状　2. 分生孢子　3. 厚垣孢子

（二）病原

据中南林学院 1965 年在重庆市万县长滩乡取病根分离初步认为是由镰刀菌（*Fusarium*）侵染所致。1985 年四川省油桐根腐防治试验协作组报道，油桐根腐系由腐皮镰刀菌［*Fusarium solani*（Mart.）App. et Wollen W.］侵染所致。除侵染性病原外，在湖南、广西、浙江某些油桐林，有的植株由于林地潮湿或渍水而发生根腐，属于窒息性根腐。

（三）发病规律

根腐病除危害 2～5 年生的幼树外，结果的壮年树和老年树发病也重。调查说明，病株在桐林中先是零星分布，以后才出现许多病株；在同一林地、同一时期，病株表现出不同的发展阶段，有前期症状植株，也有后期症状的植株，这说明病害有发生发展过程。病株在不同的立地条件下都有发生。在土层瘠薄的陡坡或在土壤肥沃的山脚，乃至田边的桐林均有发生。根据这些事实，可以认为油桐根腐病是一种侵染性病害。黔西南林业局报道：根腐病从每年4~5月开始发病，7月发病最重，8~9月病株枯死，10月基本停止危害。根腐病在桐粮间作地发病重。

（四）防治方法

①油桐窒息性根腐，要避免渍水，深翻土壤，保持通气良好。

②侵染性根腐病，要清除病死株以防扩展蔓延，发病土壤要撒石灰消毒。

③轻病株可采用70%敌克松粉剂1∶700倍液或40%甲醛溶液1∶200倍液浇灌病株树根周围土壤，有较好效果。

④药物抑杀病菌，促使新根生长。对初病株，叶无萎蔫，但叶黄、生长势差的病株，可在根际适当增施桐饼，然后用草木灰50kg，硫酸亚铁0.25kg拌匀撒入土内，可起到杀菌和促进生长新根的作用。

十一、油桐紫纹羽病

油桐紫纹羽病不仅危害油桐衰老植株，还能危害成年树和幼树。由于根和根茎部腐烂，最后病株枯萎死亡。紫纹羽病除危害油桐外，尚可危害茶树、板栗、泡桐、刺槐、杨、柳、梨、苹果等。

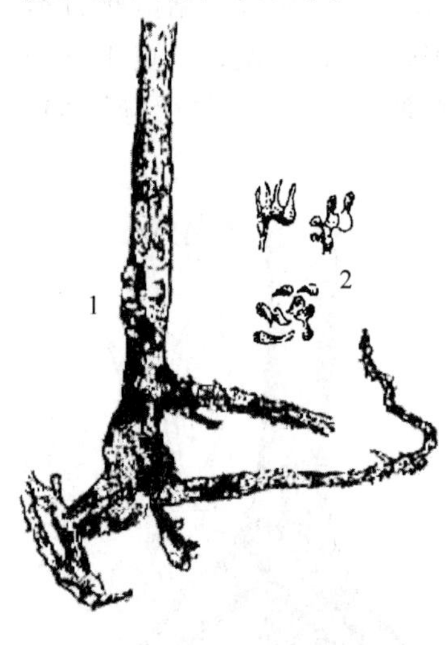

图8-7 紫纹羽病
1. 症状 2. 病菌担子和担孢子

（一）症状

本病危害根部和根茎部。病部外表长有紫褐色菌丝层或呈细绒网状。有的在根茎部长紫褐色膏药状菌膜。有时在病组织中见有紫褐色油菜籽状物即病菌的菌核。病根皮层和木质部腐烂，地上部枝叶生长不良，最后导致植株枯萎死亡（图8-7）。

（二）病原

紫纹羽病由桑卷担子菌（*Helicobasidium mompa* Tanaka Jacz.）侵染所致。它属担子菌亚门层菌纲木耳目木耳科卷担子菌属。在寄主体内菌丝体呈黄褐色，病根表面菌丝体为紫红色。菌丝束由色深壁厚的菌丝交织而成，呈分枝线形，错综交织成网状。故得名紫纹羽病。菌核半圆形，紫红色，大小为(0.7~1.0)mm×(1.1~1.4)mm。子实体紫红色膏药状，待表面略呈粉状时，其上已产生担子和担孢子，担子无色圆筒形，有3个隔膜，大小为(6~7)μm×(25~40)μm，多向一方弯转。在突面的每一个细胞上各长出一小梗，在小梗上着生担孢子。担孢子单胞无色，卵圆形，顶端圆，基部尖，大小为(6~6.4)μm×(16~19)μm。

（三）发病规律

病菌生活在土壤中，是土壤中的习居菌。以菌核和菌丝束在土壤和病部越冬，具有抵抗不良环境的作用。菌核在适宜的温、湿度条件下，又可萌发长出营养菌丝进行侵染。病菌依靠菌束在土壤中蔓延而传播。同时流水和人为活动，将菌核带到无病地区，从而起传

播作用。病根与健康根接触也能传播病害。担孢子的传播作用不大。紫纹羽病与气温和土壤湿度的关系密切。土壤潮湿、气温高，有利于病害发生。

（四）防治方法

避免桐林土壤积水。发现重病株或枯死株应及时挖除，在穴内撒石灰消毒。轻病株可采用换土后撒适量的石灰，然后覆盖新土。

十二、油桐白纹羽病

油桐白纹羽病在湖南省石门县油桐良种试验站有零星发生。3～6 年生的油桐树发病后，生长衰弱，继而全株枯萎死亡。

（一）症状

本病危害油桐根部，初期难以发现。只有待叶黄或凋萎时，挖土检查根部才可发现病菌侵染根部后，引起须根、侧根和主根发生腐烂。根的皮层易与木质部剥离，严重时，有些根的外表缠绕一层白色海绵状的菌丝层，也可见到白色菌束和小粒状圆形菌核。在潮湿的地方，油桐根茎部也覆盖一层白色菌丝层，靠根茎部的地表有蔓延成蛛网状的白色或灰白色的菌丝体或菌核。最后落叶、枝枯、全株枯死（图 8-8）。

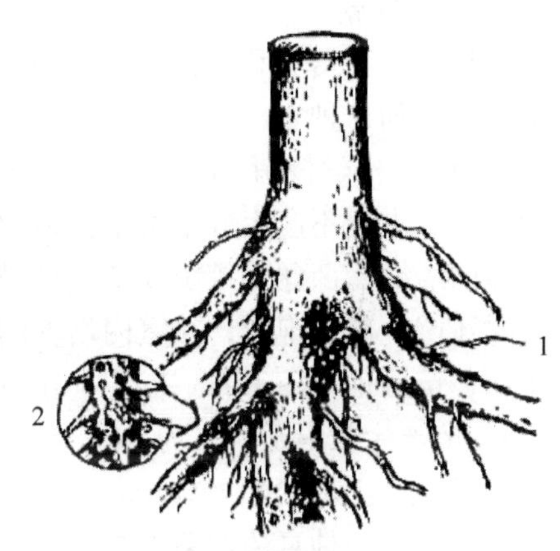

图 8-8　油桐白纹羽病

1. 症状　2. 菌核

（二）病原

由褐座坚壳菌［*Rosellinia necatrix*（Hart.）Berl.］侵染所致。属子囊菌亚门核菌纲球壳目炭角菌科座坚壳属的 1 种。其菌丝体能纠合形成白色至淡褐色的菌束，直径约 1mm 的球状菌核。在土壤外的菌丝能形成厚垣孢子。在死根的菌膜上，密生黑色炭质球形、具短颈的子囊壳。子囊圆筒形或圆柱形，与侧丝混生。子囊内有 8 个单细胞的子囊孢子，成单行排列。子囊孢子纺锤形或半球形，暗褐色或褐色，大小为（4～6.5）μm×（42～44）μm。孢子成熟后，侧丝溶成胶状。病菌的无性阶段属于黏束孢属（*Graphium*），分生孢子梗聚成束，具分枝，顶生或侧生 1～3 个卵圆形单胞无色的分生孢子，分生孢子为 2～3μm。

（三）发病规律

病菌以菌核和菌丝层在病株的病部和土壤中越冬。病菌通过菌丝体的蔓延，菌核随水流动而传播。油桐林病根与健根接触和人为活动也可传播。在雨水多而排水不良或低洼潮湿的地方发病较重。

油桐白纹羽病的防治方法参考油桐紫纹羽病的防治方法。

十三、油桐幼苗立枯病

油桐幼苗立枯病又称猝倒病、根腐病。这是由于油桐幼苗不同生育阶段感病后，其症状特征有所差异，根据各阶段的症状名称也各异。油桐幼苗立枯病，在我国不少地区有发生，一般发病轻，但有的地方危害较重。

(一)症状

本病发生在当年生幼苗。其症状有下列类型：种腐型，播种后尚未发芽，种子腐烂，此易与种子霉烂不能发芽出土相混淆；芽腐型，油桐播种后，芽尚未出土或刚露出地面被病菌感染，组织受到破坏，芽上出现褐色病斑，有时在病部可见白色霉状物，病重时芽全部腐烂；茎叶腐烂型，幼苗出土后，茎肉质幼嫩、叶小细嫩，遭病菌侵染后，出现水渍状腐烂现象，在温度较高雨水多的时候，有的病株在叶病部可见白色霉状物，最后导致全苗死亡；根腐型，幼苗出土后，茎已木质化，病菌侵染根部，根系腐烂，地上部萎蔫，以后全苗枯死变黄，根皮腐烂。将病死苗拔起时，坏死根皮会留在土中。

(二)病原

根据分离培养和镜检结果，油桐幼苗立枯病的病原，与松、杉幼苗猝倒病病原相同。主要有下列几种。

(1)立枯丝核菌(*Rhizoctonia solani* Kuehn)　是半知菌亚门丝孢纲无孢目无孢科丝核属的1种。本菌不产生分生孢子。菌丝无色，后变褐色，菌丝分枝多隔，分枝处近直角，有明显的缢缩，菌丝可绞织成疏松的菌核，菌核间有菌丝相连，此菌丝分枝处直角更明显。有时还产生厚垣孢子，在室内培养的菌种可产生担孢子，为本菌的有性孢子类型。本菌分布广，苗圃地10~15cm土层中分布密度最高，对pH值要求不严，最适pH值为4.5~6.5，菌丝生长最适温度为24~28℃，但温度稍低时危害严重。本菌喜欢较高的湿度。

(2)尖孢镰刀菌(*Fusarium oxysporum* Schl.)　是半知菌亚门丝孢纲瘤座孢目瘤座孢科镰刀菌属的一种真菌。菌丝细长有隔分枝、无色、棉絮状。有2种类型的分生孢子，大型分生孢子镰刀形、多分隔；小型分生孢子椭圆形、卵形、弯月形、近球形等。菌丝和分生孢子上有时形成厚垣孢子。本菌一般分布在表土层，土层越深分布越少，对酸碱环境的适应力强，生长的最适温度为25~30℃。此外，还有腐皮镰孢[*F. solani*(Mart.)App. et Wollenw.]等多种镰刀菌都可危害。

(3)瓜果腐霉[*Pythium aphanidermatum*(Eds) Fitz.]　本菌属鞭毛菌亚门卵菌纲霜霉目腐霉科腐霉属的1种。孢子囊瓣状或条状，萌发时产生泡囊，内生数十个游动孢子，孢子肾形，侧面有鞭毛两根，大小为(10~17)μm×(5~10)μm；卵孢子球形，平滑，直径12~30μm。除瓜果腐霉外，德巴利腐霉菌(*Pythium debanyanum* Hesse.)也是重要病原菌。这类病菌适生温度范围较宽。最低为5~6℃，最适为26~28℃。对湿度要求较高，一般在水湿条件下生长好。

(三)发病规律

镰刀菌、丝核菌、腐霉菌都是土壤习居菌，具有较强的腐生性。镰刀菌以厚垣孢子，丝核菌以菌核，腐霉菌以卵孢子渡过不良环境。由于本病由多种病菌侵染，遇到适宜条件易形成流行病。苗圃地土壤黏重，前作感病重，排水不良，有利于本病发生。因此，梅雨季节发病重。

(四)防治方法

①苗圃地应选择排水良好的沙壤地。

②播种前土壤宜进行消毒。用细土混2%~3%的硫酸亚铁，每公顷撒1500~2000kg药土。在酸性土壤每公顷撒石灰300~350kg。

③加强苗木管理，及时揭去覆盖物，做好排灌工作。

④药剂防治。苗木出土后，喷1%波尔多液，预防茎叶腐烂有一定效果。发病后喷托布津400~800倍液，或退菌特800倍液，或多菌灵1000~1200倍液效果明显。

十四、油桐根结线虫病

油桐根结线虫病早在1950年就有报道。据在湖南、广西观察仅见少量发病，病株生长差。除危害油桐外，据记载，根结线虫还能危害1700多种植物。有些植物的幼苗和大树得病后，病死率达70%~80%。

（一）症状

根结线虫危害油桐根部，被害侧根和细根均能形成许多瘤状物（虫瘿）。当年新产生的虫瘿表面光滑，淡黄色。剖视虫瘿，内有无色透明小粒，是根结线虫的雌虫。后来虫瘿表面粗糙，有许多小孔。由于根部破坏，所以地上部分生长差，严重时造成整株枯死。

（二）病原

由根结线虫（*Meloidogyne marioni*）侵染所致。雌线虫乳白色，成熟后为倒梨形，头部尖、腹部圆。雄线虫无色透明，线状，头部呈锥形，尾部稍圆。卵无色透明、小圆形，外壳坚韧。幼虫线状至豆荚状。4龄幼虫雌雄分化才明显。

（三）发病规律

根结线虫一年发生多代，能进行多次重复侵染。主要借卵和雌虫在虫瘿内越冬。当环境条件适宜时卵孵化出1龄幼虫藏在卵内，经1次脱皮后破卵而出，成为2龄幼虫迁入土中，遇机会侵入寄主嫩根，在根的皮层中危害，并刺激寄主细胞加速分裂。由于过度生长，形成无数根瘤，幼虫在根瘤内发育为成虫。雌、雄成虫交配产卵或进行孤雌生殖。根结线虫为好气性，土壤疏松、通气良好有利于线虫的生长发育。因此，沙壤土或耕作层土最适合根结线虫的生存，所以多危害耕作层的根。

（四）防治方法

油桐根结线虫病，当前发生少，危害不重。但要预防次要病害发展为危险性病害。重病株可施用80%二溴氯丙烷进行防治有一定效果。该药是淡褐色有臭味的液体，杀线虫能力强。每株树可用原药40~60mL，加水7~15kg，在树冠周围挖10~15cm深的沟，施药沟内后覆土。

十五、油桐赤枯病

赤枯病危害油桐叶部，引起桐叶早落。

（一）症状

油桐叶感病时，先在叶缘、叶尖或叶脉间发生黄褐色或暗褐色病斑，然后扩大成不规则形或长条形赤褐斑块。有的叶缘呈枯焦状。后期病部产生颗粒状子实体，是着生在表皮下的分生孢子盘（图8-9）。

（二）病原

据镜检观察，油桐赤枯病是盘多毛孢菌（*Pestalotia* sp.）侵入所致。病菌属半知菌亚门

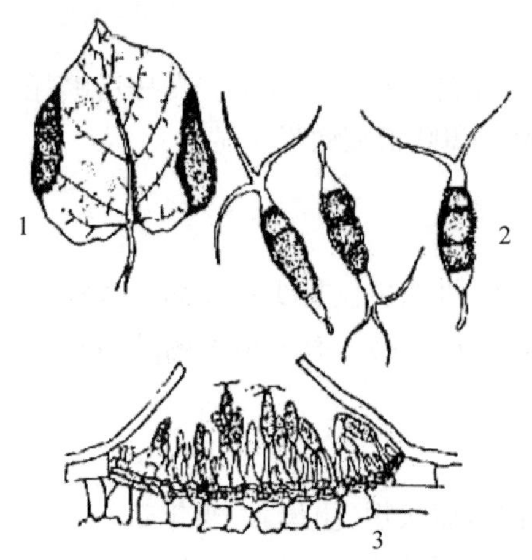

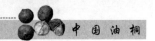

图 8-9　油桐赤枯病

1. 症状　2. 分子孢子　3. 分生孢子盘

腔胞纲黑盘孢目黑盘孢科。分生孢子盘暗黑色，孢梗圆柱状不分枝。分生孢子纺锤形，有 3～4 个横隔，中部细胞褐色，两端细胞透明无色，顶生 2～3 根鞭毛。

（三）发病规律

病菌以分生孢子盘在病落叶中越冬，6～7 月开始侵染，8 月是发病盛期。本病在高温干旱的桐林内发生较重。

（四）防治方法

在发病严重的地区，可使用 1∶1∶100 波尔多液喷射。

十六、油桐烟煤病

油桐烟煤病在贵州的水城、剑河、雷山等地有发生。湖南、广西、江西也有分布。本病主要危害叶和绿色嫩枝，影响植株光合作用。

（一）症状

油桐叶和嫩枝被害后，先产生黑色霉点，然后扩展成黑色霉斑，严重时叶和嫩枝被黑色霉斑所覆盖，植株生长衰弱，有的出现枯枝。

（二）病原

根据镜检，油桐烟煤病是由明双胞小煤炱菌（*Demerina* sp.）侵染所致。病菌属于子囊菌亚门核菌纲小煤炱目小煤炱科。菌丝体暗褐色，群体墨黑色，表生。菌丝上无刚毛，也无附着枝。子囊果球形，无孔口，子囊束生，每个子囊孢子 8 个，子囊孢子无色，双胞。除明双胞小煤炱菌外，有时镜检还能查到小煤炱菌（*Meliola* sp.）和煤炱菌（*Capnodium* sp.）。

（三）发病规律

油桐烟煤病菌常从蚜虫和介壳虫的分泌物中吸取营养，此类昆虫又可传播病菌。因此，桐林内蚜虫和介壳虫发生严重及林内湿度高，有利本病的发生发展。

（四）防治方法

病发区要及时防治蚜虫和介壳虫。发现这类害虫时，可用40%杀捕磷乳油1500～2000倍液，或 50%的敌敌畏乳油 500～1000 倍液，或松脂合剂 20 倍液喷杀有较好效果。防治烟煤病还可用石硫合剂，夏季用 0.3 波美度，冬季用 3 波美度，春、秋季用 1 波美度喷洒，兼有杀虫治病的作用。

十七、油桐白粉病

油桐白粉病在湖南曾有发生，危害叶和嫩芽。病叶易落，嫩芽病后枯死。

（一）症状

叶被侵染后，初生不规则褪绿斑，然后在叶背产生一层白色粉状物，这是病菌的营养菌丝及粉孢子。后来，在病部外表产生初为黄褐色，最后为黑色的颗粒状物。这是病菌的

闭囊壳。嫩芽发病后，长满白色粉层，并导致枯死。

（二）病原

由宫部钩丝壳油桐变种（*Uncinula miyabei* var. *aleuritis* Wei.）侵染所致。病菌属子囊菌亚门核菌纲白粉菌目白粉菌科钩丝壳属。闭囊壳球形黑色；附属丝无色、上部较粗、下部较细、顶端钩状，1 个闭囊壳上有 6～13 条子囊，子囊棍棒状，大小为（50～71）μm×（38～56）μm；内含子囊孢子 4～8 个，椭圆形、单细胞。

（三）发病规律

病菌以闭囊壳在病落叶中越冬。第 2 年子囊孢子借风传播，萌发后由气孔侵入，然后产生粉孢子进行再次侵染。8～9 月产生闭囊壳，9～10 月闭囊壳成熟。

（四）防治方法

①结合油桐抚育管理，将病落叶埋入土内，减少初次侵染源。

②发病期可用 0.20～0.30 石硫合剂喷雾。炎夏改用 50% 退菌特可湿性粉剂 400 倍液喷洒。在水源困难的地方，可喷撒硫黄粉，每次用量为 $75kg/hm^2$，发病期喷 2～3 次，效果良好。

十八、油桐叶、果的其他病害

（1）油桐褐斑病　本病在湖南省花垣县和贵州省丹寨曾有发现。病斑初为黄褐色斑点，后扩展蔓延成圆形或椭圆形小斑块，后期病斑中央呈浅灰色。本病由盘单隔孢（*Marssonina* sp.）引起。病菌分生孢子盘着生在寄主的角质层或表皮下。分生孢子卵圆形、无色，有一横隔，上细胞较大，下细胞较小，基部略尖。

（2）油桐叶斑病　本病各地油桐林都有发生，严重时引起叶枯早落。病斑圆形或不规则形赤褐色，后期病斑上散生针头大小黑点。严重发生时出现大块状枯斑。本病由口十点霉菌（*Phyllosticta* sp.）侵染所致。病菌分生孢子器着生在表皮下，圆球形，有乳头状孔口，分生孢子单胞、长椭圆形，无色，长 6.0～8.5μm，宽 2.0～3.1μm。

（3）油桐果腐病　油桐果腐病在湖南省城步，贵州省息峰、雷山、沿河等地均有发生，果实因腐烂引起早期落果。果腐病的初期在果实外表产生灰黑色湿腐状病斑。病斑很快蔓延，引起全果变黑腐烂。后期病部产生许多黑色小颗粒，即病菌的分生孢子器。本病由色二孢菌（*Diplodia* sp.）侵染所致。分生孢子器为（80～82）μm×（100～132）μm。分生孢子初期单胞无色，成熟后褐色双胞，椭圆形，大小为（6.6～7.2）μm×（24.5～33.2）μm。此外，油桐果腐病，也可由大茎点菌（*Macrophoma* sp.）侵染所引起。

上述 3 种病害，如果发生严重时，其防治方法可参考油桐炭疽病的防治措施进行。

（4）油桐叶锈病　油桐叶锈病湖南早有发现。贵州省林业科学研究所森林保护室 1981 年报道，贵州省榕江、三穗、六枝都有发生。油桐叶发病时，病部初呈黄绿色圆点，后扩大成黄褐色病斑，最后为浅褐色斑块。本病的病原菌，我国以往记载有 2 种，一为椅栅锈（*Melampsora idesiac* Miyabe.）。夏孢子堆散生或密集于叶背的浅黄色小斑中，黄色，圆形，直径 0.2～0.3mm；夏孢子无色至浅黄色，近球形、卵形或椭圆形，粗糙，大小为（18～24）μm×（14～19）μm，壁厚 2～3μm，侧丝多棒状至头状，大小为（53～75）μm×（15～23）μm，无色至淡黄色。冬孢子堆生于叶背的表皮下，散生至密集，小、褐色；冬孢子圆柱形或棱柱形，黄褐色，(30~45)μm×(7~11)μm，侧壁厚1μm，顶端圆或平截、壁稍厚。另一种为油桐无柄锈菌(*Melampsora aleuritidis* Cummins.)。夏孢子堆生于叶背的表皮下，直径0.2~0.5mm，黄色，侧丝常呈头状，大小为(40~55)μm×(12~19)μm，壁无色，厚1.5~2.0μm；夏孢子广椭圆形、倒卵形，大小为(18~24)μm×(14~18)μm，壁无色，厚2.0~2.5μm，有刺。芽孔不明显。冬孢子堆生于叶背的表皮下，密集，直径0.1~0.4mm，橙褐色至栗褐色；冬孢子长圆形，大小为(31~43)μm×(8~13)μm，壁厚1.0~1.5μm，无色至淡褐色。

(5)油桐花叶病　油桐花叶病在湖南省慈利、永顺及浙江常山等地见有零星发生。发生花叶病的桐树生长势衰弱，叶脉间叶绿素遭到破坏，叶片呈现花叶现象。有的病树叶片变厚黄化，最后枯焦脱落。病树结果很少。本病有人认为是病毒(virus)引起的。

(6)油桐细菌性叶斑病　油桐细菌性叶斑病在湖南长沙、城步和浙江常山及福建沙县等均有发生。主要危害光桐的叶。发病时病部出现直径2~3mm大小的红褐色斑，病斑周围有黄色晕圈。取病健交界处的小块组织进行切片镜检，具有云雾状细菌扩散。

据分离培养鉴定，病原是极毛杆菌(*Pseudomonas* sp.)侵染所致。在牛肉汁蛋白胨培养基上，菌落乳白色，光滑。菌体短杆状，无芽孢，无荚膜，端生鞭毛1~2根，革兰氏阴性。

油桐锈病、花叶病、细菌性叶斑病，目前仅在少数地区轻微发生。因此，现在应注意其发展趋势。采取清除病叶，消灭侵染源。另一方面，油桐嫁接时，要避免在病株上采摘枝条，以免将病原传入无病区。

十九、油桐缺素病

缺乏必要营养元素时，油桐正常的生长发育过程将受不同程度危害。当各种营养元素能够满足油桐苗木生长的需要时，苗木生长健壮，茎在后期还能较好继续生长，主根明显，侧根健壮，须根亦多，叶大而厚，呈浓绿色。若缺少某种必要的元素时，油桐苗木外部形态会产生不同变化(参见第七章)。

防治方法：

①油桐缺氮症，一般施用氮素化肥，如硫胺、尿素等。有的施入土壤，也有的用0.5%~0.8%尿素液喷洒叶面。

②缺磷时，采取叶面喷射过磷酸钙，为1%~3%。有的使用磷酸，但注意，磷酸施用过多时可引起缺铜、缺锌现象。

③缺钾时，可追施草木灰，或使用0.3%~0.5%氯化钾或硫酸钾。

④缺铁时，在苗床上施入硫酸亚铁。撒药土1500~2000kg/hm^2。

⑤缺镁时，可采取根施。在酸性土壤，为中和土壤酸度可施碳酸镁。中性土壤可施硫酸镁。也可采取叶面喷射，喷2%~3%硫酸镁见效快。

⑥缺钙，可采取叶面喷射硝酸钙或氯化钙。在氮较多的地方，应喷氯化钙，因硝酸钙会增加氮的含量。喷射硝酸钙和氯化钙都易造成药害，其安全含量为0.5%。

二十、油桐的寄生小灌木

危害油桐的寄生小灌木在贵州、广西等省(自治区)发生严重。据贵州省林业科学研究

所报道，油桐受寄生小灌木危害的县(市)有 17 个。在一些低海拔地区危害尤重，造成桐油产量下降，甚至桐树枯死。例如，在六枝县调查一块标准地 25 株油桐，被寄生的 13 株。另一标准地 33 株油桐，被寄生的 29 株。严重的植株，大枝被寄生的达 80% 以上。又如镇宁布依族苗族自治县六马区乐纪乡平安庄一片 8 年生的桐林，调查 290 株，被害 58 株，其中 3 株被害而死。关岭布依族苗族自治县坡蝉乡有片 10 年生的油桐林，调查 90 株，被寄生的 67 株，寄生率达 74.4%。被寄生的油桐严重时树冠的绝大部分甚至全部为寄生物所占领，致使桐树迟开花或不开花，果实易落或不结果，使产量大减，甚至大部枝条或全株枯死。

(一)寄生小灌木

常见的油桐寄生小灌木有如下几种：

(1)桑寄生 *Loranthus parasiticus* (Linn.) Merr.　小灌木、枝无毛，有凸起的皮孔，小枝略披暗灰色短毛，叶近对生、革质，卵圆形或长椭圆状，长 3~8cm，宽 2.5~5cm，顶端圆形，基部钝。幼叶两面有黄褐色星状绒毛，成长叶两面均无毛，叶脉稀疏而不明显，叶柄长 5~12mm，无毛或幼时有极短的星状毛。花期 9~10 月，花两性，子房 1 室，花冠紫红色、筒状，2~2.5cm，裂片 4，长 4~5mm，花成对生，1~3 个花梗同生于一叶腋内。浆果椭圆形，次年 1~2 月成熟，长 8mm，宽约 6mm，有小瘤状突起(图 8-10，1)。

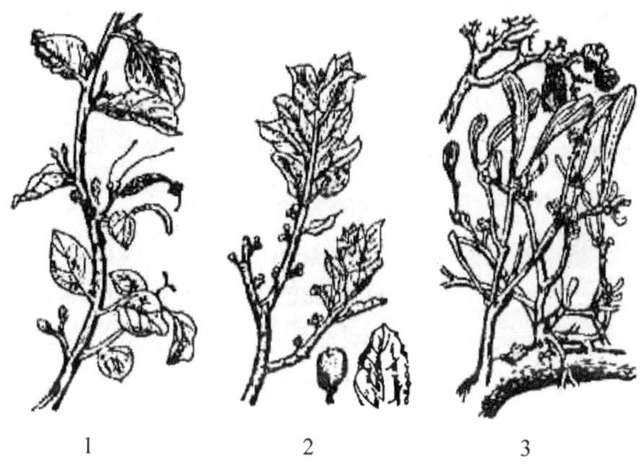

图 8-10　油桐的寄生小灌木

1. 桑寄生　2. 毛叶桑寄生(樟寄生)　3. 槲寄生

(2)中华桑寄生 *Loranthus chinensis* (Dc) Denser.　小灌木，高约 0.5m，小枝细小，幼枝顶端约 4cm，内被黄褐色星状短绒毛。叶对生或近对生，纸质至薄革质，近圆形至椭圆形，幼叶两面被黄褐绒毛，成长叶无毛，长 2~4.5cm，宽 1.2~3cm，叶脉羽状，叶柄长 4~6mm。花序通常单生于叶腋，有花 2~3 朵，两端稍膨胀，花梗长 4~7mm，仅顶端稍膨胀，包片卵形，长约 1mm，萼管椭圆形或稍呈倒卵形，长 2~2.5mm，宽 1.5~2mm，花冠长 1.4~2mm，宽 2~2.5mm，顶端 4 裂片，雄蕊几无花丝或花丝仅 1mm 长，花药长1.5~2mm，4 室，花柱 4 棱，顶端渐狭，柱头棒状，花期 8 月。果椭圆形，长 7mm，直径 4mm，两端近圆。

(3)毛叶桑寄生 *Loranthus yadorki* S. et Z.　又名樟寄生。常绿小灌木，高可达 1m 许。小枝粗而脆，直立或下垂，根出条发达，皮孔多而清晰；嫩枝在 15cm 内披有棕色星状毛，幼叶两面密披黄褐色星状短绒毛；成长叶表面光滑，背面仍披有红棕色星状短毛，全缘，有短柄。叶椭圆、纸质、对生，长 3~8cm，宽 2.5~5cm。花期 10~11 月，一面开花，一面结果。聚伞花序聚生于叶腋或老枝上，具 1~4 朵花。总花梗短，筒状花冠，长 1.8~2.5cm，顶端 4 裂，花粉红色。浆果椭圆形，长约 8mm，宽 5mm，亦披短绒毛(图 8-10，2)。

(4)扁枝槲寄生 *Viscum articulatum* Heyne.　又名无叶枫寄生。柔弱小灌木，全体无毛，枝短时为直立，较长时则悬垂。枝圆柱状灰褐色，节膨胀，小枝扁平，2 或 3 叉状分枝，节略扁，节下收缩，节间长1~4cm，下部的较长，上部的较短，每节上宽下狭，基部宽1~3mm，上部最宽的为7mm。叶退化成鳞片状，位于花下，只见于最幼的节上，花细小簇生节上，每簇3朵，中央的雌花，两侧的为雄花。每朵花下有两片合生成杯状的苞片。雄花的花冠有4裂片，常向外反曲，花药贴生于瓣片基部；雌花花冠裂片与雄花同数，子房圆柱形、平滑。果椭圆形，直径约3mm，成熟时黄色，表面平滑。种子绿色，春季结果。

(5)棱枝槲寄生 *Viscum angulatum* Heyne.　又名青冈栎寄生。植株高1m左右，枝圆柱形，灰棕色；小枝具4棱或多棱，2~3叉状分枝，节略肿胀，节间长短不一，长1~4cm。叶退化成鳞片状。8~9月开花，花极小，无柄，单生或轮生于节上；雌花球形，长约1mm，基部有一杯状，顶端平截的苞片，花冠裂片4数。秋、冬结果，果椭圆形，长3~4mm，成熟后黄色(图8-10，3)。

(6)双花鞘花 *Elytranthe ampallacea* Den.　灌木，无毛，或仅花序及花多少有乳状突起状的毛；分枝多，节膨大，在幼嫩枝上的节略扁。叶片广椭圆形至披针形，长4~12cm，宽2~7cm，顶端短渐尖，基部楔形至圆形；叶柄长4~6mm。总状花序通常单生于叶腋，有时在较老的茎节上集生成束，有时花密生而成伞形花序式，长0.5~2.5cm，宽约2mm，全缘或6裂；花冠通常黄色，或下半部黄绿色，花蕾8~15mm，下半部膨胀，在膨胀部有6翼。果球形或稍近倒卵形，长6~7mm，直径6mm，成熟后为黄色至黑褐色。种子椭圆形。花期春季。果期4~5月。

(二)发病规律

桑寄生植物大多于秋、冬季节形成颜色鲜艳的浆果，招引各种鸟类。寄生物的种子也依靠鸟类传播。乌鸦、斑鸠、土画眉、麻雀等喜食这类浆果。浆果的内果皮木质化，内果皮外具一层黏稠的白色物质，含生物碱，味苦涩。鸟类食去果肉后，往往将种子吐出，或由于内果皮木质化鸟食后而不被消化，种子随粪便排出。内果皮外的黏胶物质可将种子黏固在枝条上。在适宜的温、湿度条件下，种子萌发，胚轴延伸，突破种皮产生胚根。当胚根尖端与寄主接触到树皮就形成吸盘，从吸盘中间长出初生吸根，吸根分泌对树皮有消解作用的酶，并从枝干的伤口或皮孔侵入。当初生吸根接触到木质部后，由于吸根很衰弱不能立即到木质部内。第2年由树皮中的初生吸根形成分枝的假根，然后又形成与假根垂直的突起称次生吸根，便以次生吸根伸入木质部与导管相连。从寄主木质部吸取水分和水中的矿物质。在根吸盘形成后数日，胚芽发展成茎、叶部分。如有根出条，则沿着寄主枝条延伸，每隔一定距离形成一吸根侵入寄主树皮，长出新的直立枝叶。如此不断蔓延危害。寄生植物，随寄主的生长而连年生长，长年夺取寄主的养分和水分供生长发育，产生大量种子传播危害。槲寄生属植物的侵染活动与桑寄生属植物基本一致。

(三)防治方法

①查找寄生性种子植物，坚持连年彻底砍除病枝是当前唯一有效的方法。应在果实成熟之前进行。砍除时一定要在寄生处下边20cm以外砍掉，除尽匍匐茎(根出条)和寄主组织内部吸根延伸部分，以免留下吸根。

②可用化学药剂防治，如硫酸铜、氯化苯、氨基醋酸和2，4-D等，能收到一定效果。

二十一、油桐的寄生菟丝子

在广西河池地区见菟丝子危害光桐，广西南部菟丝子危害皱桐。被害植株枝条被菟丝子细藤缠绕产生缢痕，有的树冠被细藤所覆盖影响植株生长。轻者造成树势衰弱，枝条枯死，严重时油桐树整株死亡。

(一)危害油桐的菟丝子

主要有日本菟丝子 *Cuscuta japonica* Choisy.，其次为中国菟丝子 *Cuscuta chinensis* Lam.。

(1)日本菟丝子　又名大菟丝子、金灯藤、飞来藤。茎较粗壮，直径2mm左右，黄白色肉质，具明显突起紫斑，尖端及有的节上有退化成鳞片状的叶，分枝多。花无柄或几无柄，形成穗状花序。白色或淡红色，长3~5mm，顶端5裂。雄蕊5个，花药卵圆形，黄色，花丝无或几无，子房球状、平滑、无毛、2室。花柱细长，合生为一，与子房等长或稍长，柱头2裂(图8-11，1，2，3)。

(2)中国菟丝子　又称菟丝子、黄丝、无根草、无叶藤等。茎黄色，纤细，直径1mm以下，无叶，花少或多花，花小、簇生成小伞形或小团伞花序，或似小花束，总花序梗不明显。苞片呈鳞片状。花冠白色壶形，长约3mm。裂片顶端锐尖或钝，向外反折。雄蕊着生花冠裂片弯缺微下处。子房近球形，花柱2，柱头球形。蒴果球形，直径约3mm，蒴果内有种子2~4粒，淡褐色，卵形，长约1mm，表面粗糙(图8-11，4，5，6，7，8)。

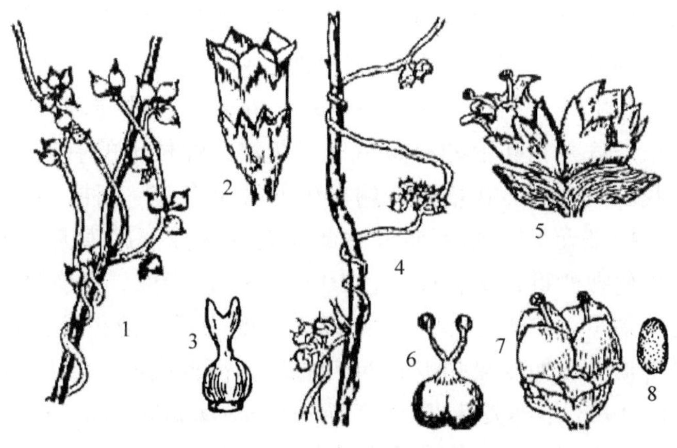

图8-11　日本菟丝子和中国菟丝子

1. 日本菟丝子的茎和果　2. 花　3. 雌花　4. 中国菟丝子的茎和果
5. 花　6. 雌花　7. 蒴果　8. 种子

(二)发病规律

菟丝子种子成熟后，蒴果不定形裂开，种子落入土中，经休眠第2年春末夏初开始萌发。种胚的一端先形成无色或黄白色丝状幼芽，呈棒状，不分枝，周围密生短绒毛的根端固着在土粒上。种胚的另一端形成丝状的幼茎。幼茎在空中旋转，当碰到寄主就缠绕其上，在接触处形成吸盘伸入寄主组织。吸盘进入寄主组织后，细胞组织分化为导管和筛管，分别与寄主的导管和筛管相连，从寄主体中吸取养料。当寄生关系建立后，幼茎下部就枯死，因而与土壤完全脱离关系。上部继续生长，不断分枝，再在被缠绕的油桐枝条上产生新的吸盘(即吸器)。菟丝子蔓延很快，其断茎也能进行营养繁殖。菟丝子一般夏末开花，秋季陆续结果，9～10 月成熟。成熟后蒴果破裂，散出种子。菟丝子结实量大。有人统计，每株菟丝子能产生 2500～3000 粒种子，有的可达数万粒。

(三)防治方法

①在发病严重的地方，苗圃或林地实行深翻，将菟丝子的种子埋于 3cm 以下深处，种子发芽后难以出土。

②修剪病枝。菟丝子开花前要勤检查，发现菟丝子及时清除。将菟丝子连同寄主的受害部分一起剪除。剪下的菟丝子不要丢在其他植物附近，以免通过营养繁殖进行传播。

③生物防治。使用“鲁保一号”菌剂使菟丝子感染炭疽病而死，效果很好。菌剂含量是每毫升水中含孢子 1000 万～1500 万个。每公顷用 7.5kg 菌剂。16：00 左右向苗木或林间的菟丝子喷洒，阴雨天喷洒更好。洒后 3～5 天开始发病，6～8 天进入发病盛期，出现萎蔫流液症状，10 天后死亡。使用前打断蔓茎，造成伤口，更易感染，效果更明显。

④化学防治。施用敌草氰 3.75kg/hm^2，或 2%～3% 五氯酚钠盐或 2%～3% 二硝基酚铵的水液也有一定效果。

第二节　油桐主要害虫及其防治

油桐害虫有 130 多种，隶属昆虫纲的 9 目 40 科；蛛形纲的 1 目 1 科。天敌 50 多种，隶属 7 目 19 科。油桐害虫约有 2/3 是属于东洋区系，典型的古北区种类则较少。这 130 多种害虫，按食性可分为几类：咀食叶片的有尺蠖、刺蛾、袋蛾、螟蛾、网蛾、卷蛾、毒蛾、金龟子、叶甲、象甲等；刺吸叶片的有叶螨、介壳虫、叶蝉等；危害嫩梢的有叶蝉、蜡蝉、角蝉、介壳虫；危害花和蕾的有金龟子、灰蝶；蛀枝干的有天牛、白蚁、木蠹蛾、木蛾、树蜂等。在我国油桐主要栽培区普遍发生的害虫有 20 多种，其中分布最广、危害最重的是油桐尺蠖和橙斑天牛。湖南近 50 多年来有 6 次油桐尺蠖大发生；橙斑天牛在栽培区各省中的老林内危害严重，受害株率达 10%～30%。当然，各省情况亦有差异，如四川以六斑始叶螨危害最重；广西皱桐产区则以大绵蚧为最。值得注意的是一些新害虫上升，并造成重大经济损失。如丽绿刺蛾 1984 年在广西河池成灾，近 10hm^2 桐林吃得片叶不存；贵州铜仁 1981—1983 年亦发生尘尺蛾 *Serraca punctinalis conterenda* Butler 严重危害，吃得桐树呈光杆状；重庆市万县金龟子咬食花蕾，使局部地区桐果失收。

一、油桐尺蛾 *Buzura suppressaria* (Guenee)

油桐尺蛾属鳞翅目尺蛾科。是我国南方油桐、油茶、茶树的重要害虫。分布于我国浙江、江西、湖北、湖南、广东、广西、四川(含重庆，下同)、贵州等省(自治区)，以及印度、缅甸、日本等国。除危害油桐、油茶、茶树外，还危害柑橘、乌桕、柿、杨梅、板栗、肉桂、枣、刺槐、漆树等。

(一)形态特征(图 8-12)

成虫　雌虫体长 23mm，翅展 65mm，灰白色，触角丝状，胸部密披灰色细毛。翅基片及腹部各节后缘生黄色鳞片。前翅外缘为波状缺刻，缘毛黄色；基线、中线和亚外缘线为黄褐色波状纹，此纹的清晰程度差异很大；亚外缘线外侧部分色泽较深；翅面由于散生

的蓝黑色鳞片密度不同，由灰白色到黑褐色；翅反面灰白色，中央有一黑斑；后翅色泽及斑纹与前翅同。腹部肥大，末端有成簇黄毛。产卵器黑褐色，产卵时伸出长约1cm。雄蛾体稍小，触角双栉状。体、翅色纹大部分与雌蛾同，但有部分个体前、后翅的基线及亚外缘线甚粗，因而与雌蛾显著不同，腹部瘦小。

卵　卵圆形长约0.7mm，淡绿色或淡黄色，将孵化时黑褐色。卵块较松散，表面盖有黄色绒毛。

幼虫　共6龄，初孵幼虫体长约2mm。前胸至腹部第10节亚背线为宽阔黑带；背线、气门线淡绿色，腹面褐色，虫体深褐色。腹足趾钩为双序中带，尾足发达扁阔，淡黄色。5龄平均体长34.2mm。头前端平截，第5腹节气门前上方开始出现一颗粒状突起，气门紫红色。老熟幼虫体长平均64.6mm。

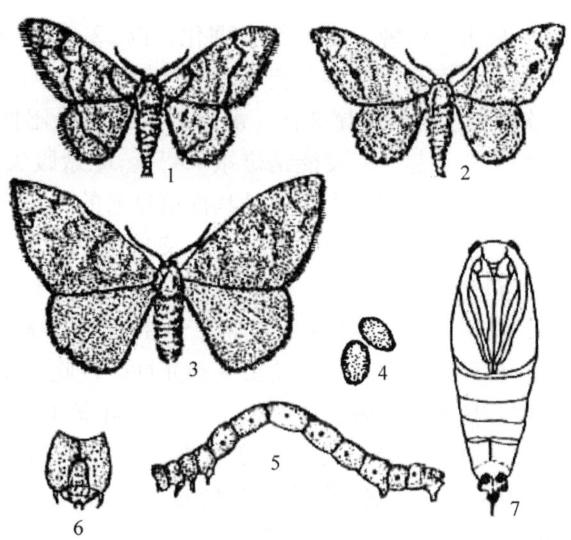

图8-12　油桐尺蛾

1、2. 雄成虫　3. 雌成虫　4. 卵
5、6. 幼虫及其头　7. 蛹

蛹　圆锥形，黑褐色。雌蛹体长26mm，雄蛹体长19mm。身体前端有2个齿片状突起，翅芽伸达第4腹节。第10腹节背面有齿状突起，臀棘明显，基部膨大，端部针状。

(二)生活史及习性

在湖南、浙江1年发生2~3代，以蛹在树干周围土中过冬。次年4月上旬成虫开始羽化，4月下旬至5月初为羽化盛期；5月中旬为羽化末期，整个羽化期1个多月。5~6月为第1代幼虫发生期，幼虫期40天左右。7月化蛹，蛹期15~20天。7月下旬成虫开始羽化产卵，卵期7~12天。第2代幼虫期发生在8~9月中旬，幼虫期35天左右。9月中旬开始化蛹越冬。少部分发生3代的，成虫于9月中旬羽化，幼虫发生于9月中旬至10月下旬，11月化蛹越冬(表8-5)。

表8-5　油桐尺蛾发生期　　单位：旬/月

地区	世代	成虫			卵			幼虫			蛹		
		始	盛	末	始	盛	末	始	盛	末	始	盛	末
浙江兰溪	1	中/4	下/4	上/5	下/4	上/5	中/5	中/5	下/5	下/6	中/6	下/6	中/7
	2	上/7	中/7	下/7	上/7	中/7	下/7	中/7	下/7	下/8	中/8	下/8	次年5月(越冬)
	3	—	上/9	—	—	—	下/9	下/9	—	中/11	上/11	—	次年5月(越冬)
广西柳州	1	中/4	下/4	上/5	中/4	下/4	上/5	下/4	上/5	中/6	上/6	中/6	下/6
	2	下/6	上/7	中/7	下/6	上/7	中/7	上/7	中/7	上/8	上/8	下/8	下/8
	3	中/8	下/8	上/9	中/8	下/8	上/9	下/8	上/9	上/10	下/9	上/10	中/10
湖南新晃	1	上/5	中/5	下/5	上/5	中/5	下/5	下/5	中下/6	上/7	上/7	中/7	下/7
	2	下/7	上/8	中/8	下/7	上/8	中/8	上/8	中/8	中下/9	下/9	—	上/10

成虫自傍晚至凌晨都有羽化，以22：00～2：00为最多。成虫羽化后当夜即可交尾。但以第2夜交尾最多。交尾发生于21：00～5：00，以1：00～3：00最多；雌蛾一生交尾1次，极少数能交尾2次。雌蛾腹部末端分泌性信息素以引诱雄蛾。据试验，2只未交尾雌蛾关在一起，一夜能诱雄蛾79只。雌蛾腹尖的二氯甲烷抽提物亦能诱到雄蛾。初步研究表明，不饱和的十八醇是其性信息素的主要成分。成虫趋光性弱，但对白色物体有一定趋性，喜栖息在涂白的树干上。交尾的当夜即可产卵，卵粒在初产时绿色，孵化时黑褐色，卵产在树皮裂缝、伤疤及刺蛾的茧壳内。越冬代成虫所产之卵，卵块表面盖有浓密绒毛，其他各代绒毛稀疏。每雌产卵数百至2000余粒。卵块含卵量204～1300粒，平均898粒，排列较松散。初孵幼虫有趋光性。仅吃叶子周缘的下表皮及叶肉，食口呈针孔大小的凹穴，日久表皮破裂成小洞。遇惊即吐丝下垂。2龄幼虫开始从叶缘取食，形成小缺刻，留下叶脉；5龄起食量显著增加，仅留主脉及侧脉基部；6龄则食全叶，该龄食量达123.92cm^2，占整个幼虫期食量的70.63%。5、6两龄合计食量为156.53cm^2，占总食量的89.21%。在桐叶被食完后，幼虫下地取食灌木、杂草。幼虫停食时，腹足紧抱树叶或树枝，虫体直立，状如枯枝。老熟幼虫多在树蔸附近土下3～7cm处化蛹。在桐叶充裕、土壤疏松林内，幼虫多在树干附近土中化蛹，越靠近树干蛹越多；坡地桐林、树干下方的蛹最多，在食料不足、土壤又坚实时，幼虫为寻食四处爬行，蛹的分布较分散。

虫害发生与环境有密切关系：

①气候是决定油桐尺蛾周期性猖獗的重要因子，夏季(7月)高温干旱，土壤干燥，常使蛹大量死亡。如1982年7月湖南新晃降雨稀少，土壤干燥，第1代蛹羽化率仅10.5%，使第2代成虫密度大为下降。

②虫害大发生后，由于食料缺乏，导致蛹重减轻，雌性比下降。如1982年1月在新晃调查，受害轻的桐林，雌蛹重1.20～1.62g，平均1.35g，雌性占53%；受害严重的桐林雌蛹重0.85～1.46g，平均1.01g，雌性占40%。

③油桐种类与尺蛾危害程度有一定关系。当皱桐或光皱杂交种与光桐种在一起时，尺蛾就喜食光桐。

④凡桐林与其他杂灌木呈块状混交者，虫害发生频率低，危害较轻。反之，大面积成片桐林，虫害易蔓延成灾。

天敌对控制虫口密度起一定作用。目前，发现卵期有黑卵蜂 *Telenomus buzurae* Wu et Chen，小幼虫期有长跗姬小蜂 *Euplectrus* sp.，幼虫期有大黑蚁，幼虫—蛹期有尺蛾强姬蜂 *Cratichneumon* sp.、大尺蛾姬蜂 *Therion* sp. 等。1978年在湖南泸溪调查，黑卵蜂对卵粒的寄生率达23%。尺蛾强姬蜂对越冬蛹的寄生率约为10%，它以幼虫在寄主蛹内过冬，3月化蛹，4～5月羽化，成虫寿命20余天(喂蜜)。此外，尚有白颈乌鸦、竹鸡、四声杜鹃等捕食幼虫。在种群暴发后期，常伴随病毒流行。病虫腹足抓住树枝，身体倒挂。湖南、湖北已先后从尸虫中分离到核多角体病毒，治虫效果很好，1条4～5龄病虫可生产227.25亿多角体。对4～5龄幼虫口服致死中含量(LC_{50})4天的787个多角体，9天为243个多角体，11天为7个多角体。江西九江茶场报道(1985)用含2×10^6PIB/mL的病毒悬液防治，2龄幼虫死亡率100%，死亡高峰在喷药后第6天；3龄死亡率81.47%，高峰在药后11天；4龄死亡率65.37%，高峰在药后15天。由于使用病毒，节省了每年4次喷药的费用，病毒也从原有处理区1.3hm^2，自然扩散到7～8hm^2。此外，鸟类、蚁、蠼螋等亦捕食

幼虫和蛹，对控制虫害起一定作用。

(三)防治方法

1. 人工防治

①垦复灭蛹。越冬及第1代蛹期结合桐林垦复，挖捡虫蛹。在坡地特别要注意树干下方的松土层。

②人工挖蛹。越冬蛹期及第1代蛹期，当蛹密度较大时，可组织人力挖蛹。1982年在新晃调查，在树叶被食10%~20%情况下，60%左右的蛹集中在树干基部半径70cm范围内。

③拍蛾刮卵。根据雌蛾白天静伏树干下部的习性，清晨拍杀成虫是最好的时机。产卵盛期结合拍蛾，刮除树干裂缝中及刺蛾茧壳中的卵块。安化茶场的经验是在茶园附近行道树上涂白，可以诱集成虫夜间在树干上栖息，清晨即可拍杀。

④幼虫有假死性，可以在地下铺以薄膜，摇动树干，将落下的幼虫消灭。

2. 生物及化学防治

①保护天敌。刮下的虫卵和挖来的蛹要放在寄生蜂保护器中，使黑卵蜂、姬蜂等重新飞入林中。

②释放赤眼蜂。浙江试验释放松毛虫赤眼蜂防治第1代卵，寄生率为21.7%，在寄主卵期12~14天时，8天前的卵均喜寄生。

③用2亿~4亿/mL的苏云金杆菌液喷杀2~5龄幼虫效果可达83%~100%。

④喷撒多角体病毒。用含量0.13亿多角体/mL喷洒，20~32天后死亡率可达96%~98%；在病毒悬液中，加尿素0.1%(或硫酸铜0.6g)或1%活性炭，可起增效作用。此种病毒有显著的后效和扩散作用。

⑤5~6龄幼虫抗药力甚强，故必须抓紧在4龄以前进行。药剂有90%敌百虫800~1000倍液；80%敌敌畏乳油1000~1500倍液；或20%速灭杀丁4000~6000倍液(每公顷用30~40mL)，48h后死亡率93%~98%。

⑥保幼激素2R-515 5mg/kg对2.5~3.5日龄卵的抑孵率为96.3%，可以试用。

二、油桐蓑蛾 *Chalia larminati* Heylearts

属鳞翅目蓑蛾科。分布于福建、浙江、湖南等省。除油桐外，还危害板栗、番石榴、桑等。幼虫取食寄主叶片及桐果，护囊上端的系丝缢束枝条，使缢束处上端枝条枯死。

(一)形态特征(图8-13)

成虫　雌虫体长12~18mm，宽2.0~2.5mm，圆筒形，乳白色。头淡黄色。复眼黑色。前、中、后胸背板骨化，赭黄色。头隐藏于前胸背板下方，胸部略向前弯曲。触角及翅退化，足仅显疣状突起，腹部第6节可见气门遗痕。雄蛾体长4.5~7.0mm，翅展18~22mm。头及胸部灰黑色，腹部银灰色，触角羽状，口器退化，胸部肩被尚发达，密披灰黑色鳞片。前足胫节基部内侧有一弯距。前翅灰黑色，基部白色，前缘灰褐色；后翅白色，前缘灰褐色，亚前缘脉至前缘脉间灰黑色。翅缰弧形，长约2mm。

卵　椭圆形，长0.6~0.75mm，宽0.42~0.5mm，表面光滑。近孵化时显现褐色斑点，内部胚胎隐约可见。

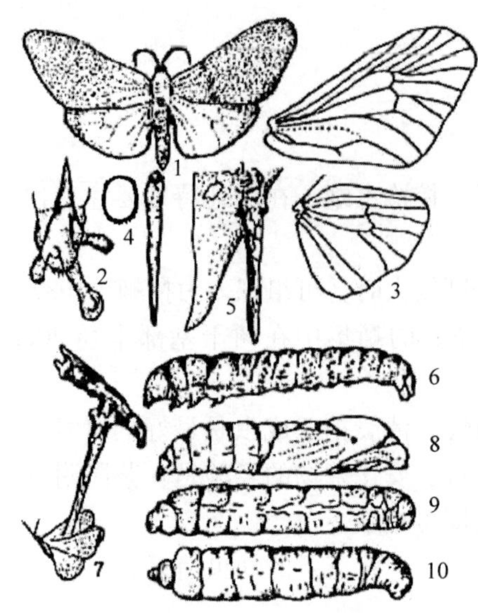

图 8-13　油桐蓑蛾

1、2. 雄成虫及其生殖器　3. 翅　4. 卵　5. 护囊　6. 幼虫　7. 交尾状　8. 雄蛹　9. 雌蛹　10. 雌成虫

幼虫　初孵幼虫体长 0.9~1.2mm，乳白色。胸部背板、胸足、腹部第 8、9 节背板及臀板均骨化呈褐色。末龄幼虫雄体长 10.1~15.5mm，胸宽 2.1~2.7mm。雌体长 15~22mm，胸宽 2.5~3.2mm，未骨化部分的体壁灰白色。头部黑色，各胸节、胸足、各腹节毛片及第 8、9 两节背板、臀板呈灰黑色骨化。腹足 4 对，臀足 1 对，趾钩为异形单序缺环，腹足趾钩数为 32~38，臀足趾钩数为 13~24。唇基不及头长（由唇基前缘至头顶）的 1/2。气门椭圆形，以前胸及腹部第 8 节的为最大，前胸气门前毛 4 根。

蛹　雄蛹体长 7~9.5mm。老熟时赭黄色。触角伸达中胸后缘。中胸中部隆起，后缘呈弧形突起。后胸后缘呈波纹状。前足伸达中胸中部，后足伸达后胸后缘。翅端达第 3 腹节后缘，腹部第3~8 节的各节背面近前缘有刺 1 列，腹末有 2 尖刺弯向腹方。雌蛹体长 16~19mm。

蓑囊　雄性蓑囊长 20~30mm，宽 2~2.5mm；雌性蓑囊长 27~51mm，宽 3~4mm。圆锥形，内壁光滑，褐色，由丝织成。

（二）生活史及习性

在福建北部 1 年发生 1 代，以幼虫在蓑囊中过冬。越冬期间如气温稍转暖和，雌成虫仍能取食枝干表皮。成虫 4 月中、下旬羽化，羽化持续期约 15 天。5 月中、下旬新幼虫开始危害。雄幼虫 7 龄，雌幼虫 8 龄，3 龄以后幼虫危害最烈。卵期 30~39 天，幼虫期 306（雄）~323（雌）天，蛹期 16（雌）~28（雄）天。

雄蛾羽化时蛹壳留于蓑囊排泄孔口，羽化时刻为 21：00 至次晨黎明前，羽化期持续约 15 天，其中以第 3~5 天最多。雄蛾白天飞舞于树梢寻找雌虫交尾；雄蛾可交尾 2~3 次，寿命 2~5 天。雌虫羽化后仍留在蛹壳内。由于雌虫蠕动，多量鳞片由脱裂缝散出充满排泄孔，这是识别雌虫及其存在与否的标志。交尾后 2~6h 即产卵，1 雌蛾可产 270~430 粒，卵留在蛹壳内。产卵后雌虫逐渐萎缩由排泄孔掉落。未经交尾的雌虫常因向排泄孔蠕动而落地死亡。初孵幼虫在雌虫蛹壳内经 3~5h 相继离开蛹壳，向四周爬行。幼虫行动活泼，吐丝随风飘扬，因而传播很快。经 2~6h 后在叶背咬取叶屑，缀于身体周围而成蓑囊，虫体即藏其中。由于雌虫无翅，不能飞翔，囊成后，幼虫很少作长距离的迁移，因此该虫在林内是“集团状”分布。初龄蓑囊淡绿色，数日后转黄褐色；以后皆由丝织成。幼虫爬行时头胸伸出，腹部上翘顶住蓑囊。1~2 龄幼虫危害叶片呈椭圆形斑块，留上表皮；3 龄后食成孔洞，并啮食枝条皮层及桐果。幼虫趋光性甚强，故喜聚集在树冠顶部及外围取食。幼虫耐饥力强，5 龄后可耐饥 52~91 天。各次脱的头壳皆留在囊口外方，因而可作为计算虫龄及各龄历期的标志。

三、大蓑蛾 *Clania variegata* Anellen

属鳞翅目蓑蛾科。分布于云南、四川、湖北、湖南、贵州、广东、福建、台湾、江苏、安徽、山东、河南等省；印度、日本、斯里兰卡、马来西亚。食性极广，危害油桐、茶树、柑橘、枇杷、桃、龙眼、梨、栎、侧柏、池柏、杨树、悬铃木等，与其他蓑蛾一样，除了幼虫食叶危害外，蓑囊的系丝缢束树枝，使上端枝条枯死。

(一)形态特征(图 8-14)

成虫　雄蛾体长 18mm，翅展 35~44mm，体黑褐色；触角双栉状，栉齿在端部 1/3 处渐小；胸部有 5 条黑色纵线。前翅脉黑色，前缘粗，翅上有 4~5 个透明斑；后翅浅褐色，无透明斑。雌虫蛆状，体长 25mm 左右，头小，头胸黄褐色。复眼小，黑色。触角 1 对，很短，黑色。口器退化。胸部发达，前胸背板先端向前突出。腹部 8~9 节间有 1 环黄色茸毛。腹背中央有 1 条褐色纵隆起线。

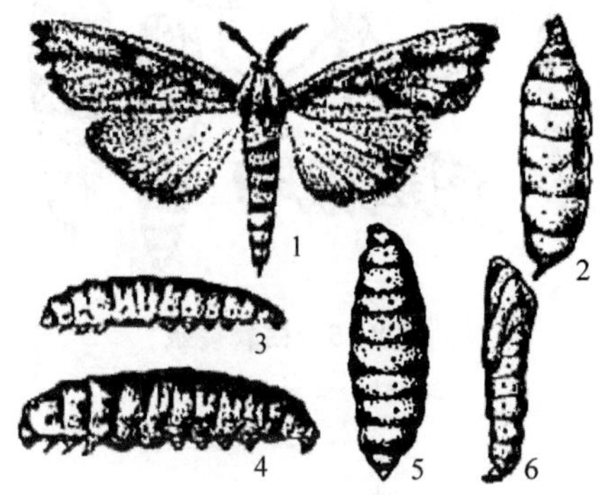

图 8-14　大蓑蛾

1. 雄成虫　2. 雌成虫　3. 雄幼虫　4. 雌幼虫　5. 雌蛹　6. 雄蛹

卵　淡黄色，椭圆形，直径约 0.7mm。

幼虫　老熟幼虫有明显的雌雄二型。雌幼虫体长 32~37mm，头深棕色，头顶有环状斑；胸部背板骨化强，黄褐色，在亚背线及气门上线附近形成大型赤褐色斑块；腹部背面黑褐色，各节表面具皱纹，趾钩缺环。雄虫体较小，体色较淡。

蛹　雌蛹圆筒形，长 22~23mm，棕褐色，头小，胸部 3 节愈合紧密，腹部 10 节，第 2、4、5 节后端背体长 17~20mm；翅、足明显，胸背略突起，腹部稍弯。

蓑囊　纺锤形，雌虫囊长 62mm(雄的 52mm)，囊外缀附叶片或较大的碎叶。

(二)生活史及习性

我国南方 1 年发生 1 代，少数为 2 代，以老熟幼虫在蓑囊中过冬。越冬幼虫于 4 月下旬开始化蛹，5 月上旬至 6 月上旬成虫羽化产卵。6 月中、下旬幼虫孵化，7~8 月危害最重。雌幼虫老熟后封闭蓑囊口，并把身体颠倒过来，头朝袋底的排粪孔化蛹，羽化后，仅头部突破蛹壳。傍晚时雌虫常将头胸部伸出蓑囊排粪孔外，分泌性信息素以招引雄蛾交尾。雄蛾飞来后停在蓑囊末端，将生殖器伸入囊中交尾。这种从胸部分泌性信息素的现象在鳞翅目昆虫中是比较特殊的。雌虫释放性信息素的时刻为 18：00~20：00，分泌期长达 6、7 天，高峰期是羽化后的第 2 天。雌虫的二氯甲烷头胸部浸提液可以诱到大量雄蛾。据记载此虫还可行孤雌生殖。每雌平均产卵 1000 粒以上，最高达 5400 粒。幼虫孵化后在蓑囊中停留 3~5 天，即蜂拥而出，吐长丝随风飘扬扩散，扩散距离可达 500m 以外。幼虫降落在寄主树上后，咬食叶片及树皮做成小蓑囊，虫体即藏于蓑囊中，行走、取食均负囊活动。由于雌虫无翅，幼虫靠吐丝飘扬扩散的能力仍属有限，因而在林内仍形成较明显的虫害中心。幼虫一般有 6~7 龄，1~2 龄幼虫啃食叶片下表皮和叶肉，3 龄后食全叶呈孔状或仅留叶脉。10 月后都爬到树冠上部枝条末端吐丝系囊过冬。大蓑蛾的发生与气候关系较为密切，6~8 月总降水量在 300mm 以下时可能大发生，若在 500mm 以上时则不易成灾。多雨利于核多角体病害的流行。

四、白囊蓑蛾 *Chalioides kodonis* Mats

属鳞翅目蓑蛾科。分布于江南各油桐、茶树及油茶产区。为杂食性害虫。

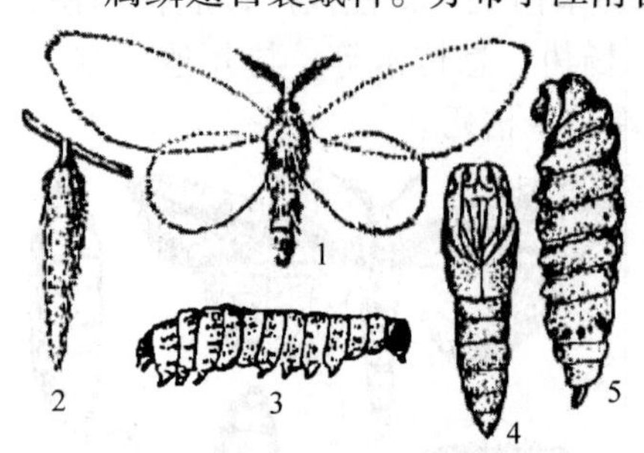

图 8-15 白囊蓑蛾

1. 雄成虫 2. 护囊 3. 幼虫 4. 雄蛹 5. 雌成虫

(一)形态特征(图 8-15)

成虫 雌虫体长 9mm，白色；翅、足、触角均退化；腹部第 6、7 节间环生一茸毛带。雄蛾体长 8～11mm；翅展 18～20mm，前后翅均透明；体覆白色鳞片。

卵 黄白色，椭圆形，直径 0.4mm 左右。

幼虫 体红褐色，头部污白色，散生褐色斑点。前、中、后胸背板骨化，从侧面看相连成块。腹部肉红色。老熟幼虫体长 10～14mm。

蛹 雌蛹深褐色，雄蛹黑褐色，藏于蓑囊中。蓑囊细长圆筒形，灰白色，长约 30mm，全由丝织成，质地甚为坚韧，囊外无叶片及枝梗黏附。

(二)生活史及习性

在安徽、江西、湖南 1 年发生 1 代，以老熟幼虫在蓑囊中过冬。6 月下旬开始化蛹，7 月初羽化为成虫，7 月中、下旬出现幼虫。1 个卵块孵出幼虫达 300 条以上。

(三)蓑蛾类防治方法

(1)摘除蓑囊 蓑囊大而易见，迁移性弱，尤其是冬季和早春，便于发现摘除，此项工作在幼林中实施尤为方便。

(2)喷洒苏云金杆菌、杀螟杆菌 用含 1 亿/mL、2 亿/mL、3 亿/mL、4 亿/mL 孢子菌液防治油桐蓑蛾，死亡率分别为 85%～100%。用青虫菌 1000 倍液防治大蓑蛾，7 天后死亡率 90%。

(3)喷洒多角体病毒 蓑蛾小幼虫期喷 $0.5 \sim 1.0 \times 10^6$ 多角体/mL，每公顷 3000kg 悬液，1 个月后幼虫发病率可达 74.1%～80.8%。由于它不伤天敌，因而使用区蓑蛾天敌伞裙追寄蝇 *Exorista ciuilis* Rondani 寄生率逐年提高。该病毒与苏云金杆菌混用还可兼治刺蛾。

(4)化学防治 由于幼虫体外有蓑囊保护，药剂不易和虫体接触，故应严格掌握在幼龄期使用。药剂有 90% 敌百虫 800～1000 倍液，或 80% 敌敌畏乳油 1000～1500 倍液，效果都好。用药时应将蓑囊喷湿，以充分发挥药效。由于幼虫在早(7：00 前)晚(18：00 以后)外出取食和活动，所以如能在这两段时间喷洒效果更好。

五、丽绿刺蛾 *Latoia lepida*(Cramer)

属鳞翅目刺蛾科。分布于云南、四川、江西、浙江、江苏、湖南、河北等省；日本、斯里兰卡、印度尼西亚等。危害油桐、乌桕、茶树、咖啡、柿树、悬铃木、梧桐、喜树、李、梨、枇杷、枣、黄檀、枫杨等。

(一)形态特征(图 8-16)

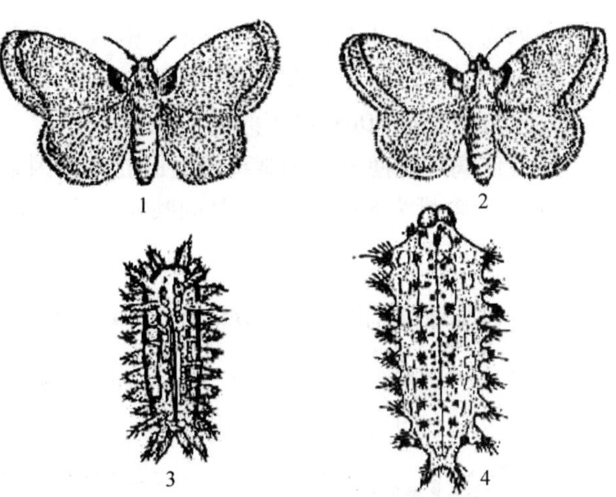

图 8-16　丽绿刺蛾
1. 雄成虫　2. 雌成虫　3. 初龄幼虫　4. 老熟幼虫

成虫　雌蛾体长 14～18mm，翅展 33～41mm；雄蛾体长 10～13mm，翅展 28～34mm。雌蛾触角丝状，雄蛾触角基部数十节为栉齿状，体毛黄绿色，腹面及足黄褐色。前翅绿色，基部黑棕色斑沿前缘向外伸，在中室上缘呈直角形弯曲，近外缘有一褐色暗带斜向后方，内缘平滑弯曲。后翅淡黄色，外缘带褐色。

卵　扁平，椭圆形，表面光滑，初产时稍带黄色，孵化时色变深。卵块长椭圆形，卵粒排列如鱼鳞，上覆黄色胶状物，无毛。

幼虫　1 龄乳黄色。初孵时体长 1.1mm，每一体节两侧各有 1 对刺疣，以生于 3 个胸节上的 6 对及第 6、7 腹节的 4 对为最明显，且竖立。2 龄黄白色，刺疣数与 1 龄同，着生位置较前龄稍后，不竖立。刚脱皮时体长 1.2mm。3 龄形态与 2 龄同，背线上有不明显的绿色条纹，刚脱皮时体长 2～2.1mm。4 龄黄绿色，形态同 2 龄，背面绿色条纹渐明显，两侧出现绿色宽带，体长 4mm。5 龄体长 5～6mm。6 龄体长 7～10mm。7 龄头前有 2 黑点，刺瘤上渐生毛刺，但数量不多，胸部及腹部第 6、7 节的毛疣与其他各节毛疣大小差异更悬殊，后胸毛疣最发达。8 龄体长 25mm，头前 2 黑点依然存在，各刺疣上密生刺毛，腹末有本龄特有的 4 个黑点。8 龄幼虫老熟结茧化蛹，极少数幼虫有 9 龄。

蛹　扁纺锤形，初为白色，羽化前黄褐色。茧卵圆形，坚硬，棕褐色。

(二)生活史及习性

在江西、浙江 1 年发生 2 代，少部分为 3 代。各代发生期(表 8-6)。

表 8-6　丽绿刺蛾各代发生期(江西)　　单位：月．日

	卵	幼虫	结茧	蛹	成虫
越冬茧				4.18～6.7	5.21～6.12
第 1 代	5.27～6.16	6.1～7.28	6.26～7.28	7.10～9.10	7.15～9.15
第 2 代	7.16～8.13	7.21～9.18	8.15～9.18	8.26～10.13	9.2～11.5
第 3 代	9.3～9.27	9.8～11.26	10.15～11.26	大部分越冬	

越冬幼虫在茧中经历 170～190 天化蛹，蛹期 27～40 天。6 月下旬为第 1 代幼虫盛期，危害最烈。8 月中旬为第 2 代幼虫盛期。第 3 代幼虫盛期在 10 月上旬，因数量不多，危害不重。成虫 18：00～22：00 为羽化盛期，羽化当夜交尾产卵。第 1 代产卵量 239～786 粒。卵产于叶背，平铺，上覆透明胶质物。第 2 代产卵量 63～997 粒。每雌产卵最少 7 块，最多 28 块。初孵幼虫栖息于卵壳上，不取食，经 1 天后脱皮变为 2 龄，此龄幼虫先吃自己脱

的皮及卵壳，后吃叶肉，留下表皮(干枯后成黄色薄膜)。第6龄才开始从叶缘向中心取食，留下叶脉。2~3龄群集性强，排列整齐。4~5龄后分散。老熟幼虫爬到树干下部结茧，结茧以离地面40cm以下的树干居多。

颗粒体病毒是使本种刺蛾种群衰退的重要因素。在平均气温24.8℃，相对湿度92%，15天的致死含量为83颗粒体；林间喷撒0.5亿颗粒体/mL，第7~8天为死亡高峰，杀虫效果达90%以上。

六、显脉球须刺蛾 *Scopeloide svenosa kwangtungnensis*(Hering)

属鳞翅目刺蛾科。分布于广东、云南、四川、福建、浙江、台湾；日本、印度、缅甸、斯里兰卡、印度尼西亚。危害油桐、柿、枣、咖啡、玫瑰等。

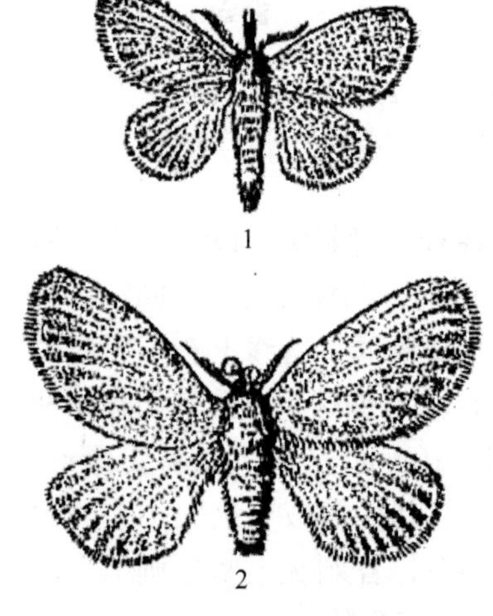

图8-17 显脉球须刺蛾
1. 雄蛾 2. 雌蛾

(一)形态特征(图8-17)

成虫 体长17mm，翅展43~65mm，下唇须甚长，向前突出。头和胸背黑褐色。腹部橙黄色，末端黑色，腹背每节有一黑褐色横带。前翅暗褐色至黑褐色(雌蛾稍淡)，布满银灰色鳞片；后翅后缘黄色，其余暗褐色，脉浅黄色。

卵 扁平椭圆形，淡黄白色。

幼虫 初孵幼虫体长约1.5mm，淡黄色。单眼及口器褐色。老熟幼虫体长约27mm。头稍小，藏于前胸下。体绿色，上布许多小黑点。第8腹节背面有一红、白、蓝色横纹。臀节具黑点。

蛹 粗短，黄褐色。茧椭圆形，长约12mm，黑色。

(二)生活史及习性

1年发生2代，以幼虫在土中结茧过冬。次年5月化蛹，5月下旬成虫羽化。交尾后产卵于树冠下部的叶背，常200~300粒在一起，上覆透明胶状物。幼虫共8龄，初龄幼虫排列在叶背取食叶肉，留上表皮；长大后分散取食全叶，仅留叶脉。6月下旬幼虫老熟，爬到地面结茧，7月下旬至8月上旬成虫羽化。第2代幼虫于10月间结茧过冬。1985年此虫与其他刺蛾在广西壮族自治区河池地区林业科学研究所油桐林内大发生。此外，危害油桐的尚有白痣姹刺蛾 *Chacocelis albiguttata*(Snellen)、绒刺蛾 *Phocoderma veluiinum* (Koll)、扁刺蛾 *Those sinebsis*(Walker)等。

(三)刺蛾类的防治方法

(1)摘除虫叶 初龄幼虫有群集性，被害叶呈枯黄的纸状而极易发现，便于人工摘除。

(2)消灭虫茧 丽绿刺蛾、黄刺蛾等结茧树干上，绒刺蛾及扁刺蛾结茧土中，可利用冬季及各代茧期除治。所得的茧最好能放在寄生蜂保护器中，以便让姬蜂、蜂虻、寄生蝇等重返林内。也可结合冬垦培土，使化蛹于土中的刺蛾不能羽化飞出。

(3)灯光诱杀 各种刺蛾成虫均有趋光性，可于发蛾盛期点灯诱杀。

(4)生物防治 释放赤眼蜂；用0.3亿孢子/mL苏云金杆菌防治幼虫，6天后幼虫死亡率可达100%；喷撒颗粒体病毒悬液，用0.5亿颗粒体/mL第7、8天出现死亡高峰，杀

虫效果90%以上，且有明显的扩散和特效作用；保护捕食性天敌，茶毒蛾步甲 *Parena rufotestacea* 亦能捕食各种刺蛾，捕食量大，应予保护。

(5)化学防治　应抓紧在幼龄期进行。药剂有90%敌百虫或50%杀螟松乳油1000～2000倍液；50%亚胺硫磷1000～1500倍液；80%敌敌畏2000倍液。用25%西维因粉剂防治白痣姹刺蛾效果远比敌敌畏和敌百虫液剂为佳。

七、油桐缀叶螟 *Longiculcita vinaceella*(Inoue)

属鳞翅目螟蛾科。广泛分布于我国油桐产区。幼虫吐丝缀叶在其中取食。

(一)形态特征(图8-18)

成虫　体长10～12mm，翅展22mm。头顶、胸背及腹部密披灰白色鳞片。触角丝状，褐色。下唇须上弯超过头顶。复眼黑色。前翅褐色，前缘有1个灰白色新月形大斑，面积约占整个翅面的2/5；翅后缘的黑褐色斑伸入该新月斑的中部，使其后缘呈一大缺刻；翅外缘有灰白波状横线；缘毛黑色。后翅黑褐色。

卵　长径0.7mm，短径0.3mm，椭圆形，淡黄色。表面密布粗糙网状刻纹。

幼虫　老熟幼虫体长约20mm，黄绿色。头棕色、散生褐色斑点。背线、亚背线为断续的褐色纵带，气门上线黑褐色，甚宽。上列5条线使虫体背面呈褐色。各毛片上长白色刚毛。

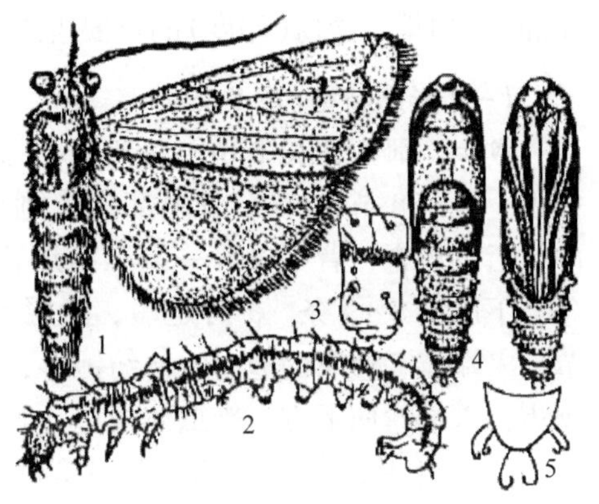

图8-18　油桐缀叶螟

1. 成虫　2. 幼虫　3. 幼虫前胸　4. 蛹　5. 蛹腹末臂棘

蛹　长约8mm，棕褐色。气门呈乳头状突起，腹末有6根卷曲臀棘。蛹藏于白色丝质薄茧中。

(二)生活史及习性

据湖南省怀化地区林业科学研究所观察，此虫1年发生5～6代，在福建南平为7代，均以蛹在地面落叶中过冬。在怀化于次年4月、福建南平在3月成虫羽化。羽化时刻多在19：00～23：00。羽化后2～3天交尾，交尾后2～3天产卵。卵多产于叶背。每雌平均产卵268粒，(喂10%蜂蜜)寿命14天。初孵幼虫群集于嫩叶背面近叶柄处取食，仅食下表皮及叶肉，3龄后分散食量加大，1～5龄食叶量递增依次为100mm^2、233.1mm^2、533.3mm^2、1726.7mm^2、14075mm^2。3龄后幼虫除吐丝缀叶贴在树干和果实上，潜入其中取食外，亦可蛀食花蕾及幼果。幼虫受惊即弹跳、退缩或吐丝下垂。老熟幼虫吐丝结薄茧化蛹。全年世代重叠。高温干燥不利于成虫交尾、产卵及初孵幼虫的存活。在15～25℃幼虫及成虫均能正常生长发育。幼虫喜食皱桐及光桐，不食大戟科的重阳木、乌桕等。阳坡及山下的虫口密度大于阴坡及山上。已发现天敌：小幼虫期有绒茧蜂 *ApanteLes* sp.，幼虫—蛹期有侧沟茧蜂 *Microplitis* sp.，蛹期有黑点疣姬蜂 *Xanthopimpla* sp. 和镶颚姬蜂 *Hyposoter* sp.，越冬蛹寄生率可达25.7%。捕食性的有多种蜘蛛、蚂蚁及步甲等，其中红蟹蛛 *Thomisus lebefactus* 及蚂蚁对2～3代幼虫抑制作用显著。

(三)防治方法

①结合冬季垦复，深埋枯枝落叶，顺将蛹埋于土下。

②保护绒茧蜂、姬蜂、蚂蚁、蜘蛛等天敌。

③虫害严重的地方可喷撒敌百虫粉剂，$15kg/hm^2$；50% 辛硫磷 2000~3000 倍液；50% 杀螟松 2000~3000 倍液。

八、红带月针蓟马 *Selenothripes rubrocinctus*(Giard)

属缨翅目蓟马科。分布于我国浙江、江西、湖南、广东、台湾；以及南美、非洲、印度。危害油桐、漆树、柿、杧果、金合欢、二球悬铃木、酸枣。在国外它是可可(南美、非洲)、咖啡、漆树(印度)的重要害虫。受害严重者造成早期落叶。

(一)形态特征(图 8-19)

成虫　雌虫体长 1.01~1.39mm，黑色。体表密布网状花纹。头矩形，复眼黑色大而突出。触角 8 节，1~6 节中部环生刚毛。前胸矩形，约与头等宽，表面有许多横皱纹。中、后胸愈合，背中央有一倒三角形背板。翅 2 对，灰黑色，缘毛极长，前翅上脉鬃 11 条，下脉鬃 8~9 条。3 对足短，除胫节端半部及跗节淡褐色外，其余为黑褐色。跗节 1 节，末端有一透明的泡。腹部纺锤形，10 节，第 8 节后缘有 1 列栉状毛。产卵器刀状，有锯齿，末端弯向下方。雄虫体稍小，腹部瘦长，末端呈三叉状突出。

卵　肾形，白色透明。长 0.22mm，宽 0.10mm，近孵化时体积增大到 0.20mm × 0.30mm，头端可见红色眼点。

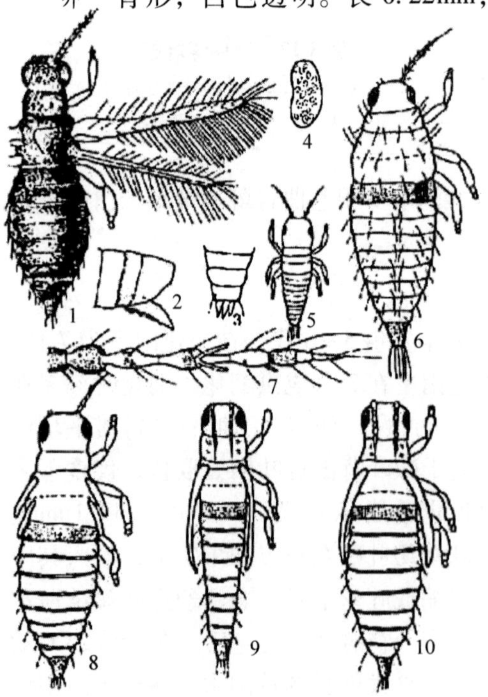

幼虫　初孵幼虫体长 0.41mm，头大尾小呈楔形，白色透明，复眼红色。经 1 天后体长达 0.54mm，腹基部 1~2 节始现红带，尾节黑褐色，末端环生 6 根黑色刚毛。老熟幼虫体长 1.11~1.22mm，橙黄色；触角丝状 11 节，除基部 2 节黄色外，余皆白色透明；头和腹部黄褐色，胸部浅黄色，胸腹背面有 6 列黑色刚毛；胸足 3 对透明；腹部 10 节，基部红带更浓；末端黑色。

预蛹　形似老熟幼虫，黄色。触角前伸，翅芽伸达腹部第 2 节。腹部 1~2 节及末节红色。

蛹　体长 0.79~1.25mm，触角弯向背面，伸达后胸后缘，翅芽伸达腹部第 5 节，将羽化时体黑色。

图 8-19　红带月针蓟马

1. 雌成虫　2. 产卵器　3. 雄虫腹末端　4. 卵　5. 初孵若虫　6. 老熟若虫　7. 成虫触角　8. 预蛹　9. 雄蛹　10. 雌蛹

(二)生活史及习性

在湖南 1 年 6~8 代，次年 5 月越冬成虫飞到桐叶背面继续取食产卵。卵产于叶背的叶肉中，并分泌淡褐色水状物盖于其上，此物干涸

后呈铁锈色鳞片状。产卵处稍隆起。室温 20.6℃时卵期 21～23 天；24℃时 14 天；28℃时 10～12 天。幼虫、成虫腹部上举，把褐色排泄物托举在尾端 6 根刚毛之中。由于刺吸式口器的取食，叶绿素被破坏，叶片变灰白色，后呈褐色干枯。室温 29.2℃时幼虫期 5.8 天，预蛹 1～2 天，蛹 1.5～2 天；22.6℃时依次为 9～11 天、2 及 3 天；16.8℃时依次为 20～22 天、3～5 天及 7～10 天。6～9 月完成一代需 20～30 天。7～9 月雌虫寿命平均 18.8 天；雄虫平均 16.4 天。每雌产卵 33～154 粒，平均 54.8 粒。6～10 月种群数量不断上升，9～10 月为迅速增殖期，也是一年中危害最重的时期，常导致早期落叶。此时正值碳水化合物转化为油脂的关键时期，因此受害桐树含油量下降，并削弱生长势。高温干旱利于此虫的大发生，低温多雨对其繁殖不利。树冠外围、疏林受害重，树冠内膛及密林受害轻。不喜危害嫩叶及老叶，喜在壮龄叶上取食。以上这些现象皆与叶内营养，尤其是可溶性氨基酸的多寡有关，叶内氨基酸（尤以 α-氨基酸）含量多，有利于此虫的发育和繁殖。光桐为其喜食寄主，皱桐高度抗虫，种间杂交种抗虫性介于两者之间。

（三）防治方法

①加强桐林抚育，提高桐树抗虫能力。

②蔽荫环境不利蓟马繁殖，合理密植有抑制虫害作用。

③保护天敌。草蛉、尼氏钝绥螨及六点蓟马可捕食该蓟马幼虫；有 1 种真菌寄生若虫及蛹。

④在虫害严重的桐林，应于虫口迅速增殖前 10 天（8 月中旬）用 40% 乐果原液涂树干，药效可保持 1 个多月。全年 1 次可基本控制虫害。亦可用乐果 1000～2000 倍液喷雾，24h 后杀虫率可达 90% 以上。

九、六斑始叶螨 *Eotetranychus sexmaculus* Rliey

属蜱螨目叶螨科。俗称油桐黄蜘蛛，是我国南方油桐的重要害虫。受害叶片出现褐色斑点，逐渐增多以至连成斑块，被害叶逐趋枯黄，严重时早期脱落。分布于四川、湖南、湖北等地。

（一）形态特征（图 8-20）

成虫　雌虫体长 0.34～0.43mm，椭圆形，体长约为宽的 2.5 倍，腹部末端椭圆形，单眼 1 对，鲜红色，着生于第 2 对足后方的体背上。体背有白色长刚毛，排成 6 行（2 + 4 + 6 + 6 + 4 + 2）。还有 4 个黑褐色斑点。1 对在体前部与体后部交界处，另 1 对在腹末背面两侧，面积比前方 1 对大而明显。足 4 对，2 对向前，2 对向后，各由 5 节组成：转节最短；腿节最长；膝节和胫节几乎等长，但短于跗节；跗节末端有 4 根爪冠毛。越冬成虫体色加深成橙红色，4 个黑褐斑不清晰。雄虫体长 0.32mm 左右，长椭圆形，腹部末端显著收窄，腹背 4 个黑褐色斑点亦不如雌虫明显。

卵　馒头形，直径为 0.12mm，初产时乳白色，内部呈液状透明，近孵化时淡黄色，可见卵壳内 2 个红色单眼。

幼虫　体长 0.21mm，卵圆形，单眼 1 对呈紫红色，足 3 对。初孵时体背中部两侧有 1 个黑褐色斑点，以后此黑点加深，腹部末端背面两侧亦出现 1 个黑褐色斑点。

若虫　分为前若虫期及后若虫期，体形与成虫期相似，但较小。足 4 对，短小。体背

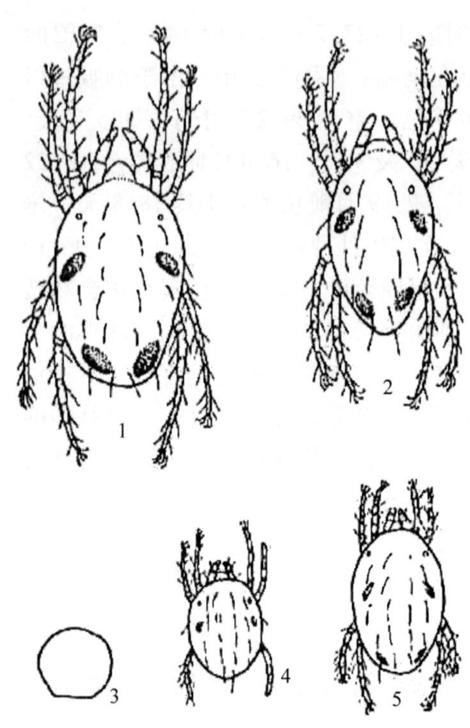

图 8-20 六斑始叶螨

1. 雌成虫 2. 雄成虫 3. 卵 4. 幼虫 5. 若虫

4 个黑褐色斑点清晰可见。到后若虫期，雌的腹部后端钝圆，雄的则较尖。

(二)生活史及习性

在四川 1 年发生 15～19 代。高山区以成虫，低山丘陵区以成虫及卵在芽鳞间过冬，少数在树干裂缝中过冬。在湖南，芽鳞带虫率约 80%，每芽有虫(包括卵)12.4 只，内以雌成虫为主，卵次之，雄虫最少。4 月份桐叶萌发，越冬虫即迁移到新叶上危害。初期在叶背基部的主脉与侧脉分叉处吸食，后沿主脉逐步扩散到全叶，虫体藏在丝网下。受害叶先呈针头大小的褐色斑点，以后斑点逐步扩大连片，叶绿素遭到破坏，造成早期落叶。此虫繁殖快，世代重叠。从 4～10 月在叶片上均可看到卵、幼虫、若虫和成虫。四川报道，在日平均温度 20.2℃时，世代历期 14～15 天；26.8℃时为 8～9 天；28℃时为 7～8 天。在湖南室内平均温度 22.7℃时，卵期 6～7 天，幼虫、若虫期共 9～10 天。冬季室温 11.7℃时，成虫仍可继续产卵。雌成虫脱最后一次皮后，可立即与雄虫交尾，交尾时雄虫钻在雌虫体下，不断地用前面 2 对足抱住雌虫腹部，并把自己的腹部末端向上弯与雌虫腹部末端相接。雄虫可多次交尾，雌虫交尾后过 1～2 天(夏季)或 4～5 天(秋末冬初)产卵，卵多集中产于主脉基部两侧丝网的下面，每天产 1～2 粒，最多产 4～5 粒，一生产卵 60～150 粒；最多可达 300 余粒。成虫寿命 45～75 天，最长达 6 个月之久。幼虫活动能力弱，爬行慢。若虫、成虫活动能力较强。特别是气温较高时爬行较快。成虫和若虫具负趋光性，多在避光的叶背危害。危害程度一般低山比高山重，沟谷比山坡重，坡地比山顶重，密林比疏林重，老树比幼树重，树冠下部比上部重。六斑始叶螨种群数量的增殖与食料、气候关系十分密切。5 月下旬至 6 月中旬，气温适宜，虫口增殖快，一叶上多达几百只，是虫口迅速扩散的时期；6～7 月虫口数量最多，危害最烈，8～9 月气温高，加之桐叶逐渐老化，虫口增殖速率减慢；10 月至翌年 4 月桐叶萌发前，成虫进入芽鳞中越冬。天敌有塔六点蓟马 *Scolothripes takahashii* Priesner、食螨瓢虫 *Stethorus* sp. 及尼氏钝绥螨 *Amblyseius nichlsi*。塔六点蓟马能捕食叶螨的各个虫期，据国外报道，在 15℃时日食叶螨卵 7.3 粒，20℃时为 20.7 粒，30℃时为 49.7 粒，在 15～30℃，温度每升高 1℃，日捕食量增加 3.1 粒。在湖南饲养，20℃左右时，日食成虫 1～2 只。秋季几乎在每片有叶螨的油桐叶上均发现有食螨瓢虫。尼氏钝绥螨行走迅速，发生亦普遍。

(三)防治方法

(1)加强桐林培育管理　结合深挖培土、林粮间作、冬垦修枝等措施，增强树势，提高抗虫力。

(2)保护天敌　对抑制叶螨虫口增长起着明显作用，在进行化学防治时应注意保护。

(3)剔摘虫叶　桐树花谢成果后，新发桐叶出现锈褐色斑点时，可用竹杆剔除，以减少虫源，此项工作应做得及时，掌握在虫子尚停留在少数叶片上时进行。

(4)化学防治　在虫害发生盛期，用防虫凿或其他工具，根据树龄大小，在主干分叉处的不同方位，倾斜45°，深达木质部，每树凿3～9洞，每洞注入40%乐果原液2～4mL，用黏土封口。此法既能灭虫，又可避免杀伤天敌；用40%乐果乳剂3000倍液，或50%乙硫磷乳剂4000倍液，或20%可湿性螨卵酯，或20%可湿性三氯杀螨矾800倍液农药喷洒；以烟筋1kg泡水25kg 2天后过滤，滤液再加水20kg，并可加适量茶饼水增加展着性能，进行喷洒；用0.30～0.50波美度的石硫合剂效果也好。

十、茶色金龟 *Adoretus tenuimaculatus* Waterhouse

属鞘翅目金龟科。分布于山东、江苏、安徽、湖北、湖南、江西、四川等地。危害油桐、板栗、杨、柳、梨、乌桕等。

(一)形态特征(图8-21)

成虫　体长10～11.5mm，宽4.5～5.2mm，茶褐色，全身密被灰白色鳞片。小盾片半圆形、扁平。翅鞘上有不甚清晰的4条纵线，并杂生灰白色毛斑。腹面栗褐色，亦有灰白鳞片。

卵　椭圆形，乳白色，长1.7～1.9mm；渐发育，体积逐趋膨大。

幼虫　老熟幼虫体长13～16mm，乳黄色。头黄褐色，尾节腹面散生21～35根刚毛。

蛹　体长约10mm，初化蛹时白色，近羽化时黄褐色。

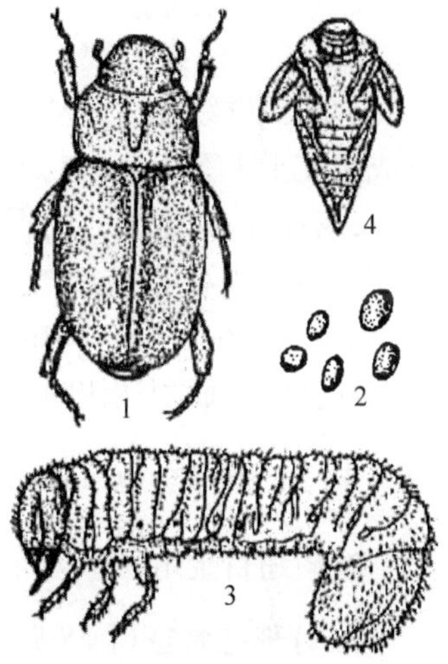

图8-21　茶色金龟

1. 成虫　2. 卵　3. 幼虫　4. 蛹

(二)生活史及习性

在江西1年2代，以大幼虫在土中过冬。次年4月下旬至6月初化蛹，越冬代成虫出土盛期为5月底至7月中旬。第1代出土盛期为8月上旬至9月上旬。各虫态历期：卵4～7天；幼虫期第1代40～52天，第2代8～9个月；蛹5～14天；成虫24～54天。成虫羽化后在土中经2～3天后于傍晚出土飞到树上取食叶片，受害叶呈网状。傍晚出土虫数与风力关系最大，0～1级时出土最多，2～3级次之，6级以上不见出土。晴天出土多，雨天出土少，成虫产卵前期约15天，产卵期11～43天。每雌产卵10～52粒，平均30粒。初孵幼虫以腐殖质为食，后以植物根为食。幼虫老熟在土中做蛹室化蛹。

十一、油桐鳃金龟 *Holotrichia sauteri* Moser

属鞘翅目金龟科。分布于湖南、湖北、陕西、河南、云南等地。

(一)形态特征(图8-22)

成虫　体长21～24mm，棕褐色。头顶中央有一横脊。触角11节，鳃片部3节。复眼黑色。前胸密布刻点，中央有一隆起线；前方及两侧有框边。翅鞘各有3条纵隆脊，翅面密布刻点，肩角甚突起。胸部腹面密被灰色长毛。前足胫节外侧具3齿。各足的爪中部具垂直的齿。腹面可见6节。

卵　椭圆形，乳白色。

幼虫　老熟幼虫体长45～66mm，土黄色，密生棕色细毛，尤以背面为多。腹部末节腹面有许多钩状刚毛列，中央的排成2列。

蛹　体长23～25mm，初化蛹时黄白色，后转橙黄色，体背有1条纵隆线，腹末有叉状突起。

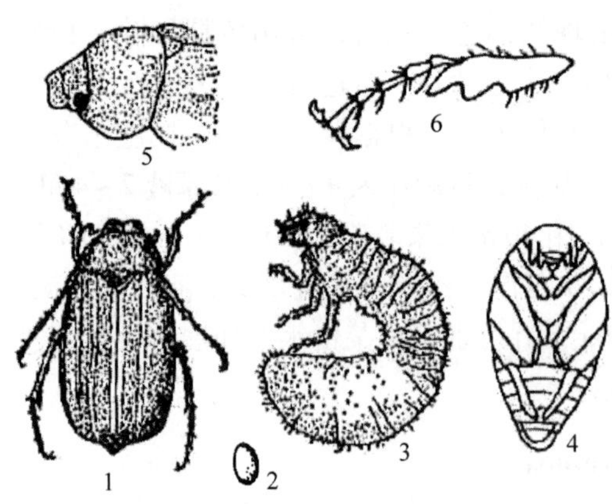

图8-22　油桐鳃金龟

1. 成虫　2. 卵　3. 幼虫　4. 蛹　5. 成虫头部　6. 成虫前足

(二)生活史及习性

在湖南2年1代，以成虫和幼虫在土中过冬。越冬成虫3月下旬至4月上旬出土取食，4月下旬至5月上旬交尾产卵。卵期约26天。5月中旬出现幼虫，10月间幼虫开始越冬。次年春季幼虫继续取食，幼虫期长达400多天。6月下旬开始化蛹，7月羽化成虫。当年即以成虫在土下50cm深处过冬。成虫白天潜伏在土中，黄昏时外出活动，取食油桐花瓣、叶片，有时咬断果柄。气温低于10.3℃时不外出活动。气温18℃时外出虫最多。傍晚时交尾，雌雄成对潜入土中。产卵前期约27天。雌虫寿命约48天，雄虫约26天。卵散产于土下20～36cm处。每雌平均产卵30粒。成虫略有趋光性，假死性明显。1965年曾在湖南慈利县危害面积达3000多公顷。

十二、铜绿金龟 *Anomala corpulenta* Motsch.

属鞘翅目金龟科。分布于江西、浙江、湖南等省。危害油桐、板栗、核桃、枫杨等。

(一)形态特征(图8-23)

成虫　体长23～26mm，前胸背板及翅鞘翠绿色，其余古铜色。有金属光泽。触角9节，末端3节膨大。复眼黑色，头部密布细刻点。前胸背板周缘有框边。鞘翅密布刻点；肩角及后端突起，两侧有边框。前足胫节外侧有2刺突。腹部可见腹板6节，末节腹板外露。跗节5节，爪简单，左右不对称。

卵　长卵形，乳白色，长约2mm。

幼虫　老熟幼虫体长约50mm，多刚毛。腹部末节腹板密生沟状刚毛列，中央的排成2行，各由13～14根组成。

蛹　初化蛹时乳白色，后转黄褐色。

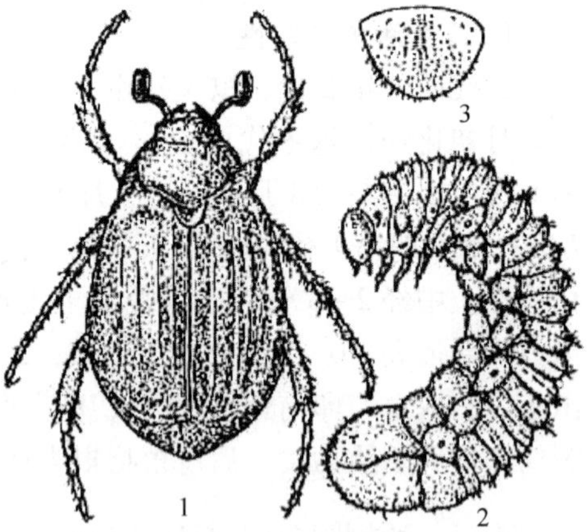

图8-23　铜绿金龟

1. 成虫　2. 幼虫　3. 幼虫腹端刚毛列

(二)生活史及习性

1年1代，以幼虫在土中过冬。翌年4月化蛹，4月下旬成虫羽化，经3天后成虫出土取食。有趋光性和假死性，多在早、晚活动。产卵于土中，每雌可产30粒。初孵幼虫

食腐殖质，稍大后开始以植物嫩根为食。

（三）金龟子类防治方法

①桐林垦复，以杀死部分幼虫、蛹及潜伏土中的成虫。

②利用成虫假死性于白天摇树捕捉；或傍晚组织人工捕捉。

③灯光诱杀。

④微生物防治。白僵菌及芽孢杆菌对幼虫有一定寄生能力，可以试用。

⑤成虫危害盛期可喷洒 90% 敌百虫 1000 倍液；或 80% 敌敌畏 1000～1500 倍液；或于树干附近土面喷洒敌百虫粉剂以杀死潜土成虫，效果均好。

⑥利用金龟子成虫对自身尸体腐液的忌避习性，可以捕捉部分成虫捣烂，加水浸数日，再把腐尸滤液喷在树上，可起保护树木免遭成虫危害的作用。

十三、毛股沟臀叶甲 *Colaspoides femoralis* Lelevre

属鞘翅目叶甲科。分布于湖南、湖北、广东、广西、四川、贵州等省（自治区），危害油桐、油茶、茶树、栗、枫香等。以成虫危害叶片呈筛孔状。与本种叶甲同时发生的尚有油桐小跳甲 *Psylliodes pundifrons* Baly 和中华沟臀叶甲 *C. opaca*。除中华沟臀叶甲约占总数 9% 外，其余 2 种数量均很少。

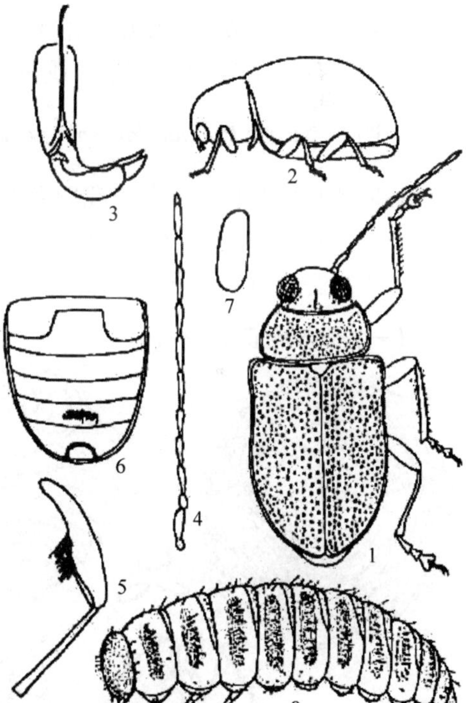

（一）形态特征（图 8-24）

成虫　卵圆形，雌虫体长 5～6mm，蓝绿色具金属光泽；腹面黑褐色。头部散生刻点，头顶有纵沟。上颚黑色，下颚须及下唇须黄褐色，端部数节黑褐色。复眼黑色光裸，小盾片光滑。前胸背板梯形，中部宽、四周有边框。翅鞘上有略成行的粗刻点，肩角光滑、隆起。足黑褐色、跗节腹面多毛，爪间有刺状突。腹部可见 5 节、臀板背面有纵沟。雄虫与雌虫主要区别是体金绿色，触角端部 5 节棕黄色，前、中足第 1 跗节宽，后足腿节腹面有簇黄色毛。

卵　纺锤形，黄白色，长约 0.8mm，宽 0.35mm。

图 8-24　毛股沟臀叶甲

1. 成虫　2. 成虫侧面观　3. 雄虫外生殖器　4. 触角　5. 雄虫后足腿节　6. 雄虫腹面　7. 卵　8. 幼虫

幼虫　初孵幼虫体长约 1mm，黄白色。老熟幼虫体长 7～8mm，灰白色，新月形。头黄褐色，上颚黑色末端有 2 齿。前胸背板淡黄色。3 对足发达。腹部 10 节，各节分为 2 小节，上各生 1 列刚毛。每腹节腹面有 2 疣突，上生 6～7 根刚毛；两疣突间有 2 横列刚毛。

蛹　初化蛹时白色，后转黄褐色，近羽化时墨绿色有光泽。

(二) 生活史及习性

在湖南1年1代，以老熟幼虫在土下2~4cm处过冬。次年3~4月化蛹，4月下旬为蛹盛期。5月初为羽化始期，7月上旬为羽化末期。5月下旬至6月上旬为羽化高峰期。成虫羽化出土后即飞到桐树上取食，使叶片呈筛孔状，最多一叶达200多孔。成虫有假死性及向光性。树冠上部、外围及密林的林缘受害较重；树冠内膛及林内受害较轻；荒芜桐林比垦复桐林受害重。成虫寿命最长45天，最短3天，平均24.5天，半个月后性成熟。卵产在土面，每雌平均产卵29.6粒，块产，每块最多67粒，最少5粒。卵期7~10天，孵化率95.1%。初孵幼虫爬行迅速，旋即钻入土中，取食幼根嫩茎。幼虫期长达10个月，老熟幼虫筑土室化蛹。

(三) 防治方法

①提倡垦复，在虫害严重地方如能在4月间再浅挖一次则更为理想。

②此虫喜阳避阴，适当密植对其生息不利。

③药剂防治。成虫羽化始期用40%乐果原液涂树干，直径5cm的树干每树2~3mL即有效；以敌百虫原药1000倍液，或80%敌敌畏2000倍液喷雾均有很好的效果。

十四、桑白蚧 *Pseudaulacaspis pentagona* Kuwana

属同翅目盾介科。分布于我国浙江、湖南、广东、广西、四川、河北、江苏、福建；以及英国、意大利、新西兰、日本、巴拿马与北美等地。为世界性害虫。是油桐、桑、桃的重要害虫，还可危害茶树、梅、杏、李、樱桃、梨、苹果、柿等。

(一) 形态特征(图8-25)

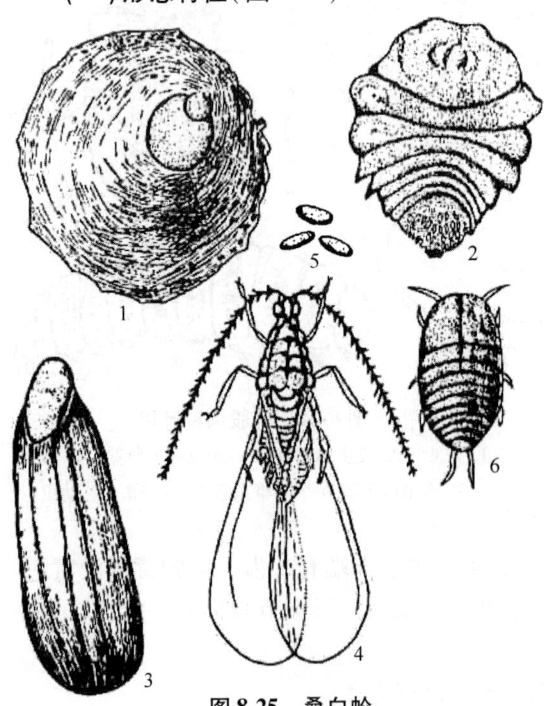

图8-25 桑白蚧

1. 雌介壳 2. 雌虫 3. 雄介壳 4. 雄虫 5. 卵 6. 1龄若虫

成虫 雌虫无翅，梨形，淡黄色。前宽后窄，长约1.2~1.5mm，触角退化成疣状，上有1粗大刚毛，腹部分节明显，有3对臀角，以中对最大，介壳点形或椭圆形，直径1.7~2.8mm，白色或灰白色，背面隆起壳点橙黄色，位于中央。雄虫橙红色，体长0.65mm，前翅白色透明；后翅退化成"人"形平衡棍。触角10节，几乎与身体等长。足细长多毛。腹末有性刺1根，其长约为体长的1/3。介壳白色，长筒形，前端有橙黄色壳点，背面有3条隆起线。

卵 椭圆形，白色至橙色，长约0.25mm。

若虫 扁椭圆形，橙色(雄)或白色(雌)。1龄体长0.3mm，触角、足均在，腹部末端具尾毛2根。第1次脱皮后，触角和足退化。雌虫红色，椭圆形，臀板浓

黄色，体长0.4mm；雄虫淡黄色，形稍长。第2次脱皮后，雌虫淡黄色，梨形，臀板尖；雄虫即化蛹。

（二）生活史及习性

在陕西1年2代；长江中下游1年发生3代；在广东、台湾1年5代。以受精雌虫在枝条上越冬。2代区各代若虫发生期分别在6、8月，7、9、10月依次出现成虫；3代区若虫分别出现于5月中旬、7月下旬至9月上旬。雌虫产卵于介壳下，每雌可产卵40～200粒。初孵幼虫从母虫介壳下爬出，成群地固定在2～3年生枝条上，或幼树干上，10年生左右桐树主干基部亦有不少。脱去1次皮后失去足及触角，仅以口器刺入树皮，不再移动，分泌蜡质逐渐形成介壳。雌虫脱3次皮后变成虫；雄虫脱2次皮后变蛹，蛹约经1周羽化为成虫，交尾后不久即死去。被害树犹如涂刷一层白色粉末。据报道，未交尾的雌虫卵巢停止生长，最后收缩。此虫受多种寄生蜂寄生。在湖南发现有跳小蜂 *Microterys* sp.、*Anabrolepis* sp. 及 *Tetrastichus* sp. 3种寄生蜂，以及草蛉、瓢虫和方头甲；在浙江发现桑蚧蚜小蜂 *Prospaltella berlesei*；在广州发现有红坚介瓢虫 *Artemis circumusta* 等。气候和天敌是影响桑白蚧种群变动的2个主要因素。气候潮湿，林分荫蔽利于发生；山坳外开阔地桐林受害极轻；夏季高温不但抑制介壳虫的发生，同时利于寄生蜂繁殖，因此介壳虫危害轻。

（三）防治方法

①营林措施防治。合理密植，注意林内通风透光，修剪虫害严重枝。

②此虫群集危害，可用麻布等擦死树干上介壳虫。

③此虫能随苗木传播，故应检疫。

④药剂防治。80%敌敌畏乳剂1000倍液，50%亚胺硫磷500～800倍液，40度波美石硫合剂，石油乳剂15～20倍液均有效。施药宜在若虫孵化后期进行，以便消灭若虫于1龄。

⑤注意保护天敌。进行药剂防治尽量避开寄生蜂成虫羽化盛期，减少杀伤天敌。

十五、油桐大绵蚧 *Megappulvinaria matima*（Green）

属同翅目、硕介科。分布于四川、湖南、广西、贵州、台湾。危害油桐，在四川、广西是毁灭性害虫。它多集中在1～2年生枝条上危害，4～5年生油桐幼树主干上亦有寄生，被害树轻者生长衰弱，枝梢干枯，重者全株死亡。由于虫体排泄大量蜜露，招致烟煤病。

（一）形态特征（图8-26）

成虫　雌虫椭圆形，无翅，长约10mm，宽5mm，紫褐色；产卵时虫体背面隆起，变成红褐色，四周枯黄色，周缘有细长白色蜡丝，尾端有袋状卵囊。雄成虫前期虫体上有一层隆起的白色介壳，长2.4～2.9mm，呈龟形，体较小，橘红色，有1对透明的翅。

卵　卵圆形，长0.15mm，浅黄色，孵化前紫红色，卵囊长条状，长15～34mm，白色，俨如雀粪，1卵囊内可有2000多粒。

若虫　初孵时紫红色，3对足发达，行动活泼，为扩散蔓延的主要虫期。

（二）生活史及习性

1年2代，以若虫在枝条上越冬，次年4月下旬变成虫，每雌可产卵1000～2000粒。四川5月中旬第1代若虫开始孵化（广西南宁4月）；7月中旬成虫成熟开始产卵，7月下

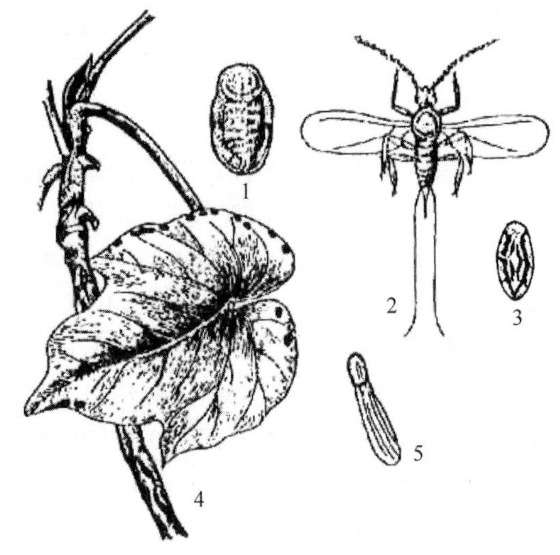

图 8-26 油桐大绵蚧

1. 雌虫 2. 雄虫 3. 若虫 4. 被害状 5. 卵囊

旬第2代若虫孵化，初孵若虫在嫩枝叶片上爬行固定后，吸取汁液，若虫经3次脱皮变为成虫。产卵时，将抱住枝条的2条蜡带与寄主脱离。成虫在枝条上下爬行，寻找合适场所固定，泌囊产卵。产卵完毕，雌虫干缩落地，卵囊留在枝上。卵经1周孵化，爬到1年生新梢上危害。

（三）防治方法

①以保护天敌为主。瓢虫是大绵蚧劲敌，尤以黑缘红瓢虫的成虫和幼虫捕食卵粒的能力最强，应加保护和利用。若需喷洒农药，应避开天敌活动期。

②在成虫产卵和若虫孵化后半个月，是喷洒农药的有效时期。可喷射50%马拉硫磷1000倍液；40%乐果1000倍液；松脂合剂18～20倍液；洗衣粉150～250倍液，并加0.1%～0.3%尿素；或50%久效磷1000倍液。每7天喷1次，连续2次。

③人工刮除成虫及卵囊，摘除虫叶，冬前剪除越冬虫枝。

十六、中华高冠角蝉 *Hypsauchenia chinensis* Chou

属同翅目角蝉科。分布于四川、湖南、贵州、广西，危害油桐、槐树。

（一）形态特征（图8-27）

成虫　体长9mm，两间角相间2.5mm，体背黑色。前胸背板分别向上及向腹背延伸呈发达柱状的前角突和三棱形的后角突；前角突向后呈弯弓状，高度达7mm，甚为奇特；前翅狭长黑褐色；革区近中部、爪区中部和端部各有白色斑点；后翅透明，顶角和外缘烟黑色。足黄褐色，腿节及爪黑褐色。腹部黑色。

卵　圆柱形，长0.8～1.0mm，乳白色，近孵化时黑色有光泽。

若虫　共4龄。1龄体长0.7～1.2mm，淡黄色，全身散生刚毛，尾须1对。2龄长2～3mm，黄褐色，尾须刺状。3龄长3.5～4.5mm，褐色，前胸背板长出高1mm的角突。4龄5～6mm，黑褐色，出现翅芽。

（二）生活史及习性

以卵在枝梢木质部过冬，世代重叠。卵期5～7天，1龄2～3天，2龄2～4天，3龄2～3天，4龄7～8天，成虫6～10天。成虫羽化后3～5天产卵，每处61～152粒，孵化率70%～90%。成虫、若虫取食枝梢果柄汁液，分泌蜜露，招引蚂蚁。葡萄桐等长果柄品种受害较重。

（三）防治方法

①及时剪除产卵枝。

②虫口密度大时可喷撒敌百虫粉。

危害油桐的还有油桐三刺角蝉 *Tricentrus aleuritis* Chou（图8-28），成虫体长3～4mm，

黄褐至黑褐色多刻点，密生褐色细毛。前胸两侧角十分发达，向两侧伸展，并稍向后弯曲；后突起三棱形向背面伸展，末端超过前翅肛角。前翅有 2 条明带及暗带。腹部黑色，防治方法参照中华高冠角蝉。

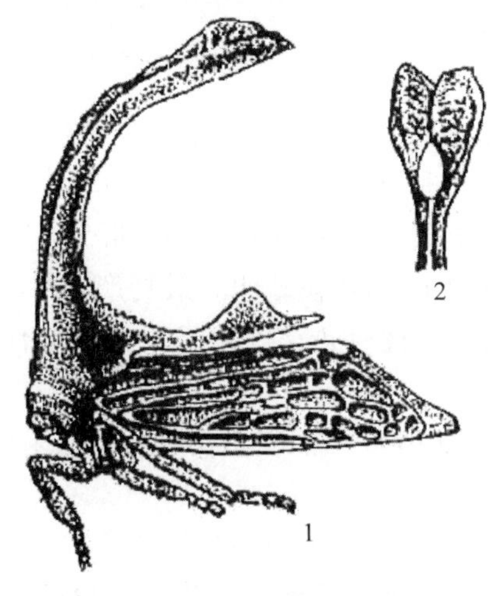

图 8-27　中华高冠角蝉

1. 成虫　2. 前角突末端

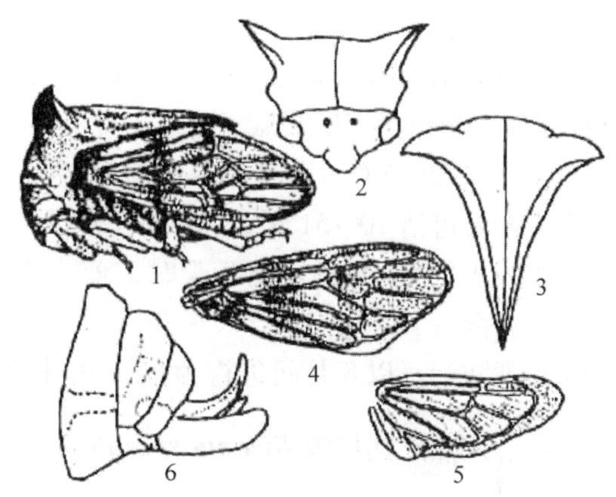

图 8-28　油桐三刺角蝉

1. 成虫　2. 头前面观　3. 前胸背面观　4. 前翅　5. 后翅　6. 雄虫腹部末端

十七、油桐丽盾蝽 *Chrysocoris grendis*(Thunberg)

属半翅目蝽科。分布于我国江西、福建、台湾、河南、广东、广西、贵州、云南；以及日本、越南、泰国、印度。危害油桐、柑橘、梨、苦楝、乌桕、泡桐。

(一)形态特征(图 8-29)

成虫　雌体长 20～25mm，宽 10～12mm，黄褐色。喙黑色。触角 5 节、黑色。头部中叶及其基部黑斑与黑色的复眼相连，形成一锚形黑斑；前胸背板有蝶形黑斑；小盾片发达盖住整个腹部，上有 3 个黑色大斑。足 3 对，紫黑色。头、胸腹面黑色，腹部各节黄黑相间。雄虫比雌虫略小，前胸背板的黑斑与头基部黑斑相连呈电灯泡状黑斑。

卵　圆筒形，有盖，块产。

若虫　1 龄体长约 3mm，橙黄色；2 龄金绿色；老熟若虫(5 龄)古铜色，体长 16mm。前胸背板上有 3 个、小盾片上有 2 个紫黑色斑。足黄褐色。

图 8-29　油桐丽盾蝽

1. 雌成虫　2. 雄成虫　3. 卵　4. 若虫

(二)生活史及习性

广西河池地区 1 年 1 代，以成虫在常绿树冠、杂草中过冬。越冬成虫有群聚性。3 月初成虫飞出吸食嫩芽，7 月成虫大量出现于桐林中交尾、产卵。卵多产于叶背，也有产于嫩梢上，1 卵块有卵 60 粒左右。初产时淡绿色，后变灰白色。初孵若虫群聚于卵块四周，受惊后分散爬动。经5次脱皮后，即6月初羽化为成虫。成虫有假死性。成虫、若虫常群集危害嫩梢、新芽和叶。受害处有褐色斑点，幼果受害后脱落。危害处伤口极易引发油桐叶斑病。成虫11月越冬。光桐受害较重，皱桐次之；纯林受害重、混交林轻。

(三)防治方法

①冬季捕捉树冠中越冬成虫。

②生物防治。蝽沟卵蜂 *Trissolcus* sp. 及平重小蜂 *Anastatus* sp. 寄生盾蝽卵。1983年7~8月林间卵寄生率达77.82%。此蜂1年可繁殖7代。产卵至成虫羽化需7~13天(7~9月)。8月气温26.5℃，卵至成虫历期10天，其中卵期1天，幼虫期4天，蛹期5天，雌成虫喂蜂蜜者可活10~51天，雄蜂8~30天，1雌可寄生14~20粒蝽卵。最高产卵量130粒。1卵育出1蜂。蝽卵历期8天时，前4天卵均可寄生。雌性占77%~83%，是很有利用价值的天敌。

③药剂防治。以8月间进行为宜，可用20%乐果乳油1500倍液喷杀初孵若虫效果好。

十八、八点广翅蜡蝉 *Ricania speculum* Walker

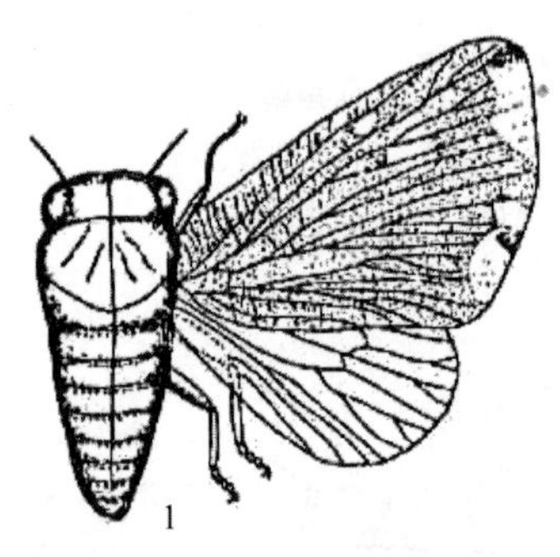

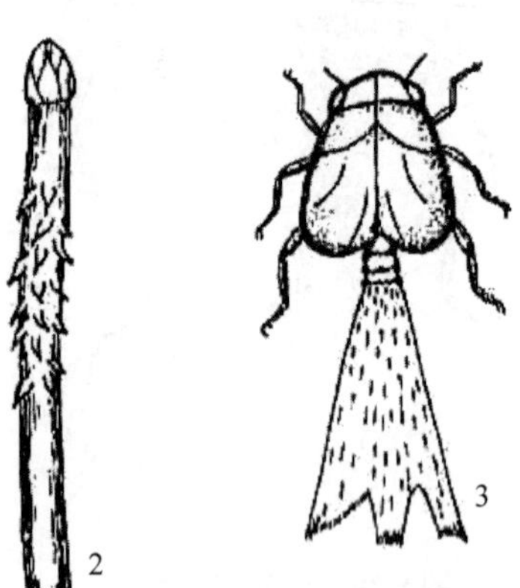

图8-30 八点广翅蜡蝉

1. 成虫 2. 产卵枝 3. 若虫

属同翅目广翅蜡蝉科。分布于浙江、福建、台湾、广东、广西、河南、陕西、四川、云南、湖南。危害油桐、油茶、板栗、苹果、梨、枣。吸食嫩梢。

(一)形态特征(图8-30)

成虫 体长7mm，暗褐色。前胸背板短，背中线隆起；小盾片发达，中央有3条纵脊。前翅暗褐色，有4个透明大斑及1~2个小斑。足腿节暗褐色，余为黄褐色。

卵 长椭圆形，乳白色。

若虫 乳白色，腹部末端有白蜡丝3簇，展开如孔雀开屏。

(二)生活史及习性

1年1代，以卵在枝梢中过冬。翌年5月中旬至6月上旬孵化，7月中旬至8月变成虫。8月为产卵盛期。卵产于当年枝梢上，成虫以产卵器划破树皮，凿成许多刻痕，产卵于其中。该处不久即枯死。产卵伤痕长7~38mm，外黏白色蜡丝，状如棉絮。若虫5龄，历期40~48天。危害油桐的尚有眼纹广翅蜡蝉 *Euricania ocellua* Walker，成虫翅透明，脉褐色，前翅中部有一眼状纹。产卵于嫩梢中。其排泄物又为煤烟病创造条件。

(三)防治方法

①秋冬时结合整枝，剪去有卵枝，集中烧毁。

②若虫孵化期可喷洒40%乐果乳油2000倍液；50%马拉硫磷乳油1500倍液；50%敌百虫800倍液。

十九、橙斑白条天牛 *Batocera davidis* Deyrolle

属鞘翅目天牛科。分布于河南、湖北、贵州、陕西等省。危害油桐、核桃、苦楝等。幼虫蛀树干使树势严重削弱以致枯死；成虫啃食 1~2 年生枝皮，使果实脱落，并咬断枝条。造成的伤口又为油桐锯天牛产卵危害创造条件。

(一)形态特征(图 8-31)

成虫　雄虫体长 40~65mm，棕褐色，被灰白色绒毛。头黑褐色，背面有 1 纵沟，唇基着生 4 撮毛。触角 11 节，端疤开放，各节有棕褐色细毛，自第 3 节起各节内侧有多数细齿，以第 3 节的最大。3~10 节各节末端内侧突出呈刺状，以第 9 节的最长。头胸间有金黄色绒毛。前胸侧刺突发达，背面有 2 个橙红色大斑。小盾片白色。鞘翅基部有许多疣状颗粒；肩刺前突；多数个体翅鞘上有 12 个橙红色斑。体侧自眼后至尾端有白色宽带。腹部腹面可见 5 节，末端后缘凹入。雌虫比雄虫稍大，触角超过体长。触角鞭节侧刺突不及雄虫发达。腹末节后缘外突。

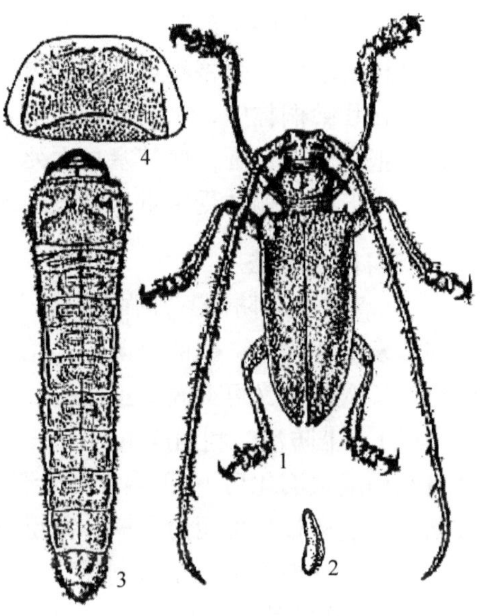

图 8-31　橙斑白条天牛

1. 成虫　2. 卵　3. 幼虫　4. 幼虫前胸背板

卵　长椭圆形，略扁，长 7~8mm。

幼虫　老熟幼虫体长约 100mm，前胸宽 20mm。体圆筒形，黄白色，体表密布黄色细毛。前胸背板棕色；前方有 4 白点，两侧骨化区向前侧方延伸呈角状，前端与体侧骨化区相接。前胸背板后方有明显的后背板褶(云斑天牛无此特征)，上有许多棕色颗粒，排成前后 9 排；前胸背中央有 1 条白色细纵线。胸部第 2 节至腹部第 7 节背面有许多颗粒组成的“回”字形行动器；腹面各节有“口”字形行动器。气门纵椭圆形，棕黑色。

蛹　触角卷曲于胸部腹面，中、后胸背面有疣状突，并密生绒毛。

(二)生活史及习性

在湖南 3 年1代，河南 3~4 年1代。湖南第 1 年以幼虫、第 2 年以成虫在树干内过冬，第 3 年 4 月下旬越冬成虫出洞，先啃食 1 年生枝皮作补充营养，致使受害枝萎蔫、果实脱落。室内日食枝皮 6.91cm^2。性成熟后交尾、产卵。成虫寿命 4~5 个月，雌、雄均能多次交尾，1 天中可交尾多次。成虫喜择生长良好的光桐，在树干基部 2m 以下咬扁圆形刻槽，然后调头产卵 1 粒于刻槽内。有卵的刻槽树皮稍隆起。每次交尾后产卵 3~5 粒，一生产 50~70 粒。卵期 7~10 天，室内孵化率约 70%。初孵幼虫长约 10mm，在皮下蜿蜒蛀食，稍长大后进入木质部，进入孔扁圆形，蛀道不规则，上下纵横，一般向下蛀食；大幼虫常爬出孔口在树皮下大面积地取食边材。一遇受惊即退回洞中。排出的木屑和虫粪充塞于树皮下，使树皮开裂。虫龄越大，排出的木屑越粗越长。幼虫期 15 个月左右，1 条幼虫一生蛀食量 260cm^2左右。老熟后 7~9 月在边材筑蛹室化蛹。蛹期约 60 天。9~10 月上旬羽化，次年 4 月越冬成虫咬一直径 2cm 圆孔飞出。

此虫的发生与环境有密切关系：

①橙斑天牛喜危害光桐，很少危害皱桐。移卵于树皮下的试验，在皱桐树皮下卵孵化率最低(15.6%)，光桐皮孵化率最高(74.3%)。树皮单宁分析表明，光桐最低(0.94%)，皱桐最高(2.37%)。单宁能与蛋白质结合形成蛋白酶不能消化的单宁-蛋白复合物，使昆虫不能利用。成虫对不同品种光桐危害亦有差异。河南西峡县调查，股爪青受害率(8.3%)大于五爪桐及满天星。

②树龄越大，受害越重。因老树生长弱，泌脂能力差，成为林内的虫源。

③在壮龄桐林中，主要危害结果多的植株，结果少的受害轻。因后者树受害后泌脂量多，能把小幼虫包围，使其窒息而死。

④一般阳坡桐林受害重于阴坡、疏林重于密林，这与成虫喜光有关。

(三)防治方法

(1)营林技术防治　加强桐林培管，壅土培蔸，提高抗虫能力，减少成虫在树干基部产卵；及时伐除老、弱的虫源树，培育抗虫桐林；皱桐作砧木、光桐作接穗的嫁接桐林，既可延长树龄，又可提高抗虫能力。

(2)人工防治　利用成虫白天在树干基部产卵或中午躲藏在树干基部的习性捕捉成虫；亦可利用成虫羽化后10天内受震会假死落地，在成虫飞出季节巡视桐林，见到有被成虫咬断的枯萎树枝，可用力震树，并迅速捉住落地成虫。产卵刻痕处及初孵幼虫入侵处有流胶，可用小铁槌敲杀或小刀刮除；幼虫进入木质部后用钢丝钩杀。

(3)药物防治　硫磺1kg、石灰1kg、水10kg搅拌均匀涂刷树干，对卵和初孵幼虫有一定杀伤作用；已蛀入木质部幼虫可灌注敌敌畏、敌百虫、甲胺磷等10倍稀释液；磷化锌加草酸做成火柴似的熏蒸毒签，塞入虫洞，杀虫有效率90%以上。

二十、薄翅锯天牛 *Megopis sinica* White

属鞘翅目天牛科。分布于我国江苏、福建、江西、湖南、湖北、四川、广西、贵州、云南；以及朝鲜、日本、越南、缅甸。危害油桐、橡胶、杨、柳。

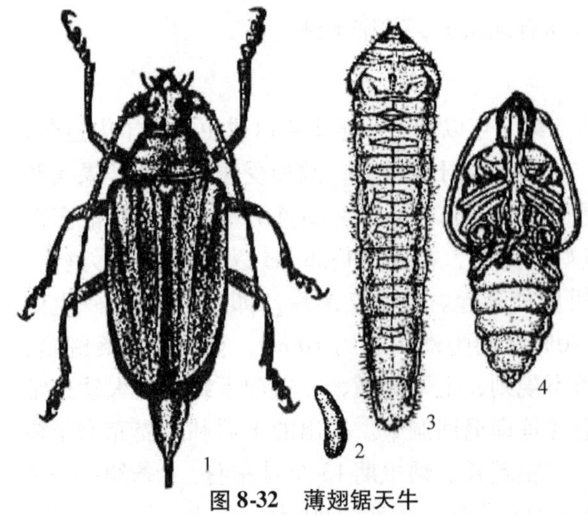

图8-32　薄翅锯天牛

1. 雌成虫　2. 卵　3. 幼虫　4. 蛹

(一)形态特征(图8-32)

成虫　体长30~50mm，棕褐色，密布刻点。头、胸背面黑色，上生黄色绒毛。触角较短。前胸前窄后宽，梯形。翅鞘黄褐色，上生黄色细毛；每翅鞘有2条纵隆脊。足较扁，后胸及腹部腹面密被黄色绒毛。

卵　长椭圆形，乳白色，长5~6mm。

幼虫　老熟幼虫体长50~70mm，圆柱形。口器黄褐色。前胸背板淡黄，有细密横皱纹，中央1纵线。1~7节腹节背面及中胸至第7腹节腹面有“口”字形行动器，行动器不具颗粒。

蛹　体长43~60mm，后胸腹面有一疣突。

(二)生活史及习性

在长江以南2~3年1代。成虫于6~8月飞出，产卵于其他天牛的老蛀道中，为典型次期性害虫。1雌可产卵200多粒，幼虫蛀食木质部，蛀道长约达40cm，内充满虫粪木屑、老熟幼虫穿蛀至边材达树皮，作蛹室化蛹。成虫咬圆形羽化孔飞出，加速桐树死亡。

(三)防治方法

做好橙斑天牛的防治是防治该天牛危害的基础，修补树洞、伤口，辅以捕捉成虫，伐除严重受害株等，可减少危害。

二十一、油桐害虫测报和综合防治

(一)虫情测报

虫情测报是实行防治决策的科学依据。如油桐尺蛾是间歇性猖獗害虫，40多年来湖南就有6次大发生，大片桐林片叶无存，桐油大减产。所以研究它们的种群动态规律是作好虫情测报的基础。目前可行的是短期发生量预测。几年来初步定位观察表明，蛹密度及性比是了解下代种群趋势的主要指标，凡平均每株有蛹0.5个，且雌性比50%以上时，表明虫情趋势上升；每株有蛹1个，下代虫害即可能大发生。

(二)综合防治

1. 林业技术防治

包括选育抗虫树种、培育抗(耐)虫桐林和直接杀灭害虫3方面，是油桐害虫综合防治体系中基本的组成部分。

(1)选育抗虫树种　目前发现皱桐对红带滑胸针蓟马及橙斑天牛均有显著抗性，可作为抗虫育种的材料。以皱桐作砧木，光桐作接穗进行嫁接也是防治枯萎病的有效办法。

(2)培育抗(耐)虫桐林　合理的林分结构使桐林通风透光，可减轻或避免桑盾蚧的大发生。适当密植可减轻天牛、红带滑胸针蓟马及毛股沟臀叶的危害。加强桐林培育，合理施肥，可增强树势、减轻刺吸式口器昆虫的危害。适地适树，不搞大面积连片桐林，与其他树种块状混交，可减轻油桐尺蛾等叶食害虫大发生。

(3)直接杀灭　结合修剪整枝，剪去介壳虫危害枝。在尺蛾、刺蛾蛹期，结合桐林垦复，杀灭虫蛹或把蛹翻上地面，使其暴晒或被天敌捕食，是一举两得的好办法。

(4)不用带虫枝做接穗　各地在采集良种枝条接穗时，要选用无介壳虫的枝条。

(5)提倡水平带垦复　不搞全面挖山松土，这样可防止水土流失；在坡地要有意识地留一些带状区，以增加植被多样性，既利于保持水土，又利于天敌栖息。如能种植茶树、黄花菜等作物，既可增加植被，又可增加收入，值得提倡。

2. 生物防治

害虫与天敌是矛盾统一体，天敌是抑制害虫的重要因素。但天敌要以害虫作寄主，当害虫与天敌数量保持平衡时，害虫就难以大发生；一旦平衡失调，害虫就可能暴发。害虫综合防治的中心任务就是创造良好的生态环境，保持这种平衡。

(1)保护天敌　目前发现油桐害虫的天敌50多种，如油桐尺蛾黑卵蜂、长跗姬小蜂、强姬蜂是油桐尺蛾的重要天敌。采到害虫的卵、蛹、茧要放在寄生蜂保护器中，以便让天敌昆虫羽化后飞回林间。浙江、湖南已释放赤眼蜂防治油桐尺蛾获得成功。

(2)引进天敌　大绵蚧是广西皱桐的毁灭性害虫。广西壮族自治区林业科学研究所用化学农药防治仍不能控制其危害，后引入黑缘红瓢虫才控制住大绵蚧的危害，且达到了不用农药的目的。

(3)利用病毒　在油桐尺蛾及大袋蛾上发现的多角体病毒(PIB)，在绿刺蛾上寄生的颗粒体病毒(GIB)对控制寄主均起重要作用。湖北、湖南、江西等地用这些病毒防治害虫收到了很好的效果。如江西九江茶场用病毒防治油桐尺蛾，达到了每年免用4次化学农药的目的。用病毒防治大袋蛾，保护了天敌，使寄蝇寄生率逐年提高。病毒在土壤中可长期保存，只要林内郁闭度适当，这个目的就可达到。

(4)招引益鸟和食虫动物　鸟类是重要天敌，作者1983年5月29日在湖南新晃林场把1株油桐用尼龙纱网罩起，内放油桐尺蛾100条，相邻的1株亦放虫100条，但不套网。6月19日检查，前者有虫34条，后者仅2条；6月29日检查，前者有虫9条，后者找不到虫了。可见鸟类捕食作用之大。贵州铜仁将猪放入桐林，搜食土中油桐尺蛾蛹，收到良好效果。

3. 化学防治

目前化学防治在害虫综合治理中仍然占有重要地位，但必须坚持合理用药。过去一些地方长期施用一种农药，使害虫产生抗性，并杀伤天敌、污染环境，这是应当避免的。据浙江省报道，在临安市常用农药的桐林内，油桐尺蛾对敌百虫抗药性比建德县桐林内油桐尺蛾抗药性高11.75倍。正确施用农药包括：

(1)选用适当农药品种　不同昆虫对同一种农药的敏感性不同，如大腿蜂 *Brachymeria intermedia* 对西维因极敏感，而对敌百虫不敏感。康刺腹寄蝇 *Compsilura concinata* 则相反。灭幼脲对人、畜、天敌均较安全，是较好的一种农药。要选用对害虫高效而对人、畜安全的品种。

(2)讲究施药时期　要兼顾害虫敏感期和天敌的安全期。例如防治介壳虫、刺蛾，最好在这些天敌处于隐蔽时期进行。

(3)讲究施药方法　例如防治红带月针蓟马，喷雾和涂树干2种方法均有效，但涂干法既省工，又有利于保护天敌。

4. 其他防治方法

(1)人工捕捉　天牛、尺蛾成虫喜栖息于树干基部，所以便于捕捉。如陕西旬阳1981—1982年两年共捕捉橙斑天牛成虫397077只、幼虫42236条，使有虫株率由1979年的9.1%降至1984年的2.7%。重庆万县发动群众于油桐花期捕捉金龟子415万只，减少桐子损失31万多千克。湖南龙山1982年发动群众上山挖油桐尺蠖蛹超过3050kg，大大减少了虫口基数。

(2)诱集法　如用灯光诱杀刺蛾成虫，用性引诱剂诱杀油桐尺蛾、大袋蛾等，也是消灭害虫的一种有效方法。

总之，防治油桐害虫要贯彻“预防为主，综合治理”的方针，要以营林技术措施为基础，大力推广生物防治的原则，力争把害虫控制在经济受害的最低水平，达到经济效益、生态效益和社会效益的统一。

第九章 油桐的加工利用

桐果采收之后，经种子的剥取、干燥、贮存、榨油，遂得桐油。桐油及其产后物的加工利用，则是油桐系列产品的生产。

榨油种子的剥取，已从人工剥取向桐果机械脱粒方向发展。各产区曾试制出几种桐果剥壳机，如广西崇左县油桐试验站的“群创油桐剥壳机”、万县113-G60型桐果剥壳机。此外，浙江、湖北及中国林业科学研究院亚热带林业研究所等单位也先后试制出桐果剥壳机，分别用于加工鲜果或果皮软化后的脱皮取子。各型号每小时分别加工桐果500~800kg，比人工剥取种子可提高效率10倍以上。但上述各种剥壳机均存在10%~20%的不同程度种子破损，容易造成种子变质。改进机械性能，提高种子完好率，是今后桐果机械加工需要解决的问题，以利于种子较长时间贮藏。

第一节　榨油工艺

桐油榨取方法有机械榨油及浸出法制油2种。

一、机械榨油

(一)人工木榨

人工木榨是机械榨油的一种古老方法。目前个别边远山区仍有此类榨油作坊。由于工艺设备原始、劳动强度大、工作效率低，不适合现代油桐生产经营，已基本淘汰。一台旧式木榨油坊，一般日加工油桐种子仅200kg，需要4~6人协力操作，种子出油率20%~25%，桐饼残油率10%~15%，出油的色泽深，杂质含量高，油质也差。

(二)榨油机机榨

目前生产上使用的榨油机，有液压式榨油机和螺旋式榨油机2类。如90型、180型液压榨油机和95型螺旋榨油机、200型榨机等。机榨的加工量大、效率高，出油率高、油质好。一般充分成熟的油桐种子，机榨出油率26%~33%，高者可达35%左右；桐饼残油率6.8%~8.6%(干基)。

1. *液压式榨油机榨油工艺*

液压式榨油机榨油工艺是二次压榨。其工艺流程是：脱壳→粉碎→蒸头坯→制饼→上槽→榨头油→桐饼粉碎→过筛→蒸二坯→制饼→榨二油。二次榨出的桐油为初出油，经过过滤沉淀，去杂质而得清桐油。在早期的液压式榨油工艺中，先有将种子进行烘炒后再至脱壳工序，同时又有习惯上的炒二坯粉。为了消除或减少热聚合造成出油率下降的缺点，现在多不烘炒而直接榨油，对于炒二坯粉的操作工序，亦在不断改革中。从总体上看，目前应用的各型号液压式榨油机，无论卧式或立式榨机，其工序流程的自动化程度均较低，制油过程中的原料处理、粉碎、制饼、送料等各工序，在机械设备上未能形成自动化流水作业，人工操作程度仍然较高。

2. *螺旋式榨油机榨油工艺*

螺旋式榨油机的机械设备配套，自动化程度较高，整个制油过程大体实现机械化流水作业。从原料投放、脱壳、粉碎、过筛、蒸坯、压榨等主要工序由机械操作、传送，并采用自动化控制系统，进行科学调控制油，大幅度改善了劳动条件。因此，整个工艺的制油效率高，成本少，残油率低，出油率高，桐油质量稳定。螺旋式榨油机是目前我国制油机械中较好的设备，其制油工艺流程为：脱壳→烘料→粉碎→压榨→过滤、沉淀→清桐油。为提高出油率，对残油量多的头尾桐饼采取复榨。即取头尾饼的数量约占总桐饼量的10%，通过复榨可多得桐油5%。

万县地区粮油科学研究所谭鑫寿等(1988)在《改革桐油制备工艺的研究》一文中，对其研究结果提出以下结论：①桐子加工过程中热聚合损失是存在的，热聚合损失主要受温度的影响；②入榨温度是决定桐子加工过程中热聚合损失大小的主要因素，与目前的榨油机型号无关；③液压机榨油取消种子烘炒工序，采用生种子直接压榨，出油率比旧工艺提高0.5%左右。95型、200型榨油机改变过去的高温压榨，将入榨温度降至90~95℃，出油率与高温压榨相当或略高，但由于桐饼中残油率高于高温压榨，故通过浸出提取，可提高出油率0.8%以上；④入榨温度降低后还可改善桐油品质，使色泽清淡。

二、浸出法制油

浸出法制油是现代油脂工业中先进的制油方法。其原理是利用有机溶剂，将供料中的油脂充分溶解，然后通过分离技术将油脂从溶剂中分离提取。其优点是适合工业化高效率生产、残油率极低、出油率高，能充分利用资源。但目前在桐油浸出法的实用上尚存在许多技术问题：浸出法直接用于提取种子、桐白，溶剂用量大、成本高；用于提取桐饼残留油的一些溶剂，易出现β异构化现象，浸出油的质量差，尤其反复使用的溶剂。因此要研制适于提取桐油的专用溶剂，并探索适宜的提取工艺。常用溶剂中的乙醚、三氯甲烷浸出油量多，但毒性大、价格高；糠醛浸出油量多，但浸取时易出现树脂化，且价格也高并有毒性；6号溶剂含硫量高，易使桐油异构化；四氢呋喃与石油醚等量混合溶剂，回收工艺复杂。目前较好的是8号溶剂。浸出法工艺流程为：

供料→粉碎→干燥→溶剂提取→蒸馏分离→初出油→清桐油
↑　冷凝　↓
溶剂←————→剩余物

浸出法制油是发展方向，但目前多用于预榨浸出提取桐油。可在机榨油厂尽量提高预榨成率的基础上，于集中产区建立浸出油车间，收集桐饼提取残留油，充分利用资源。

第二节　桐油性质及检测

一、桐油的性质

桐油是优质干性油，由甘油和多种脂肪酸构成，即长链脂肪酸的羧基被三碳醇的3个羟基脂化而成。是一种天然的甘油三羧酸酯的混合物。

油脂的理化性质，取决于所含脂肪酸的种类及其数量。桐油的脂肪酸组成主要有6种：软脂酸[16∶0]$CH_3(CH_2)_{14}$—COOH；硬脂酸[18∶O]$CH_3(CH_2)_{16}$—COOH；油酸[18∶1]$CH_3(CH_2)_7$—CH ═CH(CH_2)$_7$—COOH；亚油酸[18∶2]$CH_3(CH_2)_4$—CH ═CH—CH_2—CH ═CH(CH_2)$_7$—COOH；亚麻酸[18∶3]CH_3—CH_2—CH ═CH—CH_2—CH ═CH—CH_2—CH ═CH(CH_2)$_7$—COOH；桐酸[18∶3]$CH_3(CH_2)_3$—CH ═CH—CH ═CH—CH ═CH(CH_2)$_7$—COOH。软脂酸与硬脂酸是饱和脂肪酸，仅占脂肪酸总量的5%，其余的约94%为不饱和脂肪酸。桐酸占脂肪酸总量的80%左右，是决定桐油性质的主要物质。以桐酸为主的不饱和脂肪酸，分别带有1~3个共轭双键，化学性质极为活泼，其共轭双键结构特别有利于引入各类官能团，能聚合成千万种桐油族化合物。

桐酸的立体同分异构体理论上有8种，其中约90%是α-桐酸，次为不足10%的β-桐酸，还有少量布尼可酸和特利契津酸等。α-桐酸以顺-反-反型结构排列，其结构式达不到有规则的排列，常呈液体状态，其熔点为48℃；β-桐酸结构式以反-反-反排列的，由于具有高度的顺序化排列，故很容易结晶析出，变为固态物质，其熔点为71℃。桐油的特殊性能和品质的好坏主要表现在桐酸含量的多少，而桐酸含量的多少又主要决定于α-桐酸的多少。α-桐酸与β-桐酸二者在桐酸含量中呈负相关。β-桐酸含量的增加，一定导致α-桐酸的减少，使桐油质量变劣。紫外线、硫、硒、碘及其化合物，容易促使桐油产生β-异构化。

桐油的色泽和透明度从理论上说应是无色和透明的。但实际上难免掺入杂质及微量色素(胡萝卜素、叶绿素及其分解物等)，使桐油产生微浊。含水量低、杂质少、色泽好的桐油纯度高，利用价值高。为保证桐油收购、营销的质量，目前实行的桐油检定标准和出口规格标准见表9-1。

表9-1　桐油检定标准和出口标准

项目	国家检定标准	出口标准
色泽和透明度	橙色透明，不深于新制0.4g重铬酸钾溶于100mL硫酸(相对密度1.84)的溶液	透明或微浊，不深于新制0.4g重铬酸钾溶于100mL硫酸(相对密度1.85)的溶液
气味	无异臭，不酸败	无异臭，不酸败
相对密度	0.9400~0.9430(15.5℃)	0.9360~0.9395(15.6℃)
折射率	1.5168~1.5200(25℃)	1.5170~1.5220(26℃)
碘值	163~173(韦氏法)	163~173(韦氏法)
酸值	3~6	3~7
皂化值	190~195	190~196

（续）

项目	国家检定标准	出口标准
水分杂质	不超过0.35%	不超过0.3%
检定掺杂试验	不掺含其他油类	不掺含其他油类
华司托试验	加热至280℃，7.5min内凝成固体，切时不黏刀，压之裂碎	加热至280℃，7.6min内凝成固体，切时不黏刀，压之裂碎
β型桐油试验	无沉淀析出	无结晶沉淀析出

二、桐油的检测

(一)折射率

光线经空气射入桐油时，其入射角的正弦与折射角正弦之比，即为桐油的折射率。折射率通常随分子量的增加而提高，不饱和脂肪酸的折射率高于饱和脂肪酸。在植物油类中，桐油折射率最高，一般为1.516~1.524，而同温度条件下其他多数植物油的折射率是1.46~1.48。当桐油掺入其他油类时，折射率即下降。桐油的折射率可作为判定桐油纯度的依据，亦可间接判定桐油碘值或是否酸败的参考值。充分成熟的优质种子，不仅含油量多，而且不饱和脂肪酸含量多、碘值高、酸值低，折射率高，干燥性能好。

折射率的检测常使用阿贝氏折射仪。测定方法参见GB 5527—2010，具体方法如下。

操作方法：调节测试环境温度至20℃。分开两面棱镜，用脱脂棉沾二甲苯或乙醚拭净并待完全干燥后，将桐油试样1~2滴于下面棱镜上，闭合棱镜数分钟，待试样温度平衡至20℃。对准光源，从目镜观察。转动补偿螺旋使视野明暗界限清晰，转动标尺指针螺旋使明暗分界线恰好通过接物镜上十字线的交叉点。读出标尺上的数值，即为折射率。同时立即记录温度，最好恰为20℃。平行检测允许误差为0.0002，如超过则要用新制蒸馏水校正折射仪。蒸馏水的折射率(表9-2)。

表9-2　蒸馏水在不同温度下的折射率

温度(℃)	折射率	温度(℃)	折射率
14	1.3335	24	1.333
16	1.3333	25	1.333
18	1.3332	26	1.332
20	1.3330	28	1.332
22	1.3328	30	1.332

在室温条件下测读出的折射率值，应换算成20℃时的折射率；折射率(20℃) $= n + 0.00038(t-20)$。t 为测读时的温度,℃；n 为室温(t)时的折射率；0.00038为温度相差1℃时的折射率校正值。

(二)碘值

每百克桐油吸收碘的克数，称为桐油的碘值(碘价)。油脂吸收碘的能力和吸收氧的能力是一致的，故碘值可反映油脂的干燥性能。碘值在140以上者，吸氧能力强，在空气中容易干燥，是为干性油。桐油的碘值在163~173，表示每百克桐油能吸收163~173g的

碘。碘在桐油的结合是双键位置上，每个双键处结合 2 个原子的卤素，故碘值可提供桐油中不饱和酸的含量以及干燥能力的准确信息。碘值愈高，说明不饱和脂肪酸含量多、干燥性能好。如果桐油之中掺入其他半干性油、不干性油或已酸败、变质的桐油，则碘值下降。碘值与折射率也存在一定的联系，折射率随碘值的升高而增大。

碘值的测定参见 GB/T 5532—2008，具体测试方法如下。

(1) 试剂

①韦氏液配制：在 2L 量瓶内，溶解 13g 升华碘于 1L 无还原性杂质的冰乙酸(99.5%)中，以不超过 100℃温度的微热使碘完全溶解。冷却后倾出 200mL。在其余部分中通入纯粹干燥的氯气，至游离碘色消失而呈橘红色为止。如通入的氯气过多，颜色太淡，可加入事先倾出的碘液，使其浓度在用硫代硫酸钠标准滴定时，所耗硫代硫酸钠标准溶液量恰为不加氯时的 2 倍，或稍微少于不加氯时用量的 2 倍(使反应完全，但又保证没有游离氯)；

②15% KI 溶液；

③0.1mol/L 的 $Na_2S_2O_3$标准液；

④纯氯仿；

⑤1% 淀粉溶液。

(2) 检测　精确称取适量试样，置于碘价瓶中，加氯仿 10mL，轻轻摇动使油样充分溶解。由滴定管精确滴入韦氏液 25mL，塞紧瓶盖。在瓶口与瓶塞夹缝处湿以 KI 溶液密封瓶口夹缝，操作时不得使之流入瓶中。放置于 25℃黑暗处 30min 打开瓶盖，加 KI 15mL 和蒸馏水 100mL，用 $Na_2S_2O_3$滴定未被试样吸收的过量碘，至黄色将褪尽时，加 1mL 淀粉溶液，放置 60min，滴入数滴 $Na_2S_2O_3$，塞上瓶盖，加力摇动，使存留于氯仿中的碘与之作用，再继续用 $Na_2S_2O_3$标准液滴定至蓝色消失为止。另做 1 份不加试样的空白试验。

碘值(韦氏法) $=(A-B)\times N\times 0.1269/W\times 100$。$A$ 为空白试验所耗 $Na_2S_2O_3$标准溶液的体积，mL；B 为试验所耗 $Na_2S_2O_3$标准溶液的体积，mL；N 为 $Na_2S_2O_3$标准溶液的规定浓度；0.1269 为碘的毫克当量；W 为试样质量，g。

(三) 酸值

中和每克桐油中游离脂肪酸所需 KOH 的质量(mg)，称桐油的酸值(酸价)。桐油酸值也是衡量桐油品质的重要指标，酸值愈小则品质愈好，酸值高时胶化时间不正常，影响工艺过程及产品质量。近来在外贸市场上要求桐油酸值控制在 3 ~ 6 以下。种子或桐油贮藏过程中发生酸值提高的原因，是由于在含水量多、温度高的条件下，脂肪水解酶催化发生水解反应，产生游离脂肪酸的结果。其反应式为：$C_3H_5(COOR)_3+3H_2O \longrightarrow C_3H_5(OH)_3+3RCOOH$。

充分成熟的种子油脂，游离脂肪酸含量低，酸值仅 0.4 左右。所以应从各个环节防止其后酸值提高：①刚从桐果中剥出的种子，含水量约 25%，若任其堆放霉烂，酸值可升至 30 以上；②榨油用的种子剥出后，如能及时晾晒，种子含水量控制在 8%~10%，至冬春榨出的桐油的酸价，多在 1 ~ 2；若种子含水量在 12%~14% 者，贮藏防潮隔热条件又较差，冬春榨出桐油的酸值常是 3 ~ 4，甚至达到 6 ~ 8 以上；③机榨烘炒种子的温度高，压榨时间长、次数多，也会使酸值提高；④料坯堆放 12h 酸值为 1.52 者，若堆放延长至 24h 酸值是 1.84，延长至 48h 酸值则是 2.53；⑤初出油(毛油)要及时通过压滤机去杂、真空脱水及精油提炼，可防酸值增高。在良好条件下，精炼油经过 1 年的妥善贮藏后，酸值仅提高 0.27～0.59。

酸值的测定参见 GB/T 5530—2005。具体测试方法如下：

(1)试剂　乙醇与乙醚中性混合液；0.5mol/L KOH 酒精溶液；酚酞指示剂。

(2)检测　称取油样 5g 置于 150mL 三角瓶中，加酒精乙醚混合液，摇动溶解油样。加酚酞指示剂 2～3 滴，用 KOH 酒精溶液滴定至粉红色。重复不加油样的空白试验 1 次。

酸值 = $V \times N \times 0.05611 \times 1000/W$。$W$ 为油样质量，g；V 为耗用 KOH 溶液的体积，mL；N 为 KOH 摩尔浓度；0.05611 为 KOH 毫克当量。

(四)皂化值

每克桐油皂化时所需 KOH 的质量(mg)，称为桐油的皂化值(皂化价)。皂化值是表示桐油纯度和制皂时加碱量的依据。一定种类的油脂是由一定比例的甘油三酸脂组成的，其皂化值也基本上是个定值。桐油的皂化值多在 190～195，可用于判断油脂中所含脂肪酸的平均分子量。皂化值愈大，脂肪酸的平均分子量就愈小。

皂化值的测定参见 GB/T 5534—2008。具体测试方法如下：

(1)试剂　0.5mol/L KOH 酒精溶液；0.5mol/L HCl 标准液；酚酞指示剂。

(2)检测　称取油样约 2g 置三角瓶中，用吸管加入 25mL KOH 酒精溶液，连接空气冷凝器，在水浴上加热煮沸 30min。摇动瓶内试样至完全皂化。取下冷凝器，加入 10mL 热中性精馏乙醇和 0.5mL 酚酞指示剂。趁热用 HCl 标准液滴定至粉红色消失为止。另做不加油样的空白试验作对照。

皂化值 = $(A - B) \times N \times 56.11/W$。$A$ 为空白试验所耗 HCl 标准液的体积，mL；B 为试样所耗 HCl 标准液的体积，mL；N 为 HCl 标准溶液的规定浓度；56.11 为每毫升 KOH 标准溶液(1mol/L)相当于 KOH 的质量(mg)；W 为试样质量，g。

(五)脂肪酸组成

桐油的脂肪酸组成是桐油质量的综合指标。优质桐油的不饱和脂肪酸含量高，尤其桐酸的含量高，反之则低。充分成熟的正常油桐果实，由于品种、生长条件、生育期不同，桐油主要脂肪酸组分大体是：软脂酸 2%～4%、硬脂酸 2%～4%、油酸 4%～10%、亚油酸 7%～11%、亚麻酸 0.2%～2%、桐酸 78%～85%。丛生果品种的饱和脂肪含量高于、不饱和脂肪酸含量低于单生果品种；皱桐的饱和脂肪酸含量高于、不饱和脂肪酸低于光桐；随着油桐种子的逐步成熟，桐酸含量由少变多，其他主要脂肪酸则相反地由多变少。

陈炳章(1980)取不同成熟程度的果实，测定种仁脂肪酸组分变化结果见表 9-3。分析结果表明充分成熟的桐果油质好。

表 9-3　不同时期油桐种仁脂肪酸组分　　单位:%

采果日期(月．日)	棕榈油	硬脂酸	油酸	亚油酸	亚麻酸	桐酸
7.24	18.71	3.77	6.14	50.11	19.70	1.97
8.11	15.49	2.20	5.82	43.48	8.52	24.47
8.25	8.80	1.82	5.46	24.47	4.53	54.92
9.15	4.73	2.34	6.84	13.48	1.87	71.10
10.10	2.83	2.88	5.39	8.65	0.83	79.42

桐油脂肪酸组分分析，目前普遍采用的方法是将桐油先甲酯化，制备桐油酸甲酯，再采用气相色谱仪进行分析。

第三节 桐油深加工及副产品综合利用

我国油桐生产已从传统的单纯取种子榨油，步入近代桐油深加工及产后物综合利用的新阶段。发展新工艺、研制新产品、拓宽新的应用领域，变资源优势为产品优势，已成为今后我国油桐发展战略的方向。随着近代化工科学技术的发展，使用桐油研制新型涂料、新型油墨、合成树脂、黏合剂、增塑剂、药品等已呈现出广阔前景。在综合利用方面，亦有新的发展。桐饼正用于生产饲料、人造石油、农药及复合肥料；果皮用于生产糠醛、钾肥；木材用于制造轻型家具、食用菌培养基等。

一、桐油深加工及其系列产品开发

桐油中的α-桐酸分子的共轭双键结构，使其化学性质极其活泼，能发生广泛化学反应，有利于引入各类官能团，产生千万种化学衍生物。桐油与马来酸酐等亲二烯体发生Diels-Alder反应的加成物分子中存在双键及酸酐等官能团，可以同许多原材料进一步反应，生成桐油改性树脂，而适应广泛需要，宜大力开发。

以桐油为原料的桐油改性酚醛树脂、改性环氧树脂、改性醇酸树脂、改性聚酰亚胺树脂等桐油高分子复合材料，具有优良的电学、力学性能，广泛用于电子电器工业、航空航天工业等高技术领域。如敷铜纸基层压印刷电路板、光固化阻焊剂及特用高分子新型材料等。在高级涂料领域，应用桐油改性制备合成树脂高级涂料，能大幅度提高新型涂料的柔韧性、黏着力、抗干扰及速干、绝缘、防腐蚀性能。如电沉积水性涂料、高固体分涂料、无溶剂涂料、辐射固化涂料、粉末涂料等低污染、多用途新型涂料。在高级油墨领域，用桐油改性制备的新型油墨，多数有瞬时速干的优良性能。新产品中突出的如无味、防火、耐磨及连结性、疏水性、润湿性好的水性油墨；在紫外线、红外线、电子束等光热条件下快速固化油墨；柔性薄膜印刷的静电复印油墨以及特殊用途的油墨等，从而广泛适应现代高质量印刷的要求。

根据刘本立等《桐油及其副产品开发利用现状及前景研究》(1990)、王兴全《桐油开发利用探微》(1997)、李世中《桐油开发利用前景广阔》、万县地区桐油战略发展课题组(1991)《中国万县桐油发展战略》等报道资料，综述目前桐油新产品开发利用的概况如下。

(一)用于研制涂料系列产品

桐油的干燥性能优于亚麻油，可用于研制特殊性能的新型涂料。如水性涂料、高固体分涂料、无溶剂涂料、辐射固化涂料及粉末涂料、防火涂料、扼振防声涂料等高质量、高性能新型涂料。新型桐油船舶涂料，具有更强的抗海水腐蚀及减少海洋生物附着的特性，如船舶防锈底漆，防海洋生物面漆在长年浸泡下，不脱落，防腐蚀好。

(1)合成树脂涂料 以桐油、甘油、苯酐等为原料，经酯化、冷却、醇酸化改性，制得桐油醇酸树脂涂料，已在我国批量生产。目前，国内生产的醇酸树脂调和漆中，桐油用量占30%~50%。用桐油制备的醇酸树脂调和漆，可获得很光亮的漆膜，快干性好，韧性、耐水性强，长时间不泛黄。桐油醇酸树脂漆还能作为配方成分加到涂料中使用，得到多种理想的新涂料。此外，在13类合成树脂涂料中的环氧树脂、聚酯树脂、丙烯酸树脂、聚氨酯树脂、乙烯基树脂、橡胶涂料等，皆用桐油作原料。经桐油改性后的合成树脂涂料，性能改善，表现出柔韧性、干燥性、黏附性、绝缘性及耐腐蚀性的大幅度提高。

(2)桐油水性涂料　以桐油、马来酸酐为原料，经脱水、改性、马来化、中和、调配而成。产品具有无污染、省资源、无着火危险等优点，以及耐水、耐化学腐蚀、耐盐、防锈、韧性好、黏结力强等特点，广泛用于建筑、机械、电气、汽车等领域。产品成本低、利润高。使用环氧氨基加成物与桐油改性酚醛树脂所组成的阳离子型电沉积水性涂料，能表现优异的电沉积性。

(3)食品罐内壁涂料　桐油与二元酚、甲醛等的共聚物制成的热固性酚醛树脂得到的清漆涂料，性能优于热固性树脂和油性树脂涂料。作为食品罐内壁涂料，具有优良的耐水性、耐溶剂、盐和食物的腐蚀，黏着力强，不对食物产生颜色、气味、味道等的变化和污染，且韧性高，耐巴氏杀菌处理，符合食品卫生要求，成本也低。

(4)涂料辅助材料　在合成树脂涂料领域中，桐油还是一种重要的辅助材料，对涂料的成膜过程和涂膜性能有很大影响。这方面报道得较多的是作为环氧树脂固化剂。由于桐油的三甘酯结构，因此能获得三酐型产品。以马来化桐油作为液体酸酐型环氧树脂固化剂仍在沿用。除马来化桐油外，马来化桐油脂肪酸甲酯、二聚桐酸、桐油改性马来酰亚胺、桐油改性聚酰胺等都可以作为环氧树脂固化剂的原料或直接作为固化剂使用。利用桐油制作的环氧树脂固化剂具有成本低、设备简单、低毒、低挥发等特点，抗干扰性、韧性和抗冲击性能好，可以极大地改善环氧树脂的脆性。除作为固化剂之外，桐油还可以制作涂料用增塑剂、触变剂等。

(二)用于研制各类树脂

以桐油为原料可以合成各种树脂，或利用桐油改性各种树脂，从而获得更加理想的新型高分子复合材料。桐油及其衍生物的引入，可使树脂性能发生奇迹般的变化，目前已用于制造适于多用途的高分子复合材料。如电绝缘材料、防腐防水材料、阻尼材料、耐腐材料等。

(1)合成不饱和树脂　以桐油、二元醇、酸为原料进行改性制得。产品性能和环氧树脂相似，具有良好的耐腐蚀性、耐热性、耐磨性、电绝缘性，但成本远比环氧树脂低。主要用于电器灌封、绝缘、化工设备防腐、玻璃钢制品及表面涂层、黏接材料等。已由北京师范大学与三峡桐油开发研究所、云阳化工厂共同研制完成，并投放云阳化工厂批量生产。以桐油、松香为原料进行改性制得。产品的耐腐蚀性、电绝缘性、抗冲击性均比通用型优良，可用于制造各种玻璃钢制品涂料、化工防腐等，已在云阳化工厂试制成功。

(2)桐油改性醇酸树脂　桐油可用来改性F级醇酸树脂浸渍漆，改性的浸渍漆可以降低烘烤温度、漆膜柔韧性更好、机械强度更高、耐化学品更优。

(3)合成桐油改性酚醛树脂　以桐油、苯酚、甲醛等为原料制成，广泛用于纸质绝缘板、玻纤绝缘板、复合阻尼材料的生产中。成都科技大学与重庆望江化工厂协作进行了“桐油改性酚醛树脂纸基层压板的试制与应用研究”，小试已经成功；与重庆合成化工厂协作的“石棉填充酚醛塑料刹车片的增韧性试验及性能研究”，试制也已成功，并投入重庆合成化工厂的批量生产。上海华东理工大学和上海绝缘材料厂协作研制的桐油改性酚醛树脂纸质层压板已通过鉴定；用桐油改性酚醛树脂制作轿车刹车制动片，可应用于桑塔那轿

车，已投入批量生产。云阳化工厂和上海华东理工大学合作的“桐油改性酚醛树脂”也小试成功。

(4)合成桐酸型环氧树脂　将桐油水解后，经过乙醇重结晶提纯出桐酸，然后桐酸再与丙烯酸、富马酸等亲二烯体合成出二元酸和三元酸。中国林业科学研究院林产化学工业研究所油脂化学研究室以这类多元酸为原料与环氧氯丙烷合成多元环氧树脂，这类环氧树脂具有低黏度、高耐热性、高强度和环境友好的优点，有望用于食品级涂膜领域。以桐油为原料，经加成、酯化、缩合、环氧化等反应合成。可光固化、热固化、催化固化，适用作光敏漆、电器密封材料、防腐涂料。云阳县三峡桐油开发研究所已实验成功。

(5)合成聚酰胺环氧固化剂　以桐酸甲酯和丙烯酸为原料，通过 Diels-Alder 加成，再与过量多元胺酰胺化，制备出低分子量聚酰胺环氧固化剂，这种固化剂与传统二聚酸制备的聚酰胺固化剂相比，玻璃化温度高出一倍，强度和模量也更高。中国林业科学研究院林产化学工业研究所油脂化学研究室在这方面做了大量的工作，开发出了以桐油为主要原料的各种环氧固化剂产品，并广泛应用于毛刷胶、石材胶、建筑胶以及灌封胶等领域。

(6)合成聚桐马亚胺绝缘材料　以桐油、马来酸酐、胺等原料可制得一种优良的绝缘材料，并具有优良的工艺性能。产品能应用于水轮发电机、汽轮发电机等高压发电机组的绝缘上。

(7)合成桐油氨基树脂　以桐油、芳胺、甘油、松香等原料制得。漆膜光亮、透明、耐热性好、无开裂现象。可用于木制品、纸张、金属器材和其他物质的涂层装饰。

(8)桐油改性其他树脂　利用桐油的高度不饱和性，将桐油与苯乙烯、二乙烯基苯、马来酸酐、甲基丙烯酸等有机物在催化剂的作用下发生聚合反应，得到性能优异的桐油共聚树脂。

(9)制备防潮阻漏剂　利用桐油防潮、防水、黏结性好等特性，可制得黏结强度高，密封性好的防水、防潮阻漏剂，广泛用于国防工事、地下工程、地面仓库、建筑物顶层等的补强固结、防渗阻漏、抗冻防水等。

(三)用于研制各类油墨

桐油是高级油墨生产的主要原料。现代印刷要求油墨快速干燥，速干油墨、水性油墨、柔性薄膜用油墨以及红外线、紫外线、电子束固化油墨等新产品，可适应各种特殊要求。20 世纪末油墨生产每年耗用桐油约 3 万 t。随着印刷质量向高水平发展，油墨中耗用桐油的比例将由 40% 提高到 60%，以适应快速干燥、不黏结、干净印刷等要求。

(1)水基油墨　用桐油与马来酸酐制得的马来化桐油是制备水基油墨的基本原料。这种水基油墨具有无味、无毒、无着火危险、无污染、成本低廉(溶剂为水)等特点，在印刷中不黏结、印刷性能和印刷速度均较好。其良好的流动性、快干性和耐擦性，是改变目前一般水基油墨光泽差、干燥慢、套印困难等的新产品。

(2)环戊二烯桐油改性树脂油墨　环戊二烯是石油加工业中的一种副产物，近年来开发用于涂料和油墨中的新用途。但由环戊二烯所形成的涂料膜质脆，需用有共轭双键的桐油进行共聚改性。改性制成的油墨具有快干、性能稳定、成膜强度高、光泽度好等特点，且生产原料易得，印刷质量高。

(3)光敏性固化油墨　该油墨具有节能、无公害、成膜性好、光泽度高、耐摩擦、抗化学腐蚀等优点，性能远优于普通油墨，可满足高光泽、高耐擦性印刷品的需要。聚合桐油是许多紫外光固化油墨的原料，在紫外光照射条件能在2~5s内固化。用桐油、改性松脂马来酸树脂、乙基纤维素为原料，可制成专用于高速胶印转轮印刷的热固性(红外线固化)油墨；用桐油改性醇酸树脂、桐油改性异氰酸树脂和松香改性酚醛树脂中加入颜料、催干剂、叔丁醇等，制备的热固性快干油墨，可在0.2s内经红外线固化；将桐油改性的合成树脂，用羟丙基丙烯酸酯马来酸酐加成物处理，加成物与四乙二醇二甲基丙烯酸酯和炭墨等混合，可配成电子束固化油墨，适用于铝质金属印刷。

此外，针对柔性薄膜印刷的特殊性，用桐油等原料制成柔性薄膜用油墨及静电复印油墨，适于聚乙烯、聚氯乙烯制品及聚丙烯、合成纤维等柔性制品的印刷。印制品耐光、耐洗、耐烫及使用洗涤后不易变色。

(四)用于研制各类黏合剂

桐油树脂具有很强的黏着力，完全可以代替环氧树脂。目前世界上黏合剂产量已达700万t以上，产值上百亿美元。主要用于汽车、船舶、航空方面。桐油在黏合剂方面已显示出优势，主要产品有桐油耐水黏合剂、光固化密封胶、高温导电胶、桐油高聚黏合剂、桐油乳胶、防裂剂等。

(五)用于研制阻燃剂系列产品

以桐油、磷、卤素等化合物为原料，可制备系列阻燃剂，用于塑料、橡胶、各种树脂的阻燃剂和阻燃树脂的反应中间体，具有优良的阻燃性，达到阻燃的目的。世界阻燃剂每年以10%的速度增长，我国生产能力仅5000t，每年至少需进口1000t，因而发展以桐油为原料的新型高聚阻燃剂前景看好。三峡桐油开发研究所正在试制。

(六)用于制备生物柴油

桐油直接采用酯交换制备的生物柴油委托南京质检所对其主要质量指标进行了测试，发现残炭量和十六烷值较高(表9-4)，这可能是由于桐油脂肪酸中共轭双键过多的缘故。另经试验发现，桐油经先合成如C_{21}二元酸等化工产品后再利用酯交换法可得到合格的生物柴油，一步法直接制备生物柴油技术尚在研发中。

表9-4　桐油制备的生物柴油质量指标

检查项目	技术要求	单位	桐油
密度，20℃	820~900	kg/m^2	898
运动黏度，40℃	1.9~6.0	mm^2/s	6.9
闪点(闭口)	≥130	℃	168
冷滤点	报告	℃	-7
硫含量(质量分数)	≤0.05	%	0.0251
10%蒸余物残炭(质量分数)	≤0.03	%	6.97
硫酸盐灰分(质量分数)	≤0.020	%	0.009
水含量(质量分数)	≤0.05	%	0.03
机械杂质	无	—	无
十六烷值	≥49	—	42.6
铜片腐蚀，50℃，3h	≤1	级	1
酸值	≤0.80	mg/g	0.22
90%回收温度	≤360	℃	360

（七）其他

以桐油为原料，还可制备其他各种化工产品。如塑料、橡胶的增塑剂、表面活性剂、分散剂、乳化剂、涂料用的固化剂、触变剂、抗静电剂、纸张上胶剂，以及驱虫剂、杀虫剂等。中国科学院成都有机化学研究所研制的新型聚酯护键剂——桐油改性 MOCA 与原护键剂相比，延长了使用寿命 2～3 倍，提高了加工工艺安全性，减少操作环境毒性，降低原聚胺酯制品的成本，还可作为环氧树脂的固化剂；重庆化工研究设计院研制的桐油烷醇酰胺非离子表面活性剂具有工艺流程短、设备少，操作方便，无“三废”排放等优点，应用范围广。贵阳市林业科学研究所研制的以桐油为原料的新型多功能表面活性剂 TMB（分为非离子型和阴离子型），可以用作印染助剂、皮革涂饰剂、防霉剂、乳化沥青涂料等。

综上所述，桐油三甘酯的 3 个共轭双键结构，与苯的开库勒环共轭结构有类似之处，但 α-桐酸的共轭结构是开链的，而苯的共轭结构是闭合的。开链结构的化学性质更加活泼，极易发生加成、聚合反应，从而产生千万种化学衍生物。桐油之化学奥秘，严格上说人们至今尚不尽知，相信随着现代化工科学的不断进步，桐油化学产品将越来越多。快速涌现的桐油族新型化合物，已呈现出桐油化学的巨大潜力，一个新兴的桐油化工领域正在稳步发展，并将从根本上创新我国油桐生产格局。

二、油桐副产品的综合利用

（一）桐饼的利用

1. 研制饲料

油桐种子榨油后，每年全国约有桐饼 20 万 t。科学地利用桐饼，是提高油桐经营效益的重要环节。国内外学者在探索桐饼合理利用方面做了大量研究工作，尤其国内贸易部成都粮食储藏科学研究所胥泽道等和重庆万县市油脂公司莫人发等在桐饼去毒作饲料的研究中，已取得了实质性进展。据测定，脱壳率约 85% 的机榨桐饼的主要成分，含有丰富的营养物质，是重要的蛋白源（表 9-5）。

表 9-5　桐饼主要成分（干基）

蛋白质（%）	粗纤维（%）	总糖（%）	淀粉（%）	水分（%）	残油（%）	磷（mg/g）	钙（mg/g）
28.91	34.23	6.94	18.58	8.40	4.39	3.53	5.35
镁（mg/g）	钾（mg/g）	钠（mg/g）	铜（mg/g）	铁（mg/g）	锰（mg/g）	锌（mg/g）	硒（mg/g）
5.15	12.41	85.00	14.45	136.00	15.65	39	0.02

桐饼中含有残留油及有毒物质，故长期以来仅作肥料使用。桐饼的有毒物质及其构型至今尚未完全查清，但初步认为至少含有 2 类有毒物质：一为不溶于醚、醇类有机溶剂；另一类则可溶于常用有机溶剂。早期 M. W. Emmel（1947）认为一种是皂角甙及其相关化合物，易溶于水，对热的稳定性较强；另一种是醇溶物，易被高温或水解所破坏。R. L. Holmes 等人（1961）从脱脂后的桐饼中用有机溶剂提取分离出 2 种无氮毒素，命名为毒素 I 和毒素 Ⅱ。A. Ⅱ. CaAOKoBa（1951）从桐果中分离出鱼精蛋白，认为是桐果中毒物之

一。在以后的研究中，人们又从桐叶和桐饼中分离出一类有毒的新二萜化合物，它以单酯或二酯形式存在。进一步研究还从桐叶中分离出结构类似新二萜酯的相关化合物。

关于桐饼脱毒的方法大都是根据桐饼中存在 2 类性质不同的毒素而采取的。J. L. E. Erckson 等用石油醚抽提桐仁所得的桐粕作饲料对老鼠是有毒的。桐粕再经乙醇抽提、蒸汽(110℃)处理 2h，没有观察到对老鼠的有害影响。J. T. Rusoff 用汽油提取和蒸汽处理各 2. 5h 的桐饼作饲料喂鸡，并未给出有毒的证据，但适口性不好。R. S. Mickiney 指出溶剂抽提桐饼肯定是有毒的，抽提后再用 110℃蒸汽处理 2h 可以得到对鸡无害的桐饼。G. K. Davis 只用 116℃或 128℃蒸汽处理桐饼，证明对鸡的饲养是不安全的。M. W. Emmel 发现商业桐饼可以用水提取，或 15 磅(注：1 磅 =0. 454kg)的压力处理 4h，或 5% 盐酸存在下，14 磅的压力处理 1h，都只能部分脱毒。当商业桐饼用有机溶剂(乙醚、丙酮、粗汽油、已烷)脱脂后，用 95% 乙醇抽提 6 ~ 8h，然后在有盐酸存在下压热处理，也可以完全脱毒。C. L. Huang 用 pH 值为 1 ~ 3 的水浸泡桐饼 12h，60℃乙醇提取 1h，重复 4 次，可以使桐饼完全脱毒。J. G. Lee 等用鸡做试验证明，无论商业桐饼或已烷脱脂后的桐粕，用热乙醇提取 48h，100℃蒸汽处理 2h 都是无毒的。G. E. Mann 等以增重耗料、对胃肠有无发炎为准，认为用已烷提出的桐仁粕，或是经压热，或是乙醇提取后再压热，均未能找出一个满意的脱毒方法。商业压榨桐饼，经压热处理仍然对肠胃有刺激作用，乙醇提取后再压热处理，则能得到几乎无毒的桐饼。根据醇溶毒物含不饱和键的特征 R. L. Holmes 则利用皂化、氨化、乙酰化破坏毒素，并经试验认为氨气、氨水、磷酸、碳酸钠、尿素对桐饼都有一定的脱毒效果，但脱毒效果最好的是氨气在一定气压下常温处理 2h，经切片检查对奶牛的内部器官没有影响。

胥泽道、莫人发等(1994)综合上述报道资料说明，桐饼可以通过各种脱毒处理，产生不同程度的解毒效果，其中有些脱毒工艺可以使桐饼转化为无毒的畜禽饲料。

重庆万县市粮油科学研究所谢守华等(1994)综合有关研究后指出：桐饼经氨脱毒和乙醇脱毒后，能直接用作饲料；用乙醇脱毒溶剂消耗大，成本较高，难以推广；氨水来源丰富、成本低、工艺简单，氨脱毒在工业化生产上是可行的；脱毒的方法有以下几种：

(1)乙醇处理法　通常分为单纯乙醇处理法和乙醇、湿热综合处理法 2 种。后者效果优于前者，用 95% 乙醇提取 48h 后，再将桐饼加水润湿，并在 100℃条件下蒸 1h，能理想地去除压榨桐饼中的毒素。乙醇处理时，若能将乙醇适当加热，则去毒效果更好。但乙醇处理法的乙醇用量较大，成本较高，一般只用于实验去毒。

(2)氨处理法　用氨气在加压情况下处理，或用氨水在常温(或高温)下处理桐饼，具有良好的去毒效果。用氨处理法去毒后的桐饼饲喂乳牛、鼠、鸡等动物，均获得较好的效果，而且无明显的器官病变。试验结果表明，氨气比氨水处理效果更好。

(3)水浸泡和乙醇提取复合处理法　用 pH 值为 1 ~ 3 的酸性水溶液(以盐酸为佳)浸泡桐饼 12h→脱水→乙醇提取→甲醇处理→干燥。处理后的桐饼经动物饲养试验，未显出毒性反应。

(4)酸处理法　用盐酸、硝酸、磷酸等处理桐饼能取得良好的去毒效果。

(5)碱处理法　用 10% 碳酸钠加入 40% 的水，再经 110℃热处理或用 10% 尿素并加 90% 水，加热处理桐饼，均能明显地降低其毒性。

胥泽道、莫人发等人(1994)在系统总结国内外桐饼去毒研究成果的基础上，从筛选桐

饼的有效脱毒工艺入手，成功地用作饲料喂养蛋鸡、肉鸡、肉猪，取得显著效果。该研究采用3种桐饼脱毒处理：

①预处理桐饼粉　用万县市油脂公司95型榨机脱壳率约85%的当年桐饼。桐饼放置3个月以上，残油含量控制在1%以下，碎粉饼经1mm孔目过筛，弃除筛上杂物，为预处理桐饼粉。

②氨化处理桐饼粉　每次取预处理桐饼粉5kg，加25%~30%的水混合，装入布袋内，放在手提高压消毒器内，先在手提高压消毒器内加入适量水和氨水，在压力为1.4~1.5MPa(温度约为127℃)条件下氨化处理(氨化时间为0.5~3.0h，氨气浓度为0.5%~3%)，干燥备用。

③发酵处理桐饼粉　使用的菌种有白地霉、青霉、黄曲霉、黑曲霉、乳酸杆菌等菌种。菌种经三级培养后，加在预处理桐饼粉中进行扩大生产，干燥备用。

处理桐饼粉的氨基酸含量(表9-6)。

表9-6　各处理桐饼氨基酸含量(干基)

单位:%

材料	预处理桐饼粉①	预处理桐饼粉①	白地霉发酵处理桐饼粉	氨化处理桐饼粉处理桐饼粉(1%·1h)
天门冬氨酸	3.29	2.44	2.31	2.08
苏氨酸	1.19	0.95	0.96	0.89
丝氨酸	1.59	1.31	1.41	0.99
谷氨酸	5.45	4.16	4.25	3.39
甘氨酸	1.44	1.13	1.02	0.89
丙氨酸	1.41	1.08	1.5	0.99
胱氨酸	0.85	0.78	0.77	0.65
缬氨酸	2.24	1.69	1.47	1.45
蛋氨酸	0.54	0.35	0.33	0.29
异亮氨酸	1.41	1	0.97	0.9
亮氨酸	2.51	1.91	1.85	1.66
酪氨酸	0.69	0.74	0.92	0.68
苯丙氨酸	1.74	1.26	1.35	0.99
赖氨酸	0.73	0.61	0.9	0.65
组氨酸	0.62	0.52	0.65	0.45
精氨酸	2.46	2.27	1.92	1.85
脯氨酸	1.05	1.05	1.31	1.25
合计	29.21	23.25	23.89	20.05

① 85%左右脱壳桐饼粉，其余为70%~80%脱壳桐饼。

用上述各方法处理的桐饼粉，按不同比例与其他饲料组成配方喂养蛋鸡、肉鸡及肉猪试验筛选，最后进行扩大中试结果(表9-7、表9-8、表9-9、表9-10)。

表 9-7　桐饼作饲料养鸡中试生产性能

组别	试验天数（天）	鸡数（只）	死亡数（只）	全期耗料（kg）	产蛋（只）	蛋重（kg）	料蛋比	产蛋率（%）
对照	60	500	14	3180	15741	895	3. 55	54
试验	60	500	12	3178	16331	924	3. 44	55. 8

表 9-8　桐饼作饲料养猪中试生产性能（添加桐饼粉 5%）

圈号	头数（头）	始重（kg）	末重（kg）	净增重（kg）	平均日增重（kg/头）	耗料（kg）	料肉比	平均料肉比
15	8	468. 0	808. 0	322. 0	670. 1	1322	4. 11	4. 49
16	9	506. 5	850. 4	343. 9	636. 9	1481	4. 31	
17	8	418. 5	703. 4	284. 9	593. 5	1370	4. 81	
18	8	461. 0	752. 8	291. 8	607. 9	1370	4. 70	
19	9	515. 0	832. 8	317. 8	588. 5	1481	4. 66	
20	7	316. 5	580. 4	263. 9	628. 3	1160	4. 40	

表 9-9　桐饼作饲料养猪中试生产性能（添加桐饼粉 7. 5%）　单位：%

圈号	头数（头）	始重（kg）	末重（kg）	净增重（kg）	平均日增重（kg/头）	耗料（kg）	料肉比	平均料肉比
15	8	436. 0	736. 6	300. 6	659. 2	1296. 0	4. 31	4. 39
16	8	427. 2	698. 3	271. 1	594. 5	1192. 8	4. 40	
17	7	351. 3	621. 6	270. 3	677. 4	1179. 5	4. 36	
18	8	436. 0	701. 2	265. 2	581. 6	1196. 8	4. 51	

表 9-10　中试养蛋鸡、养猪饲料配方及成本核算

原料	单价（元/kg）	养蛋鸡中试				养猪中试					
		试验组		对照组		试验 1 组		试验 2 组		对照组	
		配方（%）	成本（元）	配方（%）	成本（元）	配方（%）	成本（元）	配方（%）	成本（元）	配方（%）	成本（元）
玉　米	0. 80	63. 0	50. 00	63. 0	50. 40	46. 3	37. 04	46. 5	37. 20	46. 0	36. 80
次　粉	0. 73	2. 50	1. 83	2. 50	1. 83	12. 0	8. 76	12. 0	8. 76	12. 0	8. 76
菜　饼	0. 86	1. 0	0. 86	4. 0	3. 44	11. 9	10. 23	11. 2	9. 63	15. 1	12. 99
大豆饼	2. 10	13. 0	27. 30	13. 0	27. 30	2. 0	4. 20	2. 0	4. 20	2. 0	4. 20
蚕　蛹	3. 00	2. 0	6. 00	2. 0	6. 00	—	—	—	—	—	—
酵　母	2. 20	2. 0	4. 40	2. 0	4. 40	—	—	—	—	—	—

（续）

原料	单价（元/kg）	养蛋鸡中试				养猪中试					
		试验组		对照组		试验1组		试验2组		对照组	
		配方（%）	成本（元）	配方（%）	成本（元）	配方（%）	成本（元）	配方（%）	成本（元）	配方（%）	成本（元）
麸 皮	0.71	—	—	—	—	13.0	9.23	11.0	7.81	13.0	9.23
统 糖	0.30	—	—	—	—	7.0	2.10	7.0	2.10	7.0	2.10
桐饼粉	0.15	5.0	0.75	—	—	5.0	0.75	7.5	1.125	—	—
骨 粉	0.75	1.80	1.35	1.80	1.35	—	—	—	—	—	—
碳酸钙	0.10	6.90	0.69	6.90	0.69	1.0	0.10	1.0	0.10	1.0	0.01
食 盐	0.60	0.30	0.18	0.30	0.18	0.30	0.18	0.30	0.18	0.30	0.18
添加剂	6.00	1.00	6.00	1.0	6.00	1.0	0.80	1	0.80	1	0.80
氯化胆碱	6.10	0.40	2.44	0.40	2.44	—	—	—	—	—	—
蛋氨酸	24.00	0.06	1.44	0.06	1.44	—	—	—	—	—	—
赖氨酸	17.50	—	—	—	—	0.05	0.88	0.05	0.88	0.05	0.88
膨润土	0.11	1.0	0.11	3.0	0.33	0.45	0.05	0.45	0.05	2.55	0.05
合 计		100	103.80	100	105.80	100	74.32	100	72.83	100	76.09
营养水平	能量（kcal/kg）	2740.0		2710.0		2841.3		2818.0		2846.4	
	粗蛋白（%）	14.42		14.45		14.37		14.42		14.38	
	粗纤维（%）	4.20		2.80		5.93		6.55		4.51	
	钙（%）	3.10		3.10		0.57		0.59		0.56	
	磷（%）	0.51		0.50		0.49		0.49		0.49	
	赖氨酸（%）	0.68		0.68		0.58		0.58		0.58	
	蛋－胱氨酸（%）	0.53		0.51		0.52		0.53		0.51	

注：1cal＝4.1868J。

2. 桐饼脱毒及其它处理方法

该试验以我国现行榨油工艺之桐饼为对象，研究脱毒及饲养效果说明：

（1）经桐子剥壳→筛选、轧胚→炒子（130～135℃）→压榨（95型或95型的改进型榨油机）→桐饼。桐饼中的粗蛋白等营养成分及粗纤维的含量随去掉种皮的多少而变化。用桐饼做饲料应尽可能多去种皮，以桐仁中含5%的种皮为宜，过多、过少都会影响出油率。脱壳率85%左右（此时桐仁中含种皮6%左右），则产出的桐饼中含粗蛋白为24%～26%，粗纤维为35%～38%。脱壳率低，粗纤维含量太高，应将桐饼粉碎过筛，去掉适量的筛上物。

（2）机榨桐饼含残油4%～7%，对动物有害。除掉残油最好的办法是用石油醚等溶剂浸提，但这无疑增加了操作程序和成本。即使溶剂浸提饼中仍有0.5%～1.5%的残油存在，用乙醇提取压热处理生产的无毒桐饼也同样存在残油问题。根据桐油易氧化的特性，让其放置，可使部分残油挥发、氧化聚合，降低含量。经测定，麻袋装含残油3.31%的桐饼，放置75天则残油降低到0.75%。在实践中可采用自然通风、翻动，甚至摊晒等办法加速桐油氧化过程。

(3)添加16%预处理桐饼粉与对照组的小鸡增重，经F检验无明显差异。各试验组小鸡的增重、料肉比与对照组相比也无明显差异，死亡及肝病变情况各组差异也不明显。将预处理桐饼粉在蛋鸡的小试中添加5%，肉鸡小试中添加10%(因肉鸡饲育期短，添加量比蛋鸡高)，养猪小试中添加5%和10%，其生产性能、内部器官病变情况与对照差异均不显著。添加5%的预处理桐饼粉组生产性能比对照组还稍好些。在养蛋鸡的中试中添加预处理桐饼粉5%，肥育猪中试添加5%和7.5%，其生产性能与对照也无明显差异。说明桐饼经预处理在上述添加量的情况下，预处理桐饼对动物的有害性未表现出来。

(4)从长远考虑，榨油时种子应尽可能多脱壳(去种皮85%以上)，并进行冷榨，再用二氯甲烷浸提，或全脱壳直接用二氯甲烷浸提。这种工艺生产的桐油不易产生β-桐酸，而且桐饼的粗纤维和残油含量较低，蛋白含量和可消化蛋白高，对于桐饼作饲料是很有利的。

该研究经小试、中试结果，做出以下结论：采用我国现行榨油工艺的机榨桐饼，经过一定的预处理(即将桐饼放置、通风或摊晒等使残油降至1%以下，粉碎过筛，弃去部分筛上物，提高粗蛋白和降低粗纤维的含量)，就可添加10%作肉鸡饲料、添加5%作蛋鸡饲料、添加5%~7.5%作肥育猪饲料，各项生产性能及病理变化均与对照无明显差异，有的优于对照。这种预处理方法比发酵和氨化处理法操作简单、成本低，效果一致或更好，而且也不需特殊处理工艺和设备，易于应用推广。

(5)提炼燃料油　桐饼综合利用的另一重要途径是提炼燃料油。据资料介绍，100kg桐饼干馏后可得混合油26~30kg。分馏后可制得汽油3kg，煤油6kg，柴油7~8kg，质量可达到使用标准。其生产流程是：桐饼→粉碎→除杂→干馏→裂化→分馏→成品。

(6)桐饼处理作肥料　桐饼含有机质77.58%、氮3.6%、磷1.3%、钾1.3%。100kg桐饼大致相当于20kg硫酸铵、10kg过磷酸钙、2kg氯化钾或硫酸钾肥效总和。其肥效与花生饼、棉饼、菜饼相似，是高效优质有机肥。桐饼既可作基肥，也可作追肥。桐饼粉碎后，直接使用分解较慢，植物吸取困难，有毒物质对根系也有一定影响。使用前经沤制处理，既容易发挥肥效，又分解了有毒物质，可避免对作物的不良影响。

(二)果皮的利用

(1)利用果皮制取糠醛　糠醛是有机化工的原料，通过氧化、氢化、硝化、氮化等工序可制取大量的衍生物，在有机合成工业中占有重要地位。油桐果皮含50.64%粗纤维，理论含醛量在10%以上。果皮制取糠醛的工艺流程是：果皮→拌料→蒸煮水解→气相中和→冷凝→蒸馏→冷凝→粗糠醛→补充中和→减压蒸馏→冷凝→精糠醛。

(2)制取碳酸钾　果皮含钾量约32%~35%(湿基)，将果皮烧成灰后，钾就成了碳酸盐存留在灰分中。用水浸渍灰使钾溶解，经过滤再蒸发，使之干后得固体土碱。土碱中碳酸钾含量为50%~80%，精制后可达90%以上；若用波美50°的碳酸钾液与工业磷酸(含量80%~85%)中和，控制pH值3~4，待冷却结晶，经晾干或离心脱水，即得磷酸二氢钾复合肥。此外，在提取碳酸钾的同时还可获得活性炭。

参考文献

蔡金标等．中国油桐品种、类型的分类．经济林研究，1997(4)．

蔡以欣．植物嫁接的理论与实践．上海科学技术出版社，1959.

曹菊逸．油桐形态学．科学出版社，1992.

陈炳章．油桐种子油分累积转化的初步研究．植物生理学通讯，1983(2)．

陈炳章．油桐栽培技术．金盾出版社，1996.

陈奉学．云阳县米桐、窄冠桐良种推广应用．经济林研究，1996(1)．

陈秀华，孙达奕．油桐一年生苗期光合产物的分配与苗木生长关系的初步探讨．经济林研究，1984(1)．

段幼萱，王学思，陈曼琳，等．油桐杂种 Fi 的两个优株．亚林科技，1978(3)．

范义荣，夏逍鸿．油桐不同地方品种及家系性状变异的遗传分析．经济林研究，1992(2)．

方嘉兴，李纪元，蔡金标．我国油桐传统经营方式的继承与发展．经济林研究，1996(1)．

方嘉兴，刘学温，陈炳章．桐农间种经营的效果．亚林科技，1978(3)．

方嘉兴，刘学温，王劲风，等．浙江油桐主要品种类型．亚林科技，1984(4)．

方嘉兴，刘学温，朱洪连．油桐自交及 S1 代表现．亚林科技，1981(4)．

方嘉兴，阙国宁等．油桐，中国林业科学研究院亚热带林业研究所．1981.

方嘉兴，王劲风，刘学温，等．我国油桐生产状况及发展问题的研究报告．亚林科技，1985(4)．

方嘉兴．我国油茶、油桐的科学技术进步．林业科学研究，1994，7(专刊)．

方嘉兴．油桐优良单株选择的标准、方法及其鉴定．亚林科技，1977(5)．

方嘉兴．油桐育种进展及近期的研究重点．亚林科技，1984(1)．

方亲熙．细胞遗传学．科学出版社，1974.

高长炽，卢义山，蒋霖．江苏省油桐农家品种资源的调查研究．全国油桐学术交流论文，1986.

龚志军，朱国全．油桐林冠截留雨量的研究．经济林研究，1990，8(2)．

广西林业科学研究所，广西崇左县油桐试验站．桂皱 27 号等四个千年桐高产优良无性系的选育．林业科学，1977，13(1)．

广西油桐种质资源普查队．广西油桐种质资源普查与初步开发利用．湖南林业科技，1985，增刊.

广西壮族自治区林业科学研究所．广西龙胜油桐品种调查研究．全国油桐学术交流论文，1963.

郭致中，谭方友，王云龙．黔桐 1 号、2 号家系的选育．湖南林业科技，1985，增刊.

何方，胡保安．油桐果实生长发育规律的研究．全国油桐学术交流论文，1964.

何方．湖南油桐品种及优良类型选择的研究．全国油桐学术交流论文，1964.

何方，谭风，王承南．油桐栽培密度及林分结构模式研究．林业科学，1986(4)．

何方，谭晓风，王承南．中国油桐栽培区划．经济林研究，1987(1)．

何方，王承南，何柏，等．中国油桐林地土壤类型及立地分类与评价的研究．经济林研究，1996(1).
何方，王义强，等．油桐林生物量和总养分循环的研究．经济林研究，1990(2).
何方，姚小华，谭晓风，等．中国油桐品种数量分类的研究．全国油桐学术交流论文，1986.
何方．伏牛山北坡油桐调查报告．全国油桐学术交流论文，1963.
何方．油桐生长发育规律及其丰产栽培措施，湖南林学院科学研究报告选集(2)，1963.
何方，等．湖南油桐栽培区划及立地类型划分的研究．全国油桐学术交流论文，1978.
何光磊，邬治民．万县油桐论文集．重庆：重庆大学出版社，1997.
河南省油桐科研协作组．河南省油桐丰产栽培综合技术研究报告．经济林研究，1987，增刊.
河南省油桐科研协作组．河南省油桐种质资源调查研究报告．河南科技，1983(3).
胡先骕．植物分类学简编．北京：科学技术出版社，1958.
湖南省油桐科研协作组．湖南油桐农家品种资源普查报告．湖南林业科技，1985，增刊.
贾伟良．中国油桐生物学之研究，北京：中国林业出版社，1957.
江西油桐科研协作组．江西省油桐种质资源调查研究．全国油桐学术交流论文，1985.
李聚桢．我国油桐生产前景预测．经济林研究，1986，4(2).
李龙山，吕平会，高树全，等．陕南山区油桐丰产栽培技术推广报告．经济林研究，1996(1).
李龙山，吴万兴．关中地区油桐引种调查．全国油桐学术交流论文，1982.
李龙山，谢复明，吴万兴．陕西省油桐品种资源调查及优良品种选择，全国油桐学术交流论文，1985.
李龙山，谢复明，吴万兴．陕西油桐栽培区划，湖南林业科技，1985，增刊.
李世中．桐油综合开发应用前景广阔．经济林研究，1997(4).
林伯年，等．园艺植物繁育学．上海：上海科学技术出版社，1994.
凌麓山，段幼萱，等．油桐栽培．北京：中国林业出版社，1983.
凌麓山．广西的油桐及其经营栽培．广西农丛，1965(1).
凌麓山，何方，方嘉兴，等．中国油桐品种图志．北京：中国林业出版社，1993.
凌麓山，覃榜彰，唐友桂．皱桐高产无性系采穗圃经营技术的研究．林业科学，1984，20(4).
凌麓山．油桐的嫁接技术．全国油桐嫁接训练班教材，1965.
凌麓山，朱积余．广西油桐品种类群划分的多变量分析．经济林研究，1986(2).
凌麓山．皱桐高产无性系的栽培技术．林业科技通讯，1983(1).
刘本立，陈林，等．桐油及其副产品开发利用现状及前景研究．万县地区科技情报所研究报告，1990.
刘翠峰，王彦英．河南葡萄桐引种试验初报．园林科研报告汇编，1980.
刘翠峰．油桐豫桐1号等3个优良家系选育．经济林研究，1995，13(2).
刘学温，方嘉兴，王劲风，等．光桐3号、6号、7号家系的选育．亚林科技，1985(4).
刘学温，方嘉兴，朱洪连．油桐主要性状遗传力、遗传相关测定．亚林科技，1981(4).
罗建谱，侯秋安．湖南省发展油桐生产的战略研究．经济林研究，1985，3(2).
罗建谱．现有桐林改造利用的几点技术措施．全国油桐学术交流论文，1980.
吕会平，李龙山，等．油桐引种试验，经济林研究，1994，12(1).
吕井，杨乾洪．万县市油桐分类经营设想．经济林研究，1997(4).
马大浦．油桐及其变种的性状与分布．正大农学丛刊，1942，1(1).
莫仁发．培育桐油市场，规范桐油经营．经济林研究，1997(4).
南京林产工业学院．树木遗传育种学．北京：科学出版社，1980.
欧阳准．福建省浦城三年桐品种类型的调查研究．全国油桐学术交流论文，1980.
全国油桐丰产技术训练班．油桐生产经验资料汇编，1981.
全国油桐科学研究协作组．全国油桐科学研究第一次协作会议文集．四川省林业科学研究所，1964.
全国油桐科学研究协作组．全国油桐良种化工程及实施效果．"六五"、"七五"攻关总结，1990.
全国油桐科学研究协作组．第三届全国油桐协作会议资料选辑．亚林科技，1978(3).

全国油桐科学研究协作组．第四届全国油桐协作会议资料选编．遵义地区林业局编印，1980.
全国油桐科学研究协作组．第五届全国油桐协作会议论文选集．湖南林业科技(油桐专辑)，1985.
全国油桐科学研究协作组．中国油桐科技论文选．北京：中国林业出版社，1988.
全国油桐科学研究协作组．中国油桐主要栽培品种志．长沙：湖南科学技术出版社，1985.
阙国宁，黄爱珠．浙江常山油桐类型初步观察//林木良种选育学术会议论文选集．北京：农业出版社，1965.
阙国宁．三年桐与千年桐种间杂交试验．亚林科技，1978(4).
任永谟，李德嘉，徐嵩发，等．油桐优良单株表型选择初报．全国油桐学术交流论文，1986.
茹正忠，郑芳楫．小米桐生殖与营养生长中几组综合因子的典型相关分析．亚热带林业科技，1987，15(4).
沈德绪．果树育种学．上海：上海科学技术出版社，1986.
苏梦云，周国章，方嘉兴，等．千年桐不同性别生化差异的初步研究，经济林研究，1987(2).
苏梦云，等．油桐属与石栗属叶绿体的核酸、蛋白质及超微结构的初步研究．林业科学研究，1988，1(4).
孙宗修，程式华．杂交水稻育种．北京：中国农业科技出版社，1994.
田荆祥，吴美春，仲山民．油桐十个家系桐油的理化性质及脂肪酸的分析．浙江林学院学报，1984(1).
万县地区桐油发展战略课题组．中国万县桐油发展战略．北京：中国地质大学出版社，1991.
万县市油桐科研协作组．万县市米桐优良家系配合力研究．经济林研究，1996(1).
万县市油桐科研协作组．万县油桐杂种选择试验报告．经济林研究，1996(1).
汪劲武．种子植物分类学．北京：高等教育出版社，1985.
汪孝廉，黄少甫，等．油桐染色体的核型分析．浙江林学院学报，1984(1).
王承南，何方，彭吉安．油桐花粉配合力测定的研究，经济林研究，1997(4).
王汉涛，段聪仁，徐树华等，油桐种仁与油脂形成规律的研究．经济林研究，1985(2).
王劲风，方嘉兴，刘学温．浙皱7号等三个千年桐无性系的选育及高产无性系示范推广．林业科学研究，1988，1(1).
王劲风，方嘉兴，刘学温，等．油桐属种分类及其品种类型鉴别方法的探讨．湖南林业科技，1985，增刊.
王劲风．油桐、千年桐和石栗叶表皮组织的比较解剖观察．亚林科技，1984(3).
王年昌，杨文，黎胜江．论发展十堰油桐生产的策略．经济林研究，1997(4).
王年昌．郧西景阳桐的研究，湖南林业科技，1985，增刊.
王兴全．桐油开发利用探微．经济林研究，1997(4).
韦祯辉，孙继宏，梁任族．三年桐高产无性系“南百1号”的选育．湖南林业科技，1985，增刊.
吴开云，费学廉，姚小华．油桐DNA快速提取及RAPD扩增研究．经济林研究，1998，16(3).
吴耕民．中国温带果树分类学．北京：农业出版社，1980.
夏逍鸿，黎章矩，等．油桐专辑．浙江林学院科技通讯，1981(1).
夏逍鸿，杨东海．油桐杂交及杂种优势利用试验初报．亚林科技，1978(3).
夏逍鸿等．油桐育种程序系列研究．浙江林学院．金华县林业局鉴定材料，1992.
湘西油桐考察组．湘西自治州油桐综合考察报告集．湖南湘西自治州林业局，1985.
谢守华等．桐籽粕脱毒作饲料的研究．四川粮油科技，1994(2).
胥泽道，莫人发，等．桐饼去毒作饲料的研究．成果函审材料，1994.
徐明．油桐栽培与改良．北京：商务印书馆，1950.
徐文彬，岳季林，等．油桐施肥技术的研究．科技成果鉴定材料，1985.
宣善平，肖正东．一些油桐品种在栽培北缘的表现．湖南林业科技，1985，增刊.
宣善平，肖正东，等．肖皇周1号油桐优良家系的选育与推广．经济林研究．1996(1).

宣善平，等．安徽油桐地方品种及利用前景．安徽林业科技，1979(2).
姚小华，王开良，方嘉兴，等．油桐丰产培育技术．北京：中国农业科技出版社，2010.
姚小华，任华东．油桐丰产栽培实用技术．北京：中国林业出版社，2010.
油桐良种选育协作组．"六五"国家攻关专题——油桐良种选育研究总结报告，1985.
油桐良种选育协作组．"七五"国家攻关专题——油桐良种选育研究总结报告，1990.
余义彪．中国千年桐变异类型——长果千年桐．经济林研究，1987(2).
俞德浚．中国果树分类学．北京：农业出版社，1979.
岳季林，徐文彬．镇宁六马油桐伐桩更新的调查研究初报．经济林研究，1985，3(1).
云南省林业科学研究院等．福贡县油桐丰产栽培试验研究．经济林研究，1996(1).
张文哲，严碧瑞，唐华忠．矿质营养元素对油桐苗木生长和生理活动强度的影响．学术交流论文，1964.
张文哲．油桐水分含量和蒸腾强度的初步研究．林业科学，1964，9(2).
张宇和．果树引种驯化．上海科学技术出版社，1982.
张志刚，谭晓凤，吕芳德．油桐低产原因浅析．经济林研究，1984，2(1).
张宇和．果树砧木的研究．上海：上海科学技术出版社．1963.
赵梅，夏逍鸿，钱雨珍，等．油桐叶片矿质营养元素含量的季节性变化研究初报．浙江林学院学报，1984(1).
赵自富．云南油桐品种及分布．全国油桐学术交流论文，1985.
郑万钧．中国树木志．北京：中国林业出版社，1983，1985.
中国树木志编委会，中国主要树种造林技术．北京：中国林业出版社．1983.
中南林学院主编．经济林病理学．北京：中国林业出版社，1986.
中南林学院主编．经济林昆虫学．北京：中国林业出版社，1987.
周光宇等．农业分子育种研究进展．北京：中国农业科技出版社，1993.
周伟国，欧阳绍湘，代旭，等．湖北景阳桐早实丰产栽培试验．经济林研究，1997(4).
周伟国，欧阳绍湘，等．湖北省油桐品种资源调查研究报告．全国油桐学术交流论文，1986.

中国油桐大事记

我国桐油从清光绪二年(1876)开始进入国际市场，成为传统的大宗出口物资，誉满国际市场，桐油成为国际商品。在20世纪30年代，曾一度取代丝绸列出口之首。1949—1986年的37年间累计出口桐油91万t。按正常年景，我国产量占世界总产量的60%~80%，余为巴拉圭、阿根廷、巴西等国。现只有中国有栽培。

有关油桐利用和栽培方法的详尽记述，当首推明代徐光启所著《农政全书》。而油桐科学研究之始，是在20世纪30年代桐油出口量大增之后，至今已有80年历史。民国时期，国内先后进行过油桐研究的有梁希、贾伟良、林刚、陈嵘、叶培忠、陈植、马大浦、徐明、邹旭圃、毕卓君、吴志曾等人，曾在广西柳州、四川重庆、湖南衡阳等地建立过油桐研究的专业机构，开展过油桐栽培、品种、病虫害防治、桐油性质和利用等方面的研究，发表过各类论文、报告和专著百余篇，对推进我国油桐生产事业起过积极作用。

为了促进油桐生产的发展，新中国成立以后先后召开过四次油桐会议和一次座谈会。林业部于1960年在四川万县，1962年在四川成都召开过油桐生产专业会议。1964年1月在北京由国家计委、林业部等部委联合召开第一次大型全国油桐专业会议。1978年4月在北京召开了第二次大型全国油桐专业会议。1981年由林业部在北京召开小型油桐生产座谈会。每次会议都制定了发展油桐生产的规划和相应的方针政策，有力地推动了我国油桐生产事业的发展。

1959年全国有油桐林面积约2800万亩，其中真正投产面积约1200万亩。年产桐油11万~12万t左右，是我国油桐生产鼎盛时期。

关于中国油桐品种的分类问题，早年国内外都有人做过很多工作。远在1931年，毕卓君在其所著《种油桐法》一书中，以产地来划分品种和命名，分为湘种、川种、陕种等。以后陈嵘、王儒林、汪秉全、王一桂等人都用这一分类命名。1942 年，马大浦在《油桐及其变种之性状与分布》一文中，根据花和果，划分出艳花桐、秀花桐、柿饼桐以及周年桐等九个品种。1943 年，徐明在《油桐之栽培及改良》一书中将四川油桐分为小米桐、大米桐、柴桐。贾伟良、叶培忠。前广西油桐研究所则基本分为：米桐、柴桐、柿饼桐、对岁桐。林刚将浙江油桐分为吊桐、座桐、野桐。

1964 年，何方在《湖南油桐品种及优良类型选择的研究》一文中，将湖南油桐分为六个品种十个类型。20 世纪 70 年代湖南又组织两次品种调查。1965 年，由全国油桐协作组组织在四川万县专门召开过一次油桐品种分类问题的讨论会。参加会议的主要有何方、方嘉兴、阙国宁、凌麓山、黎章矩、万县市林业局杨乾洪等，会议由万县市农科所承办。根据花果序，分为三个大类，作为一级分类：①少花单生果类；②中花丛生果类；③多花单生果类。在国外，1932 年，美国植物学家 H. Mowrg 分为单生果和丛生果。前苏联的 H. B. 毛尔斯基也是这样分类的。前苏联的另一学者 K. E. 巴哈塔兹，以及后来的前苏联学者胡齐会维尔、考任等人都是按照雌雄花的比例和花叶开放次序来分类的。

油桐育种工作在民国时期贾伟良、林刚虽曾进行过，但主要是在 20 世纪 60 年代。亚热带林业研究所、江苏、浙江、四川、广西、湖南先后都进行过油桐有性杂交育种。浙江初步找出几个较好的杂交组合，如以五爪桐与少花吊桐的杂交，杂种第一代有明显的杂种优势。四川选出杂种第一代的两个优株。方嘉兴等进行了自交系育种，已至第三代，初步获得可喜的结果。

油桐家系的选育也获一批具有增产效益的子代。如刘学温、方嘉兴、王劲风等选育出的光桐 3 号、6 号、7 号等家系增产效益在 40% 以上。浙江夏肖鸿也育出 10 个油桐家系。

油桐优树的选择比之其他用材林和经济林来是开展工作较晚的。广西开展较早，经过多年的努力，选出 4 个千年桐的高产无性系，比其他千年桐产量高出 1 倍以上。全国性的油桐选优工作 20 世纪 70 年代才开始。1977 年 8 月，在广西崇左召开了第一次全国油桐优树选择技术碰头会。会议交流了优树选择的经验，认真地讨论和研究了油桐优树的标准、选择方法和鉴定技术问题。会议对全国的油桐选优起了积极的推动作用，崇左会议在优良无性系选育上具有里程碑作用。

(1)1963 年，第一次全国油桐科研协作会议在四川成都市召开，四川林科所主持成立了全国油桐科研协作组，商定了科研协作课题，订出了协作章程；参加会议代表 20 余人，收到论文 20 余篇。

(2)1964 年 1 月，国务院在北京召开了第一次大型全国桐油生产专业会议，提出了奋斗目标，研究了生产布局，制定了相应的经济措施。此后，油桐

种植业生产开始恢复，油桐林面积和桐油产量开始回升，20 世纪 70 年代平均年产桐油 97000t，到 1975 年油桐林栽培面积达 2042 万亩，1976 年桐油产量达到 120000t。

(3)1964 年，第二届全国油桐科研协作组会议在广西南宁召开，由协作组挂靠单位中国林业科学研究院亚热带林业研究所主持，广西壮族自治区林业科学研究所承办，出席代表 40 余人，收到论文 40 余篇。

(4)组织实施全国油桐良种化工程。由全国油桐协作组方嘉兴、何方、凌麓山主持，于 1977 年开始至 1989 年历时 13 年。有全国 13 个省(自治区)218 个单位 530 位油桐科研、生产单位同志参加，实施范围包括油桐分布区的 66 市(地区)233 县(市)。

通过工程的实施，基本查清了全国 184 个油桐地方品种，评选出 71 个油桐主栽品种。

良种推广面积 184.01 万亩(占当时全国 1600 万亩桐林的 11.5%)。良种平均亩产桐油 15.9kg(全国平均亩产桐油 6.6kg 的 2.4 倍)，投产 6 年共增产桐油 1.76 亿 kg，累计创总产值 12.32 亿元。

后由何方、方嘉兴、凌麓山撰成研究报告：油桐良种化工程及实施效果。获 1992 年国家教委科技进步三等奖。证书编号：92－7480。获奖人员：何方、方嘉兴、凌麓山、王承南、李龙山、郭致中、徐嵩法。

(5)在相隔 14 年之后，于 1978 年，第三届全国油桐科研协作组会议在浙江富阳召开，由中国林业科学研究院亚热带林业研究所主持，出席代表 48 人，收到论文 20 余篇。本次会议是经过“文化大革命”之后召开的，是油桐科研春天来临，与会代表欣喜异常。因此，与会代表一致认为，会议重启油桐科研协作之门，是具有里程碑意义的。油桐科研开始进入国家“六五”攻关，从此取得一系列科研成果，成为推动我国油桐生产的科技支撑。

(6)1978 年 10 月，国家计划委员会会同农林部、商业部、对外贸易部和全国供销合作总社在北京联合召开了第二次全国油桐生产专业会议，党和国家领导人出席了会议并作了重要指示。国务院批转了《全国油桐会议纪要》，在会议纪要中要求各级党政领导“一定要把发展油桐等木本油料的生产，当作建设山区的一项重要工作，认真抓好”。这次会议为发展油桐生产制定了一系列的方针政策和相应的发展规划，对国家收购和各省上调桐油的奖售粮、补助粮标准作了新的规定，调动了社队种植、经营油桐林和省县上调桐油的积极性。会后，南方油桐产区的省区都分别召开了全省性会议，制定了油桐发展规划，建立了全国和全省油桐基地县。

(7)1981 年 9 月，第四届全国油桐科研协作组会议在贵州正安县召开，此次会议是富阳会议的成果。会议由中国林业科学研究院亚热带林业研究所主持，贵州林业科学研究所承办。出席会议的有来自13个省(自治区)的49个从事油桐的科研、教学、生产单位和管理部门的代表60余人，特邀代表12人，大会收到论文72篇。

(8)1984年9月2~8日，第五届全国油桐科研协作组组织的全国油桐主栽品种整理和幼林丰产技术学术讨论会在浙江省永嘉县召开。由协作组方嘉兴、何方、凌麓山主持，永嘉县承办。参加会议的有来自14省(自治区)的科研、教学和生产单位的专家、教授和科研工作者，油桐主要产区林业、粮食或土产部门的领导，以及中国林业科学研究院情报所等单位的代表共96人。会议由中国林业科学研究院亚热带林业研究所杨培寿所长主持，会议主要讨论了油桐主栽品种整理、幼林丰产技术措施及1985年第六届协作会议的有关事宜。

(9)1985年9月11~17日，全国第六届全国油桐科研协作组会议在湖南石门县召开。由协作组方嘉兴、何方、凌麓山主持，湖南省林业科学研究所承办。全国13个省(自治区)从事油桐科研、教学生产单位和管理部门共80人参加了会议。湖南省林业厅副厅长李正柯、林业部造林司经济林处副处长李聚祯等领导同志到会并讲了话。中国林科院亚热带林业研究所所长杨培寿同志做大会总结。会议检查总结了上届油桐科研协作项目的执行情况，进行了学术交流，大会共收到学术论文68篇，其中大会交流2篇，分组讨论通过了下届油桐科研协作的协作项目；一致推荐亚林所继续担任协作组组长。大会期间还组织参观了省、地、县的油桐种子园和其他试验林，特邀中南林学院何方副教授作了“系统和系统工程”的学术报告，受到与会代表的一致好评和热烈欢迎。

(10)1981年1月在贵阳市召开的第四届全国油桐科研协作会的准备会议上，倡议由协作组主持编写《中国油桐主要栽培品种志》。同年9月在贵州正安县召开的大会上，这一倡议得到与会代表的热烈响应，并初步商讨了调查方法。1982年初由中国林业科学研究院亚热带林业研究所油桐研究组初步拟订了统一的调查整理方案，并于同年8月在福建漳州召开的协作会上进行了讨论修改。各省(自治区)经过1982—1983年两年的工作，1984年9月在浙江永嘉召开了全国油桐主要栽培品种整理会议。修订了《全国油桐主要栽培品种整理方案》，统一编写规格。1985年3月在株洲市由该书编委最后统稿定稿，经5年的努力，《中国油桐主要栽培品种志》1985年11月由湖南科技出版社出版发行。由何方、方嘉兴、凌麓山、李福生、夏肖鸿主编。该书共收入14个省(自治区)地方主栽品种65个，另4个优良千年桐无性系。这本书的出版理顺了全国油桐主要栽培品种。

(11)1985年11月，《中国油桐主要栽培品种志》出版，由何方、方嘉兴、凌麓山、李福生、夏逍鸿等主编，湖南科学技术出版社出版，该书从1981年开始至1985年6月，历时5年，各单位参加外业调查和内业分析的同志多达百余人，历经千辛万苦，收集了14个省(自治区)地方主栽品种65个，完成了

我国第一部全国性油桐品种专著。

(12)1987 年，国家标准《油桐丰产林》经审订以 GB 7905—87 编号正式颁布，1988 年 3 月 1 日起实施，该标准主要起草人为：何方、方嘉兴、凌麓山、陈炳章、王承南等。该标准为我国油桐丰产栽培技术首项国家标准，制定了我国油桐丰产栽培技术规程，后改为林业行业标准，编号：LY/T 1327—1999，为促进油桐生产起到了积极作用。1989 年获林业部科技进步三等奖。证书编号：林科奖(89)第 3－40。

(13)1988 年，《中国油桐科技论文选》出版，由中国油桐科研协作组主编(主编：何方、方嘉兴、凌麓山)，中国林业出版社出版，该文选收集了 1985 年 9 月在湖南石门县召开的第五届全国油桐科研协作会以来的 151 篇论文，论文从良种选育、丰产栽培、病虫害防治、应用基础及发展战略研究等方面进行了系统研究。

(14)1989 年 8 月，第六届全国油桐科研协作组会议在河南内乡县召开，由协作组何方、方嘉兴、凌麓山主持，河南林业科学研究所承办。来自全国 12 个省(自治区)31 个从事油桐科研、教学、生产单位和管理部门单位，共 60 余人参加了会议，会议收到论文 40 余篇。

(15)1980—1990 年，“油桐良种选育”正式列入“六五”、“七五”国家攻关研究项目，由中国林业科学研究院亚热带林业研究所方嘉兴主持，中南林学院何方教授参加主持，广西林科院凌麓山研究员、贵州省林科院郭致中、四川林科院等参加。

(16)1986—1990 年，“油桐早实丰产技术”列入“七五”国家攻关研究项目，由中南林学院何方教授主持，中国林科院亚热带林业研究所、广西林科院、贵州省林科院等单位参加，项目参加所有协作单位一律按《油桐早实丰产技术方案》要求，规范了良种化栽培、正确选择宜桐林地、强调合理的林分结构，加强桐林生态系统管理等技术措施，项目实施可使油桐产量大幅度提高。

(17)1993 年 1 月，《中国油桐品种图志》出版，由凌麓山、何方、方嘉兴主编，中国林业出版社出版，该书总结了油桐和千年桐 151 个品种的植物学特征、生物学特征、经济性状、栽培特性等，均作了简单扼要的描述与评价，并附有彩色图片，图文并茂，为油桐品种分类及栽培生产提供了丰富的资料。1994 年获林业部科技进步三等奖。证书编号：林科奖证字(94)第 3－318。

(18)1995 年 9 月 13～14 日，中国林学会经济林分会油桐研究会成立暨学术讨论会在湖北省房县召开，出席会议的有湖北、湖南、浙江、四川、河南、江西、安徽、陕西 8 个省 18 个单位 50 位代表。本次会议的议程：总结回顾全国油桐科研协作组 32 年来的工作，进行学术交流；成立油桐研究会。油桐研究会经充分民主协商，决定靠挂中南林学院，并推举出组成研究会人选，会长：何方；副会长：方嘉兴、凌麓山、王承南、李纪元；秘书长：王承南(兼)。

(19)1996年12月，由凌麓山、何方、方嘉兴等专家主持的“中国油桐种质资源研究”项目获国家科技进步三等奖，填补了油桐项目无国家级科技进步奖的空白。

(20)1997年6月13~15日，中国林学会经济林分会油桐研究会第二次全国油桐学术研究会在重庆市云阳县召开。会议由油桐研究会会长、中南林学院经济林研究所所长何方教授主持。出席的有来自重庆、北京、四川、湖南、湖北、浙江、安徽、陕西、云南、江西、福建、广西12个省(自治区、直辖市)的代表61人，其中大部分是研究会理事，从事油桐生产科研和教学的专家。

(21)1998年11月，《中国油桐》专著出版，方嘉兴、何方主编，中国林业出版社出版，该书由26位从事油桐专业的专家组成编委会撰写，从油桐栽培历史、油桐种与品种到丰产林栽培技术和油桐的加工，系统地研究了油桐的育种、栽培与加工生产，系目前我国油桐最为全面的油桐专著之一。

(22)1999年8月12~14日，中国林学会经济林分会油桐研究会第三次理事会在云南红河哈尼族彝族自治州弥勒县召开，会议选举了新一届理事会，会长：王承南；副会长：盖延亮、李世增、姚小华；秘书长：王义强；副秘书长：欧阳绍湘。

(23)2006年8月31日，国家林业局发布《中华人民共和国林业行业标准·油桐栽培技术规程》，编号：LY/T 1327—2006，本标准主要起草人：何方、何柏、王承南、黄正秋、王桂芝。本标准规程代替LY/T 1327—1999。

(24)2007年7月15~17日，中国林业科学研究院亚热带林业研究所组织召开全国油桐良种推广与研究协作会。来自油桐主产区的贵州、广西、重庆三省(自治区、直辖市)林科院及4个县林业局的30多名从事油桐科研、科技推广和生产的代表，聚会林城贵阳。本次会议一方面是落实国家发改委油桐良种高技术产业化项目/国家林业局推广项目工作任务，另一方面也是重新启动和恢复油桐良种推广和研究协作机制，贯彻落实省院合作、厅所合作协议的重要举措。各位代表就我国油桐生产的现状、存在的问题、产业化前景及项目的实施方案等进行了热烈的讨论，一致认为油桐作为生物质能源和生物质新材料发展前景广阔，具有良好的技术基础，这次会议非常必要和及时，为新时期我国油桐科研和生产搭建了一个良好的合作和交流平台，同时大家也迫切希望亚热带林业研究所以此次会议为契机，再次牵头组织成立“全国油桐科研协作组”，组织凝聚全国油桐科研和生产力量，为我国油桐产业振兴和生物质能源、新材料产业发展做出富有成效的贡献。会后，亚热带林业研究所还与贵州、广西、重庆三省(自治区、直辖市)林科院及4个油桐生产县签订了油桐科技合作协议。布置了各试验示范点油桐种质资源库建设、良种选育、复合经营、低产林改造等工作，此举将为全国油桐产业的复兴奠定良好的技术基础。随后，在浙江金华、贵州望谟、重庆云阳、广西田林、云南开展了丰产高抗良种区域化试验并取得显著效果。

(25)2006—2015年，油桐主要良种基地建设工作顺利开展。在国家林业局和省林业厅支持下，浙江金华婺城区油茶油桐良种基地、贵州望谟油桐良种基地相继完成，中国林业科学研究院亚热带林业研究所姚小华研究员和贵州林业科学研究院许杰研究员分别为技术负责人，基地具备油桐种质资源库，收集国内外三年桐、千年桐优株、农业品种、家系、无性系200多个，并建立品种测试、繁殖基地。在油桐产业缩减情况下，为未来产业潜在发展保存了一大批种质材料，特别是在疫区筛选的抗枯萎病种质，为今后遗传改良奠定了良好基础。湖南、广西、重庆、云南也开展原有种质资源保护与恢复工作。